EDA 应用技术

Multisim 10 & Ultiboard 10 原理图仿真与 PCB 设计

唐 赣 吴 翔 苏建峰 编著

電子工業出版社

Publishing House of Electronics Industry

北京 · BEIJING

内 容 简 介

本书以实例讲解的方式由浅入深地介绍了利用 Multisim 10 和 Ultiboard 10 软件进行电路原理图仿真和 PCB 设计的方法和技巧，并通过几个综合实例讲述了设计的整体流程。本书大部分章节配备了练习题，通过这种有学、有练、有创新的“全过程体验教学”模式使读者真正掌握软件使用的要点和精华。

本书可作为从事电路仿真和 PCB 设计工程技术人员的参考用书，也可作为高等学校相关专业的教学用书。

图书在版编目(CIP)数据

Multisim 10 & Ultiboard 10 原理图仿真与 PCB 设计 / 唐赣，吴翔，苏建峰编著. —北京：电子工业出版社，2008.1
（EDA 应用技术）
ISBN 978-7-121-05577-5

Ⅰ. M… Ⅱ. ①唐… ②吴… ③ 苏… Ⅲ. ①电子电路—电路设计：计算机辅助设计—应用软件，Multisim 10、Ultiboard 10 ②印刷电路—计算机辅助设计 Ⅳ. TN702 TN410.2

中国版本图书馆 CIP 数据核字（2007）第 192564 号

责任编辑：张　剑　王敬栋
印　　刷：北京市海淀区四季青印刷厂
装　　订：涿州市桃园装订有限公司
出版发行：电子工业出版社
　　　　　北京市海淀区万寿路 173 信箱　邮编　100036
开　　本：787×1 092　1/16　印张：32.75　字数：838 千字
印　　次：2008 年 1 月第 1 次印刷
印　　数：5 000 册　定价：58.00 元

前　言

2007 年 3 月，美国国家仪器有限公司（National Instruments）推出了 NI Circuit Design Sutie 10 套件。本书结合设计实例介绍了套件中的 Multisim 10 和 Ultiboard 10 软件。与其他同类软件相比，它们具有功能强大、操作简便、容易上手、维护方便、兼容性好等诸多优点。

本书在内容的编排上由浅入深，在讲述理论知识的同时结合了大量的实例。全书共分为两个部分。第一部分是关于 Multisim 10 的内容，共 12 章，介绍了软件安装、原理图设计、电路仿真、电路分析及射频分析等内容，涵盖了 Multisim 10 软件的全部知识；第二部分是关于 Ultiboard 10 的内容，共 6 章，从 PCB 基础知识、软件界面开始介绍，然后讲述了设置项目文件、铜膜导线、层和元件的步骤，最后介绍了 PCB 布局、布线及输出 PCB 文件的方法，该部分体现了 PCB 设计的整个过程，并且把实际应用中遇到的一些常见问题有针对性地融入到相应的章节中，预防初学者在使用中再犯类似的错误。本书大部分章节的后面都附有练习题，通过练习可以使读者掌握软件使用的要点和精华。第 19 章介绍了几个综合设计实例，这有助于读者对整个设计过程的学习。因此，本书真正做到了有学、有练、有创新的“全过程体验教学”模式。

NI 公司为适应不同的用户需求推出了 NI Circuit Design Suite 10 的 Education 版、Full Edition 版、Power Pro 版、OEM 版等，本书采用的是 Power Pro 版。为方便读者的学习，NI 公司提供了 Ultiboard 10 Education 版授权，请读者到电子工业出版社网站下载。

本书由华南交通大学唐赣、吴翔和中国科学院国家授时中心苏建峰编写。同时，感谢美国国家仪器有限公司梁锐工程师的大力支持。

作者交流信箱：ewb_topic@qq.com。

由于时间仓促，作者水平有限，书中难免有不妥之处，敬请读者批评指正。

编 著 者

目　录

Multisim
10

Multisim
10

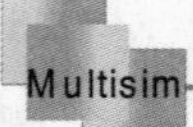
Multisim

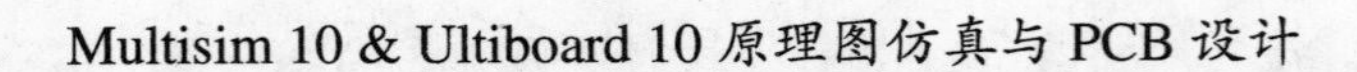

第1章

认识 Multisim 10 软件

Multisim 10 概述

Multisim 10 软件界面

工具栏

快捷菜单

设置原理图捕获参数

设计工具盒

定制界面

美国国家仪器有限公司最新推出的 Multisim 10 软件为广大工程师提供了一个直观的原理图捕获和交互式仿真平台。NI Multisim（原 Electronics Workbench Multisim）软件将功能强大的 SPICE 仿真和原理图捕获集成在高度直观的 PC 电子实验室中，并结合了专业的印制电路板设计工具。

1.1 Multisim 10 概述

1.1.1 Multisim 10 简介

Multisim 10 是 National Instruments 公司于 2007 年 3 月推出的 Ni Circuit Design Suit 10 中的一个重要组成部分，它可以实现原理图的捕获、电路分析、电路仿真、仿真仪器测试、射频分析、单片机等高级应用。其数量众多的元件数据库、标准化的仿真仪器、直观的捕获界面、简洁明了的操作、强大的分析测试、可信的测试结果，为众多电子工程设计人员缩短产品研发时间、强化电路实验教学立下了汗马功劳。

1.1.2 Multisim 10 运行环境

推荐运行 Multisim 10 的计算机基本配置如下。

- 操作系统：Windows XP Professional、Windows 2000 SP3
- 中央处理器：Pentium 4 Processor
- 内存：至少 512MB
- 硬盘：至少 1.5GB 空闲空间
- 光盘驱动器：CD-ROM
- 显示器分辨率：1024×768

1.1.3 安装 Multisim 10 软件

Multisim 10 的安装过程比较简单，根据提示进行相应的设置即可。安装完成后，需要重新启动计算机。

Multisim 10 启动后的软件主界面如图 1-1 所示。

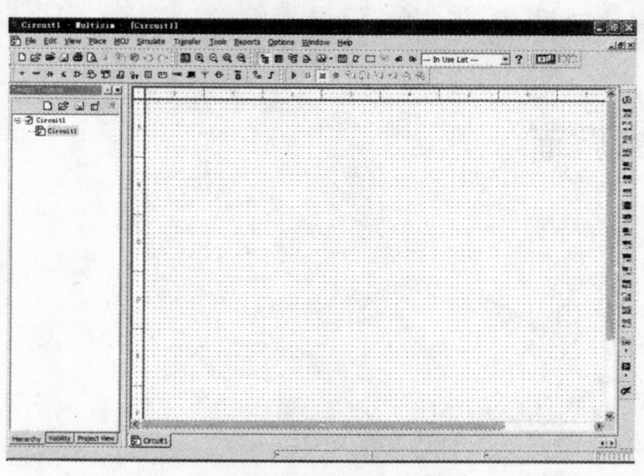

图 1-1　Multisim 10 软件主界面

1.2　Multisim 10 软件界面

Multisim 10 是 National Instruments Circuit Design suite 中的原理图捕获和仿真软件，辅助设计人员完成设计中的主要步骤。它是设计电路的开始，并能提供仿真，为制作 PCB 作准备。

Multisim 10 软件界面如图 1-2 所示，主要由 Menu Toolbar（菜单工具栏）、Standard Toolbar（标准工具栏）、Design Toolbox（设计工具盒）、Component Toolbar（元件工具栏）、Circuit Window（电路窗口）、Spreadsheet View（数据表格视图）、Active circuit Tab（激活电路标签）、Instruments Toolbar（仪器工具栏）等组成。

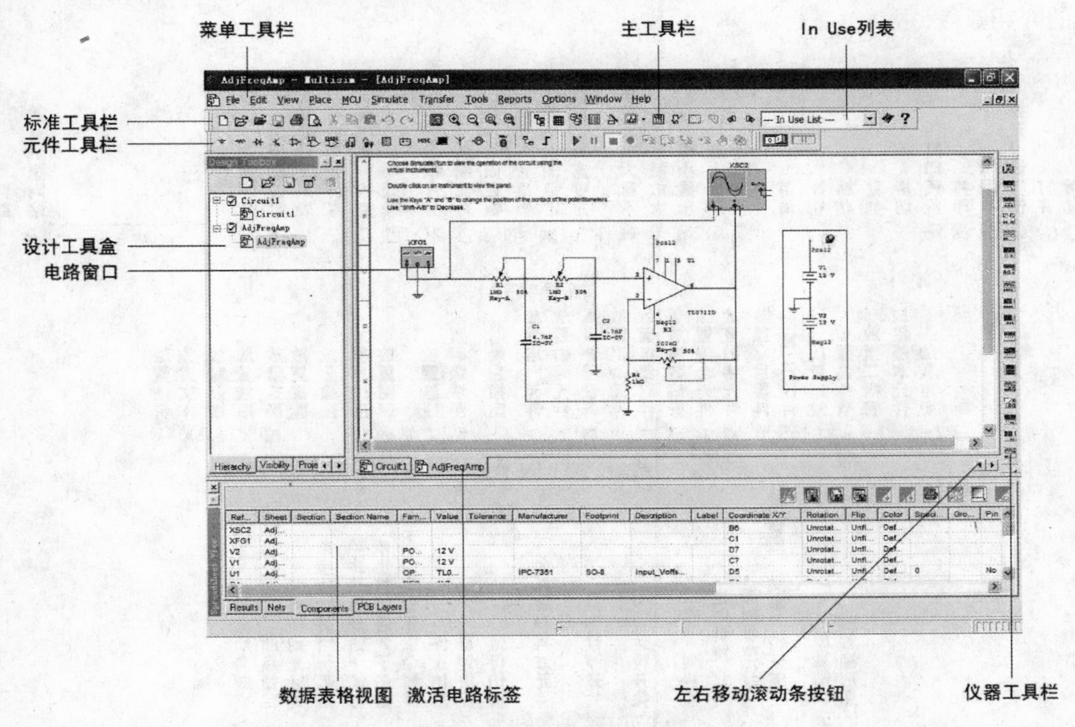

图 1-2　Multisim 10 软件界面

1）菜单工具栏　用于查找所有的命令功能。

2）标准工具栏　包含的是常用的功能命令按钮。

3）仪器工具栏　包括了软件提供所有的仪器按钮。

4）元件工具栏　提供了从 Multisim 元件数据库中选择、放置元件到原理图中的按钮。

5）电路窗口　也可称作工作区，是设计人员设计电路的区域。

6）设计工具盒　用于操控设计项目中各种不同类型的文件，如原理图文件、PCB 文件和报告清单文件，同时也用于原理图层次的控制显示和隐藏不同的层。

7）数据表格视图　用于快速地显示编辑元件的参数，如封装、参考值、属性和设计约束条件，设计人员可以利用数据表格视图一步到位地修改某些元件或所有元件的参数。

1.3　工具栏

Multisim 10 的工具栏由 Standard Toolbar（标准工具栏）、Main Toolbar（主工具栏）、Simulation Toolbar（仿真工具栏）、View Toolbar（显示工具栏）、Components Toolbar（元件工具栏）、Virtual Toolbar（虚拟元件工具栏）、Graphic Annotation Toolbar（图形注释工具栏）和 Instruments Toolbar（仪器工具栏）共 8 个工具栏组成。图 1-3 所示的是主要的几个工具栏的详细说明，其中不包括元件工具栏、仪器工具栏的说明，在后面的章节中会对其作相应的介绍。

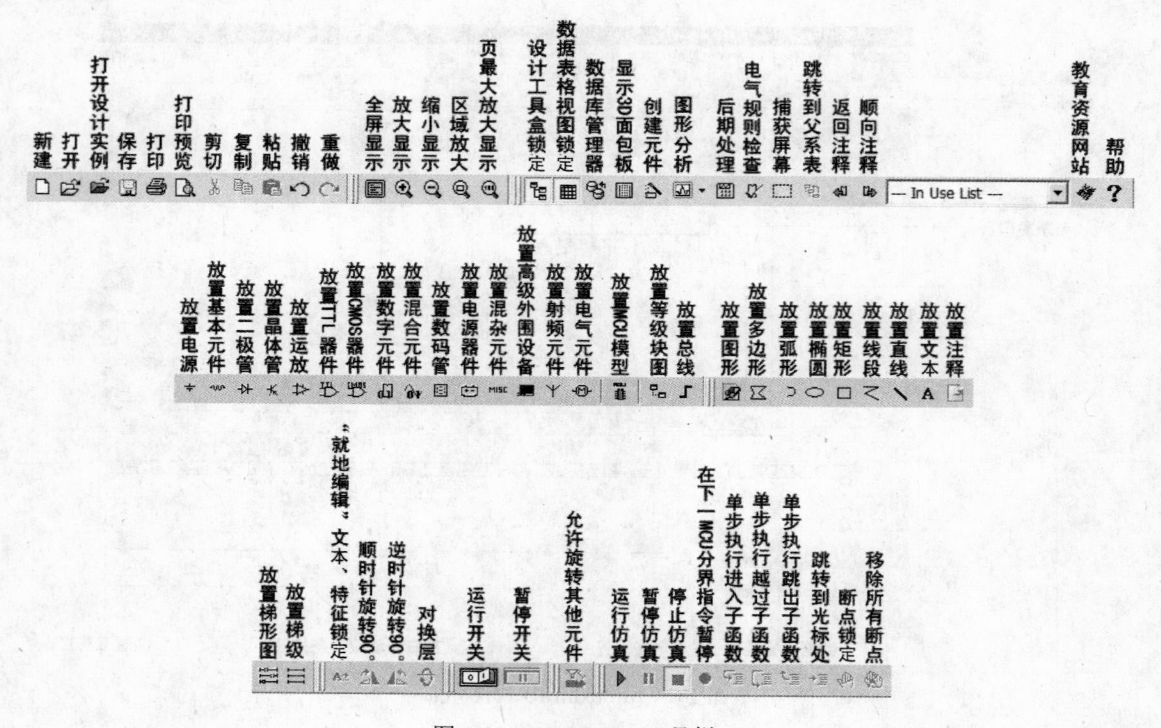

图 1-3　Multisim 10 工具栏

1.4　快捷菜单

除了软件界面的主菜单外，还有许多与系统相关联的快捷菜单在系统中发挥着重要作用。

1.4.1　不选择元件时的鼠标右键快捷菜单

在电路窗口中，不选择元件，直接单击鼠标右键，此时弹出如图 1-4 所示的快捷菜单。该快捷菜单中包含 16 个命令及若干个子菜单命令，表 1-1 列出了这些命令的用法。

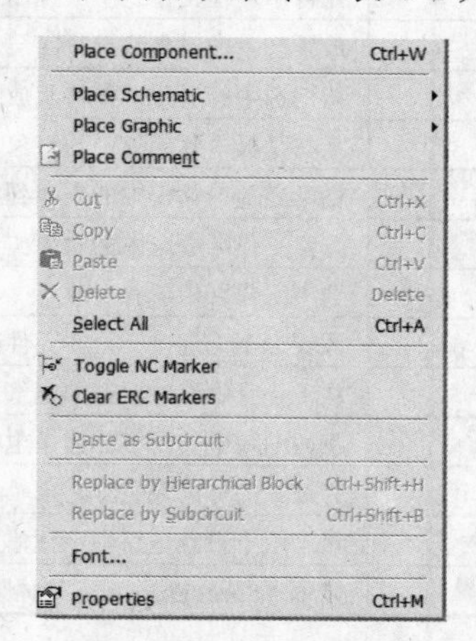

图 1-4　在电路窗口中不选择元件单击鼠标右键弹出的快捷菜单

表 1-1　在电路窗口中不选择元件单击鼠标右键弹出的快捷菜单注释

命令名称	注释
Place Component	允许用户在元件数据库中选择并放置元件
Place Schematic—Component	允许用户在元件数据库中选择并放置元件
Place Schematic—Junction	允许用户放置一个节点
Place Schematic—Wire	允许用户使用【Place Wire】命令在工作区画线
Place Schematic—Bus	允许用户单击创建的线段放置总线
Place Schematic—Bus HB/SC Connector	为等级块或子电路添加电路连接器
Place Schematic—Off-Page Connector	放置 Off-Page 连接器
Place Schematic—New Hierarchical Block From File	把打开的文件作为内置的等级块图
Place Schematic—New Hierarchical Block	显示等级块图属性对话框
Place Schematic—Replace by Hierarchical Block	通过等级块图重置选择
Place Schematic—New Subcircuit	在工作区中放置子电路图
Place Schematic—Replace by Subcircuit	通过子电路重置
Place Schematic—Multi-Page	打开一个新的平铺的页面
Place Schematic—Merge Bus	合并选择的总线
Place Schematic—Bus Vector Connect	为多引脚的器件放置连接，如 IC 的总线连接
Place Graphic—Text	允许用户在电路中放置文本
Place Graphic—Line	允许用户在工作区中放置直线
Place Graphic—Multiline	允许用户在工作区中放置多线段
Place Graphic—Rectangle	允许用户在工作区中放置矩形
Place Graphic—Ellipse	允许用户在工作区中放置椭圆

续表

命令名称	注　释
Place Graphic—Arc	允许用户在工作区中放置弧线
Place Graphic—Polygon	允许用户在工作区中放置多边形
Place Graphic—Picture	允许用户在工作区中放置图片
Assign to Layer	放置选中的对象到选择的层，从指派的层中移除对象
Cut	剪切选中的对象，并将其放在剪贴板中
Copy	从剪贴板中复制选中的对象
Paste	粘贴当前剪贴板中的内容到电路中
Delete	删除工作区中选中的对象
Select All	选中工作区中所有对象
Toggle NC Marker	放置一个无连接标记在元件引脚上
Clear ERC Markers	从工作区中清除现存的电气规则检查标记
Paste as Subcircuit	将剪贴板中的内容作为子电路粘贴到工作区中
Replace by Hierarchical Block	为选中的等级块重置对象
Font	显示用于设置电路中字体信息的对话框
Properties	显示“Sheet Properties”对话框

1.4.2　选中元件或仪器时的鼠标右键快捷菜单

在工作区中选中某一对象时（元件或仪器），单击鼠标右键，此时弹出如图 1-5 所示的快捷菜单。该快捷菜单包含 19 个命令，表 1-2 列出了这些命令的用法。

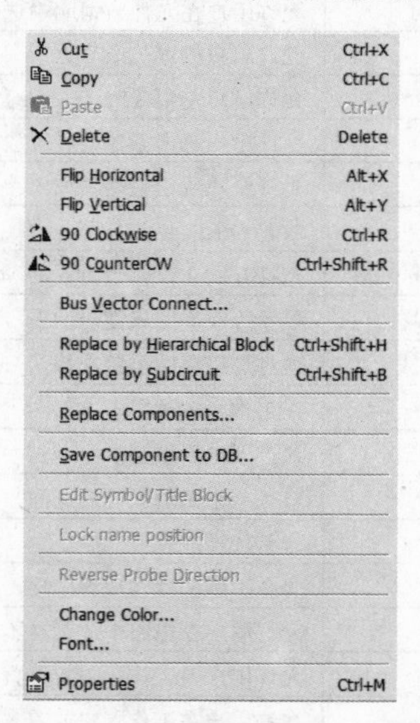

图 1-5　在电路窗口中选中元件或仪器单击鼠标右键弹出的快捷菜单

表 1-2　在电路窗口中选择元件或仪器时单击鼠标右键弹出的快捷菜单注释

命令名称	注　释
Cut	剪切选中的元件、电路、文字，并将其放置到剪贴板中
Copy	复制选中的元件、电路、文字，并将其放置到剪贴板中
Paste	将剪贴板中的内容放置到工作区中
Delete	删除在工作区中选中的对象
Flip Horizontal	将选中的对象水平翻转
Flip Vertical	将选中的对象垂直翻转
90 Clockwise	将选中的对象顺时针旋转 90°
90 CounterCW	将选中的对象逆时针旋转 90°
Bus Vector Connect	显示总线向量连接器对话框
Replace by Hierarchical Block	通过选中等级块重置对象
Replace by Subcircuit	通过选中的子电路重置对象
Replace Components	从元件浏览器中调用选中新的元件
Edit Symbol/Title Block	根据选中的对象，运行符号编辑器或标题块编辑器
Change Color	通过色彩调色板修改选中对象的颜色
Font	修改工作区中不同对象的字体信息
Reverse Probe Direction	为选中的仪器探针或电流探针反极性
Properties	打开选中的元件或仪器的属性对话框

1.4.3　选中线段时的鼠标右键快捷菜单

在电路窗口中，选中线段后单击鼠标右键，此时会弹出如图 1-6 所示的快捷菜单。该快捷菜单包含 5 个命令，表 1-3 列出了这些命令的用法。

图 1-6　在电路窗口中选中线段时单击鼠标右键弹出的快捷菜单

表 1-3　在电路窗口中选择线段时单击鼠标右键弹出的快捷菜单注释

命令名称	注　释
Delete	从工作区中删除选中的线
Change Color	修改选中线的颜色
Segment Color	从默认值中修改选择线段片断的颜色
Font	在工作区中从默认值中修改对象的字体信息
Properties	显示属性对话框

1.4.4 选中文本块或图形时的鼠标右键快捷菜单

在电路窗口中选中文字块或图形，单击鼠标右键，弹出如图 1-7 所示的快捷菜单。该快捷菜单包含 15 个命令及若干个子菜单命令，表 1-4 列出了这些命令的用法。

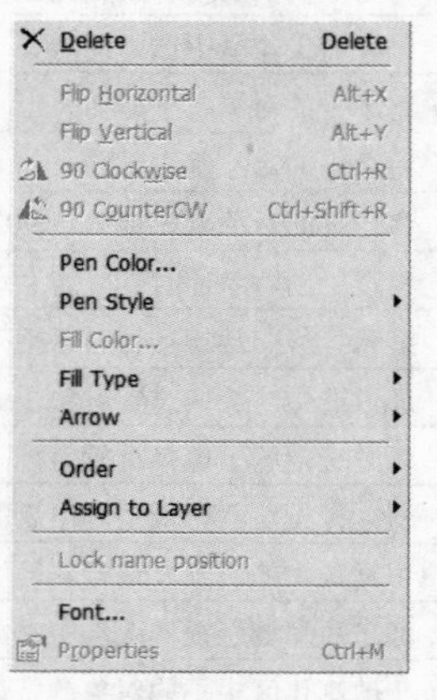

图 1-7 在电路窗口中选中文本块或图形时单击鼠标右键弹出的快捷菜单

表 1-4 在电路窗口中选择文本块或图形时单击鼠标右键弹出的快捷菜单注释

命令名称	注　释
Delete	删除选中的对象
Flip Horizontal	水平翻转选中的对象
Flip Vertical	垂直翻转选中的对象
90 Clockwise	将选中的对象顺时针旋转 90°
90 CounterCW	将选中的对象逆时针旋转 90°
Pen Color	为选中的对象修改颜色
Pen Style	为选择的图形修改笔型
Fill Color	为选中的矩形、椭圆形、多边形修改填充色。如果其他图形对象、文字被选中，则此项将不可用
Fill Type	为选中的矩形、椭圆形、多边形修改填充外观。如果其他图形对象、文字被选中，则此项将不可用
Arrow	为选中的直线和多线段放置一个箭头。如果其他图形对象、文本被选中，则此项将不可用
Order	将选中的对象置前或置后
Assign to Layer	放置选中的对象到选择的层，从指派的层反选移除对象
Font	为选中的文本选择字体、字体样式、字号
Properties	在文本块和图形状态时不可用

1.4.5 选择标题块时的鼠标右键快捷菜单

在电路窗口中选择一个标题块，单击鼠标右键，弹出如图 1-8 所示的快捷菜单。该快捷

菜单包含 5 个命令及若干个子菜单命令，表 1-5 列出了这些命令的用法。

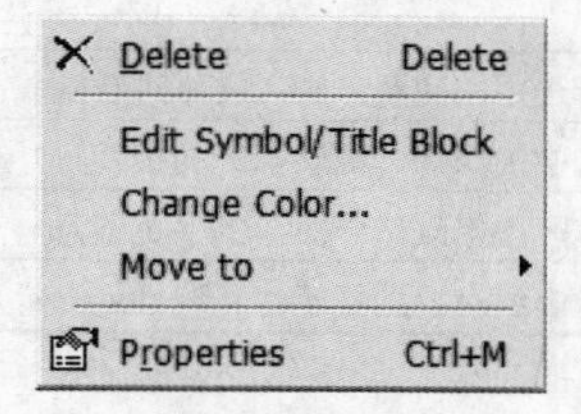

图 1-8　在电路窗口中选中标题块时单击鼠标右键弹出的快捷菜单

表 1-5　在电路窗口中选中标题块时单击鼠标右键弹出的快捷菜单注释

命 令 名 称	注　释
Delete	删除选中的标题块
Change Color	显示用于修改选中对象的调色板
Edit Symbol/Title Block	打开标题块编辑器
Move to—Bottom Left	放置选中的标题块到文档的左下角
Move to—Bottom Right	放置选中的标题块到文档的右下角
Move to—Top Left	放置选中的标题块到文档的左上角
Move to—Top Right	放置选中的标题块到文档的右上角
Properties	修改标题块的信息

1.4.6　选中注释或仪器探针时的鼠标右键快捷菜单

在电路窗口中选中注释或仪器探针，单击鼠标右键，弹出如图 1-9 所示的快捷菜单。该快捷菜单包含 9 个命令及若干个子菜单命令，表 1-6 列出了这些命令的用法。

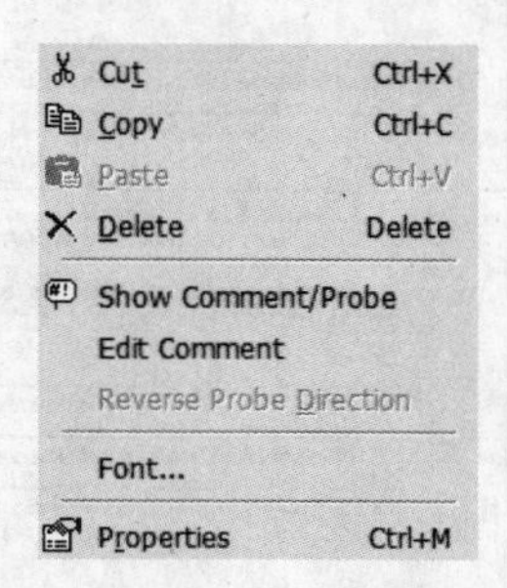

图 1-9　在电路窗口中选择注释或仪器探针单击鼠标右键弹出的快捷菜单

表 1-6　在电路窗口中选择注释或仪器探针单击鼠标右键弹出的快捷菜单注释

命 令 名 称	注　释
Cut	剪切选中的对象，并将其放置在剪贴板中
Copy	复制选中的对象，并将其放置在剪贴板中
Paste	在工作区中放置剪贴板中的内容
Delete	在工作区中删除选中的对象
Show Comment/Probe	显示注释或探针的内容

续表

命令名称	注释
Edit Comment	激活所选中的注释，输入文本进行编辑
Reverse Probe Direcetion	激活选中的探针，翻转探针的极性
Font	在工作区中修改选中对象的字体信息
Properties	根据选中的对象，显示注释属性或探针属性对话框

1.5 设置原理图捕获参数

系统提供了定制 Multisim 参数的选项，这些选项包括电路中的色彩应用、页面大小设置、缩放级数、自动备份时间设置、符号设置（ANSI 或 DIN）和打印设置等。设计人员可以将每个电路的设置分别定制，也可以为多个不同的电路设置不同的色彩搭配方案。

原理图捕获参数可以通过“Preferences”（参数）对话框和“Sheet Properties”（原理图属性）对话框进行设置。其中，“Preferences”对话框用于设置全局参数，全局参数的改变可以从一台计算机改变到另一台计算机；原理图属性用于设置当前激活的电路原理图，它的内容保存在电路文件中，倘若这个电路文件在另一台计算机上打开，也将会具有相同的设置。

1. 设置全局属性

（1）单击菜单【Options】/【Global Preferences】命令，弹出如图 1-10 所示的“Preferences”对话框。它由“Paths”（路径）、“Save”（保存）、“Parts”（元件）和“General”（常规）4 个标签页组成。

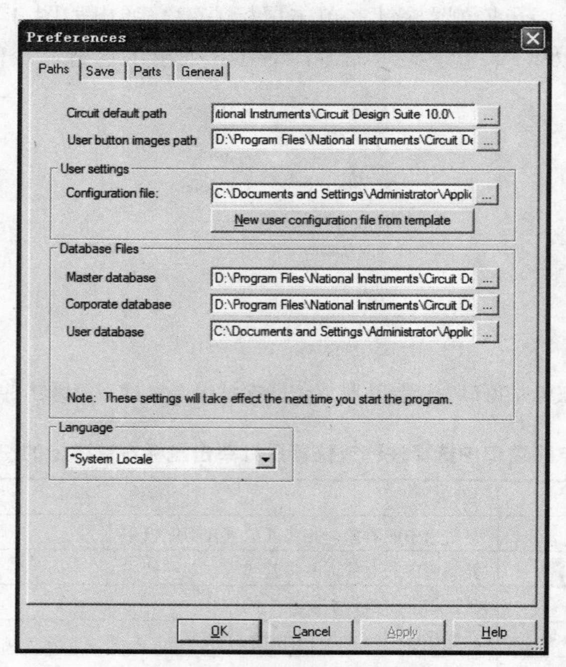

图 1-10 “Preferences”对话框

- “Paths”标签页　用于设置数据库，以及其他项目的路径
- “Save”标签页　用于设置自动保存时间，以及是否在仪器中保存仿真数据
- “Parts”标签页　用于设置元件放置模式及默认符号类型，除此之外还可设置相位移动和数字仿真
- “General”标签页　用于设置矩形选择行为、鼠标滚轮行为、总线配线及自动配线行为

（2）根据需要选择相应的标签页。

（3）设置相应的选项。

（4）单击【OK】按钮保存设置。

2．设置电路原理图属性

（1）单击菜单【Options】/【Sheet Properties】命令，或者在工作区的空白区域单击鼠标右键，从弹出的快捷菜单中单击【Properties】命令，弹出如图 1-11 所示的“Sheet Properties”对话框。该对话框由“Circuit”（电路）、“Workspace”（工作区）、“Wiring”（配线）、“Font”（字体）、“PCB”、“Visibility”（可见）6 个标签页组成。

- “Circuit”标签页　用于设置配色方案及显示工作区文字的属性
- “Workspace”标签页　用于设置原理图的大小及属性
- “Wiring”标签页　用于设置配线和总线选项
- “Font”标签页　用于设置电路中文本对象的字体、字号等
- “PCB”标签页　用于设置打印电路板的相关选项
- “Visibility”标签页　用于定制注释层的允许与禁用

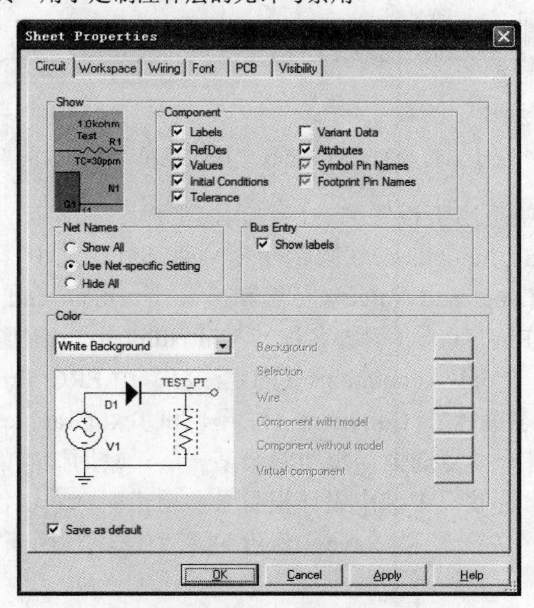

图 1-11　“Sheet Properties”对话框

（2）选择需要设置的标签页。

（3）设置相关的选项。

（4）“Save as default”（保存为默认设置）复选框在正常情况下是可以设置的。如果用户不需要将设置作为系统的默认设置，禁用这个复选框即可。

（5）单击【OK】按钮保存所做的设置。如果要应用这些设置而不想关闭此对话框，单击【Apply】按钮即可。

1.6 设计工具盒

设计工具盒用于管理原理图中的各种对象，它由“Visibility”（可见标签页）、“Hierarchy”（层次标签页）和“Project View”（项目查看标签页）组成，如图 1-12 所示。

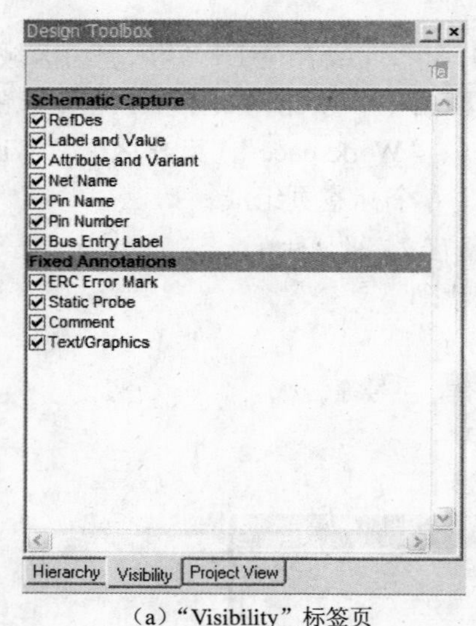

（a）“Visibility”标签页

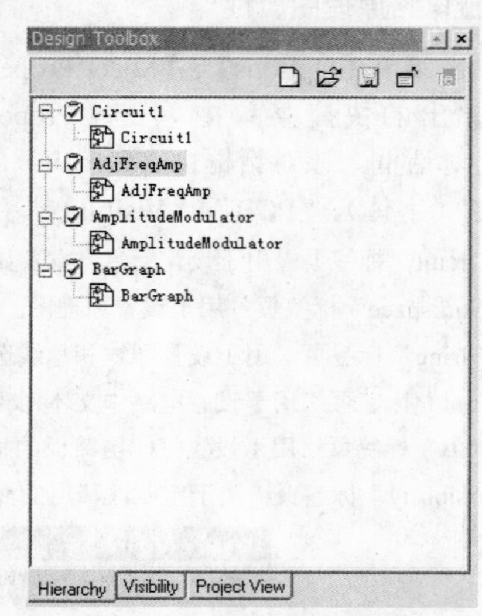

（b）“Hierarchy”标签页

图 1-12　设计工具盒的“Visibility”标签页和“Hierarchy”标签页

（1）“Visibility”标签页用于设置哪一层在当前工作区中显示，包括 Schematic Capture（原理图捕获）和 Fixed Annotations（固定注释）两部分。其中，Schematic Capture 又由 RefDes（元件标志符）、Label and Value（标签和值）、Attribute and Variant（特征和变量）、Net Name（网络名称）、Pin Name（引脚名称）、Pin Number（引脚编号）和 Bus Entry Label（总线入口标签）组成；Fixed Annotations（固定注释）由 ERC Error Mark（电气规则错误标记）、Static Probe（静态探针）、Comment（注释）和 Text/Graphics（文字/图形）组成。以每个可设置项中前面都有一个复选框，想要隐藏某一层，禁用该层的复选框即可。

（2）在“Hierarchy”标签页中选中设计根目录并单击鼠标右键，此时会弹出快捷菜单，该快捷菜单包括 Close（关闭）和 Save（保存）两个选项，用于保存和关闭所选的设计文件。

1.7 定制界面

Multisim 10 允许用户自定义使用界面，不同的原理图表可以分别进行定制。工具栏可以设置在不同的位置或角度；工具栏里的内容可以根据需要定制，也可以创建新的工具栏；系统菜单同样也可以完全定制，包括针对不同对象时的所有的快捷菜单；系统提供的快捷键也能根据用户意图定制，允许用户为所有的命令指派不同的快捷键及其组合，并将其放置在菜单或工具栏中。

定制用户使用界面的设置步骤如下。

（1）单击菜单【Options】/【Customize User Interface】命令。弹出如图 1-13 所示的对话框，它由“Commands”（命令）、“Toolbars”（工具栏）、“Keyboard”（快捷键）、“Menu”（菜单）和“Options”（优选项）5 个标签页组成。

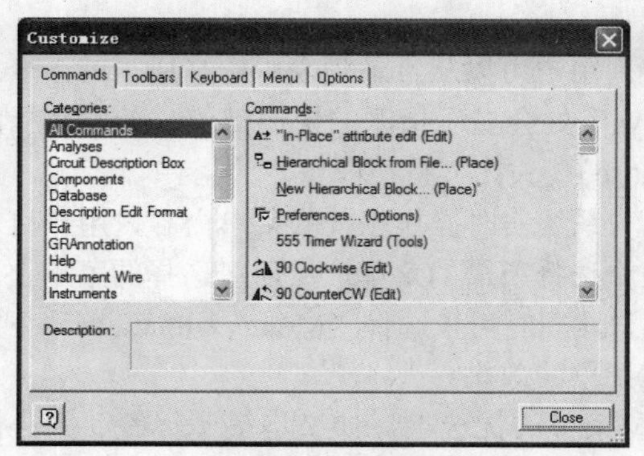

（a）“Commands”标签页

（b）“Tolbars”标签页

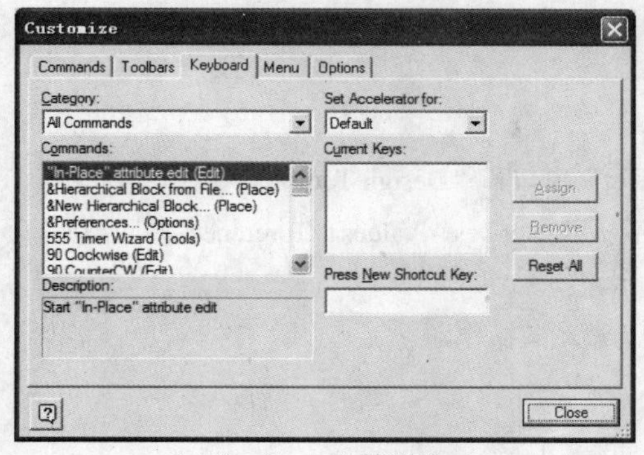

（c）“Keyboard”标签页

（d）“Menu”标签页

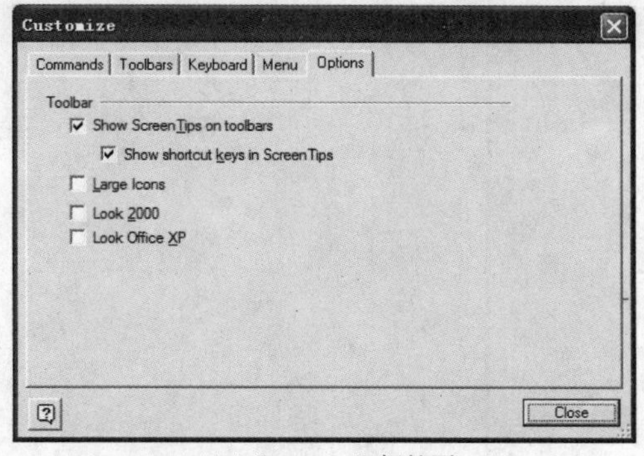

（e）“Options”标签页

图 1-13　Customize 对话框的 5 个标签页

（2）在“Commands”标签页中可以设置添加命令到菜单或工具栏中。用户可以从命令列表中拖曳目标命令到所需的菜单或工具栏中。若当前没用找到所需的命令，则可以单击其他的子列表显示出更多的命令。若用户从菜单或工具栏移除一个命令，则需选中要删除的命令并单击鼠标右键，从弹出的快捷菜单中选择【Delete】（删除）命令即可。

（3）“Toolbars”标签页用于定制显示或隐藏工具栏，也用于添加新的工具栏。若要显示一个工具栏，只需勾选目标工具栏前面的复选项即可。与之相反，若要关闭一个工具栏的显示，禁用目标工具栏前面的复选项即可。除此之外，还可以使用系统提供的【Reast All】（复位所有）、【New】（新建）、【Rename】（重命名）、【Delete】（删除）和【Show Text Labels】（显示文本标签）命令对工具栏进行设置。

（4）在“Keyboard”标签页中设置快捷键。用户可以从目录列表中选择所需的命令，如果该命令已指派了快捷键，则在“Current Keys”处会显示指派的快捷键值；若没有指派，则在键盘中指定想要的快捷键，最后单击【Close】（关闭）按钮即可。

（5）“Menu”标签页用于修改各种不同的与系统实时操作相关的菜单内容。用户可以从“Select context menu”（选择关联菜单）列表中选择所需的菜单，然后在选择的菜单上单击鼠标右键，根据弹出的菜单进行必要的设置，与此同时可以选择“Menu animations”下拉列表和“Menu shadows”复选框的相关选项设置菜单的效果。

（6）在“Options”标签页中设置工具栏和菜单的优选项，如文本提示标签、大小图标显示和 Windows 2000/XP 菜单样式等。

练习题

（1）在 Multisim 10 的菜单中找到打开“Spreadsheet”窗口和“Design Toolbox”窗口的命令。

（2）在“Sheet Properties”对话框中，设置元件不显示 RefDes、Values、Torerance 并隐藏所有网络标志，色彩方案选择黑白方案，图纸大小为 A4。

（3）设置全局参数符号使用 DIN，鼠标滚轮动作为滚动条操作。

原理图捕获基本设置

- 原理图捕获简介
- 多电路窗口
- 在元件数据库中定位元件
- 放置元件
- 为元件配线
- 手动添加节点
- 旋转、翻转元件
- 在电路中查找元件
- 设置标签
- 电路描述工具盒
- 链接一个表单到电路
- 打印电路

2.1 原理图捕获简介

原理图捕获是整个电路设计过程的第一步，在这个过程中，可以根据需要在电路窗口中的目标位置、目标方向放置元件，并为元件进行连线等。可以修改元件属性、在栅格图上确定电路、添加文本、添加文本块、添加子电路、添加总线、设置电路窗口的背景色、设置元件和配线的颜色等。

2.2 多电路窗口

Mutlisim 10 允许用户同时打开多个电路窗口，如图 2-1 所示。单击电路激活标签可以切换电路窗口。

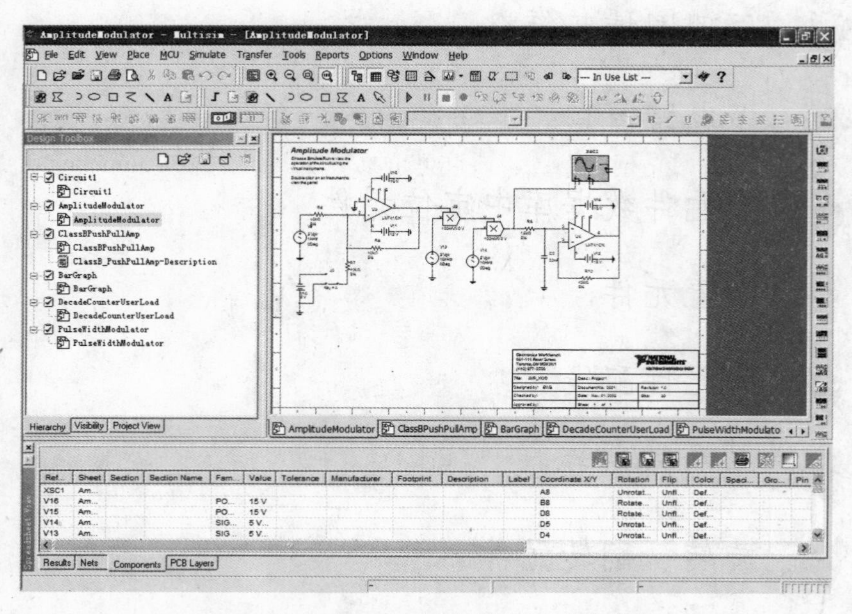

图 2-1 在 Multisim 10 中同时打开多个电路窗口

2.3 在元件数据库中定位元件

电路图捕获的第一个操作步骤是在电路窗口中放置所需要的元件，设计人员可以通过以下两种方法在元件数据库中定位元件。

（1）使用元件工具栏浏览所有的元件组。

（2）在元件数据库中搜索特定的组、族分类中的元件。

上面介绍的两种方法中，前面一种是常规方法，在元件工具栏上单击元件按钮就可以打开放置元件的对话框。

此外，Multisim 提供了一种独特的“虚拟元件”。虚拟元件有自己的符号和模型，但不包含封装，这就意味着这样的元件并不存在，不能在市场上买到。虚拟元件已具备在仿真环

境中的适应能力，其元件族在选择元件对话框中被标注为绿色。

2.4　放置元件

Multisim 10 提供的元件浏览器常用于从元件数据库中选择元件并将其放置到电路窗口中。元件在数据库中按照数据库、组、族分类管理，如 Master Database（主数据库）、Digital Group（数字电路组）和 TTL Family（TTL 族）。

筛选器提供了基于取值范围及合理允许误差在内的筛选列表，用于选择元件。只需在“Component”（元件）框内输入元件关键字符，系统便能根据提供的字符在整个元件数据库中筛选元件。

2.4.1　使用元件浏览器放置

使用元件浏览器放置元件的操作步骤如下。

（1）在工具栏上单击需要的元件组，如 Transistor（晶体管），此时弹出如图 2-2 所示的“Select a Component”对话框。还可以通过单击菜单【Place】/【Component】命令，或者在工作区的空白处单击鼠标右键，从弹出的快捷菜单中选择【Place Component】命令，或者在键盘上按下快捷键【Ctrl+W】，也可以打开“Select a Component”对话框。

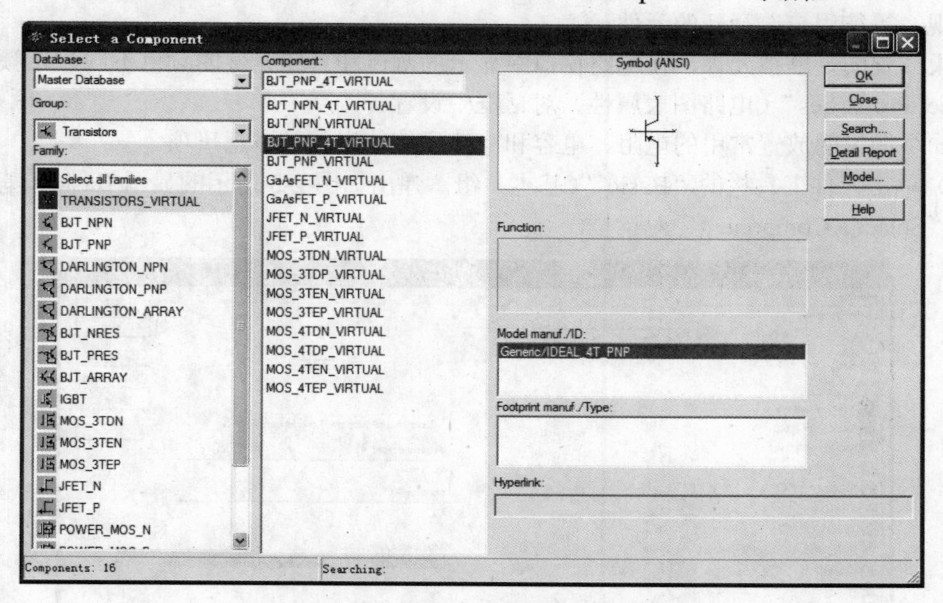

图 2-2　“Select a Component”对话框

（2）默认情况下，元件数据库是 Master Database（主数据库），若需要从 Corporate Database（公共数据库）或 User Database（用户数据库）中选择元件，在“Database”（数据库）下拉列表中选择相应的数据库即可。

（3）从“Family”（族）列表中选择所需元件族。

（4）在元件列表中选择所需的元件。

（5）在“Model manuf./ID”（模型出厂编号）栏中选择所需的模型出厂编号。

（6）在“Footprint manuf./Type”（封装类型）栏中选择所需的封装类型。需要注意的是，一些虚拟元件没有可用的封装，如 Power Sources（电源器件）。

“Hyperlink”（超级链接）栏列出了元件制造厂商的网页地址。其内容可以在“Database Manager”（数据库管理）对话框的“Components”（元件）标签页中编辑。若要访问该网页，按住键盘上的【Ctrl】键并单击链接即可。

（7）再次确认所需放置的元件，然后单击【OK】按钮。此时，电路窗口中的光标附着元件的图形，这表明该元件准备被放置。若放置的是一个多段器件，如一个二输入的与非门数字 IC，此时系统会提示一个对话框，询问用户需要放置这个 IC 的哪一段。

（8）移动光标到目标位置。当用户移动光标到工作区的边缘时，系统会自动缩放工作区的滚动条。

（9）在电路窗口的目标位置按下鼠标左键放置元件。此时元件的符号和标签（如果设置了隐藏标签和符号，则不显示）显示在电路窗口的目标位置。元件的标签（参考注释值）由数字和字母组成，字母代表元件的类型，数字代表元件最初放置的先后顺序。如果在“Preferences”（参数）对话框的“Parts”（元件）标签页中设置了“Return to Component Browser after Placement”（放置后返回元件浏览器），则此时“Select a Component”对话框将再次出现，等待用户选择新的元件。

如果放置的是虚拟元件，在电路窗口中显示的颜色和真实元件的颜色不同，该颜色可以在“Sheet Properties”（电路图表属性）对话框中设置。

下面举例说明放置常用的电阻、电容和电感元件的步骤及注意事项。

（1）单击元件工具栏的“Basic”（基本）组，弹出如图 2-3 所示的显示 Basic（基本）组元件的“Select a Component”对话框。

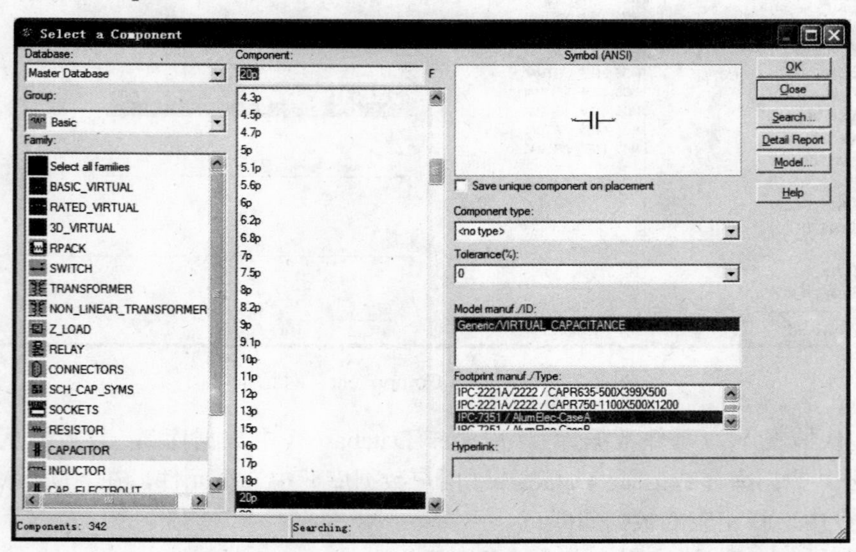

图 2-3　显示 Basic（基本）组元件的“Select a Component”对话框

（2）从“Family”（族）列表中选择所需的元件族，如 Resistor（电阻）。

（3）在“Component”（元件）列表的顶部空白处，输入所需的电阻值。

（4）勾选“Save unique component on placement”（在放置中保存唯一元件）复选框时，所有具有唯一合并值的元件将被保存到 Master Database（主数据库）中。

（5）选择所需的元件类型，如果元件仅用于仿真，选择“<no type>”即可。若在列表中找不到所需的类型，可以手工输入。

（6）选择所需的容许误差值，如果在列表中没有找到所需的容许误差值，可以手工输入。需要注意的是，误差列表在设置电位器、可调电感和可调电容时不出现。

（7）在“Footprint manuf./Type”（封装类型）列表中选择所需的封装类型。若放置的元件仅用于仿真，可以选择“No Footprint”。如果要将原理图输出到 PCB，则必须选择封装类型。

（8）确认后，单击【OK】按钮。此时，光标附着元件的图形，表明该元件准备被放置。

（9）移动光标到目标位置。

（10）在电路窗口的目标位置按下鼠标左键放置元件。

某些元件的符号并不是和封装一一对应的，甚至几个元件的符号和一个元件的封装是对应的。例如，Ti 公司的二输入与非门 74LS00D 在电路原理图中表现为 4 个元件符号，在 PCB 中则表现为一个元件的封装。

放置多片断元件时，可以从元件浏览器中选择元件的一个片断（如一个与非门），立即放置该元件，放置后弹出如图 2-4 所示的快捷菜单，可以从该快捷菜单中选择所需的元件片断来放置。

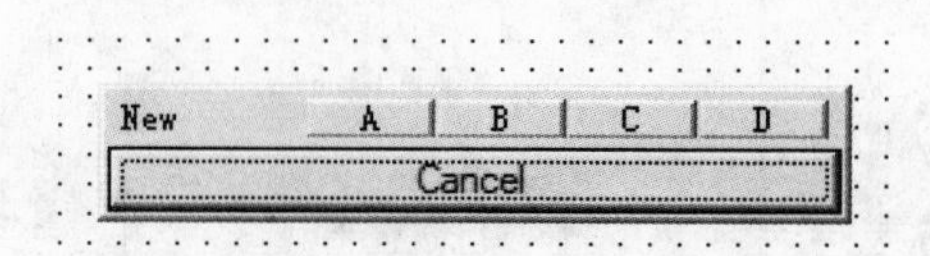

图 2-4 多片断元件的片断选择快捷菜单

在放置过程中，按以下快捷键可以实现元件的旋转和翻转操作。

- 【Crtl+R】：顺时针旋转 90°
- 【Ctrl+Shift+R】：逆时针旋转 90°
- 【Alt+X】：水平翻转
- 【Alt+Y】：垂直翻转

2.4.2 放置虚拟元件

虚拟元件是 Multisim 10 中的一个重要组成部分，可以利用 Virtual（虚拟）工具栏在工作区放置虚拟元件。

图 2-5 所示为虚拟工具栏。

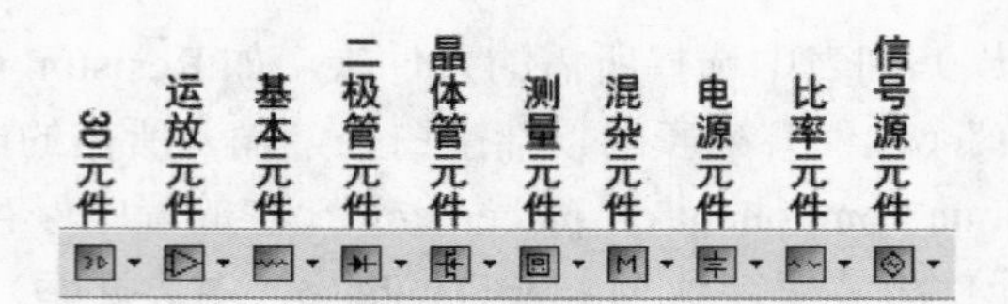

图 2-5　虚拟工具栏

放置虚拟元件的步骤如下。

（1）单击 Virtual（虚拟）工具栏中所需的按钮。

（2）在弹出的子菜单中单击所需的元件，此时光标会附着元件图形。

（3）在工作区中的目标位置按下鼠标左键放置元件。

图 2-6 列出了 Mutlisim 10 中所有的虚拟元件。

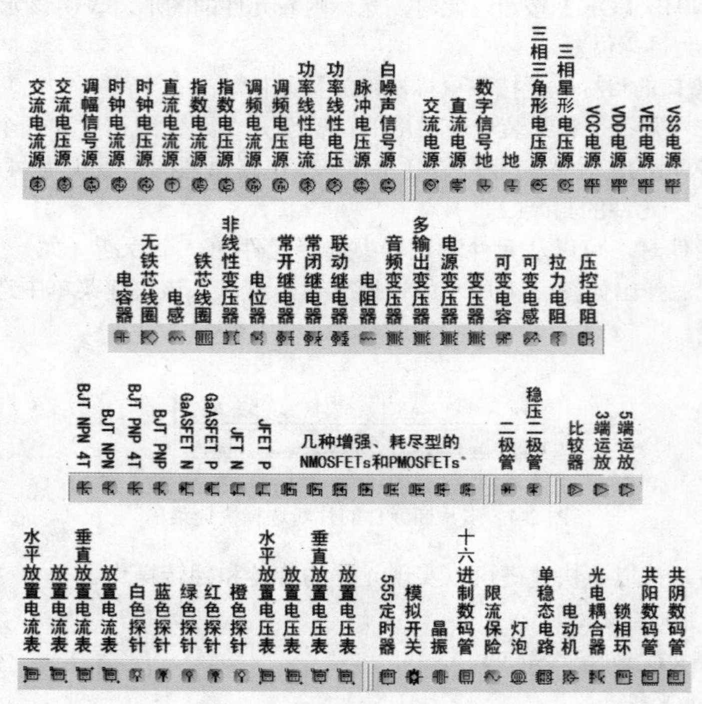

图 2-6　Multisim 10 中所有的虚拟元件

2.4.3　使用“In Use List”

放置元件时，Multisim 会把放置的元件记录到“In Use List”列表中。使用“In Use List”列表可以方便地将所需的元件放置到新的目标位置。

2.4.4　Two-Pinnded Passives

如图 2-7 左图所示，TL071ID 的 2 脚和 6 脚已经用一根导线连接好，此时需要将下面的电阻 R3 接在 TL071ID 的 2 脚和 6 脚间，将 R3 拖曳到连接 2 脚和 6 脚的导线上，释放鼠标左键即可，结果如图 2-7 右图所示。该操作在 Multisim 10 中被称为“Two-Pinned Passives”。

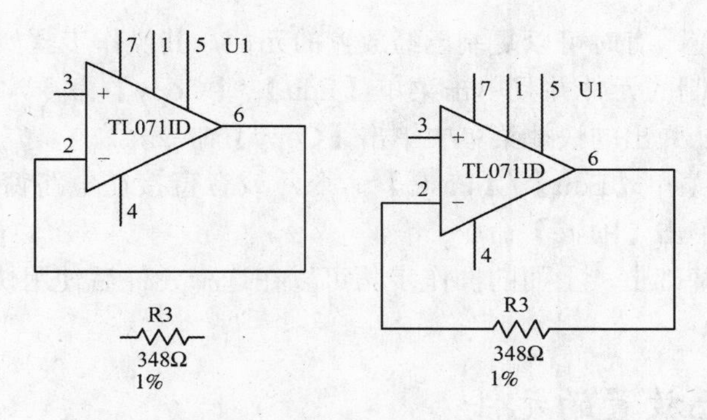

图 2-7　“Two-Pinned Passives”功能演示

2.4.5　选择已放置的元件

选择已经放置到工作区中的元件有两种方法：一种方法是将光标移动到所需元件的中央并按下鼠标左键，如图 2-8 左图所示；另一种方法是在工作区所需操作的元件附近拖曳一个矩形框，并保证该矩形框能唯一框选住目标元件，然后释放鼠标左键，如图 2-8 右图所示。

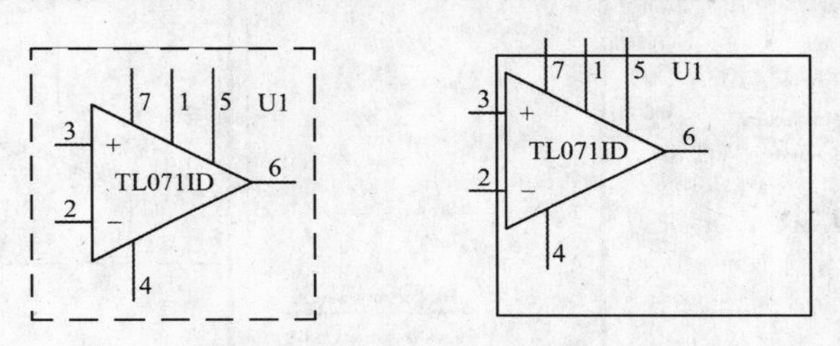

图 2-8　选择已放置的元件

2.4.6　移动已放置的元件

若要在设计原理图的过程中移动某些已放置的元件，首先选中元件，然后拖曳元件到工作区中的目标位置，再释放鼠标左键，光标附着的元件图形就被移动到新的目标位置。

在移动元件的过程中应当注意，元件的符号和标签是可以一起移动的，若在选择元件操作时没有选中整个元件（符号和标签），则在移动操作时可能会造成只移动了选中的元件符号或标签。如果仅仅需要移动元件的标签时，只选择元件标签即可。

在进行移动操作的同时，为了方便观察元件移动的轨迹，系统在“Preferences”对话框的“General”标签页中提供了“Show line to component when moving its text”（当移动文本时显示元件的轨迹线）和“Show line to original location when moving parts”（当移动元件时显示原位置的轨迹线）两个选项，在必要时可以对这两个选项进行设置。

2.4.7　复制已放置的元件

为了方便元件放置，有时可以复制已经放置的元件，其操作步骤如下。

（1）选择需要复制的元件并且单击菜单【Edit】/【Copy】命令，或者直接在选择的元件上单击鼠标右键，从弹出的快捷菜单中单击【Copy】命令。

（2）接下来单击菜单【Edit】/【Paste】命令，或者直接在电路窗口中单击鼠标右键，从弹出的快捷菜单中单击【Paste】命令。

在熟悉快捷键的基础上，上面的操作步骤可以在选择元件后使用快捷键组合【Ctrl+C】和【Ctrl+V】简化。

2.4.8　重置已放置的元件

若在设计中放置了用于测试的虚拟元件，电路测试完毕，可以用接近虚拟元件的真实元件替换电路中先前放置的虚拟元件。首先打开如图 2-9 所示的元件属性对话框，单击【Replace】按钮后，弹出“Seclect a Component”对话框，重新选择元件进行替换操作即可。

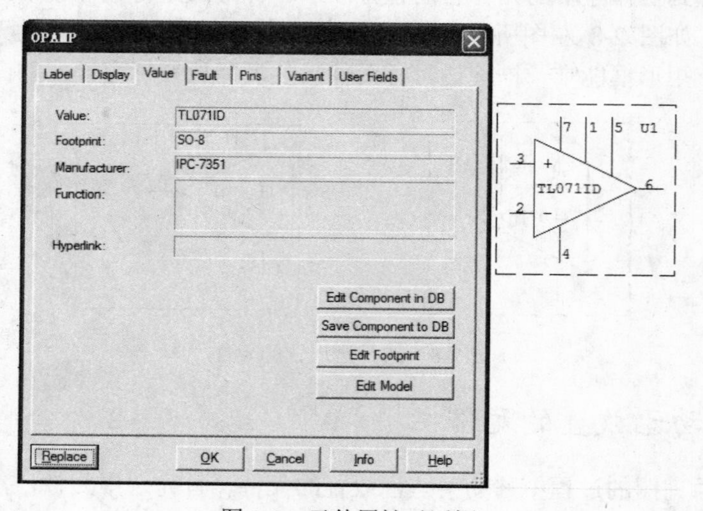

图 2-9　元件属性对话框

2.4.9　设置元件颜色

某些特殊情况下，如为便于教学或区分不同的元件时，可以设置电路中元件的颜色，该功能是在如图 2-10 所示的“Sheet Properties”（电路图表属性）对话框中完成的。

如需设置某个元件颜色，可以直接在工作区选择元件，单击鼠标右键，从弹出的快捷菜单中单击【Change Color】命令，然后从调色板中选择所需颜色并单击【OK】按钮即可。

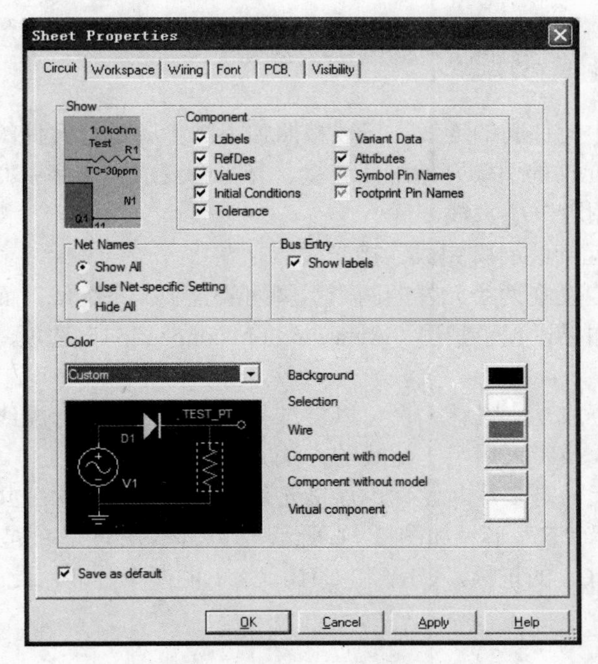

图 2-10　“Sheet Properties”对话框

2.5　为元件配线

一般情况下，通过单击元件符号的引脚进行连线操作，可以连接到另一个元件符号的某一引脚，若此时连接的是一条线，则系统会自动在交叉处放置一个节点便于连接。在电路某个地方双击鼠标左键即可放置配线，在该位置系统会自动添加一个节点，并且配线均从这个节点开始。若某一元件符号的引脚靠在一根配线上或靠在另一个引脚上，则两者间的连线自动生成。每一个配线的生成，系统都会生成一个新的网络标志，或者添加到一个已经存在的网络标志中。网络标志指的是收集某一公共点的点位信息的集合。

网络标志通常按照最小的整数指派，如果两个网络通过一根线合并到一起时，系统一般会比较两个网络名哪个更能负担，数字较小的网络标志获得的机会更大。也可以手工指派网络标号。

在只有单页的电路中，一个网络标志可以手工设置成页面中已有的网络标志，也就是将这两个网络合并到一起了，在 Multisim 中称为虚拟配线，常用于简化电路。虚拟配线不适用于不同页面间的电路及穿越层次的电路。

一些预定义的网络标志通常作用于整个电路的全局，也就是说任何层次原理图中的一个网络或在任何一个页面中被重新命名到这些保留网络的其中某一个时，这些网络是相互连接的，它们是一个网络。这些保留的网络包括“0”、“GND”、“VCC”、“VDD”、“VEE”和“VSS”。“0”网络标志代表“模拟地”，是所有仿真过程中的电压参考点；“GND”代表“数字地”。在 PCB 设计中通常有意识地将“模拟地”和“数字地”隔离开。这些网络标志常和“Hidden symbol pins”（隐藏符号引脚）配合使用。

2.5.1 为元件自动配线

为了方便原理图中元件间的连线，可以按照如下的步骤进行元件的自动配线。

（1）单击第 1 个元件的引脚开始配线连接，光标会变成“十字中心加黑点”的形状，移动光标，此时光标会附着一条直线。

（2）单击第 2 个元件的引脚完成连接配线。

此时，Multisim 自动在两个元件的两个引脚间放置了一条配线，而且这条配线是根据实际情况适当配置的，如果设置了禁用“Autowire on connection”选项，则上述设置不能正确执行。

如果配线的过程不成功，设计人员可以尝试与附近的元件进行配线，或者将配线放置在一个稍许不同的位置，或者采用手工配线的方法完成。

如果放置配线的元件是多片断元件，连接元件其中一个片断的公共引脚时，元件另一个片断的公共引脚会显示“X”形。如图 2-11 所示，U1 的 NE5532IP 是一个双运放，其 4 脚接 C2 的负极，8 脚接 C1 的正极，U1A 和 U1B 是 U1 的两个片断，此时 U1B 上 4 脚和 8 脚的显示“X”形。

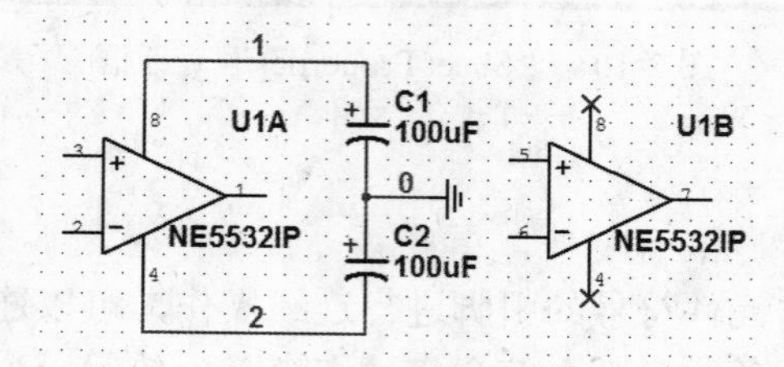

图 2-11 多片断元件配线实例

2.5.2 手工配线

某些时候，系统提供的自动配线并不符合设计人员的意图，此时可以使用手工配线的方法满足设计人员的设计目的，其设置步骤如下。

（1）单击第 1 个元件的引脚开始进行配线连接，光标会变成“十字中心加黑点”的形状，移动光标，此时光标会附着一条直线。

（2）在移动光标的过程中，通过按下鼠标左键控制配线的走向。

（3）单击第 2 个元件的某一引脚完成手工配线的放置。

若要删除一根配线，可以选择该配线并按下键盘的【Delete】键，或者在配线上单击鼠标右键，从弹出的快捷菜单上单击【Delete】（删除）命令即可。

以上介绍了添加配线和删除配线的方法，下面介绍触碰元件引脚自动配线的方法。首先需要在“Preferences”（参数设置）对话框的“General”（常规）标签页中设置允许“Autowire when pins are touching”（当引脚触碰时自动配线）选项。下面通过如图 2-12 所示的例子说明操作过程。

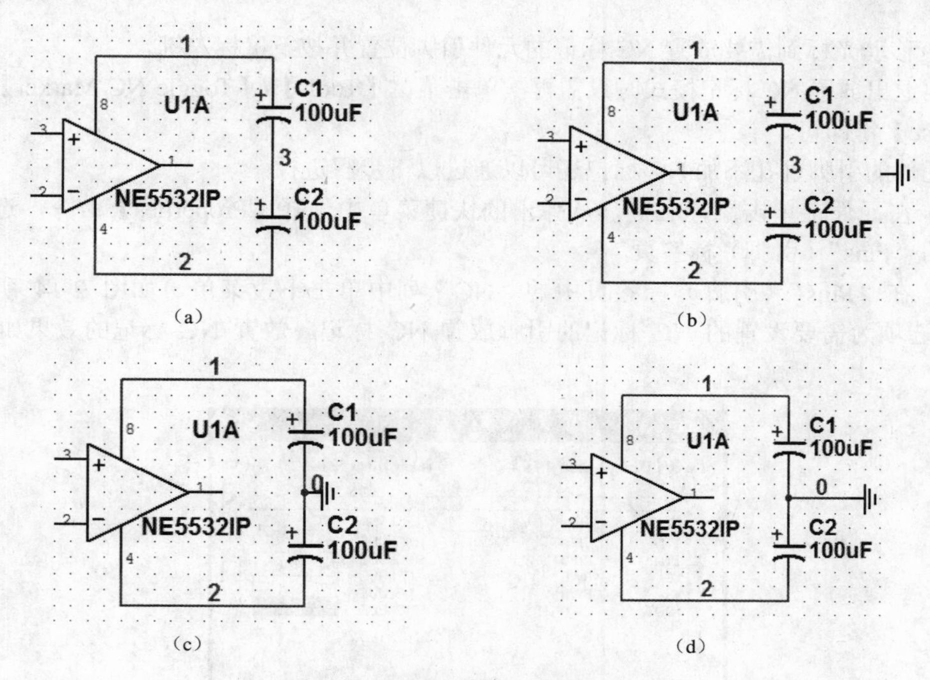

图 2-12　触碰元件引脚自动配线示例

图 2-12（a）为设置前的原始图，此时需要为网络标志“3”添加一个“GND”，如图 2-12（b）所示。此时设计人员只需将“GND”符号移动到网络标志“3”的配线上，如图 2-12（c）所示，最后选中“GND”符号并移动“GND”符号，可以发现“GND”符号和网络标志“3”间已经连接了一条配线，结果如图 2-12（d）所示。

2.5.3　自动配线与手工配线结合运用

可以综合使用自动配线和手工配线完成放置单根配线。当使用自动模式时，系统会假定用户将在单击鼠标前一直使用该模式。在绝大多数情况下都使用自动配线，只有在少数情况下（电路复杂或路径敏感时）使用手工配线。

2.5.4　放置无连接标记

电路设计过程中某些元件的某些引脚可能不配线，即无连接。此时 Multisim 可以为需要设置的元件放置一个 NC（No Connection）标记，用于阻止为该引脚配线。若用户尝试为设置了 NC 标记的引脚配线时，系统会弹出提示。

设置 NC 标记的操作步骤如下。

（1）单击菜单【Tools】/【Toggle NC Marker】命令，此时光标显示为如图 2-13 所示的形状。

图 2-13　放置 NC 标记时光标外形

（2）移动光标到需要放置 NC 标记的元件引脚位置并按下鼠标左键。

需要退出放置 NC 标记模式时只需再次单击菜单【Tools】/【Toggle NC Marker】命令或按下【Esc】键即可。

为元件的引脚过孔添加 NC 标记还可以通过以下步骤进行：

（1）在元件上单击鼠标右键，从弹出的快捷菜单中选择【Properties】命令，选择属性对话框的“Pins”（引脚）标签页。

（2）在“Pins”（引脚）标签页中的“NC”列中单击下拉菜单，如图 2-14 所示选择“Yes”选项为需要设置的 NC 标记的引脚放置 NC 标记。放置 NC 标记的效果如图 2-15 所示。

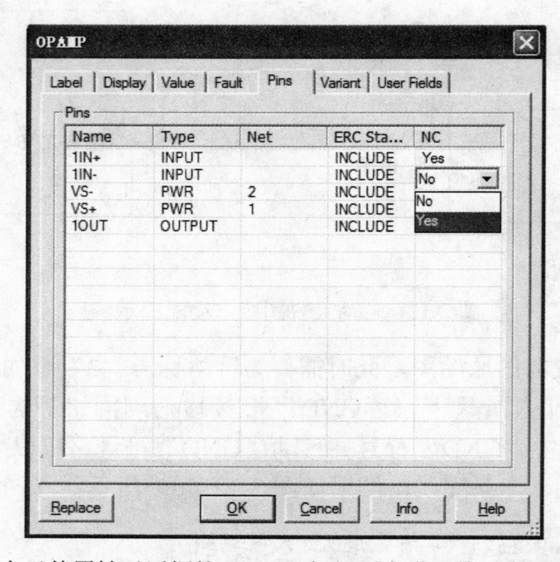

图 2-14　在元件属性对话框的“Pins”标签页中为元件引脚设置 NC 标记

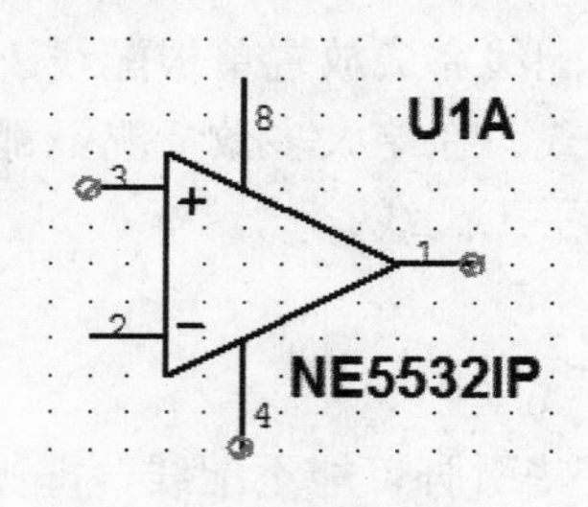

图 2-15　放置 NC 标记

2.5.5　在工作区中直接放置配线

为了提高元件配线的工作效率，更灵活高效地配线，可以将起始配线置于“中空状态”，不受元件起始点的束缚。其设置步骤如下。

（1）单击菜单【Place】/【Wire】命令，或者在工作区中单击鼠标右键并从弹出的快捷菜单中选择【Place Schematic】/【Wire】命令。

（2）在工作区中双击鼠标左键放置一个节点，并且移动光标进行配线至所需的状态。

（3）在工作区中单击鼠标左键锁定确定配线的路径。

（4）在“中空状态”下双击鼠标左键放置一个节点来结束放置配线的过程。

2.5.6　设置配线参数

设置配线参数的步骤如下。

（1）单击【Options】/【Global Preferences】命令，在弹出的窗口中选择“General”标签页。

（2）在“Wiring”（配线）工具盒中，可以设置的参数包括“Autowire when pins are touching”（当元件引脚触碰时自动配线）、“Autowire on connection”（为元件选择最有效的路径）和“Autowire on move”（移动连接有配线的元件时，配线跟随元件移动）。

（3）设置允许或禁止“Delete associated wires when deleting”（当删除配线时，同时删除与配线关联的对象）。

（4）单击【OK】按钮，设置完成。

2.5.7　修改配线路径

在工作区中放置配线后，可以根据设计意图的变化随时修改配线路径。其修改步骤如下。

（1）选择配线，此时在配线上出现许多可用于拖曳的点。

（2）通过拖曳这些点修改路径的外形。

如果要在配线中添加用于拖曳的点，在配线的目标位置按下【Ctrl】键即可。

2.5.8　设置配线颜色

Multisim 中设置配线颜色是基于“Sheet Properties”（原理图表属性）对话框进行的，可以为配线或配线片断设置颜色。在配线或配线片断上单击鼠标右键，从弹出的对话框中选择【Change Color】（修改颜色）或【Segment Color】（片断颜色）命令，然后通过调色板设置所需的颜色即可。

2.5.9　移动配线

在原理图中，切断配线连接或移动到另一个目标位置的操作步骤如下。

（1）将光标放置到需要切断连接配线的地方，此时光标变为带有双向横线的“×”，如图 2-16 所示。

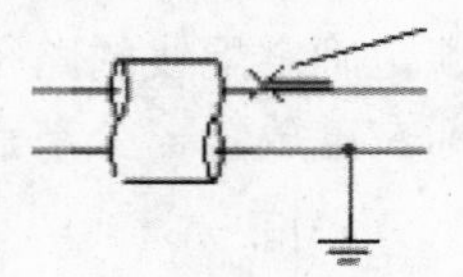

图 2-16　切断配线时的光标外形

（2）单击鼠标左键，此时光标改变为“十”字形。

（3）移动光标到需要重新连接的引脚处并按下鼠标左键，此时配线重新连接到新的引脚的目标位置。

2.6　手动添加节点

当连接一个配线到另一个配线时，它们之间交叉但不相连，此时 Multisim 会自动插入一个节点，可以在工作区中根据需要手动放置节点。

手动添加节点的方法为：

（1）单击菜单【Place】/【Junction】命令，或者在工作区中单击右键，从弹出的快捷菜单中单击【Place Schematic】/【Junction】命令，此时光标变为准备放置的节点。

（2）在工作区中的目标位置按下鼠标左键放置节点。

用户可以在不附着其他电路对象时，在配线和工作区上放置节点，还可以直接在元件引脚的尾部放置节点。如果在交叉的配线上放置节点，此时这两根配线会进行电气连接。

2.7　旋转、翻转元件

1．旋转元件

（1）选择元件并单击鼠标右键。

（2）从弹出的快捷菜单中，选择【90 Clockwise】（顺时针旋转 90°）或【90 CounterCW】（逆时针旋转 90°）命令。示例如图 2-17 所示。

（a）原始图　（b）顺时针旋转 90°　（c）逆时针旋转 90°

图 2-17　元件顺时针旋转 90° 和逆时针旋转 90° 示例

与元件结合在一起的文本信息，如标签、值、模型信息等将伴随着设计人员的操作重新配置，引脚的标号伴随着引脚旋转。所有附着有元件的配线将采用橡皮圈功能重新维持它们之间的配线连接关系。若不希望维持配线关系，可以在“Preferences”（参数）对话框的

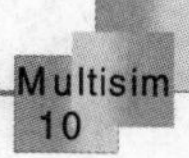

"Wiring"（配线）标签页中设置相应的选项。

2．翻转元件

（1）选择元件并单击鼠标右键。

（2）从弹出的快捷菜单中，单击【Flip Horizontal】（水平翻转）或【Flip Vertical】（垂直翻转）命令。

与元件结合在一起的文本信息，如标签、值、模型信息等将伴随着设计人员的操作重新配置，但不会翻转，所有连接有元件的配线将自动重新布置。如图 2-18 所示为元件水平翻转和垂直翻转示例。

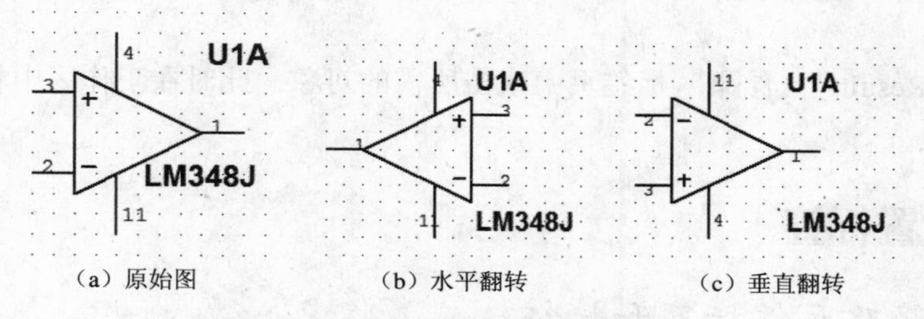

图 2-18　元件水平翻转和垂直翻转示例

2.8　在电路中查找元件

在大型的电路图中可以利用"Find Component"（查找元件）对话框快速定位元件或网络。

在工作区中查找元件和网络的操作步骤如下。

（1）单击菜单【Edit】/【Find】命令，弹出如图 2-19 所示的"Find Component"（查找元件）对话框。

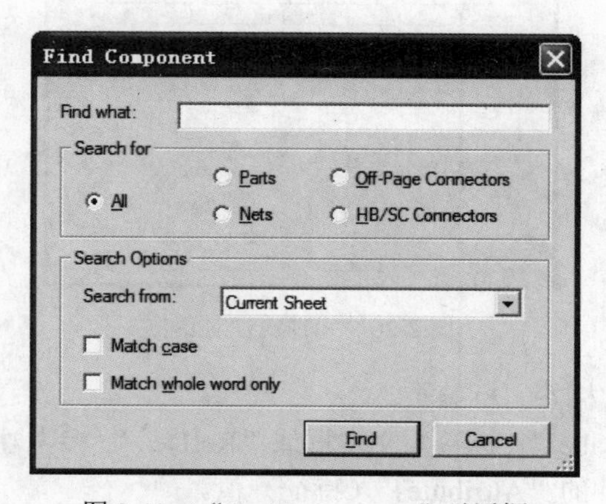

图 2-19　"Find Component"对话框

（2）在"Find what"文本框中输入查找元件的关键词。在此处灵活使用通配符*可以提高查找的效率。

（3）在“Search for”栏中，选择 All（查找与输入字符串匹配的所有对象）、Parts（查找与输入字符串匹配的元件）、Nets（查找与输入字符串匹配的网络标志）、Off-Page Connectors（离页连接器）或 HB/SC Connectors（层次/子电路连接器）选项。

（4）在“Search Options”栏中，从“Search from”下拉列表中选择 Current Sheet（当前电路图表）、Current Design（当前设计）、All Open Sheets（所有打开的电路图表）或 All Open Designs（所有打开的设计）选项。

（5）如果需要，选择 Match case（区分大小写）和 Match whole word only（匹配整个字符串）选项来提高查找的精确程度。

（6）单击【Find】按钮，此时在数据表格视图中的“Results”（结果）标签页中显示查找的结果。

（7）在“Results”（结果）标签页中双击所需的对象，此时在工作区中将会突出显示该对象。

2.9 设置标签

2.9.1 修改元件标签和特征

设计人员可以通过以下的步骤指派已放置的元件标签或修改参考注释值。

（1）选择元件后双击鼠标左键，弹出如图 2-20 所示的元件属性对话框。

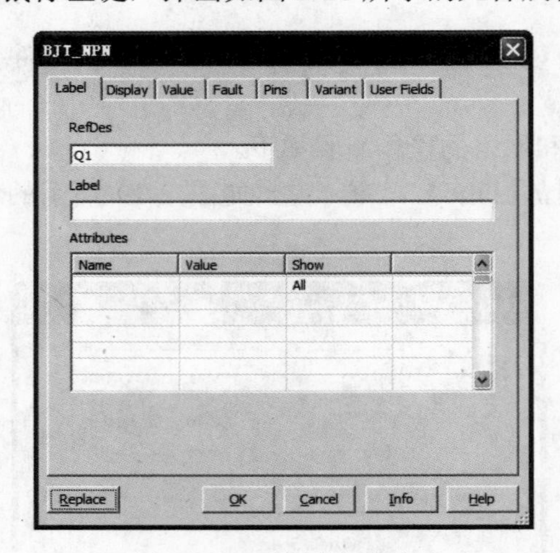

图 2-20 元件属性对话框

（2）选择“Label”（标签）标签页。

（3）输入或修改“Label”（标签）文本框或“RefDes”（参考注释值）文本框中的值。

（4）输入或修改元件的“Attributes”（特征）值。

（5）若需终止修改，只需单击【Cancel】（取消）按钮即可，保存设置则单击【OK】按钮。

2.9.2　修改网络标志

在电路中，Multisim 能够自动为每个节点分配网络标志。根据实际需要，设计人员可以修改具有特殊含义的网络标志，如将某个网络标志修改为“Output”。若试图修改应用于全局的网络标志，如 VCC 和 GND 等，系统会弹出警告提示。

修改网络标志的步骤如下。

（1）首先用鼠标左键双击配线，此时弹出如图 2-21 所示的“Net”（网络标志）对话框。

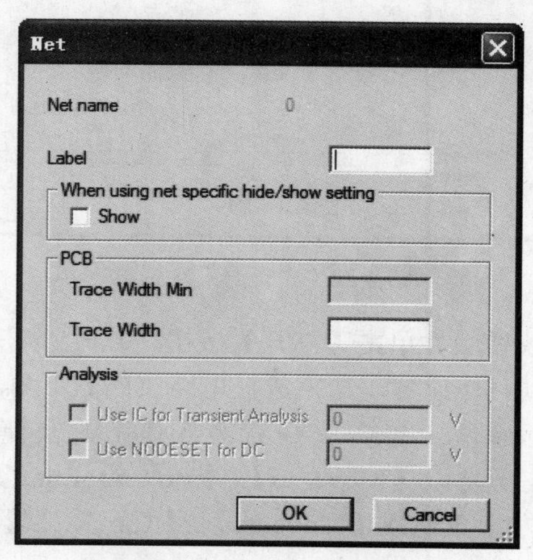

图 2-21　“Net”对话框

（2）根据需要修改网络标志。

（3）确认后，单击【OK】按钮，或者单击【Cancel】（取消）按钮终止操作。

初学者应该多多练习关于网络标志的设置，因为网络标志始终贯穿在 Multisim 仿真和 Ultiboard 的 PCB 设计中。

在设置网络标志的过程中，有时需要把一些网络标志锁定在特定的位置，此时只要在网络标志上双击鼠标左键并从提示信息中单击【Yes】按钮，或者在网络标志上单击鼠标右键选择【Lock】（锁定）命令。

解锁已经锁定的网络标志，在网络标志上双击鼠标左键，从提示信息中单击【Yes】按钮，或者在网络标志上单击鼠标右键并选择【Unlock】（解锁）命令即可。

2.9.3　添加标题块

Multisim 提供了一个高效的标题块编辑器用于自定义标题信息。如果需要，一个文本标题块可以包含于整个电路设计的每一页中。标题块可以包括文本、直线、弧线、贝塞尔曲线、矩形、椭圆形和位图等对象。

添加标题块的操作步骤如下。

（1）单击菜单【Place】/【Title Block】命令，弹出如图 2-22 所示的“打开”对话框。

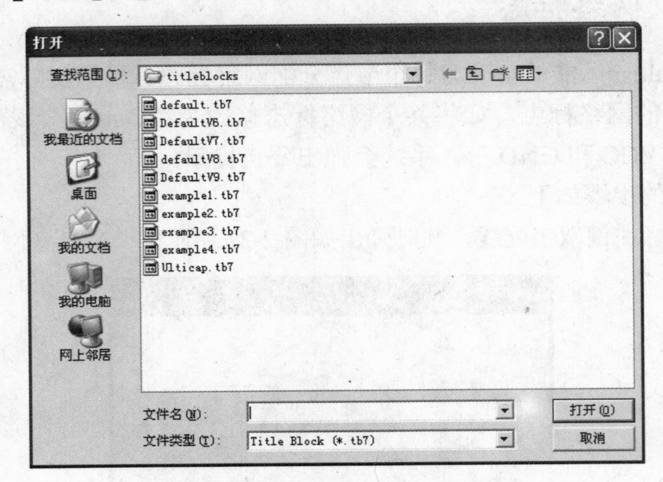

图 2-22　“打开”对话框

（2）选择所需的标题块模版并单击【打开】按钮，此时所选的标题块附着在光标上，按下鼠标左键将标题块放置到目标位置，通常放在电路页的右下角。

（3）还可以通过在标题块上单击鼠标右键从弹出的快捷菜单中选择【Move to】/【Bottom Left】（移动到左下角）、【Move to】/【Bottom Right】（移动到右下角）、【Move to】/【Top Left】（移动到左上角）或【Move to】/【Top Right】（移动到右上角）命令，移动标题块。

标题块放置好后，设计人员可以在标题块中填写关于电路设计的内容。编辑标题块中内容的操作步骤如下。

（1）在标题块中单击鼠标右键，从弹出的快捷菜单中选择【Properties】（属性）命令或在标题块中双击鼠标左键弹出标题块编辑对话框，如图 2-23 所示。

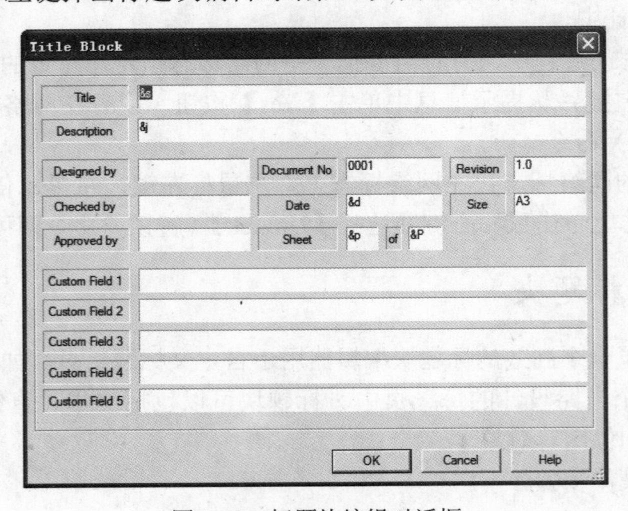

图 2-23　标题块编辑对话框

（2）在对话框中的 Title（标题）、Description（描述）、Designed by（设计人）、Document No.（设计文档编号）、Revision（修订版本编号）、Checked by（核对人）、Date（日期）、Size（图纸大小）、Approved by（审核人）、Sheet（电路图表编号）、Custom Field 1、Custom Field 2、Custom Field 3、Custom Field 4、Custom Field 5（自定义区域）等文本框输入相关内容。设计人员可以输入特殊符号&p（页码）、&P（总页码）、&d（日期）、&t（时间）、&s（页码时间）、&j（项目名称）和&&（特殊标记名称）在标题块中，当返回设计工作区中，符号被相应的文本替换。

2.9.4　添加混合文本

Multisim 允许添加文本信息到电路中，添加文本信息的步骤如下：

（1）首先单击菜单【Place】/【Text】命令或在工作区单击鼠标右键并从弹出的快捷菜单中单击【Place Graphic】/【Text】命令。

（2）在工作区的目标位置按下鼠标左键，此时会出现一个伴有闪烁光标的文本框。

（3）输入文本信息后，在工作区的其他区域按下鼠标左键则文本框自动收缩至恰当的大小。

（4）在电路窗口的其他位置按下鼠标左键停止添加文本信息。

若要删除文本，在文本框上单击鼠标右键并从弹出的快捷菜单中选择【Delete】（删除）命令，或者先选择文本信息，再按【Delete】键即可。

若要修改文本信息的字体颜色，可先在文本框上单击鼠标右键，从弹出的快捷菜单选择【Pen Color】命令，然后选择所需的颜色。

若要修改文本的字体选项，可以在文本框上单击鼠标右键并从弹出快捷菜单中选择【Font】命令，然后根据需要选择字体选项。

2.9.5　添加注释

设计人员可以添加注释到工作区，直接指向元件。当带有注释的元件移动时，其注释也跟随一起移动。

添加注释的操作步骤如下：

（1）单击菜单【Place】/【Comment】命令。

（2）移动光标到目标位置并按下鼠标左键放置注释。

（3）在已经放置的注释上双击鼠标左键，弹出如图 2-24 所示的“Comment Properties”（注释属性）对话框。

（4）在对话框的底部文本框输入文本信息，如果希望显示写字板中的内容，勾选“Show popup window”复选框即可。

（5）根据需要在“Color”（颜色）栏中设置背景色和文本颜色。

（6）在“Size”（大小）栏中，输入 Width（宽度）值和 Height（高度）值，或者勾选 Auto-Resize（自动适应大小）选项，自动缩放以保证恰好显示全部内容。

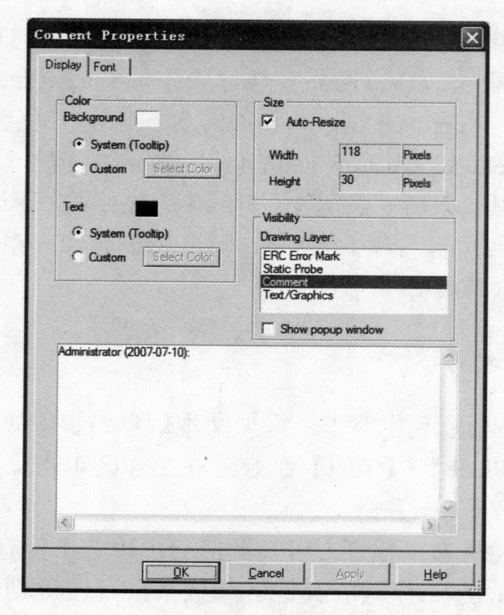

图 2-24 "Comment Properties"对话框

（7）单击【OK】按钮，如果在"Display"（显示）标签页中设置了"Show popup windows"复选项，则会在工作区中显示详细注释，否则只显示注释图标。

若要显示一个隐藏的注释，在注释图标上单击鼠标右键并从弹出的快捷菜单中单击【Show Coomment】/【Probe】（显示注释/探针）命令即可。

若要查看一个内容隐藏的注释，只需移动光标到注释上，此时注释内容会显示出来。

若要修改注释显示的大小，可以先高亮选择注释文本框，然后拖曳如图 2-25 所示的选择框的四周至所需的大小。

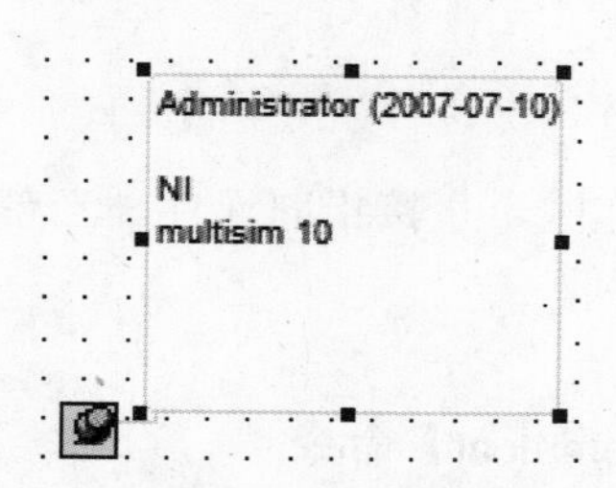

图 2-25 修改注释内容框的大小

2.9.6 图形注释

在 Multisim 中允许使用 Line、Multiline、Rectangle、Ellipse、Arc、Polygon、Picture 和 Comment 对象作为图形注释。

添加一个图形注释的操作步骤如下。

（1）首先在 Multisim 界面中找到 Graphic Annotation（图形注释）工具栏，如果在界面中没有找到，则单击菜单【View】/【Toolbars】/【Graphic Annotation】命令打开 Graphic

Annotation 工具栏。

（2）在 Graphic Annotation 工具栏中单击所需要的图形对象按钮，如图 2-26 所示为图形注释工具栏。

若要修改放置的图形注释对象的大小，可以选中该图形注释，然后用鼠标拖曳出现的四个点即可，如图 2-27 所示。

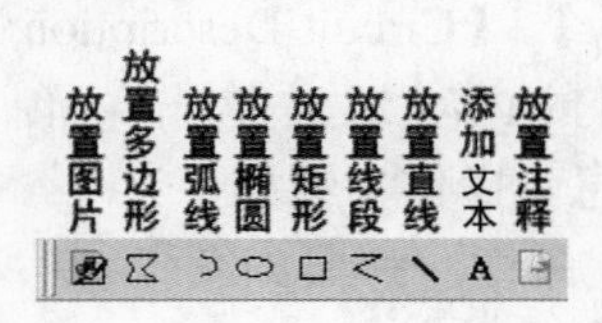

图 2-26　图形注释工具栏

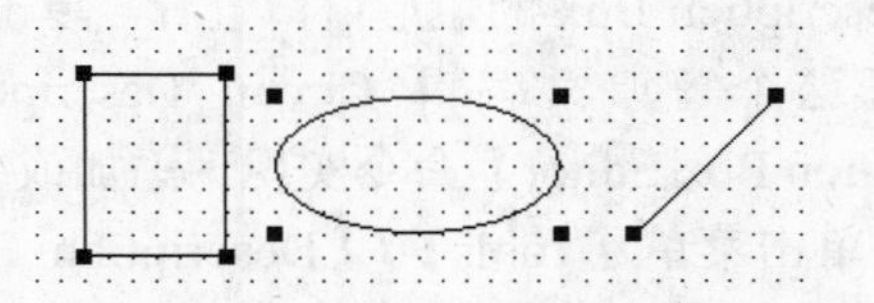

图 2-27　修改图形注释对象的大小

2.9.7　捕获屏幕区域

Multisim 提供了类似于复制屏幕的捕获屏幕区域的功能，能够方便地将设计过程中的内容及时捕获下来，存放在系统的剪贴板中。设置捕获屏幕的操作步骤如下。

（1）单击菜单【Tools】/【Capture Screen Area】命令，此时工作区中会显示如图 2-28 所示的选择框架。

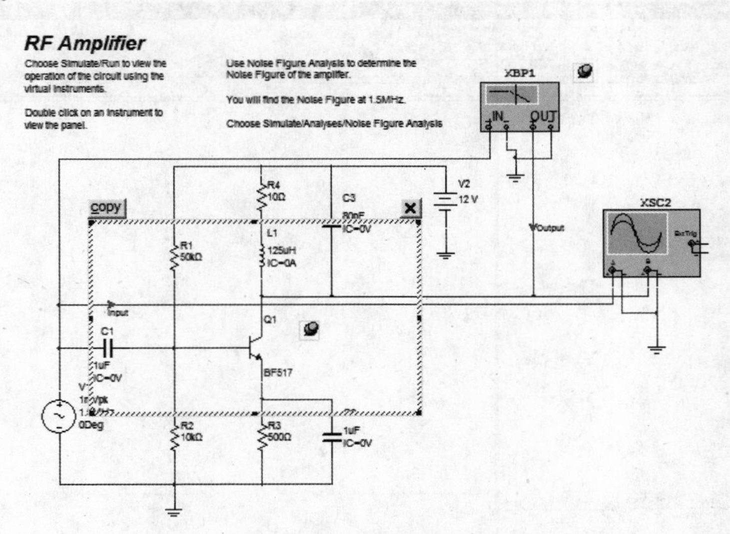

图 2-28　捕获屏幕的选择框

（2）移动选择框到目标位置。

（3）调整选择框的大小，保证框内能容纳需要捕获的全部内容。

（4）单击框架的【Copy】（复制）按钮，此时框内的图形被复制到系统的剪贴板中。

（5）捕获完成后，单击框架右上角的 ☒ 按钮关闭捕获图形框架即可。

2.10 电路描述工具盒

除了为电路添加特殊的文本信息外，用户还可以使用 Circuti Description Box（电路描述工具盒）添加常规的描述信息，如位图、声音和视频等。电路描述工具盒的内容可以通过 Circuit Description Box 的矩形窗口查看，单击菜单【View】/【Circuit Description Box】命令即可打开这个窗口。编辑 Circuit Description Box 中的内容通过单击菜单【Tools】/【Description Box Editor】命令实现。添加或编辑描述信息的操作步骤如下。

（1）单击菜单【Tools】/【Description Box Editor】命令，弹出如图 2-29 所示的描述窗口。

（2）在窗口中直接输入文本或选择【Insert】/【Object】命令放置位图、音乐和视频等文件。

（3）根据需要使用 Description Editor 工具栏编辑电路描述工具盒的内容。

（4）当完成输入文本时，选择菜单【File】/【Close】命令关闭描述窗口，返回到 Mutlisim 的工作区。

若要打印电路描述窗口中的内容，在描述窗口中单击菜单【File】/【Print】命令即可。

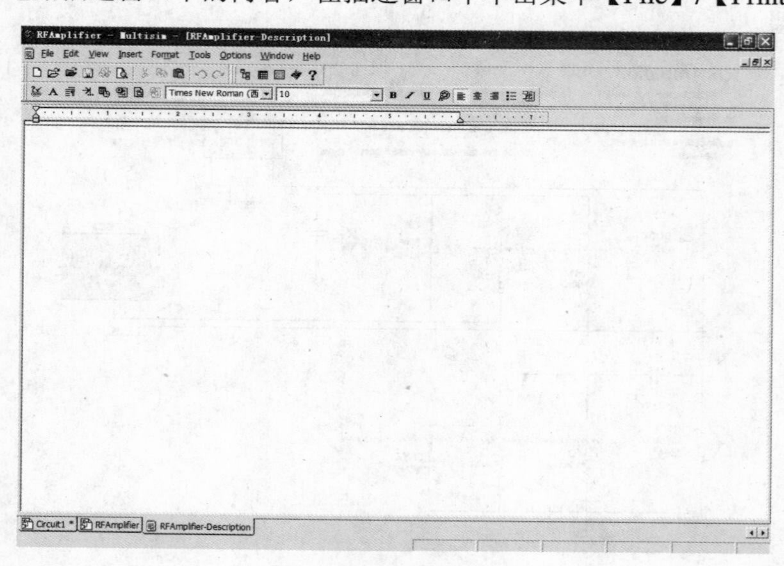

图 2-29 描述窗口

2.10.1 格式化电路描述工具盒

可以使用 Paragraph Dialog Box（段落对话框工具盒）、Tabs Dialog Box（标签对话框工具盒）、Data and Time Dialog Box（日期和时间对话框工具盒）、Options Dialog Box（选项对话框工具盒）和 Insert Object Dialog Box（插入对象对话框工具盒）等格式化描述工具盒中的内容。

Description Edit Bar 中的 Font（字体）、Bold（加粗）、Italic（斜体）、Underline（下划线）、Color（颜色）、Left Justification（左对齐）、Center Justification（居中对齐）、Right Justification（右对齐）和 Insert Bullet（插入）按钮可以格式化电路描述工具盒的文本内容。

1. 输入“Paragraph”对话框工具盒信息的操作步骤

（1）首先打开描述窗口。

（2）单击菜单【Format】/【Paragraph】命令，弹出如图 2-30 所示的“Paragraph”（段落）对话框。

（3）在“Indentation”栏中，根据需要输入 Left（左）、Right（右）和 First Line（第一线）的值。

（4）在“Alignment”（对齐）下拉列表中选择段落的对齐方式。

（5）设置完毕后，单击【OK】按钮关闭“Paragraph”对话框。

2. 输入“Tabs”对话框工具盒信息的操作步骤

（1）首先打开描述窗口。

（2）单击菜单【Format】/【Tab】命令，弹出如图 2-31 所示的“Tabs”（标签）对话框。

（3）在“Tab stop postion”处输入所需的位置并单击【Set】（设置）按钮。

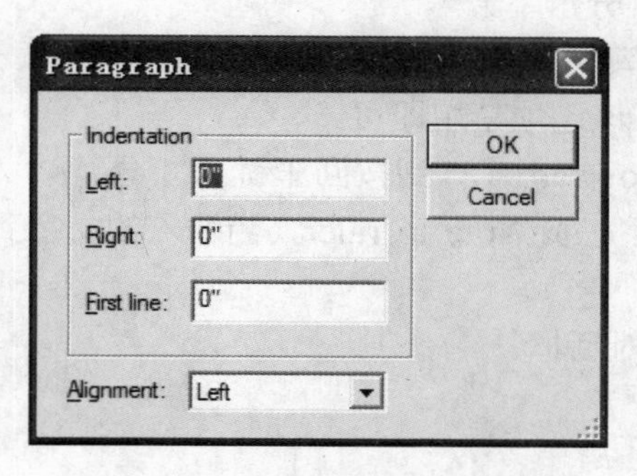

图 2-30　“Paragraph”对话框

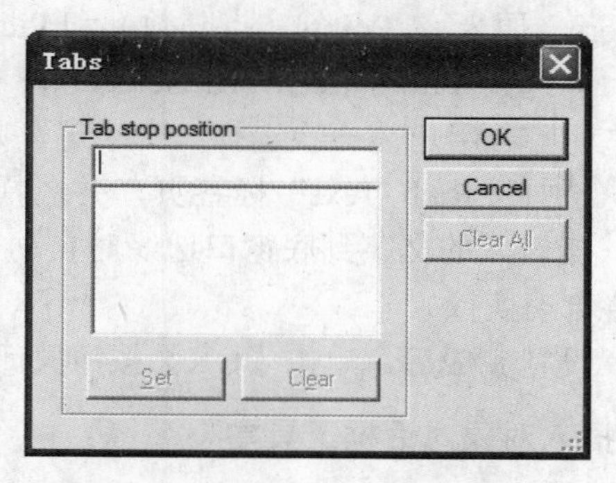

图 2-31　“Tabs”对话框

3. 输入“Data and Time”对话框工具盒信息的操作步骤

（1）首先打开描述窗口。

（2）在需要放置日期和时间的位置按下鼠标左键。

（3）单击菜单【Insert】/【Date and Time】命令，弹出如图 2-32 所示的“Data and Time”对话框。

（4）根据需要选择系统提供的可用的日期和时间格式，单击【OK】按钮并放置到目标位置。

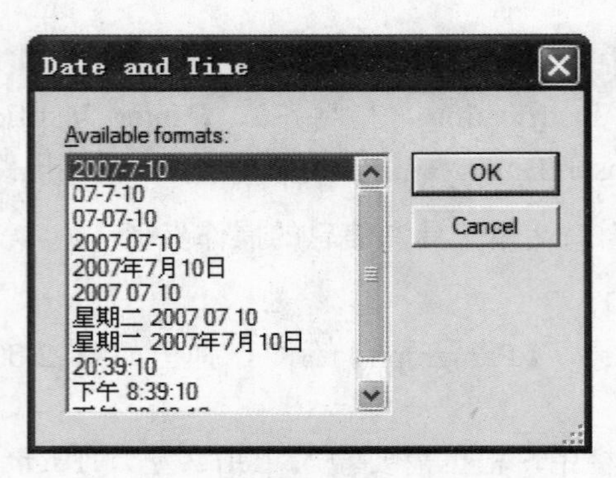

图 2-32 “Data and Time”对话框

4．选项对话框工具盒

选项对话框工具盒用于设置电路描述工具盒的测量单位和文本格式，其设置步骤如下。

（1）打开描述窗口。

（2）单击菜单【Options】/【Rich Edit Option】命令，打开“Options”（选项）对话框并选择“Options”（选项）标签页。

（3）在“Measurement units”（测量单位）栏中，选择相应的 Inches（英寸）、Centimeters（厘米）、Points（点阵数）和 Picas（分辨率）。

（4）勾选“Automatic Word Selection”（自动选择单词）可以方便地使用光标一次性选择一个单词，若用户需一次选择一个字母，则将该选项禁用即可。

（5）选择“Rich Text”标签页，并选择 No warp（直到按回车键后才分行）、Wrap to window（当输入的文字到底窗口边缘时自动换行）或 Wrap to ruler（当输入的文字到底页边空白时将自动换行）。

（6）设置完成后，单击【OK】按钮关闭此对话框。

5．插入对象对话框工具盒

插入对象对话框工具盒用于选择对象，如位图等，其操作步骤如下。

（1）首先打开描述窗口。

（2）单击菜单【Insert】/【Object】命令，弹出如图 2-33 所示的“插入对象”对话框。

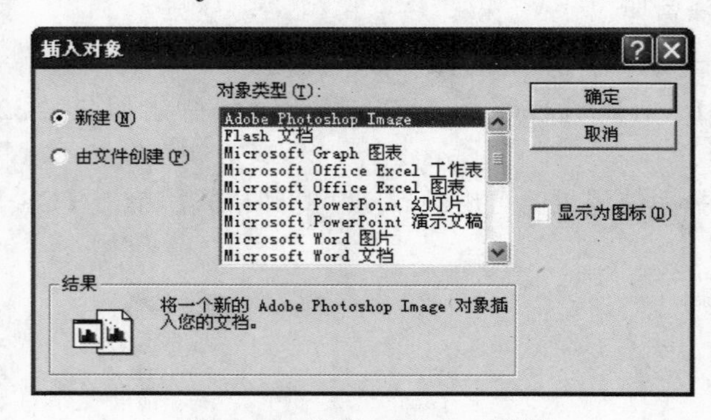

图 2-33 “插入对象”对话框

（3）若要创建一个新的对象，则单击【新建】按钮。

（4）从对象列表中选择所需的对象。

（5）设置“显示为图标”则用文件的图标来标志这个文件。

（6）设置完成后单击【确定】按钮。

由一个文件创建新的对象的操作步骤如下。

（1）首先选择“由文件创建”项。

（2）在文件路径处输入文件的路径地址，或者单击【浏览】按钮查找文件的位置。

（3）根据需要设置链接对象到原文件，任何关于原文件的更新都将反映到这个对象来。

2.10.2　仿真过程中的轴卷事件

电路描述工具盒允许设计人员在电路仿真过程中同步轴卷显示文本、图形和视频事件。

1．自动轴卷文本

（1）在“Circuit Description Box”中输入所需的文本。

（2）单击菜单【Simulate】/【Instruments】/【Measurement Probe】命令，放置测试探针。

（3）在测量探针上双击鼠标左键，弹出“Probe Properties”（探针属性）对话框，然后选择“Description Box”（描述工具盒）标签页。

（4）单击【New】（新建）按钮，此时在“Conditions”（条件）处有一个闪烁的光标出现。

（5）单击这个右向的按钮并且从弹出的快捷菜单中选择所需的设置条件。

（6）从“Action”（动作）下拉列表中选择 Start Scrolling（开始轴卷）。

（7）在“Parameter”（参数）文本框输入轴卷的速度。

（8）单击【Apply】（应用）按钮。

（9）单击【OK】按钮并关闭该对话框。

（10）在 Simulation（仿真）工具栏中单击【Run】/【Resume Simulation】命令，当在探针属性对话框电路描述工具盒标签中设置的条件相符时，该文本信息自动开始轴卷。

2．播放视频剪辑

（1）首先通过选择菜单【Tools】/【Description Box Editor】命令打开描述窗口。

（2）在需要放置视频剪辑的位置按下鼠标左键。

（3）单击菜单【Insert】/【Object】命令并选择“由文件创建”项。

（4）如果需要设置原文件链接到 Multisim 中，应将“Link”设置为允许。

（5）单击【Browse】（浏览）按钮并且找到需要添加的视频剪辑。

（6）单击【OK】按钮，放置该视频剪辑。

（7）在该视频剪辑上单击鼠标左键并选择【Insert】/【Label】命令，在“Label Name”处输入标签名称，并单击【OK】按钮，此时带有文件名称的视频剪辑图标出现。

（8）单击菜单【Simulate】/【Instrument】/【Measurement Probe】命令，并且单击放置探针到目标位置。

（9）在放置的探针上双击鼠标左键，弹出“Probe Properties”（探针属性）对话框，选择【Description Box】标签页。

（10）单击【New】按钮（新建），此时在“Conditions”（条件）处出现闪烁的光标。

（11）单击这个右向的按钮并且从弹出的快捷菜单中选择所需的设置条件。

（12）从“Aciton”（动作）下拉列表中，选择 Play Media Clip（播放视频剪辑）动作。

（13）在“Parameter”（参数）处，输入在“Circuit Description Box”窗口中放置的视频剪、辑的标签名称。

（14）单击【Accept】（接受）按钮。

（15）单击【OK】按钮，关闭该对话框。

（16）在 Simulation（仿真）工具栏中单击【Run】/【Resume Simulation】命令，当与设置的条件相符时，开始播放视频剪辑。

2.11 链接一个表单到电路

设计人员可以使用 Multisim 提供的表单功能发送电路审核、设计讨论及关于电路的反馈信息。表单文件一旦完成，电路文件包括完成的表单文件，可以通过电子邮件的形式发送到原作者。

Multisim 中的表单包括 Multiple Choice（多选题）、True/False（真/假判断题）、Data Entry（日期数据）和 Free Form（自由表单）等内容。同样设计人员可以在电路描述工具盒中插入链接，直接链接到问题。

2.11.1 创建表单

创建表单的步骤如下。

（1）单击菜单【Edit】/【Questions】命令，弹出如图 2-34 所示的“Edit Form”对话框。对话框中包括 Title（标题）、Instruction（说明）和 User Profile（用户基本信息）信息。

（2）单击按钮，从弹出的快捷菜单中选择题目的类型。

（3）输入基于多选题、真假判断题、日期数据和自由表单类型的问题。

（4）若要删除某个问题时，单击即可。

（5）输入完所需的题目后，单击【OK】按钮。

（6）单击菜单【View】/【Circuit Description Box】命令，此时题目显示在“Circuit Description Box”窗口底部框内。

（7）保存 Multisim 电路文件，包括现有的表单文件。此时完整的电路文件可以通过电子邮件的形式发送到收件人。

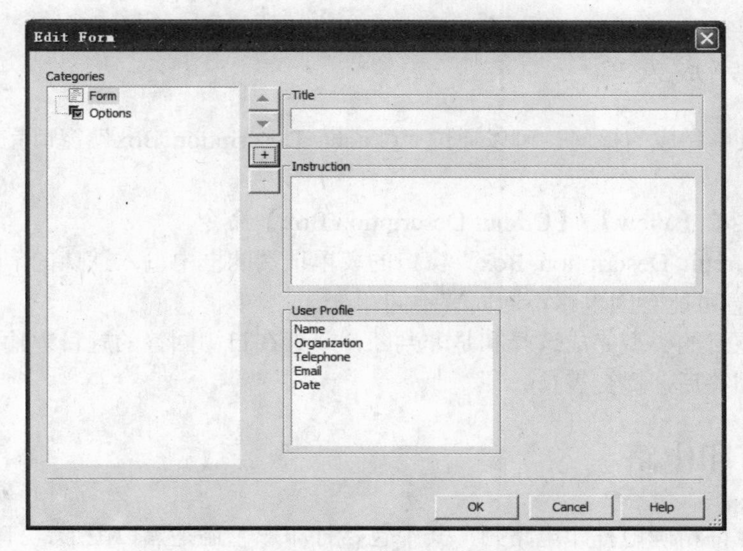

图 2-34　“Edit Form”对话框

2.11.2　创建链接

在表单中，把指定的提问链接插入到 Circuit Description Box（电路描述工具盒）中的步骤如下。

（1）根据 2.11.1 节的介绍创建一个表单。

（2）单击菜单【Tools】/【Description Box Editor】（电路描述工具盒）命令。

（3）按常规的样式输入文本、图形等内容。

（4）在所需的位置放置光标，并单击菜单【Insert】/【Question Link】命令，弹出“Seclect a Form”（选择一个表单）对话框，该对话框中显示所有当前表单中列出的提问。

（5）高亮选中所需链接的提问并单击【OK】按钮，则链接放置到光标所在位置。

（6）根据实际需要插入其他的链接后，关闭“Description Box Editor”（描述工具盒编辑器）窗口。

（7）在“Circuit Description Box”（电路描述工具盒）窗口中的某一链接双击鼠标左键，则跳转到所链接提问的面板中。

2.11.3　设置提交表单选项

在创建表单后和发送前，需要设置提交表单选项。设置提交表单选项的操作步骤如下。

（1）单击菜单【Edit】/【Questions】命令，弹出“Edit Form”对话框。

（2）在类别目录中单击“Options”选项，对展开的 Email the circuit file to（输入 Email 的地址）、Subject（在 Email 主题中输入文本）、Body（在 Email 信息中输入正文）、Display the message（显示信息）等选项进行设置。

（3）单击【OK】按钮关闭对话框。

2.11.4 完成表单

对于通过表单完成的提问，可以通过“Crucuti Description Box”窗口完成回答操作，其步骤如下。

（1）单击菜单【View】/【Circuit Description Box】命令。

（2）在“Circuit Description Box”窗口的表单顶端的框中输入默认的信息（如时间、日期等），这些信息可能会因电路不同而有不同。

（3）根据题目的类型完成选择和是非判断，或者在自由回答的题目中输入相应的回答。

（4）完成回答后，提交表单。

2.12 打印电路

Mutlisim 允许精确地打印电路图，其中包括打印彩色还是黑白图形、打印哪一页、打印时是否包括背景、页面空白是否打印、是否缩放至合适时才打印等。

设置打印环境的操作步骤如下。

（1）单击菜单【File】/【Print Options】/【Print Circuit Setup】命令。

（2）根据实际需要设置页边距、缩放大小及页面方向。

（3）设置相应的输出选项，包括 In Black/White（是否打印黑白图）、Insturments（是否打印分开的电路图表中仪器）、Background（是否打印电路图的背景）、Current Circuit（是否打印当前激活的电路窗口的内容）、Current and Subcircuits（是否打印当前激活的电路窗口以及子电路、层次电路）和 Entire Design（是否打印整个电路设计）等。

（4）单击【OK】按钮完成对当前电路的打印环境设置，或者单击【Set as Default】（设置称默认）按钮将该打印环境的设置应用到所有的电路中。

（5）若要打印当前电路，单击菜单【File】/【Print】命令即可。

练习题

（1）练习从元件数据库中选择元件 TLV2332ID、HA1790AHPK、74HC190D_4V 和 1N3889A。

（2）练习绘制如图所示的电路原理图。

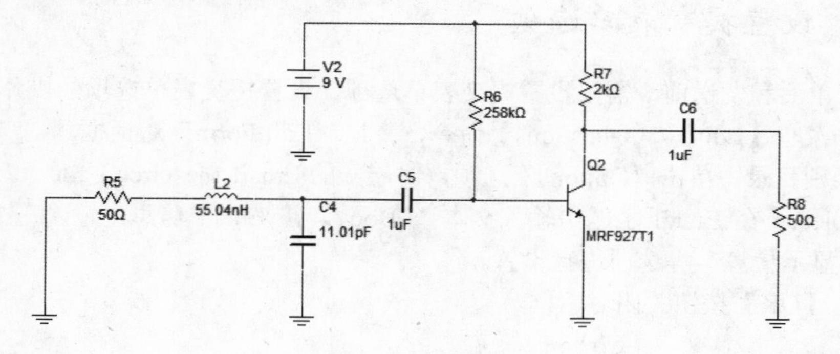

（3）练习绘制如图所示的电路原理图。

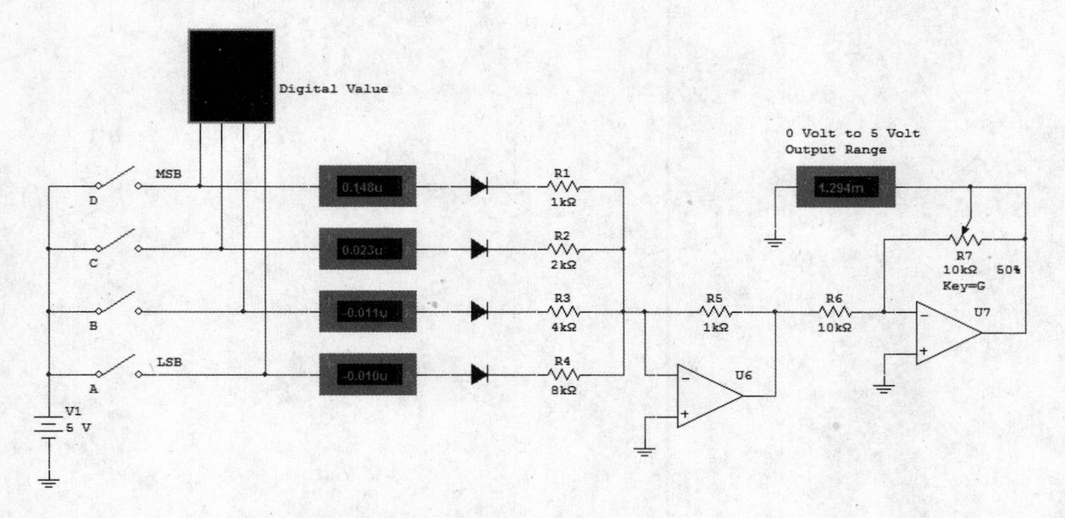

（4）练习绘制如图所示的电路原理图。

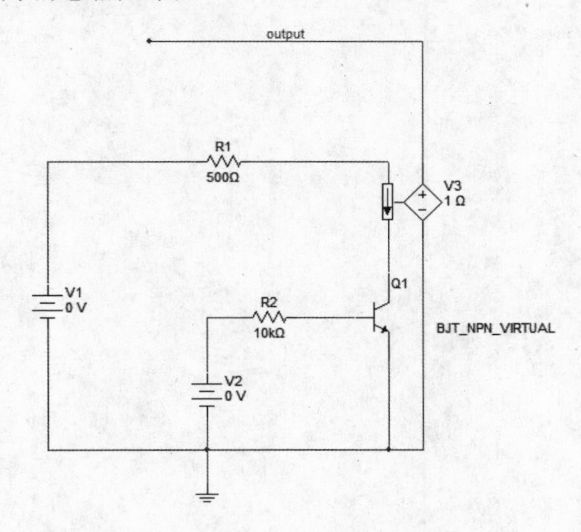

第3章 原理图捕获高级设置

 元件属性

 为元件指派错误信息

 数据表格视图

 标题块编辑器

 电气规则检查

3.1 元件属性

在 Mutlisim 元件数据库中，每个放置在电路中的元件都具有属性。这些属性仅作用于已放置的元件，不作用于其他电路的元件。根据元件的类型，它们的属性由元件显示的标签、元件的模型、如何使用电路分析、元件的值、模型和封装等组成。

3.1.1 设置元件的识别信息

根据在“Sheet Properties”对话框的“Circuit Tab”标签页中的设置决定在电路中显示哪些信息。也可以根据需要，忽略这些设置而单独为个别元件设置。

为元件设置识别信息的步骤如下。

（1）双击该元件，弹出这个元件的属性对话框。

（2）选择如图 3-1 所示的“Display”（显示）标签页。当“Use Schematic Global Setting”（使用原理图全局设置）选项被勾选时，个别的元件的识别信息将受电路设置项控制。

图 3-1 元件对话框显示标签页

（3）取消选择“Use Schematic Global Setting”（使用原理图全局设置）选项。

（4）根据需要设置需要、不需要显示元件的识别信息。

（5）若要终止设置，单击【Cancel】按钮即可。保存这些设置则单击【OK】按钮。

3.1.2 查看已放置元件的值和模型

在元件属性对话框的“Value”（值）标签页提供了元件的值和模型信息，根据选择元件的不同，“Value”（值）标签页的内容也有所不同。

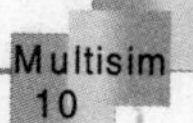

Multisim 中提供的元件都是虚拟的，这些元件通过配线连接起来进行仿真测试。

真实元件是可以根据提供的型号、封装和值在市场上买到的，并可以在 Ultiboard 中提供 PCB 设计的元件。虚拟元件在 Multisim 中方便了设计人员在设计过程中，提前将一些特定参数的元件放置到电路设计中，只要测试成功，这个虚拟元件的参数就可以确定下来，从而可以用真实元件将其替换掉，有助于提高设计工作效率。如图 3-2 所示是一个 Multisim 提供的真实元件的相关信息。

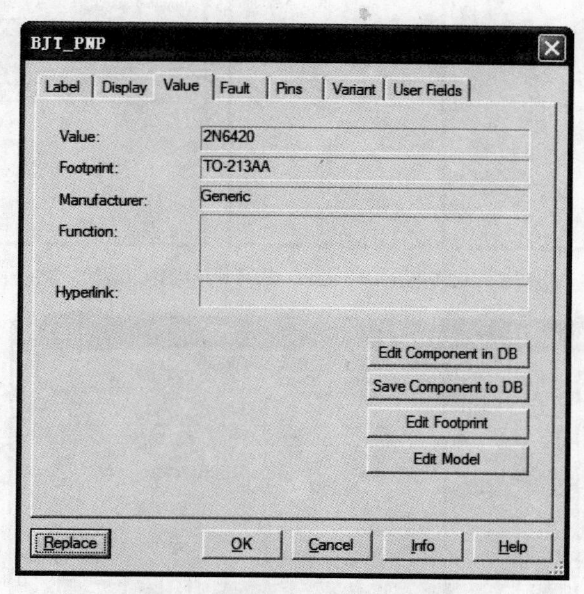

图 3-2　真实元件的相关信息

电阻、电感和电容是常用的元件，若要编辑它们，先用鼠标左键双击元件并从弹出的对话框中选择“Value”（值）标签页，然后根据实际需要修改参数，最后单击【OK】按钮即可。

在 Multisim 10 中，元件的模型是可以编辑的，下面介绍如何编辑元件的模型。

（1）首先双击鼠标左键，弹出元件属性对话框。

（2）在“Value”（值）标签页中单击【Edit Model】按钮，弹出如图 3-3 所示的“Edit Model”（模型编辑）对话框。

（3）在列表框中根据实际需要选择模型。

（4）单击【OK】按钮保存设置并关闭对话框。

除了元件模型可以编辑外，元件封装也是可以编辑的，其操作步骤如下：

（1）首先在元件上双击鼠标左键，从弹出的对话框中的选择“Value”（值）标签页，并单击【Edit Footprint】（编辑封装）按钮，弹出如图 3-4 所示的“Edit Footprint”对话框。

（2）单击【Select From Database】（从元件数据库中选择）按钮，弹出如图 3-5 所示的“Select a Footprint”（选择封装）对话框。此时根据设计需要从列表中选择正确的封装。

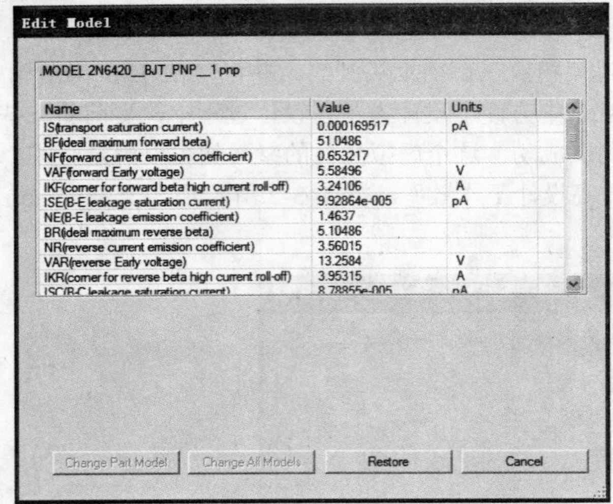

图 3-3 “Edit Model”对话框

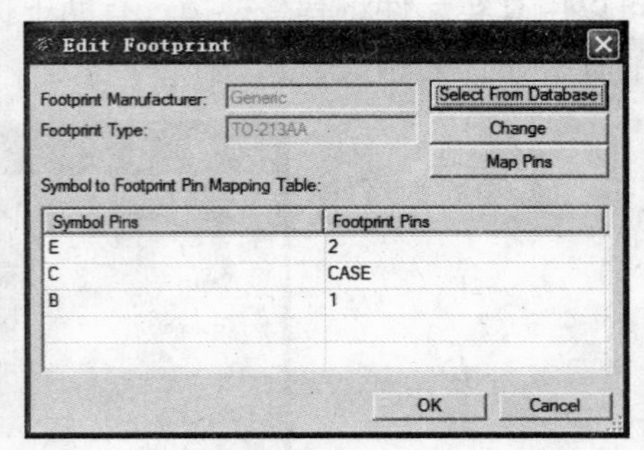

图 3-4 “Edit Footprint”对话框

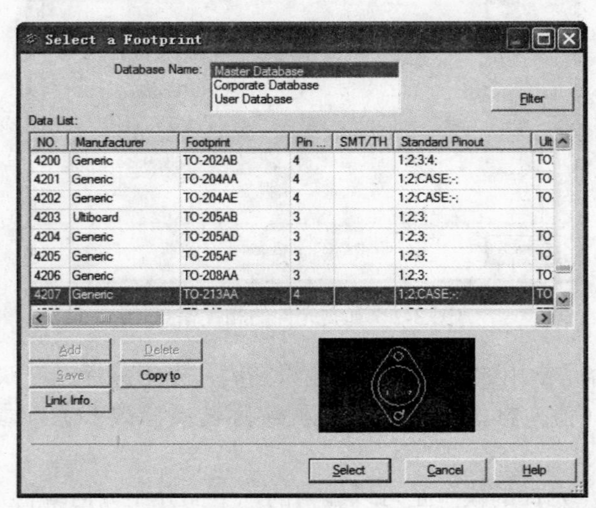

图 3-5 “Select a Footprint”对话框

（3）单击【OK】按钮保存设置。

虚拟元件是不能在市场上买到的，它们仅仅具备符号和模型，但没有封装。在“假定”分析中应用广泛，软件中将虚拟元件和真实元件进行了区分，在电路图中虚拟元件和真实元件的显示的颜色是不同的。通过颜色上的区分，提醒虚拟元件不是真实的，不能输出到 PCB 中。如图 3-6 所示为虚拟元件的属性对话框。

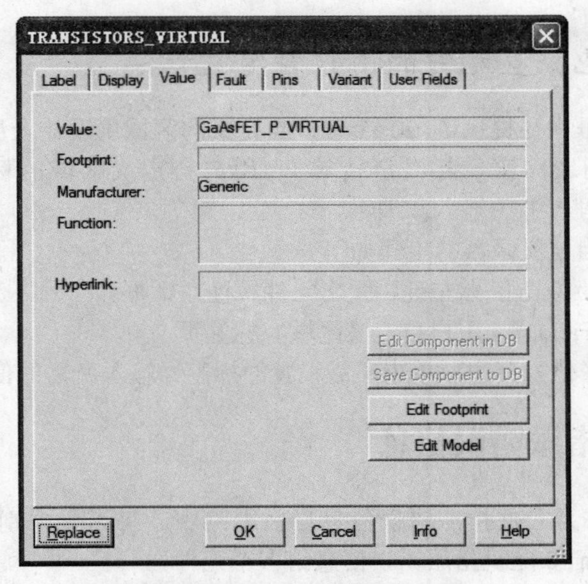

图 3-6 虚拟元件的属性对话框

3.1.3 在分析中设置元件的属性

在 Multisim 10 中有部分元件可以由设计人员设置如何将其应用到电路分析中，如电源器件。这需要在“Value”标签页中设置额外的参数，其设置步骤如下。

（1）首先在元件上双击鼠标左键，弹出元件的属性对话框。

（2）选择“Value”（值）标签页，如图 3-7 所示。

（3）根据实际情况进行设置。

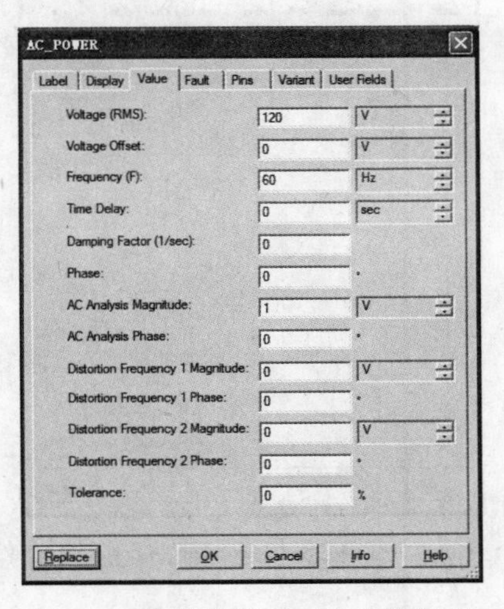

图 3-7 电源器件“Value”标签页

（4）若要终止操作，单击【Cancel】（取消）按钮即可。单击【OK】按钮则保存所作的修改设置。

3.1.4 编辑已放置元件的用户自定义信息

元件的属性对话框中还提供了 20 个用户自定义的区域供设计人员输入元件的相关信息（如元件销售商、制造厂家、超级链接等）。用户自定义区域的标题可以在“Database Manager”（数据库管理器）中输入和编辑。

编辑元件的用户自定义区域的步骤如下。

（1）首先在元件上双击鼠标左键，弹出元件属性对话框。

（2）选择“User Fields”（用户自定义区域）标签页。

（3）在“Value”（值）列中，单击所需设置的标签并输入所需的信息。

3.2 为元件指派错误信息

Multisim 10 允许为元件指派错误信息。在电路中，可以为个别元件手工指派错误信息，也可以由 Multisim 10 随机指派错误信息给多个元件。

3.2.1 设置已放置元件的错误信息

在元件属性对话框的“Fault”（错误信息）标签页中可以指派错误信息到终端端口，其操作步骤如下。

（1）在元件上双击鼠标左键，弹出元件属性对话框。

（2）如图 3-8 所示，选择“Fault”（错误信息）标签页，从列表中选择需要指派错误信息的终端端口。

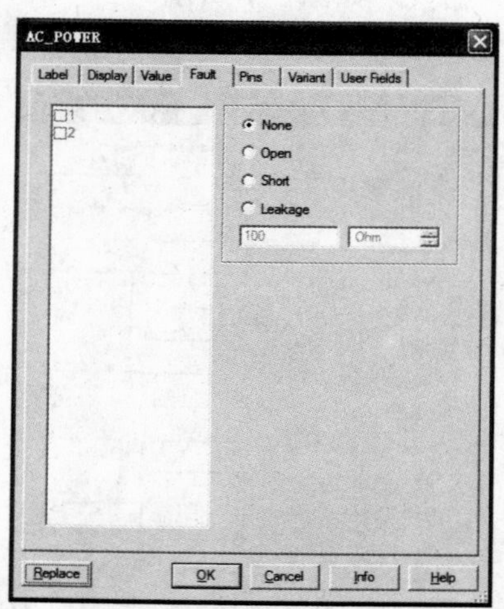

图 3-8 元件属性对话框中的“Fault”标签页

（3）设置将要指派到终端端口错误信息的类型，包括 None（无错误信息）、Open（指派一个高阻值的电阻到终端）、Short（指派一个小阻值的电阻到终端）和 Leakage（指派一个自己设定的阻值）等选项。

（4）单击【OK】按钮保存设置。

3.2.2　使用自动错误信息选项

除上面介绍的手动指派错误信息外，还可以利用 Multisim 10 提供的自动错误信息选项进行设置。当使用“Auto Fault”（自动错误信息）选项时，可以指定错误信息类型的数量和每个不同类型错误信息的数量，其设置步骤如下。

（1）单击菜单【Simulate】/【Auto Fault Option】命令，弹出如图 3-9 所示的对话框。

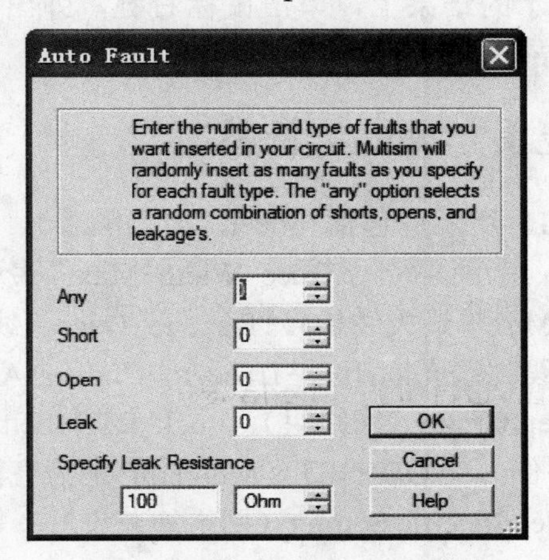

图 3-9　“Auto Fault”对话框

（2）根据需要设置不同类型错误信息的数量。

（3）如果需要指定某一类型错误信息的数量，在“Specify Leak Resistance”选项处设置数量和单位即可。

3.3　数据表格视图

数据表格视图允许设计人员快速查询和编辑包括元件参数在内的一些细节信息，如封装、参考注释、特征等。

数据表格视图由“Results”（结果）标签页、“Nets”（网络）标签页、“Components”（元件）标签页和“PCB Layers”（PCB 层）标签页组成。

3.3.1　数据表格视图“Results”标签页

“Results”标签页如图 3-10 所示，用于显示 Electrical Rules Check（电气规则检查）的结果，同时还显示查找命令的执行结果。

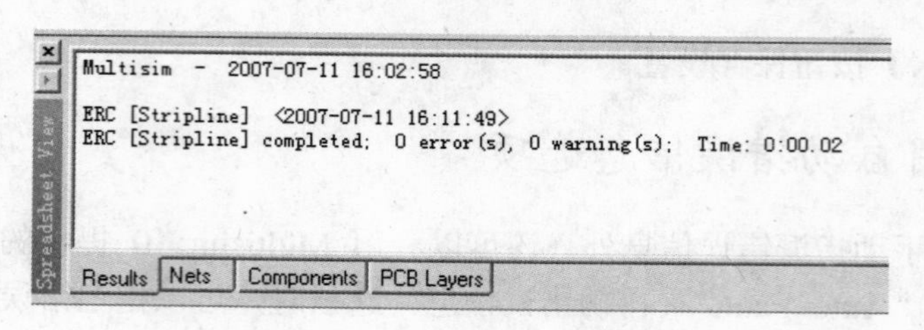

图 3-10 "Results"标签页

在"Results"标签页显示的结果上，单击鼠标右键，弹出快捷菜单包括【Copy】（复制）、【Clear Results】（清除结果）和【Go to】（跳转）等命令。

3.3.2 数据表格视图"Nets"标签页

"Nets"标签页如图 3-11 所示，包括 Sheet（电路图表）、Color（颜色）、Trace Width（线宽）、Trace Width Min（最小线宽）、Trace Width Max（最大线宽）、Trace Length Min（最小线长）、Trace Length Max（最大线长）、Trace to Trace（线间距）、Trace to Pad（线到焊盘间距）、Trace to Via（线到过孔间距）、Trace to Copper Area（线到覆铜区域间距）、Routing Layer（布线层）、Net Group（网络组）、Lock PCB Settings（锁定 PCB 设置）、IC Initial Condition（IC 初始条件）、NODESET（Multisim 中为直流工作点分析设置的初始条件）、Type（网络类型）和 Net Specific Setting（网络细节设置）等 19 个列标签。

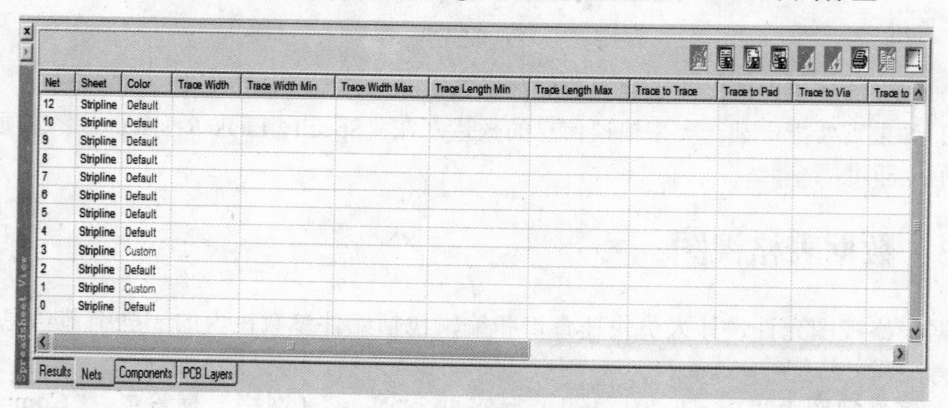

Net	Sheet	Color	Trace Width	Trace Width Min	Trace Width Max	Trace Length Min	Trace Length Max	Trace to Trace	Trace to Pad	Trace to Via	Trace to
12	Stripline	Default									
10	Stripline	Default									
9	Stripline	Default									
8	Stripline	Default									
7	Stripline	Default									
6	Stripline	Default									
5	Stripline	Default									
4	Stripline	Default									
3	Stripline	Custom									
2	Stripline	Default									
1	Stripline	Custom									
0	Stripline	Default									

图 3-11 "Nets"标签页

3.3.3 数据表格视图"Components"标签页

"Components"标签页如图 3-12 所示，由 RefDes（参考注释值）、Sheet（电路图表）、Section（片断）、Section Name（片断名称）、Family（元件数据库族）、Value（值）、Tolerance（公差值）、Manufacturer（制造厂商）、Footprint（封装）、Description（描述）、Label（标签）、Coordinate X/Y（坐标）、Rotation（旋转）、Filp（翻转）、Color（颜色）、Spacing（元件间距）、Group（组）、Pin Swapping（引脚交换）、Gate Swapping（门交换）、Fault（错误信息）、VCC（电源）、VDD（电源）、VEE（电源）、VPP（电源）、GND

（地）、VSS（地）和 Variant（变量）等 28 个设置项组成。

Ref...	Sheet	Section	Section Name	Fam...	Value	Tolerance	Manufacturer	Footprint	Description	Label	Coordinate X/Y	Rotation	Flip	Color	Spaci...	Gro...	Pin
V2	Stri...			PO...	0						A6	Rotate...	Unfl...	Def...			
V1	Stri...			SIG...	2 V...						C0	Unrotat...	Unfl...	Def...			
U4	Stri...			RF	FS...		Generic	TO18	Vdss=25;Vd...		C4	Unrotat...	Unfl...	Def...	10		No
U3	Stri...			RF	FS...		Generic	TO18	Vdss=25;Vd...		B4	Unrotat...	Unfl...	Def...	10		No
U2	Stri...			RF	Hyb...						C5	Unrotat...	Unfl...	Def...			
U1	Stri...			RF	Hyb...						C3	Unrotat...	Unfl...	Def...			
R6	Stri...			RES...	50Ω						C6	Unrotat...	Unfl...	Def...			
R5	Stri...			RES...	50Ω						B6	Unrotat...	Unfl...	Def...			
R4	Stri...			RES...	91Ω						D4	Unrotat...	Unfl...	Def...			
R3	Stri...			RES...	91Ω						A4	Unrotat...	Unfl...	Def...			
R2	Stri...			RES...	50Ω						C1	Unrotat...	Unfl...	Def...			
R1	Stri...			RES...	50Ω						B1	Unrotat...	Unfl...	Def...			
C3	Stri...			CAP...	100...						D6	Unrotat...	Unfl...	Def...			

Spreadsheet View　Results　Nets　Components　PCB Layers

图 3-12　“Components”标签页

3.3.4　数据表格视图“PCB Layers”标签页

“PCB Layers”标签页如图 3-13 所示，由 Layer（层）、Routable（布线层设置）和 Type（层类型）列组成。

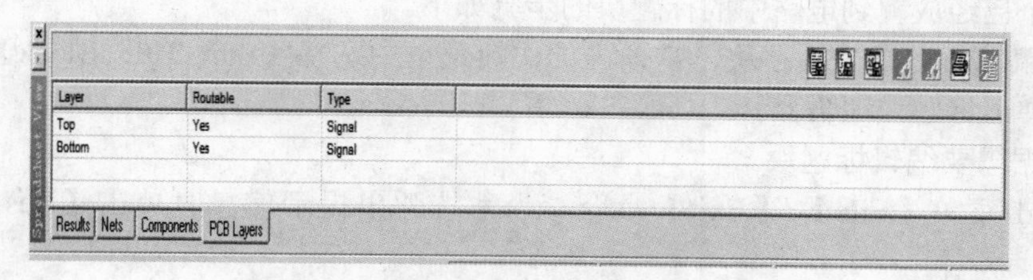

Layer	Routable	Type
Top	Yes	Signal
Bottom	Yes	Signal

图 3-13　“PCB Layers”标签页

除上述的标签页外，数据表格视图中还有 10 个按钮，分别为【Find and Select】（查找并选择）、【Export to Textfile】（输出到文本文件）、【Export to CSV File】（输出到 CSV 格式文件）、【Export to Excel】（输出到 Excel 文件）、【Sort Ascending】（按升序排列）、【Sort Descending】（按降序排列）、【Print】（打印）、【Copy】（复制）、【All】（选择所有）和【Replace Selected Components】（重置选择的元件）。

3.4　标题块编辑器

标题块编辑器是一个允许设计人员专门编辑标题块的工具，用于创建和修改标题块。

标题块编辑器如图 3-14 所示，它由 Menu bar（菜单栏）、Toolbars（工具栏）、Workspace（工作区）、Spreadsheet View（数据表格视图）和 Ststus Bar（状态栏）组成。

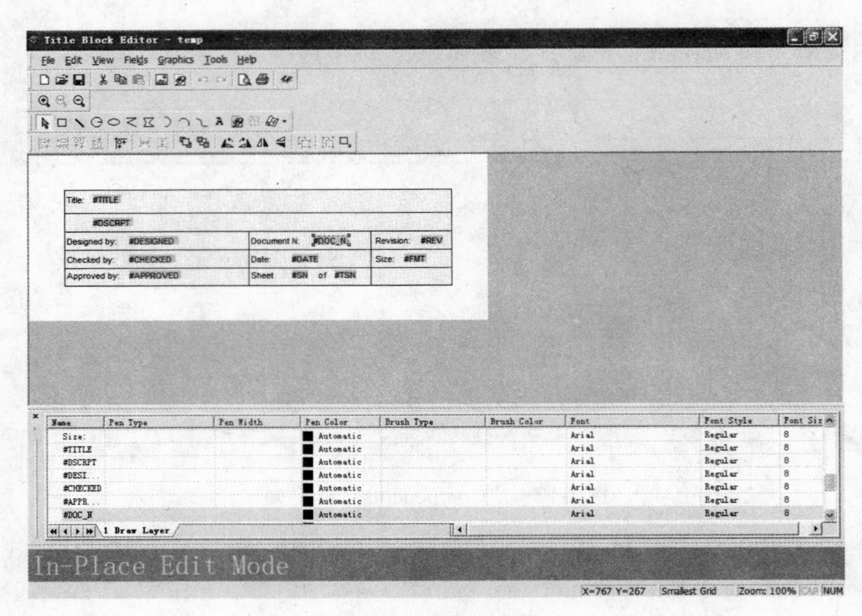

图 3-14　标题块编辑器

编辑一个已经放置到电路中的标题块的步骤如下。

（1）用鼠标右键单击标题块，从弹出的快捷菜单中选择【Edit Title Block】（编辑标题块）命令，弹出标题块编辑器。

（2）根据需要编辑标题块。

（3）单击菜单【File】/【Exit】命令，当系统弹出提示信息时单击【Yes】按钮保存设置。

在标题块目录中编辑一个已存的标题块或创建新的标题块的步骤如下。

（1）单击菜单【Tools】/【Title Block Editor】命令，此时弹出一个未命名的“Title Block Editor”（标题块编辑器）窗口。

（2）要新建或打开一个标题块。

（3）使用菜单、工具栏工具编辑标题块。

（4）退出并保存所作的修改。如果新建标题块，则出现默认的“Save as”（另存为）对话框，根据需要输入文件的路径和文件，并且单击【Save】（保存）按钮。

3.4.1　输入文本

在新建好一个标题块后，可以向其中输入文本信息，步骤如下。

（1）单击菜单【Graphics】/【Text】命令，弹出“Enter Text”对话框。

（2）在“Enter Text”处输入所需的文本信息。

（3）根据需要可以修改 Font（字体）、Font Style（字形）、Size（字号）和 Text Orientation（字符方向）等信息。

（4）单击【OK】按钮，此时移动光标到目标位置并按下鼠标左键放置文本信息。

空白是标题块文本信息的占位符，在标题块中放置占位符的步骤如下。

（1）从“Fields”（空白）列表中选择所需的空白类型（如 Revision）或在 Draw Tools 工具栏中单击【Text Field】按钮并从快捷菜单中选择所需的空白类型。

（2）根据需要设置 Font（字体）、Font Style（字形）、Size（字号）、Text Orientation（文字方向）等文本信息的格式。

（3）单击【OK】按钮，移动光标到目标位置并按下鼠标左键放置空白。

（4）在完成所有标题块的内容后，单击菜单【File】/【Exit】命令，当系统出现提示信息时选择保存设置。返回到 Multisim 10 界面，空白处被文本信息替换。

3.4.2　标题代码

Multisim 10 提供了 16 项空白代码供设计人员在编辑时输入，包括 Title（#TITLE）、Description（#DSCRPT）、Designed By（#DESIGNED）、Checked By（#CHECKED）、Approved By（#APPROVED）、Document Number（#DOC_N）、Date(#DATE)、Current Sheet Number（#SN）、Total Sheet Numbers（#TSN）、Revision（#REV）、Format（#FMT）、Custom Field1（#CUSTOM_1）、Custom Field2（#CUSTOM_2）、Custom Field3（#CUSTOM_3）、Custom Field4（#CUSTOM_4）和 Custom Field5（#CUSTOM_5）。

3.4.3　标题块编辑器数据表格视图

在编辑标题块时，系统提供了如图 3-15 所示的数据表格视图供设计人员快速设置相关参数。当选择某一对象时，该对象在数据表格视图中高亮显示。若在数据表格视图中做相应设置，则在工作区会及时反映出所作的改变。

在编辑标题块时，可以结合使用标题块菜单、快捷菜单和工具栏提高编辑的效率。

Name	Pen Type	Pen Width	Pen Color	Brush Type	Brush Color	Font	Font Style	Font Siz
Check...			Automatic			Arial	Regular	8
Appro...			Automatic			Arial	Regular	8
Docum...			Automatic			Arial	Regular	8
Date:			Automatic			Arial	Regular	8
Sheet			Automatic			Arial	Regular	8
of			Automatic			Arial	Regular	8
Revis...			Automatic			Arial	Regular	8
Size:			Automatic			Arial	Regular	8
#TITLE			Automatic			Arial	Regular	8
#DSCRPT			Automatic			Arial	Regular	8
#DESI...			Automatic			Arial	Regular	8

1 Draw Layer

图 3-15　标题块数据表格视图

3.5　电气规则检查

当设计人员为电路中的元件配线后，就可以利用在“Electrical Rules Check”（电气规则检查）对话框中设置的规则对电路的电气连接做检查。电气规则检查会创建并显示一个关于

连接错误和无连接引脚的报告文件。

运行电气规则检查的步骤如下。

（1）单击菜单【Tools】/【Electrical Rules Check】命令，弹出“Electrical Rules Check”对话框。

（2）根据实际需要设置相应的报告选项。

（3）根据实际情况设置检查规则。

（4）单击【OK】按钮。执行的结果按格式显示在“Output”工具盒的“ERC Options”标签页。

若在“Output”工具盒中选择输出为文件时，则 ERC 检查的结果将保存到设置的文件中。如果选择了“List View”，则检查的结果将以如图 3-16 所示的清单样式显示。

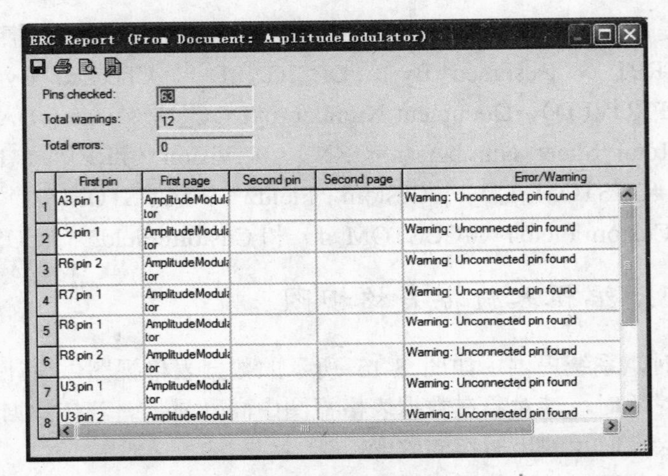

图 3-16　电气规则检查输出清单

3.5.1　ERC 选项标签页

如何正确设置电气检查规则对于能否正确按设计意图检查图纸有非常重要的意义，下面介绍如何设置电气检查规则。

（1）单击菜单【Tools】/【Electrical Rules Check】命令，弹出如图 3-17 所示的电气规则检查对话框，它由“ERC Options”和“ERC Rules”两个标签页组成。

（2）在“Scope”（范围）栏内选择 Current Page（当前页面）或 Whole Design（整个设计）选项。

（3）在“Flow Through”（贯穿设置）栏内选择 Offpage Connectors（离页连接器）、HB/SC Pins（层次块引脚）、Bus Offpage Connectors（总线离页连接器）、Bus BH/SC Pins（总线层次块引脚）和 Check Touched Pages（当前面 4 项中的一项或几项激活时会被选中）。

（4）在“Report Also”栏中，根据需要选择 Unconnected Pins（无连接引脚）和 Excluded Pins（拒绝的引脚）选项。

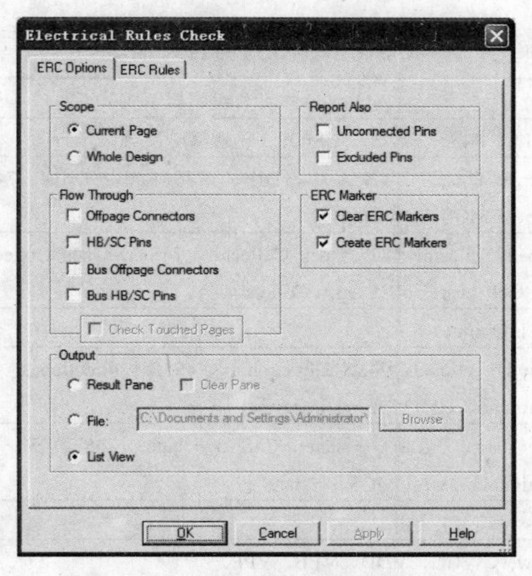

图 3-17 电气规则检查对话框

（5）在“ERC Marker”栏内，根据需要选择 Clear ERC Markers（清除 ERC 标记）和 Create ERC Markers（创建 ERC 标记）选项。

（6）在“Output”栏内，根据需要选择 Result Pane（输出在结果框）、File（输出文件）和 List View（输出列表视图）选项。

3.5.2 ERC 规则标签页

ERC 规则标签页如图 3-18 所示。标签页中的定义框中由行、列组成，每一行（ERC 符号）、列（ERC 符号）由不同颜色的图标组成，不同的颜色代表不同的规则级别。绿色图标代表 OK、黄色图标代表 Warning（警告）、红色图标代表 Error（错误）、蓝色图标代表 Warning*（警告*，没有其他类型的引脚出现）、紫色图标代表 Error*（错误*，没有其他类型的引脚出现）。表 3-1 列出了 ERC 符号的具体含义。

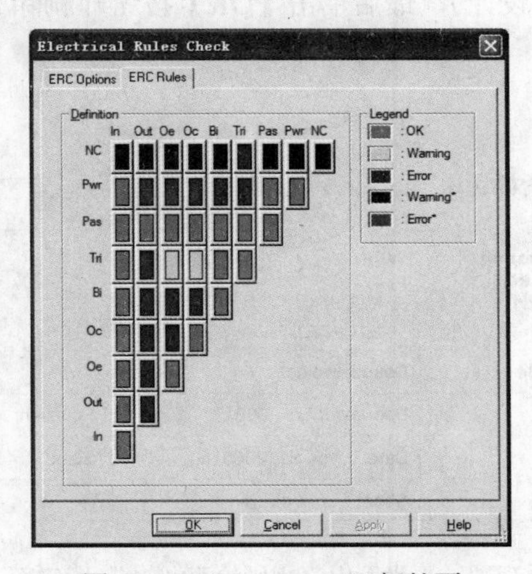

图 3-18 “ERC Rules”标签页

表 3-1　ERC 符号含义清单

引 脚 类 型	Multisim 中元件编辑器引脚类型	ERC 符号
Input	74LS、74S、74STD、CMOS、施密特触发器	In
Output	Active Drive、74LS Active Drive、74S Active Drive、74STD Active Drive、CMOS Active Drive	Out
OPEN_COLLECTOR	Open Collector、74S Open Collector、74STD Open Collector、CMOS Open Collector、74LS Open Collector	Oc
OPEN_EMITTER	ECL Output	Oe
BI_DIRECTIONAL	Bi－Directional、74LS Directional、74S Bi－directional、74STD Bi－Directional、CMOS Bi－Directional	Bi
3－STATE	3－state、74LS 3－state、74S 3－state、74STD 3－state、Bi－directional－3st、CMOS 3－state	Tri
PASSIVE	Passive	Pas
POWER	Power、VCC、VDD、VEE、VPP	Pwr
GND	Gnd、VSS	Pwr
NC	No Connection	NC

3.5.3　元件引脚标签页

在执行 ERC 规则检查前，可以设置元件的引脚是否拒绝或包含 ERC，其操作步骤如下。

（1）在所需的元件上双击鼠标左键，弹出元件属性对话框并选择“Pins”标签页。

（2）在列中设置 ERC Status（ERC 状态是否接受、拒绝每一个元件的引脚）、NC（给元件引脚做无连接标记，若打上无连接标记，则在 ERC 检查中不会报告引脚无连接错误）。

当执行 ERC 规则后，电路窗口出现很多 ERC 标记，表明电路中存在与检查规则不符的地方，若此时需要将 ERC 标记清除，可以单击菜单【Tools】/【Clear ERC Markers】命令，此时弹出“ERC Marker Deletion Scope”对话框，根据需要选择设置 Current Page（当前页面）和 Whole Design（整个设计），最后单击【OK】按钮即删除 ERC 标记。

练习题

（1）按下图所示，完成一个标题块。

<table>
<tr><td colspan="3">Electronics Workbench
801-111 Peter Street
Toronto, ON M5V 2H1
(416) 977-5550</td></tr>
<tr><td>Title:　DC_Sweep_Bjt</td><td colspan="2">Desc.: Project 1</td></tr>
<tr><td>Designed by:　EWB</td><td>Document No:　0001</td><td>Revision:　1.0</td></tr>
<tr><td>Checked by:　EWB</td><td>Date:　Nov 21, 2005</td><td>Size:　A</td></tr>
<tr><td>Approved by:　EWB</td><td>Sheet　1　of　1</td><td></td></tr>
</table>

（2）绘制下图所示的电路原理图，再设置电气规则检查（报告无连接引脚和输出清单列表）。

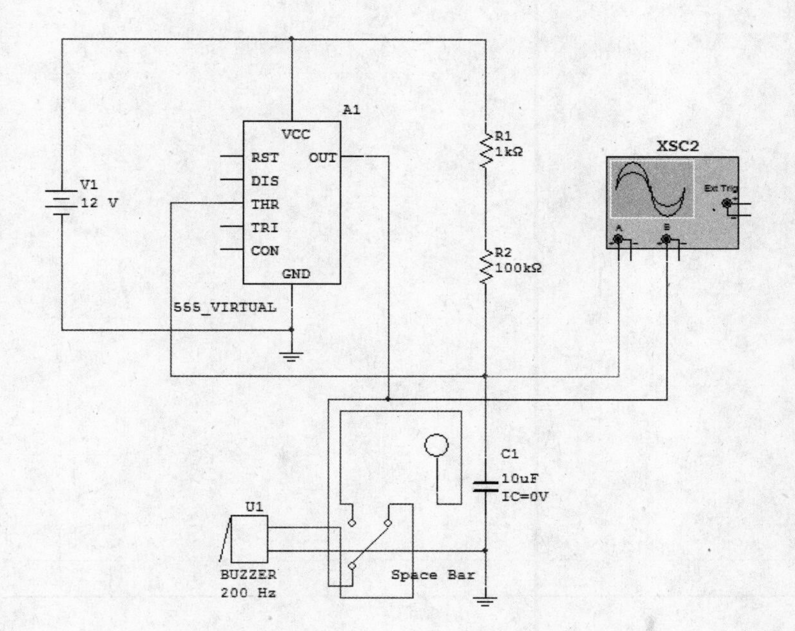
A1
VCC
RST
OUT
DIS
THR
TRI
CON
GND
555_VIRTUAL
V1
12 V
R1
1kΩ
R2
100kΩ
XSC2
Ext Trig
A
B
C1
10uF
IC=0V
U1
BUZZER
200 Hz
Space Bar

第4章 大型电路设计

- 平铺多个电路设计图表
- 设计层次电路
- 重命名元件环境
- 总线
- 产品变种
- 项目管理器与版本控制

4.1 平铺多个电路设计图表

在很多场合下，电路设计比较大，不能在单一的电路图表中放下所有的元件，或者因为逻辑关系需要将电路设计分开。为此，Multisim 10 提供了平铺电路设计图表的功能，该功能同时允许在电路设计中的不同片断间放置离页连接器。

添加另一个电路图表到电路中的操作步骤如下。

（1）单击菜单【Place】/【Multi-Page】命令，弹出如图 4-1 所示的“Page Name”（页面名称）对话框。

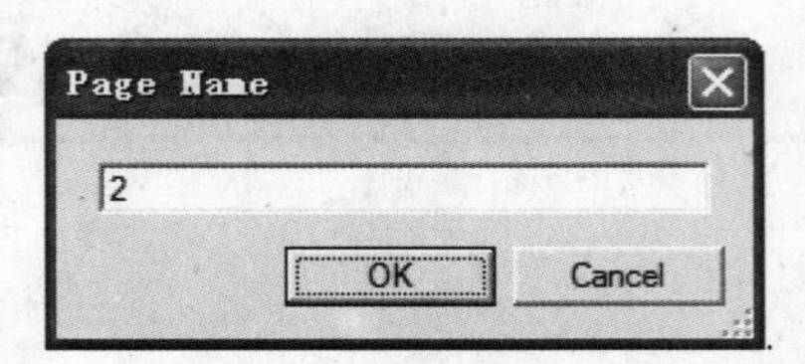

图 4-1 “Page Name“对话框

（2）输入名称后单击【OK】按钮，创建一个空白的电路设计页。

（3）根据实际需要放置元件和配线。

（4）单击菜单【Place】/【Connectors】/【Off-page Connector】命令，此时离页连接器的图形附着的鼠标的光标上。

（5）拖曳光标到目标位置并按下鼠标左键放置该连接器，并用样的方法放置其他连接器。

（6）为离页连接器在电路中配线。

若要删除多页面电路文件中的一页，单击菜单【Edit】/【Delete Multi-Page】命令，从弹出的“Delete Multi-Page”（删除多页面）对话框中选择希望删除的页面并单击【OK】按钮即可。

4.2 设计层次电路

层次块和子电路常用于电路设计中有功能联系的对象，这样易于管理。Multisim 的层次设计功能允许设计人员建立相互连接的电路，用于增强电路的可用性和确保电路连接成为一个整体。例如，设计人员创建一个常规库，存储于中央位置，电路文件可以依次包含于其中，如果遇到更为复杂的电路，则可以在电路设计中创建另一个层次电路。既然这些层次电路间相互联系，并自动更新，就可以将一个大型复杂的项目划分为若干个小部分，然后通过不同的设计团队相互工作共同完成整个大项目。

层次块和子电路除了在保存时有所区别外，其他都很类似。子电路保存于原电路中，而层次块根据主电路的划分分别保存。它们的连接都使用 HB/SC Connector（层次/子电路连接器）。子电路更加易于管理，因为它们不会被意外地分开成不同的电路；层次块在“重使用”和在电路多重设计中的嵌套电路应用中，以及在多个电路设计人员完成同一项目时显得非常便捷。

当使用层次块时，这个“块”会保留一个单独的可编辑文件，“块”和电路之间通过激活链接连接。例如，将电路 A 的内容作为一个“块”放置到电路 B 中，此时可以单独打开电路 A 进行修改，修改的内容都将在下次打开文件或在其他文件中调用电路 A 时及时反映到电路 B 中。

4.2.1 嵌套电路

当在 Multisim 10 中打开或创建电路时，该电路为当前设计中的顶层电路。所有的电路都可能涉及其他的电路（内置子电路或链接到层次块的嵌套电路）。另外，任何电路都可以包含多页设计以便于理解电路设计和方便打印。如图 4-2 所示为层次块、子电路目录关系及电路包含关系。

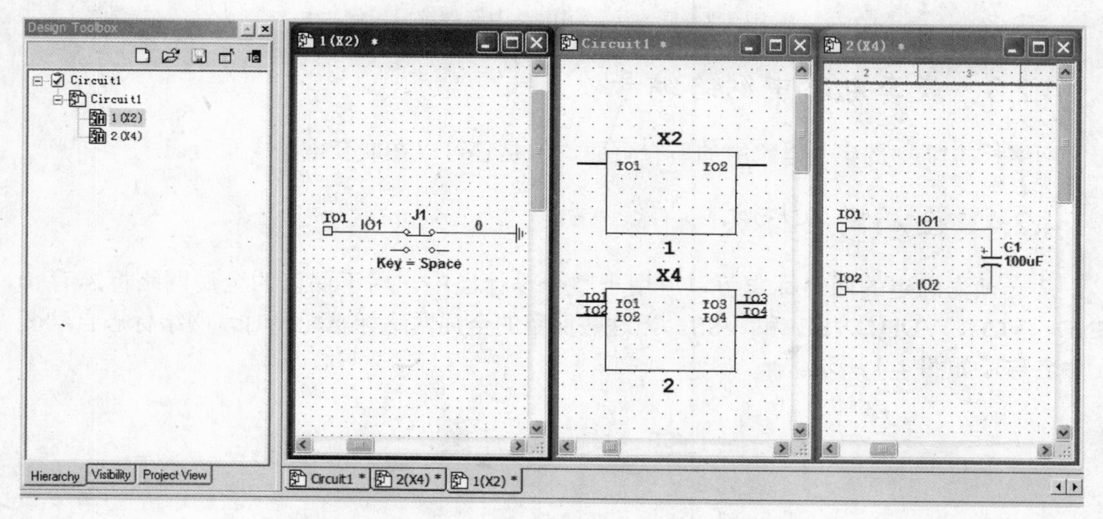

图 4-2 层次块、子电路目录关系及电路包含关系

若一个相同的嵌套电路在设计中不止使用了一次，它将不止一次的在层次视图中显示，并且在主工作区中出现不止一个标签。每出现一次就表明使用了该嵌套电路一次。

4.2.2 嵌套电路中元件编号

每一个电路设计中的元件都具有唯一的 RefDes（参考注释），如 U1、R2、C3 等。在多片断的元件中，同样也遵循这个“唯一”标准。元件分配的 RefDes 值存储于顶层电路中，不包括任何的嵌套电路，这是因为相同的嵌套电路可以不止一次的出现在电路中。当 RefDes 和嵌套电路有关联时，该 RefDes 的副本将出现在原位置。

如图 4-3 所示为层次块、子电路中元件编号示例。

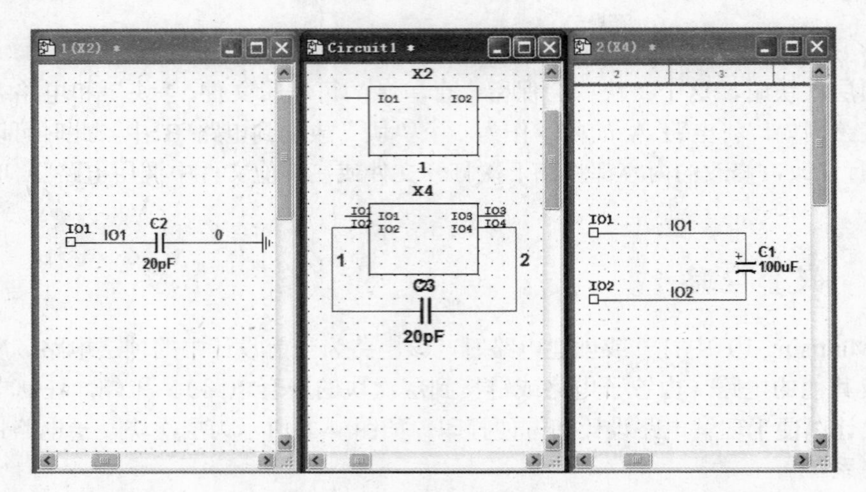

图 4-3 层次块、子电路中元件编号示例

4.2.3 嵌套电路中网络编号

网络标志唯一贯穿于电路中的所有页面，但是它可以在嵌套电路中重复。

4.2.4 全局网络标志

某一预先确定的网络标志可以应用于整个设计当中。用于保留的全局网络标志有 0、GND、VCC、VDD、VEE 和 VSS。当这些保留的全局网络标志配线时，网络标志自动变为元件名称，如图 4-4 所示。

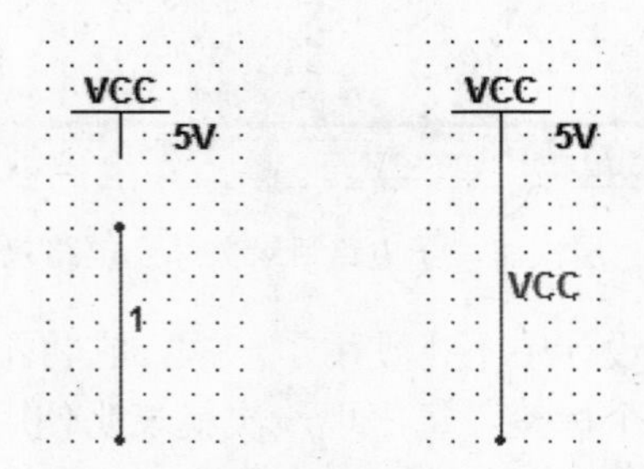

图 4-4 保留的全局网络标志配线实例

4.2.5 添加层次块

下面将介绍如何添加层次块和从现有的文件中放置一个层次块的方法。

1. 放置层次块

（1）单击菜单【Place】/【New Hierarchical Block】命令，弹出“Hierarchical Block Properties”（层次块属性）对话框。

（2）输入文件名，或者单击【Browse】（浏览）按钮，选择保存层次块的目录并单击【OK】按钮，返回“Hierarchical Block Properties”（层次块属性）对话框。

（3）输入所需的引脚数量并单击【OK】按钮，此时一个新建的层次块图形附着在光标上，按下鼠标左键放置到目标位置。

（4）在新建的层次块上双击鼠标左键并单击菜单【Edit HB/SC】命令，选择“Hierarchical Block Properties”（层次块属性）对话框的“Label”标签页。

（5）在新的层次块中放置元件并配线。

（6）保存该电路。

2．在现有文件中放置一个层次块

（1）单击菜单【Place】/【Hierarchical Block from File】命令，选择所需的文件并单击【Open】（打开）按钮，此时该电路放置到工作区上。

（2）如果 HB/SC 没有出现，则需要添加 HB/SC（层次块/子电路）连接器。

3．在 HB 中重置元件

（1）在工作区中，选择所需的元件和网络。

（2）单击菜单【Place】/【Replace by Hierarchical Block】命令，弹出“Hierarchical Block Properties”对话框，根据需要输入文件名并单击【OK】按钮。

（3）选择的对象由正确配线的 HB（层次块）符号替换。

4.2.6　添加子电路

添加子电路的步骤如下：

（1）单击菜单【Place】/【New Subcircuit】命令，弹出如图 4-5 所示的“Subcircuit Name”（子电路名称）对话框。

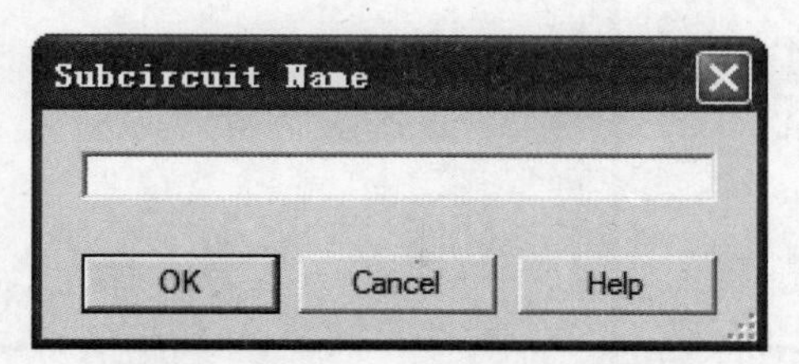

图 4-5　“Subcircuit Name”对话框

（2）输入子电路名称，单击【OK】按钮。此时光标会附着一个子电路的图形准备被放置。

（3）在工作区中所需的位置按下鼠标左键放置子电路。

（4）在新建的子电路上双击鼠标左键，在弹出的“Hierarchical Block/Subcircuit”对话框中选择“Label”标签页中单击【Edit HB/SCx】按钮，此时创建一个空的电路窗口。

（5）在新建的层次块中放置元件并且配线。

（6）单击菜单【Place】/【Connectors】/【HB/SC Connector】命令，为连接器配线，重复以上步骤放置其他的 HB/SC 连接器。

（7）在主电路中为子电路配线。

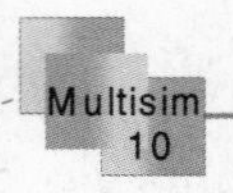

在 SC 中重置元件的设置步骤如下。

（1）在工作区中，选择所需的元件和网络。

（2）单击菜单【Place】/【Replace by Subcircuit】命令，弹出“Subcircuti Name”（子电路名）对话框。

（3）输入子电路名并单击【OK】按钮。

4.2.7 查看母表

设计人员在查看子电路或层次块时，可以迅速地返回到母表中，这个方法对于一次性打开很多电路窗口时显得非常便捷。若要查看一个激活的子电路或层次块的母表，单击菜单【View】/【Parent Sheet】命令即可。

4.3 重命名元件环境

“Rename Component Reference Designators”（重命名元件参考注释）对话框常用于为元件重命名和重编号，如图 4-6 所示。

Rename Component Reference Designators

RefDes Path	RefDes	Section	Locked
J9	J9		No
U3	U3		No
U4	U4		No
U5	U5		No
U6	U6		No
J10	J10		No
J11	J11		No
J1	J1		No
J2	J2		No
J3	J3		No
J4	J4		No
J5	J5		No
J6	J6		No
V1	V1		No
J7	J7		No
U1	U1		No
V2	V2		No
J8	J8		No
U2	U2		No

OK
Cancel
Renumber
Setup
Gate Optimizer
Unlock All
Apply
Help

图 4-6 “Rename Component Reference Designators”对话框

“Rename Component Reference Designators”对话框由 RefDes Path（参考注释值路径）、RefDes（参考注释值）、Section（多片断元件的片断）和 Locked（若选 Yes，则在 Renumber 或 Gate Optimizer 命令作用下不会改变设置）4 列内容组成。

1．为元件重编号

在电路中为元件重编号的步骤如下。

（1）单击菜单【Tools】/【Rename】/【Renumber Components】命令，弹出如图 4-6 所示的“Rename Component Reference Designators”对话框。

（2）单击【Renumber】（重编号）按钮。

（3）单击【OK】按钮关闭该对话框并接受所作的修改。

2．优化电路

为了优化电路，使多片断元件更有效地放置在电路中，可以进行如下设置：

（1）单击菜单【Tools】/【Rename】/【Renumber Components】命令。

（2）在弹出的对话框中单击【Gate Optimizer】（门优化）按钮即可。

3．重命名参数

系统提供的“Reference Designator Prefix Setup”对话框用于指派系统中每一个子电路、层次块或多页电路中唯一的编号。对于一个非常大型的电路，这个功能显得很有用。

重命名参数的步骤如下。

（1）首先在“Rename Component Reference Designators”对话框中单击【Setup】按钮，弹出如图 4-7 所示的“Reference Designator Prefix Setup”对话框。

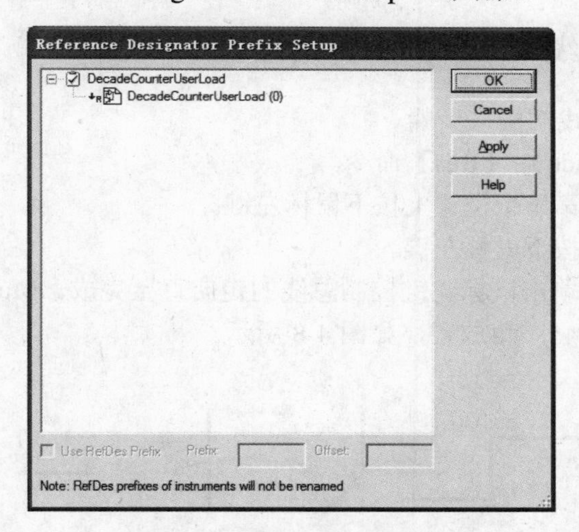

图 4-7　“Reference Designator Prefix Setup”对话框

（2）选择所需设置的参数编号方式并勾选“Use RefDes Prefix”选项。

（3）如果需要，在“Prefix”（后缀）处输入所选元件的后缀。

（4）在“Offset”（偏移量）处输入每一个 RefDes 的起始数值。

（5）单击【OK】按钮，返回到“Rename Component Reference Designators”（重命名元件参考注释值）对话框。

（6）单击【Renumber】（重编号）按钮，则 RefDes（参考注释值）开始重编号并且在“Reference Designator Prefix Setup”对话框中及时反映出变化。

（7）单击【OK】按钮接受所作的修改即可。

4.4　总线

为了简化配线，总线常用来携带、承载许多网络。总线可以应用在一个页面，也可以跨越页面。总线可以通过两种模式进行操作：一种是网络标志模式；另一种是 Busline（总线分支线）模式。一条总线就是简单网络标志信息的集合，每次一条配线通过总线入口连接时，设计人员可以选择在总线中连接新的配线到现有的网络中或添加网络到总线中。

使用 Busline 模式可以预定义包含在总线中 Busline 的数量和名称，当通过总线入口连接配线时，设计人员可以指定新的配置应该和哪个现有的总线分支线放在一起，如果所有的配线和相同的总线分支线放在一起，则将合并到一个相同的网络标志。网络标志模式是传统的设置总线的方法，总线分支线模式稍显现代些。

连接总线到相同电路的其他页面时，需要使用 Off-page Connector（离页连接器），它允许总线继续连接到第 2 页或第 3 页。

嵌套电路可以使用总线层次块或子电路连接器指定其中的一个引脚作为总线引脚。当使用嵌套电路时，总线引脚会提示设计人员在电路中为嵌套电路绘制总线分支线或创建网络标志。若在电路母图中的总线是空的，则不会有该提示并且将用正常的方法配线。

4.4.1 放置总线

下面将介绍放置总线的操作步骤。

（1）单击菜单【Place】/【Bus】命令。

（2）在放置总线的第一个位置上按下鼠标左键。

（3）在下一个位置按下鼠标左键。

（4）继续根据需要单击鼠标左键控制总线的走向直至完成。Mutlisim 10 的总线可以水平放置、垂直放置或呈 45° 角放置，如图 4-8 所示。

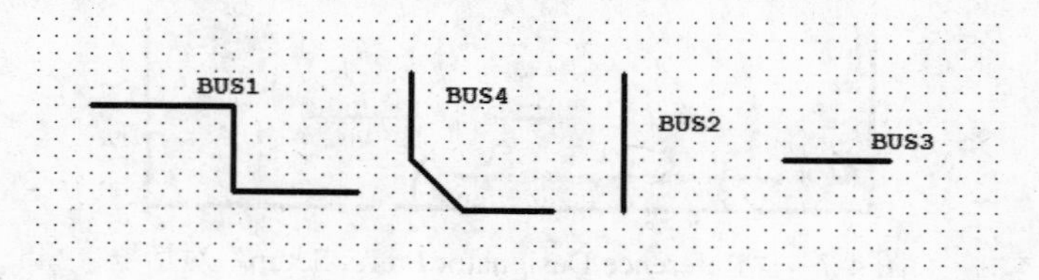

图 4-8　放置总线的几种方向

（5）双击鼠标左键定义总线的终点。

如果要在多页电路设计中穿插放置总线，则可以按照下面的步骤操作。

（1）单击菜单【Place】/【Connectors】/【Bus-Offpage Connector】命令，在工作区中放置 Bus-Offpage Connector（总线离页连接器）。

（2）根据总线需要配置连接线。

（3）在多页电路中放置一条总线，并为另一个 Bus-Offpage Connector（总线离页连接器）配线到总线。

（4）在总线上双击鼠标左键修改名字，以达到匹配在主页面中总线的名称要求。

如果要将总线连接至 HB/SC，可进行如下操作。

（1）在工作区中放置一条总线。

（2）为总线配线。

（3）在工作区中放置一个层次块或子电路。

（4）在 HB/SC 中放置总线并配线。

（5）单击菜单【Place】/【Connectors】/【Bus HB/SC Connector】命令，在 HB/SC 总线末尾放置连接器，结果如图 4-9 所示。

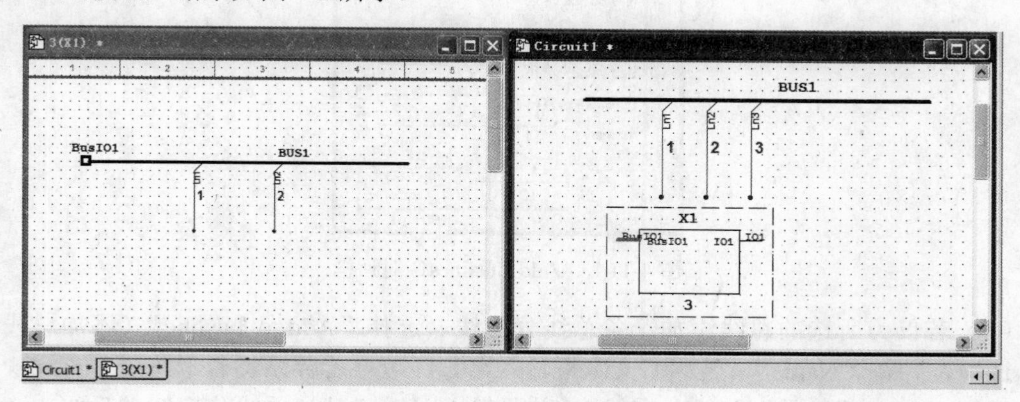

图 4-9　连接总线至 HB/SC

4.4.2　总线属性

在 Busline 模式下，“Bus Properties”（总线属性）对话框提供了添加、删除、重命名总线分支线的功能。

添加总线分支线到总线的步骤如下。

（1）在已放置的总线上双击鼠标左键，弹出如图 4-10 所示的“Bus Properties”（总线属性）对话框。

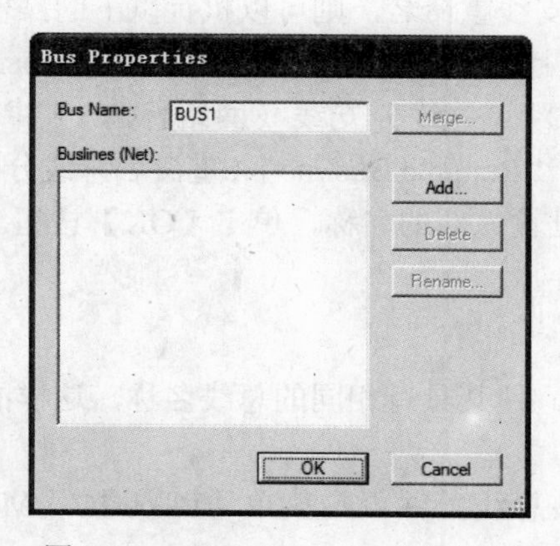

图 4-10　“Bus Properties”对话框

（2）单击【Add】（添加）按钮弹出如图 4-11 所示的“Add Buslines”（添加总线分支线）对话框。

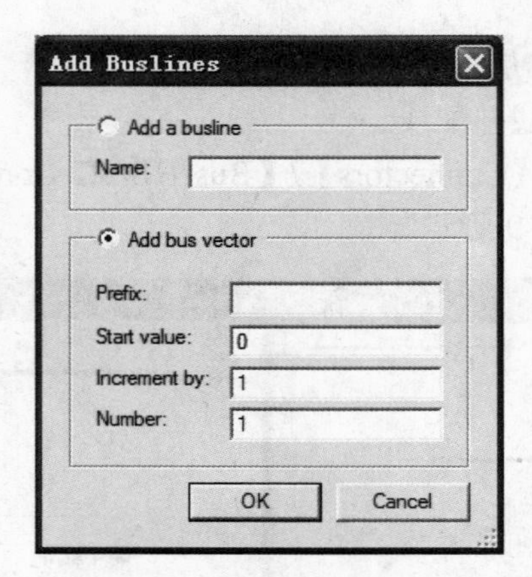

图 4-11　“Add Buslines”对话框

（3）若仅为所选的总线添加一条总线分支线，选择“Add a busline”（添加总线分支线）选项，并在“Name”（名称）文本框输入名称即可；若要添加若干总线分支线，选择“Add bus vector”（添加总线分支线），并且输入“Prefix”（总线分支线的后缀）、“Start value”（总线分支线的起始值）、“Increment by”（布进值增加）和“Number”（总共需要添加的总线分支线数量）等文本框的值即可。

（4）单击【OK】按钮。

若要从总线中删除总线分支线，则可执行下面的操作。

（1）在已经放置的总线上双击鼠标左键，弹出“Bus Properties”（总线属性）对话框。

（2）在“Buslines（net）”（总线分支线（网络标志））中选择要删除的对象，单击【Delete】（删除）按钮。

如要为总线中的总线分支线重命名，则可以执行以下的操作。

（1）在已经放置的总线上双击鼠标左键，弹出“Bus Properties”（总线属性）对话框。

（2）在“Buslines（net）”（总线分支线（网络标志））中选择要重命名的对象，单击【Rename】按钮，此时弹出“Rename Busline”（重命名总线分支线）对话框。

（3）在“New Name”处输入新的名称，单击【OK】按钮。

4.4.3　合并总线

将两个不同的总线合并，使其具有相同的总线名称，这样的操作称为合并总线，操作步骤如下。

（1）首先高亮选择两条总线，并单击菜单【Place】/【Merge Bus】命令，弹出“Bus Merge”（合并总线）对话框。

（2）在“Merged Bus”区域里，从下拉菜单中选择用于合并的总线名称。

（3）单击【Merge】（合并）按钮，结果如图 4-12 所示。可以看出，在工作区中两条总线将共享同一条总线的名称。

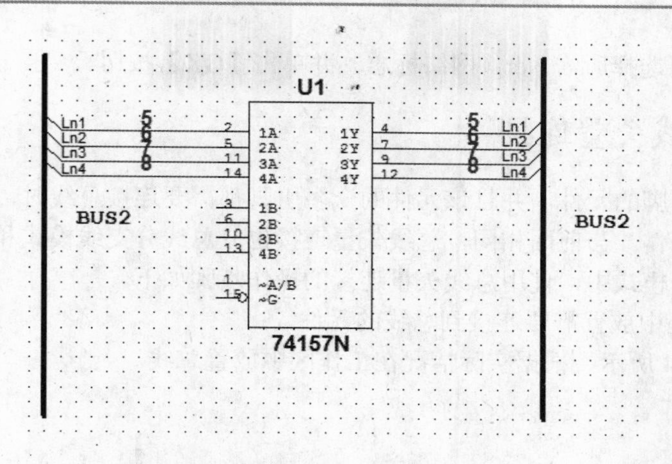

图 4-12　合并总线

4.4.4　为总线配线

为总线配线有 Busline 和 Net 两种模式。

1．在 Busline 模式中为总线配线

（1）利用画线工具在工作区的任意位置向总线画线，此时弹出如图 4-13 所示的“Bus Entry Connection”（总线入口连接器）对话框。

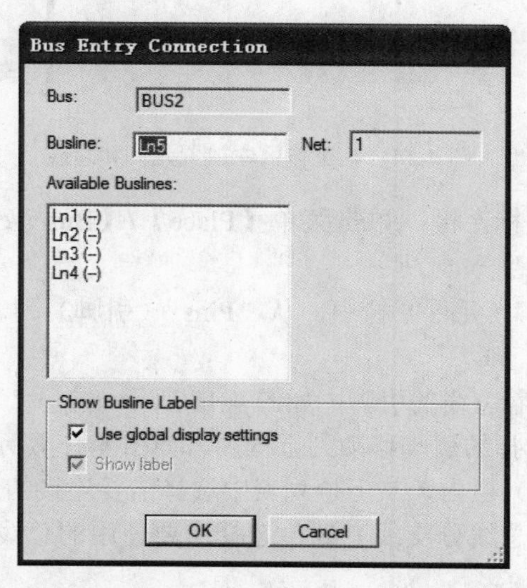

图 4-13　“Bus Entry Connection”对话框

（2）根据需要选择所需的总线分支线并单击【OK】按钮。

2．在 Net 模式中为总线配线

（1）利用画线工具在工作区的任意位置向总线画线，此时弹出如图 4-14 所示的“Bus Entry Connection”（总线入口连接器）对话框。

（2）根据需要选择所需 Net（网络标志）并单击【OK】按钮。

4.4.5 总线矢量连接

对于有许多引脚的元件，并且该元件的众多引脚都需要连接总线时，可以使用总线矢量连接来完成这项工作。与前面相同，总线矢量连接也分总线分支线模式和网络标志模式。

在总线分支线模式中，使用总线矢量连接的操作步骤如下。

（1）在工作区中放置需要连接到总线的元件。

（2）如图 4-14 所示，根据实际情况在工作区中放置总线。

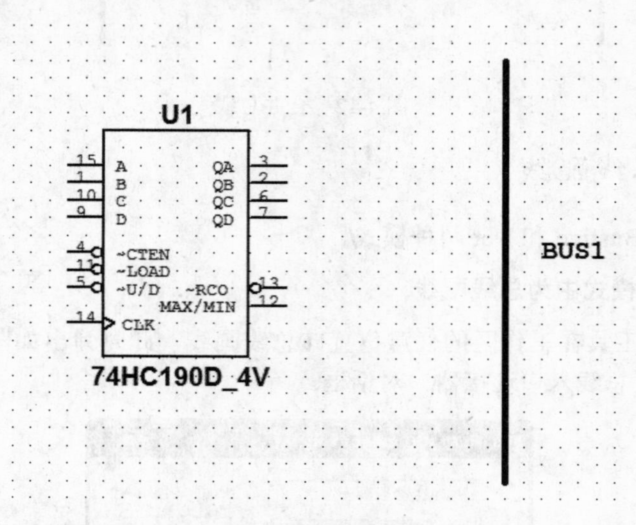

图 4-14 在工作区中放置元件和总线

（3）在元件上单击鼠标左键，单击菜单【Place】/【Bus Vector Connect】命令，弹出“Bus Vector Connect”对话框。

（4）在“Components”（元件）栏中，从“Pins”（引脚）列表框中选择需要连接的元件终端的边（左边或右边）。

（5）高亮选择希望附着总线的引脚，如图 4-15 所示。

（6）单击按钮将选择的引脚移动到方框内，如图 4-16 所示。

（7）在“Bus”（总线）栏内，从下拉列表中选择需要连接的总线。

（8）在“Buslines”（总线分支线）处，选择需要使用的总线分支线并单击按钮将所选的对象移动到右下方框内。

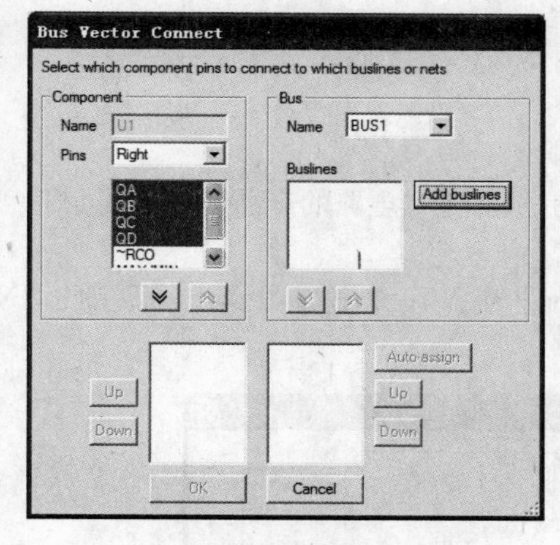

图 4-15　选择总线的引脚

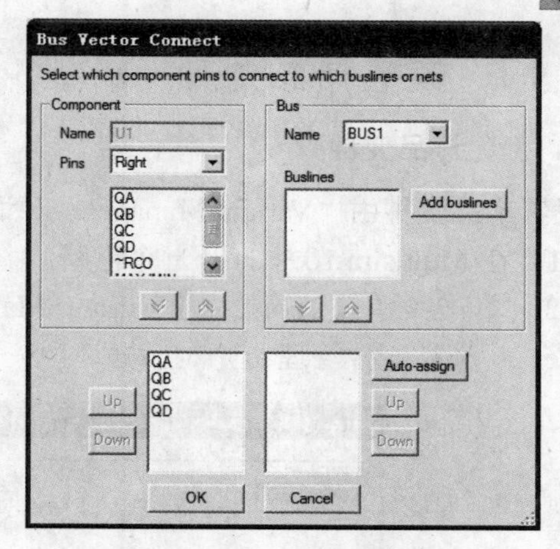

图 4-16　添加选择的引脚

（9）单击【OK】按钮，总线的配线连接即可完成，如图 4-17 所示。

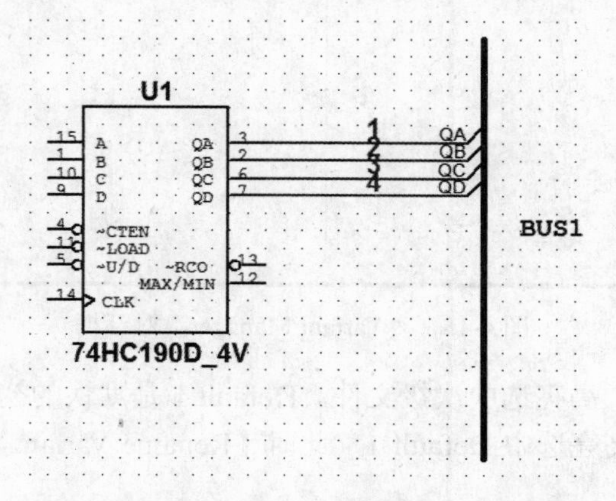

图 4-17　利用总线矢量连接完成总线连接的示例

在 Net 模式中，使用总线矢量连接器的设置步骤与 Buslines 模式类似，注意相关网络标志的设置内容即可，在此不作详细叙述。

4.5　产品变种

产品变种是电路的详细的版本说明。PCB 的制造可以销售到世界各地，有些产品的设计则需要根据目标市场的不同而进行修改。例如，欧洲市场需要的电源产品和北美地区的就不同，所以该电源产品的变种就需要在电路中使用不同的元件。因此设计人员就希望生产一块既能销往欧洲又能销往北美市场的电源 PCB，这样的 PCB 包括了两种地区电源产品的元件封装。

4.5.1 设置产品变种

1. 新建产品变种

设置产品变种由“Variant Manager”对话框完成。定义电路的产品变种步骤如下。

（1）在 Multisim 10 中打开一个电路。

（2）单击菜单【Tools】/【Variant Manager】命令，弹出如图 4-18 所示的“Variant Manager”（产品变种管理器）对话框。

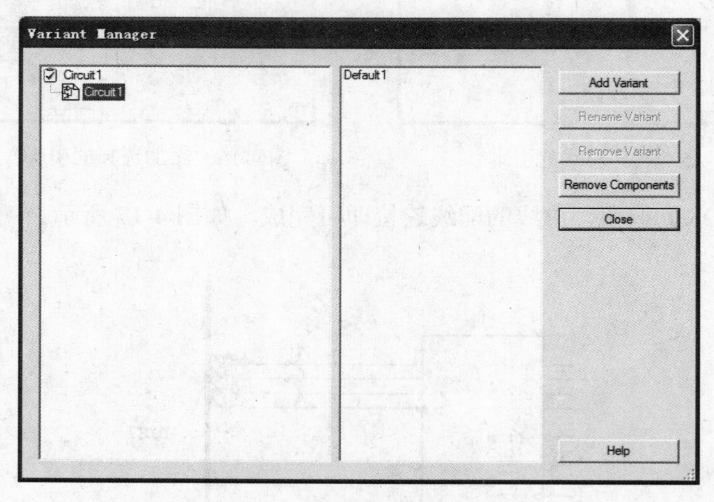

图 4-18 “Variant Manager”对话框

（3）在左边的面板中高亮选中次级文件，Default 1 是默认的初始产品变种。

（4）在右侧面板中高亮选中 Default 1，此时【Rename Variant】（重命名产品变种）按钮变为激活状态。

（5）单击【Rename Variant】按钮，弹出“Rename Variant”对话框。

（6）为产品变种输入一个新的名称（如“NA”代表北美），并单击【OK】按钮，更改后的名称在右侧面板中显示。

（7）在“Variant Manager”对话框中单击【Add Variant】按钮，弹出“Add Variant Name”对话框。

（8）输入新的变种名称，并单击【OK】按钮，此时新添加的变种名称在右侧面板中显示。

（9）单击【Close】（关闭）按钮返回工作区。

2. 删除产品变种

从电路中删除变种操作步骤如下。

（1）首先单击菜单【Tools】/【Variant Manager】命令，弹出“Variant Manager”对话框。

（2）在对话框的左侧面板中选择需要删除的电路，在右侧面板中选择产品变种。

（3）单击【Remove Variant】（移除产品变种）按钮，此时高亮选中的产品变种被移除。

（4）单击【Close】（关闭）按钮返回工作区。

3．重命名产品变种

在电路中为变种重命名的步骤如下。

（1）单击菜单【Tools】/【Variant Manager】命令，弹出“Variant Manager”对话框。

（2）选择需要重命名的产品变种。

（3）单击【Rename Variant】按钮，弹出“Rename Variant”对话框。

（4）输入新的名称，并且单击【OK】按钮返回“Variant Manager”对话框。

（5）单击【Close】按钮返回主工作区。

4．移除元件

移除不在任何变种范围内的元件的操作步骤如下。

（1）单击“Variant Manager”对话框的【Remove Components】按钮，弹出“Components for Delete”对话框。

（2）单击【OK】按钮即从工作区中移除元件。

4.5.2　在产品变种中放置元件

下面继续以北美地区和欧洲地区为例介绍如何在电路中放置包含变种的元件。

（1）如图 4-19 所示放置元件并配线。图中的每个元件都包含了 EU 和 NA 变种。

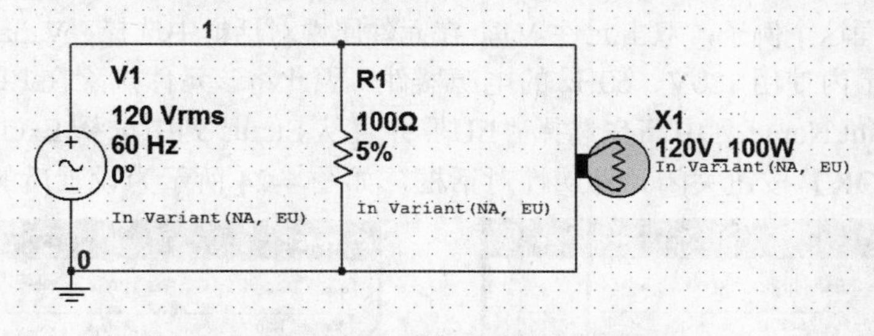

图 4-19　在变种中放置元件示例

（2）在电路中添加一个 220V、50Hz 的电源器件，如图 4-20 所示（这是为了适应 EU 变种）。

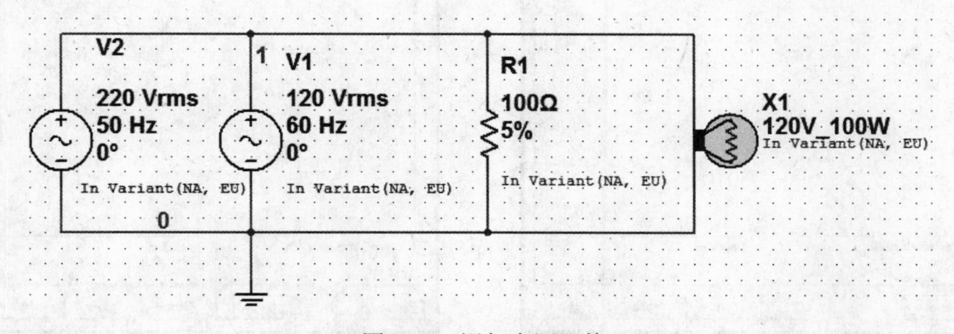

图 4-20　添加电源器件

（3）在电路中添加一个 220V 的灯泡，如图 4-21 所示（同样也是为了适应 EU 变种）。

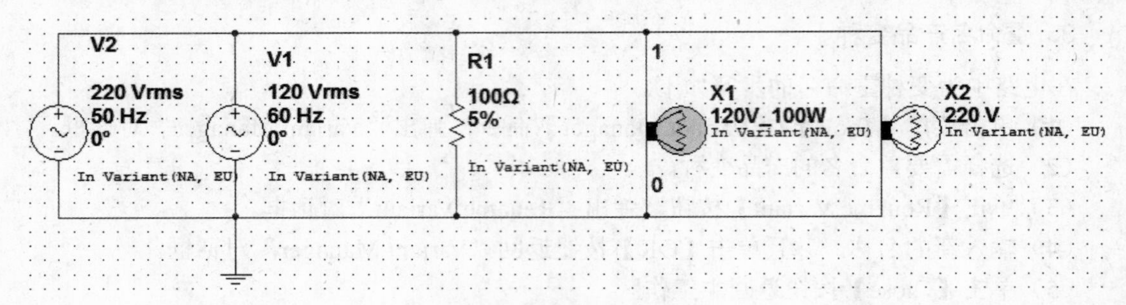

图 4-21　添加灯泡

（4）根据实际需要为元件指派变种的状态。

下面介绍为元件指派变种的操作步骤。

（1）打开如图 4-21 所示的电路图。

（2）双击某个元件，如 V2，弹出如图 4-22 所示的元件属性对话框，选择“Variant”标签页。这是一个 220V、50Hz 的电源器件，需要将它包含进 EU（欧洲）变种中且排除在 NA（北美）变种之外。

（3）在 Variant Name 列高亮选择“NA”，并从 Status 列中选择 Excluded（排除），如图 4-23 所示。

（4）单击【OK】按钮关闭元件属性对话框。

（5）继续上面这个例子，双击元件 V1，在元件属性对话框中选择“Variant”标签页。在这里希望在北美范围内使用 120V、60Hz 的电源器件，因此将该元件排除在 EU 变种之外。

（6）在 Variant Name 列中高亮选择“EU”并且从 Status 列中选择 Excluded（排除）。

（7）单击【OK】按钮关闭元件属性对话框，如图 4-24 所示为设置后的电路。

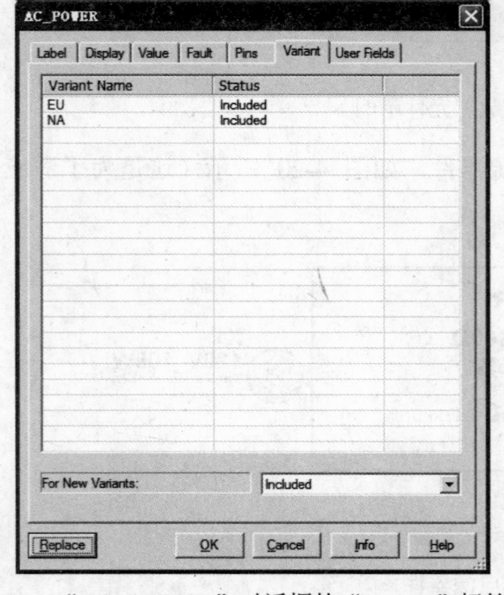

图 4-22　“AC_POWER”对话框的“Variant”标签页

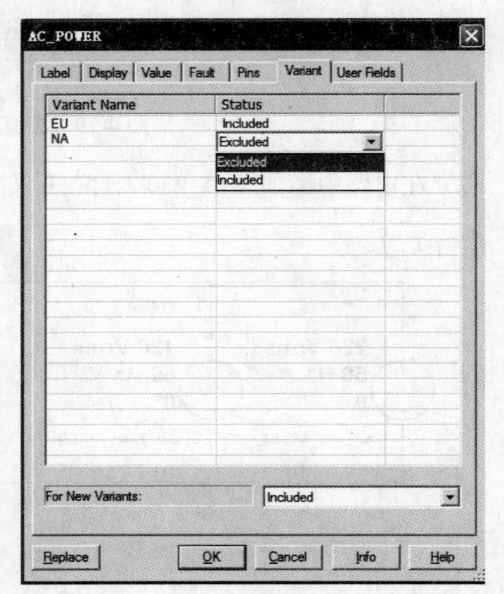

图 4-23　设置元件排除在 NA 变种外

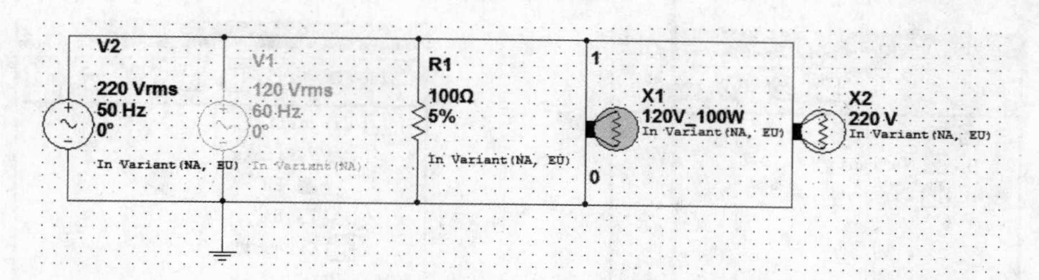

图 4-24　设置排除 EU 变种后的电路

从图 4-24 中可以发现，V1 显示为暗淡的灰色，表明在 EU 应用中将关于 NA 变种的部分不启用。

（8）设置 X1、X2 灯泡的变种状态，X1 是 120V 电压下工作的，因此适用 NA 变种，X2 是 220V 电压下工作的，因此适用于 EU 变种。根据以上的要求在“Variant”标签页中设置 X1、X2 的变种。结果如图 4-25 所示，在 220V 的元件都正常显示，而 120V 的元件都变为暗淡的灰色。

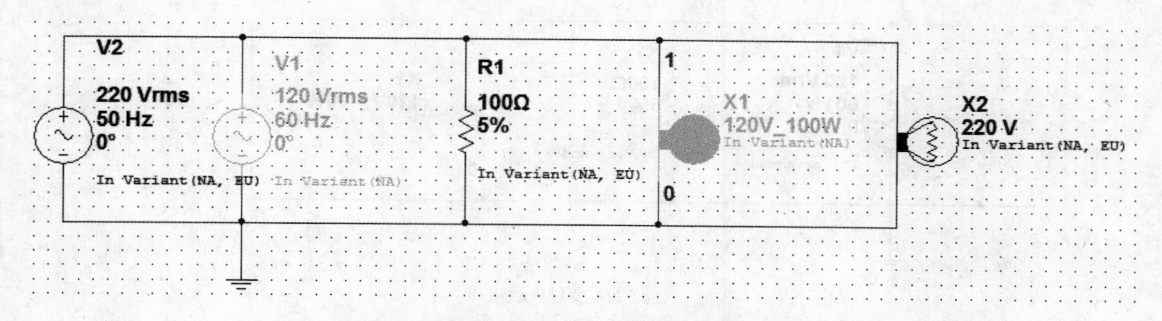

图 4-25　设置 X1 和 X2 灯泡的变种后的结果

若要在未来的变种中排除一个元件，首先双击所选的元件，弹出元件属性对话框，并选择“Variant”标签页，从“For New Variants”下拉列表中选择 Excluded（排除），即该元件将不包含在电路将来可能创建的变种中。

嵌套电路中激活的变种都已经描绘到母图激活的变种中了。电路中的一个变种设置只能在一个时间仿真，因此设计人员需要从可用的 Circuit Variants 中选择用于仿真的变种。下面介绍在 Design Toolbox（设计工具盒）中设置激活变种的方法。

（1）首先在“Design Toolbox”（设计工具盒）中选择“Hierarchy”（层次）标签页，如图 4-26 所示。

（2）在 Variants 目录中单击“+”符号展开目录，如图 4-27 所示。

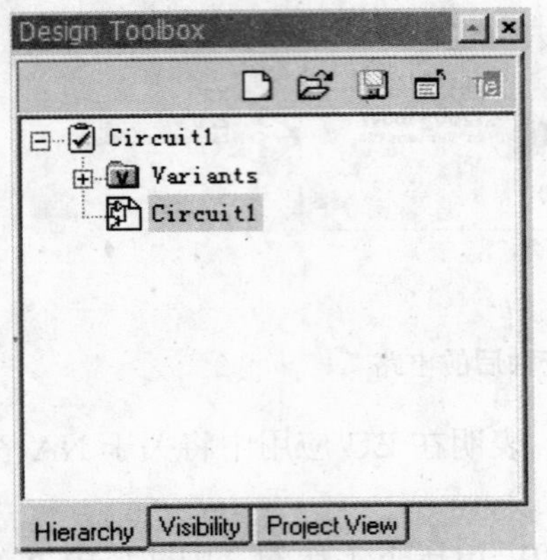

图 4-26　设计工具盒层次标签页

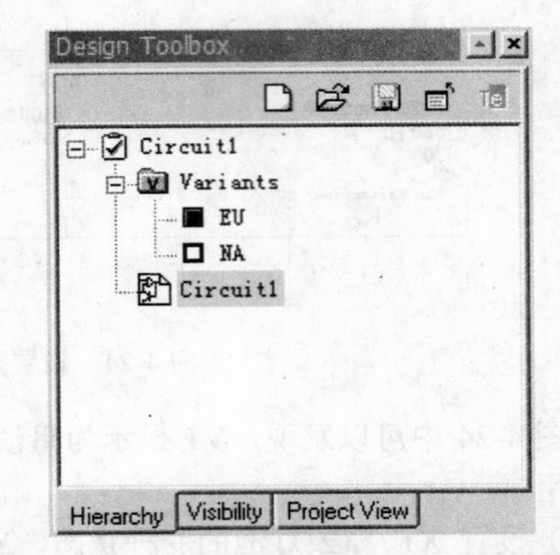

图 4-27　Design Toolbox Hierarchy 标签 Variants 目录

此时，激活 NA 变种后电路图中元件显示的变化情况如图 4-28 所示。

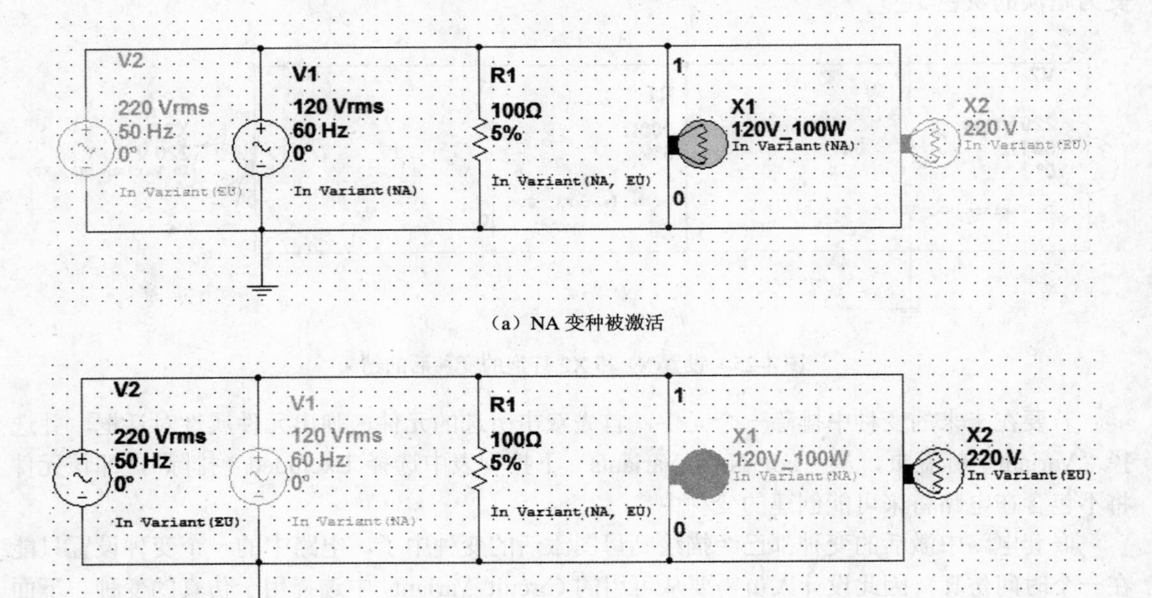

（a）NA 变种被激活

（b）EU 变种被激活

图 4-28　激活 NA 变种后电路图中元件显示的变化情况

从图中可以看出，切换 NA 和 EU 变种后，工作区中和相关变种设置的元件在显示状态上都发生了变化。

（3）通过在 EU 变种上单击鼠标右键并从弹出的快捷菜单选择【Set Variant Active】命令进行不同变种间的切换。激活变种还可以通过单击菜单【Tools】/【Set Active Variant】命令，从弹出的“Active Variant”对话框中选择需要激活的变种并单击【OK】按钮即可。

4.6　项目管理器与版本控制

为了便于管理电路设计中各种各样的文件，Multisim 10 提供了项目管理功能。在 Multisim 10 中，一个项目就是一些设计文件的集合，所有的电路文件组成了一个电路设计，包括设计文档（Microsoft Word）、仿真输出、清单报告和用 Ultiboard 输出的 PCB。

4.6.1　项目操作

1．创建新的电路项目文件

（1）单击菜单【File】/【New Project】命令，弹出如图 4-29 所示的“New Project”对话框。

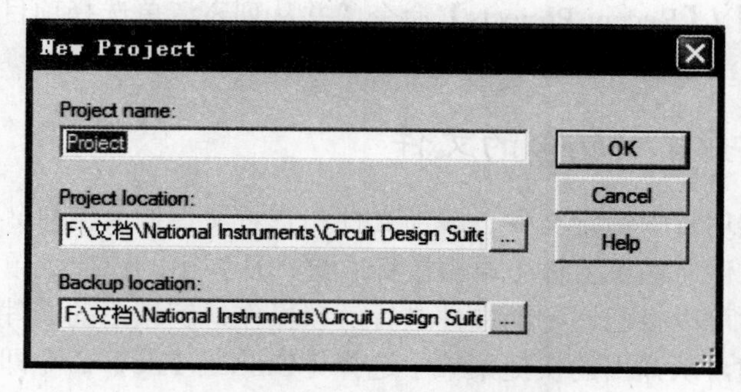

图 4-29　“New Project”对话框

（2）输入项目的名称、项目文件存放的目录和备份文件的目录，如果设置的目录不存在，系统会自行创建。

（3）单击【OK】按钮保存项目文件，此时在“Design Toolbox”（设计工具盒）中出现“Project View”标签页。

2．添加电路文件到项目中

（1）在项目浏览器的 Schematic（原理图）目录单击鼠标右键，从弹出的快捷菜单中选择【Add File】（添加文件）命令。

（2）此时，弹出一个默认的文件选择窗口，找到所需添加文件的目录并单击【Open】（打开）按钮。

（3）将光标移动到文件名的位置可以显示出完整的文件名。

（4）“Project View”标签页中包括 Schematic 目录、PCB 目录、Documents 目录和 Reports 目录。若要添加 PCB、文档、报告清单文件到项目中，在所需添加的文件类型相同的目录中单击鼠标右键，从弹出的快捷菜单中选择相应的命令添加同类型的文件。

（5）单击菜单【File】/【Save Project】命令保存项目。

（6）单击菜单【File】/【Close Project】命令关闭项目。

3．在项目中打开文件

在“Design Toolbox”（设计工具盒）的“Project View”标签页中的电路文件上单击鼠标右键，从弹出的快捷菜单中选择【Open a file for editing】（打开一个文件用于编辑）命令或【Open as Read-Only】（打开一个文件用于只读）命令，如果该文件已经被打开，则【Open a file for editing】命令不可用。

在项目浏览器双击电路文件也可以打开文件，如果该文件没有被其他设计人员打开则可以打开该文件，如果该文件已被打开则系统提示该文件已被打开。

4．打开项目

单击菜单【File】/【Open Project】命令，弹出一个默认文件窗口，选择所需的目录并打开项目文件。

单击菜单【File】/【Recent Projects】命令，并从列表清单选择项目也可以打开项目。项目一旦被打开，项目浏览器中将显示出项目中所有的文件。

4.6.2 操作项目中包含的文件

设计人员可以在项目中锁定文件、解锁文件和查看文件摘要信息。锁定一个文件，可以防止其他人打开该文件，在该文件上单击鼠标右键，从弹出的快捷菜单中选择【Lock File】命令即可。解锁文件可以将已锁定的文件进行解锁操作，解锁后的文件供所有人打开，在该文件上单击鼠标右键，从弹出的快捷菜单中选择【Unlock File】命令即可。查看项目中文件的摘要信息可以在项目浏览的文件名上单击鼠标右键，从弹出的快捷菜单中选择【Properties】（属性）命令，相关的摘要信息在“Properties”对话框中查看。

4.6.3 版本控制

在任何给定的时间，设计人员可以备份设计目录中的内容，并且可以从备份中恢复到指定时间的内容。

1．备份项目目录

（1）单击菜单【File】/【Version Control】命令，弹出“Version Control”对话框。

（2）选择“Back up current version”选项。

（3）系统基于系统的日期自动生产一个备份的文件名，如果有特殊需要，可以手工输入文件名。

（4）单击【OK】按钮，项目文件即备份完成。

2．从备份文件中还原项目

（1）选择整个项目中的所有电路。

（2）单击【File】/【Version Control】命令，弹出“Version Control”（版本控制）对话框。

（3）选择“Restore Project”（还原项目）选项，项目目录中列出了可用的还原的备份文件。

（4）根据需要选择备份文件并单击【OK】按钮。

（5）此时系统提示确认是否用备份的版本文件覆盖现有的项目目录中的文件。

练习题

（1）打开...\National Instruments\Circuit Design Suite 10.0\samples\Advanced 目录中的 DIGITAL.MS10 文件，按照文件中的图绘制一遍。

（2）如图所示为一单片机电路部分原理图，试着对照绘制。

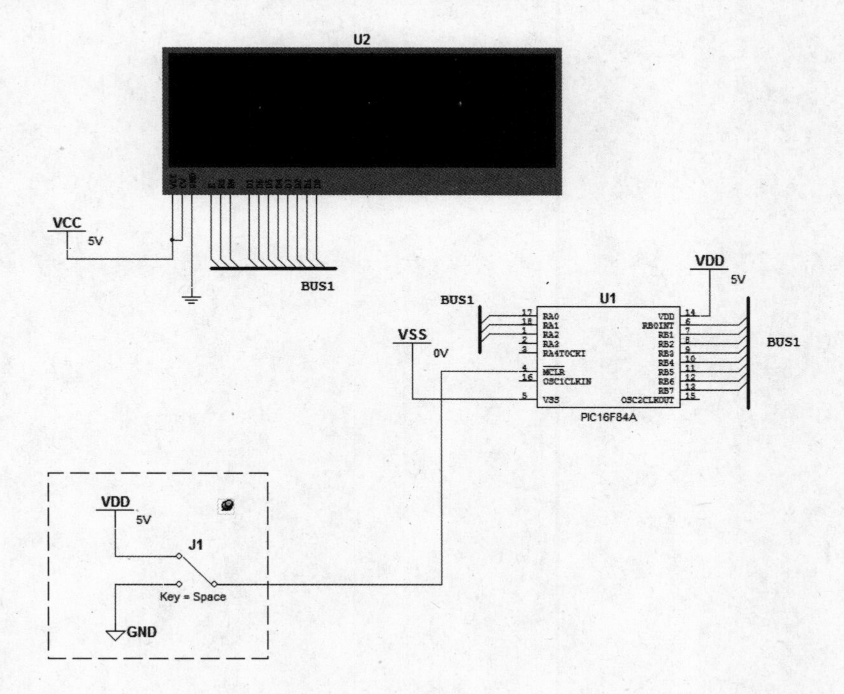

第5章 元　件

 元件数据库的结构

 在数据库中定位元件

 元件储存的信息类型

 管理数据库

 转换数据库

 从数据库中更新元件

 合并数据库

 元件编辑简介

 使用“Component Wizard”创建元件

 编辑元件

 编辑元件常规属性

 编辑元件符号

 编辑元件模型

 模拟动作模型和控制源语法

 编辑元件引脚模型

 编辑元件的封装

 编辑元件的电气参数

 编辑用户数据

 使用模型生成器创建元件模型

 使用代码模式创建模型

本章主要介绍 Multisim 元件数据库中的底层结构和组成，以及访问和搜索数据库中元件的方法，同时还介绍了如何创建、编辑、复制和删除元件，如何将制作或购买的元件模型加载到 Mutlisim 数据库中，最后介绍了使用 Multisim 的模型生成器或建模代码创建仿真模型的内容。

5.1　元件数据库的结构

Multisim 10 的元件数据库用来保存元件必要的描述信息，它包含了原理图捕获中所需的元件符号、仿真模型、元件封装及其他的电气信息。

Multisim 10 提供了 3 种数据库，主数据库是只读的，它包括 Electronics Workbench 提供的所有元件；用户数据库是个别用户私有的数据库，用于建立个别的不参与共享的元件；公共数据库用于存储自定义元件，供系统共享使用。数据库管理工具提供数据库间元件的转移、数据库合并和编辑的功能。所有的数据库都可分为族，由族再分为组。

设计人员从数据库中选择一个元件并拖曳到电路中，这是一个复制元件并放置到电路的过程。任何编辑模式对元件的修改都不会影响到原始数据库的复制，也不会影响到先前在电路中放置的元件。同样，任何在数据库中对元件进行的编辑在复制之后都不会影响到先前放置的元件，但会影响到以后放置的元件。当电路保存后，元件的相关信息也一并保存。

5.1.1　数据库标准

Multisim 10 的元件存储于不同的数据库中，Master Database（主数据库）存储元件的最初始状态，确保信息的完整和正确，并且是不可用编辑的；Corporate Database（公共数据库）存储所选的元件，并且是由个别用户、公司、组织创建修改的元件，对其他的用户仍然是可用的；User Database（用户数据库）存储用户自己修改、导入、创建的元件，这些元件仅对用户自己可用。

第一次使用 Multisim 10 时，User Database 和 Corporate Database 是空的，用户可以在其中存储使用频率较高的元件。如果用户修改一个元件，创建自己的版本，可以存储到 User Database 或 Corporate Datebase 中，但不能修改 Master Database 中的数据。设计人员可以从任何可用的数据库中选取元件来创建电路。

5.1.2　元件分级

Multisim 10 中的元件是根据逻辑组来划分的，每一组包含相关元件的族，系统提供的组包括 Sources（信号源器件）、Basic（基础元件）、Diodes（二极管）、Transistors（晶体管）、Analog（类似体（模拟）器件）、TTL（晶体管－晶体管逻辑器件）、CMOS（互补金属氧化物半导体器件、MCU Module（微型程序控制器模块）、Misc Digital（混合数字器件）、Mixed（混杂器件）、Indicators（指示器件）、Power（电源器件）、Misc（混合器件）、RF（射频器件）、Electro-mechanical（电动机械器件）和 Ladder Diagrams（梯形图）。

5.2 在数据库中定位元件

可以在可用的数据库中定位特定的元件，或者通过常规的方法设置精确的查找条件搜索元件。

在放置元件的过程中，可以利用 Multisim 数据库中的浏览对话框浏览数据库中的元件。系统提供了一个功能强大的搜索引擎帮助用户利用所知的关于元件的部分信息搜索元件。

下面介绍一个标准查找元件的过程。

（1）单击菜单【Place】/【Component】命令，弹出如图 5-1 所示的“Select a Component”对话框。

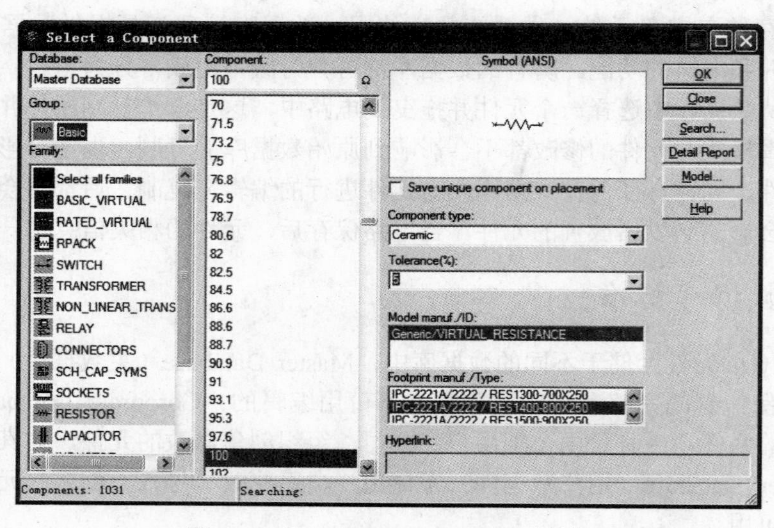

图 5-1　“Select a Component”对话框

（2）单击【Search】（搜索）按钮，弹出如图 5-2 所示的“Search Component”（搜索元件）对话框。

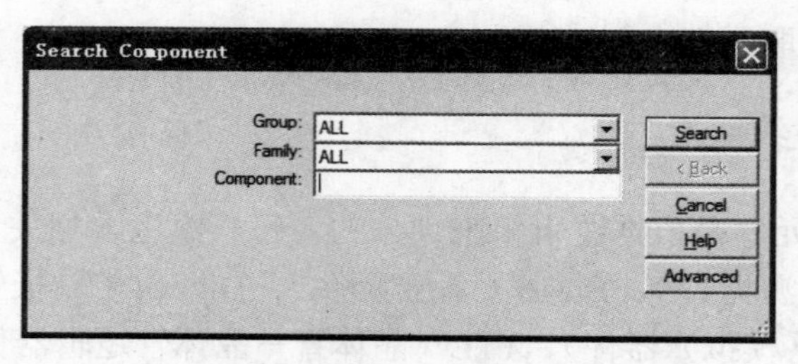

图 5-2　“Search Component”对话框

（3）单击【Advanced】（高级）按钮，“Search Component”对话框扩展开来，如图 5-3 所示。

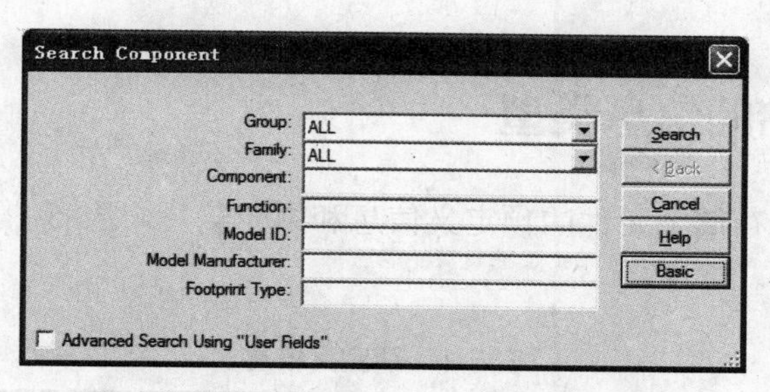

图 5-3　扩展的“Search Component”对话框

（4）输入搜索条件，至少输入一个搜索条件，可以输入字符或数字。设定搜索条件时，可以灵活使用通配符“*”，以提高搜索的效率。例如，在“Footprint Type”文本框输入“CASE646-06”寻找与“CASE646-06”匹配的元件；输入“*06”则寻找以“06”结尾的元件；输入“CASE*”则寻找以“CASE”开头的元件。

（5）单击【Search】（搜索）按钮，弹出如图 5-4 所示的“Search Component Result”对话框。在“Family”（元件族）下拉列表中可以选择相应的族筛选元件，在“Component”（元件）栏中列出来与“*5534*”字符串相匹配的所有元件型号，当用鼠标选择其中一个元件时，在“Function”（功能）栏中显示该元件的功能说明，在“Model Manuf.\ID”（出厂编号）栏中显示该元件的制造厂家和型号，在“Footprint Manuf.\Type”（封装类型）栏中显示该元件的封装类型。

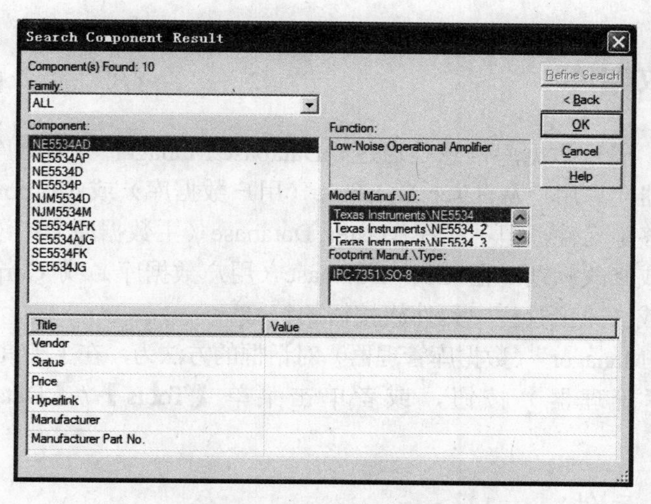

图 5-4　“Search Component Result”对话框

（6）在“Search Component Result”对话框中选择所需的元件并单击【OK】按钮。放置元件完毕后，返回“Select a Component”（选择元件）对话框。

设计人员可以通过精简搜索的关键字减小搜索目标的范围，以提高效率。

5.3 元件存储的信息类型

Multisim 数据库中存储了元件的预定义信息和用户信息。表 5-1 中列出了选择一个元件时会出现的预定义信息。

表 5-1 预定义信息

信息名称	注释	举例
Database	存储元件的数据库名称	User
Group	元件所在组	TTL
Family	元件所在的族	74S
Component	元件的名称	74S00D
Symbol	在原理图捕获中使用的元件符号	⊣⊢
Function	元件的功能描述，选择电容、电阻、电感元件时该项不可用	QUAD 2－INPUT NAND
Component Type	仅用于电阻、电感、电容元件	Carbon Film（碳膜）
Tolerance	在元件清单中，选择电阻、电感、电容的误差范围	0.5%
Model Manuf./ID	元件生产厂家和元件标号	Texas Instruments/74S00
Footprint Manuf./Type	真实元件的封装类型	DO14
Hyperlink	所需文档的超级链接地址	www.analog.com

5.4 管理数据库

在 Multisim 中，管理数据库信息是通过“Database Manager”（数据库管理器）对话框实现的，数据库管理器允许用户从 User Database（用户数据库）或 Corporate Database（公共数据库）中添加或移除元件，但不能在 Master Database（主数据库）中添加和删除元件；在任何数据库中设置或修改标题；在 User Database（用户数据库）或 Corporate Database（公共数据库）中添加或修改工具栏中元件族按钮的符号。

调用“Database Manager”（数据库管理器）对话框的方法为，在主工具栏中单击【Database Manager】（数据库管理器）按钮，或者单击菜单【Tools】/【Database】/【Database Manager】命令。

5.4.1 筛选元件

在“Database Manager”对话框的“Components”标签页中筛选元件的操作步骤如下。

（1）从“Database Name”（数据库名称）的下拉框中选择所需的数据库。

（2）单击【Filter】（筛选）按钮，弹出“Filters”（筛选）对话框。

（3）根据需要进行 Family（元件族）列表、Component（元件框）、Show User Data Columus（显示用户数据列）、Select All（全选）、Clear All（清除所有）等选项的设置。

（4）单击【OK】按钮，此时“Filters”（筛选）对话框关闭，筛选元件完成。

5.4.2 删除元件

从 Corporate Database 或 User Database 中删除元件的操作步骤如下。

（1）在主工具栏上单击【Database Manager】（数据库管理器）按钮，或者单击菜单【Tools】/【Database】/【Database Manager】命令。

（2）在弹出的对话框中选择“Components”（元件）标签页。

（3）在“Database Name”（数据库名称）下拉框中选择要删除元件所在的数据库。

（4）选择需要删除的元件，此时可以使用快捷键【Shift+Ctrl】配合鼠标左键在列表中选择多个对象。

（5）单击【Delete】（删除）按钮，系统提示用户确认删除。

（6）单击【Yes】按钮，元件即从数据库中删除。

5.4.3 复制元件

复制一个现有的元件到 Corporate Database 或 User Database 的操作步骤如下。

（1）首先在主工具栏中单击【Database Manager】按钮，或者选择菜单【Tools】/【Database】/【Database Manager】命令。

（2）选择“Database Manager”对话框中的“Components”标签页。

（3）从“Database Name”下拉列表中，选择要复制元件所在的数据库。

（4）选择需要复制的元件，可以使用快捷键【Shift+Ctrl】并配合鼠标左键选取多个对象。

（5）单击【Copy】（复制）按钮，弹出“Select Destination Family Name”对话框。

（6）在“Family Tree”（元件族目录树）中，选择数据库的目录，设置好新复制的元件存放的族、组并单击【OK】按钮，此时将返回“Database Manager”对话框的“Components”标签页。

（7）当完成复制元件时，单击【Close】（关闭）按钮即可。

5.4.4 保存放置的元件

当设计人员对放置的元件进行了修改，如更换封装等，此时需要在 User Database 或 Corporate Database 中保存已经放置的元件。

将已放置的元件保存到数据库中的操作步骤如下。

（1）在工作区中选择元件，单击菜单【Tools】/【Database】/【Save Component to DB.】命令，弹出如图 5-5 所示的“Select Destination Family Name”（选择目的元件族名）对话框。

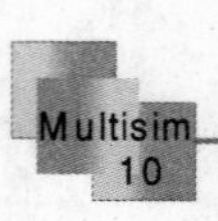

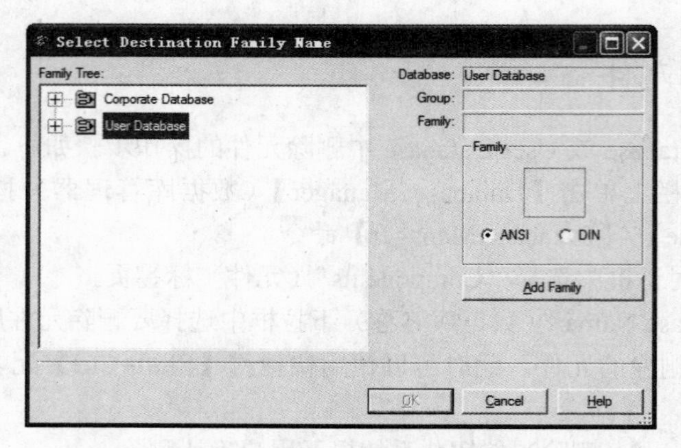

图 5-5 “Select Destination Family Name”对话框

（2）在“User Database”或“Corporate Database”中选择所需的元件族、组，并根据实际需要单击【Add Family】（添加元件族）按钮，在所需的元件组中创建族。

（3）单击【OK】按钮，弹出关于该元件的“Save Component to the Database”（保存元件数据库）对话框。

（4）单击【OK】按钮即可完成保存操作。

5.4.5 在数据库间移动元件

在数据库间移动元件的操作步骤如下。

（1）单击菜单【Tools】/【Database】/【Database Manager】命令。

（2）在弹出的“Database Manager”（数据库管理器）对话框中选择“Components”（元件）标签页。

（3）根据需要选择元件，可以使用快捷键【Shift+Ctrl】并配合鼠标左键选择多个对象。

（4）单击【Move】按钮，此时弹出“Select Destination Family Name”（选择目标元件族名称）对话框。

（5）在“User Database”或“Corporate Database”中选择所需的元件族、组，根据实际需要单击【Add Family】（添加元件族）按钮创建所需的族。

（6）单击【OK】按钮完成移动元件的操作。

5.4.6 管理元件族

管理元件族的操作包括添加元件族、加载元件工具栏按钮、编辑默认元件族按钮名称、从 User Database 或 Corporate Database 中删除元件族、从 User Database 或 Corporate Database 删除一个空的元件族等 6 种操作，下面就分别介绍具体的操作步骤。

1. 在 User Database 或 Corporate Database 中添加元件族

（1）在“Database Manager”（数据库管理器）对话框种选择“Family”（元件族）标签页。

（2）在“Database Family Tree”（数据库元件族目录树）中，选择 Corporate Database 或 User Database。

（3）单击【Add Family】（添加元件族）按钮，弹出“New Family Name“（新建元件族名称）对话框。

（4）从“Select Family Group”下拉框中选择所需的元件组，在“Enter Family Name”（输入元件族名称）文本框输入新的元件族名称，并单击【OK】按钮，此时将返回到“Database Manager”（数据库管理器）对话框。

（5）新建元件族将自动指派一个默认的图标。

（6）新建的元件族出现在相关的元件组中。

2. 加载元件的工具栏按钮

（1）选择元件族，单击【Load】（加载）按钮，选择一个所需的工具栏按钮文件，单击【Open】（打开）按钮。

（2）此时，新建的工具栏按钮在“Database Manager”对话框的“Family”栏显示，并且被添加到“Family Tree”（元件族目录树）中的元件组中。

3. 编辑默认元件族按钮的名称

（1）选择元件族，单击【Edit】（编辑）按钮。

（2）此时应保证绘图程序和用于按钮的位图文件已打开。

（3）根据需要编辑位图文件，并且保存、关闭绘图程序。

（4）修改后的按钮将出现在元件族名称按钮中。

4. 从 User Database 或 Corporate Database 中删除元件族

（1）选择所需删除的元件族。

（2）单击【Delete Family】（删除元件族按钮），此时系统弹出确认删除信息的提示。

（3）确认后元件族自动删除。

5. 从 User Database 或 Corporate Database 删除一个空的元件族

（1）单击【Delete Empty Families】（删除空元件族）按钮，此时系统提示确认删除所有空元件族目录信息。

（2）此时所有空元件族目录将从所选数据库的 Family（元件族）清单中删除。

5.4.7　修改用户自定义的信息标题及注释

Multisim 10 提供了 20 个供用户自定义元件的特别信息，它为所有的数据库修改用户信息标题，而不仅仅是为所选的某个数据库。

修改用户信息标题的步骤如下。

（1）在“Database Manager”（数据库管理器）中选择“User Field Titles”（用户信息标题）标签页。

（2）在“Title”（标题）处输入标题名称。

（3）单击【Save】（保存）按钮。

修改非 R、L、C 元件的“User Field”内容的操作步骤如下。

（1）单击“Database Manager”（数据库管理器）中的“Components”（元件）标签页。

（2）选择所需的数据库名称和元件。

（3）在“User Field”处通过轴卷操作查看并选择所需的元件。

（4）在“User Field”中输入信息。

为 R、L、C 元件修改“User Field”注释的步骤如下。

（1）首先单击“Database Manager”（数据库管理器）中的“RLC Components”（RLC 元件）标签页。

（2）选择所需的元件。

（3）在“User Field”处通过轴卷操作查看、选择所需的元件。

（4）在“User Field”处输入所需的信息即可。

5.4.8　显示数据库信息

在“Database Manager”（数据库管理器）中单击【About】（关于）按钮，弹出如图 5-6 所示的“Database Information”（数据库信息）对话框。在该对话框中可以查看版本信息及其他信息。

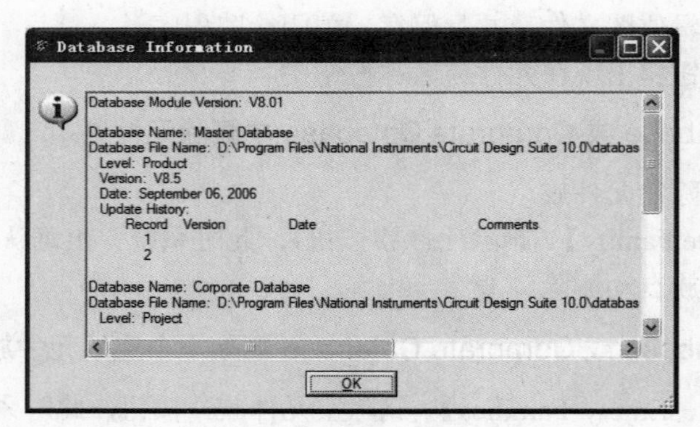

图 5-6　“Database Information”对话框

5.5　转换数据库

早期 Multisim 版本中的 User Database 和 Corporate Database 需要转换为 Multisim 10 格式。转换数据库的操作步骤如下。

（1）单击菜单【Tools】/【Database】/【Convert Database】命令，弹出如图 5-7 所示的“Convert Database”（数据库转换）对话框。

（2）在“Type”（类型）下拉框中根据实际需要选择 Convert DB V8/V9==>V10（转换 V8/V9 格式到 V10 格式）、Convert DB V7==>V10（转换 V7 格式到 V9 格式）或 Convert DB

V6==>V9（转换 V6 Multisim2001 格式到 V9 格式）命令类型。选择转换格式命令后，“Convert Database”对话框的标题显示相应格式转换的标题信息。

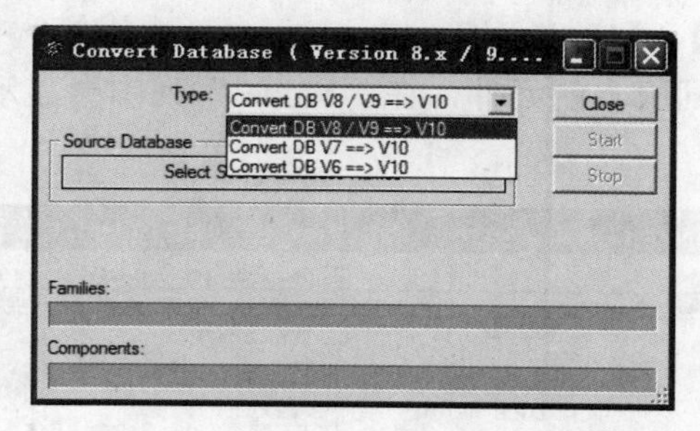

图 5-7 “Convert Database”对话框

（3）单击【Select Source Database Name】（源数据库名）按钮，弹出如图 5-8 所示的“Select a Component Database Name”（选择一个元件数据库名称）对话框。

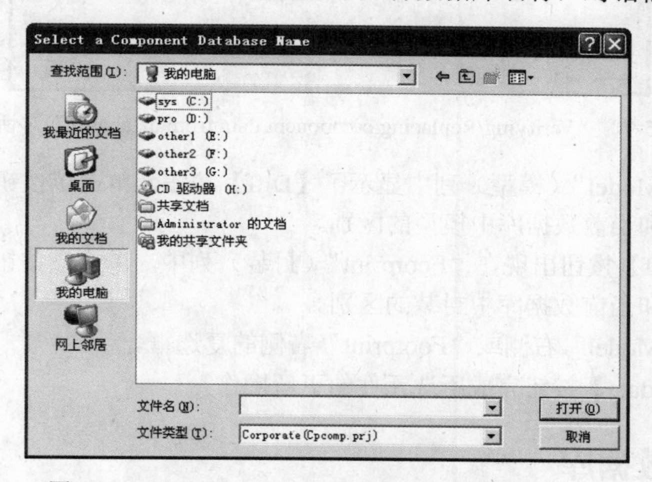

图 5-8 “Select a Component Database Name”对话框

（4）从该对话框的“文件类型”下拉列表中选择所需转换的文件格式（User 或 Corporate）。

（5）选择所需转换的数据库文件并单击【打开】按钮，此时返回到“Convert Database”对话框。

（6）单击【Start】（开始）按钮，弹出“Duplicate Component Name”对话框。

（7）根据需要选择 Auto－Rename（自动重命名导入的复制的元件）、Overwrite（覆盖 Mutisim 旧的元件名）、Ignore（不使用导入、复制的元件名）选项并单击【OK】按钮。

（8）单击【Close】按钮关闭“Convert Databse”对话框。

5.6 从数据库中更新元件

如果使用的是较早 Multisim 版本的数据库创建的电路原理图，可以用当前最新的数据库匹配更新电路中的元件。

更新元件的操作步骤如下。

（1）单击菜单【Tools】/【Update Circuit Components】命令，弹出如图 5-9 所示的对话框。如果在电路中存在不同版本的元件，在“Model”列中会显示【Diff】按钮和一个红色的箭头。

Verifying/Replacing component data from databases(RFAmplif...

Component list　　☐ Hide components that do not need to be updated

No.	RefDes	Name	Symbol	☐	Model	☐	Footprint	☐
1	V1	AC_VOLTAGE	Similar.	☐				
2	Q1	BF517	Similar.	☐				
3	V2	DC_POWER	Similar.	☐				
4	C1	CAPACITOR_VIRTUAL	Similar.	☐				
5	R1	RESISTOR_VIRTUAL	Similar.	☐				
6	R2	RESISTOR_VIRTUAL	Similar.	☐				
7	R3	RESISTOR_VIRTUAL	Similar.	☐				
8	C2	CAPACITOR_VIRTUAL	Similar.	☐				
9	R4	RESISTOR_VIRTUAL	Similar.	☐				
10	L1	INDUCTOR_VIRTUAL	Similar.	☐				
11	C3	CAPACITOR_VIRTUAL	Similar.	☐				

Update　Close　Help

图 5-9　“Verifying/Replacing component data from databases”对话框

（2）如果在“Model”（模型）列中显示了【Diff】按钮，单击该按钮可以查看工作区中所使用的元件模型和当前数据库中模型的区别。

（3）如果【Diff】按钮出现在“Footprint”（封装）列中，单击该按钮可以查看工作区中所使用的元件模型和当前数据库中封装的区别。

（4）勾选择“Model”右侧或“Footprint”右侧的复选框。

（5）单击【Update】按钮完成所选元件的更新操作。

5.7　合并数据库

合并数据库的操作步骤如下。

（1）单击菜单【Tools】/【Database】/【Merge Database】命令，弹出如图 5-10 所示的“Database Merge”(合并数据库)对话框。

（2）单击【Select a Component Database Name】（选择一个元件数据库名称）按钮，在弹出的对话框中选择一个需要合并的数据库文件，单击【打开】按钮。此时将返回到“Database Merge”对话框。

（3）选择所需的“Target Database”（目标数据库）。

（4）单击【Start】（开始）按钮，则所选的数据库合并到 Corporate Database 或 User Database 中。

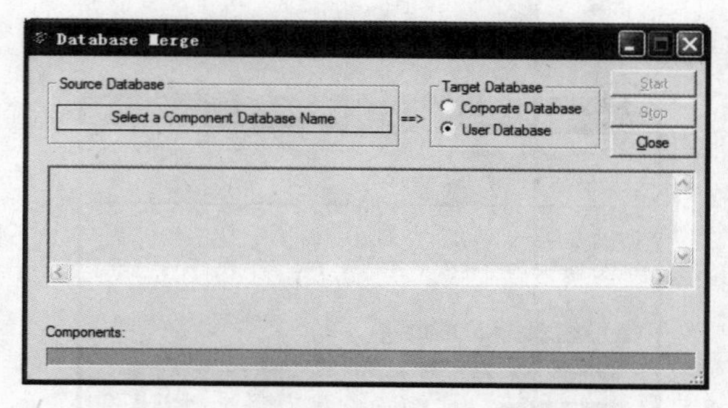

图 5-10 “Database Merge”对话框

（5）单击【Close】按钮关闭对话框。

5.8 元件编辑简介

尽管 Multisim 提供了丰富的元件数据库资源，但某些时候仍不能满足设计人员的需求，在这种情况下，可以利用 Multisim 提供的编辑元件功能实现某些元件的特殊编辑需求。

在 Multisim 中，系统提供了“Component Wizard”（元件向导）工具和“Component Properties（元件属性）”对话框两种方法来实现编辑元件的功能。

- “Component Wizard”工具：常用于创建、编辑新的元件
- “Component Properties”对话框：常用于通过访问“Database Manager”对话框来编辑已经存在的元件

在元件数据库中的元件都包括 General Information（常规信息）、Symbol（原理图捕获中绘制的元件符号）、Model（用于表现在仿真过程中真正的行为）、Pin Model（仿真过程中引脚的信息）、Footprint（在 Multisim 中元件输出到 PCB 软件布线时的封装）、Electronic Parameters of the Component（元件的电气参数）和 User Fields（用户自定义元件的相关信息）等信息。

5.9 使用“Component Wizard”创建元件

Multisim 提供了在原理图捕获中仅需几个步骤就可以快速创建 Analog（模拟元件）、Digital（数字元件）或 VHDL 元件的“Component Wizard”（元件向导）工具。

5.9.1 创建模拟元件

模拟元件包括二极管、晶体管、电阻、电感和电容等元件，它们可以通过“Component Wizard”工具创建。但是，电阻、电容和电感用该方法只能创建包含基本的仿真模型信息。

下面介绍创建一个 Analog（模拟）元件的步骤。

（1）在主工具栏中单击【Create Component】（创建元件）按钮，或者单击菜单【Tools】/【Component Wizard】命令，弹出如图 5-11 所示“Component Wizard-Setp 1 of 8”

（元件向导第一步）对话框。

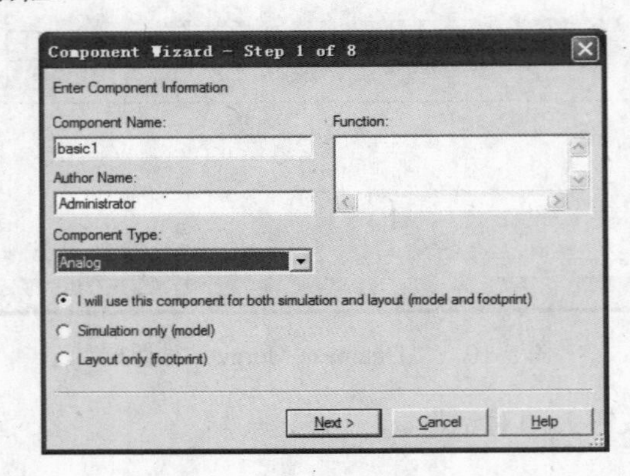

图 5-11 “Component Wizard-Step 1 of 8”对话框

（2）输入“Component Name”（元件名称）、“Author Name”（作者名称由系统创建，也可以根据需要修改）和“Function”（元件用途说明）文本框的内容。

（3）从“Component Type”（元件类别）下拉列表中选择“Analog”（模拟元件）选项。

（4）选择“I will use this component for both simulation and layout（model and footprint）”（将该元件用于仿真和 PCB 布线中）、“Simulation Only”（仅用于仿真）或“Layout Only”（仅用于 PCB 设计）选项。

（5）单击【Next】（下一步）按钮，弹出向导的下一步对话框，如图 5-12 所示，用于设置元件的封装信息。

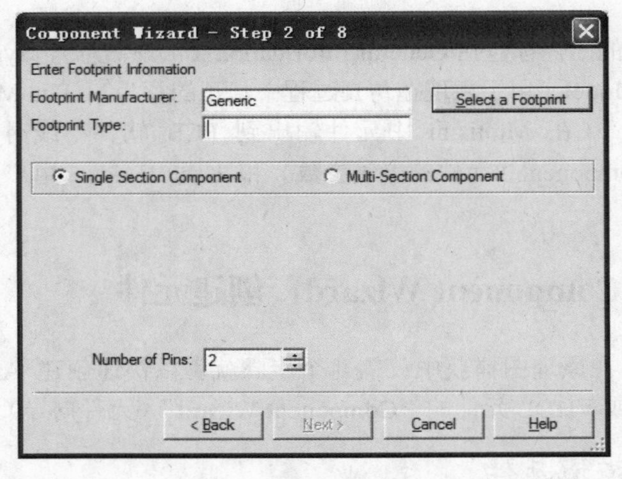

图 5-12 “Component Wizard-Step 2 of 8”对话框

（6）单击【Select a Footprint】（选择一个封装）按钮，弹出如图 5-13 所示的“Select a Footprint”（选择一个封装）对话框。若不想指派元件的封装，可以单击【Add】（添加）按钮选择元件储存的数据库，此时弹出如图 5-14 所示的“Add a Footprint”（添加一个封装）对话框，在“Footprint”文本框输入封装名称。

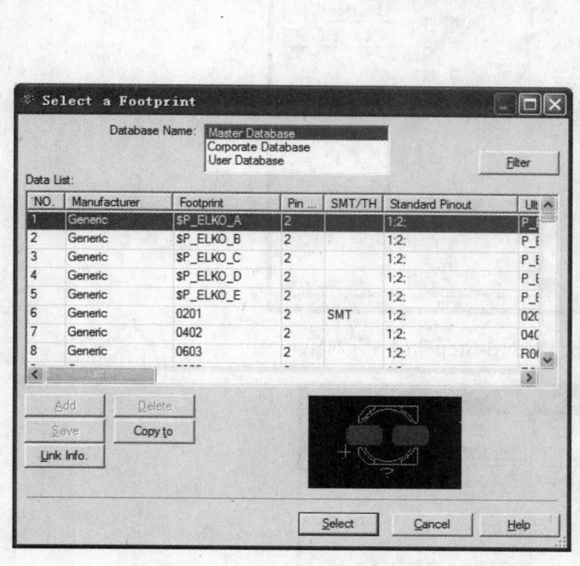

图 5-13　“Select a Footprint”对话框

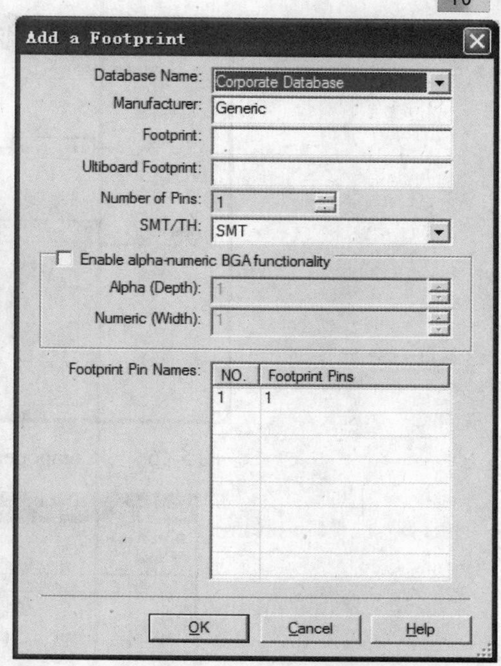

图 5-14　“Add a Footprint”对话框

（7）在“Select a Footprint”对话框中单击【Select】（选择）按钮，将返回到“Component Wizard”（元件向导）对话框，此时，在“Footprint Manufacturer”和“Footprint Type”文本框显示相应信息。

（8）在“Number of Pins”处输入元件的引脚数量。

（9）根据设计需要选择“Single Section Component”（单片断元件）或“Multi-Section Component”（多片断元件），若选择的是多片断元件，则“Number of Sections”（片断数量）和“Section Details”（片断细节资料）信息会添加到该对话框中。

（10）单击【Next】按钮弹出如图 5-15 所示的对话框，用于设置元件的符号信息。在“Symbol Set”区域中选择 ANSI 或 DIN；若需要使用现有数据库中的元件符号则单击【Copy From DB】（从数据库中复制）按钮；如果自行编辑符号，单击【Edit】（编辑）按钮弹出“Symbol Editor”（符号编辑器）对话框；单击【Copy to】（复制到）按钮，在“Symbol Set”中设置 DIN 和 ANSI 使用相同的符号，同时也可以使用该按钮复制一个多片断的元件符号到该元件的其他片断。

（11）单击【Next】按钮弹出如图 5-16 所示的对话框，设置元件的引脚参数。【Add Hidden Pin】用于添加隐藏的引脚，如 Power、Ground，隐藏的引脚是元件封装、模型组成的一部分，但在原理图中不显示出来。“Type”列中包括 Passive、Ground、Bidirectional、Input、No connection、Output、Power 等引脚类型，它们作用于 ERC 报告中，以及用于数字元件的引脚驱动和接收。“ERC Status”列用于在该列中设置包含或排除不参与电气规则检查的引脚。

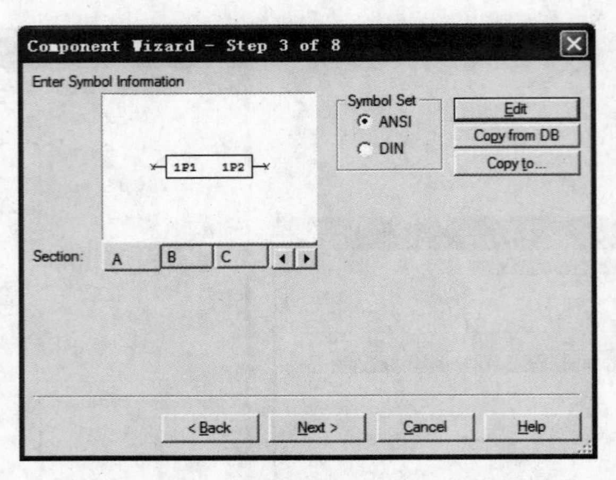

图 5-15 “Component Wizard-Step 3 of 8”对话框

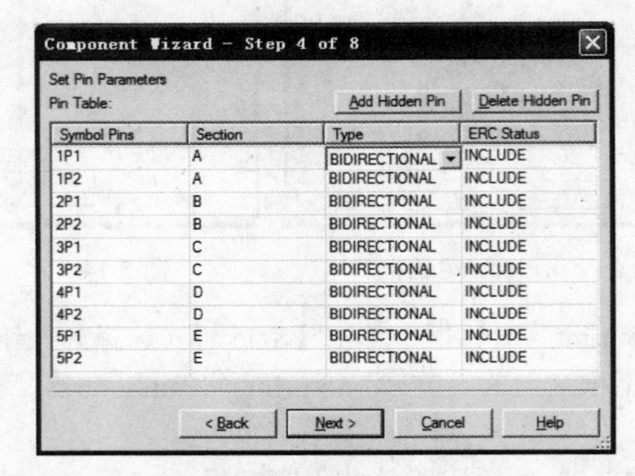

图 5-16 “Component Wizard-Step 4 of 8”对话框

（12）单击【Next】按钮弹出如图 5-17 所示的对话框，用于配置符号和封装的引脚信息。

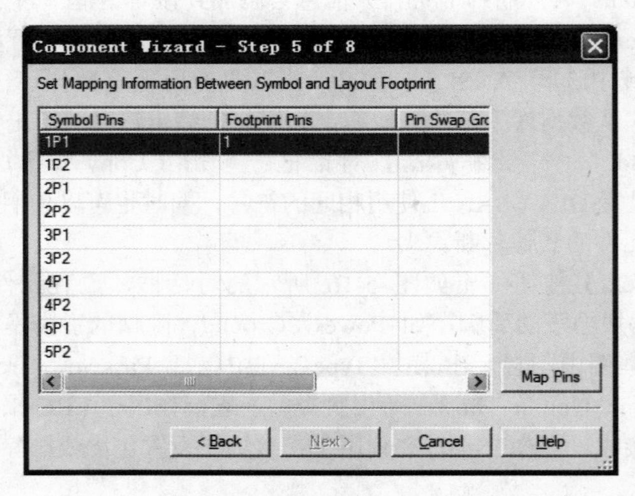

图 5-17 “Component Wizard-Step 5 of 8”对话框

（13）单击【Next】按钮弹出如图 5-18 所示的对话框，用于选择仿真模型。若该元件不需要进行仿真，该步骤不出现。单击【Select from DB】按钮弹出如图 5-19 所示的“Select Model Data”对话框，可以从现有的元件中复制模型数据。单击【Model Maker】按钮弹出如图 5-20 所示的模型生成器对话框，可以从中选择模型生成器自动生成仿真模型。单击【Load from File】按钮可以选择一个模型文件进行加载）。单击【Copy to】按钮弹出“Select Target”对话框，用于从一个选中的多片断元件中复制模型信息到目标片断中。

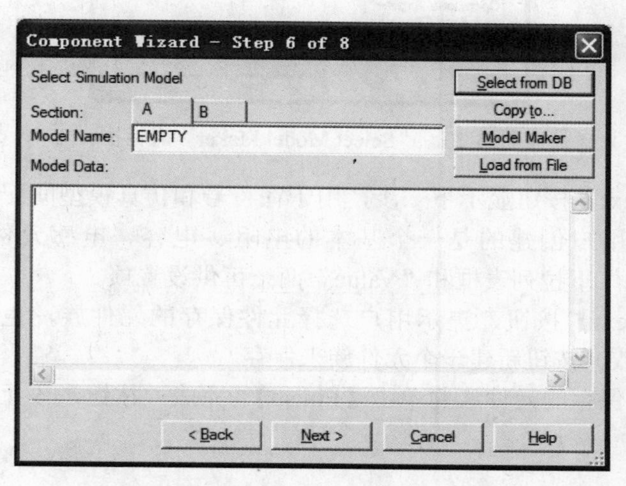

图 5-18　“Component Wizard-Step 6 of 8”对话框

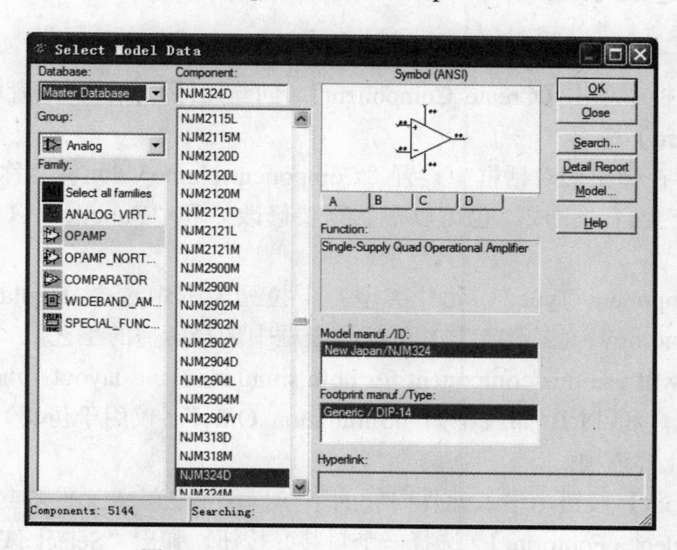

图 5-19　“Select Model Data”对话框

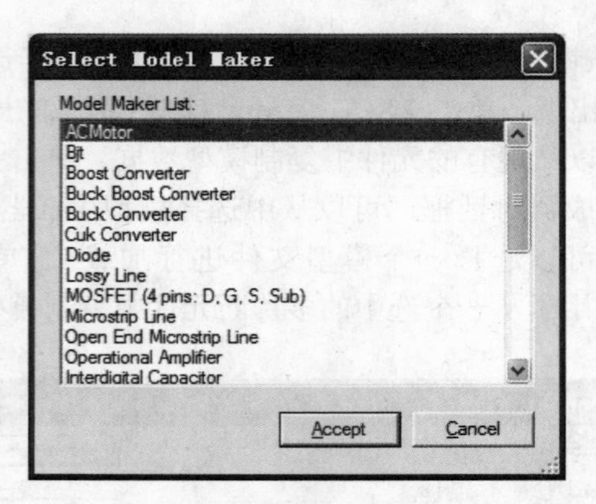

图 5-20 “Select Model Maker”对话框

（14）单击【Next】按钮显示下一步，用于在符号和仿真模型间配置信息，该项仅用于仿真模型元件。若用户创建的是一个基本的电阻、电容、电感元件，该对话框则包括“SPICE Model Type”下拉列表框和“Value”两个可供设置项。

（15）单击【Next】按钮，提示用户选择元件保存的元件族，也可以通过单击【Add Family】（添加元件族）按钮新建一个元件族来保存。

（16）选择所有保存的元件族并单击【Finish】（完成）按钮，该元件即被保存到所选的元件族中。

5.9.2 创建数字元件

本节介绍创建一个新的数字元件的操作步骤。

（1）在主工具栏中单击【Create Component】（创建元件）按钮，或者单击菜单【Tools】/【Component Wizard】命令。

（2）根据需要在弹出的对话框中设置“Component Name”（元件名称）、“Author Name”（作者名称，系统会自动生成，也可以根据需要修改）和“Function”（元件用途说明）等参数。

（3）从“Component Type”（元件类型）下拉列表框中选择 Digital（数字元件），从“Component Technology”（元件工艺）下拉列表框中选择所需的工艺。

（4）选择“I will use this component for both simulation and layout（model and footprint）”（将该元件用于仿真和 PCB 布线中）、“Simulation Only”（仅用于仿真）或“Layout Only”（仅用于 PCB 设计）选项。

（5）单击【Next】按钮，进入元件向导的下一步，用于输入元件的封装信息。

（6）单击【Select a Footprint】（选择一个封装）按钮，弹出“Select a Footprint”对话框。

（7）单击【Select】按钮，将返回到“Component Wizard”（元件向导）对话框。“Footprint Manufacturer”和“Footprint Type”文本框会根据所选的内容显示出相应的信息。

（8）根据设计需要选择“Single Section Conponent”或“Multi-Section Component”选项。若选择的是多片断元件，则“Number of Sections”（片断数量）和“Section Details”（片

断细节资料）信息会添加到该对话框中。

（9）单击【Next】按钮显示元件向导的下一步，用于设置元件的符号信息。

（10）单击【Next】按钮，显示元件向导的下一步对话框，设置元件引脚的参数。

（11）单击【Next】按钮，为每一个引脚符号输入相应的引脚封装，这里输入的配置信息将在“Component Properties”对话框的“Footprint”标签页中及时显示出来。需要使用高级引脚配置选项时，可以单击【Map Pins】按钮，弹出“Advanced Pin Mapping”对话框。

（12）单击【Next】按钮，选择仿真模型。

（13）单击【Next】按钮，设置符号和仿真模型间的配置信息。

（14）单击【Next】按钮，选择元件保存的位置。

（15）选择所有保存的元件族并单击【Finish】（完成）按钮，该元件即被保存到所选的元件族中。

5.9.3　创建 VHDL 元件

下面通过一个用于仿真的 VHDL 元件实例介绍使用“Component Wizard”创建 VHDL 元件的方法。

（1）单击主工具栏的【Create Component】（创建元件）按钮，或者单击菜单【Tools】/【Component Wizard】命令，弹出“Component Wizard”的第一步对话框。

（2）在对话框中完成“Component Name”（元件名称）、“Author Name”（作者名称）和“Function”（元件用途说明）文本框的设置。

（3）从“Component Type”下拉列表框中选择 VHDL。

（4）在这个例子中，选择“Simulation only（model）”（仅用于仿真）并单击【OK】按钮。

（5）设置与 VHDL 中元件端口数量相同的元件引脚数量，计算时不包括电源和地，仅包括整个声明中的端口。示例如下：

```
entity QUIZSHOW is
port (
    clock: in std_ulogic;
    reset: in std_ulogic;
    contestantA: in std_ulogic;
    contestantB: in std_ulogic;
    contestantC: in std_ulogic;
    time_up: out std_ulogic
);
end QUIZSHOW;
```

（6）单击【Next】按钮，并且使用【Edit】按钮修改符号或【Copy from DB】按钮从数据文件中复制。

（7）单击【Next】按钮并选择元件的引脚驱动，这个操作在“Type”（类型）列中完成。

（8）单击【Next】按钮，显示下一步对话框，用于加载元件模型，根据需要输入模型名称，单击【Load from File】（从文件加载）按钮，并且选择所需的 VHDL 文件，以.vx 为扩展名。

（9）单击【Next】按钮，设置引脚符号和模型节点的关联。对于 VHDL 元件，引脚模型的顺序与在整个声明中列出的端口顺序相同。

（10）单击【Next】按钮，保存该元件到数据库中。

5.9.4 在符号编辑器中用符号文件创建

Multisim 中将所有的符号保存在 Sym_temp.sym 文件中。

1．创建一个符号文件

（1）启动 Multisim 10。

（2）单击菜单【Tools】/【Symbol/Editor】命令。

（3）在打开的符号编辑器中，创建所需的符号。

（4）单击菜单【File】/【Save As】命令保存符号文件，如 C:\Temp>bjt_new.sym。

2．创建新的元件

（1）单击菜单【Tools】/【Component Wizard】命令。

（2）完成元件向导的第一步并且单击【Next】按钮。

（3）在元件向导的第二步，输入所需的封装和引脚数量。

（4）在元件向导的第三步，单击【Edit】（编辑）按钮，弹出符号编辑器。

（5）单击菜单【File】/【Open】命令，并且打开先前保存的符号文件。

（6）单击菜单【File】/【Save As】命令，并且将符号以 sym_temp.sym 文件的的形式保存到系统的临时目录中。

（7）单击菜单【File】/【Exit】命令，此时在元件向导的预览窗口中显示创建的元件。

（8）继续完成剩下的元件向导步骤即可。

5.10 编辑元件

本节介绍编辑一个现有元件的操作步骤。

（1）在主工具栏中单击【Database Manager】按钮，或者单击菜单【Tools】/【Database】/【Database Manager】命令，弹出“Database Manager”对话框。

（2）选择“Components”标签页。

（3）在“Component List”（元件列表）中，选择所需编辑的元件。

（4）单击【Edit】（编辑）按钮，弹出“Component Properties”（元件属性）对话框，该对话框由若干个标签页组成。

（5）在不同的标签页中编辑元件的信息。

（6）在任意一个标签页中单击【OK】按钮即保存所编辑的元件，此时弹出“Select Destination Family”（选择目标元件族）对话框。

（7）在“Family Tree”（元件族目录树）栏选择用于保存编辑元件的数据库，并选择相应的元件族来保存该元件，此时【OK】按钮变为可用状态。

（8）单击【OK】按钮关闭“Select Destination Family Name”（选择目标元件族名称）对话框。

5.11　编辑元件常规属性

元件的常规属性在“Component Properties”对话框的“General”（常规）标签页中进行编辑。日期和作者信息不能在此修改。

5.12　编辑元件符号

“Component Properties”（元件属性）对话框中的“Symbol”（符号）标签页，允许用户编辑元件的符号，也可以将一个元件的符号赋予另一个元件。

在选中的元件上，单击鼠标右键，从弹出的菜单中选择【Properties】命令，打开“Component Properties”（元件属性）对话框，如图 5-21 所示，在“Symbol”标签页中设置与元件符号相关的选项。

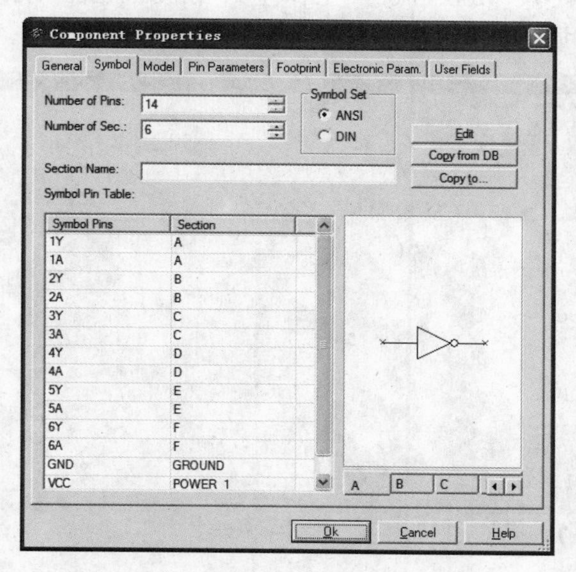

图 5-21　“Component Properties”对话框的“Symbol”标签页

5.12.1　复制元件符号

（1）在“Component Properties”（元件属性）对话框中选择“Symbol”（符号）标签页，单击【Copy from DB】（从数据库中复制）按钮，弹出“Select a Symbol”（选择一个符

号）对话框。

（2）通过“Database”、“Group”、“Family”、“Component”列表清单中确定所需复制元件的符号并单击【OK】按钮，返回“Component Properties”（元件属性）对话框。

（3）若修改与此关联的符号，从“Symbol Set”框中选择 ANSI 或 DIN，此时相关联的符号在对话框中显示。

（4）确认与元件的相关联的符号，并单击【OK】按钮。

5.12.2　在符号编辑器中创建和编辑元件符号

符号编辑器允许用户创建和编辑元件符号。

1．编辑元件的符号

（1）在元件上单击【Edit Component in DB】（在数据库中编辑元件）按钮，弹出“Component Properties”（元件属性）对话框。

（2）在“Component Properties”（元件属性）对话框的“Symbol”（元件）标签页中的“Symbol Set”框内确认所需使用的符号（ANSI 或 DIN）。

（3）单击【Edit】（编辑）按钮，弹出“Symbol Editor”（符号编辑器）工具，用于编辑所选择的元件符号。

如图 5-22 所示为“Symbol Editor”（符号编辑器）界面，它由 Menu bar（菜单工具栏）、Toolbars（工具栏）、Workspace（工作区）、Spreadsheet View（数据表格视图）和 Status Bar（状态栏）组成。

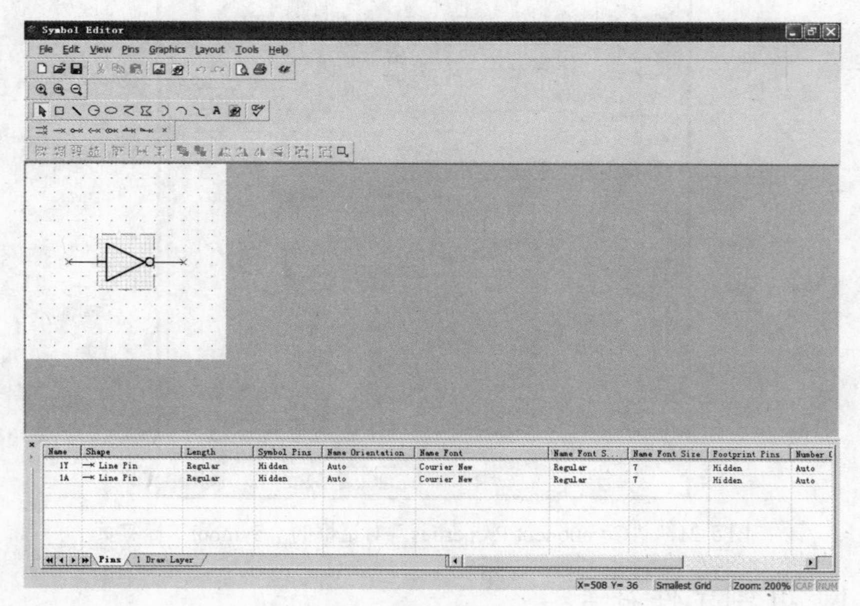

图 5-22　“Symbol Editor”界面

表 5-2 列出了数据表格视图中“Pins”（引脚）标签页的各列中的标题及注释。表 5-3 列出了数据表格视图中“Draw Layer”（绘制层）标签页的各列中的标题及注释。

表 5-2 “Pin”标签页各列中的标题及注释

列 名 称	注 释
Name	引脚名称
Shape	引脚类型的清单
Length	引脚长度的清单
Symbol Pins	选择是否在符号上隐藏或显示引脚名称
Name Orientation	设置在符号上旋转引脚名称
Name Font	引脚名称使用的字体
Name Font Style	引脚名称使用的字形
Name Font Size	引脚名称使用的字号
Footprint Pins	选择是否在符号上隐藏或显示封装引脚
Number Orientation	选择在符号上设置引脚数字的旋转
Number Font	引脚数字使用的字体
Number Font Style	引脚数字使用的字形
Number Font Size	引脚数字使用的字号

表 5-3 “Draw Layer”标签页各列中的标题及注释

列 名 称	注 释
Name	图形对象的类型，如 Arc
Pen Type	图形对象中直线的外观类型
Pen Width	图形对象中直线的线宽
Pen Color	图形对象中直线的颜色
Brush Type	填充对象的类型，如多边形
Brush Color	填充对象的颜色
Font	字体名称，仅用于放置文本对象
Font Style	字体样式，仅用于放置文本对象
Font Size	字号，仅用于放置文本对象

使用“Symbol Editor”（符号编辑器）工具创建元件符号，用户必须熟悉在 Multisim 中设置所需的元件对象。Shape 和 Pins 是元件符号的两个关键对象。

（1）Shape：一个元件符号需要为用户提供一个常规的功能，此时就需要一个外形。可以使用 Multisim 提供的“Symbol Editor”（符号编辑器）工具绘制元件的外形。也可以使用一个现成的元件外形，然后进行编辑修改，一旦编辑好后，需要给外形添加引脚。

（2）Pins：有 3 个组成部分，分别为 Name（引脚的名称）、Footprint Pin Name（元件封装的引脚名称，与 PCB 布线中使用的封装匹配）、Shape（指示引脚外形的引脚类型，Multisim 提供了 7 种引脚的外形，分别为 Line pin、Dot pin、Clock pin、Dot－Clock pin、Input Wedge pin、Output Wedge pin 和 Zero－Length pin）。

如图 5-23 所示为封装引脚和引脚符号。

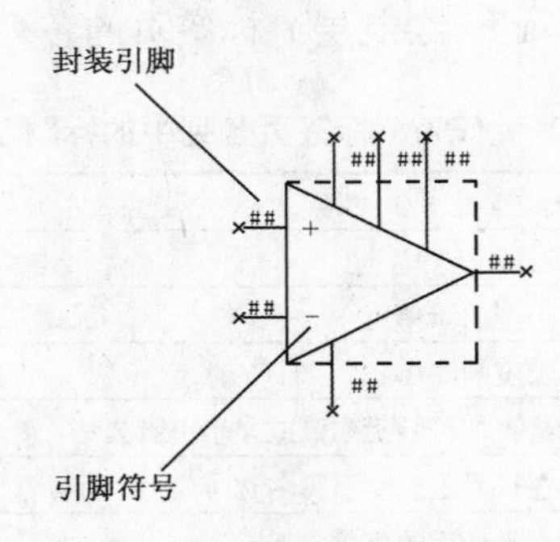

图 5-23 封装引脚和引脚符号

2. 为符号添加引脚

往符号中添加一个引脚，在放置引脚工具栏中选择所需引脚类型，在工作区的目标位置放置引脚即可。放置过程中应注意，不应把引脚放在每个边框线的弯脚处，也不能互相放置在一起。

3. 设置引脚

下面介绍设置引脚默认选项的步骤。

（1）首先选择菜单【Pins】/【Default Pin Options】命令，弹出“Default Pin Options”对话框。

（2）在“Pin Name”框中设置选项 Prefix（前缀字符）、Suffix（后缀字符）、Index（索引复选框，允许设置 Start from 和 Increment by）、Start from（起始的引脚数）和 Increment by（引脚间步进增加值）。

（3）在“Pin properties”框中设置选项 Shape（从下拉框中选择引脚的外形）、Length（从下拉框中选择引脚长度）、Name Orientation（从下拉框中选择旋转的引脚名称）和 Number Orientation（从下拉框中选择旋转引脚的数量）。

（4）另外，可以勾选“Continuous Pin Placement”（继续引脚放置）复选框，该选项允许用户在按【Esc】键之前，放置一个引脚后继续放置另一个。

4. 在引脚上放置引脚排列

（1）首先选择菜单【Pins】/【Place Pin Array】命令，弹出“Pin Array Options”对话框。

（2）在“Pin Name”框中设置选项 Prefix（前缀字符）、Index（索引复选框，允许 Start from 和 Increment）、Start from（引脚排列的起始数）、Increment by（元件引脚排列的步进增加值）和 Suffix（后缀字符）。

（3）在“Number of Pins in Array”（引脚排列数）中输入所需引脚的数量。

（4）在“Distance between Pins in Array”（引脚排列间距）中输入引脚间距。

（5）在“Pins Order”（引脚顺序）框中选择 Clockwise（顺时针）或 Counterclockwise

（逆时针）方向。

（6）在“Pin Properties”（引脚属性）框中设置选项 Shape（从下列框中选择引脚外形）、Length（从下拉框中选择引脚长度）、Name Orientation（从下拉框中选择旋转引脚的名称）和 Number Orientation（从下拉框中选择旋转引脚的数量）。

（7）单击【OK】按钮并放置排列的引脚到所需位置。

5. 在符号或标题块中输入文字

（1）首先选择菜单【Graphics】/【Text】命令，弹出“Enter Text”对话框。

（2）在“Enter Text”（输入文字）处输入所需的文字信息。

（3）根据需要修改文字的格式：Font（字体）、Font Style（字形）、Font Size（字号）、Text Orientation（文字选择）和 Automatic（单击向下箭头，从弹出的菜单中选择一种颜色）。

（4）单击【OK】按钮并将文字放置到目标位置。

若要编辑一个放置在工作区的元件符号，首先在该元件上单击鼠标右键并从弹出的快捷菜单中选择【Edit Symbol】（编辑符号）命令，此时“Symbol Editor”运行于 In-Place Edit Mode（就地编辑模式），可以通过菜单、工具栏、数据表格视图编辑元件符号。在就地编辑模式中，设计人员可以修改符号的图形对象，但不能添加或移除引脚，因为这样的改动会影响到封装和模型的设置。

在“Symbol Editor”（符号编辑器）菜单中包括了所有能用于创建、编辑元件符号的命令。表 5-4 列出了符号编辑器中“File”菜单命令用途说明。

表 5-4 符号编辑器中“File”菜单命令用途说明

菜单名称	用途说明
New	在符号编辑器中打开一个新的无标题的文件，如果先前已经打开了，需先关闭
Open	在符号编辑器中打开一个现有的文件，如果先前已经打开了，需先关闭
Save	保存活动文档所做的改动
Save As	打开默认的“另存为”对话框，可以保存活动文档为一个新的文件名或现有的文件名
Print Setup	打开默认的“打印设置”对话框
Print	打开默认的“打印”对话框
Print Preview	打开“打印预览”对话框
Exit	退出符号编辑器并返回 Multisim 主界面

表 5-5 中列出了符号编辑器中“Edit”菜单命令用途说明。

表 5-5 符号编辑器中“Edit”菜单命令用途说明

菜单名称	用途说明
Undo	撤销上一次动作
Redo	重做上一次动作
Cut	从工作区中移除选中的对象，并放置到系统剪贴板中

续表

菜单名称	用途说明
Copy	将一个选中对象复制到系统剪贴板中
Paste	在工作区中光标所在位置从系统剪贴板中放置一个已经被复制的对象
Delete	从工作区中删除所选的元件
Copy as Picture	将工作区中的符号作为图元文件复制
Copy as Bitmap	将工作区中的符号作为位图文件复制
Select All	在工作区中选中所有的对象
Flip Horizontal	水平翻转所选的对象，对元件引脚不起作用
Flip Vertical	垂直翻转所选的对象，对元件引脚不起作用
Rotate 90 Clockwise	顺时针旋转所选的对象，对元件引脚不起作用
Rotate 90 Counter CW	逆时针旋转所选的对象，对元件引脚不起作用
Snap To Grid	捕获所选对象到栅格
Group	将所选的对象放置到一个组中
UnGroup	返回 Group 命令的操作
Bring to Front	将所选元件带到工作区的前方
Send to Back	将所选元件发送到工作区的后方
Resize Boundary Box	调整边框大小

表 5-6 列出了符号编辑器中“View”菜单命令用途说明。

表 5-6 符号编辑器中“View”菜单命令用途说明

菜单名称	用途说明
Toolbars	工具栏的显示与隐藏
Spread－sheet	数据表格视图的显示与隐藏
Status Bar	屏幕底端状态栏显示与隐藏
Show Pin Grid	引脚栅格的显示与隐藏
Show Draw Grid	在边框内显示的绘制栅格的显示与隐藏
Draw Grid Size	设置绘制栅格的大小
Zoom in	在工作区中放大显示对象
Zoom out	在工作区中缩小显示对象
Zoom 100%	在工作区中以正常比例显示对象
Center By Mouse	当在工作区以很高的倍数放大显示时，用该命令可以在工作区中央显示图形
Redraw	在工作区中重绘对象

表 5-7 列出了符号编辑器中“Pins”菜单命令用途说明。

表 5-7 符号编辑器中“Pins”菜单命令用途说明

菜单名称	用途说明
Select	常用于在工作区中选择对象
Line Pin	在工作区中放置直线引脚
Dot Pin	在工作去中放置点型引脚
Clock Pin	在工作区中放置时钟引脚

续表

菜单名称	用途说明
Dot-Clock Pin	在工作区中放置点脉冲引脚
Input Wedge Pin	在工作区中放置输入引脚
Output Wedge Pin	在工作区中放置输出引脚
Zero-Length Pin	在工作区中放置零长引脚
Place Pin Array	用于在 Pin Array 工具栏中输入在工作区中放置引脚排列的参数
Default Pin Options	用于在默认引脚选项工具栏中设置各种引脚的类型

表 5-8 列出了符号编辑器中“Graphics”菜单命令用途说明。

表 5-8　符号编辑器中“Graphics”菜单命令用途说明

菜单名称	用途说明
Text	显示用于在工作区中输入和设置文本格式的文本对话框
Line	用于在工作区中画直线
Multiline	用于在工作区中画线段
Half Ellipse Arc	用于在工作区中放置半椭圆弧线
Segment Arc	用于在工作区中放置弧线
Bezier	用于在工作区中放置贝塞尔曲线
Rectangle	用于在工作区中放置矩形
Circle	用于在工作区中放置圆形
Ellipse	用于在工作区中放置椭圆
Polygon	用于在工作区中放置多边形
Bitmap	用于在工作区中放置位图文件

表 5-9 列出了符号编辑器中“Layout”菜单命令用途说明。

表 5-9　符号编辑器中“Layout”菜单命令用途说明

菜单名称	用途说明
Left	设置所选元件左对齐
Horiz.Center	设置所选元件水平居中对齐
Right	设置所选元件右对齐
Top	设置所选元件顶端对齐
Vert.Center	设置所选元件垂直居中对齐
Bottom	设置所选元件底端对齐

表 5-10 列出了符号编辑器中“Tools”菜单命令用途说明。

表 5-10　符号编辑器中“Tools”菜单命令用途说明

菜单名称	用途说明
Check Symbol	用于确认符号没有错误
Customize	用于显示自定义对话框

表 5-11 列出了符号编辑器中“Help”菜单命令用途说明。

表 5-11 符号编辑器中“Help”菜单命令用途说明

菜 单 名 称	用 途 说 明
Help Topoics	用于显示帮助文件
About Symbol Editor	显示关于符号编辑器的信息窗口

5.13 编辑元件模型

在 Multisim 中，元件若要用于仿真，就必须设置元件的模型。以下是“Component Properties”（元件属性）对话框中“Model”（模型）标签页里的设置项。

- “Model Name”（模型名称）：显示与元件相关的模型列表
- “Model Data”（模型数据）：显示所选元件的 SPICE 模型数据
- “Symbol Pins”（引脚符号）：在“Pin Mapping Table”中，显示与符号相关的引脚名称
- “Model Nodes”（模型节点）：在“Pin Mapping Table”中，显示在模型数据中的引脚符号的顺序
- 【Add from Comp.】（从数据库中添加）：常用于在 Multisim 数据库中选择一个元件，使用所需的模型
- 【Add/Edit】（添加、编辑）：常用于在 Multisim 数据库中添加、编辑新的或现有的模型
- 【Delete a Model】（删除模型）：用于删除一个模型或在 Model Name 区域中的模型列表中删除一些模型
- 【Copy to】（复制到）：常用于复制模型信息到多片段元件的其他片段
- 【Show Template】（显示模板）：用于显示在模型中引脚连接其他个别节点的模板

若用户修改一个模型，这个模型改变的是同一数据库中的元件，因为这些元件都基于该模板。如果要为一个特殊的元件修改模型，则可以将修改的模板保存为与元件类似的名称，或者复制一个所需要匹配的模型。

5.13.1 创建模型

Multisim 允许用户创建模型并放置在 Corporate 或 User 数据库中，这些模型用于创建元件或编辑元件模型。

下面介绍创建一个模型并且保存到 User 或 Corporate 数据库中的操作步骤。

（1）首先需要添加一个新的模型 ID 号到数据库中，在“Component Properties”对话框中的“Model”标签页中单击【Add/Edit】按钮，弹出如图 5-24 所示的“Select a Model”对话框。

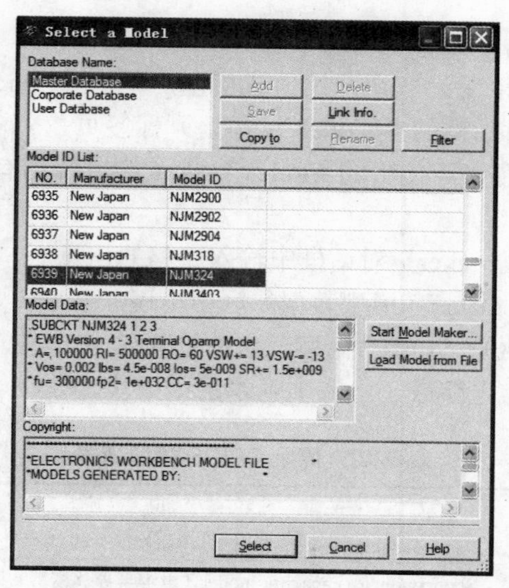

图 5-24　“Select a Model”对话框

对话框中的【Add】（添加）按钮用于为所选的数据库添加一个新的模型名称，仅在 Corporate 和 User 数据库中激活；【Delete】（删除）按钮用于在“Model ID List”清单中删除模型，同样仅在 Corporate 和 User 数据库中激活；【Link Info】（链接信息）按钮用于显示“Component List”对话框中所选模型的元件列表的链接信息；【Copy to】（复制到）按钮用于在 Corporate 和 User 数据库中复制选中的模型；【Rename】（重命名）按钮用于显示为所选模型重命名的对话框；【Filter】（筛选）按钮用于显示选择制造厂家和模型 ID 号的筛选对话框；【Start Model Maker】（开始模型生成）按钮用于为所选模型通过访问 Multisim 模型生成器来创建 SPICE 模型；【Load Model from File】（从文件加载模型）按钮用于从 SPICE、Verilog、VHDL 或模型代码中选择模型。

（2）在“Database Name”（数据库名称）处选择存储新模型的数据库。

（3）单击【Add】（添加）按钮，弹出“Set Parameters”（设置参数）对话框，输入新模型的名称并单击【OK】按钮。

（4）此时在“Model ID List”（模型 ID 列表）清单中显示用户所创建的模型的名称。

（5）在“Model ID List”中选择刚创建的模型，此时该模型中并没有模型数据提供。

接下来在模型中输入信息，用户可以通过撰写 SPICE 模型或使用可用的模型生成器，加载一个模型文件或复制一个现有的模型数据信息到“Model Data”（模型数据）中。

5.13.2　为元件创建 SPICE 模型

Multisim 基于 SPICE 3F5 工业标准，支持由标准的 SPICE 语法创建的模型。用户可以使用模型生成器生成元件模型，并通过指派值到原始模型来创建子电路模型。

（1）首先在“Select a Model”对话框中选择模型 ID。

（2）单击【Start Model Maker】（开始生成模型）按钮，弹出“Select Model Maker”对话框。

（3）选择模型生成器。

（4）单击【Accept】（接受）按钮开始生成模型，单击【Cancel】（取消）按钮将返回到“Component Properties”对话框的“Model”（模型）标签页。

（5）对于不同的元件而言，使用的 Model Maker 的方法稍有不同，需查看相关章节的内容。

（6）当用户在“Model Maker”对话框中输入完整的信息后，单击【OK】按钮。此时刚创建模型的数据在“Model Data”（模型数据）区中出现。

某些元件装置具有原始的 SPICE 模型，这些装置见表 5-12。原始模型是由收集的参数定义而成的模型，它们作为电路或子电路中基本的组成块。

表 5-12　原始 SPICE 模型列表

列　表	说　明
R	Semiconductor resistor model（电阻半导体模型）
C	Semiconductor capacitor model（电容半导体模型）
SW	Voltage controlled switch（电压控制开关）
CSW	Current controlled switch（电流控制开关）
URC	Uniform distributed RC model（统一分布式 RC 模型）
LTRA	Lossy transmission line model（有损传输线模型）
D	Diode model（二极管模型）
NPN	NPN BJT 模型
PNP	PNP BJT 模型
NJF	N 沟道 JFET 模型
PJF	P 沟道 JFET 模型
NMOS	N 沟道 MOSFET 模型
PMOS	P 沟道 MOSFET 模型
NMF	N 沟道 MESFET 模型
PMF	P 沟道 MESFET 模型

下面是 2N2222A NPN BJT 晶体管的原始模型实例，第一行是模型开始的声明，.MODEL 后面跟的是模型名称和原始类型。接下来的行中用于定义 NPN BJT 参数，在这些行中都以“+”开始。

```
.MODEL 2N2222A NPN
+IS=2.04566e−13 BF=296.463 NF=1.09697 VAF=10
+IKF=0.0772534 ISE=1.45081e−13 NE=1.39296 BR=0.481975
+NR=1.16782 VAR=100 IKR=0.100004 ISC=1.00231e−13
+NC=1.98587 RB=3.99688 IRB=0.2 RBM=3.99688
+RE=0.0857267 RC=0.428633 XTB=0.1 XTI=1
+EG=1.05 CJE=1.09913e−11 VJE=0.99 MJE=0.23
+TF=2.96787e−10 XTF=9.22776 VTF=25.2257 ITF=0.0793144
```

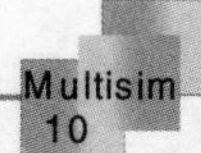


```
+CJC=3.1941e-11 VJC=0.4 MJC=0.85 XCJC=0.901093
+FC=0.1 CJS=0 VJS=0.75 MJS=0.5
+TR=3.83883e-07 PTF=0 KF=0 AF=1
```

许多元件装置并不表现为原始模型，但它仍适合 SPICE 模型，子电路模型用于捕获这些模型的特征。可以在“Model Data”（模型数据）窗口中输入信息创建子电路模型或在 Multisim 中绘制电路并且输出到 SPICE 网络表中然后修改用做子电路模型。所有的子电路模型都必须以“.SUBCKT”开头，后面跟子电路模型名称和子电路连接到其他元件的扩展节点，并且必须以“.ENDS”结尾。

```
.SUBCKT <SubcircuitName> <N1> <N2> <N3> <N4>
…
.ENDS SubcircuitName
```

子电路模型是通过定义名称及内置元件装置的连接生成的，例如一个标志为 R1 的 100k 的电阻，连接到 4 和 5 两个节点间。由此可以写成 R1 4 5 100k。

以下是一个子电路模型的例子。

```
.SUBCKT SampleSubcircuit 4 2
R1 1 2 1.000e+003
C1 2 0 1.0E-6
R2 1 0 3.0k
D1 0 2 D1N3909
.MODEL D1N3909 D (
+ IS = 6.233e-10
+ RS = 0.003866
+ CJO = 1.132e-10
+ VJ = 0.75
+ TT = 3.699e-07
+ M = 0.2711
+ BV = 100
+ N = 1.505
+ EG = 1.11
+ XTI = 3
+ KF = 0
+ AF = 1
+ FC = 0.5
+ IBV = 0.0001
+ TNOM = 27
+ )
.ENDS
```

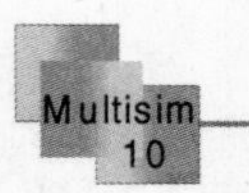

图 5-25 所示为上例在 Multisim 中绘制原理图的对照。

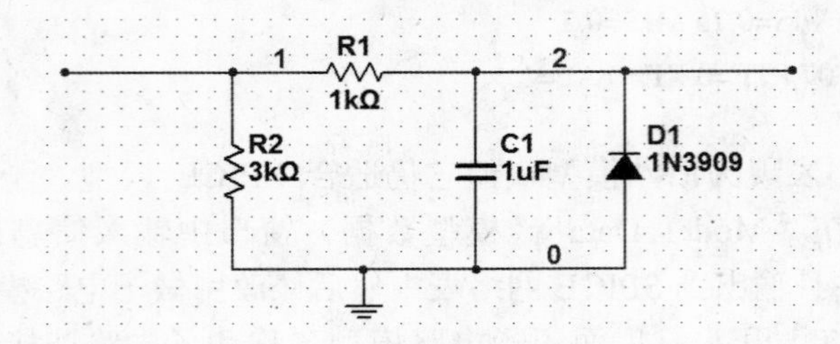

图 5-25 与示例对照的 Multisim 原理图

从图中可以看出，节点 1、2 将作为子电路连接到外部。这里的电容、电阻和二极管都是原始的，仅仅定义了电阻、电容的参数值，但二极管在模型声明中额外地定义了参数。

5.13.3 加载模型

加载现有的模型 VHDL、Verilog、Code Model 和 SPICE 模型到元件中的操作步骤如下。

（1）在“Select a Model”对话框中单击【Load Model From File】（从文件中加载模型）按钮，弹出一个默认的文件浏览窗口，选择文件类型、名称、文件所在路径，在加载网络表文件之前，用户需要确认 Most Bspice、Xspice、Pspice 网络表文件存放在哪个目录，通常情况下 Bspice、Xspice 和 Pspice 网络元件的后缀名是.cir 或.net。

（2）选择所需加载的文件并单击【OK】按钮，此时在“Component Properties”对话框中的“Model”标签页中出现模型数据。

需要注意的是，Pspice 并不是工业标准，但它是 Orcad SPICE 仿真工具的所有者。自从一些元件商家制作 Pspice 格式的元件后，Multisim 就为电路设计提供了对 Pspice 模型尽可能扩展应用的支持。

5.13.4 修改模型数据

在 Corporate 或 User 数据库中的模型是可以修改的。

（1）首先确定所需编辑的模型位于 Corporate 或 User 数据库中。

（2）在“Select a Model”对话框中的“Model ID List”中选择所需编辑的模型。

（3）模型数据的修改可以直接在“Select a Model”对话框中的“Model Data”区域中进行。

（4）选择【Save】（保存）按钮保存对模型所作的修改。

5.13.5 从一个元件中复制模型到另一个元件

（1）在“Component Properties”对话框的“Model”标签页中单击【Add from Comp.】（从公共数据库中添加）按钮，弹出“Select Model Data”对话框。

（2）从“Database”下拉框中选择所需的数据库。

（3）根据需要选择元件所在的元件组和元件族。

（4）在“Component”（元件）列表中，选择与所需的元件接近匹配的元件。模型制作商和封装类型出现在“Model Manuf.\ID”和“Footprint Manuf.\Type”处。

（5）查看所选元件的模型，单击【Model】（模型）按钮。

（6）单击【OK】按钮返回到“Component Properties”（元件属性）对话框。

（7）模型名称添加到与元件关联的模型列表中。

5.14　模拟动作模型和控制源语法

ABM（Analog Behavioral Modeling）具有强大的通过非线性计算和条件表达式处理大型模型信号的能力。例如，需要一个基于 PWM（脉宽调制电路）的比较电路代替内部的比较器，此时可以使用“if（Vin1>Vin2,10,0）”表达式。基于 ABM 的电压源、电流源都是用电路中电流和电压的数学表达式完成的。

5.14.1　用 ABM 表达式设置访问网络电压和支路电流

表达式 V（<net name>）表示可能包含与地相关的网络电压，<net name>是网络名称。另外，可以使用 V（<net_name1>，<net_name2>）表达式表示包含许多不同的网络电压，表达式会判断<net_name1>与<net_name2>之间的不同，如 *B1 net1 net2 v={V(3)+V(7,2)}* 。通过电压源对象包含支路电流可以使用表达式 I（<refdes>），<refdes>是电压源的参考注释。

Multisim 支持参考电流通过 4 种类型的 SPICE 原始电压源，包括 Independent Source（“V”Source）、Voltage Controlled Voltage Source（“E”source）、Current Controlled Voltage Source（“H”source）和 ABM Source（“B”source）。例如，B1 net1 0 v={5+ I(V2)+3 * I(E5)–2.2 * I(B2)} 。

5.14.2　ABM 表达式（支持的函数、运算和常量）

ABM 表达式可以使用代数表达式和相关联的条件表达式，并且包括仿真时间和温度。表达式按表 5-13 所示的规则顺序运算，表中的内容不用区分大小写。

表 5-13　运算规则

符　号	注释说明	例　子
基本运算		
+	加法	V(1)+3 * I(Vin)
–	减法	V(1)–3 * I(Vin)
*	乘法	V(1) * I(Vin)
/	除法	V(1)/I(Vin)
^	指数运算	V（net2）^3
–	一元运算	–2+I(Vin)

续表

<table>
<tr><th>符　号</th><th>注释说明</th><th>例　子</th></tr>
<tr><td colspan="3">关系运算</td></tr>
<tr><td><=</td><td>小于等于</td><td>V(Vin)<=4</td></tr>
<tr><td>>=</td><td>大于等于</td><td>V(Vin)>=4</td></tr>
<tr><td>></td><td>大于</td><td>V(Vin)>4</td></tr>
<tr><td><</td><td>小于</td><td>V(Vin)<4</td></tr>
<tr><td>==</td><td>等于</td><td>V(Vin)==0</td></tr>
<tr><td>!=</td><td>不等于</td><td>V(Vin)!=0</td></tr>
<tr><td colspan="3">布尔运算</td></tr>
<tr><td>&</td><td>与</td><td>(3<5)&(2>1) evaluates to 1.0</td></tr>
<tr><td>|</td><td>或</td><td>V(net1)>5 | V(net1)</td></tr>
<tr><td>~</td><td>非</td><td>evaluates to 1.0
anything else evaluates to 0.0, ex. ~(V(net1)>5)</td></tr>
<tr><td colspan="3">函数运算</td></tr>
<tr><td>abs(x)</td><td>取绝对值</td><td>If(abs(V(Vin))>2, V(net1), 0)</td></tr>
<tr><td>acos(x)</td><td>$\cos^{-1}(x)$</td><td>Evaluates to [0 : □]</td></tr>
<tr><td>asin(x)</td><td>$\sin^{-1}(x)$</td><td>Evaluates to [–□/2 : □/2]</td></tr>
<tr><td>atan(x)</td><td>$\tan^{-1}(x)$</td><td>Evaluates to [– /2 : /2]</td></tr>
<tr><td>atan(x,y)</td><td>$\tan^{-1}(x/y)$</td><td>Evaluates to [– /2 : /2]</td></tr>
<tr><td>acosh(x)</td><td>$\cosh^{-1}(x)$</td><td>2*acosh(V(net1))</td></tr>
<tr><td>asinh(x)</td><td>$\sinh^{-1}(x)$</td><td>2*asinh(V(net1))</td></tr>
<tr><td>atanh(x)</td><td>$\tanh^{-1}(x)$</td><td>2*atanh(V(net1))</td></tr>
<tr><td>cos(x)</td><td>$\cos(x)$</td><td>x in radians</td></tr>
<tr><td>cosh(x)</td><td>$\cosh(x)$</td><td>cosh(V(net1))</td></tr>
<tr><td>exp(x)</td><td>e^x</td><td>exp(V(net1))</td></tr>
<tr><td>expl(x,a)</td><td>$\left\{\begin{matrix} ex, ex < a \\ a, ex > a \end{matrix}\right\}$</td><td>exp1(V(net1),100)</td></tr>
<tr><td>limit(x,y,z)</td><td>$\left\{\begin{matrix} z, x \geqslant z \\ x, y < x < z \\ y, x \leqslant y \end{matrix}\right\}$</td><td>limit(v(net1),–15,15)</td></tr>
<tr><td>ln(x)</td><td>$\ln(x)$</td><td>Log base e</td></tr>
<tr><td>lg(x)</td><td>$\log_{10}(x)$</td><td>Log base 10</td></tr>
<tr><td>max(x,y)</td><td>$\left\{\begin{matrix} x, x \geqslant y \\ y, x < y \end{matrix}\right.$</td><td>Maximum of x and y</td></tr>
<tr><td>min(x,y)</td><td>$\left\{\begin{matrix} x, x \leqslant y \\ y, x > y \end{matrix}\right.$</td><td>Minimum of x and y</td></tr>
<tr><td>sgn(x)</td><td>$\left\{\begin{matrix} 1, x > 0 \\ 0, x = 0 \\ -1, x < 0 \end{matrix}\right.$</td><td>Signum function</td></tr>
<tr><td>sin(x)</td><td>$\sin(x)$</td><td>x in radians</td></tr>
<tr><td>sinh(x)</td><td>$\sinh(x)$</td><td>sinh(V(net1))</td></tr>
<tr><td>sqrt(x)</td><td>$\sqrt{x}$</td><td>sqrt(v(net1))</td></tr>
</table>

续表

符　号	注释说明	例　子
stp(x)	$\begin{cases}1, x \geqslant 0 \\ 0, x < 0\end{cases}$	stp(TIME–5m)
tan(x)	tan(*x*)	*x* in radians
tanh(x)	tanh(*x*)	tanh(V(net1))
u(x)	$\begin{cases}1, x \geqslant 0 \\ 0, x < 0\end{cases}$	Same as stp(*x*)
uramp(x)	$\begin{cases}x, x \geqslant 0 \\ 0, x < 0\end{cases}$	uramp(TIME)
if(EXPR,x,y)	$\begin{cases}y, EXPR == 0.0 \\ x, \text{otherwise}\end{cases}$	if(v(5)<3 * v(3), v(5), 0). Nested "if" statements are supported.
pwr(x,y)	$\lvert x \rvert^y$	pwr(I(Vin), 2)
pwrs(x,y)	$\begin{cases}+\lvert x \rvert y, x \geqslant 0 \\ -\lvert x \rvert y, x < 0\end{cases}$	pwrs(I(Vin), 2)
	特 殊 符 号	
TIME	Current simulation time	5 * sin(2 * PI * 10k * TIME)
TEMP	Temperature setting of circuit	if(TEMP>25, 10, 0)
PI	Math constant	5 * sin(2 * PI * 10k * TIME)
e	Math constant e	e^V(net1)
EXPR ? x : y	$\begin{cases}y, EXPR == 0 \\ x, \text{otherwise}\end{cases}$	V(3)>5 ? 5 : 0
T, G, Meg, K, M, U,N, P, F	Constant multiplier letters. T= $* 10^{12}$, G= $* 10^{9}$, Meg= $* 10^{6}$, K= $* 10^{3}$, M= $* 10^{-3}$, U= $* 10^{-6}$, N= $* 10^{-9}$, P= $* 10^{-12}$, F= $* 10^{-15}$	5m * V(net1) + 1meg * I(Vin)

5.14.3　控制源 SPICE 语法

前面介绍过 Multisim 支持 B、E、G、H、F 控制源，下面分别介绍这 5 个控制源的语法格式。

1．B-Source

B-Source 输出电压的语法格式：

```
Bxx netout+ netout–V={expression}
```

B-Source 输出电流的语法格式：

```
Bxx netout+ netout–I={expression}
```

式中，xx 是任意的源名称；netout+和 netout–是正极性和负极性的输出网络。

2．E-Source

E-Source 根据 4 种指定的输入格式定义，这 4 种输入格式分别是 Linear dependant

source（线性伺服源）、Polynomial（多项式）、Analog Behavioral Modeling（类似体动作模型）和 Piecewise linear table mapping（分段式线性图标）。

（1）Linear dependant source 语法格式：

Exx netout+ netout− nc+ nc− gain

式中，xx 是任意的源名称，netout+和 netout−是正极性和负极性输出网络。输出电压值等于通过 nc+和 nc−网络的增益，也就是说 E-Source 是线性电压源控制电源。

（2）Polynomial 语法格式：

Exx netout+ netout- POLY(dim) input coefficients

式中，xx 是任意的源名称，net out+和 netout−是正极性和负极性的输出网络。输出是一个多段的 dim 输入电压的函数。dim 指定跟随的控制网络数量。coefficient 片段列出了每个 Polynomial 条件，还可以额外指定。以下是 coefficienets 条件为“p”的例子。

POLY(1)

y = p0 + p1· X1 + p2· X12 + p3· X13 +…

POLY(2)

y = p0+ p1 · X1 + p2 · X2 + p3 · X12 + p4 · X1 · X2 + p5 · X22 +p6 · X13 + p7 · X12 · X2 + p8 · X1 · X22 + p9 · X23 +…

POLY(3)

y = p0 + p1 · X1 + p2 · X2 + p3 · X3 + p4 · X12 + p5 · X1 · X2 + p6 · X1 · X3 + p7 · X22 + p8 · X2 · X3 + p9 · X32 + p10 · X13 + p11 · X12 · X2+ p12 · X12 · X3 + p13 · X1 · X22 + p14 · X1 · X2 · X3 + p15 · X1 · X32 + p16 · X23 + p17 · X22 · X3 + p18 · X2 · X32 + p19 · X33+ …

SPICE 示例如下：

E_foo 8 0 POLY(2) (98,0) (112,0) 20 1 2 1 0 4

用算术的形式可以表达为

V(8,0)=20 + 1 * V(98,0) + 2 * V(112,0) + 1 * V(98,0)^2 + 0 * V(98,0) * V(112,0) 4 * V(112,0)^2

（3）Analog Behavioral Modeling 的语法格式：

Exx netout+ netout− Value={expression}

定义方法和 B-Source 的定义方法相同。

（4）Piecewise linear table mapping 的语法格式：

Exx netout+ netout−TABLE {expression} = ((x1,y1) (x2,y2)… (xn,yn))

式中，xx 是任意的源名称，netout+和 netout−是正极性和负极性输出网络。netout+和 netout−之间的运算规则，首先计算表达式的值，然后描绘表达式中的分段线性函数 y，若表达式的值小于定义的 x 值，则输出将省略与最小 x 值处对应的 y 值。若表达式的值大于定义的 x 值，则根据图 5-26 所示绘制。

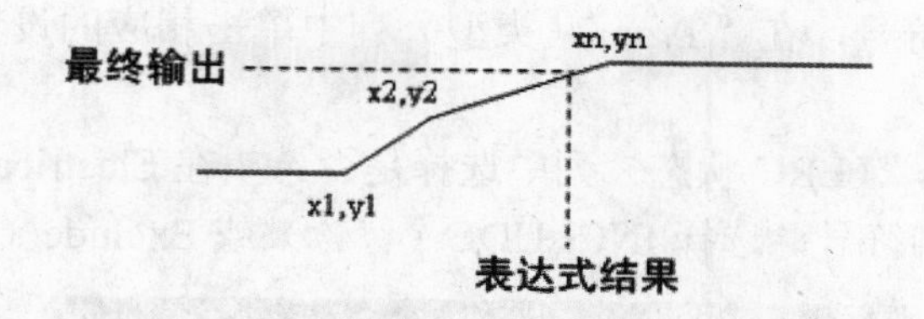

图 5-26　Analog Behavioral Modeling 绘制结果示例

3. G-Source

G-Source 的输入规则方法及语法格式和 E-Source 相同，但输出由电流取代电压。语法格式如下：

Gxx netout+ netout− nc+ nc− gain

4. H-Source

H－Source 是一个电流控制电压源，输入可以通过 Linear dependant source 和 Polynomial 格式指定。

（1）Linear dependant source 的语法格式：

Hxx netout+ netout− Vsource gain

式中，netout+和 netout−是正极性和负极性的输出网络，输出电压值等于通过 Vsource 正负极性端子的增减 gain。

（2）Polynomial 语法格式：

Hxx netout+ netout− POLY(dim) input coefficients

SPICE 示例：

H_foo 8 0 POLY(2) Vin E3 20 1 2 1 3

用算术的形式可以表达为

$$V(8,0)=20 + 1*I(Vin) + 2*I(E3) + 1*I(Vin)^2 + 3*I(Vin)*I(E3)$$

5. F-Source

F-Source 是一个电流控制电流源，输入格式和 H-Source 相同，但输出的是电流。例如 Fxx netout+ netout− Vsource gain，电流源是根据 net+到 net−的方向来设置，值等于电流通过 Vsource 的时间 gain。

5.15　编辑元件引脚模型

如图 5-27 所示为“Component Properties”对话框的“Pin Parameters”标签页，它用于指派元件中每个引脚符号的引脚类型。

下面介绍输入引脚参数的操作。

（1）首先从“Component Type”下拉框中选择元件的类型。

（2）从“Component Technology”下拉框中选择制造工艺。

（3）对应每个引脚符号，在“Type”（类型）列中单击相应的设置项并从下拉框中选择引脚类型。

（4）在“ERC Status”（ERC 状态）列中选择是否希望在 Electrical Rules Check（电气规则检查）中包含每个引脚符号，选择 INCLUDE（包含）或 Exclude（排除）。

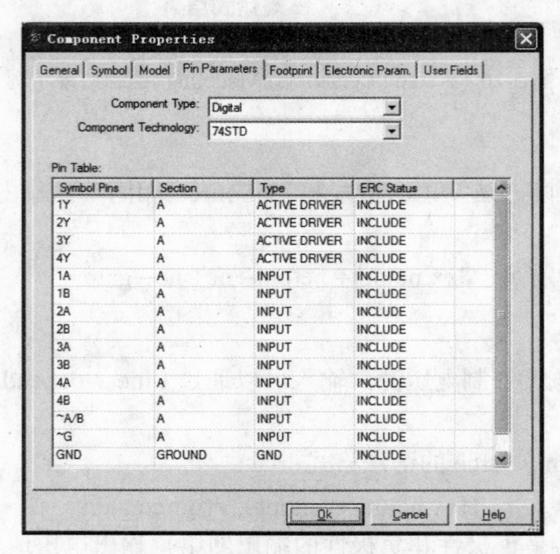

图 5-27 “Component Properties”对话框的“Pin Parameters”标签页

5.16 编辑元件的封装

如图 5-28 所示为“Component Properties”（元件属性）对话框中的“Footprint”（封装）标签页，它允许用户指定、修改元件的封装信息并描绘元件的封装和引脚符号。

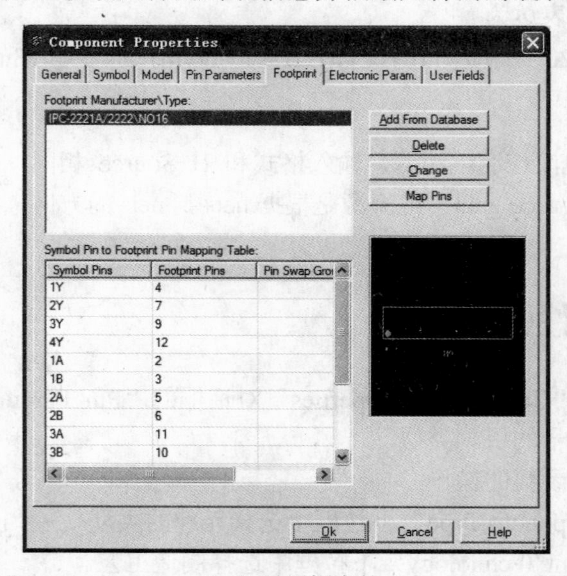

图 5-28 “Component Properties”对话框中的“Footprint”（封装）标签页

在该标签页中，有如下几个设置区域可供用户设置。

- “Footprint Manufacturer\Type”区域：用于设置相关元件的制造厂家和封装名称
- “Symbol Pin to Footprint Pin Mapping Table”区域：用于显示元件引脚符号名称及与元件关联的封装
- 【Add From Database】按钮：用于从所选的数据库的封装列表中添加封装
- 【Delete】按钮：在“Footprint Manufacturer\Type”区域中删除为元件指派关联的封装
- 【Change】按钮：显示“Change Footprint”（修改封装）对话框
- 【Map Pins】按钮：显示“Advanced Pin Mapping”（引脚高级绘制）对话框

5.16.1　修改封装

1. 输入和修改封装信息

（1）在“Component Properties”对话框中的“Footprint”标签页中单击【Add From Database】按钮，弹出“Select a Footprint”对话框。该对话框中包括以下内容。

- “Database Name”列表：包含封装的数据库列表
- “Data List”：用于显示数据库中的封装
- 【Filter】按钮：用于筛选“Data List”中的内容
- 【Add】按钮：为 User 或 Corporate 数据库添加封装
- 【Delete】按钮：从 Corporate 或 User 数据库中删除封装
- 【Copy to】 按钮：从一个数据库复制封装到另一个数据库
- 【Link Info】按钮：通过“Component List”对话框显示所选元件的列表

（2）选择封装所在的数据库名称。

（3）如果封装在 Master 数据库中，在“Data List”中选择封装并单击【Copy to】（复制到）按钮，弹出“Set Parameters”（设置参数）对话框提示用户放置到 Corporate 或 User 数据库中。

（4）单击【OK】按钮，封装即被复制到指定的数据库中，并返回到“Select a Footprint”对话框。

（5）在所需修改的封装处单击鼠标左键。

（6）输入所需的信息。

（7）单击【Save】（保存）按钮，所作的修改即被保存。

2. 绘制引脚符号

（1）首先选择“Component Properties”对话框中的“Footprint”标签页。

（2）在“Footprint Manufacturer\Type”工具栏中选择所需修改的封装。

（3）在“Symbol Pin to Footprint Pin Mapping Table”中，对于每个引脚符号，从“Footprint Pins”列表中选择相应的封装引脚，使用元件数据表中的信息。

3. 筛选数据

通过“Filter”对话框筛选在“Select a Footprint”对话框中“Data List”列表中显示的

内容。

（1）单击“Select a Footprint”对话框中的【Filter】按钮，弹出如图 5-29 所示的“Filter”对话框。

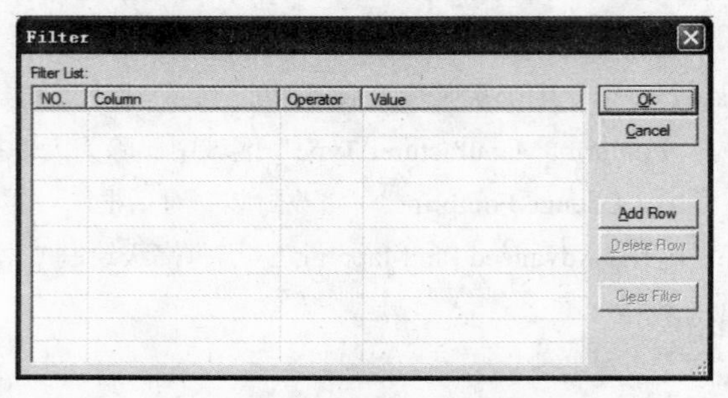

图 5-29　“Filter”对话框

（2）单击【Add Row】（添加行）按钮，结果如图 5-30 所示。

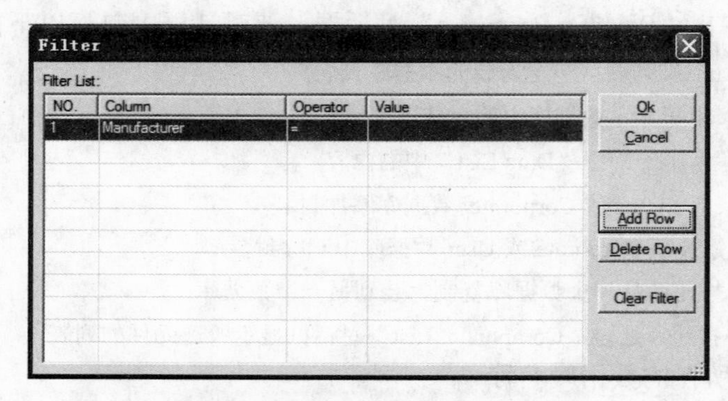

图 5-30　添加行后的“Filter”对话框

（3）单击“Column”列，从下拉框中选择所需的值，如图 5-31 所示。单击“Operator”列，从下拉框中选择相应的操作，如=、Not=、Contains、Starts With。在“Value”列中输入值。

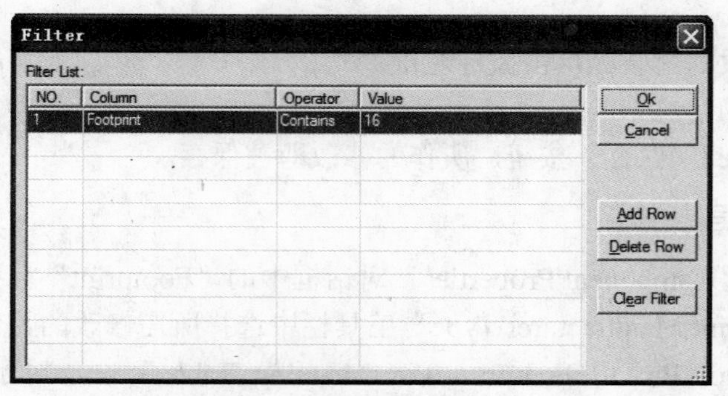

图 5-31　设置参数

（4）单击【OK】按钮，关闭“Filter”（筛选）对话框，弹出“Select a Footprint”对话框，如图 5-32 所示。

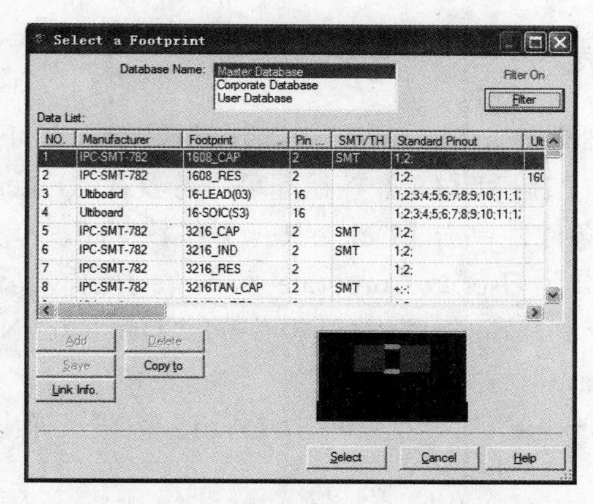

图 5-32 筛选后的“Select a Footprint”对话框

（5）可以再次单击【Filter】按钮显示“Filter”对话框并输入更多的筛选条件。

（6）单击【Add Row】按钮并输入参数，如图 5-33 所示。

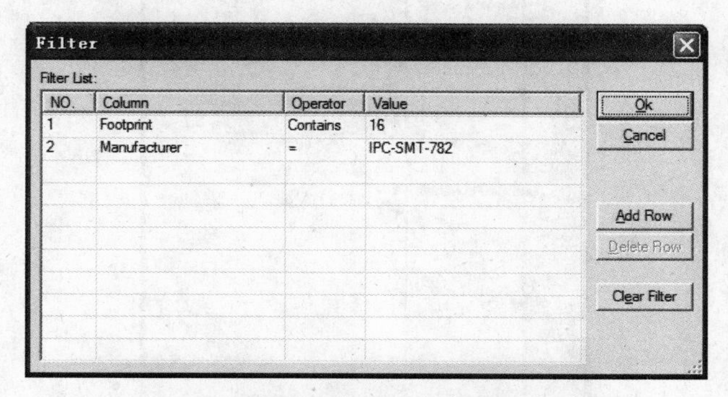

图 5-33 多重筛选条件的“Filter”对话框

（7）单击【Ok】按钮返回到“Select a Footprint”对话框，结果如图 5-34 所示。

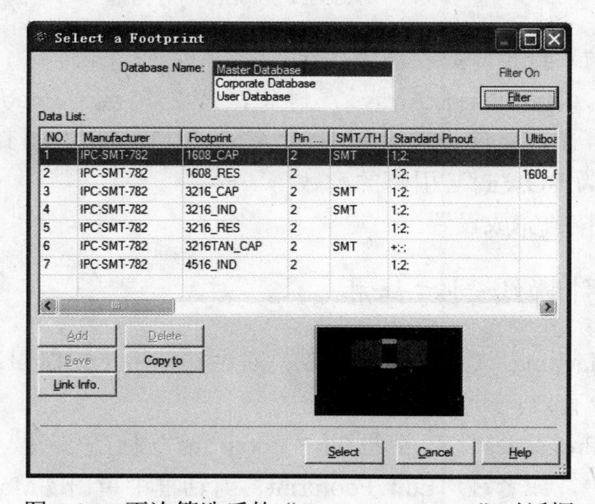

图 5-34 再次筛选后的“Select a Footprint”对话框

5.16.2 添加封装

筛选后，如果要在“Select a Footprint”对话框中显示所有可用的封装，在“Filter”对话框中单击【Clear Filter】按钮和【Ok】按钮即可；若要在“Filter”对话框中删除个别的筛选条件，选择所需删除的条件并单击【Delete Row】按钮即可。

下面介绍添加一个封装到 User 或 Corporate 数据库的操作步骤。

（1）首先在“Select a Footprint”对话框中的“Database Name”处选择“Corporate Database”或“User Database”。

（2）在“Select a Footprint”对话框中单击【Add】按钮，弹出如图 5-35 所示的“Add a Footprint”对话框。

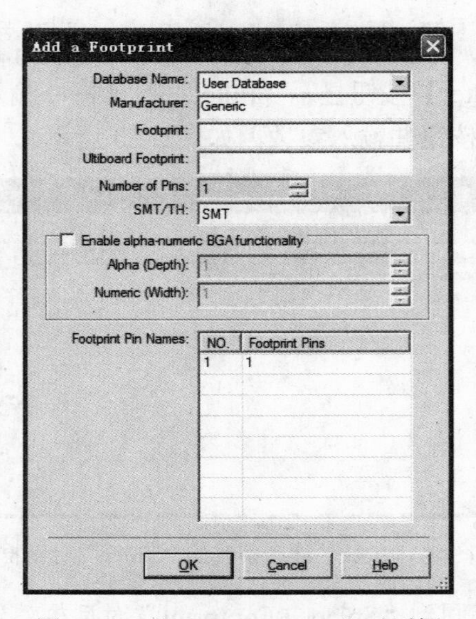

图 5-35 “Add a Footprint”对话框

（3）在对话框中输入封装参数。

（4）对于 BGAs（Ball Grid Arrays）封装，应先勾选“Enable alpha-numeric BGA functionality”复选框，在该复选设置区域中，“Alpha”（Depth）为 BGA 封装的引脚行数，“Numeric（Width）”为 BGA 封装引脚的列数。

（5）单击【OK】按钮完成设置。

5.16.3 高级引脚绘制对话框

“Advanced Pin Mapping”（高级引脚绘制）对话框常用于绘制封装到符号引脚，特别是对较为复杂的元件十分有效。

在“Component Properties”对话框的“Footprint”标签页里，或者在“Component Wizard”中的第 5 步中，或者在“Edit Footprint”对话框中单击【Map Pins】按钮，将弹出“Advanced Pin Mapping”对话框。如图 5-36 所示为 NJM5532D 的“Advanced Pin

Mapping”对话框。若要反相显示该对话框，单击【Switch】按钮即可，结果如图 5-37 所示，如要删除所有引脚绘制，单击【Clean Map】按钮即可。

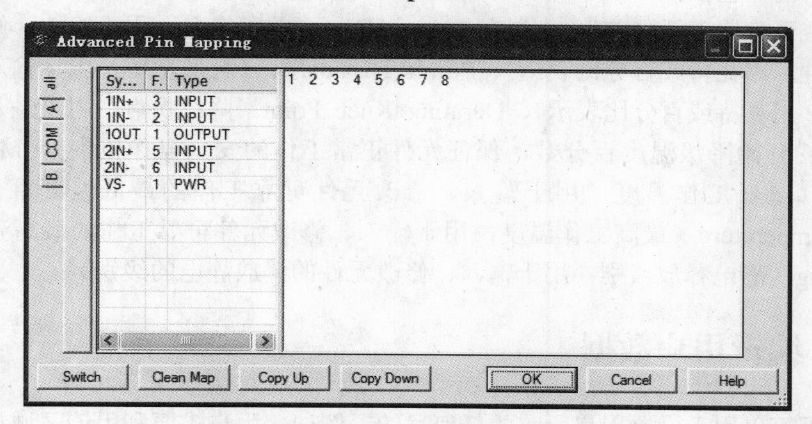

图 5-36　NJM5532D 的“Advanced Pin Mapping”对话框

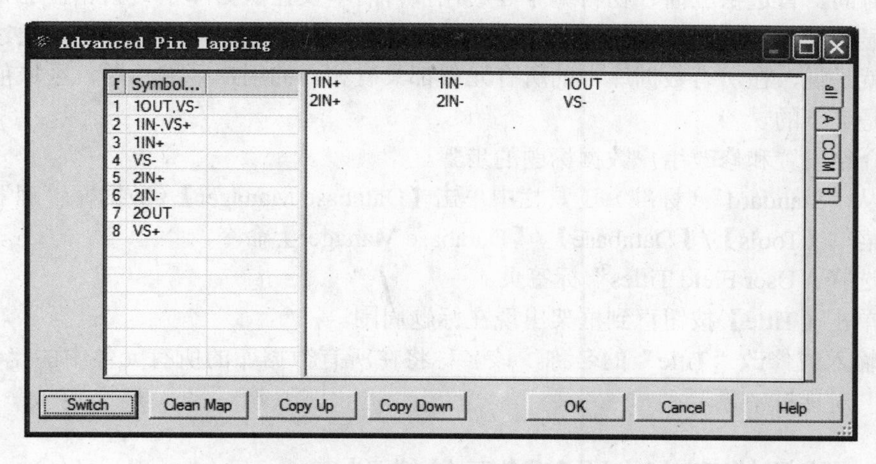

图 5-37　反相显示“Advanced Pin Mapping”对话框

绘制封装到符号引脚的步骤为：

（1）先打开“Advanced Pin Mapping”对话框。

（2）在左边的列中选择符号引脚并在右侧的面板中单击蓝色（未绘制）的封装引脚，此时封装引脚颜色变为黑色，表明该引脚被绘制。也可以单击鼠标左键选择符号引脚并拖曳到封装引脚中，创建绘制。

如果要选择多个引脚，使用【Shift】、【Ctrl】键组合搭配进行选择即可；【Copy Up】按钮和【Copy Down】按钮分别用来向上、向下复制指派引脚。

5.17　编辑元件的电气参数

“Electronic Param.”（电气参数）标签页包含两个可设置的区域。“Device specific

Parameters”（器件细节参数）根据元件的类型定义；“Common Parameters”（公共参数）是所有元件公有的，包括 Thermal Resistance Junction（热阻耦合，用于输入、修改元件的热特性，用瓦特或百分比表示）、Thermal Resistance Case（热阻容量，用于输入、修改整个元件封装的热特性，用瓦特或百分比表示）、Power Dissipation（耗散功率，用于输入、修改元件的耗散功率，用瓦特或百分比表示）、Derating Knee Point（降级拐点，用于输入、修改元件和封装功率的开始降级温度百分数，保证元件正常工作的安全操作范围）、Min. Operating Temperature（最低工作温度，用于输入、修改元件可靠工作的最低温度百分比）、Max. Operating Temperature（最高工作温度，用于输入、修改元件可靠工作的最高温度百分数）和 ESD Rating（静电释放级别，用于输入、修改元件的释放静电的级别）。

5.18　编辑用户数据

用户数据可以用于设置用户所需的任何目的。例如，用户需要利用该区域记录元件的价格、交货时间、首选供应商、物料编号等。在报告清单及在数据库中搜索相应的元件时，这些信息就显得尤为重要。用户设置区域由区域标题和区域值组成，区域标题是通过数据库共享的，也就是说，在所有数据库中的所有元件都具有相同的用户区域标题，区域值对于每个元件来说是唯一的。

下面介绍设置和修改用户数据标题的步骤。

（1）从“Standard”（标准）工具栏中单击【Database Manager】（数据库管理器）按钮，或者选择菜单【Tools】/【Database】/【Database Manager】命令。

（2）选择“User Field Titles”标签页。

（3）单击【Title】按钮直到框架出现在标题周围。

（4）输入或修改“Title”的名称，该名称将在所有数据库的所有元件中的“Component Properties”对话框中显示。

5.19　使用模型生成器创建元件模型

5.19.1　AC Motor（交流电动机）

本节介绍利用模型生成器生成 AC Motor 的方法。

（1）在如图 5-38 所示的“Component Properties”对话框的“Model”标签页里，单击【Add/Edit】按钮，弹出如图 5-39 所示的“Select a Model”对话框。

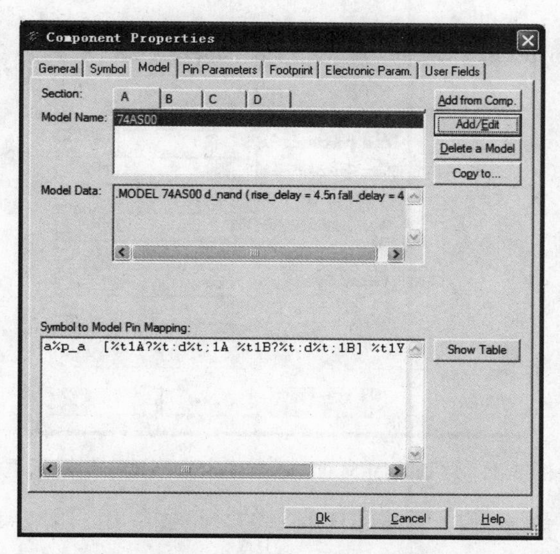

图 5-38　“Component Properites”对话框中“Model”标签页

（2）单击【Start Model Maker】（开始模型生成器）按钮，弹出如图 5-40 所示的“Select Model Maker”对话框。

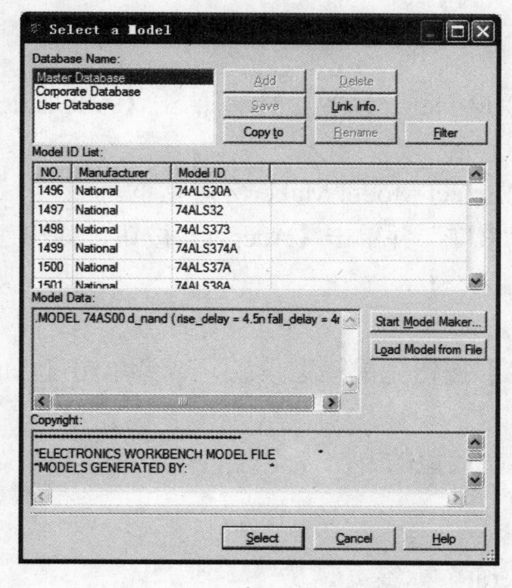

图 5-39　“Select a Model”对话框

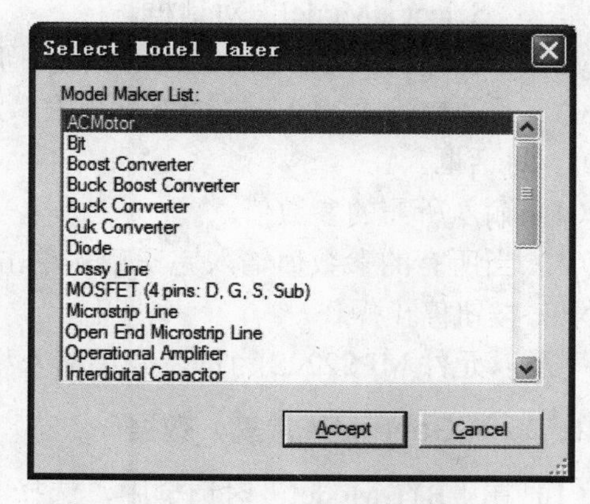

图 5-40　“Select Model Maker”对话框

（3）在“Model Maker List”列表中选择“AC Motor”（交流电动机），并单击【Accept】（接受）按钮，弹出如图 5-41 所示的“Model Maker: 3 Phase AC Motor”（3 相交流电动机）对话框。

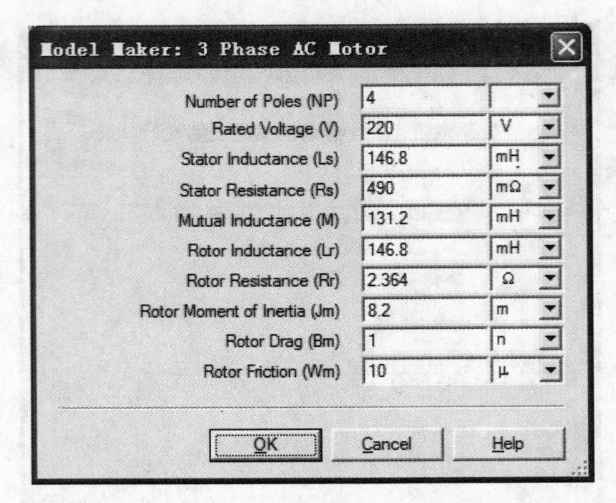

图 5-41 “Model Maker: 3 Phase AC Motor”对话框

（4）输入所需的参数值。

（5）当所有的参数值输入完毕后，单击【OK】按钮完成该模型，或者单击【Cancel】（取消）按钮停止操作。

5.19.2 BJT 模型生成器

本节介绍利用模型生成器生成 BJT 的方法。

（1）在“Component Properties”对话框的“Model”标签页中，单击【Add/Edit】按钮，弹出“Select a Model”对话框。

（2）单击【Start Model Maker】按钮，弹出“Select Model Maker”对话框。

（3）从“Model Maker List”列表中，选择“BJT”并单击【Accpet】按钮，弹出“BJT Model”对话框。

（4）输入所需的参数值。

（5）当所有的参数值输入完毕后，单击【OK】按钮完成模型设置，或者单击【Cancel】（取消）按钮停止操作。

下面以元件 MPS2222 为例，介绍输入相应的参数值的方法。

1. 输入 General（常规）数据

（1）在“BJT Model”对话框中，选择“General”标签页。

（2）从参数手册中找到相关的 BJT 模型信息。

（3）在“Type of BJT”处输入 BJT 类型（PNP 或 NPN）。

（4）在“Type of Semiconductor”（半导体类型）处，输入半导体的类型（Si、Ge 和 GaAs）。

（5）根据需要修改 Multisim 默认的“Nominal Temperature”值。

（6）根据需要修改“Base Temperature for Input”默认值。

2．输入 Maximum Rattings（最大额定值）数据

（1）在 BJT 的参数手册中，找到“Maximum Rattings”表格。

（2）找到发射极－基极电压值并在“Emitter－Base Maximum Voltage（VEBO）”处输入相应的值。

3．输入 Output Admittance 数据

（1）在参数手册中，找到“Small Signal Characteristics”表格，并找到“Output Admittance”的值。

（2）基于参数手册中的相应表格，输入 Output Admittance（Hoe）、Collector Current（Icl）和 Collector－Emitter Voltage（Vce）的值。

4．输入 Switching Characteristics（开关特性）数据

（1）在参数手册中，找到“Switching Characteristics”表格。

（2）基于以上的表格输入 Storage Time（ts）存储时间、Collector Current（Ic2）集电极电流、Base Current（Ib1）基极电流和 Base Current（Ib2）基极电流的值。

5．输入 Capacitances Data（电容数据）的方法

（1）单击“Capacitances”标签页。

（2）在参数手册中，找到 Ceb 和 Ccb vs.Reverse Voltage（RV）曲线图。

输入射－基电容（输入电容）数据的方法如下。

① 在 Ceb 曲线上，找到最低电压对应的点或起始点，使用坐标值输入 Capacitance（Ceb1）和 Low－Value of Reverse Voltage 的值。

② 在相同的曲线上，找到最大电压的对应的点或结束点，使用坐标值输入 Capacitance（Ceb4）和 Hi－Value Reverse Voltage 的值。

③ 输入 Intermediate Values（中间值），在靠近左边的低电压区域选择两个中间点。确认不能太过靠近的两点，以避免在模型中出现错误。使用坐标值输入第一点和第二点的 Capacitance（Ceb2）at Reverse Voltage 和 Capacitance（Ceb3）at Reverse Voltage 的值。

输入 Collector－Base Capacitance Chart（Output Capacitance）数据，首先从 Ceb 和 Ccb vs.Reverse Voltages（RV）曲线图中使用 Ccb 曲线，重复以上的第①步到第③步输入 Capacitance（Ccb1）、Low－Value of Reverse Voltage、Capacitance（Ccb2）at Reverse Voltage、Capacitance（Ccb3）at Reverse Voltage 和 Hi－Value of Reverse Voltage 的值。

6．输入直流电路增益图表

（1）单击 DC Current Gain Chart（hFE vs.Ic）标签页。

（2）在 BJT 数据手册中找到 hFE vs.Ic 图表。

输入“DC Current Gain（hFE）at base temperature”数据的方法如下：

（1）通过基于 BJT 的 hFE vs. Ic 温度曲线中，选择最接近该晶体管工作点的 Vce。

（2）在这个曲线上找到与最小集电极电流相交叉的点或这个曲线的起始点，使用坐标值输入 DC Current Gain（hFE1）和 Minimal Collector Current 的值。

（3）在相同的曲线中选择一个较低 Ic 区域中的一个点，使用坐标值输入 DC Current Gain（hFE2）和 Intermediate Collector Current（low values range）的值。

（4）在该曲线上找一个较高的点，并在 Max Value of DC Current Gain（hFE_Max）中输入 DC Current Gain 的值。

（5）找两个交叉点到最大直流电流增益的 0.5 倍位置，一个在较低 Ic 区域，另一个在较高 Ic 区域，使用这些点来设置 Collector Current（IL）at 0.5 Max DC Current Gain（low values range）和 Collector Current（Ikf）at 0.5 Max DC Current Gain（High values range）的值。

输入“DC Current Gain（hFE）at another Temperature”数据的方法如下：

（1）使用 hFE vs. Ic 图表，从基本温度中找到一个不同的温度曲线。

（2）在“Another temperature on the Chart（t2）”处输入所选曲线的温度。

（3）在“minimal collector current”找到交叉点或该曲线的起始点，使用坐标值输入 DC Current Gain（hFE1_t2）和 Minimal Collector Current 的值。

（4）在相同的曲线里从较低的 Ic 区域中选择一个点，使用坐标值输入 DC Current Gain（hFE2_t2）和 Intermediate Collector Current（low values range）的值。

（5）在曲线中找一个较高的点，并在“Max Value of DC Current Gain(hFE_Maxt2)”处输入 DC Current Gain 的值。

（6）在较低 Ic 区域找到一个 0.5 倍的最大直流电流增益的值，并输入到“Collector Current（IL_t2）at 0.5 Max DC Current Gain（Low values range）”处。

7．输入“on”电压和电流增带宽数据

（1）单击“ON”Voltages、Current－Gain Bandw.标签页。

（2）从数据手册中找到 Ic vs. Vbe 图表。

输入“DC Current Gain（hFE）at Base Temperature”数据的方法如下：

（1）在图表中，找到相同 hFE 数据的 Vce 曲线，在“Collector-Emitter Voltage for Vbe vs.Ic(same as hFE curve)”输入 Vce 的值。

（2）找到在“minimal IC”值处与曲线交叉的点或曲线的起始点，使用坐标值输入“ON”Base－Emitter Voltage（Vbe1）和 Low-Value of Collector Current 的值。

（3）在“Base Temperature”中定位 Ic-hFE 曲线，用于在该对话框的第 3 个标签中输入数据，在“Maximum DC Current Gain（hFE）”点的位置，需要注意与“Collector Current（Ic）”交叉的坐标。

（4）在 Ic-Vbe 图表中，找到第（1）步至第（3）步中与 Ic 交叉的坐标，并在“‘ON’ Base-Emitter Voltage（Vbe_hFE Max）at Max Gain”处输入该点的电压值。

8．输入 Vbe（sat）－Ic 数据

（1）使用 Ic vs. Vbe 图表，找到 Vbe（Sat）@Ic/Ib=10 这个电流曲线。

（2）在该曲线上找到最高点，使用该点的坐标值输入 Saturation Base-Emitter Voltage（Vbe2_sat）和 Hi－Value of Collector Current 的值。

（3）在该曲线上找到该集电极电流的较高范围值的一个点，使用该点的坐标值输入

Saturation Base-Emitter Voltage（Vbe1_sat）和 Collector Current in the high Values range 的值。

9．输入 Vce（sat）-Ic 数据

（1）使用 Ic vs.Vbe 图表，找到 Vbe（Sat）@Ic/Ib=10 这个电流曲线。

（2）在该曲线上找到最高点，使用坐标输入 Saturation Collector－Emitter Voltage（Vce2_sat）和 Highest Value of Collector Current。

（3）选择该曲线上集电极电流较高范围的一个点，使用坐标输入该点的 Saturation Collector－Emitter Voltage（Vce1_sat）和 Collector Current in the high Values range 的值。

10．输入 Current－Gain Bandwidth Product Chart（fT）数据

（1）在数据手册中，找到"Current－Gain BandWidth Product Versus Frequency"图表。

（2）找到最大的 fT 值或在该曲线的最高点，在"Maximum Value of Current－Gain Bandwidth Product"处输入该值。

11．输入 Temperature Coefficients Chart 数据

（1）在数据手册中，找到"Temperature Coefficients"图表。

（2）在 Base－Emitter Temperature Coefficient 曲线中，找到最小值或较低点，并且在"Lowest Value of Base－Emitter Voltage Temperature"处输入该值。

除以上介绍的交流电动机外，模型生成器还可以生成二极管、变压器、场效应管、运算放大器、晶闸管、齐纳二极管等，设置生成器的方法基本与前面介绍的内容类似，但需要注意元件的参数手册的参数、图表、曲线及设置项目之间的区别。

5.20 使用代码模式创建模型

代码模式使用高级的、具备工业标准的 C 语言创建模型。要使用代码模式，必须有 C 语言代码编译器，如 Microsoft Visual C++、Version 4.1 或更高的版本。

5.20.1 什么是代码模式

一个模型代码由一套定义界面和 C 功能执行描述元件的动作代码组成，其中名称和文件的位置是很重要的。模型通过 Ifspec.ifs 和 Cfunc.mod 两个文件结合创建，结果文件则具有相同的名字并在目录中包含源文件，放在 Codemod1 目录中。

5.20.2 创建代码模型

下面介绍创建代码模型的方法。

（1）在 Microsoft Visual C++ 环境中运行 VcVars32.bat 设置环境变量（默认情况下安装在 C:\Program Files、Microsoft Visual Studio、Vc98、Bin 目录）。

（2）在相同的目录中找到一个 Multisim 可以调用执行 Codemodl 的目录，该目录必须有一个单独的名为 User 的子目录，用户需在该目录里创建新的目录，子目录的名称需要以与

可执行的模型代码名称相同的结尾。

（3）在模型子目录中创建一个名为 Ifspec.ifs 的界面文件，设置用户模型的基本定义和界面（输入/输出端口和参数）。

（4）在模型子目录中创建一个名为 Cfunc.mod 的执行文件，该文件包含真正的模型代码。

（5）Cfunc.mod 文件包含了所有模型的列表，按下面的格式列出：

```
SPICEdev * FAR DynDEVices[] = {
&<function_name>_info
};
```

<function_name>是“C_Function_Name”定义的 Ifspec.ifs 文件，这是 Multisim 特殊的需要，因此这一行需要从别的源中添加模型代码，可以看作是一个以“cm_”开头的函数名。

（6）使用 Multisim 编译该文件生成一个表单，跳转到 codemod1\USER 目录并且执行【MAKE_DLL<SUBDIRECTORY>】命令。<SUBDIRECTORY>是用户放置模型代码文件的子目录。

（7）如果编译成功，在子目录中将出现一个新的.dll 文件，它就是可执行的模型代码。此时用户需要复制或移动这个.dll 文件到主 codemod1 目录，以便 Multisim 能够找到。

（8）如果 Multisim 已经运行，需要退出或重启程序，以便能够访问新的模型代码，因为 Multisim 只能在启动时加载模型代码。

（9）为了能够在 Multisim 中使用自己的模型代码，可以在元件向导中使用一个正常的方法选择模型，并单击【Load From File】（从文件加载）按钮，在弹出的文件类型对话框中设置 Code Model Dll（*.dll），并根据需要浏览 codemod1 目录，选择刚创建的.dll 文件。

（10）如果没有改变 codemod1 目录的结构，此时模型名和 SPICE 模型名将自动转移到 ifspec.ifs 文件，格式为.MODEL <DLL> <name>(<params>)。其中，<DLL>为模型的.dll 名称；<name>为来自 Ifspec.ifs 的 Spice_Model_Name；<params>是一个通过空格分开的“<param_name> = <default value>”类型列表。

5.20.3 界面文件（ifspec.ifs）

模型名、注释文件和 C 执行函数都定义在 Name Table 中，模型名称必须和包含模型代码的子目录名称相同。模型名称必须为 8 个字节。Name Table 的语法如下：

```
C_Function_Name:function_name
Spice_ModelName:model_name
Description: "text"
```

设备的端口是通过 Port Tables 定义的，其语法结构如下：

```
PORT_TABLE:
Port_Name: name
Description: text
```

Default_Type: default

Allowed_Type: [type type type]

Vector: vector

Vector_Bounds: size

Direction: dataflow

Null_Allowed: null

其中，name——SPICE 有效的端口名称；

text——描述功能和端口功能的字符串；

default——在没有明确指定类型时，将指定端口使用的类型；

type——列出端口连接允许的类型，表 5-14 列出了类型名称、有效方向和注释；

表 5-14　Type 的名称、有效方向和注释

类型名称	有效方向	注　释
d	In\out	Digital
g	In\out	Conductance(Voltage input,current output)
gd	In\out	Differential conductance(voltage input,current output)
h	In\out	Resistance(current input,voltage output)
I	In\out	Current
Id	In\out	Differential current
V	In\out	Voltage
Vd	In\out	Differential voltage
Vnam	In	Current through named voltage source

vector（矢量）——指定端口是否为矢量并将其看成一个总线，选择“Yes”认为端口是一个矢量，选择“No”则认为端口不是一个矢量；

size——端口为矢量时有效，指定矢量的上下限范围，下限指定了对象的最小数量，上限同样指定了对象的数量，对于不受约束的范围，端口不是一个矢量，则用连字符“-”连接；

dataflow——指定数据的流向，可选 in、out 和 inout；

null——指定无连接的端口是否为错误，可以选择“Yes”（该端口可能为遗留无连接）和“No”（该端口必须连接）选项。

示例如下：

PORT_TABLE:

Port_Name: cap

Description: "capacitor terminals"

Direction: inout

Default_Type: hd

Allowed_Types: [hd]

Vector: no

Vector_Bounds: -
Null_Allowed: no

设备参数是由 Parameter Tables 定义的，Parameter Tables 的语法格式为：

Parameter_Name: name
Description: text
Data_Type: type
Vector: vector
Vector_Bounds: size
Default_Value: default
Limits: range
Null_Allowed: null

其中，name——作为有效的 SPICE 标志符将使用在 SPICE 平台上；

text——一串功能描述的参数；

type——参数的数据类型；

vector——用于指定参数是矢量还是标量，选择“Yes”说明参数是矢量，选择“No”说明参数是标量；

size——仅当参数作为矢量时起作用，指定矢量的上下限范围，下限指定了对象的最小数量，上限同样指定了对象的数量，对于不受约束的范围，端口不是一个矢量，则用连字符“-”连接；

default——若 Null_为“Yes”，一个默认的值将用于 SPICE；

range——取值的范围，仅对 int 和 real 类的参数有效；

null——指定参数是否允许为空，若为“Yes”，则相应的 SPICE deck .model card 可以忽略参数的值，若为“No”，则该参数必须有一个值，当 SPICE deck.model card 忽略了该参数的值，则 Xspice 将标记一个错误。

示例如下：

PARAMETER_TABLE:
Parameter_Name: c ic
Description: "capacitance" "voltage initial condition"
Data_Type: real real
Default_Value: - 0.0
Limits: - -
Vector: no no
Vector_Bounds: - -
Null_Allowed: no no

下面是一个界面文件的示例。

```
/* ================================================================
FILE ifspec.ifs
MEMBER OF process XSPICE
Copyright 1991
Georgia Tech Research Corporation
Atlanta, Georgia 30332
All Rights Reserved
PROJECT A-8503
AUTHORS
9/12/91 Bill Kuhn
MODIFICATIONS
<date> <person name> <nature of modifications>
SUMMARY
This file contains the definition of a capacitor code model with voltage type initial conditions.
INTERFACES
None.
REFERENCED FILES
None.
NON-STANDARD FEATURES
None.
================================================================ */
NAME_TABLE:
Spice_Model_Name: capacitor
C_Function_Name: cm_capacitor
Description: "Capacitor with voltage initial condition"
PORT_TABLE:
Port_Name: cap
Description: "capacitor terminals"
Direction: inout
Default_Type: hd
Allowed_Types: [hd]
Vector: no
Vector_Bounds: -
Null_Allowed: no
PARAMETER_TABLE:
Parameter_Name: c ic
Description: "capacitance" "voltage initial condition"
Data_Type: real real
Default_Value: - 0.0
```

Limits: - -

Vector: no no

Vector_Bounds: - -

Null_Allowed: no no

5.20.4 执行文件（Cfunc.mod）

每次电路使用模型代码仿真返回时，Multisim 的 Xspice 仿真引擎都将调用执行文件。执行文件连同界面文件一起，需要连接到一个.dll 文件中完成模型代码。

模型代码产生模型代码驱动的输出，该输出基于 Xspice 出现在输入的模型代码功能、模型存储和返回 Xspice 的模型状态等操作。执行文件包含一个或多个宏，在 Xspice 和模型代码间提供了 API。

下面是一个执行文件的示例。

```
/* ====================================================
FILE cfunc.mod
MEMBER OF process XSPICE
Copyright 1991
Georgia Tech Research Corporation
Atlanta, Georgia 30332
All Rights Reserved
PROJECT A-8503
AUTHORS
9/12/91 Bill Kuhn
MODIFICATIONS
<date> <person name> <nature of modifications>
SUMMARY
This file contains the definition of a capacitor code model
with voltage type initial conditions.
INTERFACES
cm_capacitor()
REFERENCED FILES
None.
NON-STANDARD FEATURES
None.
==================================================== */
#define VC 0
void cm_capacitor (ARGS)
{
Complex_t ac_gain;
```

```
double partial;
double ramp_factor;
double *vc;
/* Get the ramp factor from the .option ramptime */
ramp_factor = cm_analog_ramp_factor(MIF_INSTANCE);
/* Initialize/access instance specific storage for capacitor volt age */
if(INIT) {
cm_analog_alloc(MIF_INSTANCE,VC, sizeof(double));
vc = cm_analog_get_ptr(MIF_INSTANCE,VC, 0);
*vc = PARAM(ic) * cm_analog_ramp_factor(MIF_INSTANCE);
}
else {
vc = cm_analog_get_ptr(MIF_INSTANCE,VC, 0);
}
/* Compute the output */
if(ANALYSIS == DC) {
OUTPUT(cap) = PARAM(ic) * ramp_factor;
PARTIAL(cap, cap) = 0.0;
}
else if(ANALYSIS == AC) {
ac_gain.real = 0.0;
ac_gain.imag = -1.0 / RAD_FREQ / PARAM(c);
AC_GAIN(cap, cap) = ac_gain;
}
else if(ANALYSIS == TRANSIENT) {
if(ramp_factor < 1.0) {
*vc = PARAM(ic) * ramp_factor;
OUTPUT(cap) = *vc;
PARTIAL(cap, cap) = 0.0;
}
else {
cm_analog_integrate(MIF_INSTANCE,INPUT(cap) / PARAM(c),
vc, &partial);
partial /= PARAM(c);
OUTPUT(cap) = *vc;
PARTIAL(cap, cap) = partial;
}
}
}
```

练习题

（1）创建一个 Analog 元件，它有 4 个引脚，作者为 Student01，既可用于仿真又能用于布线，Ultiboard 封装为 2KBPXXXM，单片断，DIN 符号，存放在用户数据库 Diodes 族中，元件命名为 A001a，其余设置为系统默认。

（2）自行查找三极管 S9013 的参数手册，利用模型生成器制作一个 S9013 的元件模型。

（3）自行查找运放 JRC4556D 的参数手册，利用模型生成器制作一个 JRC4556D 的元件模型。

第6章 仿真

Multisim 仿真简介

使用 Multisim 仿真

Multisim SPICE 仿真技术

RF 仿真

MultiVHDL

电路向导

仿真错误日志索引

汇聚助手

保存、加载仿真配置文件

仿真总结

6.1 Multisim 仿真简介

仿真是通过数学运算的方法仿效电路的动作过程。通过仿真，不需要搭建真正的电路物理结构和使用真实的测试仪器而获得电路的许多测试参数。Multisim 以 SPICE3F5 和 Xspice 的内核作为仿真的引擎，通过 Electronics Workbench 带有增强的设计功能将数字和混合模式的仿真性能进行优化。SPICE3F5 和 Xspice 两者都是工业可接受、公共领域中承认的标准，SPICE3F5 是美国加利福尼亚大学在伯克利新近推出的 SPICE 内核。Xspice 是一套增强的 SPICE 系统，为美国空军服务，包括事件驱动混合模型仿真，对终端用户可展开。Electronics Workbench 具有更强大的内核并包含非 SPICE 标准的 Pspice 兼容性的特点，保证用户可以使用一个更广范围的无须定制的 SPICE 模型。

Multisim 的 RF 设计模块在进行 RF 仿真时使用了最优化的 SPICE 引擎，它对仿真电路运行在一个很高的频率上进行了优化处理。

6.2 使用 Multisim 仿真

单击【运行仿真】按钮运行 Multisim 的交互式仿真，此时，通过虚拟仪器（如示波器）就可以查看仿真的结果，同时还可以通过 LED、7 段数码管类器件直接查看仿真的效果。

当使用 Multisim 交互式仿真时，设计人员可以在电路中使用多种分析工具。分析的结果可以在图表中显示并且可以保存以便在后处理中进行相关的操作。

在设置仿真过程中需要注意，所有的仿真设置都需设置一个关于所有电压的假设的参考网络。在 SPICE 中，通常用“0”网络表示。当一个地元件配线到电路时，将自动与地连接的网络命名为“0”，如图 6-1 所示。

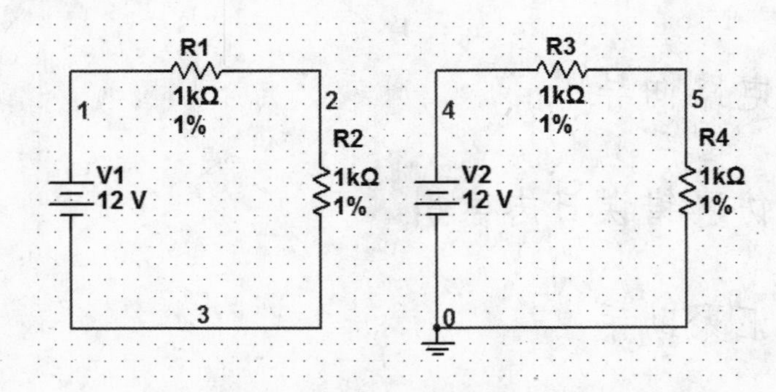

图 6-1 “0”网络在仿真设置中的区别

6.2.1 交互式元件

交互式元件包括电位器、可变电容、可变电感和开关。它们的参数值可以通过在键盘上设置特殊的按键进行修改。如果在仿真过程中修改参数值，则可以立即查看修改的效果。

如果按下一个按键，在原理图中所有交互式元件的值会在相应的“Value”（值）标签页中改变。若只需修改某一特别的按键，只需移动光标至目标元件，从而显示出一个控制对

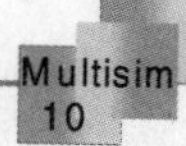

象。例如，移动光标到一个电位器元件上，此时会出现一个可以滑动的控制条调整电位器值的大小。

6.2.2 Multisim 中的元件容许误差

Multisim 允许包含由仿真中引入的元件误差值作为结果。例如，一个 1kΩ误差为 10%的电阻可能带来±100Ω的误差值，这将影响到电路仿真的结果。

可以设置电阻、电容、电感及电源的容许误差，但并不需要对所有的电阻、电容、电感设置误差。

下面介绍为已放置的元件设置容许误差的步骤。

（1）双击已放置的元件，在弹出的属性对话框中选择“Value”标签页。

（2）在“Tolerance”（容许误差）处选择或输入所需的值并单击【OK】按钮。

在数据表格视图中设置误差时，可以在“Components”标签页中选择所需的元件并在“Tolerance”（容许误差）处修改相应的值。若设计人员要对已放置的元件修改为相同的误差，则可以在数据表格视图中使用【Shift】和【Ctrl】键选择所需的元件，并在任一“Tolerance”处修改容许误差值。

6.2.3 开始、停止和暂停仿真

在仿真过程中使用元件的误差，选择菜单【Simulate】/【Use Tolerances】命令即可，此时在该菜单命令选项前出现一个选中的复选框标记。

单击工具栏中的【开始仿真】按钮，或者选择菜单【Simulate】/【Run】命令，Multisim 开始仿真电路的动作。

当仿真的电路包含层次块、子电路或多页时，整个电路都将参与仿真。若要单独地仿真一个层次块，需要将该层次块作为一个新建的设计打开，此外子电路不能够自身仿真。

在仿真运行的过程中，仿真的结果和所有的仿真问题都将记录在仿真错误日志索引中。若设计人员需要观察仿真的进程，可以在仿真的运行过程中显示仿真错误日志索引。

当仿真运行中需要暂停时，单击菜单【Simulate】/【Pause】命令即可，从暂停点恢复运行仿真则可以单击菜单【Simulate】/【Run】命令。停止仿真则可以在工具栏上单击【Stop Simulation】按钮或者选择菜单【Simulate】/【Stop】命令。若用户在停止运行仿真后，重启仿真，系统将从头开始运行仿真。

在仿真运行的过程中，仿真运行指示器工具会出现在状态栏中，如图 6-2 所示，该指示器一直闪烁显示，直到停止仿真。这对于观察仪器是否达到一个稳定状态非常有用。

RFAmplifierWideband: Simulatir	Tran: 0.190 s	████████

图 6-2 仿真运行指示器

在系统中有许多参数可以影响到仿真的速度和收敛。如图 6-3 所示的“Interactive Simulation Settings”（交互式仿真设置）对话框实现交互式仿真参数的设置。操纵仿真速度最重要的参数是 Tmax，它是仿真器允许的最大时间步长。为了录制结果，仿真器可以随意

地调整时间步长。较小的 Tmax 可以带来更精确的仿真结果，但是将花费较长的时间。

通常情况下，绝大多数仿真比实时情况下要慢，若仿真运行的速度比实时情况要快，则可以人工放慢。

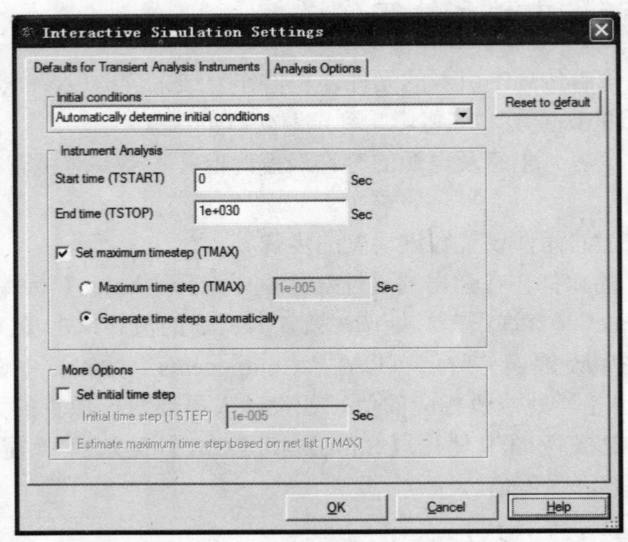

图 6-3 “Interactive Simulation Settings”对话框

6.2.4 电路一致性检查

电路仿真前，应执行电路一致性检查，以确定电路是否服从仿真规则，如当前电路是否接地。所有的出错信息都将写入错误日志文件。该功能有助于加速仿真处理，因为电路一致性检查可以提前警告用户可能导致的错误并允许用户在仿真前将错误改正。

6.2.5 由网络表仿真

Multisim 提供了从命令行中运行仿真器的功能。首先选择菜单【Simulate】/【Xspice Command Line Interface】命令，弹出如图 6-4 所示的“XSpice Command Line”对话框，可以直接在该对话框中输入网络表或命令，常用的重要命令包括 SOURCE、PLOT、OP、SAVE、WRITE、TAN、SET 和 ANAC。

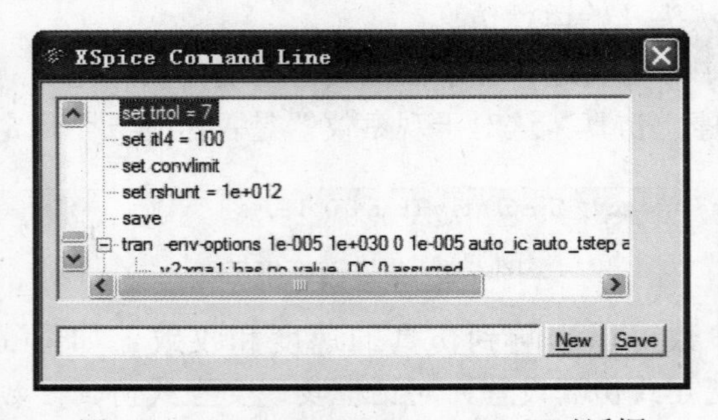

图 6-4 “XSpice Command Line”对话框

6.3 Multisim SPICE 仿真技术

下面介绍在 SPICE 仿真器中电路仿真的基本技术。

6.3.1 电路仿真机制

仿真器是 Multisim 中运用数学方法来表示电路的工具。从计算到产生结果，电路中的每个元件都表示为一个数学模型，为了实现电路仿真，数学模型通过数学表达式链接到电路窗口中。元件模型的精确程度是仿真的一个重要指标，它将影响到与现实世界中电路运行结果的匹配程度。电路的数学表达式和非线性微分方程是同时发生的，仿真最主要的任务就是解决它们之间相等的问题。

6.3.2 仿真的 4 个阶段

Multisim 中的仿真器包含 4 个运行阶段，见表 6-1。

表 6-1 Multisim 仿真器的 4 个运行阶段

阶　段	注　释
Input stage	读取电路信息，处理产生的网络表信息
Setup stage	建立和检查包含完整电路信息数据结构
Analysis stage	这一阶段占用了大量的 CPU 资源，是电路仿真的核心。分析阶段用公式表达和解决相等的问题并且提供数据输出供后处理使用
Output stage	输出阶段就是最后看到的仿真结构，可以在示波器等仪器上直接观看结果，也可以在分析中显示为一个图表，或记录在日志文件中

6.3.3 等效公式

在电路中，通过配线创建并连接的每个公共点称为节点。仿真器会计算每个节点的电压，每个分支连接到两个节点的地方将分别有电流流过。

用户可以使用“MAXORD”分析选项来修改综合方法的最大限度的顺序。使用更高级的顺序调整方法，理论上可以获得更精确的结果，但会导致仿真运行较慢。

6.3.4 数字仿真

数字元件在模型方面与模拟元件有许多不同。数字元件连接到电路中的模拟元件时使用 A/D 和 D/A 的 Xspice 代码模式，它们将电压转换为数字信号。一个电路中的网络有可能是数字的或模拟的，但不可能两者都是。当数字元件连接到另一个元件时，数字信息从一个传到另一个，并伴有一定的时间延迟。

为激活的设计选择一个数字仿真选项的方法如下。

（1）选择菜单【Simulate】/【Digital Simulation Settings】命令，弹出“Digital Simulation Settings”对话框。

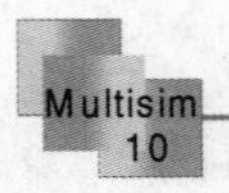

（2）选择 Idea（理想）模式或 Real（真实）模式。在理想模式中，两个数字引脚相互连接且没有额外的电路连接。如果其中一个数字引脚连接到另一个类似体节点，一个简单的引脚驱动电路及 A/D 或 D/A 桥电路添加到网络表以平滑数字阶越的边缘。在真实模式下，所有的数字引脚都连接到 D/A 或 A/D 转换，更多复杂的引脚驱动更好地表现为真实的数字引脚驱动插入到网络表中。

（3）单击【OK】按钮即可。

6.4 RF 仿真

因为 Multisim 的 RF 设计模块在仿真 RF 时使用的是 SPICE 引擎选项，同时并不需要告诉 Multisim 该电路是一个 RF 电路，这是由于系统已经做了优化，使得仿真可以工作在更高的频率之上，或者工作在一个更快的时钟频率上，所以通过前面所学的内容就可以进行板级/系统级的 RF（射频）电路仿真了。

6.5 MultiVHDL

VHDL（高速集成电路硬件描述语言）是用于描述复杂数字器件动作的工具，正因如此，它常作为电路动作层面的语言使用。在使用 VHDL 的过程中应当避免在门级用不实用和非常单一化的处理描述器件。

MultiVHDL 可以在以下两种情况下使用：

（1）作为板级/系统级设计的一个部分处理，当元件模型由 VHDL 代替 SPICE 时，Multisim 会根据需要自动调用 VHDL 仿真器。

（2）作为 VHDL 源代码应用在仿真器的编辑器中，用于写入和调试 VHDL 源代码。

6.6 电路向导

Multisim 电路向导支持用户生成电路原理图、仿真模型和网络表等电路文件。用户只需简单地在向导对话框中输入设计参数就可以建立电路。一旦用户创建了电路，就可以用常规的方法进行仿真了。

系统提供了 555 时基电路向导、滤波器电路向导、共发射极放大器电路向导和运算放大器电路向导，下面将分别进行介绍。

6.6.1 555 时基电路向导

555 时基向导可以建立单稳态（Monostable Operation）和非稳态（Astable Operation）的振荡电路。

1. 建立非稳态的振荡电路

（1）选择菜单【Tools】/【Circuit Wizards】/【555 Timer Wizard】命令，弹出如图 6-5

所示的“555 Timer Wizard”对话框。

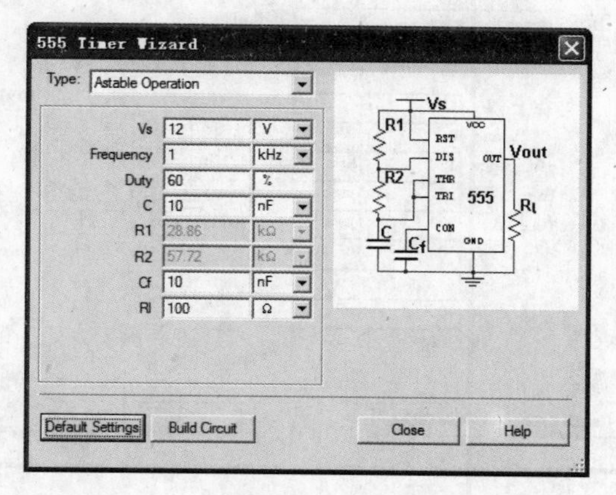

图 6-5　“555 Timer Wizard”对话框

（2）从“Type”（类型）下拉框中选择 Astable Operation。

（3）在此对话框中输入 Vs（所需的源电压）、Frequency（电路振荡的频率，最大为 1MHz）、Duty（输入占空比）、C（设置电容 C 的值，初始为 10nF）、Cf（设置电容 Cf 的值，通常固定为 10nF）和 R1（输入负载电阻的值）的值。

（4）参数输入后，R1 和 R2 根据以下公式自动计算：

$$R2 = (1-d)/(0.693 \times f \times C)$$

$$\begin{cases} R1 = R2/80 & d = 0.5 \\ R1 = (2 \times d - 1) \times R2/(1-d) & d \neq 0.5 \end{cases}$$

式中，d 为占空因数；f 是振荡频率，C 是电容 C 的电容量。

（5）如果（R1+R2）>3.3MΩ，或者 R1<1kΩ，或者 R2<1kΩ，则会弹出一个警告信息对话框。此时需要修改 R1 和 R2。

（6）检查 R1 和 R2 的值，如果这两个值难以获得或不能解决问题，则可以改变电容 C 的值。

（7）重复上面的两个步骤，直到 R1 和 R2 能够满足设计要求，并且对话框不再提示错误信息。

（8）单击【Build Circuit】（建立电路）按钮，电路即被放置到工作区中。

2．建立单稳态振荡电路

（1）选择菜单【Tools】/【Circuit Wizards】/【555 Timer Wizard】命令，弹出“555 Timer Wizard”对话框。

（2）从“Type”（类型）下拉列表框中选择 Monostable Operation，如图 6-6 所示。

（3）输入 Vs（源电压）、Vini（同源电压相等）、Vpluse（输入脉冲，至少为 1/3Vs）、Frequency（输入电压的频率）、Input Pulse Width（输入脉宽，必须小于输出脉宽的 1/5）、Output Pulse Width（输出脉宽值）、C（电容 C 的电容量，初始为 1μF）、Cf（通常固定为 1nF）和 Rl（负载电阻）的值。

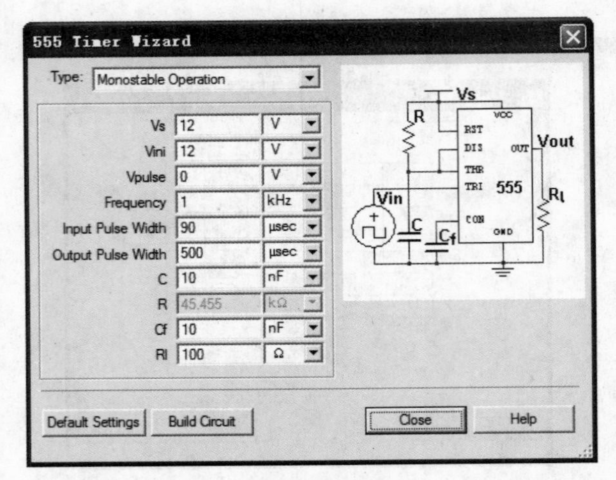

图 6-6　建立单稳态振荡电路的“555 Timer Wizard”对话框

（4）当所有值输入完毕，R 的值将自动计算并根据 R = OW/(1.1×C) 修改。式中，OW 指输出脉宽，C 是电容 C 的电容量。

（5）检查 R 的值，如果该值难以获得或者不能满足设计要求，则需修改 C 的值或其他参数直至获得满意的值为止。

（6）单击【Bulid Circuit】按钮。

（7）此时，包含计算过的元件值的电路即被放置到工作区中。

6.6.2　滤波器电路向导

Multisim 提供的“Filter Wizard”（滤波器向导）工具可以完成不同类型的滤波器的设计。

（1）选择菜单【Tools】/【Circuit Wizard】/【Filter Wizard】命令，弹出“Filter Wizard”对话框，如图 6-7 所示。

（2）从“Type”（类型）下拉框中选择所需的滤波器类型，包括 Low Pass Filter、High Pass Filter、Band Pass Filter 和 Band Reject Filter。

（3）在“Type”（类型）区域中选择“Butterworth”或“Chebyshev”，如果选择的是“Chebyshev”，则显示“Pass Band Ripple”框。

（4）在“Topology”（拓扑结构）框中选择“Passive”（被动的）或“Active”（活动的），如果选择的是“Passive”，则显示“Source Impedance”（电源阻抗）框。

（5）在“Source Impdeance”框中选择电源阻抗。

（6）在“Pass Band Ripple”框中选择纹波设置。

（7）在“Type”（类型）下拉框输入所需的滤波器参数。

（8）单击【Verify】（校验）按钮，若在电路设计中存在问题，在滤波器向导图表下方会显示相关的提示信息。调整参数并再次单击【Verify】（验证）按钮。当错误更正后，显示的提示信息将发生变化，并且【Build Circuit】（建立电路）按钮被激活。

（9）单击【Build Circuit】（建立电路）按钮，此时，一个电路“幽灵”图形附着在光标旁。

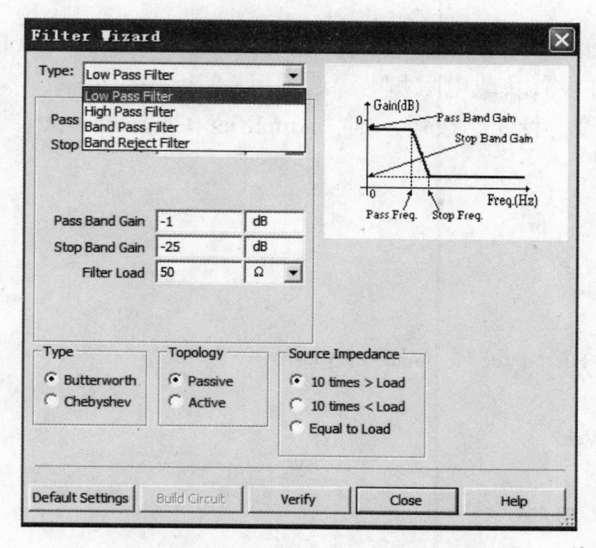

图 6-7　“Filter Wizard”对话框

（10）移动光标到所需的目标位置，单击鼠标左键放置电路。

6.6.3　共发射极放大器电路向导

下面介绍使用“Common Emitter BJT Amplifier Wizard”工具设计共发射级 BJT 放大电路的方法。

（1）首先选择菜单【Tools】/【Circuit Wizards】/【CE BJT Amplifier Wizard】命令，弹出如图 6-8 所示的“BJT Common Emitter Amplifier Wizard”对话框。

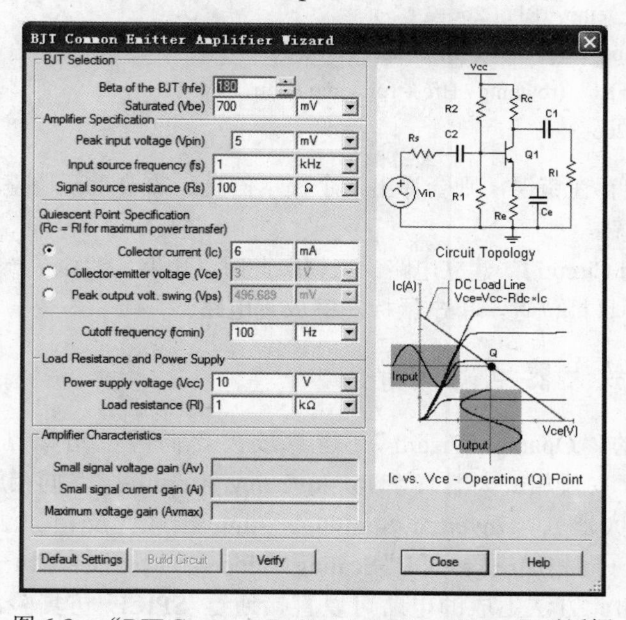

图 6-8　“BJT Common Emitter Amplifier Wizard”对话框

（2）在“BJT Selection”、“Amplifier Specification”和“Quiescent Point Specification”区域输入所需的参数，并设置负载电阻和电源选项。

（3）单击【Verify】（验证）按钮，则“Amplifier Characteristics”区域内的值基于以下内容进行修改。

```
if in type "Ic"
{
ic_temp = Ic;
rb_temp = 0.1 * Hfe * (Vcc / ic_temp – 1.5 * Rl);
}
else if in type "Vce"
{
ic_temp = Vce / (Rl / 2);
rb_temp = 0.1 * Hfe * (Vcc / ic_temp – 1.5 * Rl);
}
else if in type "Vpswing"
{
ic_temp = (Vpswing + 0.2 + Vpin) / (Rl / 2);
rb_temp = 0.1 * Hfe*(Vcc / ic_temp – 1.5 * Rl);
}
rpi_temp = Hfe * 26.0e–3 / ic_temp;
rin_temp = rpi_temp * rb_temp / ( rpi_temp + rb_temp );
avp_temp = ic_temp * Rl / ( 26e–3 * 2 );
av = (avp_temp * rin_temp / ( rin_temp + Rs));
ai = rb_temp * Rl / ((rb_temp / Hfe + rpi_temp / Hfe) * ( 2 * Rl ));
avmax = Vcc/26e–3;
```

（4）如果设计中存在错误，则会弹出一个提示信息，需要重新调整相关参数后再次单击【Verify】（验证）按钮。

（5）单击【Build Circuti】（建立电路）按钮。此时，电路的“幽灵”图像附着在光标旁。

（6）移动光标到目标位置，单击鼠标左键放置电路。

6.6.4 运算放大器电路向导

Multisim 提供的“Opamp Wizard”（运算放大器向导）可以帮助设计人员通过在“Inverting Amplifier”（反相放大器）、“Non-inverting Amplifier”（同相放大器）、“Difference Amplifier”（差分放大器）、“Inverted Summing Amplifier”（反相加法器）、“Non-inverted Summing Amplifier”（同相加法器）和“Scaling Adder”（加减混合器）处输入所需的参数生成运算放大电路。由此方法生成的电路可以直接通过 SPICE 仿真验证。在使用“Opamp Wizard”的过程中，设计人员可以在任何时刻通过单击【Default Settings】（默认设置）按钮返回到初始设置状态。

通过“Opamp Wizard”（运算放大器）建立电路的步骤如下。

（1）首先选择菜单【Tools】/【Circuit Wizards】/【Opamp Wizard】命令，弹出“Opamp Wizard”对话框。

（2）从“Type”（类型）下拉框中选择电路类型。此时，对话框的内容和图表预览将根据内容变化。

（3）若不希望电路包含源，取消勾选“Add Source”（添加源）复选框。对于反相加法器、同相加法器、加减混合器而言，必须在“Number of Input”（输入端口数）处设置输入端口数。

（4）在“Input Signal Parameters”（输入信号参数）框中，设置所需的输入电压和输入频率。

（5）在“Amplifier Parameters”（放大器参数）框中输入所需的参数值。

（6）单击【Verify】（验证）按钮，若出现警告信息，则需要调整相关参数并再次单击【Verify】（验证）按钮。

（7）单击【Build Circuit】（建立电路）按钮，此时电路的“幽灵”图像附着在光标旁。

（8）移动光标到目标位置，单击鼠标左键放置电路。

6.7　仿真错误日志索引

单击菜单【Simulate】/【Simulation Error Log】/【Audit Trail】命令，弹出“Simulation Error Log/Audit Trail”（仿真错误日志索引）对话框，如图 6-9 所示，该对话框用于分析和诊断在交互式仿真过程中出现的错误。每次的执行情况、个别或批次的 Multisim 进程、交互式的仿真结果都将存储在该日志索引中，退出 Multisim 后清除。

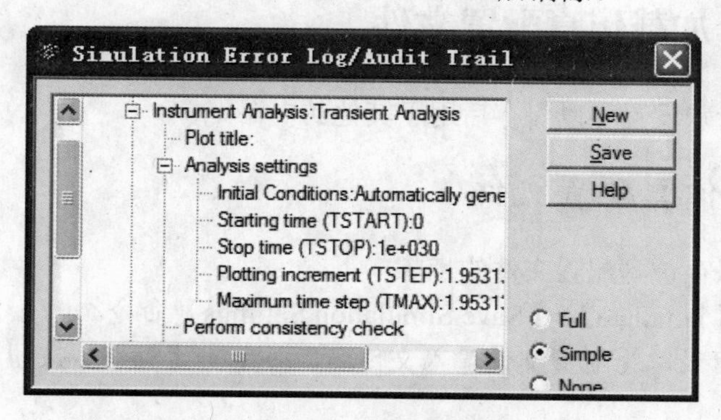

图 6-9　“Simulation Error Log/Audit Trail”对话框

单击对话框内的【+】和【–】符号可以展开或收缩显示的内容。显示错误信息的层级可以通过选择 Full（全部，显示全部错误信息）、Simple（简单，显示简单错误信息）或 None（无，不显示错误信息）选项实现。若要将错误信息保存到个别的文件中，可以单击【Save】（保存）按钮并选择一个目标路径。若要清除“Simulation Error Log/Audit Trail”对话框的内容，单击【New】（新建）按钮即可。若要显示关于仿真错误信息的帮助资源，选择所需的错误信息并单击【Help】（帮助）按钮即可。

6.8 汇聚助手

在 Multisim 的交互式仿真中出现汇聚错误时，会弹出一个询问是否运行“Convergence Assistant”（汇聚助手）对话框尝试自动修复的提示。

运行“Convergence Assistant”的步骤为：

（1）在提示信息对话框中单击【Yes】按钮，弹出“Convergence Assistant”对话框，并尝试解决汇聚的问题。

（2）一旦汇聚错误得到修复后，“Convergence Assistant”对话框会一个接一个地回滚，直到没有错误出现。此时在“Convergence Assistant”对话框中出现一个描述了以上所作改动的报告摘要。

在“Simulation Error Log/Audit Trail”对话框中运行汇聚助手的方法为：

（1）在“Simulation Error Log/Audit Trail”对话框中单击【Convergence Assistant】按钮。

（2）在“Convergence Assistant”对话框中单击【Start】按钮。

若汇聚助手不能修复错误时，可以在“Simulation Error Log/Audit Trail”对话框中选择错误信息并单击【Help】按钮，出现仿真错误帮助信息及问题解答的建议信息。若要保存“Convergence Assistant”对话框中的日志内容，单击【Save】按钮即可，若要打印“Convergence Assistant”对话框日志中的内容，单击【Print】按钮即可，若不希望保留修改，则单击【Cancel】按钮；若保留修改，则单击【OK】按钮。

6.9 保存、加载仿真配置文件

仿真分析中的特殊设置可以保存后用于其他的电路。

6.9.1 保存仿真配置文件

从当前电路中保存仿真配置文件的步骤如下。

（1）选择菜单【Simulate】/【Save Simulation Settings】命令。

（2）找到保存目录，为配置文件输入文件名，并单击【Save】按钮，弹出如图 6-10 所示的界面。

（3）根据需要输入配置文件的注释信息。

（4）若需要保存“Interactive Simulation Settings”列表框中的自定义设置，需要勾选“Interactive Simulation Settings”选项。

（5）在“Analyses”（分析）区域，选择需要包含在配置文件中的分析项目。

（6）单击【OK】按钮完成配置。

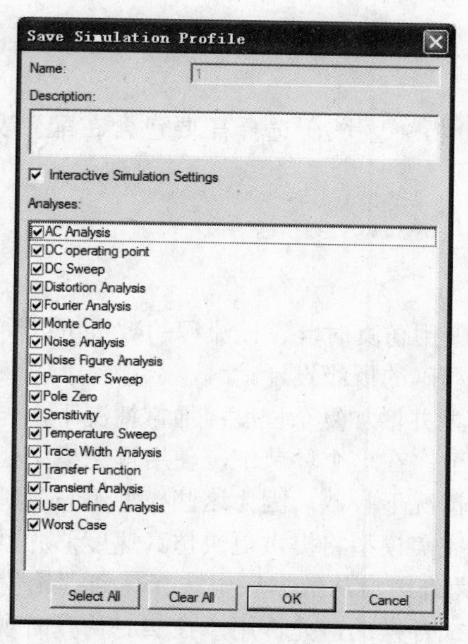

图 6-10 “Save Simulation Profile”对话框

6.9.2 加载一个仿真配置文件

加载仿真配置文件的方法如下。

（1）选择菜单【Simulate】/【Load Simulation Settings】命令，找到所需的配置文件并单击【Open】（打开）按钮，弹出“Load Simulation Profile”对话框，如图 6-11 所示。

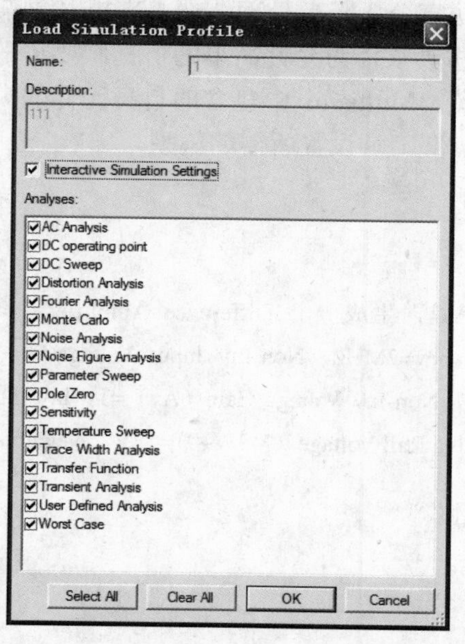

图 6-11 “Load Simulation Profile”对话框

（2）如果希望加载自定义的交互式的配置文件，勾选“Interactive Simulation Settings”选项即可。

（3）在“Analyses”（分析）区域，选择需要包含在配置文件中的分析项目，并单击【OK】按钮。

6.10 仿真总结

当一个设计从头到尾都使用仿真时，设计流程的数量可以简化。以下 4 条可以帮助设计人员实现仿真成功并获得更精确的板级设计。

（1）仿真时使用理想模型并增加复杂程度：通常情况下，电路设计基于电路中每个元件的描述并准确的包含多个环节。在这个环节中，使用理想模型是最好的，或者至少使用简单的元件模型。仿真将比通常情况下收敛，因为这些模型不具备所有关联真实世界中的元件参数。在早期的设计环节中，完美模型将提供更快仿真速度，并且提供足够的精确度保证设计的正确方向。“虚拟”元件允许用户从数据库中选择任何理论值和稍后替换的实际元件。交互式元件在仿真过程中是各式各样的，允许用户在实时仿真时观察仿真的效果。起初往往忽略掉寄生效应而后往模型中添加复杂的设置，并使仿真时间加长。一旦获得普通所需的电路操作，就可以用更能表现真实元件的内容替换这些元件模型。

（2）电路设计的仿真临界区域。建模过程中允许独立设计每个对象，确保每个电路块与期望的动作相同并归结到整个电路中。对于一些简单易懂的设计，最好使用层次的方法，这将可以创建再度利用的模型，以便在今后的设计中用于其他电路。

（3）分析结果从较为不复杂的的方法开始。仿真软件的最终目的是检查电路中各点的信号。以考虑使用虚拟仪器、仿真分析、后处理 3 选 1 来提升复杂级别。

（4）模型。设置用户的仿真软件为允许简单的仿真，要牢记符号和模型之间的区别，模型用于仿真，符号用于原理图。Multisim 中包含的自身元件的大型的库，用户可以添加新的器件或者使用“Model Makers”工具设置所需的模型。

练习题

利用系统提供的电路向导工具，生成一个 Difference Amplifier，其参数为：Add Soure，Inv Input Voltage(Pk)=3V，Inv Input Frequency=2MHz，Non-Inv Input Voltage(Pk) =3V，Non Inv Input Frequency=3MHz，Inv Voltage Gain(Av) =–1，Non-Inv Voltage Gain（Av）=1，Inv Input Resistor Value=30kΩ，Non-Inv Imput Resistor Value=30kΩ，Positive Rail Voltage（VSW+）=12V，Negative Rail Voltage（VSW-）=–12V。

第7章

仪　器

 Multisim 仪器简介

 打印仪器

 交互式仿真设置

 Multimeter（万用表）

 Function Generator（函数信号发生器）

 Wattmeter（瓦特表）

 Oscilloscope（示波器）

 Bode Plotter（波特仪）

 Word Generator（字符发生器）

 Logic Analyzer（逻辑分析仪）

 Logic Converter（逻辑转换仪）

 Distortion Analyzer（失真度仪）

 Spectrum Analyzer（频谱仪）

 Network Analyzer（网络分析仪）

 Measurement Probe（测量探针）

 Four Channel Oscilloscope（四踪示波器）

 Frequency Counter（频率计数器）

 IV Analyzer（伏安特性分析仪）

 Agilent Simulated Instruments（安捷伦仿真仪器）

 Tektronix Simulated Oscilloscope（泰克仿真示波器）

 Voltmeter（伏特表）

 Ammeter（安培表）

 Current Probe（电流探针）

 LabVIEW Instrument（LabVIEW 仪器）

本章将介绍在 Multisim 中使用虚拟仪器和常规配置仪器的方法，以及每一个仪器的使用步骤，此外还介绍了如何创建用于 NI 公司 LabVIEW 图形环境的自定义仪器。

7.1 Multisim 仪器简介

Multisim 提供了许多用于测量电路动作的虚拟仪器。这些仪器的设置和使用就像真实仪器一样。使用虚拟仪器是执行电路的动作及显示仿真结果的简便方法。除了 Multisim 提供的默认仪器外，还可以创建 LabVIEW 的自定义仪器，使得在图形环境中可以方便灵活地可升级地测试、测量及控制应用程序的仪器。

仪器界面用于设置仪器的相关参数，在仪器图标上双击鼠标左键可以控制显示、隐藏仪器界面，如图 7-1 所示，仪器界面通常在主工作区的顶层显示，因此不是隐藏的。当保存电路时，包含了仪器在电路中的位置及显示、隐藏状态，并且仪器中所包含的数据也都保存。

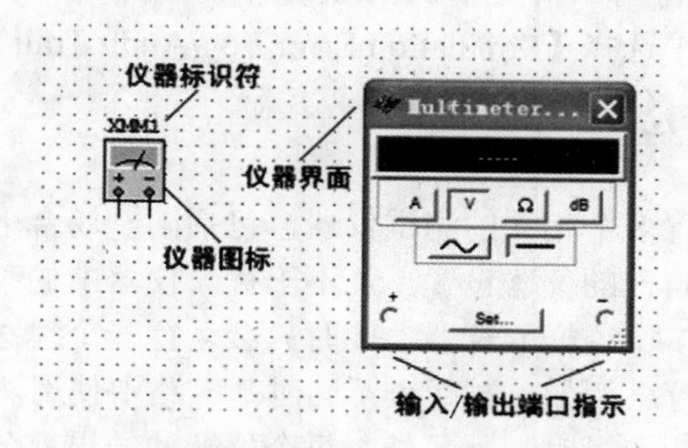

图 7-1　仪器图标和仪器界面

仪器图标显示了仪器如何连接到电路中，一旦仪器连接到电路中，在仪器界面的输入/输出端口处会显示黑色的点。

7.1.1 保存仪器仿真数据

若“Preferences”对话框中的“Save”标签页勾选了“Save Simulation Data with Instruments”选项，则仪器界面中显示的数据将保存到电路文件中（除此之外，仪器的设置和可见状态都保存）。仪器（如示波器）可能包含很多的数据，文件可能会因此变得非常大。此时，用户可以设置文件的最大界限。若使用中超过了文件最大的极限设置，系统会询问用户是否保存仪器数据。

7.1.2 在电路中添加仪器

通常情况下，仪器工具栏默认显示在工作区中，若没有显示，选择菜单【View】/【Toolbars】/【Instruments】命令即可。

在电路中放置仪器的方法如下。

（1）首先在仪器工具栏中，单击所需放置的仪器按钮。若要添加 LabVIEW 仪器，单击【LabVIEW Instruments】按钮，从弹出的子菜单中选择所需放置的仪器。

（2）在电路窗口中移动光标到目标位置，单击鼠标左键放置仪器。此时，仪器的图标和参考注释值出现在工作区中。

（3）为仪器和电路配线，单击仪器图标的终端连接处并拖曳配线到目标位置。

7.1.3 使用仪器

使用仪器的方法如下。

（1）要查看或修改仪器的控制界面，用鼠标左键双击该仪器即可。在弹出的仪器界面中，根据需要进行必要的修改，与真实世界中的修改过程类似。每种元件的设置方法不一样，若设计人员对仪器不熟悉，则需要查阅本章对仪器的介绍或翻看相应的帮助文档。

（2）单击“Simulation”（仿真）工具栏上的【Run】/【Resume Simulation】按钮激活电路。此时 Multisim 开始仿真电路动作及信号，并测量连接到仪器的点。在仿真过程中，仿真的结果和出现的错误都将写入仿真错误日志索引文件中。如果希望观看仿真的进度，从【Simulate】（仿真）菜单中选择【Simulation Error Log/Audit Trail】命令即可。

7.1.4 使用多个仪器

单一的电路中可以放置多个相关的测试仪器，包括同一场合下使用多个相同的仪器。在此情况下，每个仪器都有自己的仪器设置，互不干扰。仪器中的某一时期的取样会导致瞬态分析的运行，如果使用了多个这样的仪器，此时只会运行一个瞬态分析。目的是保证仪器同时工作和彼此间的安全运行。例如，在两个不同时基电路中使用两个示波器，Multisim 系统将选择最小时基的电路作为参考时基。另外，每个仪器的结果都分别地记录到错误日志索引文件中。

7.2 打印仪器

Multisim 允许打印所选仪器的仪器界面，电路中任何的仿真数据都显示在打印输出中。为仪器界面设置打印输出的方法如下。

（1）首先在工作区中打开电路。

（2）选择菜单【File】/【Print Options】/【Print Instruments】命令，弹出如图 7-2 所示的“Print Instruments”对话框。

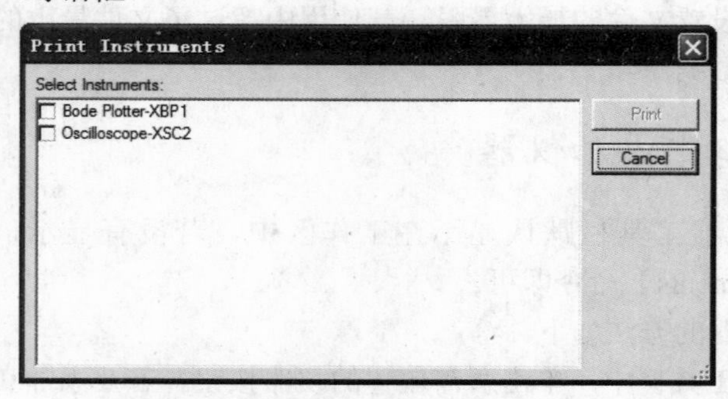

图 7-2 “Print Instruments”对话框

（3）在“Select Instruments”（选择仪器）框中勾选所需仪器前面的复选框，然后单击【Print】（打印）按钮。

（4）此时弹出默认的打印对话框，设置后单击【OK】按钮即可完成打印任务。

7.3　交互式仿真设置

7.3.1　设置仪器默认选项

Multisim 允许设计人员基于瞬态分析设置仪器的默认设置项。

（1）单击菜单【Simulate】/【Interactive Simulation Settings】命令，弹出“Interactive Simulation Settings”对话框并显示常用的功能。

（2）根据需要设置以下选项。

- “Initial Conditions”：初始条件下拉框中可设置 Zero（零）、User-Defined（用户定义）、Calculate DC Operating Point（计算直流工作点）和 Automatically Determine Initial Conditions（自动测定初始条件）选项
- “Start time（Tstart）”：瞬态分析的起始时间，设置为大于等于 0 且小于结束时间的值
- “End time（Tstop）”：瞬态分析的终止时间，须大于起始时间的值
- “Set maximum timestep（Tmax）”：设置为允许系统可以操作的最大时间步长
- “Maximum timesetp（Tmax）”：允许手动设置时间步长
- “Generate timesteps automatically”：允许自动产生时间步长
- “Set initial time step”：允许为仿真输出和图表设置时间间隔

（3）单击【OK】按钮。这里所作的设置更改将在下一次仿真时生效。

7.3.2　解决仿真错误

按照“Interactive Simulation Settings”（交互式仿真设置）对话框中的默认值，大部分情况下仿真都能正常运行，但有时需要调整后才能保证正常运行。

运行仿真时，Multisim 可能遇到电路配置了不同的时间步长，这就可能造成仿真不准确或出错。

调整“Interactive Simulation Settings”对话框的设置可以通过以下几个步骤进行。

（1）首先运行 Multisim 并加载电路文件，列出存在的问题。

（2）选择菜单【Simulate】/【Interactive Simulation Settings】命令，弹出“Interactive Simulation Settings”对话框。

（3）选择“Defaults for Transient Analysis Instruments”（瞬态分析仪器默认设置）标签页，在“Initial conditons”（初始设置）下拉框中设置“Set to zero”或选择“Maximum time step（Tmax）”（最大时间步长）并修改值为 1e-3s。

（4）单击【OK】按钮运行仿真。

若问题依旧存在，还可以尝试下面的设置。

（1）选择菜单【Simulate】/【Interactive Simulation Settings】命令。

（2）选择“Analysis Options”（分析选项）标签页，设置“Use Custom Setting”（使用自定义设置）为允许并且单击【Customize】按钮，弹出“Custom Analysis Options”对话框。

（3）在“Global”（全局）标签页中，设置允许“reltol”参数并设置值为 0.01（为了更精确可以尝试设为 0.0001），设置允许的“rshunt”参数，其值为 1e+8（如果对仿真错误信息非常有经验可以设置该项）。

（4）单击【OK】按钮两次并运行仿真。

若问题依旧存在，则继续尝试以下的方法。

（1）选择菜单【Simulate】/【Interactive Simulation Settings】命令。

（2）选择“Analysis Options”（分析选项）标签页，设置“Use Custom Settings”（使用自定义设置）为允许并单击【Customize】（自定义）按钮显示“Custom Analysis Options”（自定义分析选项）对话框。

（3）在“Transient”（瞬态）标签页中设置“METHOD”（方法）参数并从下拉菜单中选择 gear。

（4）单击【OK】按钮两次并运行仿真。

7.4 Multimeter（万用表）

在电路中，使用万用表可以测量电压和电流的大小，还可以测量两个节点间的压降。Multisim 中提供的万用表是自动更换量程的，因此不需要指定量程，其内阻和电流事先都按理想状态设定。

如图 7-3 所示为万用表图标和仪器界面，在万用表图标上单击鼠标左键可以打开仪器界面，在仪器界面中可以设置参数和测量数据。

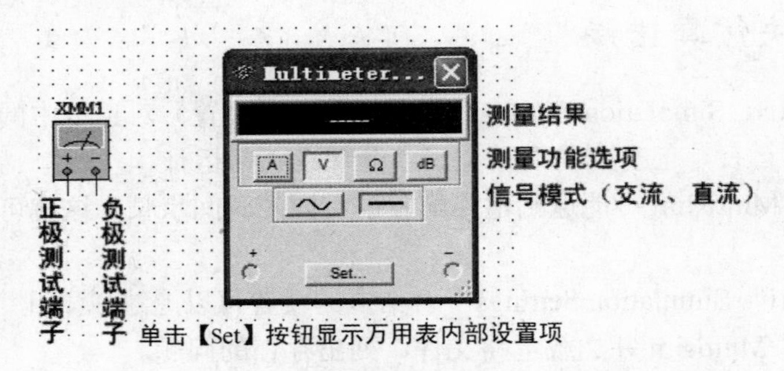

图 7-3　万用表图标和仪器界面

在图 7-3 中的测量功能选项中有 4 个按钮，【A】按钮表示可用于测量电流；【V】按钮表示可用于测量电压；【Ω】按钮表示可用于测试电阻；【dB】按钮表示可用于测试分贝。

（1）测量电流时，需将万用表串联到被测电路中，并注意电流的极性和被测信号的模式。

（2）测量电压时，需将万用表并联到被测电路中，并注意电压的极性和被测信号的模式。

（3）测量电阻时，需将万用表连接至所需测量电阻的元件，此时，应该保证元件周围没有电源连接，元件及元件网络已经接地，没有其他的元件或元件网络并联到被测元件中。欧姆表可以产生一个 10mA 的电流，该值可以通过单击【Set】按钮进行修改。

（4）测量分贝时，需将万用表连接至所需测试衰减的负载上，分贝的默认计算是按照 774.597mV 进行的，但也可以修改。分贝衰减按

$$dB = 20\times\log 10(V_{out}/V_{in})$$

计算。

图 7-3 中的【～】按钮按下表明万用表测量的是交流信号或 RMS 电压。【–】按钮按下表明被测电压或电流信号为直流信号。

若要在既包含交流元件又包含直流元件的电路中测量 RMS 电压，则可以连接一个交流电压表和一个直流电压表到测试的节点，同时测试交流电压和直流电压，按公式

$$\text{RMS Voltage} = \sqrt{(V_{dc2} + V_{ac2})}$$

计算。

理想状态的仪器在电路测试中是不受影响的。一个理想的电压表具有无穷大的内阻，因此在电路中电流可以顺利地流过。一个理想的安培表内阻无穷小。这些都只是理想情况下的假设，真实环境中是达不到理想状态的，因此只能接近理论值，不可能完全达到理想的精确程度。

修改万用表内部设置项的方法如下。

（1）在仪器界面上，单击【Set】按钮，弹出“Multimeter Setting”对话框。

（2）根据需要修改选项。

（3）单击【OK】按钮保存所作的修改。

7.5 Function Generator（函数信号发生器）

函数信号发生器是一个可以提供正弦波、三角波和方波的信号源。函数信号发声器产生的波形的频率、幅度、占空比、直流偏移等都可以通过相关设置进行修改，其频率范围足够宽，可以从一般的交流信号到音频、无线电频率的范围。函数信号发声器有 3 个端口供波形输出使用，公共端为信号提供参考点。

如图 7-4 所示为函数信号发声器的图标和仪器界面。

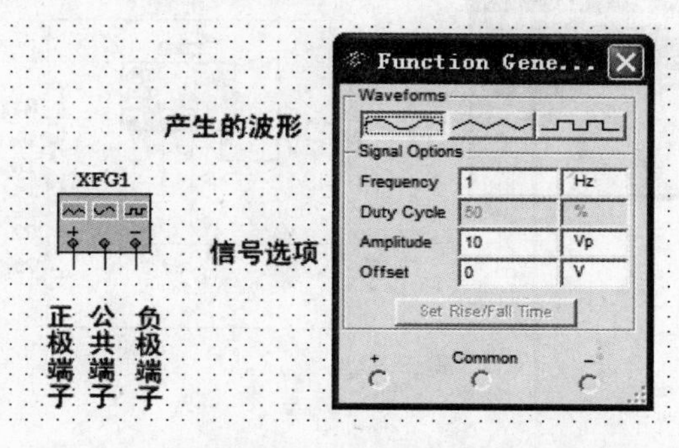

图 7-4　函数信号发生器的图标和仪器界面

信号的公共端（参考点）需要连接到接地的元件；正极端子输出的是正向的信号波形，负极端子输出的是反向的信号波形。

“Waveforms”框中的 3 种波形按钮分别表示函数信号发生器产生的信号类型为正弦波、三角波和方波。

为方波设置上升、下降时间参数的方法如下。

（1）首先单击 按钮，此时【Set Rise/Fall time】按钮变为可用。

（2）单击【Set Rise/Fall Time】（设置上升、下降时间）按钮，弹出“Set Rise/Fall Time”（设置上升、下降时间）对话框。

（3）根据需要输入上升、下降时间并单击【Accept】（接受）按钮。

“Signal Options”（信号选项）框中包括以下几个选项。

- “Frequency”（1Hz～999MHz）：用来设置信号发生器产生的频率
- “Duty Cycle”（1%～99%）：用来设置方波的占空比
- “Amplitude”（1mV～999kV）：用来设置输出波形的电压幅度，测量的是直流电的峰值
- “Offset”（-999～999kV）：用来控制信号交互变化的直流电平

需要注意的是，函数信号发生器的端子连接方法不同将导致输出电压的变化，如接正极端子和公共端子与接正极端子和负极端子测量出的信号电压幅度是不同的，连接极性错误也会影响信号波形的相位。

7.6 Wattmeter（瓦特表）

瓦特表是用来测量功率的仪器，常用于测量较大的有功功率，也就是电压差和流过电流端子电流的乘积，单位是瓦特。瓦特表不仅可以显示功率还可以显示功率因数，功率因数是电压与电流之间的相位角的余弦值。

如图 7-5 所示为瓦特表的图标和仪器界面，图标中包括连接负载的电压线圈接线端子及连接负载的电流线圈端子，连接时应注意极性。

图 7-6 所示是一个连接瓦特表的电路示例。

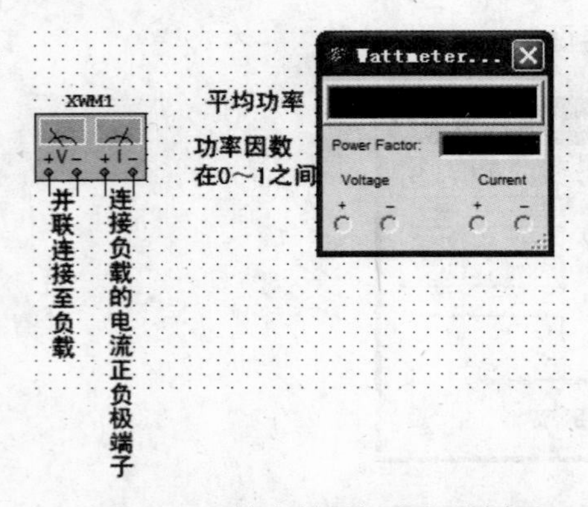

图 7-5　瓦特表的图标和仪器界面

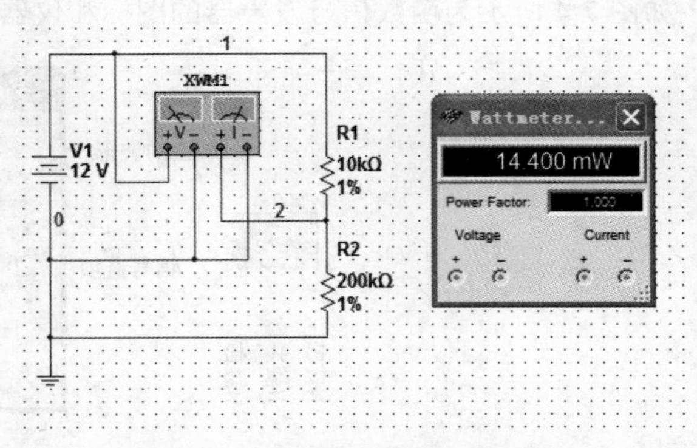

图 7-6　连接瓦特表的电路示例

7.7 Oscilloscope（示波器）

图 7-7 所示为示波器的图标和仪器界面。

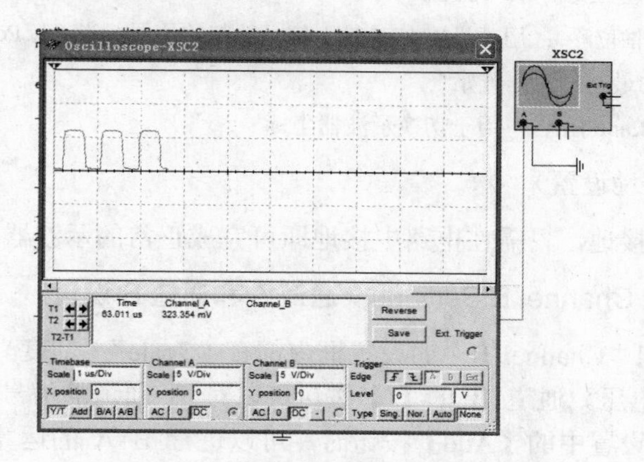

图 7-7 示波器的图标和仪器界面

双踪示波器用于显示电信号的数量、幅度和频率变化，可以显示两个通道随时间变化的电信号的曲线图，同时可以比较两个通道中的图形。

图 7-8 所示为双踪示波器的仪器界面简介。

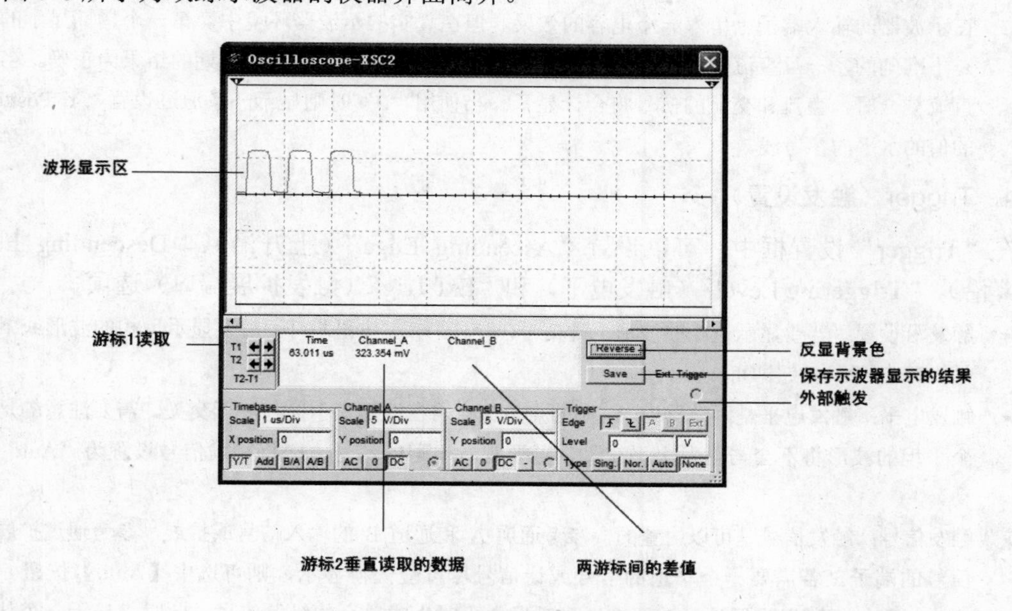

图 7-8 双踪示波器的仪器界面简介

示波器的设置按“Time Base”（时基设置）、“Grounding”（接地设置）、“Channel A and Channel B Settings”（A\B 通道设置）和“Trigger”（触发设置）4 个方面分别介绍。

1. Time Base（时基设置）

时基设置用于较大反向时间时设置水平方向或 X 轴的刻度。为了便于游标读书，时基设置和信号源的频率设置应成一定的比例关系。

- "X Position"（X 轴位移）：用于设置在 X 轴上信号的起始位置。当"X Position"的值为 0 时，信号从波形显示区的最左侧边框开始
- "Axes"（Y/T,A/B,and B/A）：用于切换示波器坐标

2. Grounding（接地设置）

示波器不一定需要接地，只需在电路中接地即可完成正常的示波器测试。

3. Channel A and Channel B Settings（通道 A 和通道 B 设置）

在"Channel A"和"Channel B"的设置框内都有"Scale"（刻度）设置，"Scale"选项代表的是 Y 轴每格的电压。通道 B 的【.】按钮可以对 B 通道的信号进行 180° 的反相操作，当该按钮配合时基设置中的【Add】按钮时，可以进行 B+A 的运算。"Scale"设置项确定了 Y 轴的刻度，当【A/B】按钮或【B/A】按钮被按下时，同时可以控制 X 轴的刻度。为了获得较好的游标读数，应将刻度调整到与信号源成一定的比例。

- "Y Position"（Y 轴的位移）代表 Y 轴原点的位置，通过设置"Y Position"的值可以比较波形。
- "Input Coupling"（AC,0,and DC）（输入耦合）。当设置为交流耦合时，只显示交流信号，类似于在示波器的输入端子上串入一个电容的效果，但在真实的示波器环境中，第一个周期显示的波形是不准确的，一旦直流信号参与运算并在第一个周期中消除，则后面周期的结果为正确。当使用直流耦合时，直流和交流的信号将合计显示。当使用"0"时则显示一条通过设置"Y Position"的值的水平的参考线。

4. Trigger（触发设置）

在"Trigger"设置框中，可以设置"Ascending Edge"（上升沿）、"Descending Edge"（下降沿）、"Triggering Level"（触发电平）和"Ext Trig"（触发扩展端口）选项。

- 触发沿设置：若要显示正相的波形上升信号，单击 按钮即可。若要显示反相的波形或下降信号，单击 按钮即可。
- 触发电平：触发电平是示波器中 Y 轴的点，该点需在波形显示前与波形交叉。需要注意的是，一个平坦的波形将不会与触发电平交叉，若要观看平坦的信号，应将触发信号设置为"Auto"（自动）。
- 触发信号：触发信号是可以内置的，参考通道 A 和通道 B 的输入信号或扩展，参考通过扩展触发信号的端子。若需要一个平坦的信号或让信号尽可能快得显示，则可选中【Auto】按钮。使用【Sing.】按钮可以设置让示波器在遇到触发电平时生成单个的触发信号，此时将显示一个从头到尾的信号，直到再次单击【Sing.】按钮。使用【Nor.】按钮可以让示波器在每次遇到触发电平时自动刷新显示。

若要显示波形精确的值，可以使用光标和直读游标，拖动垂直光标直到出现所需的值即可。

7.8　Bode Plotter（波特仪）

图 7-9 所示为波特仪的图标及仪器界面。波特仪可以生成电路中与频率相应的曲线图表，对电路的滤波分析非常有用。波特仪常用于电路信号电压增益的测试及相位移动的测试。当波特仪放置到电路中并正确连接到电路中，频谱分析开始执行。

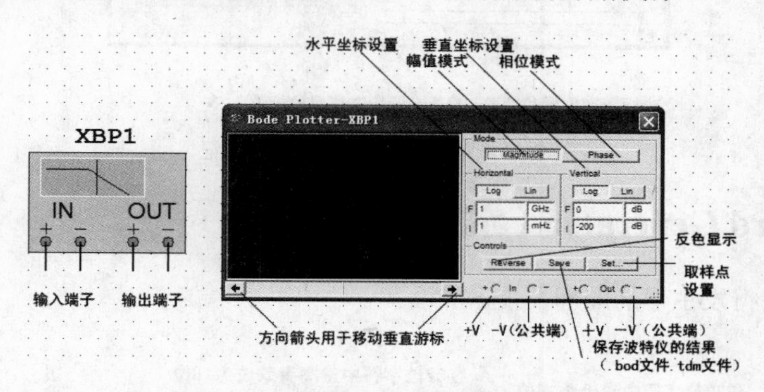

图 7-9　波特仪的图标及仪器界面

波特仪产生的频率超过指定频谱范围，任何交流源都不会影响到这个频率，但电路中必须包含一个交流源。初始的水平和垂直刻度都设置为最大值。值的大小可以根据图形的变化设置，若在仿真结束后扩大刻度，此时需要再次激活电路获取曲线图表中的更多细节。波特仪和其他很多仪器不同的是，如果波特仪的探针移动到其他不同的节点时，为了确保测量结果的正确性必须重新激活这个电路。

设置波特图中的采样点的方法如下。

（1）单击【Set】按钮，弹出“Settings Dialog”对话框。

（2）输入“Resolution Points”（采样点）的数量并单击【Accept】（接受）按钮。

在垂直和水平坐标设置框中，【Log】代表取对数值，【Lin】为线性，如图 7-10 所示。对数运算是根据公式

$$dB=20\times\log10\left(V_{out}/V_{in}\right)$$

计算的。

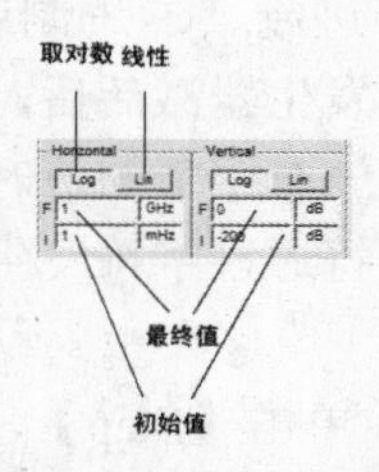

图 7-10　垂直和水平坐标设置

在曲线图中移动垂直的光标可以获取幅值频率和该点的相位值。图 7-11 所示为波特仪垂直光标指示标记。

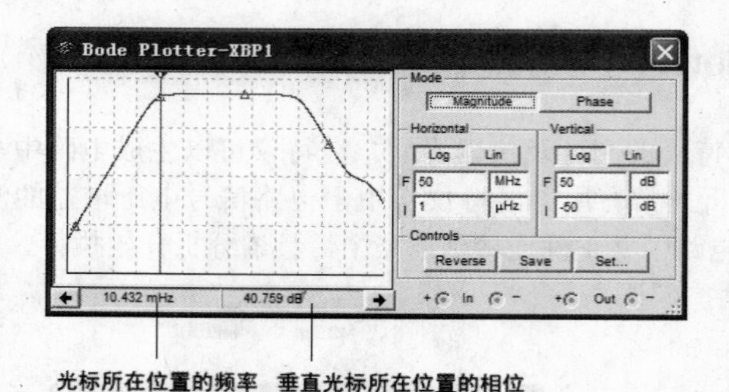

图 7-11　波特仪垂直光标指示标记

7.9 Word Generator（字符发生器）

图 7-12 为字符发生器的图标及仪器界面。

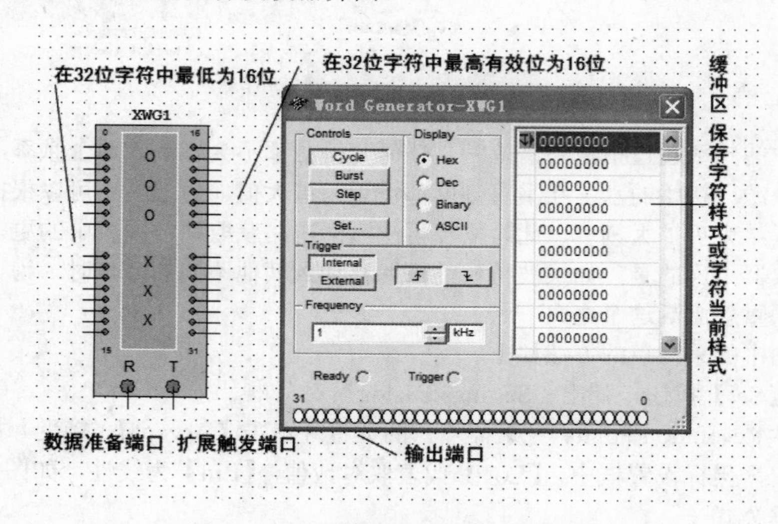

图 7-12　字符发生器的图标及仪器界面

在字符发生器仪器界面的右侧显示了多行数字，范围为 00000000～FFFFFFFF（十六进制）。数字的类型可以是十六进制、十进制、二进制或 ASCII，在“Display”框中选择即可。每个水平行表示一个字符，当字符发生器激活后，每行的位值将平行地发送到仪器底部的通信端。若需要在字符发生器中修改一个字节的值时，选择所需修改的数字，并在原地按所需的数字格式输入新的值即可。当字符通过字符发生器传送时，每位的值将以环行的方式送到仪器底部的输出端口。

若每次只传输一个字符到电路中，单击【Step】（单步）按钮即可；若按顺序发送所有字符，则单击【Burst】（脉冲）按钮；单击【Cycle】（环行）按钮可以发送连续的字符，通过停止仿真按钮结束操作。当需要在连续字符中的某一个字符处暂停时，可以插入断点。

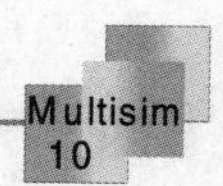

在缓冲列表中的断点上单击鼠标右键，从弹出的快捷菜单中选择【Delete Breakpoint】（删除断点）命令，可以移除一个断点。

在仪器界面中单击【Set】按钮，弹出“Settings”对话框，如图 7-13 所示。

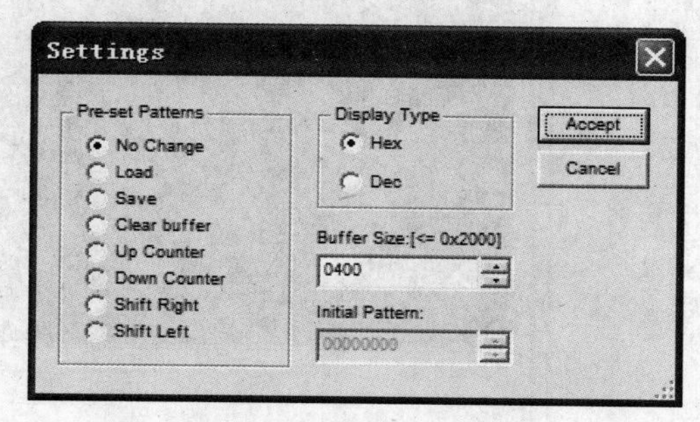

图 7-13　字符发生器仪器界面的“Settings”对话框

在“Pre-set Pattems”框中，“Load”选项用于加载打开先前保存的模板，“Save”选项用于保存当前的模版，“Clear Buffer”选项用 hex0000 替换所有字符，“Up Counter”选项、“Down Counter”选项用于为后来的字符创建自动加 1 或减 1 的模板，“Shift Right”、“Shift Left”选项用于创建以 1 在左侧或右侧结尾的二进制模板。

在仪器界面的“Trigger”框中，【Internal】按钮代表使用内置触发，【External】按钮代表使用外置扩展触发，如图 7-14 所示。

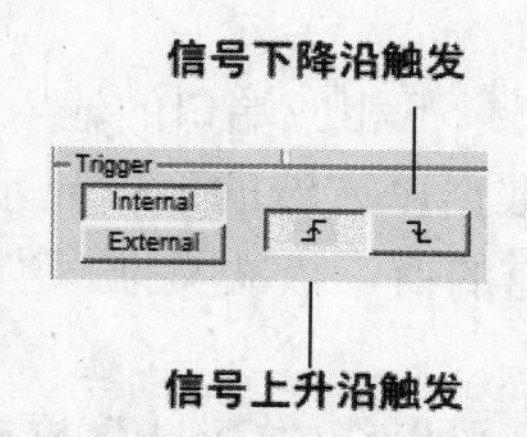

图 7-14　字符发生器仪器界面“Trigger”设置框

在仪器界面的“Frequency”文本框内设置字符发生器的时钟频率，单位为 kHz 或者 MHz，每个放在输出端口的字符的整段周期称为一个时钟循环。为了让电路知道字符发生器中的字符已经准备好，可以勾选“Ready”选项。

7.10　Logic Analyzer（逻辑分析仪）

图 7-15 所示为逻辑分析仪的图标和仪器界面。

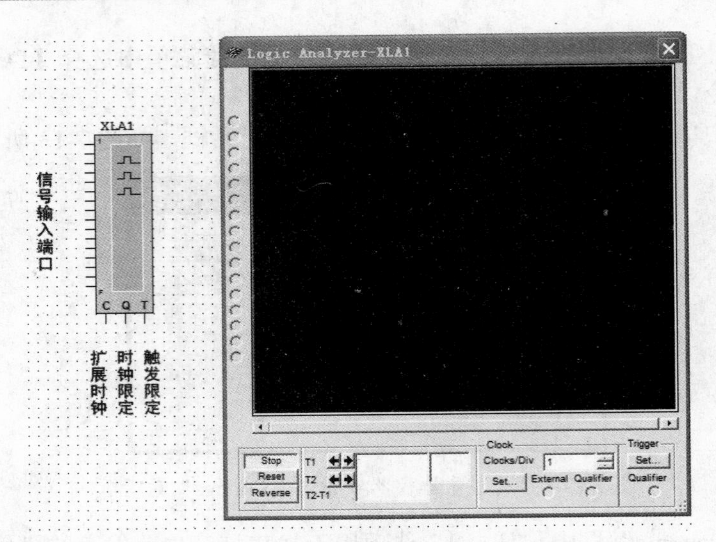

图 7-15　逻辑分析仪的图标和仪器界面

逻辑分析仪常用于显示高速数据的逻辑状态及高级时序分析，以便帮助设计大型的系统或查找系统中存在的错误。

在仪器界面中，左侧的 16 个 图标及相对应的端口在水平方向横穿仪器界面。当对应的端口连接到某节点时，对应的圆环图标中出现一个黑色的圆点，并且节点名称和颜色都将显示出来。

当电路激活时，逻辑分析仪将记录下相应端口的输入值。当发现触发信号时，逻辑分析仪将显示之前及之后的触发数据。数据以方波的形式显示，最顶行显示的是第 1 个通道的值，紧接着第 2 行将显示第 2 个通道的值，依次类推。当前字中的每位二进制都将显示在仪器界面左侧的端口。

在触发前指定取样存储的数量，可以在"Clock"框中单击【Set】按钮，或者使用默认的仪器设置。逻辑分析仪一直存储数据直到抵达后触发的采样数。之后放弃新的采样，直到遇见触发信号。在触发信号之后，采样将存储后触发采样的值。当采样停止时，时间位置将自动显示两个光标的位置值 T1 和 T2。采样停止时，自动移动第 1 个光标 T1 到时间 0 位置。

使用仪器界面底部的滚动条可以查看某时刻的逻辑分析仪的结果。如果对逻辑分析仪进行了复位操作，则必须注意仪器结果的复位和触发调剂相遇的问题。单击【Reset】按钮可以重新启动仪器，这个指令可以清除所有仪器中的信息并且在单击【Reset】按钮后遇到触发条件后存储新的信息。

当逻辑分析仪没有触发后放弃存储数据，单击【Stop】按钮即可。如果逻辑分析仪准备触发并显示数据，此时单击【Stop】按钮将停止仪器并允许继续仿真。在停止仪器运行后，需要重启逻辑分析仪以保证可以开始存储数据。

若要清除逻辑分析仪的显示，可以先单击【Stop】按钮，再单击【Reset】按钮。

当读取到输入采样时，时钟信号将通知逻辑分析仪，时钟可以内置也可以外部扩展。

调整时钟设置的方法如下。

（1）首先在逻辑分析仪的“Clock”（时钟）区域单击【Set】（设置）按钮，弹出如图 7-16 所示的“Clock setup”对话框。

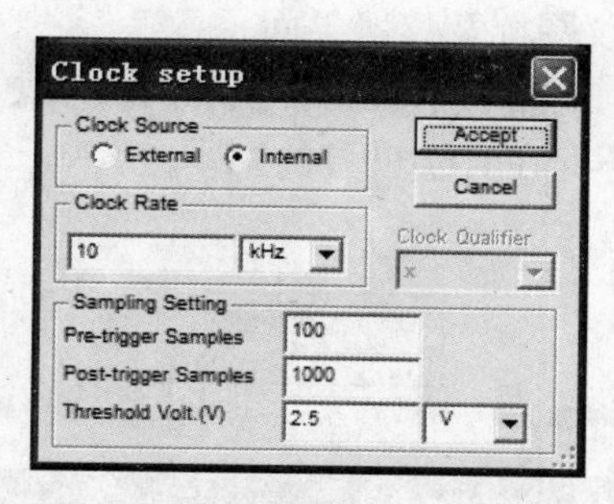

图 7-16　“Clock setup”对话框

（2）在该对话框中，选择“External”（外部扩展）或“Internal”（内置时钟）模式。

（3）“Clock Qualifier”（时钟限定）选项是过滤输入信号的时钟信号。如果设置为“x”，则禁用触发限定，时钟信号将由读取采样决定。若设置为“1”或“0”，则当时钟信号与所设置的限定信号匹配时，才能读取采样。

（4）设置预触发采样及触发后采样的数量。

（5）单击【Accept】（接受）按钮。

当逻辑分析仪遇到时钟信号的上升沿或下降沿时可以触发读取指定的字符或合并字符。

下面介绍指定三触发字符和合并字符的方法。

（1）首先在逻辑分析仪的“Trigger”（触发）框内单击【Set】（设置）按钮。

（2）在弹出的对话框中选择正极、负极或正负极及负脉冲沿。

（3）单击框内标注 Pattern A（模板 A）、Pattern B（模板 B）或 Pattern C（模板 C）并输入二进制的字符。每一个“x”代表的是二进制的“1”或“0”。

（4）从“Trigger Combinations”下拉框中选择所需合并的字符。

（5）从“Trigger Qualifier”下拉框中选择所需的触发限定。

（6）单击【Accept】（接受）按钮。

可用的合并触发见表 7-1。

表 7-1　可用的合并触发

名　称	名　称	名　称
A	B	C
A or B	A or C	B or C
A or B or C	A and B	A and C
B and C	A and B and C	A not B
A not C	B not C	A then B
A then C	B then C	(A OR B)then C
A then(B or C)	A then B then C	A then(B without C)

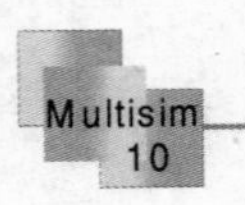

7.11 Logic Converter（逻辑转换仪）

如图 7-17 所示为逻辑转换仪图标及仪器界面。

逻辑转换仪可以执行对多个电路表示法的转换和对数字电路的转换。这个功能对数字电路的分析是非常有用的，但它不存在真实世界的副本。

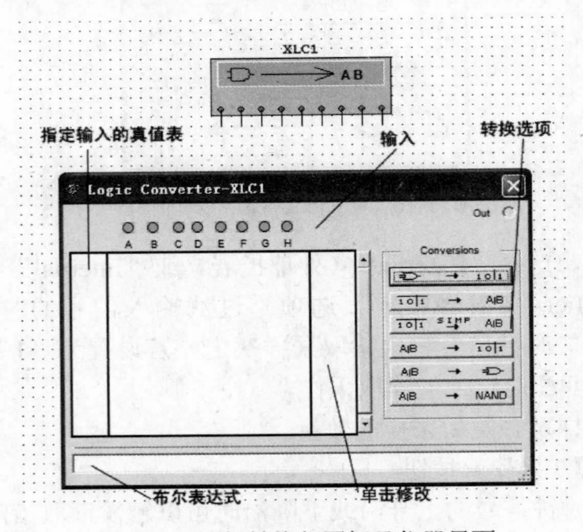

图 7-17　逻辑转换仪图标及仪器界面

用鼠标左键单击 ABCDEFGH 上部的圆形图标可以显示对应的输入端。

1．从电路原理图中获得真值表的方法

（1）将逻辑转换仪的输入端连接到电路的 8 个节点。

（2）连接电路的输出端口到逻辑转换仪的输出端口图标。

（3）单击 [门电路 → 10|1] 按钮，此时电路的真值表出现在逻辑转换的显示区中。

2．构建真值表的方法

（1）首先选择所需的输入通道。

（2）编辑输出列，以便为每个输入条件指定所需的输出。若要修改一个输出值，可以在 3 个可用的“0”、“1”和“x”中调整切换，“x”表示“1”和“0”都可以接受。

3．逻辑转换

（1）转换真值表到布尔表达式，单击 [10|1 → AIB] 按钮即可，此时在逻辑转换仪的底部显示出转换的布尔表达式。

（2）转换真值表为简单布尔表达式或转换为一个简单的现有的布尔表达式，单击 [10|1 SIMP AIB] 按钮即可。

（3）转换一个布尔表达式到真值表，单击 [AIB → 10|1] 按钮即可。完成布尔表达式的逻辑门将出现在电路窗口中。

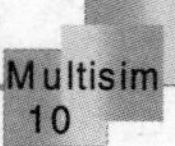

（4）仅使用非门来查看完成布尔表达式的条件，单击 AIB → NAND 按钮即可。

7.12　Distortion Analyzer（失真度仪）

如图 7-18 所示为失真度仪的图标及仪器界面。

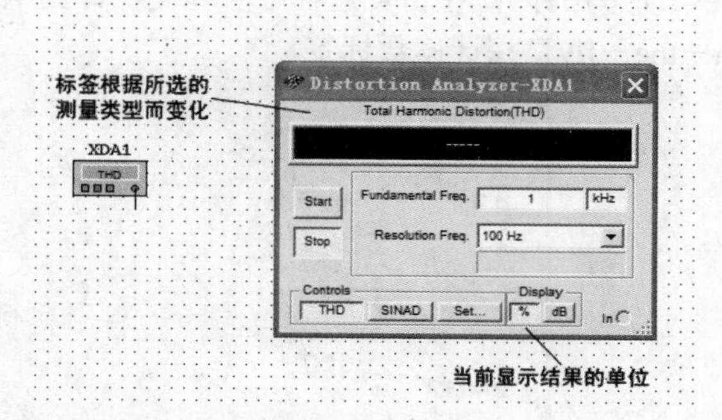

图 7-18　失真度仪的图标及仪器界面

典型的失真度分析用于测量 20Hz～100kHz 之间信号的失真情况，包括对音频信号的测量。可提供的测量类型包括总谐波失真（THD）和信号噪声比（SINAD），单击【Set】按钮可以设置显示不同类型的测试结果。

谐波失真发生器可以产生针对测试信号的谐波信号，如 1kHz 的信号，其谐波可能为 2kHz、3kHz、4kHz 等。对于测试频率为 1kHz 的信号，在测试谐波失真时将 1kHz 的信号取出，留下谐波失真，然后将其测量结果与放大后的测试信号做比较。

SINAD 用于测试信号和噪声的比例。

7.13　Spectrum Analyzer（频谱仪）

Spectrum Analyzer 用于测试频率的振幅，它在频率领域所完成的测量功能类似于示波器在时间领域测量信号，通过扫描穿过一个范围的频率实现。该仪器可以测量出不同频率下信号的能量，可以帮助确定存在的信号频率。

频谱仪是 RF 设计模块中的一部分，相关内容参考射频设计章节。

7.14　Network Analyzer（网络分析仪）

网络分析仪主要用于测量电路的散射参数，通常用一个有特色的电路试图操作一个更高的频率，这些散射参数来源于 Multisim 中的其他分析。网络分析仪也可以计算 H、Y、Z 参数。

网络分析仪是 RF 设计模块中的一个部分，相关内容参考射频设计章节。

7.15 Measurement Probe（测量探针）

测量探针是一种在电路中不同位置快速测量电压、电流及频率的有效工具。测量探针有以下两种情况。

（1）Dynamic Probe（动态探针）：在仿真过程中，拖曳探针到电路中任何配线处便可得到如图 7-19 所示的“on－the－fly”探针读数标签。

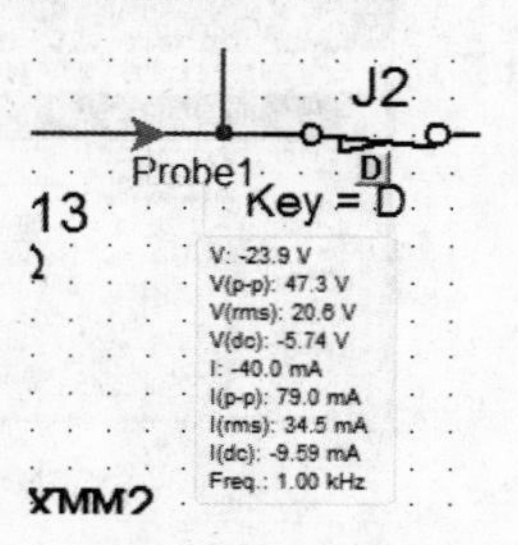

图 7-19　“on－the－fly”探针读数标签

（2）Static Probe（静态探针）：在仿真运行前，可以将若干个探针放置到电路中需要的点上，这些探针保持固定，并且包含来自仿真的数据，直到另一个仿真开始运行，或者数据清除。

需要注意的是，动态探针不能用于测量电流，静态探针在仿真运行后放置也不能测量电流。

1．设置动态探针的属性

（1）单击菜单【Simulate】/【Dynamic Probe Properties】命令，弹出“Probe Properties”（探针属性）对话框。

（2）选择“Display”（显示）标签页并在“Color”（颜色）框内设置以下选项。

- “Background”（背景）指当前所选探针的文本窗口背景颜色
- “Text”（文本）指当前所选探针窗口文本的颜色

（3）在“Size”（大小）框中，输入 Width（宽）和 Height（高）的值，或者设置“Auto-Resize”（自动调整大小）为允许。

（4）根据需要，可以选择“Font”（字体）标签页修改探针窗口中文本的字体。

（5）选择“Parameters”（参数）标签页。

（6）根据需要，设置“Use Reference Probe”（使用参考探针）复选框为允许，并从下拉框中选择所需的探针参数。动态测量需选择参考探针（代替地），使用该方法，可以用来测量电压增益或相位移动。

（7）要隐藏一个参数（如 $V_{(p\text{-}p)}$），在所需设置参数的“Show”（显示）列中锁定即可。

（8）使用“Mininum”（最小）和“Maximun”（最大）列，设置参数的范围。

（9）根据需要，可在“Precision”（精度）列修改显示参数的有效数字。

2．设置静态探针（已放置）的属性

（1）首先用鼠标左键双击所需的探针，弹出“Probe Properties”（探针属性）对话框。

（2）选择“Display”（显示）标签页并在“Color”（颜色）框设置以下选项。

- “Background”（背景）指当前选中的探针文本窗口的背景颜色
- “Text”（文本）指当前所选的探针文本窗口中文本的颜色

（3）在“Size”（大小）框中，输入 Width（宽度）和 Height（高度）的值，或者设置【Auto-Resize】（自动调整大小）为允许。

（4）在“RefDes”（参考注释）框中设置以下选项。

- “RefDes”（参考注释）为所选的探针输入参考注释值，默认为 Probe1，Probel2 等
- “Hide RefDes”（隐藏参考注释）为所选的探针隐藏参考注释
- “Show RefDes”（显示参考注释）为所选的探针设置显示参考注释
- “Use Global Settings”（使用全局设置）使用“Sheet Properties”（电路图表属性）中的“Circuit”（电路）标签页的设置项设置显示或隐藏参考注释值

（5）根据需要，禁用“Show Popup Window”（显示快捷窗口）复选框，隐藏所选探针的内容。

（6）根据需要，选择“Font”（字体）标签页为探针文本窗口的文本选择字体。

（7）选择“Parameters”（参数）标签页。

（8）根据需要，设置“Use Reference Probe”（使用参考探针）复选框为允许，并从下拉框中选择所参考探针。

（9）若要隐藏一个参数，如 $V_{(p\text{-}p)}$，在所需参数的“Show”（显示）列中设置锁定即可。

（10）使用“Minimum”（最小）和“Maximum”（最大）列，设置参数的范围。

（11）根据需要，可在“Precision”（精度）列修改显示参数的有效数字。

3．动态使用探针（不仅放置于一个点）测量

（1）首先单击菜单【Simulate】/【Run】命令来激活电路。

（2）在仪器工具栏中找到测量探针的按钮并单击鼠标左键。此时测量探针附着在鼠标的光标旁。

（3）移动光标到目标测量点，此时出现测量读数，如图 7-20 所示。

（4）放弃激活探针，单击【Measurement Probe】（测量探针）按钮或按下键盘的【Esc】键即可。

4．连接一个静态探针（已放置的）并且读数

（1）首先在仪器工具栏中用鼠标左键单击测量探针按钮，并从探针类型列表中选择以下之一。

- From dynamic probe settings：放置的探针将使用【Simulate】/【Dynamic Probe Properties】命令
- AC voltage：放置的探针将测量 V(p-p)、V(rms)、V(dc)及频率
- AC current：放置的探针将测量 I(p-p)、I(rms)、I(dc)及频率
- Instantaneous voltage and current：放置的探针将测量瞬态电压、瞬态电流

➢ Voltage with reference：显示“Reference Probe”（参考探针）对话框。从参考探针下拉列表中选择所需的参考探针。已放置的探针将测量 Vgain（dc）、Vgain（ac）及相位。当用户选择探针类型后，在探针的 RefDes 处会出现一个小三角标记

（2）放置该探针到电路中测试的目的点。

（3）选择【Simulate】/【Run】命令激活电路。

（4）此时弹出具有数据的窗口。

隐藏探针的内容，可以在探针上单击鼠标右键并取消选择【Show Content】（显示内容）命令，此时放置探针显示为一个箭头，如图 7-21 所示。

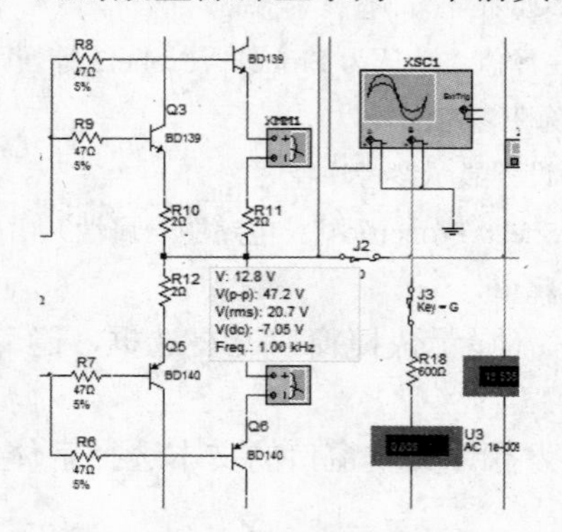

图 7-20 动态探针测量示例

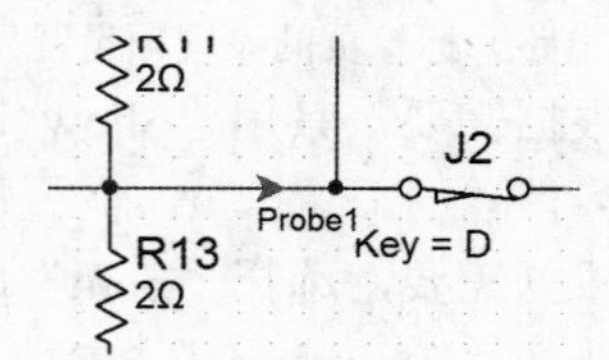

图 7-21 隐藏探针窗口显示

7.16 Four Channel Oscilloscope（四踪示波器）

四踪示波器允许同时监视 4 个不同通道的输入信号。如图 7-22 所示为四踪示波器图标及仪器界面。

1. 修改仪器设置的方法

（1）首先调整“Timebase”（时基设置）框的设置。

➢ “Scale”（刻度）：单击该处，可修改示波器水平方向（X 轴）的刻度

➢ “X position”（X 位移）：修改在 X 轴上的信号起始点，当设置为“0”时，信号从显示区的左侧边缘开始

➢ “Axes buttons”（轴按钮）：单击【Y/T】按钮显示 Y 轴幅度与 X 轴时间，单击【A/B】按钮互换 A 通道与 B 通道（A 在 Y 轴，B 在 X 轴）。该设置可以显示频率和相位转换，或者可以显示滞后回线。当该按钮被选中时，“Scale”（刻度）和“X Position”处都将禁用。用户可以在【A/B】按钮上单击鼠标右键，并从弹出的快捷菜单中选择所需的通道，一旦用户从快捷菜单中选择一个对象后，则【A/B】按钮标签页将根据选择的对象而改变，例如选择 D/A，则按钮将变为 D/A，如图 7-23 所示。

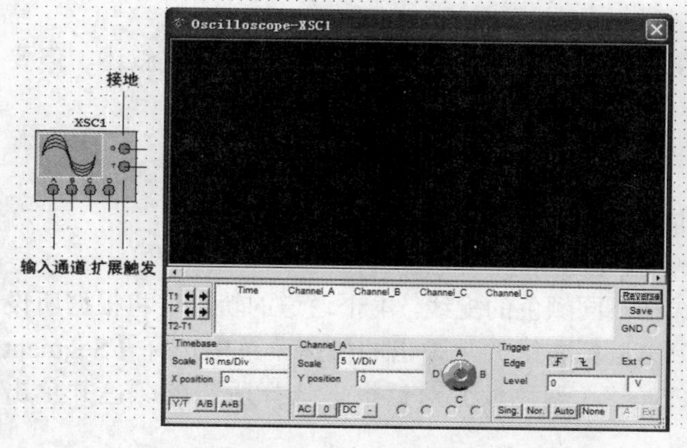

图 7-22　四踪示波器图标及仪器界面

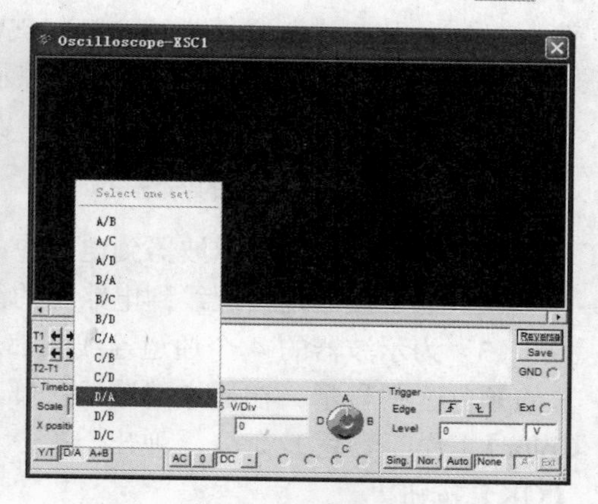

图 7-23　Axes 按钮改变为 D/A 示例

若单击【A+B】按钮则可以实现轨迹 A 与轨迹 B 的加法运算。通过在【A+B】按钮上单击右键，从弹出的快捷菜单中选择，实现其他的轨迹相加。

（2）在“Channel_A”框中做如下调整。

➢ “Scale”（刻度）：用来修改每格代表的电压数，该设置决定 Y 轴的刻度。当“Timebase”（时基）框中【A/B】按钮被选中时，也将影响 X 轴的刻度。需要注意的是，当运行仿真时，显示的通道中所选择的刻度即为在示波器中显示的曲线图像中的刻度。例如，不论 A 通道，C 通道，D 通道设置为 2V/Div，用户选择 B 通道并设置刻度为 5V/Div，在曲线图像中所有通道都按照 5V/Div 显示

➢ “Y position”（Y 轴位移）：用于修改 Y 轴的原点，当设置为“0”时，信号起始于与 X 轴交叉的位置

➢ 【AC】按钮（交流输入耦合）：单击该按钮仅显示元件的交流信号成分。这类似于在示波器的输入端口串入了一个电容

➢ 【DC】按钮（直流输入耦合）：单击该按钮显示 AC（交流）和 DC（直流）相加的信号成分

➢ 【0】按钮：单击该按钮后在 Y 轴所设原点处显示一条水平参考线

在此需要注意，不能在示波器的输入端串联电容。否则，示波器将不提供电路通路，并且分析将认为电容连接不正确。

（3）在“Trigger”（触发）框内调整如下设置。

➢ 【Edge】（沿）按钮：单击上升沿按钮则显示信号的同极性或信号的上升过程。单击下降沿按钮则显示信号的反极性或信号下降过程

➢ “Level”（电平）设置框：在该处输入触发电平及单位

➢ 触发按钮：包括 Single（单一触发）、Nor（正常触发）和 Auto（自动触发）。当【Auto】按钮被按下时，则【A】和【Ext】按钮变为不可用。【A】按钮用于确认【Single】和【Nor】按钮是否被按下，如果选中，由 A 通道的参考作为内置触发，若用户需要改变内置触发的通道，可以在【A】按钮上单击鼠标右键，从弹出的快捷菜单中选择 A、B、C、D 即可

（4）单击【Save】按钮保存运行结果，可以保存为 Scope data（*.scp）Multisim 示波器格式文件、LabVIEW 测量文件（*.lvm）和 DIAdem 文件。若保存为 DIAdem 文件，则头文

件（*.tdm）和二进制文件（*.tdx）将被创建。

查看四踪示波器的结果与查看双踪示波器的结果基本类似，故在此不做重复叙述，但要注意灵活使用四踪示波器的快捷菜单，以便提高测量精确度。

2．连接四踪示波器的方法

（1）首先放置四踪示波器到电路中的目标位置。

（2）为示波器连接配线到电路中的测试点。

（3）为示波器的 4 个通道连线头部选择不同颜色的配线，4 个通道的轨迹线将根据所设置的颜色区别显示。在通道的连线头部单击鼠标右键并从弹出的快捷菜单中选择【Segment Color】（片断颜色）命令，弹出一个“Color”（调色板）对话框，选择所需的颜色并单击【OK】按钮。

7.17　Frequency Counter（频率计数器）

频率计数器用于测量信号的频率。如图 7-24 所示为频率计数器图标及仪器界面。

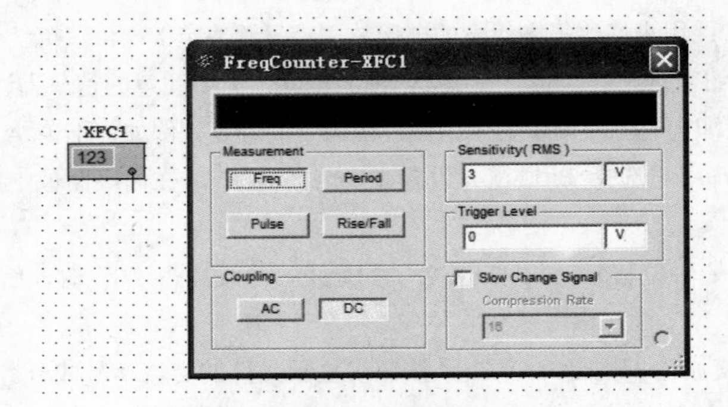

图 7-24　频率计数器图标及仪器界面

下面介绍在电路中使用频率计数器测量的方法。

（1）首先将频率计数器放置到电路中的目标位置。如图 7-25 所示，为电路连接配线。图中使用的信号源为简单的交流信号源。

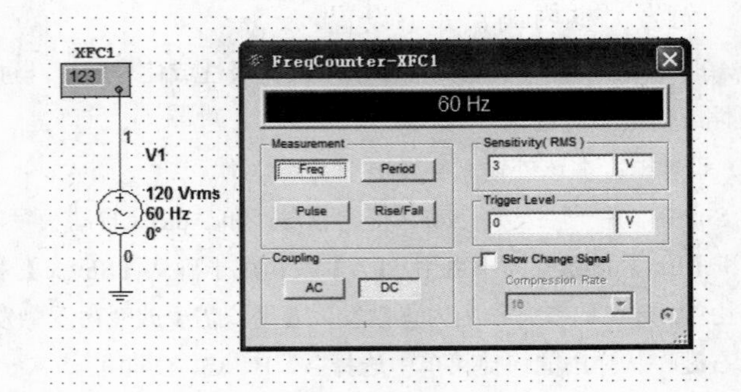

图 7-25　电路中使用频率计数器连接示例

（2）双击仪器图标，打开仪器界面。

（3）根据读数的需要，设置如下的选项。

- “Measurement”（测量）框中的【Freq】（频率）按钮用于测量频率，【Pulse】（脉冲）按钮用于测量持续周期及负脉冲，【Period】（周期）按钮用于测量信号一个完整的周期，【Rise/Fall】（上升/下降时间）按钮用于测量信号一个周期的上升、下降时间
- “Coupling”（耦合）框中的【AC】（交流耦合）按钮用于显示交流信号成分，【DC】（直流耦合）按钮用于显示交流、直流相加的信号成分
- “Sensitivity”（RMS）（灵敏度）框用于输入灵敏度值及其单位
- “Trigger Level”（触发电平）框用于输入触发电平及其单位

需要注意的是，以上这些设置应在仿真前、后设置。

（4）选择【Simulate】/【Run】命令，只要【Freq】按钮被选中，连接到电路的测试点的频率计即显示测试数据。

（5）其他的设置项可以参照图 7-26～图 7-28 所示。

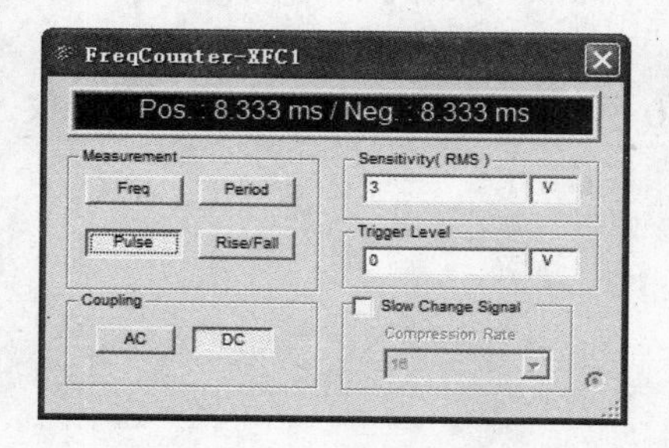

图 7-26　“Pulse”设置项

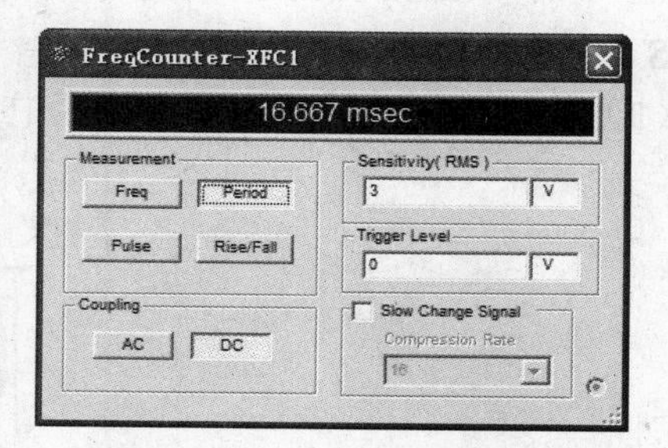

图 7-27　“Period”设置项

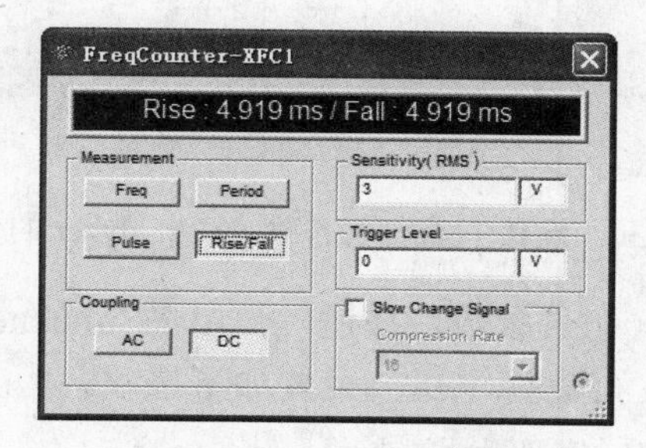

图 7-28　“Rise/Fall”设置项

7.18　IV Analyzer（伏安特性分析仪）

伏安特性分析仪用于测量二极管、PNP BJT（PNP 型双极型结面晶体管）、NPN BJT（NPN 型双极型结面晶体管）、PMOS（P 沟道 MOS 场效应管）和 NMOS（N 沟道 MOS 场效应管）的伏安特性曲线。需要注意的是，伏安特性分析仪测量元件信号并不需要将其连接到电路中，所以测量前确认元件从电路中是否已经断开连接。

下面介绍使用伏安特性分析仪测量元器件特性的步骤。

（1）首先在工作区中放置伏安特性分析仪，用鼠标左键双击仪器图标打开仪器界面，如

图 7-29 所示。

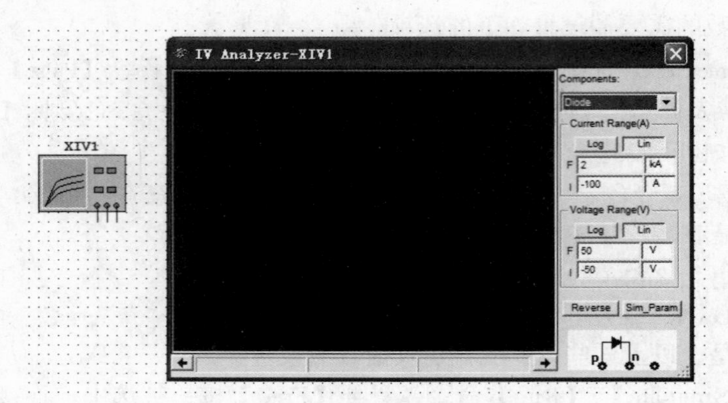

图 7-29　伏安特性分析仪图标及仪器界面

（2）从“Components”（元件）下拉列表中选择需要测试的器件类型，本例中选择 PMOS。

（3）将所需的器件放置到工作区中并按如图 7-30 所示连接配线到伏安特性分析仪。

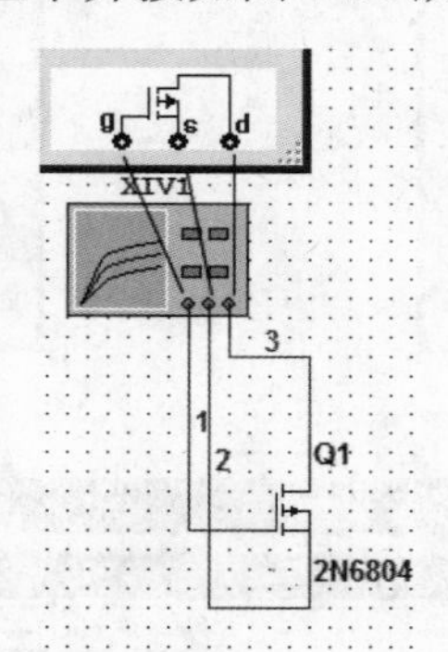

图 7-30　连接 PMOS 元件到 IV Analyzer 的示例

（4）单击【Sim_Param】（仿真参数）按钮，弹出“Simulate Parameters”（仿真参数）对话框。在“V_ds”框中为 V_{ds}（漏-源电压）设置如下选项。

- “Start”：输入起始扫描 V_{ds} 值及测量单位
- “Stop”：输入扫描停止 V_{ds} 值及测量单位
- “Increment”：输入所需 V_{ds} 的扫描步进值及测量单位

在“V_gs”框中为 V_{gs}（栅-源电压）设置如下选项。

- “Start”：输入起始扫描 V_{gs} 及测量单位
- “Stop”：输入扫描停止 V_{gs} 值及测量单位
- “Increment”：输入 V_{gs} 的扫描步进值及测量单位
- “Normalize Data”（格式化数据）复选框：显示 V_{ds} 值的同时也显示坐标。单击【OK】按钮保存设置。

（5）在“Current Range(A)”和“Voltage Range(A)”框中设置刻度按钮。例如，将两个

设置为左边的【Lin】按钮。注意一点，不需要修改 F（final 最终值）和 I（initial 初始值）的电流、电压设置。

（6）单击菜单【Simulate】/【Run】命令，此时关于元器件的伏安特性曲线显示出来。如果需要，单击【Reverse】（反色显示）按钮修改为白色背景。

（7）选择菜单【View】/【Grapher】命令，在曲线图表上显示仿真的结果。

“Simulate Parameters”（仿真参数）对话框的设置因为器件的不同而略有不同。

设置二极管参数的方法，当从“Components”（元件）下拉列表中选择二极管元件时，弹出如图 7-31 所示的“Simulate Parameters”（仿真参数）对话框。图中右侧的“Source Name”在二极管测试中是禁用的。根据需要设置“Start”（Vpn 起始扫描值及其测量单位）、“Stop”（Vpn 停止扫描值及其测量单位）和“Increment”（Vpn 扫描步进值及其测量单位）的值。

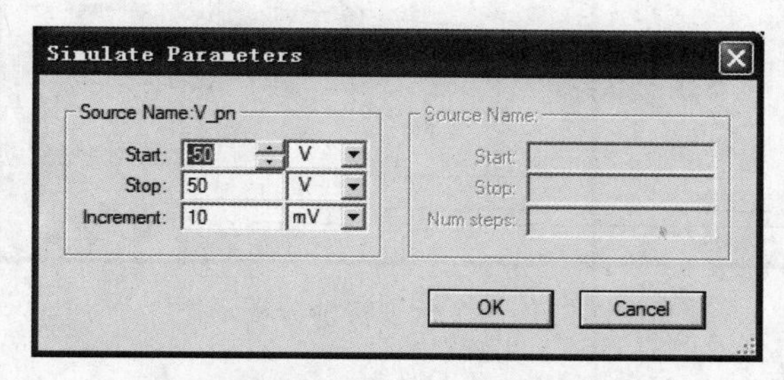

图 7-31　二极管器件的“Simulate Parameters”对话框

设置 PNP BJT Parameters（PNP 型双极型界面晶体管参数）的方法，先从“Component”（元件）下拉列表中选择“BJT PNP”，弹出如图 7-32 所示的对话框。在“Source Name: V_ce”框中为 V_{ce}（发射极-集电极电压）设置如下选项。

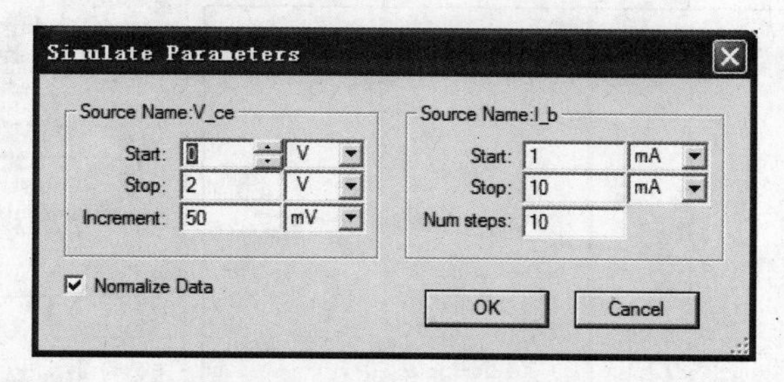

图 7-32　BJT PNP 器件的“Simulate Parameters”对话框

- “Start”：输入起始 V_{ce} 扫描值及其测量单位
- “Stop”：输入终止 V_{ce} 扫描值及其测量单位
- “Increment”：输入 V_{ce} 扫描步进值及其测量单位

在“Source Name:I_b”框内为 I_b（基级电流）设置如下选项。

- “Start”：输入起始 I_b 扫描值及其测量单位
- “Stop”：输入终止的 I_b 扫描值及其测量单位
- “Increment”：输入所需的 I_b 扫描步进值及其测量单位

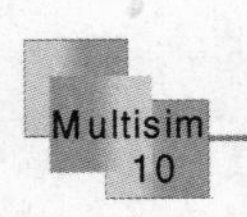

➢ “Normalize Data”（格式化数据）复选框：在曲线中显示 V_{ce} 值的同时也显示坐标位置

NPN BJT Parameters（NPN 型双极型结面晶体管参数）、PMOS FET Parameters（P 沟道场效应管参数）、NMOS FET Parameters（N 沟道场效应管参数）设置仿真基本类似，故在此不做重复。

在运行一个伏安特性分析时，会得到类似如图 7-33 所示的曲线图像。通过观察可以看到图中光标没有在曲线部分出现时，图像底部的两个区域是空白的。

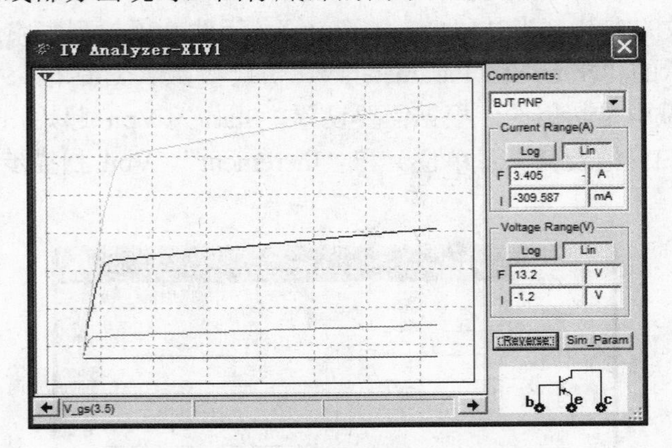

图 7-33　一个伏安特性分析示例图

在 IV Analyzer 对话框中查看数据的方法如下。

（1）将光标移动到曲线图中，此时曲线图底部的 3 个区域显示有相应的数据，如图 7-34 所示，此时 V_gs=3.5V。

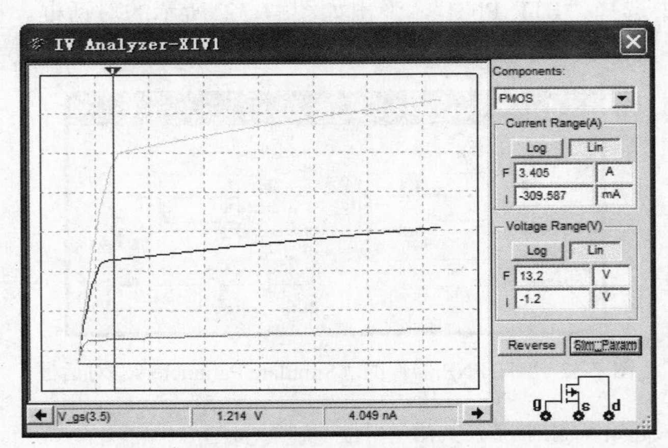

图 7-34　V_gs=3.5V 的曲线图示例

（2）选择另一条曲线，此时图像底部的数据将随之发生变化，如图 7-35 所示。

（3）除了使用鼠标拖曳光标外，还可以使用左、右方向键移动光标，如图 7-36 所示。

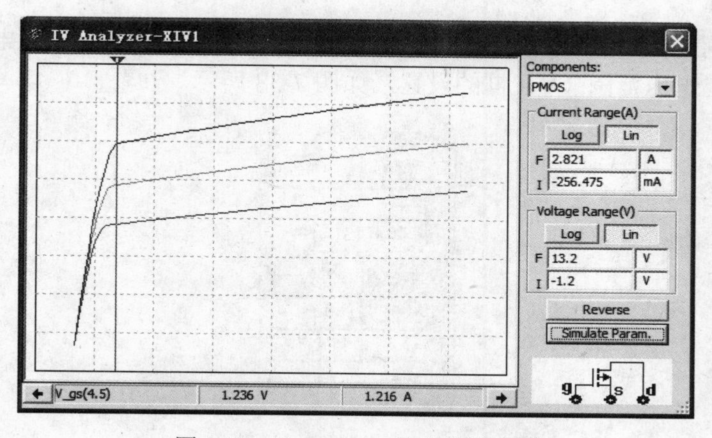

图 7-35　V_gs=4.5V 的曲线图示例

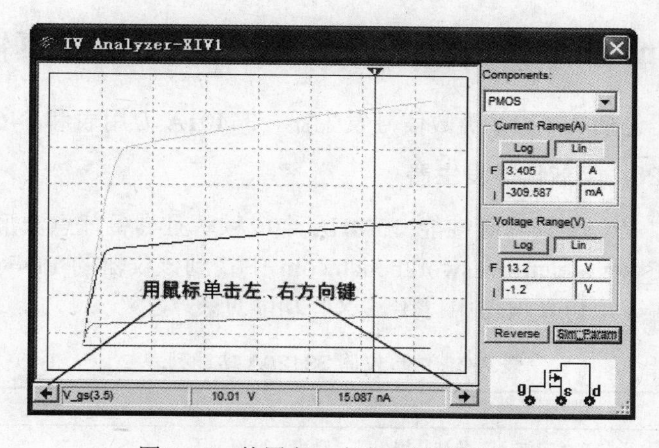

图 7-36　使用左、右方向键移动光标

（4）还可以在曲线图中单击鼠标右键，从弹出的快捷菜单中定位 X 或 Y 的值，如图 7-37 所示。

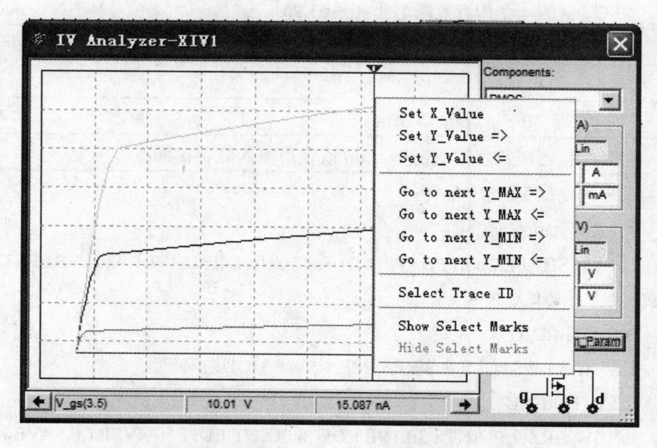

图 7-37　在曲线图上单击鼠标右键弹出快捷菜单

（5）若要查看曲线图像中指定的区域，可以修改“Current Range”电流范围（A）和“Voltage Range”电压范围（V）框的设置，如图 7-38 所示。

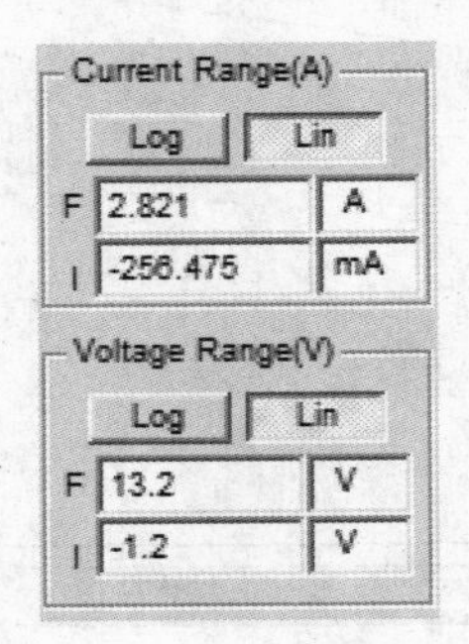

图 7-38　指定区域设置

7.19　Agilent Simulated Instruments（安捷伦仿真仪器）

安捷伦仿真仪器包括 33120A 函数信号发生器、34401A 万用表和 54622D 示波器。

1. 安捷伦 33120A 函数信号发生器

安捷伦 33120A 是一个具有高性能 15MHz 合成频率且具备任意波形输出的多功能函数信号发生器，可以在 www.eletronicsworkbench.com 中找到该仪器的 PDF 说明文件。33120A 的绝大多数功能都在虚拟仿真仪器中可用，这些功能见表 7-2。

表 7-2　仿真仪器 33120A 功能列表

功　能	说　明
标准波形	正弦波、方波、三角波、锯齿波、噪声、直流电压
系统特有波形	负锯齿波、指数上升、指数下降、心形
用户自定义特有波形	具备 8～256 点的任何波形类型
调制方式	无、调幅、调频、脉冲、频移键控、扫描
内存片断	系统默认的 4 个内存片断名为#0～#3.#0
触发模式	脉冲和扫描调制为自动/信号触发
数位显示	4～8
电压显示	3 种模式：Vpp、Vrams、dBm
编辑数位值	用光标按钮或数字键或使用 knob 或使用输入数字键修改显示值
菜单操作	菜单结构如下。 A:MODulation MENU 1：AM SHAPE,2:FM SHAPE,3:BURST CUNT,4:BURST RATE;5:BURST PHAS,6:FSK FREQ,7:FSK RATE B:SWP MENU 1:START F,2:STOP F,3:SWP TIME,4:SWP MODE, C:EDIT MENU 1:NEW ARB,2:POINTS,3:LINE EDIT,4:POINT EDIT,5:INVERT,6:SAVE AS,7:DELETE D:SYStem MENU 1:COMMA

下面介绍连接安捷伦 33120A 函数信号发生器的方法。

（1）首先在工作区中放置安捷伦 33120A 函数信号发生器，用鼠标左键双击仪器图标打开仪器界面，如图 7-39 所示。

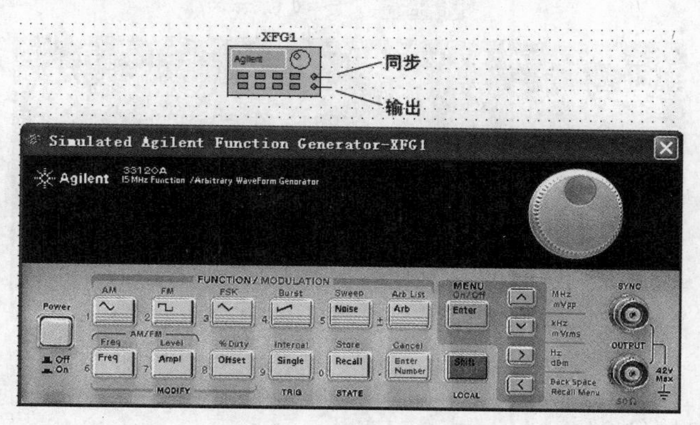

图 7-39　安捷伦 33120A 函数信号发生器图标及仪器界面

（2）根据图 7-39 所示的连接端子，将仪器连入电路中。

（3）参阅 33120A 的 PDF 说明文件，完成仪器的测量。

2．安捷伦 34401A 万用表

Agilent Technologies 34401A 万用表是 6.5 位的高精度数字万用表。关于 34401A 的 PDF 说明文件可以在 www.electronicsworkbench.com 中查询。在该虚拟仪器中提供如表 7-3 所示的功能。

表 7-3　Agilent Simulated Multimeter 34401A 具备的功能

功　能	说　明
测量模式	DC/AC 电压、DC/AC 电流、电阻、输入信号电压波形频率、输入信号电压波形周期、连续测试、二极管测试、比率测试
功能	0（相对测量）、最小－最大（存储最小、最大读数）、dB（显示电压值）、dBm（显示电压值）、限制测试（测试读取一个较低的门限和一个较高的门限）
触发模式	自动、手动
显示模式	自动、手动
读数保持	具备
读取保存数据	具备
编辑数位值	通过光标按钮或数字键修改显示值
菜单操作	菜单结构如下。 A:MEASUREMENT MENU 1:CONTINUITY,2:RATIO FUNC B:MATH MENU 1:MIN-MAX,2:NULL VALUE,3:Db REL,4:dBm REF R,5:LIMIT TEST,6:HIGH LIMIT,7:LOW LIMIT C:TRIGger MENU 1:READ HOLD,2:TRIG DELAY D:SYSTEM MENU 1:RDGS STORE,2:SAVED RDGS,3:BEEP,4:COMMA

如图 7-40 所示为安捷伦 34401A 万用表的图标及仪器界面。

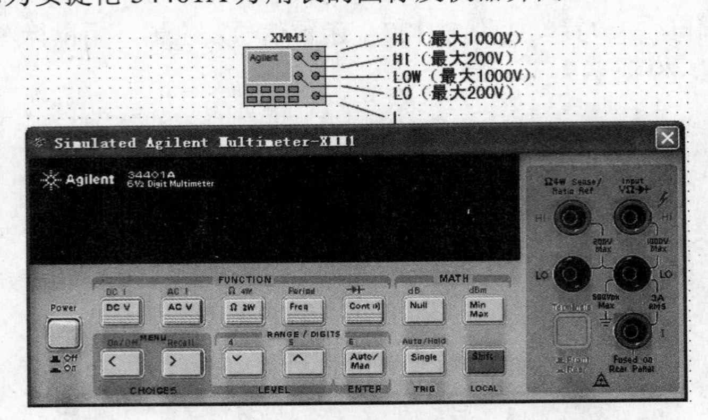

图 7-40 安捷伦 34401A 万用表的图标及仪器界面

下面介绍连接安捷伦 34401A 万用表的方法。

（1）首先在工作区中放置安捷伦 34401A 万用表，双击仪器图标打开仪器界面，如图 7-40 所示。

（2）按照图中连接端子说明连线。

（3）其他详细说明参看安捷伦 34401A PDF 说明文件。

3. 安捷伦 54622D 示波器

安捷伦 54622D 示波器是一个具备 2 通道和 16 逻辑通道的 100MHz 带宽的示波器。关于该仪器的 PDF 说明文件在 www.electronicsworkbench.com 中可以查询。大部分的安捷伦 54622D 的功能都在该仿真仪器中提供，见表 7-4。

表 7-4 安捷伦 54622D 仿真仪器提供的功能列表

功　能	说　明
运行模式	自动、单一、停止
触发模式	自动、正常、自动－电平
触发类型	边缘触发、脉冲触发、模板触发
触发源	类似体（模拟）信号、数字信号、外置扩展触发信号
显示模式	2 模拟通道、1 运算通道、16 数字通道、1 探针信号（测试）
光标	4 光标
运算通道	FFT、加、减、微分、积分
测量	光标信息、采样信息、频率、周期、峰－峰值、最大值、最小值、上升时间、下降时间、占空因数、RMS、宽度、平均值、x 最大值
显示控制	轨迹向量/点、 轨迹线宽、背景色、边框色、栅格色、光标色
自动调整刻度/撤销	具备
打印轨迹	具备
文件	保存数据为 .dat 格式的文件，可以转换并显示在系统图表窗口中

续表

功　能	说　明
软按钮操作菜单	菜单结构如下。 Main Display MENU 1:Main，2:Delayed，3:Roll,4:XY,5:Vernier，6:Time Ref Cursor MENU 1:Source，2:XY,3:X1,4:X2,5:X1 X2，6:Cursor Quick Measure MENU 1.Source,2:Clear Measure,3:Frequency，4:Period，5:Peak-Peak，6:Maximum,7:Minimum,8:Rise Time,9:Fall Time，10:Duty Cycle，11:RMS,12:+Width,13:-Width,14:Average,15:X at Maxium Acquire MENU 1:Normal,2:Average,3:Args Display MENU 1:Clear,2:Grid,3:Background,4:boarder,5:Vector Auto-Scale MENU 1:Undo Auto-scale Save MENU 1:Save Quick Print MENU 1:Print Utility MENU 1:Sampling Information,2:Default Settings Edge MENU 1:Source,2:Shape Pulse MENU 1:Source，2:Shape,3:Operation,4:Less Vulue,5:Great Value Pattern MENU 1:Soure,2:L,3:H,4:X,5:Up Edge,6:Down Edge Mode Coupling MENU 1:Mode,2:Hold-off Value Analog Channel MENU 1:Coupling,2:Vernier，3:Invert Math Channel MENU 1:Setting,2:FFT,3:Multiply,4:Subtract,5:Differentiate,6:Integrate Math FFT MENU 1:Source,2:Span,3:Center,4:Scale,5:Offset Math 1*2/1-2 MENU 1:Scale,2:Offset Math Diff/Inte MENU 1:Source,2:Scale,3:Offset Digital Channel MENU 1:Select Channel/Enable/Disable,2:Shape,3:Threahold,4:User Value

下面介绍连接仿真仪器安捷伦 54622D 示波器的方法。

（1）首先在工作区中放置安捷伦 54622D 示波器，用鼠标左键双击仪器图标则可打开仪器界面，单击【Power】（电源）按钮可以打开该仪器。

（2）根据图 7-41 所示连接配线。

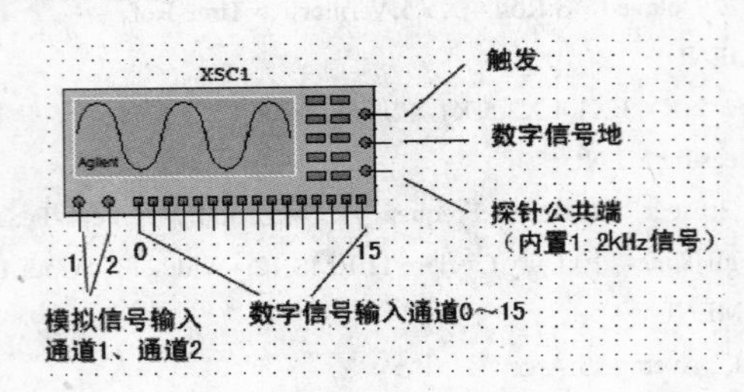

图 7-41　安捷伦虚拟示波器 54622D 连接说明

（3）参看该仪器的 PDF 说明文件来完成仪器的设置及使用过程。

7.20　Tektronix Simulated Oscilloscope（泰克仿真示波器）

Tektronix TDS 2024 是一个 4 通道 200MHz 带宽的示波器，关于该仪器的 PDF 说明文件可以在 www.electronicsworkbench.com 中查询。

绝大多数的 Tektronix TDS 2024 用户手册中提到的功能在该仿真仪器中都能使用，表 7-5 为可用的功能列表。

表 7-5　Tektronix TDS 2024 仿真仪器可用功能列表

名　称	说　明
运行模式	自动、单一、停止
触发模式	自动、正常
触发类型	边缘触发、脉冲触发
触发源	模拟信号、外置扩展触信号
显示模式	Main、窗口、XY、FFT、Trig View
信号通道	4 个模拟通道、1 个数学通道、一个内置 1kHz 探针测试信号
光标	4 光标
数学通道	FFT、+、−
测量	光标信息、频率、周期、峰－峰值、最大值、最小值、上升时间、下降时间、RMS、平均值
显示控制	轨迹线矢量/点、颜色对比度设置
自动设置	具备
打印轨迹线	具备

Control Buttons Operation（控制按钮操作）见表 7-6。

表 7-6　控制按钮操作说明

名　称	说　明
运行、停止按钮	在多触发中开始或停止采样
单一触发取样按钮	在一个触发内取样
触发显示按钮	观看当前触发电平和波形
强制触发按钮	立即开始一个触发
设置一矢量按钮	移动触发值为触发信号的平均值
设置为零按钮	设置时间漂移位置到零
帮助按钮	跳转到仪器帮助主题文件
打印按钮	打印图像

Soft Menu Buttons（软菜单按钮）是 Tektronix TDS 2024 示波器的一个子菜单，见表 7-7。

表 7-7　软菜单说明

名　称	说　明
保存、呼回菜单	1:Setup；2:Save；3:Recall
测量菜单	5 个测量区，每个区都有 2 级菜单用于设置信号源通道以及测量频率、周期、峰－峰值，最大值、最小值、上升时间、下降时间、RMS 和平均值
获取菜单、	1:Sample；2:Average；3:Average value
自动设置菜单	基于信号耦合的类型显示 3 个菜单的列表：A）（SIN Curve）1:multiple；2:Single;3:FFT; 4:Undo,(Pulse curve)1:Muliple;2:Single:3:Slope Up;4:Slope Down;5:Undo,（Unknow curve）1:Mean Value;2:Peak-Peak Value
工具菜单	系统状态，包含两级菜单，1:水平状态；2:CH1－CH2 垂直状态；3:CH3-CH4 垂直状态；4:触发状态；5:多重状态
光标菜单	1:类型；2:源
显示菜单	1:类型；2:格式；3:增大对比度；4:减小对比度
默认设置菜单	1:恢复默认设置
触发菜单	显示为 3 个菜单的列表。A)（边缘触发）1:类型；2:源；3:斜率；4:模式；5:耦合；B）（脉冲触发页 1）1:类型；2:源；3:当；4: 脉宽；5:更多页；C)（脉冲触发页 2）1:类型；2:极型；3:模式；4：耦合；5）更多页
通道菜单	1:耦合；2:电压（伏）/格；3:翻转
运算通道菜单	显示 3 个子菜单列表，A）1:操作；2:CH1+CH2；3:CH3+CH4；B)（－）1:操作；2:CH1–CH2；3:CH3–CH4；4:CH4–CH3；C)（FFT）1:操作；2:源；3:窗口
水平菜单	1:主要；2:窗口缩放；3:窗口；4:触发旋钮选择

连接 Tektronix TDS 2024 仿真示波器到电路中的步骤如下。

（1）在工作区中放置 Tektronix TDS 2024 仿真示波器，用鼠标左键双击仪器图标可以打开仪器界面，如图 7-42 所示。

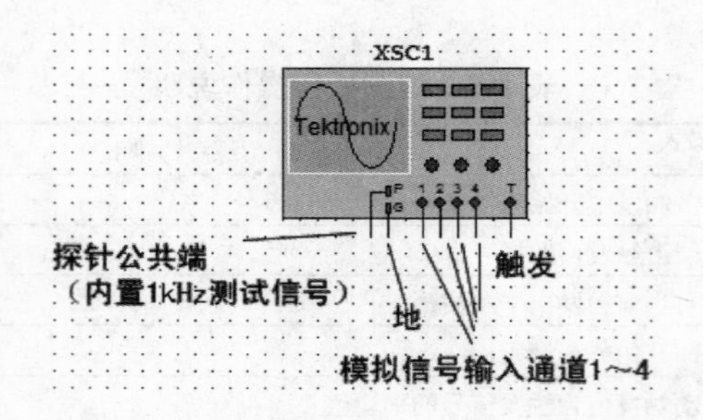

图 7-42　Tektronix Oscilloscope 仿真仪器说明

（2）按图 7-42 所示的说明连线。

（3）参看 Tektronix Oscilloscope TDS 2024 的 PDF 说明文件完成仪器的设置及仿真。

7.21　Voltmeter（伏特表）

伏特表提供了优于万用表中测量电路中电压的功能，可以减小占用的空间，还可以按电路布置旋转伏特表放置。如图 7-43 所示为伏特表的仪器图标。

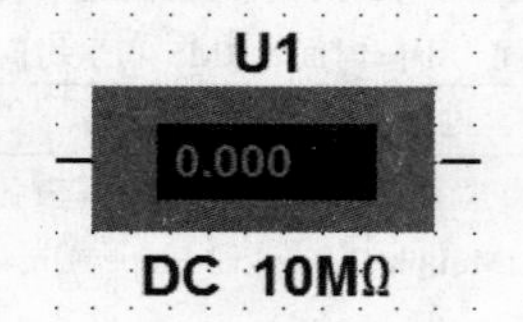

图 7-43　伏特表仪器图标

伏特表中提供了很高的内阻，以保证电路正常工作。当测试一个内阻非常大的电路时，就需要提高伏特表的内阻获得更精确的测量结果，但在低阻电路测试中使用高内阻的伏特表则可能造成运算结果错误。

若要修改伏特表的内阻，可以用鼠标左键双击仪器图标，在弹出的对话框中的“Value”（值）标签页中修改“Resistance”的值即可。

伏特表可以测量交流或直流电压。在测量直流电压模式下，任何交流信号成分都被去除了，因此测量的就是直流成分。在测量交流电压模式下，任何直流信号成分同样被去除，因此测量的只有交流信号成分。当伏特表设置到交流模式时，伏特表显示的是被测信号的 RMS（有效值）。

连接伏特表的方法为，将伏特表与被测负载并联，将伏特表的两极分别接负载的两端。当电路激活后仿真动作开始，此时伏特表显示的是被测负载的电压。

7.22　Ammeter（安培表）

安培表提供了优于万用表中测量电路中电流的功能，可以减小占用的空间，还可以按电路布置旋转安培表放置。如图 7-44 所示为安培表的仪器图标。

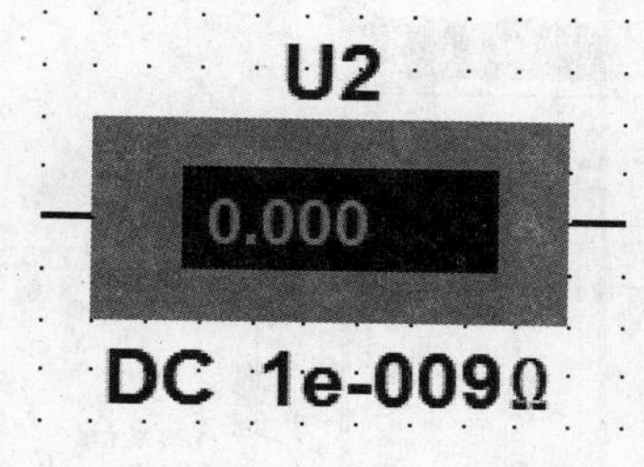

图 7-44　安培表的仪器图标

安培表的内阻事先设置为 1MΩ，用于在电路中起限流作用。如果需要测试一个低阻电路，此时可以选择内阻更低的安培表测量，以便获得更精确的测量结果。同样，使用内阻非常低的安培表在高阻电路中测试，可能会造成计算结果错误。

若要修改安培表的内阻，可以用鼠标双击仪器图标，在弹出对话框的“Value”（值）标签页中修改“Resistance”（电阻）的值即可。

当安培表工作在直流模式下，它只能测量直流信号成分。如果需要测量交流电流时，只需修改为交流模式即可。当设置为交流模式时，安培表显示的是被测信号的 RMS（有效值）。修改安培表工作的模式，只要用鼠标左键双击仪器图标，在弹出对话框中的“Value”（值）标签页的“Mode”（模式）处选择交流模式或直流模式即可。

像真实的安培表一样，仿真安培表必须串联在被测电路中，如在电路仿真开始后移动安培表的位置，则需要重新激活电路以获得准确的读数。

7.23　Current Probe（电流探针）

电流探针仿效的是工业应用中电流夹的动作，将电流转换为输出端口电阻丝器件的电压。如果输出端口连接的是一台示波器，则电流基于探针上电压到电流的比率确定。

放置 Current Probe（电流探针）在原理图中的方法如下。

（1）首先在仪器工具栏中选择电流探针，此时电流探针附着在光标旁。

（2）拖曳电流探针图标放置到电路中的目标位置（不能将电流探针放置在节点上）。

（3）放置一台示波器在工作区中，并将电流探针的输出端口连接至示波器。

为了能仿效真实世界中电流探针的状态，默认的探针输出电压到电流的比率为 1V/mA。

如果要修改这个比率值，首先双击电流探针图标，弹出“Current Probe Properties”（电流探针属性）对话框，在对话框中的“Ratio of Voltage to Current”（电压－电流比率）处修改并单击【Accept】（接受）按钮即可。

下面介绍利用电流探针、示波器测量电流的布置，图 7-45 所示为测试电路。

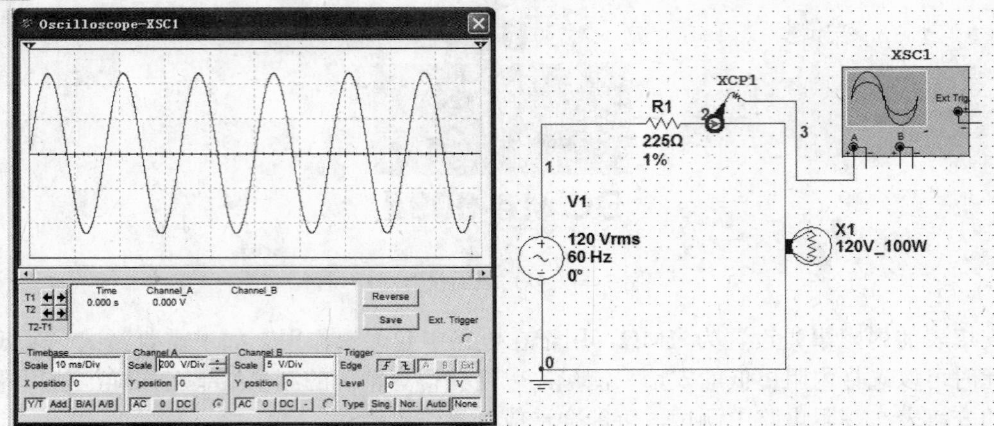

图 7-45　电流探针测试电路

（1）首先用鼠标左键双击示波器的仪器图标，显示仪器界面。

（2）放置探针到被测电路并观察示波器的输出。

（3）当示波器中显示有轨迹线时停止或暂停仿真，根据实际情况调整相应的刻度设置。

（4）拖曳示波器中的一个光标到轨迹线中的一个点，并读取对应的电压值，如图 7-46 所示，读取的电压值为 456.306V。

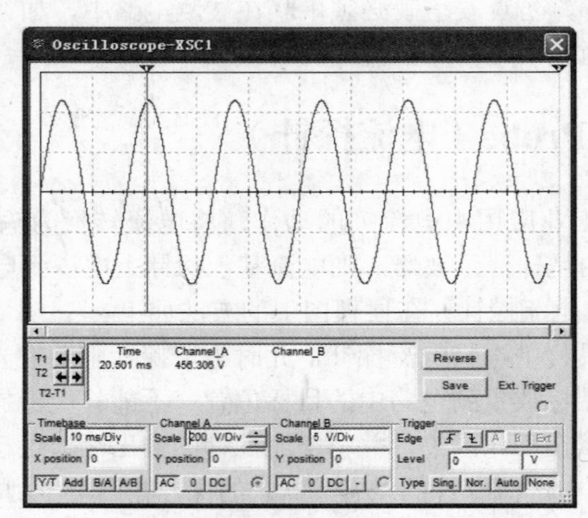

图 7-46　示波器的电压读数示例

（5）默认比率为 1V/mA，可以得到对应的电流值为 456.306mA。

若要反转电流探针输出的极性，在电流探针上单击鼠标右键，并从弹出的快捷菜单中选择【Reverse Probe Direction】（反转探针极性）命令即可。

7.24　LabVIEW Instrument（LabVIEW 仪器）

设计人员可以在 LabVIEW 的图形开发环境下创建自定义的仪器。这些由自己创建的仪器具备 LabVIEW 开发系统的全部高级功能，包括数据获取、仪器控制和运算分析等。

LabVIEW 仪器可以是输入仪器，也可以是输出仪器。输入仪器接收仿真数据用于显示和处理。输出仪器可以将数据作为信号源在仿真中使用。需要注意的是，一个 LabVIEW 仪器不能既是输入型又是输出型的仪器。除此之外，输入型和输出型的数据电路动作不同，输入型仪器在仿真激活时不断地从 Multisim 中接收仿真数据。与此相反，输出型仪器在电路仿真开始，就已经产生有限的数据并返回到 Multisim 中，Multisim 将把这些数据用于电路仿真。输出型仪器在电路仿真运行中不能连续不断地产生数据。要让输出型仪器产生新的数据，设计人员需停止或重启仿真。输出型仪器允许用户或仪器创建者决定仪器是否重复输出数据，如果用户确认仪器并不重复输出数据并且仿真电路使用了该仪器，一旦仿真时间超过了产生数据的长度，则 Multisim 继续仿真但此时的输出信号将降为 0V。如果用户确认仪器重复输出数据，则仪器将一直输出数据直到用户停止仿真。输入型仪器允许用户或仪器创建者设置采样率，该采样率是指仪器从 Multisim 中接收数据的比率。

7.24.1 系统开发需求

要能够创建和修改 LabVIEW 仪器，用户必须拥有 LabVIEW 8.0（或更高版本）开发系统，必须安装 LabVIEW 实时运行引擎在用户的计算机中，它的版本需和用于创建仪器的 LabVIEW 开发环境相对应。NI Circuit Design Suite 已经提供了 LabVIEW 8.0 和 LabVIEW 8.2 实时运行引擎。

7.24.2 LabVIEW 仪器示例

Multisim 包含了以下几种 LabVIEW 的例子。

（1）Microphone（麦克风）用于记录计算机声音装置的音频信号，以及把声音数据作为信号源输出。

（2）Speaker（扬声器）通过计算机声音设备播放输入的信号。

（3）Signal Generator（信号发生器）产生正弦波、三角波、方波和锯齿波。

（4）Signal Analyzer（信号分析仪）显示时域信号，自动功率频谱或运行平均输入信号。

1．使用 Microphone

（1）首先将麦克风放置在原理图中并打开其仪器界面。

（2）选择所需的音频 Device（装置）、Recording Duration（记录时间）、Sample Rate（记录采样率）。当选择较高的采样率时能得到较高质量的输出信号，但会导致仿真运行较慢。

（3）单击【Record Sound】（录制声音）按钮记录连接到用户计算机声音装置输入端口的信号。

（4）在开始仿真前，同样可以选择“Repeat Recorded Sound”（重播录制声音）选项。如果在电路中没有设置允许该选项，则 Multisim 将继续仿真，但从 Microphone（麦克风）仪器中输出的信号电压降为 0V。如果用户设置允许该选项，Microphone（麦克风）将重复播放录制的输出，直到用户停止仿真。

2．使用 Speaker（扬声器）

（1）首先放置仪器到原理图中并打开其界面。

（2）选择所需的音频装置、播放时间、从仿真中仪器接收数据的采样率。使用 Speaker（扬声器）仪器连接到 Microphone（麦克风）仪器时，需将这两个仪器设置为相同的采样率。此外，设置扬声器的采样率至少为输入信号频率的两倍。需要注意的是，较高的采样率值会导致仿真运行较慢。

（3）开始仿真。当仿真开始时，Speaker（扬声器）仪器收集输入数据直到用户配置的播放时间为止。

（4）停止仿真并单击【Play Sound】（播放声音）按钮播放扬声器在仿真过程中存储的数据。

3．使用 Signal Generator（信号发生器）

Signal Generator（信号发生器）是一个如何执行一个简单的产生或获取数据并在仿真中作为信号源使用的 LabVIEW 仪器的例子。

（1）放置仪器到原理图中并打开其界面。

（2）设置所需的“Signal Information”（信号信息）和“Sampling Info”（取样信息）参数。并根据需要设置“Repeat Data”（重复数据）的值。

（3）开始仿真，此时信号发生器开始产生输出数据并在仿真过程中将输出的数据作为信号源使用。

4．使用 Signal Analyzer

Signal Analyzer（信号分析仪）是一个如何执行简单的接收、分析、显示仿真数据的 LabVIEW 例子。

（1）放置仪器到电路原理图中并打开其界面。

（2）设置所需的“Analysis Type”（分析类型）和“Sampling Rate”（采样率）参数。Signal Analyzer（信号分析仪）的采样率需至少为输入信号频率的两倍。

（3）开始仿真。

7.24.3 创建 LabVIEW 仪器

用于 Multisim 的 LabVIEW 仪器中最主要的组成部分是 VI 模板（.vit 文件），它提供了仪器的界面及与 Multisim 信息交换的功能。Multisim 中包括用于创建输入型和输出型仪器的模板。该起始模板包括了 LabVIEW 项目中用于创建最终仪器的必需设置和一个 VI 模板，VI 模包含了前面板和用于与 Multisim 交换数据的方块图。

起始模板在 Multisim 的......\samples\labview instruments\templates\output 目录中提供，可用这些文件创建从 Multisim 中接收仿真信息的仪器。在......\samples\labview instruments\templates\output 目录中的文件可用于创建在 Multisim 中产生数据作为信号源的新仪器。

创建 Multisim 仪器的方法如下。

（1）首先复制...\samples\labview instruments\templates\input 或...\samples\labview instruments\

templates\output 目录到用户计算机中的一个空的目录。

（2）在 LabVIEW 中打开复制的 StarterInputInstrument.lvproj 或 StarterOutputInstrument.lvproj 文件。

（3）在项目树中，用鼠标右键单击【My Computer】(我的电脑)→【Instrument Template】（仪器模板）→【StarterInputInstrument.vit】或【StarterOutputInstrument.vit】对象，从弹出的快捷菜单中选择【Open】（打开）命令。

（4）在 VI 模板窗口中，选择【File】（文件）→【Save As】（另存为）命令。此时弹出“保存”对话框，选择“Rename”（重命名）选项并单击【Continue】（继续）按钮。在下一个对话框中，根据需要为 VI 模板选择新的名称、路径并单击【OK】按钮。

（5）关闭重命名的 VI 模板。

（6）在项目树中，用鼠标右键单击【My Computer】（我的电脑）→【Sub Vis】→【StarterInstrument_multisimInformation.vi】或【StarterOutputInstrument_multisimInofromaiton.vi】对象，从弹出的快捷菜单中选择【Open】（打开）命令。

（7）在 VI 窗口中，选择【File】（文件）≫【Save As】（另存为）命令。此时弹出“保存”对话框，选择“Rename”（重命名）选项并单击【Continue】（继续）按钮。在下一个对话框中，根据需要为 VI 选择新的名称、路径并单击【OK】按钮。此时 VI 的新名称将与第（4）步中的名称加上_multisimInformation.vi 并去除.vit 扩展名。例如，在第（4）步中命名的 VI 模板为 My Instrument.vit，则 VI 的名称应为 My Instrument_multisimInformation.vi。

（8）关闭新命名的 VI。

（9）在目录树中用鼠标右键单击【My Computer】→【Build Specification】→【Source Distribution】对象，并从弹出的快捷菜单中选择【Properties】（属性）命令编辑创建规范。

（10）在“Build Specification”属性对话框的目标文件设置页中的自定义目标文件片段中，为适应某些需要在目标路径中修改最终的 VI 库，如 My Custom Instrument.lib。

（11）在相同的位置，为支持某些需要修改最终的目录，如 My Custom Instruent。

（12）在“Build Specification”属性对话框中单击【OK】按钮并保存项目文件。

（13）打开 VI 模板。

（14）为 VI.Multisim 编辑图标，该图标将用于仪器符号的显示。

（15）根据在 VI 模板的方块图中的注释显示的指引线和仪器列表创建仪器。LabVIEW 仪器提供了通过修改【Starter Instruments】添加自定义功能的指导说明。

（16）保存 VI 模板。

7.24.4 安装 LabVIEW 仪器

安装 LabVIEW 仪器到 Multisim 中，首先复制创建目录（VI 库和目录都为唯一名称）到...\lvinstruments，即安装 Multisim 的目录。下一次运行 Multisim 时，该仪器将出现在 LabVIEW Instrument 工具栏中。

为了能够保证成功创建 LabVIEW 仪器，设计人员需要遵从以下要点。

➢ 经常通过仪器模板文件或仪器实例文件创建新的仪器。这些文件包括了前面板对象、方块图对象

及为仪器能恰当动作而设置的必要参数

- 不要在起始 VI 模板中删除或修改已经存在的方块图对象，可以添加额外的控制和指示事件，但不要修改或删除任何存在的事件操作代码
- 可以为起始 VI 模板在方块图的注释中添加图标代码
- 每个安装在 Multisim 中的 LabVIEW 仪器都有一个唯一的名称。特别指出，VI 库包含的主 VI 模板和支持文件目录，主 VI 模板自身也必须有唯一的名称
- 所有的 subVIs 使用 LabVIEW 仪器都需有唯一的名称，除非用户在多个仪器中试图使用相同的 subVI
- LabVIEW 仪器使用的所有库必须有唯一的名称，除非用户在多个仪器中试图使用相同的库
- 所有的 LabVIEW 仪器包含的 Vis 都作为库的一部分必须使用相同的库版本建立
- 在 LabVIEW 项目中，仪器的源分配创建规范必须包括所有的对象。完成该项配置，找到源分配创建规范的源文件设置属性对话框，在项目树中的从属项中，设置“Set inclusion type for all contained items≫Always include”选项为允许
- 考虑 subVIs 是否作为用户创建的仪器应该标记为可重入。如果 subVIs 使用特殊要求建造，如移位寄存器。用户此时需要标记 VI 在【File】（文件）→【VI Properties】→【Execution】设置为“Reentrant execution”。并有必要设置允许为相同的 LabVIEW 仪器在多重场合恰当的完成动作

练习题

1．练习打开 Multisim 中提供的各种仪器及其仪器界面中的设置项。

2．如下图所示为一个滤波器电路，绘制该电路原理图后结合波特仪测量电路运行结果，用测试数据说明电路工作状态。

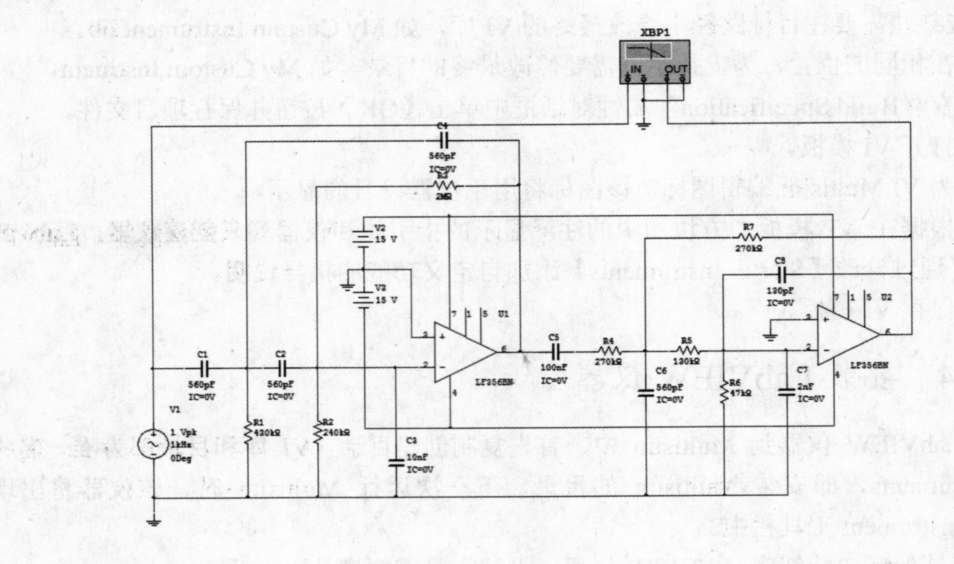

3．如下图所示为脉宽调节器电路，首先绘制电路原理图，运用泰克仿真示波器分析电路工作原理，利用测试数据说明电路工作状态。

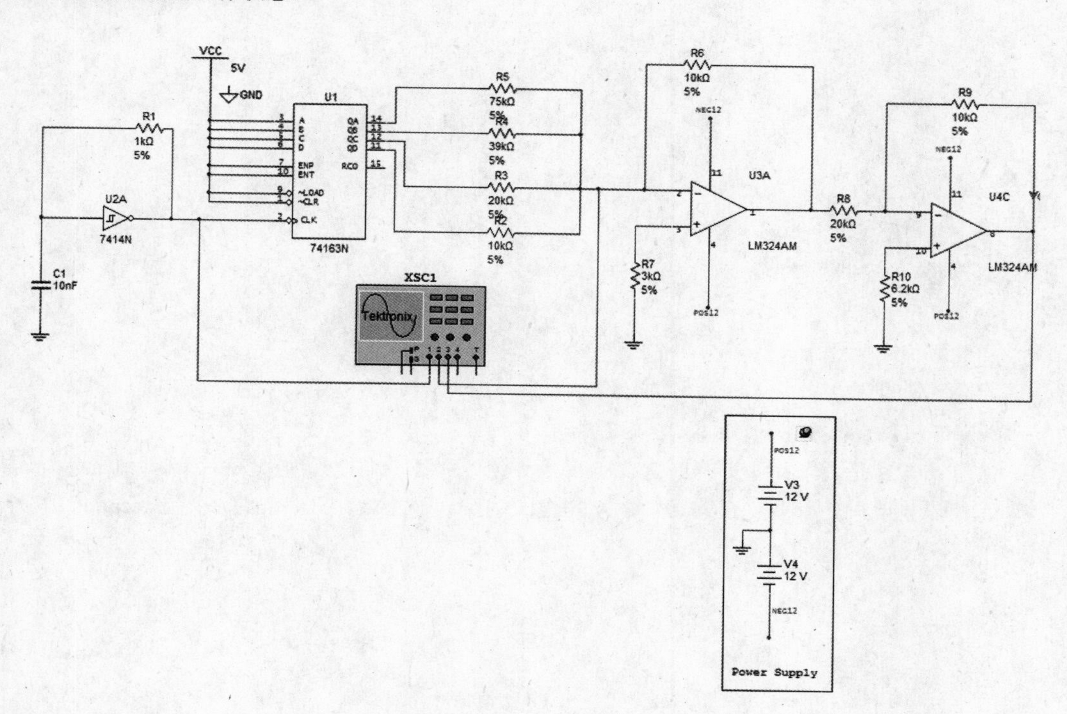

第8章 分析

Multisim 分析简介

查看分析结果

设置分析

直流工作点分析（DC Operating Point Analysis）

交流分析（AC Analysis）

瞬态分析（Transient Analysis）

傅里叶分析（Fourier Analysis）

噪声分析（Noise Analysis）

失真度分析（Distortion Analysis）

直流扫描分析（DC Sweep Analysis）

 直流和交流灵敏度分析（DC and AC Sensitivity Analysis）

 参数扫描分析（Parameter Sweep Analysis）

 温度扫描分析（Temperature Sweep Analysis）

 传输函数分析（Transfer Function Analysis）

 最差情况分析（Worst Case Analysis）

 零极分析（Pole Zero Analysis）

 蒙特卡罗分析（Monte Carlo Analysis）

 线宽分析（Trace Width Analysis）

 嵌套扫描分析（Nested Sweep Analyses）

 批处理分析（Batched Analyses）

 用户自定义分析（User Defined Analyses）

 自定义分析选项对话框

本章介绍了一般情况下设置分析的方法，并详细说明了每个分析的设置步骤，以及如何查看和处理分析结果等。

8.1　Multisim 分析简介

Multisim 提供了许多分析功能，它们利用仿真产生的数据执行分析。Multisim 分析的范围很广，从基本的到极端不常见的都有，并可以将一个分析作为另一个分析的一部分自动执行。

对于每种分析来说，用户需要告诉 Multisim 哪些分析要做。除此之外，用户可以通过输入 SPICE 命令来创建自定义的分析。

当激活一个分析时，在 Multisim 的图形记录器中将显示该分析。在系统的状态栏里，Simulation Running Indicator（仿真运行指示器）会显示出运行的状态直到分析完毕，如图 8-1 所示。

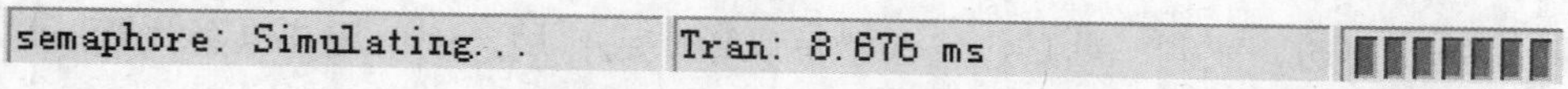

semaphore: Simulating...　Tran: 8.676 ms

图 8-1　仿真运行指示器

8.2　查看分析结果

单击菜单【View】/【Grapher】命令，弹出“Grapher View”（图示仪）窗口，如图 8-2 所示。

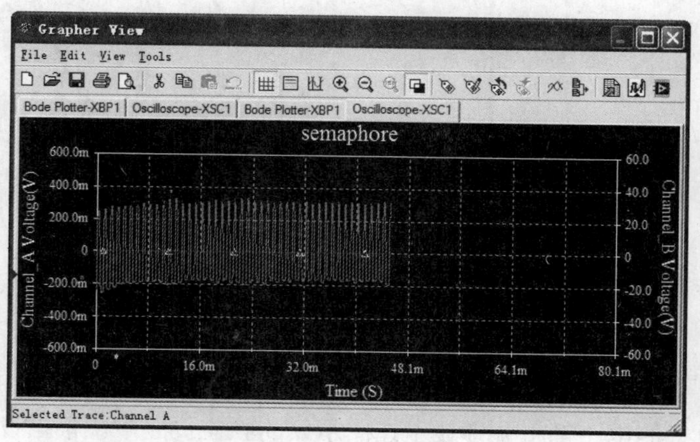

图 8-2　“Grapher View”窗口

图示仪是一个多功能的显示工具，它可以完成查看、调整、保存及输出图形和图表等功能。图示仪常以图表和图形的形式显示 Multisim 分析的结果及仪器的轨迹曲线。

图示仪同时可以显示图形和图表。显示图形时，数据通过水平、垂直坐标的形式显示一根或多根轨迹线。显示图表时，文本数据通过行、列的形式显示。图示仪的窗口根据运行分析的多少，由多个标签页组成。

每页中有两个显示为红色的箭头的可激活区域，如图 8-3 所示。

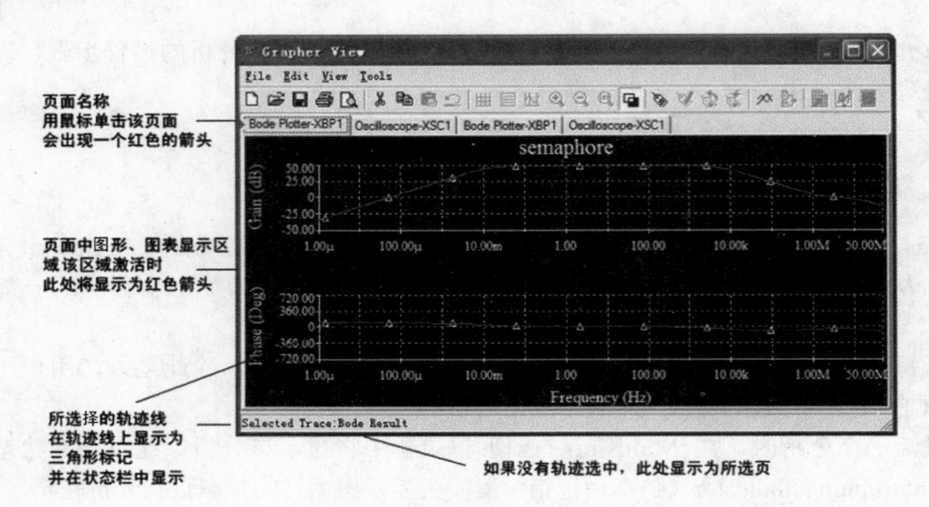

图 8-3 激活区域说明

某些功能如剪切、复制、粘贴，仅在激活区域中起作用，因此用户准备执行所需功能时应先确认激活所需的区域。

对于某些分析，如 AC Analysis（交流分析），当运行分析时将在同一页面创建相位和振幅图形。如图 8-3 所示，在幅频特性分析中，同一页面同时显示 Gain 和 Phase 的图形。

图示仪的工具栏中提供了许多功能按钮，其详细说明如图 8-4 所示。

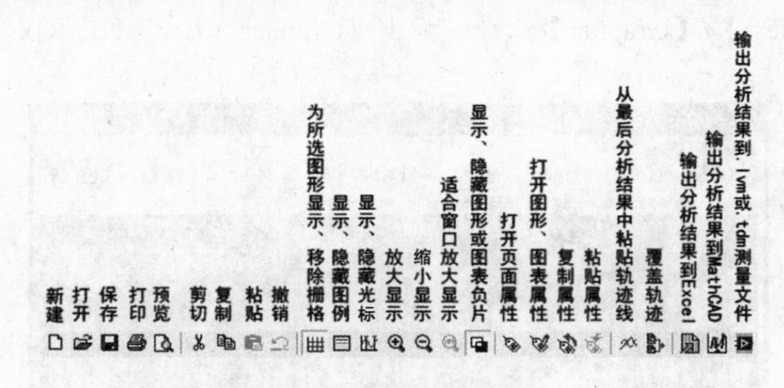

图 8-4 图示仪提供的按钮功能说明

8.2.1 设置图示仪中的页面

每一个用户执行的电路都将分别显示在图示仪的独立页面中。根据设置不同，每个轨迹线也可以显示在独立的页面中。

通过单击标签页右侧边缘的箭头按钮，可以显示切换不同页面。

下面介绍修改页面属性的方法。

（1）首先单击一个页面的标签页。

（2）单击【Page Properties】（页面属性）按钮弹出“Page Properties”（页面属性）对话框。

（3）根据需要做以下设置。

- “Tab Name”（标签名称）：用于修改标签名称
- “Title”（标题）：用于修改图表或图像的标题
- “Font”（字体）：用于修改标题字体
- “Background Color”（背景色）下拉列表：用于修改页面的背景色
- “Show/Hide Diagrams on Page”（显示、隐藏页面图表）：用于从列表中选择在页面中显示的图表

（4）单击【OK】按钮或【Apply】（应用）按钮。

8.2.2　设置图示仪

设计人员可以使用栅格、图例和垂直光标帮助检查图形数据，同时还可以对图形的某一部分进行放大操作。

应用栅格到图形中的方法如下。

（1）在图形的任何位置用鼠标单击选中它。

（2）单击【Show/Hide Grid】（显示、隐藏栅格）按钮。若要移除栅格，则可再单击该按钮一次。

也可以通过选择一个图形并单击该图形的任何部位进行操作。

（1）单击【Properties】（属性）按钮，弹出“Graph Properties”（图形属性）对话框。

（2）选择【General】（常规）标签页。

（3）设置允许“Grid On”（在栅格上）选项。如果需要，用户可以修改栅格面板大小及颜色。

应用一个图例到曲线图中的方法如下。

（1）首先通过在曲线图的任意位置单击来选择一个曲线图。

（2）单击【Show/Hide Legend】（显示、隐藏图例）按钮，如需移除图例，可再次单击按钮。

也可以使用以下的方法。

（1）首先通过在曲线图额任意位置单击来选择一个曲线图。

（2）单击【Properties】（属性）按钮。弹出“Graph Properties”（曲线图属性）对话框。

（3）选择“General”（常规）标签页。

（4）设置“Legend On”（显示图例）选项为允许，根据需要，使用“Traces”（轨迹）标签页来修改轨迹线的标签。

当用户激活光标功能时，在所选的曲线图中会出现两个垂直的光标。同时，弹出一个快捷窗口，显示其中的一个或所有轨迹线的数据清单，如图 8-5 所示。

图中光标的数据包括：

- x1,y1（左侧光标的坐标）
- x2,y2（右侧光标的坐标）
- dx（两光标间 x 轴上的差值）
- dy（两光标间 y 轴上的差值）
- l/dx（两光标间 x 轴上差值的倒数）

- l/dy（两光标间 y 轴上差值的倒数）
- min x，min y（曲线图范围内 x 和 y 的最小值）
- max x，max y（曲线图范围内 x 和 y 的最大值）

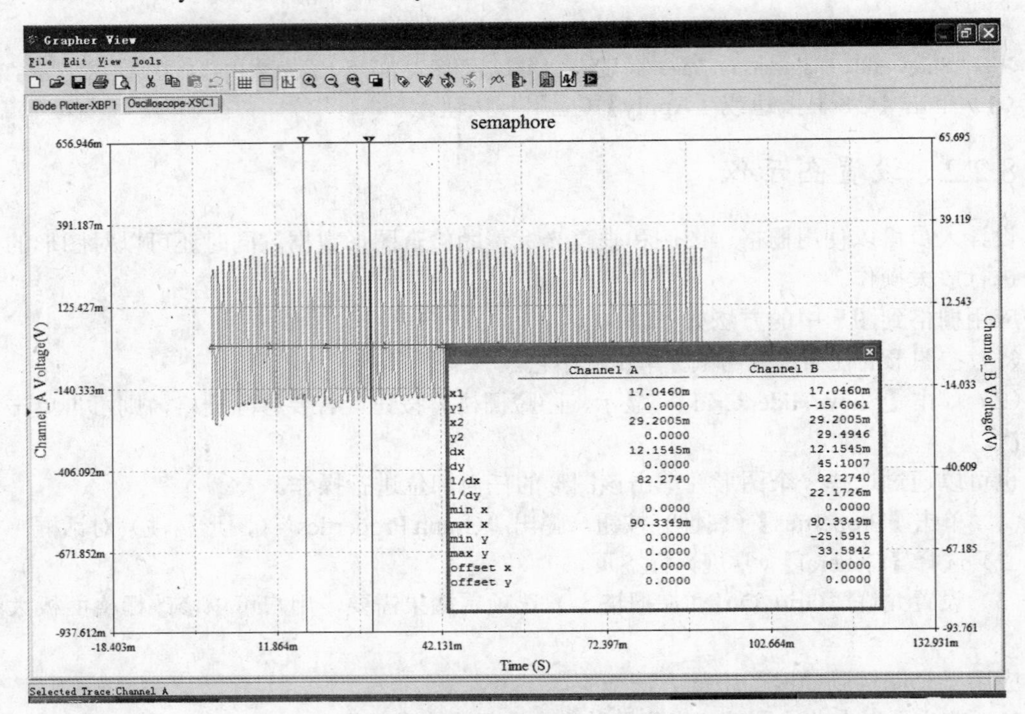

图 8-5　曲线图中垂直光标及弹出的快捷窗口

激活光标的方法如下。

（1）首先通过在曲线图的任意位置单击来选择一个曲线图。

（2）单击【Show/Hide Cursors】（显示、隐藏光标）按钮，如要隐藏光标，则再次单击该按钮即可。

也可以使用以下的方法。

（1）首先通过在曲线图的任意位置单击来选择一个曲线图。

（2）单击【Properties】（属性）按钮，弹出“Graph Properties”（曲线图属性）对话框。

（3）选择“General”（常规）标签。

（4）设置“Cursors On”（显示光标）选项为允许。

（5）选择“Single Trace”（单根轨迹）来查看单一轨迹线的光标数据或选择“All Traces”（所有轨迹）来查看所有轨迹线的光标数据。如果用户选择“Single Trace”（单根轨迹）并且在曲线图中不止一根轨迹线存在的话，则可在“Trace”（轨迹线）处选择输入用所需的即可。

若要移除一个光标，可用鼠标在水平方向拖曳光标。

移动光标到一个精确的位置的方法如下。

（1）在所需移动的光标上单击鼠标右键，弹出如图 8-6 所示的快捷菜单。

（2）选择【Select Trace ID】命令，弹出如图 8-7 所示的“Select Trace ID On Crosshair_2”对话框。

（3）从“Trace”（轨迹线）下拉框中选择需要作为其他选项参考的轨迹线。当用户选择其他任何的选项时，在这一步骤中光标将移动到轨迹线上一个指定的位置。

（4）用鼠标右键单击用户需要移动的光标并选择以下选项之一。

➢ 【Set X_Value】：单击后，显示如图 8-8 所示的对话框，输入所需的 X 轴坐标值并单击【OK】按钮，则光标将移动到指定位置

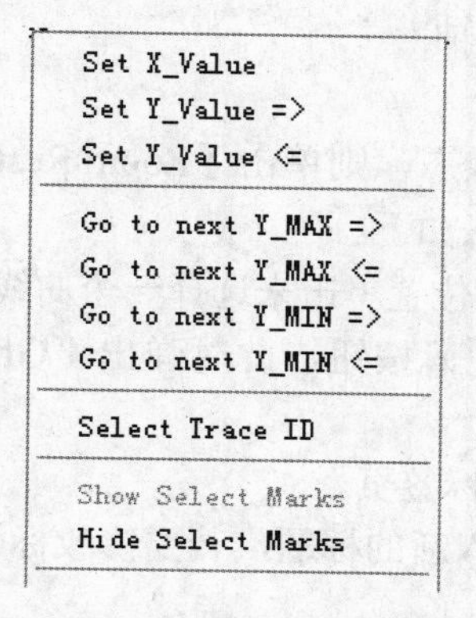

图 8-6　单击鼠标右键弹出的快捷菜单

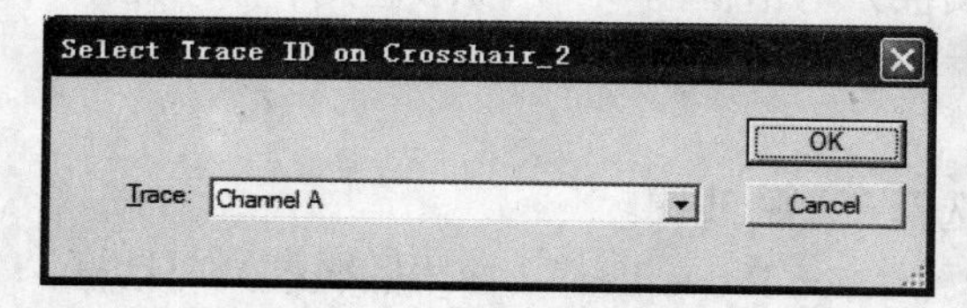

图 8-7　“Select Trace ID On Crosshair_2“对话框

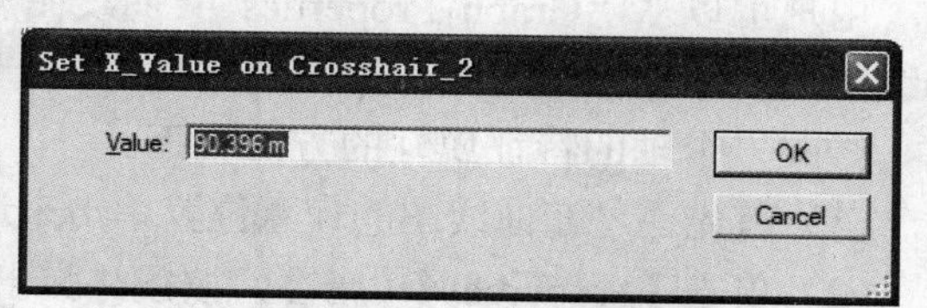

图 8-8　”Set X_Value on Crosshair_2“对话框

➢ 【Set Y_Value=>】：单击后显示如图 8-9 所示的对话框，输入在 Y 轴上光标移动的所需位置并单击【OK】按钮

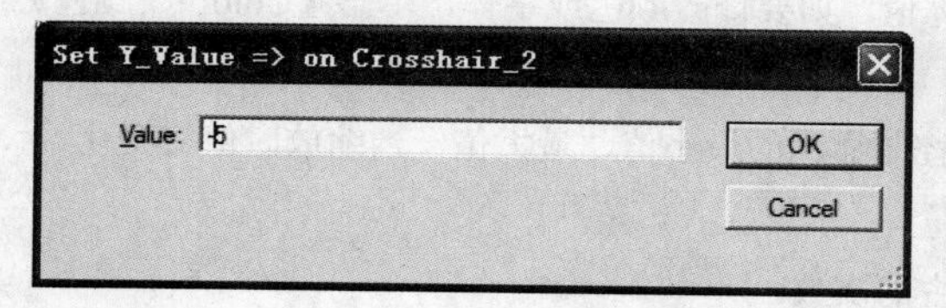

图 8-9　“Set Y_Value=> on Crosshair_2”对话框

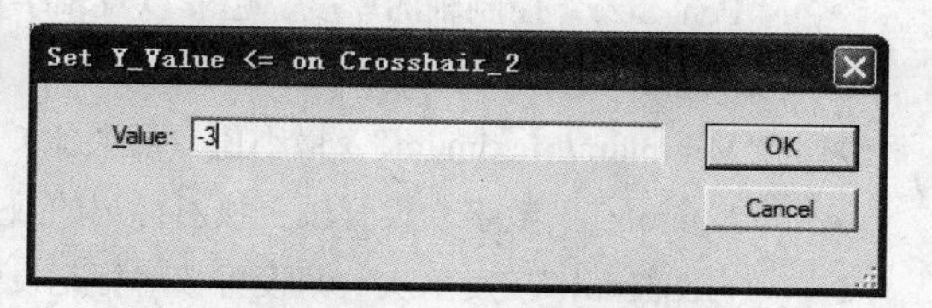

图 8-10　“Set Y_Value<= on Crosshair_2”对话框

➢ 【Set Y_Value<=】：单击后显示如图 8-10 所示的对话框，输入在 Y 轴上光标移动的所需位置并单击【OK】按钮

➢ 【Go to next Y_MAX=>】：单击移动光标到第一次出现 Y 值最大的位置，当前位置的右侧

➢ 【Go to next Y_MAX<=】：单击移动光标到第一次出现 Y 值最大的位置，当前位置的左侧

➢ 【Go to next Y_MIN=>】：单击移动光标到第一次出现 Y 值最小的位置，当前位置的右侧

➢ 【Go to next Y_MIN<=】：单击移动光标到第一次相互 Y 值最小的位置，当前位置的左侧

缩放曲线图中的任意部分的方法如下。

（1）首先通过在曲线图的任意位置单击来选择一个曲线图。

（2）单击并拖曳一个点直到该点放大的区域能覆盖用户所需放大的部分。

（3）释放鼠标按钮，此时坐标的刻度以及曲线图将按照放大框而重新绘制。

也可以采用下面的方法。

（1）首先通过在曲线图的任意位置单击来选择一个曲线图。

（2）单击【Properties】（属性）按钮，弹出“Graph Properties”（曲线图属性）对话框。

（3）单击一个轴标签来缩放该轴。

（4）输入新的最小值和最大值。

若要恢复曲线图的原始刻度状态，则单击【Zoom Restore】（缩放恢复）按钮即可。

为曲线图应用一个标题的方法如下。

（1）首先通过在曲线图的任意位置单击来选择一个曲线图。

（2）单击【Properties】（属性）按钮，此时弹出“Graph Properties”（曲线图属性）对话框。

（3）选择“General”（常规）标签页。

（4）在“Title”（标题）处输入新的标题，若要修改标题的字体，可单击【Font】（字体）按钮。

用户可以从“Graph Properties”（曲线图属性）对话框的 4 个轴标签页中修改几个关于曲线图的特征属性，每个标签页的选项都是一样的。

修改一个轴的特征属性的方法如下。

（1）首先通过在曲线图的任意位置单击来选择一个曲线图。

（2）单击【Properties】（属性）按钮，弹出“Graph Properties”（曲线图属性）对话框。

（3）选择所需修改的轴的“Axis”（轴）标签页。

（4）修改以下关于轴的特征参数。

- “Label”（标签）轴标签页，如要修改轴字体，可以单击【Font】（字体）按钮
- “Pen Size”控制轴的厚度、色彩以及轴字体值，如要修改颜色或字体，单击【Color】（颜色）或【Font】（字体）按钮即可
- “Minimum/Maximum”（最小值、最大值）控制显示的最小值、最大值，当缩放时值将变化
- “Number”（数字）设置轴上核对标记的数量
- “Frequency”（发生次数）设置核对标记发生的次数
- “Precision”（精度）设置轴值的有效数字
- “Scale”（刻度）设置轴值的倍增因数，修改轴的刻度值
- “Enabled”确定是否显示轴

选择一个轨迹线，可以用鼠标左键单击轨迹线。轨迹线选时，所选的轨迹上出现小三角形标记。在轨迹线上单击鼠标右键，弹出如图 8-11 所示的快捷菜单。

图 8-11　在轨迹线上单击右键弹出的快捷菜单

修改一条轨迹线的特征的方法如下。

（1）首先通过在曲线图的任意位置单击来选择一个曲线图。

（2）单击【Properties】（属性）按钮，弹出“Graph Properties”（图形属性对话框）。

（3）选择“Traces”（轨迹线）标签页。

（4）选择一条轨迹。

（5）修改以下关于轨迹线的特性属性。

- “Trace”：指定起效的轨迹线
- “Label”：指定轨迹线的标签，以一个图例显示
- “Pen Size”：控制轨迹线的厚度
- “Color”：控制轨迹线的颜色
- “Bottom Axis/Top Axis”：控制轨迹线 X 的范围
- “Left Axis/Right Axis”：控制轨迹线 Y 的范围
- “X Offset/Y Offset”：从原点坐标的轨迹偏移值
- 【Auto-Separate】按钮：为简便查看曲线图中多重轨迹线而自动设置偏移分开

将轨迹线合并到一个新的曲线图中的方法如下。

（1）首先单击【Overlay Traces】（覆盖轨迹线）按钮，弹出“Select a Graph”（选择一个曲线图）对话框。

（2）选择所需合并到一起的文件并单击【OK】按钮，此时一个合并了所需轨迹线的新曲线图显示出来。

“Select Pages”（选择页面）对话框常用于选择页面进行打印、预览、或从曲线图中移除。

打印前进行预览的操作如下。

（1）首先从曲线仪窗口中选择菜单【File】/【Print Preview】命令，弹出“Select Pages”（选择页面）对话框。

（2）检查所需预览的页面并单击【OK】按钮。

需要注意的是，当图示仪窗口中只有一个页面时，“Select Page”对话框将不会出现。

打印页面的操作方法如下。

（1）从图示仪窗口中选择菜单【File】/【Print】命令，“弹出 Select Pages”（选择页面）对话框。

（2）检查所需打印的页面并单击【OK】按钮。

同样需要注意的是，当图示仪窗口中只有一个页面时，“Select Pages”对话框将不会出现。

从图示仪窗口中移除页面的方法如下。

（1）选择菜单【Edit/Clear】命令，弹出“Select Pages”（选择页面）对话框。

（2）检查用户所需移除的页面并单击【OK】按钮。

同样需要注意的是，当图示仪窗口中只有一个页面时，“Select Pages”对话框将不会出现。

查看曲线图的弹出式快捷菜单的方法如下。

（1）在曲线图的背景中单击鼠标右键，弹出如图 8-12 所示的快捷菜单。

（2）从弹出的快捷菜单中选择所需的选项即可。

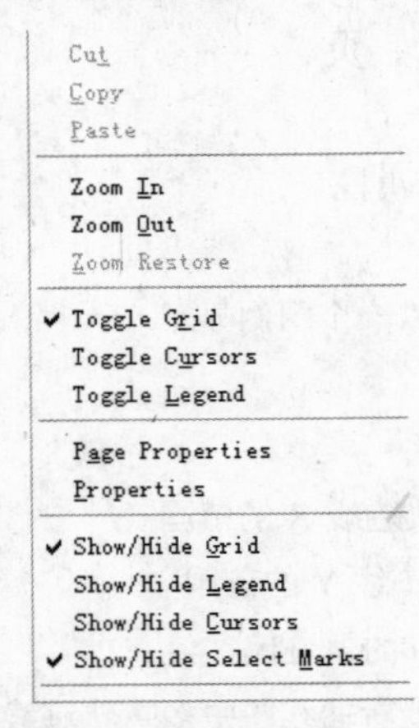

图 8-12　在曲线图的背景中单击鼠标右键弹出的快捷菜单

8.2.3　查看图表

为了帮助设计人员检查和组织一个图表，图示仪提供了分类整理行、调整列宽、修改精度和添加标题的功能。

分类整理一行的数据，单击需要分类的行名按钮即可。分类的顺序按照从低到高的数字排列，否则按字母排列。

要调整列宽的方法，单击并拖曳列名按钮的左侧边缘即可。

下面介绍修改图表列的精度（有效数字的位数）或标题的方法。

（1）单击图表的任意位置选中图表。

（2）单击【Properties】（属性）按钮，弹出“Chart Properties”（图表属性）对话框。

（3）修改图表的“Title”（标题），输入新的标题。如要修改字体，则可单击【Font】（字体）按钮。

（4）修改列的精度，则可以选择列数和精度（有效数字的位数）。精度仅影响列中包含数值的列。

（5）单击【OK】按钮。

8.2.4 剪切、复制、粘贴

图示仪允许用户剪切、复制和粘贴页面、图形、图表。

剪切、复制、粘贴页面的操作步骤如下。

（1）单击页面标签选择所需的页面。

（2）单击【Cut】（剪切）或【Copy】（复制）按钮。

（3）单击【Paste】（粘贴）按钮，此时将出现复制的页面。

需要注意的是，当一个页面被选中（该页标签上会出现红色箭头），剪切、复制、粘贴仅对当前选中的页面起效。

剪切、复制、粘贴图表或图形的操作步骤如下。

（1）选中一个图表或图形。

（2）单击【Cut】（剪切）或【Copy】（复制）按钮。

（3）单击【Paste】（粘贴）按钮粘贴图形或图表在相同的页面上。

也可以将复制或剪切的图表或图形粘贴到一个新的页面，操作步骤如下。

（1）单击【New】（新建）按钮。

（2）选中【New Page】（新建页面）。

（3）输入一个标签的名称并单击【OK】按钮。

（4）单击【Paste】（粘贴）按钮。

需要注意的是，当选中一个图形或图表时（在该图表或图形上会显示一个红色的箭头），剪切、复制、粘贴仅对选中的图形或图表起效。

8.2.5 打开文件

在图示仪中打开一个现有的文件的步骤如下。

（1）首先单击【Open】（打开）按钮，弹出一个文件浏览对话框。

（2）从下拉列表中选择所需的文件类型，该对话框中提供的可用的文件类型有如下几种。

- "Graph files"（*.gra）：Multisim Grapher 文件
- "Data files"（*.dat）：由安捷伦仿真示波器创建和保存的文件
- "Scope data"（*.scp）：由 Multism 示波器创建和保存的文件
- "Bode data"（*.bod）：由 Multisim 波特仪创建和保存的文件

（3）选择所需打开的文件。

（4）单击【Open】（打开）按钮。

8.2.6 保存文件

Multisim 中的仿真数据由不平衡的采样时值对组成，但由 NI LabVIEW 创建的基于文本的测量文件（*.lvm）所需的数据是平均采样的。

接下来介绍在图示仪中保存文件的方法。

（1）选择菜单【File】/【Save As】命令，弹出一个文件浏览对话框。

（2）从下拉列表中选择所需的文件类型，可用的文件类型有如下几种

- "Graph files"（*.gra）：Multisim Grapher 文件
- "Text files"（*.txt）：默认的文本文件
- "Text-based measurement files"（*.lvm）：由 NI LabVIEW 创建的文件
- "Binary measurement files"（*.tdm）：用于 NI 软件（如 LabVIEW 和 DIAdem）间交换数据的文本。需要注意的是，用户保存数据为这个文件类型时，会创建两个文件，一个头文件（.tdm）和一个二个进制文件（*.tdx）

（3）选择文件路径，输入文件名并单击【Save】（保存）按钮。Graph 文件（*.gra）和 Txt 文件（*.txt）都将按照指定的路径保存。

（4）如果用户选择并保存文件为.lvm 或.tdm 文件，则弹出"Data resampling settings"（数据种采样设置）对话框，此时需要做以下设置。

- "Do not resample"（不重采样）复选框：仅为.tdm 文件时出现，设置为允许时不需重采样，其他的选项都禁用
- "Resample data"（重采样数据）复选框：仅为.tdm 文件时出现
- "Interpolation mode"（插补模式）：可选择 Coerce（强制）、Linear Interpolatio（线性内插）和 Spline Interpolation（齿条插补）选项
- "Δx（in seconds if time－domain data）"：用于重采样的采样周期
- "1/Δx（in Hz if time-domain data）"：用于重采样的采样率
- "Estimated file size"：该处为只读，根据Δx 或 1/Δx 的值变化而变化

（5）单击【OK】按钮关闭对话框并保存文件。

在某些场合下，设计人员希望将多重曲线图保存到一个 TDM 或 LVM 文件。例如，在同一曲线图页面同时显示振幅和相位。Multisim 中保存 TDM 文件是将每一个 Multisim 的曲线图数据作为一个通道组。该通道组包含了所有的通道数据（电压、电流等）。

若用户写入多个曲线图数据到 LVM 文件，这些不同曲线图的数据都存储在 LVM 文件的不同片断中。要读取一个 LVM 文件的所有片断，必须从测量文件 Express VI 中多次读取，直到输出错误为止。

8.2.7 打印及打印预览

1. 在打印前查看打印页面

（1）单击【Print Preview】（打印预览）按钮，弹出"Select Pages"（选择页面）对话框。

（2）选择所需查看的页面并单击【OK】按钮。

（3）单击【Print】（打印）按钮打开打印对话框打印页面，或单击【Close】按钮关闭打印预览。

2．设置打印页面

（1）在打印预览窗口中的工具栏上用鼠标左键单击【Print】（打印）按钮，弹出“Select Pages”（选择页面）对话框。

（2）选择所需打印的页面并单击【OK】按钮，此时弹出与用户系统中打印机相应的打印对话框。

（3）输入所需的参数并单击【OK】按钮。

如果使用黑白打印机，在打印有色彩的线条时，系统会将不同颜色的线条变为不同的线形样式打印。

8.2.8　在最后的仿真结果中添加轨迹线

在仿真运行前，可以简单地选择希望由仿真保存的变量，这些变量将用于 Grapher（图示仪）和 Postprocessor（后处理）中。

1．选择变量用于后期使用的方法

（1）首先在如图 8-13 所示的“Output”（输出）标签页里单击【Select variables to save】（选择保存的变量）按钮结果。

（2）在弹出的对话框中的“Voltages”（电压）和“Currents”（电流）的下拉列表中，选择 All（全部）、All except submodules（除子模以外的全部）、Only at static probes（仅在静态探针）或 None（无）。

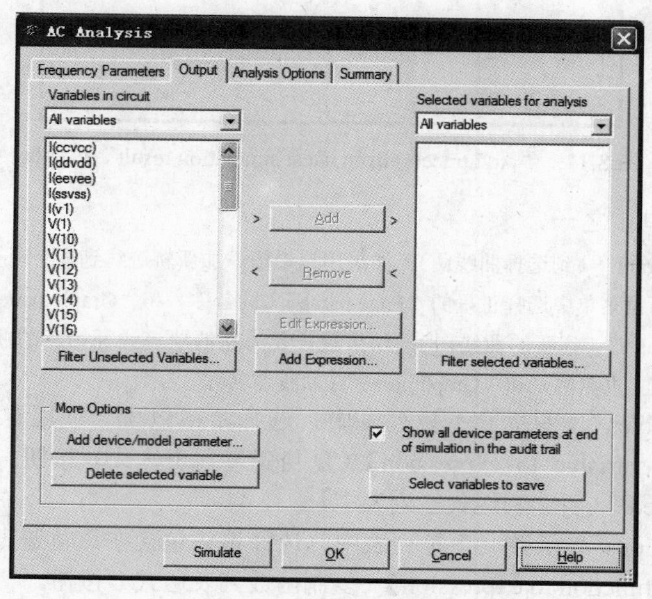

图 8-13　“AC Analysis”对话框的“Output”标签页

（3）在“Power”（电源）下拉列表中，选择 All（全部）、All except submodules（除子模以外的全部）或 None（无）。

（4）单击【OK】按钮返回到分析的“Output”（输出）标签页。

（5）运行分析，此时基于刚才在“Output”（输出）标签页中设置的分析结果在图示仪中显示出来。用户所选保存用于后处理的变量可以根据描述访问。

2．在最后的仿真结果中添加轨迹线

（1）首先在图示仪中单击【Add traces】（添加轨迹线）按钮，弹出“Add trace(s) from latest simulation result”（从最后仿真中添加轨迹线）对话框，如图 8-14 所示。

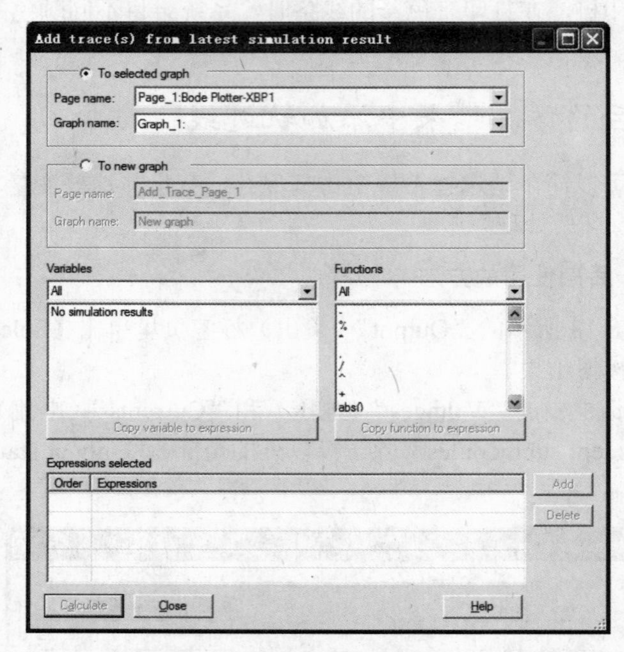

图 8-14　“Add trace(s) from latest simulation result”对话框

（2）选择以下其中之一。

- “To select graph”（到选择曲线图）：如果用户希望添加新轨迹线到一个现有的曲线图中，可以分别从各自的下拉菜单中选择正确的“Page name”（页名称）和“Graph name”（曲线图名称）参数
- “To new graph”（到新的曲线图）：如果用户要为新的轨迹线开始新的曲线图，则输入所需的“Page name”（页名称）和“Graph name”（曲线图名称）参数

（3）在“Variables”（变量）下拉列表中，选择希望包含于使用定义的轨迹线中的变量，并单击【Copy variable to expression】（复制变量到表达式）按钮。此时变量将出现在“Expressions selected”（所选表达式）列表中。

（4）在“Functions”（函数）下拉列表中，选择希望包含在该轨迹表达式的函数运算关系，并单击【Copy function to expression】（复制函数到表达式）按钮。

（5）继续选择分析、变量、函数直到完成表达式设置。

（6）若需要添加另一个表达式，可以单击【Add】（添加）按钮并根据需要按前面的方法添加所需的变量和函数。从列表中删除一个表达式，可以选中该表达式并且单击

【Delete】按钮。

（7）单击【Calculate】（计算）按钮在图示仪中显示表达式运算的结果。

8.3　设置分析

要正确使用 Multisim 的分析功能，需要使用常规的指令访问和运行分析。同时，每个分析都有详细的选项供用户设置。

8.3.1　常规指令（General Instructions）

执行一个分析的操作步骤如下。

（1）单击菜单【Simulate】/【Analyses】命令，弹出可用的分析项目列表对话框。

（2）根据需要选择分析项目。所选的分析项目不同，弹出的对话框中包括的内容也不同，大致包括“Analysis Parameters”（分析参数）标签页、“Output”（输出）标签页、“Analysis Options”（分析选项）标签页和“Summary”（摘要）标签页。

- 如要将设置作为默认设置项保存，在分析对话框中单击【Accept】（接受）按钮即可
- 如要用当前设置运行仿真，在分析对话框中单击【Simulate】（仿真）按钮即可
- 如要停止当前分析，单击菜单【Simulate】/【Analyses】/【Stop Analysis】命令即可。如要停止分析，按下【ESC】键即可

8.3.2　分析参数标签页（Analysis Parameters）

对于每一个分析来说，“Analysis Parameters”（分析参数）标签页中的可用选项不是完全相同的，因此在接下来的内容中将对每一个分析描述这些不同之处。

一些对象的列表都伴随 Change filter（修改筛选）功能存在，该功能可以帮助用户筛选显示在列表中的对象。

8.3.3　输出标签页（Output）

如图 8-15 所示为“AC Analysis”对话框的“Output”（输出）标签页，左侧为当前电路可用的所有变量，用户可以在此选择分析中所需的变量。

把输出变量包含到块图中，从图中左侧的列表中选择一个变量并单击【Add】（添加）按钮即可。

选择多个变量，在列表中选择变量时按住键盘左侧的【Shift】键即可。

如要从右侧列表中移除一个对象，选择该对象并单击【Remove】（移除）按钮即可。

使用“Output”（输出）标签页时，可以进行变量筛选操作，根据列表显示的情况，设置相应的筛选条件即可。

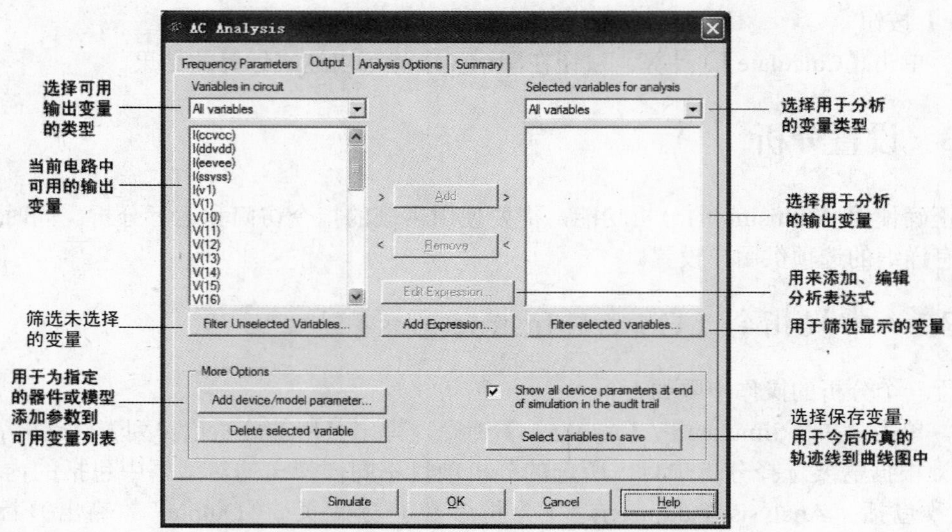

图 8-15 “AC Analysis”对话框的“Output”标签页

默认情况下，所有的变量都初始包括在“Variables in circuit”（电路中的变量）列表中。

需要注意的是，若在电路中放置静态探针，变量列表将默认为静态探针的内容。任何在工作区中作为参考探针的探针不能用做分析使用的探针，仅能用于交互式仿真。

下面介绍筛选显示变量的方法。

（1）单击【Filter Unselected Variables】（筛选变量）按钮，弹出“Filter Nodes”（筛选节点）对话框。

（2）设置一个或多个允许显示设置。

（3）单击【OK】按钮。

接下来介绍为指定的器件或模型添加参数到变量列表中的操作步骤。

（1）首先单击【Add device/model parameter】（添加器件、模型参数）按钮，弹出“Add device/model parameter”（添加器件、模型参数）对话框，如图 8-16 所示。

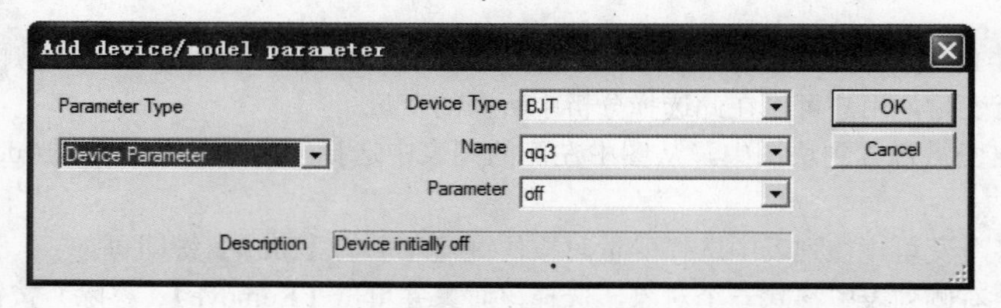

图 8-16 “Add device/model parameter”对话框

（2）从“Parameter Type”（参数类型）列表中，选择 Device Parameter 或 Model Parameter。

（3）从“Device Type”（器件类型）下拉列表中选择器件类型。

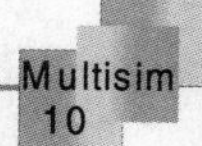

（4）从“Name”（名称）下拉列表中选择器件类型明确的场合。

（5）从“Parameter”（参数）下拉列表中选择参数。关于该参数的摘要信息出现在“Description”（描述）框内。

（6）单击【OK】按钮。

若要删除一个用以上方法添加的参数，选择该参数并单击【Delete selected variables】（删除选择的变量）按钮即可。

若要在电路仿真后显示所有元件、模型的值，勾选“Show all device parameters at end of simulation in the audit trail”（在仿真索引的最后显示所有器件参数）选项即可。

选择变量保存并用于后来的处理过程的方法为：

（1）首先在“Output”（输出）标签页中单击【Select variables to save】（保存选择的变量）按钮，弹出“Select variables to save”（保存选择的变量）对话框。

（2）在每一个“Voltages”（电压）和“Currents”（电流）下拉列表中，选择 All（所有）、All but submodules（除子模以外的所有）、Only at static probes（仅在静态探针处）或 None（无）选项。

（3）在“Power”（电源）下拉列表中，选择 All（所有）、All but submodules（出子模以外的所有）或 None（无）。

（4）单击【OK】按钮返回到分析的“Output”（输出）标签页。

（5）运行分析。分析结果将显示在图示仪中。此时用户选择保存的用于后来使用的变量可以从 Grahper（图示仪）或 Postprocessor（后处理）中访问。

8.3.4 分析表达式

“Analysis Expression”对话框可以通过单击“Output”（输出）标签页的【Add Expression】（添加表达式）按钮访问。它支持下列分析。

- DC Operating Point Analysis：直流工作点分析
- AC Analysis：交流分析
- Transient Analysis：瞬态分析
- Fourier Analysis：傅里叶分析
- Distortion Analysis：失真分析
- DC Sweep Analysis：直流扫描分析
- Parameter Sweep Analysis：参数扫描分析
- Temperature Sweep Analysis：温度扫描分析

其他分析可以通过“Analysis Parameter”（分析参数）标签页支持其表达式。下面列出的分析中，可以选择“Expression”（表达式）选项和直接在“Output expression”（输出表达式）处输入分析表达式。当“Expression”（表达式）选项变为允许时，【Edit】（编辑）按钮被激活，单击该按钮可以查看用户输入、编辑的“Analysis Expression”（分析表达式）对话框。

- Sensitivity Analysis：灵敏度分析

➢ Worst Case Analysis：最差情况分析

➢ Monte Carlo Analysis：蒙特卡罗分析

1．添加表达式

（1）打开“Analysis Expression”（分析表达式）对话框。

（2）单击【Change Filter】（修改筛选）按钮，选择内置节点、子模、开放引脚，并将其添加到“Variables”（变量）列表。

（3）在下拉列表中筛选可用的变量和函数。

（4）通过选择所需的变量和函数一次生成表达式并单击【Copy Variable to Expression】（复制变量到表达式）按钮或【Copy Function to Expression】（复制函数到表达式）按钮放置到“Expression”（表达式）框中。

（5）单击【OK】按钮关闭对话框，用户的表达式将放置在“Selected Variables for Analysis”（选择用于分析的变量）列表或“Output Variable”（输出变量）框。

（6）在分析对话框中单击【Simulate】（仿真）按钮，分析将正常进行。当再次打开“Analysis Expression”（分析表达式）对话框时，用户输入的表达式将在“Recent Expression”（近期使用的表达式）列表中显示。每次用户在电路中添加一个表达式时，都将会添加到该列表中。

2．从分析中编辑表达式

（1）选择“Selected Variables for Analysis”（为分析选择变量）列表并单击【Edit Expression】（编辑表达式）按钮显示“Analysis Expression”（分析表达式）对话框。若显示的分析表达式在“Output Expression”（输出表达式）框，则不需要在单击【Edit】（编辑）按钮前高亮选中。

（2）根据需要编辑表达式并单击【OK】按钮返回分析。

3．从分析中删除表达式

高亮选中“Selected Variables for Analysis”（为分析选择变量）列表并单击【Remove】（移除）按钮，一次性完成删除。

如果是“Output expression”（输出表达式）框中的表达式，可以单击【Edit】（编辑）按钮显示“Analysis Expression“（分析表达式）对话框并单击【Clear】（清除）按钮，之后单击【OK】按钮关闭该对话框，此时“Output expression”（输出表达式）框为空。还可以在“Output Variable”（输出变量）框中高亮选中整个表达式并单击键盘的【Delete】键。

8.3.5 分析选项标签页（Analysis Options）

如图 8-17 所示为“AC Analysis“（交流分析）对话框的“Analysis Options”（分析选项）标签页。在该标签页中可以设置分析结果的标题，检查电路对于分析是否有效，设置自定义的分析选项，还可以设置自定义 SPICE 选项。

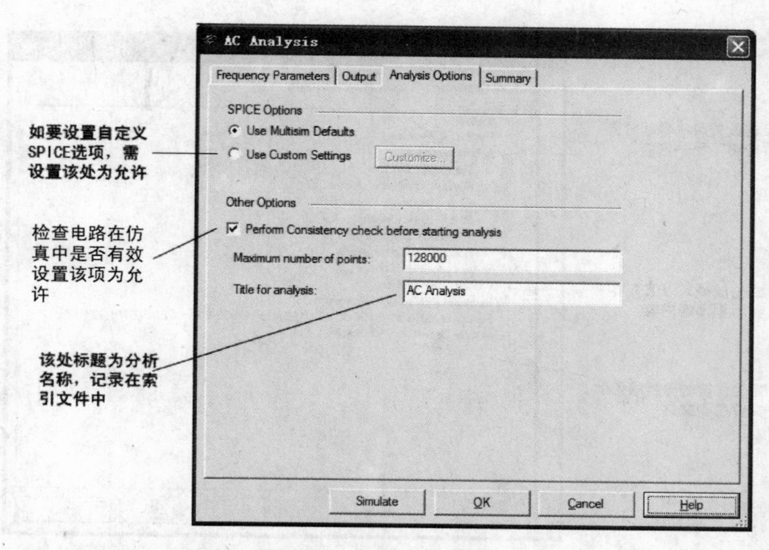

图 8-17　“AC Analysis”对话框的“Analysis Options”标签页

检查电路在仿真中是否有效，需设置“Perform Consistency check before starting analysis”选项为允许，此时将自动识别电路中的矛盾错误，如电容开路、空电路及明显无依据的电路。

正常的分析并不需要进一步干涉，如果分析不能正常执行，则需设置自定义分析选项。

如果要修改分析的标题，可在“Title for analysis”（分析标题）框中输入文本。

设置自定义分析选项的方法如下。

（1）设置“Use Custom Settings”（使用自定义设置）为允许，并单击【Customize】（自定义）按钮。需要注意的是，设计人员应该具备 SPICE 仿真引擎的基础知识。

（2）在“Custom Analysis Options”（自定义分析选项）对话框中修改所需的设置。

（3）单击【OK】按钮返回到“Analysis Options”（分析选项）标签页。

（4）保存所做的修改，单击【OK】按钮。。

8.3.6　摘要标签页（Summary）

如图 8-18 所示为“AC Analysis“对话框的“Summary”（摘要）标签页，通过该标签页可以快速地浏览分析中各种不同设置，而且不需要进行任何设置就可以用它查看用户分析的摘要信息。

图中，【+】符号表明该对象还有额外的信息，通过单击【+】符号可以展开显示里面的信息。【-】符号表明对象的信息已经完全显示。该窗口还可以显示用户分析 SPICE 表示法的选项，分析结果保存到.raw 文件中，该文件常用于后处理。

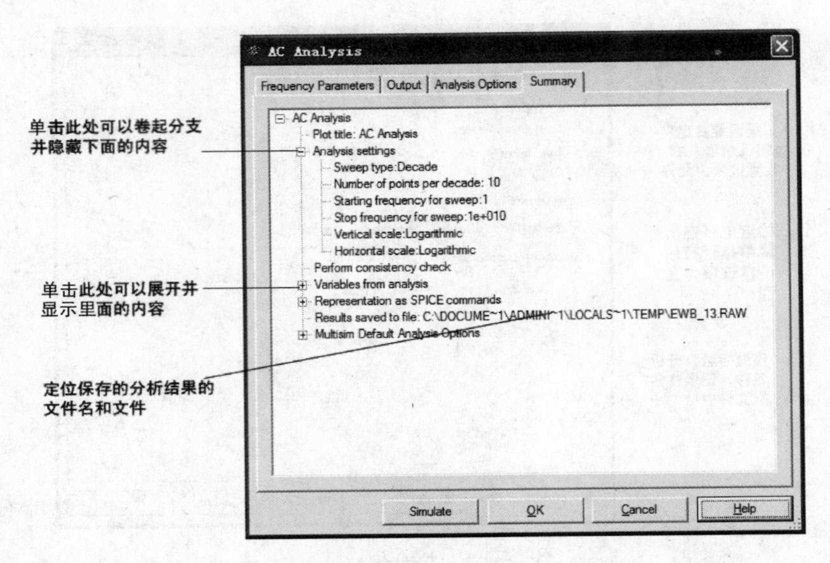

图 8-18 “AC Analysis”对话框的“Summary”标签页

8.3.7 不完整分析（Incomplete Analysis）

由于各种各样的原因，Multisim 中的仿真偶尔出现不能完成的情况。Multisim 使用了改良的 Newton-Raphson（牛顿—拉夫逊）方法解决非线性电路的问题。当电路中包含非线性元件时，一套多重反复的线性方程用来计算这个非线性问题。仿真器将生成一个初始的假设节点电压，然后基于电路的导电系数计算支路电流。支路电流用于重新计算节点电压和周期循环重复。该循环一直持续到所有到节点电压及支路电流下降到自定义的误差内，也就是集中出现。

8.4 直流工作点分析（DC Operating Point Analysis）

直流工作点分析用于测定电路中的直流工作点的情况。直流分析的结果常作为中间值用于其他的分析。

8.4.1 设置和运行直流工作点分析

若再运行直流工作点分析，单击菜单【Simulate】/【Analyses】/【DC Operating Point】命令即可。

在直流工作点分析中，不需设置分析参数，因此，在“DC Opearting Point Analysis”对话框中没有“Analysis Parameters”（分析参数）标签页。

8.4.2 示例电路

如图 8-19 所示为一个考毕兹振荡器电路，接下来将分析节点 3 的直流工作点情况。

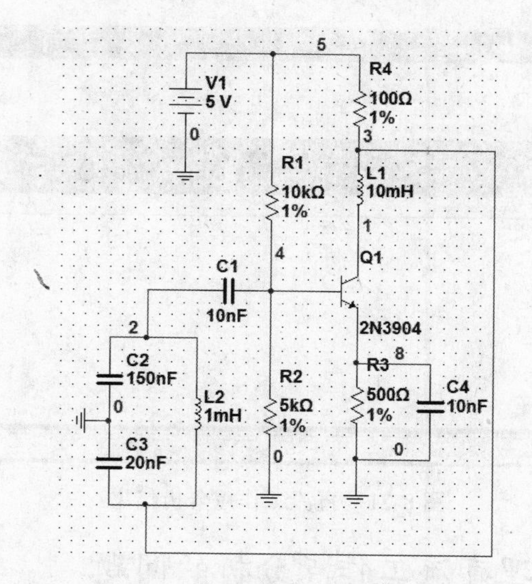

图 8-19　考毕兹振荡器电路

当运行直流工作点分析时，Multisim 将简化电路，电路简化结果如图 8-20 所示。计算图 8-20 中 3 节点的输出电压：

$$V_{\text{base}}=V_1*R_2/(R_1+R_2)=1.67\text{V}$$

$$V_{\text{e}}\approx1.67-0.7=0.966\text{V}$$

$$I_{\text{e}}=V_{\text{e}}/R_3=1.9\text{mA}$$

$$I_{\text{e}}\approx I_{\text{c}}$$

$$V_{\text{out}}=V_{\text{cc}}-I_{\text{c}}*R_4\approx4.81\text{V}$$

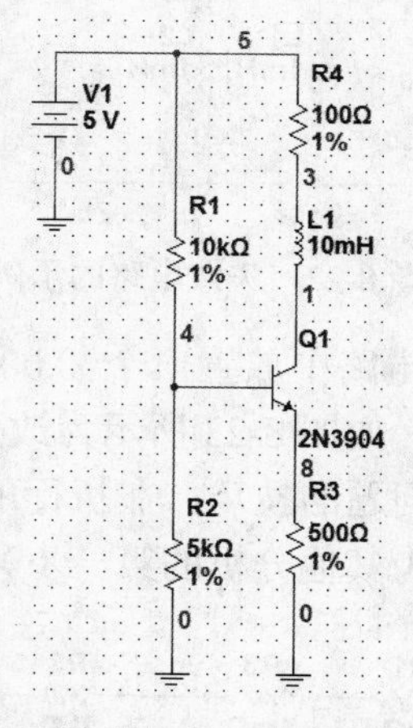

图 8-20　电路简化结果

直流工作点分析结果如图 8-21 所示，图中的结果和上面计算的结果在精度上有所区别。

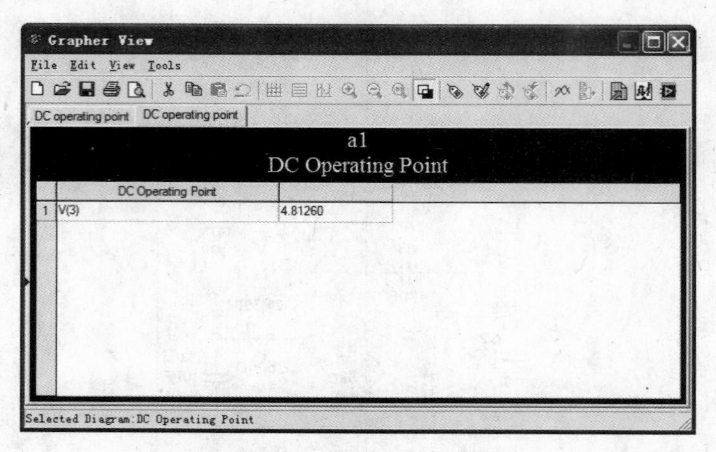

图 8-21 直流工作点分析结果

8.4.3 发现并处理直流工作点分析的问题

有许多原因可能造成分析失败，例如，节点电压大大偏离；电路不稳定或处于双稳态；模型中不连续或电路中包含不切实际的阻抗。

图 8-22 所示是一个失败电路的示例。当电流流过电感时，电压将逐步延展到终端，电感的 SPICE 模型是时变的电流源。当电路中有两个电感并联时，仿真器引擎将自动提示出错信息。此时运行的任何电路分析，两个电感都将被仿真器看成电压源，因此该电路仿真失败。

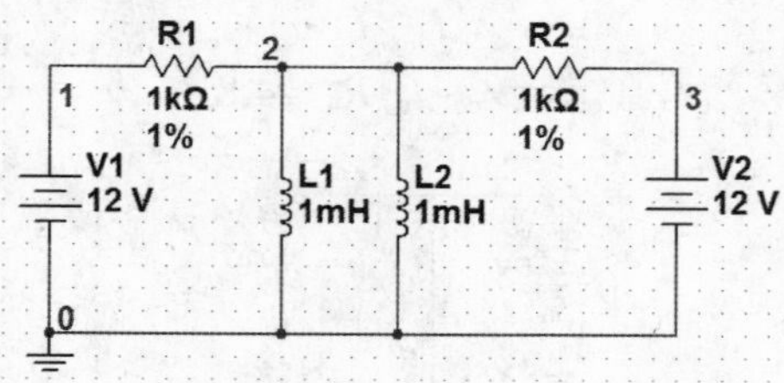

图 8-22 失败电路的示例

要正确解决这个问题，只需在电路中放置一个 0.001Ω的电阻，此时电源不再被看成并联，直流工作点就可以汇聚到一点，如图 8-23 所示为改正后的电路。

下面将介绍解决电路分析失败问题的技巧。在执行下列步骤前，应首先确定是哪个分析导致了问题（直流工作点分析常作为其他分析的第一步）。

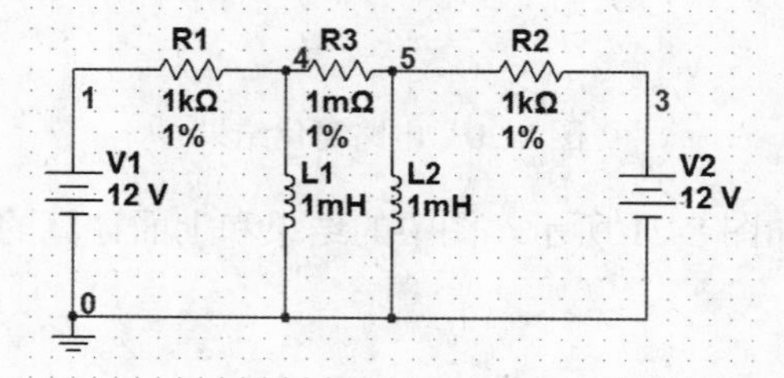

图 8-23 改正后的电路

（1）首先检查电路的拓扑结构和连通性，对以下内容进行确认。

- 电路是否已接地
- 电路是否正确配线，包括悬挂网络或离群的元件
- 是否正确区分字母 O 和数字 0
- 电路中包含地接地并且电路中的每一个节点都有直流通路连接到地，确认电路中是否有通过变压器后电容等元件完全隔离开的部分
- 电容和电压源不能并联
- 电感和电流源不能串联
- 所有的器件和源都设置了特征值
- 所有依赖源的增益都是正确的
- 用户的模型和子电路都已经正确输入

（2）显示所有的网络标志，检查指派到地元件的网络标志。所有的“地”必须标志为数字“0”，如果不是，则可以删除一个地并重新通过另一元件放置。

（3）检查电路中复制的网络标志，每一个网络标志必须是唯一的。如果需要，可以通过在配线上双击鼠标左键后输入新的唯一的网络标志。

（4）如果是数字电路工作状态，需确认模拟地和数字地在工作区的左侧。

（5）复制然后粘贴电路到一个新的文件中，再次运行仿真。

如果问题依旧存在，可以尝试根据以下步骤进行调整。

（1）在“DC Operating Point”（直流工作点）对话框中的“Analysis Options”（分析选项）标签页中设置“Use Custom Settings”（使用自定义设置）为允许，并且单击【Custom】（自定义）按钮，弹出“Analysis Options”（分析选项）对话框。

（2）在“Global”（全局）标签页中，减小“RSHUNT”（分流电阻从模拟节点到地）值为 100，增加“GMIN”最小电导系数为 10，GMIN＝1/*R*p，*R*p 是电路中最小的寄生电阻值。

（3）在“DC”（直流）标签页中，设置 ITL1＝500 或更大，设置 ITL6＝500。

（4）如有必要使用.nodeset 设置直流电压。

8.5　交流分析（AC Analysis）

交流分析常用于计算线性电路的频率响应。在交流分析中，对于所有非线性元件的小信号模型，首先通过直流工作点分析计算得到线性，之后创建一个复矩阵。为了创建矩阵，直流源都设置为 0 值。交流源、电容、电感通过自身的交流模型呈现。非线性元件通过线性交流小信号模型呈现，这源自直流工作点的运算分析结果。所有输入源都认为是正弦信号，源的频率被忽略。如果函数发生器设置为方波或三角波，它将自动切换到内置的正弦信号，用于分析。之后交流分析计算函数和频率响应。

使用鼠标左键双击源，在弹出的属性对话框中的“Value”（值）标签页中为交流频率分析指定源的振幅和相位值，如图 8-24 所示，对话框中其他的设置项用于其他分析或仿真仪器设置。

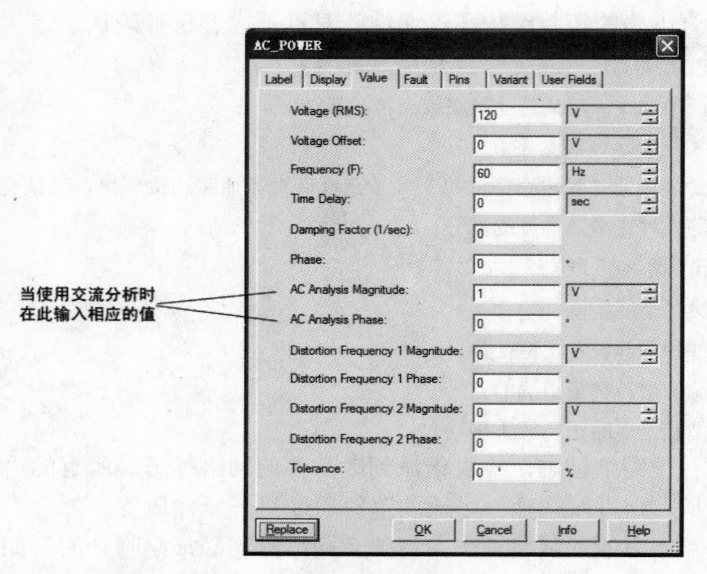

图 8-24　“AC_POWER”对话框中“Value”标签页

在“AC Analysis”（交流分析）对话框的“Frequency Parameters”（频率）标签页中设置如下选项。

- “Start frequency”（FSTRAT）：扫描的起始频率
- “Stop frequency”（FSTOP）：扫描的终止频率
- “Sweep type”（扫描类型）：包括 decade（十个一组）、linear（线性）和 cotave（八个一组），用于定义在频率范围内有多少个点用于计算
- “Number of points per decade”：分析中用于计算的点的数量。对于一个线性扫描类型，在起始和终止间使用该点的数量
- “Vertical scale”（垂直刻度）：分为 Linear（线性）、Logarithmic（对数型）、Decimal（十进制）和 Octave（八进制）。垂直刻度用于控制 Y 轴的在输出曲线图上的刻度值

恢复参数的值为默认值，单击【Reset to default】（复位到默认）按钮即可。

交流频率分析的结构显示分为两部分：频率响应和相位响应。

8.6 瞬态分析（Transient Analysis）

瞬态分析也叫时域瞬态分析。Multisim 计算电路的响应作为一个时间函数，每一个输入周期都分割成时间间隔，并且每一个直流分析在周期中为每一个时间点执行。对于电压波形，在每一个节点的解决方法是通过电压在每个时间点完成一个完整的周期。

8.6.1 设置瞬态分析参数

Transient Analysis（瞬态分析）参数在如图 8-25 所示的对话框中设置。

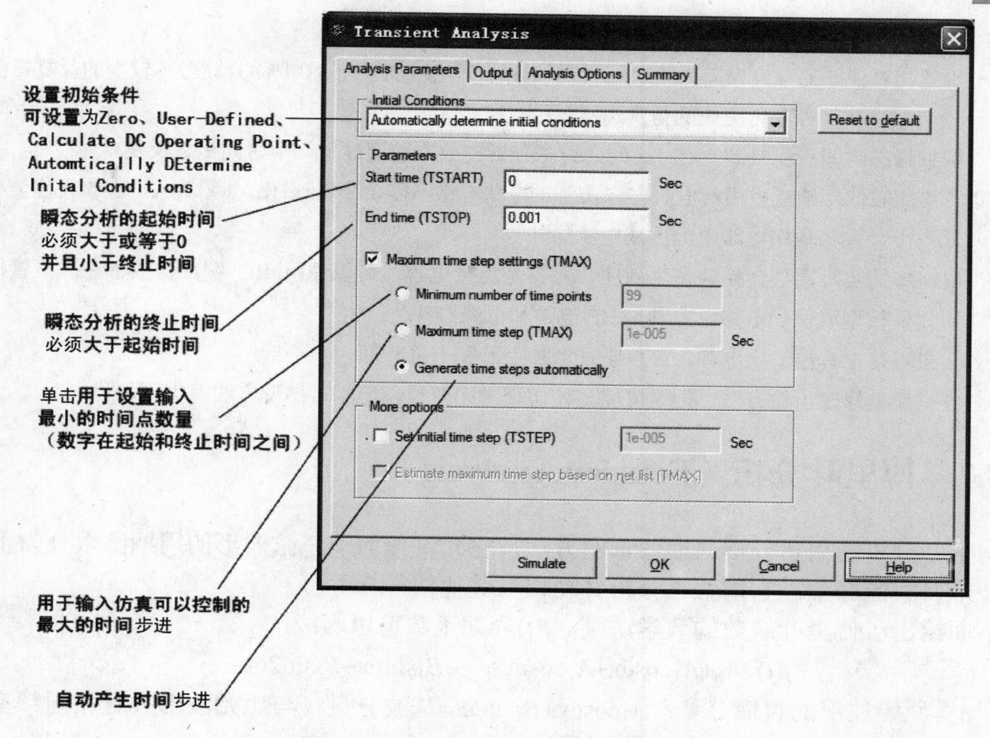

图 8-25　“Transient Analysis”对话框

如果用户将示波器连接到电路中并激活电路，一个类似的分析即被执行。

如复位所有参数回到默认值，单击【Reset to default】（复位到默认）按钮即可。

初始条件设置有如下几个选项。

- “Automatically determine initial conditions”（自动侦测初始条件）：Multisim 尝试使用直流工作点作为初始条件开始仿真。如果仿真失败，将使用用户自定义的初始条件
- “Calculate DC Opearting point”（计算直流工作点）：Multisim 首先为电路计算直流工作点，然后使用其结果作为瞬态分析的初始条件
- “Set to zero”（设置到零）：瞬态分析的初始条件从零开始
- “User-defined”（使用自定义）：由瞬态分析对话框中的初始条件开始运行分析

默认的设置适合于常规的使用，倘若瞬态分析的所选输出变量的瞬态特性从 0 以开始到 1ms 后停止，可以设置以下内容。

- 在“Start time（TSTRAT）”框中输入起始时间，其值大于或等于 0 并且小于终止时间
- 在“End time（TSTOP）”框中输入比起始时间大的值

8.6.2　发现并处理瞬态分析的问题

如果瞬态分析已经执行并且仿真器不能利用初始步进值汇合到一个解决方案，则时间步进将自动简化，并且周期开始重复。如果时间步进简化太远，此时会提示“Timestep too small”错误信息，并且仿真终止。如果发生了此种情况，用户可以尝试执行以下的步骤。

- 检查电路拓扑和连通性
- 设置相对误差的容许误差为 0.01，并从 0.001 开始增加误差（0.1%的精度）。较少的反复将汇聚到一个方法并且可获得更快的仿真速度
- 增加瞬态时间点反复到 100，这允许瞬态分析在放弃前通过每一个时间步进反复
- 若电流较低，则减小相对电流容许误差。特殊电路不需要降低到 1μA 或 1ρA。应该允许至少在最低点下，振幅顺序电路中电压或电流除外
- 电路中的实际模型会伴随寄生效应，尤其是连接电容。可以使用 RC 缓冲器放置在二极管周围，用器件模型取代子电路，尤其是 RF 电路和电源器件
- 如果电路中有控一次电源，可以尝试增加上升和下降时间
- 尝试调整修改齿轮方法，但这可能会使仿真时间变长，但相对梯形方法而言更加稳定

8.7 傅里叶分析（Fourier Analysis）

傅里叶分析是用于分析周期波形的方法，它允许任何非正弦波形的周期函数分为正弦或余弦波形及直流分量。它增强了分析并允许与其他信号合并。

下面给出了傅里叶级数的数学法则，$f(t)$周期函数可以写成：

$$f(t)=A_0+A_1\cos\omega t+A_2\cos\omega t+\cdots+B_1\sin\omega t+B_2\sin2\omega t+\cdots$$

其中，A_0=原始波形的直流分量；$A_1\cos\omega t+B_1\sin\omega t$=基波分量（与原始波形具有相同频率和周期）；$A_n\cos\omega t+B_n\sin\omega t$=函数的 n 次方谐波。

每一个频率成分的响应都是周期波形谐波的延长。根据叠加原理，总的频率响应是每个周期响应之和。当 Multisim 执行离散傅里叶变换计算时，仅有第 2 个周期时域的基波分量或瞬态反应（取自输出节点）被使用。第 1 周期被丢弃，每个谐波的系数通过在时域中收集，从周期开始到时间点“T”进行计算。该分析需要一个基本频率来匹配交流源的频率或多重交流源最小公因子。

如图 8-26 所示为傅里叶分析参数设置对话框。

傅里叶分析生成一个关于傅里叶电压分量振幅、与频率相对的相位分量的曲线图表。默认情况下，振幅是栏状曲线图，但也可能显示为线形曲线图表。

该分析还可以计算总谐波失真（THD）的百分数。它是由基本频率的缺口产生的。

1. 常规情况下设置傅里叶分析参数

对于常规使用，用户仅需指定以下参数。

（1）测试频率可以通过单击【Estimate】（评价）按钮获得，或者在“Frequency resolution（Fundamental frequency）”框内输入一个值，该值应为电路中当前频率的最小公因数。

（2）谐波数量是在“Number of harmonics”（谐波数量）框内输入的值。

（3）“Stop time for sampling (TSTOP)”为采样停止时间，允许输入新的采样停止时间。

（4）在“Sampling Frequency”（采样频率）框输入采样频率值。

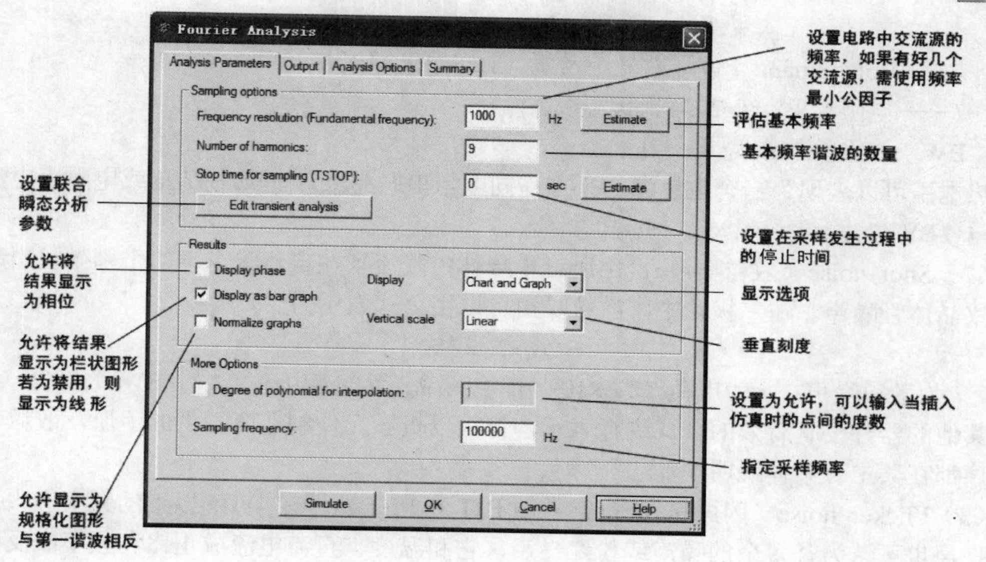

图 8-26 傅里叶分析参数设置对话框

2. 高级情况下设置傅里叶分析参数

除以上的基本设置外，用户还可以设置“Degree of polynomial for interpolation”（多项式内插法的读数）为允许并输入一个适当的值。较高的多项式度数能获得更为精确的结果。

结果的显示格式可以按以下步骤进行设置。

（1）从“Vertical scale”（垂直刻度）列表中选择垂直刻度（线性、对数型、十个一组或八个一组）。

（2）从“Display”（显示）选项中选择图表、曲线图、图表或曲线图。

（3）勾选“Display as bar graph”（作为栏状曲线图显示）可以将结果以栏状曲线图的形式显示，取代线形曲线图。

（4）勾选“Normalize graphs”（规格化曲线图）规格化结果。

8.8 噪声分析（Noise Analysis）

噪声与电和磁有关，能降低信号品质。噪声可以影响数字、（类似体）模拟等所有的传输系统。Multisim 创建了电路的噪声模型，为电阻和半导体器件使用噪声模型，替换交流模型和执行交流类型分析。它计算的是每一个元件呈现的噪声和在分析对话框中指定电路扫描频率范围内输出端获得的噪声。

Multisim 可以模拟 3 种不同类型的噪声。

（1）Thermal noise（热噪声，也称为白噪声）：它随温度产生并且导致在自由电子和自由离子间相互传导。它的频谱传播等同于光谱传播。由此产生的噪声能量可以通过 Johnson（约翰逊）公式表示：

$$P=k\times T\times \mathrm{BW}$$

式中，k——Boltzmmann（玻耳兹曼）常量（1.38×10^{-23}J/K）；

T——电阻温度（T=273+摄氏温度）；

BW——系统的频宽。

热电压可以表现为一个电压源的平方连同电阻串联起来 $V^2=4kT\mathrm{BW}/R$ 或电阻上电流的平方 $I^2=4kT\mathrm{BW}/R$。

（2）Shot noise（散粒噪声）：由所有半导体中载流子在自然状态下的个别微粒引起，主要导致晶体管噪声。在二极管中，散粒噪声可以用公式表示为

$$i=2(q\times I_{\mathrm{dc}}\times \mathrm{BW})^{1/2}$$

式中，i 为散粒噪声；q 为电荷（1.6×10^{-19} 库仑）；I_{dc} 为直流电流（A）；BW 为频宽（Hz）。对于其他的器件没有有效的公式进行表示，但可以查看元件制造商提供的手册，散粒噪声和热噪声都在其中有具体说明。

（3）Flicker noise（闪烁噪声）：常常由 BJT 和 FET 器件在 1kHz 以下的频率产生。该类型的噪声也可认为是多余的噪声或粉红噪声，它和温度、直流电流成正比和频率成反比，可以用公式表示为

$$V^2=k*I_{\mathrm{dc}}/f$$

元件呈现的噪声是通过自身的 SPICE 模型确定的，在模型中影响输出噪声分析的两个参数是 AF 闪烁噪声分量（AF=0）和 KF 闪烁噪声（KF=1）。

8.8.1　设置噪声分析参数

在执行分析之前，先确定输入噪声的参考源、输出节点和参考节点。噪声分析参数的设置在“Noise Analysis”对话框中实现，如图 8-27 所示。

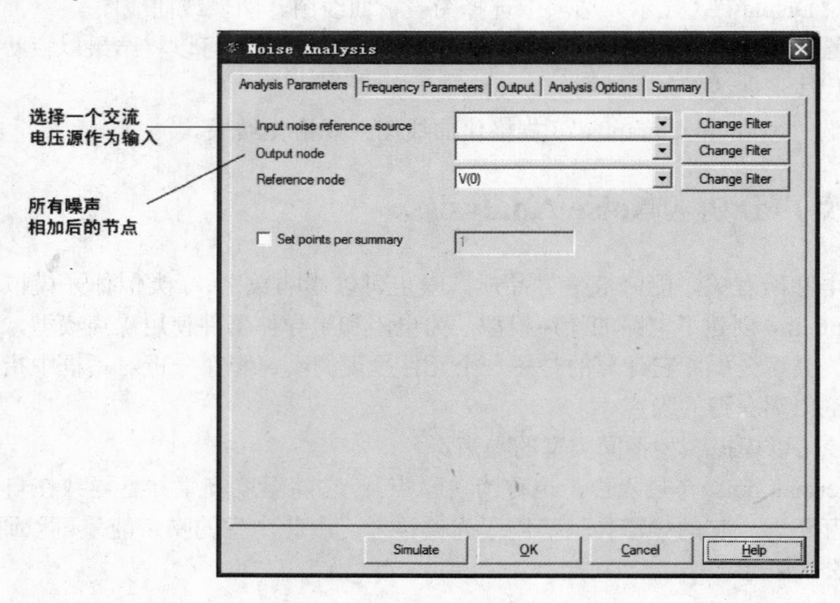

图 8-27　“Noise Analysis”对话框

在“Analysis Parameters”（分析参数）标签页中可以指定“Input noise reference source”（输入噪声参考源）、“Output node”（输出节点）和“Reference node”（参考节点）参数。

默认情况下，Multisim 将在当前页面中仅显示节点。

单击【Change Filter】（修改筛选）按钮并从“Filter Nodes”（筛选节点）对话框中选择“Display submodules”（显示子模），包括 3 个选项：Display internal nodes（显示内置节点）显示包括层次块和子电路在内的节点；Display submodules（显示子模）显示半导体器件的成分，由半导体器件的 SPICE 模型确定；Display open pins（显示开放引脚）显示电路中所有无连接的节点。

“Noise Analysis”对话框的“Frequency Parameters”标签页用于设置噪声分析频率参数，如图 8-28 所示。

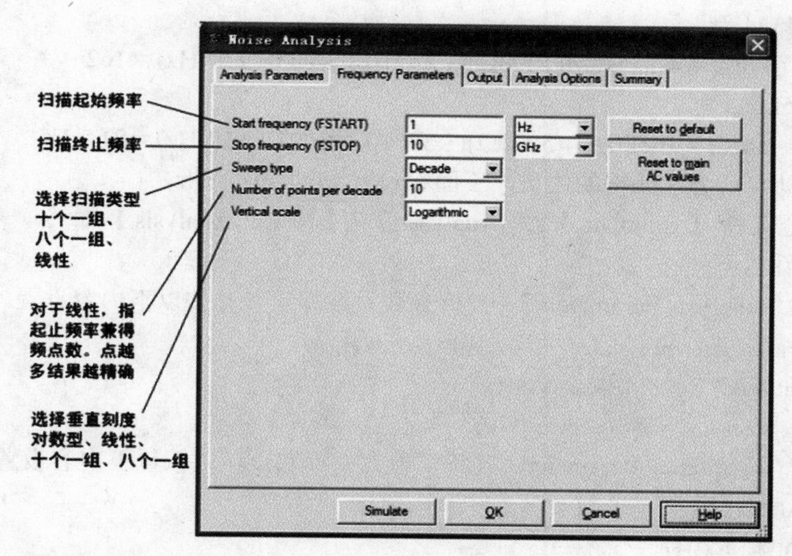

图 8-28　“Noise Analysis”对话框的“Frequency Parameters”标签页

“Frequency Parameters”（频率参数）标签页的默认设置能够适合大多数场合使用，用户只需在“Start Frequency”（FSTART）起始频率框和“Stop Frequency”（FSTOP）终止频率框中定义频率范围即可。

复位到主交流值只需单击【Reset to main AC values】按钮。

8.8.2　噪声分析电路示例

如图 8-29 所示为一个 5 倍增益的基本运放放大电路。对于该分析，我们将从 R1 和 R2 上获取噪声电压并且在频率范围 10Hz～10GHz 中显示噪声频谱的结果。

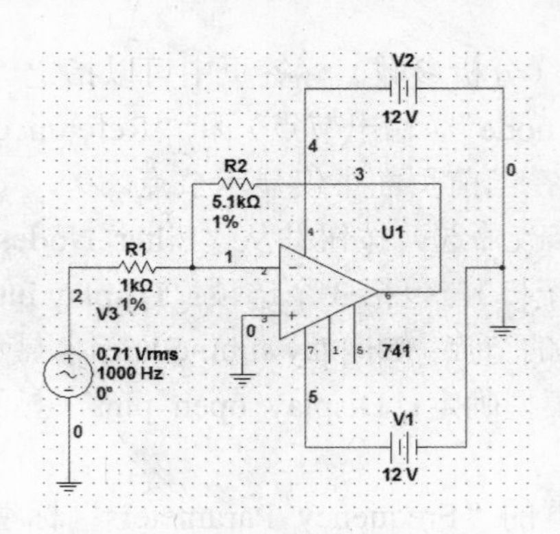

图 8-29 噪声分析电路示例

如果 R_1=1kΩ，则：

$$noise = 4rkTB = 4(1000\Omega)(1.38*10^{-23})(295K)(10^9Hz) = 162nV^2$$

如果 R_2＝5kΩ，则：

$$noise = 4rkTB = 4(5000\Omega)(1.38*10^{-23})(295K)(10^9Hz) = 814nV^2$$

以上是用计算的方法获得的结果，下面将设置 Multisim 分析。

（1）单击菜单【Simulate】/【Analyses】/【Noise Analysis】命令，弹出“Noise Analysis”对话框。

（2）选择“Analysis Parameters”（分析参数）标签页，并按以下内容设置。

- “Input noise reference source”（输入噪声参考源）：vv3
- “Output node”（输出节点）：V(4)
- “Reference node”（参考节点）：V(0)

（3）选择“Frequency Parameters”（频率参数）标签页，并按以下内容设置：

- “FSTART”：1Hz
- “FSTOP”：10GHz
- “Sweep type”：Decade
- “Number of points per decade”：5
- “Vertical Scale”：Logarithmic

（4）选择“Output”（输出）标签页，选择用于仿真过程中块图的变量为 innoise_total_rrl&innoise_total_rr2。不需要添加任何的器件和模型参数到该示例的变量列表中。

（5）单击【Simulate】（仿真）按钮，此时在图示仪中显示分析结果的图表。

如要查看该轨迹线，用户必须重启动分析。

（1）选择菜单【Simulate】/【Analyses】/【Noise Analysis】命令。

（2）在“Analysis Parameters”（分析参数）标签页中，设置“Se points per summary”选项为允许并在该框内输入“5”。

（3）在“Output”（输出）标签页中选择仿真过程中块图变量为 onoise_rr1&onnoise_rr2。

（4）单击【Simulate】（仿真）按钮，此时图示仪显示的结果如图 8-30 所示。

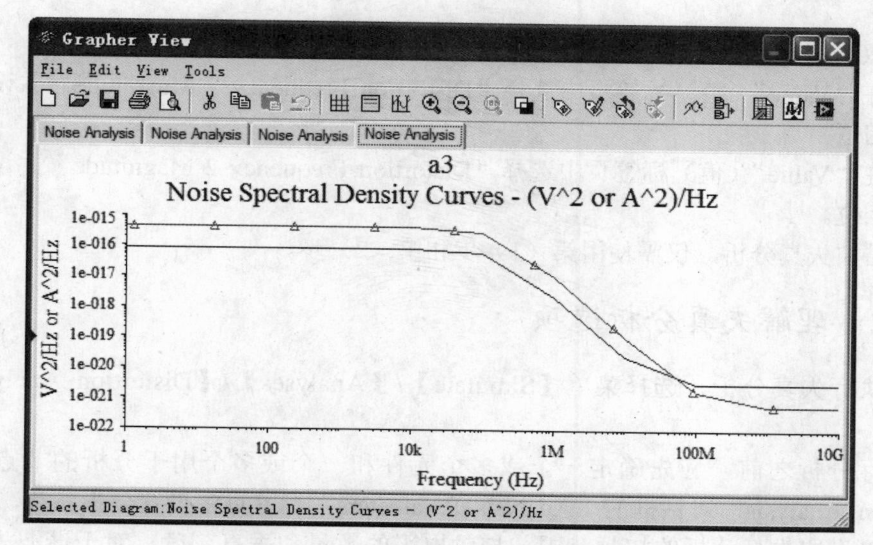

图 8-30 噪声分析电路示例的分析结果

从图中可以看出，噪声电压在频率较低时相对平稳，在频率较高时明显降低。

8.9 失真度分析（Distortion Analysis）

一个完美的线性放大器可以实现将输入信号不失真地放大到输出端。但是，真实元件会由于它本身的各种因素造成输入信号的谐波或互调失真。

失真度分析常用于分析信号的失真程度。电路中的信号失真常常表现为非线性增益或相位不对称。Multisim 可以为小信号模型电路提供仿真谐波失真和互调失真的功能。

（1）谐波失真

一个完美的线性放大器可以用公式 $Y=AX$ 表示，Y 表示输出信号，X 表示输入信号，A 表示放大器的增益。通常的表达式则包括了更高次项，可以表示为 $Y=AX+BX^2+CX^3+DX^4+\cdots$，这里的 B、C、D 等分别为更高次项的恒定不变的系数。式子中的第二项看做是第二次分量，第三项看作是第三次分量等。应用一个纯净光谱信号源到电路中，然后分析输出信号并且确定它的谐波失真。Multisim 将计算节点电压和在两倍频率、3 倍频率处的谐波频率，并显示在自定义的频率范围以输入频率 f 扫频相对的支路电流。

（2）互调失真

当两个或更多的输入信号同时输入到放大器的输入端时，会产生互调失真。在这种情况下，信号间的交感作用将产生互调影响。该分析将计算节点电压和互调频率分量 f_1+f_2、f_1-f_2 及 $2f_1-f_2$，并计算用户自定义扫频范围的支路电流。

8.9.1 准备用于失真分析的电路

在执行分析之前，用户应确定使用什么信号源。失真分析参数可以为每个独立的信号源进行设置。如果用户需要执行互调失真分析则需执行以下 3 个步骤。

（1）双击信号源。

（2）在“Value”（值）标签页中选择“Distortion Frequency 1 Magnitude”并设置输入放大倍数和相位。

（3）在“Value”（值）标签页中选择“Distortion Frequency 2 Magnitude”并设置输入放大倍数和相位。

对于谐波失真分析，仅需使用第（1）步和第（2）步。

8.9.2 理解失真分析选项

如要执行失真分析，选择菜单【Simulate】/【Analyses】/【Distortion Analysis】命令即可。

在执行分析之前，应先确定一个或多个元件和一个或多个用于分析的节点。接着在“Distortion Analysis”对话框的“Analysis Parameters”标签页中设置分析参数，如图 8-31 所示。可以设置失真分析的扫频范围、扫频电平的数量和垂直刻度。对于谐波失真应保留“F2/F1 ratic”未选中，这一选项仅用于互调失真。

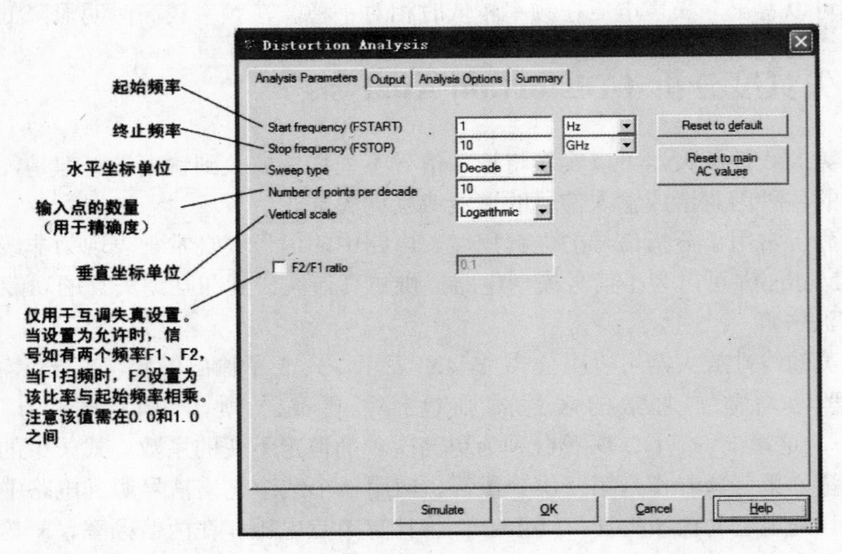

图 8-31 “Distortion Analysis”对话框的“Analysis Parameters”标签页

8.9.3 谐波失真分析

本节将以图 8-32 所示电路为例介绍谐波失真的分析步骤，该电路为 B 类推挽放大器。

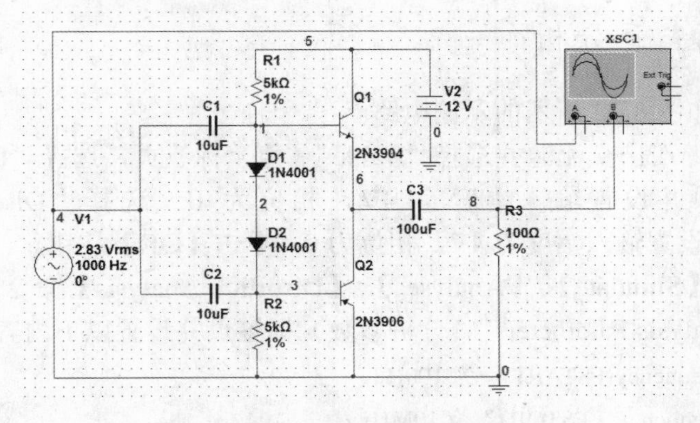

图 8-32　谐波失真示例电路

（1）用鼠标左键双击交流源，选择“Value”（值）标签页，从中选择“Distortion Frequency 1 Magnitude”选项并设置输入幅度为+4V，相位为 0。单击【OK】按钮。

（2）选择菜单【Simulate】/【Analyses】/【Distortion Analysis】命令。

（3）选择“Analysis Parameters”（分析参数）标签页并设置如下：

- 设置“Start frequency（FSTRAT）”为 1Hz
- 设置“Stop frequency（FSTOP）”为 100MHz
- 设置“Sweep type”为 Decade
- 设置“Number of points per decade”为 100
- 设置“Vertical scale”为 Decibel

（4）在“Output”（输出）标签页中，从“Variables in circuit”（电路中的变量）列表中选择“V(8)”并单击【Add】（添加）按钮，则变量“output”移动到“Selected variables for analysis”（为分析分析变量）列表。

（5）单击【Simulate】（仿真）按钮。两个曲线图将显示二次谐波失真的结果和三次谐波失真的结果，如图 8-33 所示。

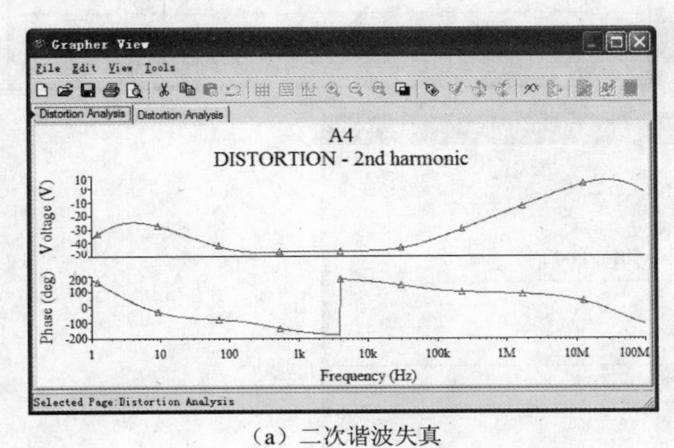

（a）二次谐波失真

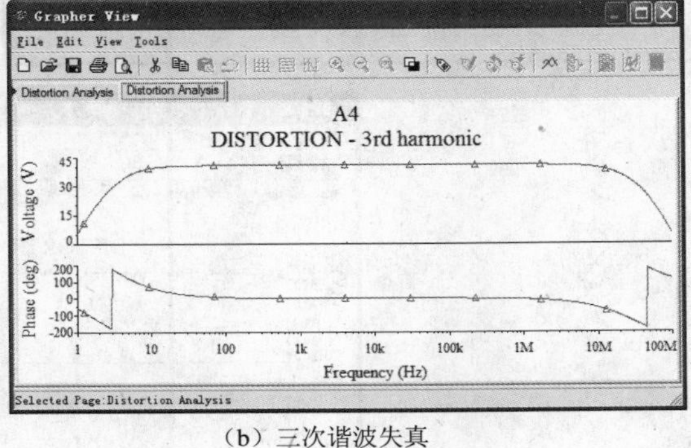

（b）三次谐波失真

图 8-33　谐波失真示例电路分析结果

8.9.4 互调失真分析

本节同样使用如图 8-32 所示的示例电路。

（1）用鼠标左键双击交流源并选择“Value”（值）标签页，选择“Distortion Frequency 1 Magnitude”选项并设置输入幅度为 4V，相位为 0。选择“Distortion Frequency 2 Magnitude”选项并设置输入幅度为 4V，相位为 0。单击【OK】按钮。

（2）单击菜单【Simulate】/【Analyses】/【Disortion Analysis】命令。

（3）选择“Analysis Parameters”（分析参数）标签页并设置以下内容：

- 设置“Start frequency(FSTART)”为 100Hz
- 设置“Stop frequency（FSTOP）”为 10MHz
- 设置“Sweep type”为 Decade
- 设置“Number of points per decade”为 100
- 设置“F2/F1 ratio”值为 0.499997

（4）选择“Output”（输出）标签页。从“Variables in circuit”中选择变量“V（8）”并单击【Add】（添加）按钮，则变量“output”移动到“Selected variables for analysis”（为分析分析变量）列表。

（5）单击【Simulate】（仿真）按钮，此时会显示 3 张曲线图，分别为频率块图 f1+f2、f1−f2 及 2f1−f2，如图 8-34 所示。

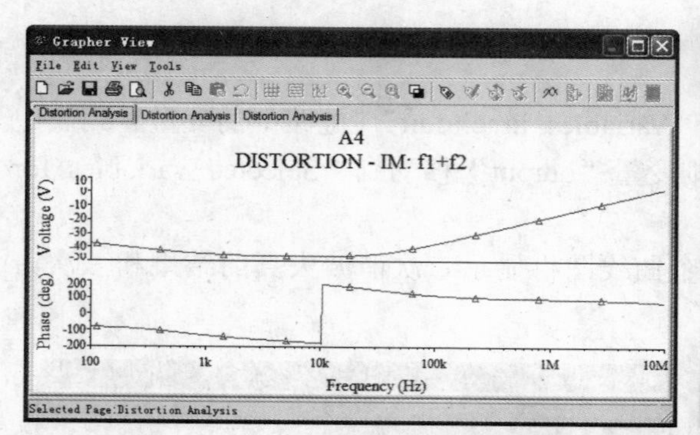

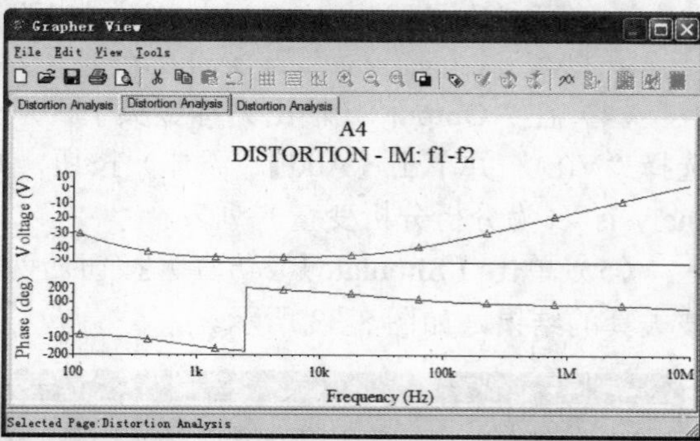

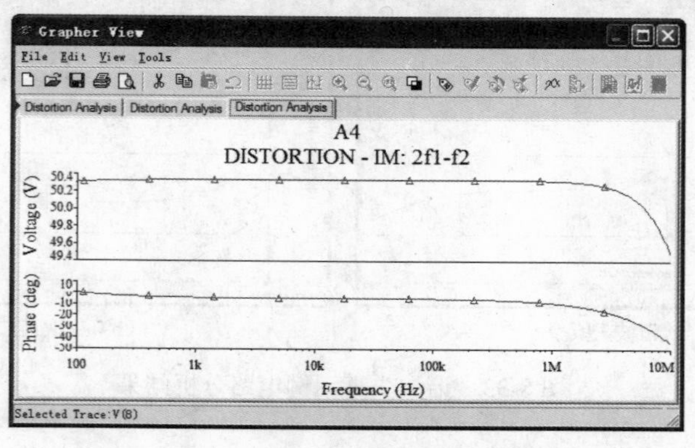

图 8-34 互调失真示例电路分析结果

8.10　直流扫描分析（DC Sweep Analysis）

当直流扫描分析在 Multisim 中执行时，以下的进程也将随之执行。
（1）直流工作点分析将执行。
（2）源的值增加并且另外的直流工作点也会计算。
该程序允许多次仿真电路，在预定的范围内扫描直流状态。

8.10.1　设置直流扫描分析参数

直流扫描分析将曲线适当地划分，如果一个源被用于扫描，那么输出节点的值曲线与源值曲线相对在轨迹线中。如果两个源用于扫描，则曲线的数量等于第 2 个源的点的数量。

直流扫描分析参数在如图 8-35 所示的“DC Sweep Analysis”对话框中设置。

对于常规的使用来说，仅需设置以下内容。

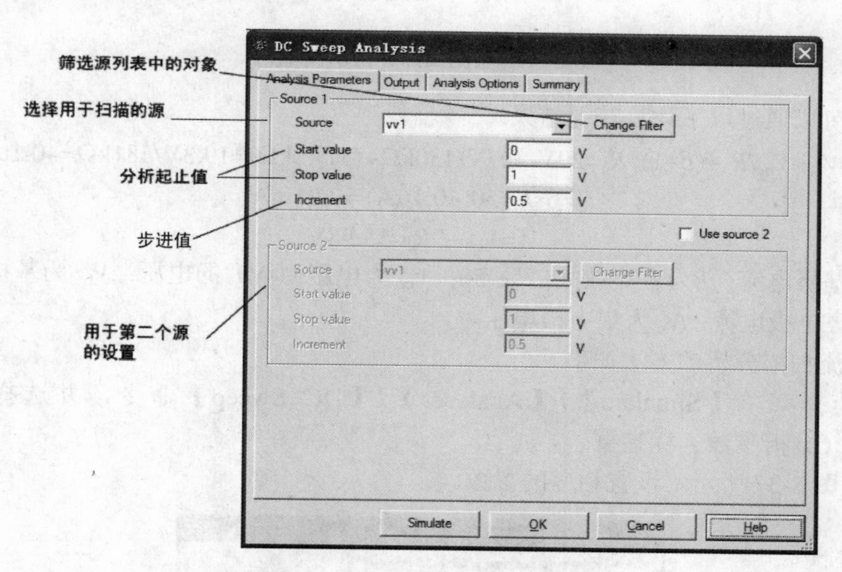

图 8-35　“DC Sweep Analysis”对话框

- ➢ 用于扫描的源，从“Source”（源）下拉列表中选择
- ➢ 扫描的起始值，在“Start value”（起始值）框中输入
- ➢ 扫描的终止值，在“Stop value”（终止值）框中输入
- ➢ 扫描增加值，在“Increment”（增加量）框中输入

用户还可以使用筛选器筛选变量，包括内置的节点（如 BJT 模型内或 SPICE 子电路内）、开放的引脚及电路中包含的从任何子模型的输出变量。

筛选显示的变量方法如下。

（1）单击【Change Filter】（修改筛选）按钮，弹出“Filter Nodes”（筛选节点）对话框。
（2）设置筛选条件。

（3）单击【OK】按钮。

8.10.2　直流扫描分析电路示例 1

如图 8-36 所示为直流扫描分析示例电路，将设置 V2 的电压值在 0～20V 之间变换，并观察节点 2 的输出情况。

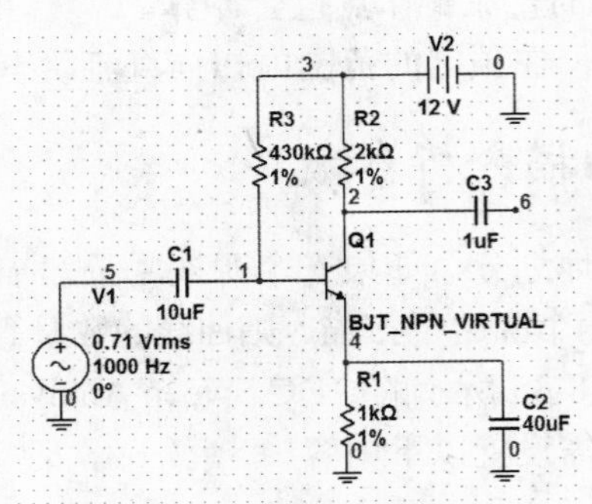

图 8-36　直流扫描分析示例电路

该电路可以通过以下计算获得结果：

$$I_b=V_{cc}-V_{be}/R_b+(\beta+1)*R_e=20V-0.7V/430k\Omega+(51)(1k\Omega)=19.3V/481k\Omega=40.1\mu A$$

$$I_c=\beta*I_b=50(40.1\mu A)=2.01mA$$

$$V_c=V_{cc}-I_cR_c=15.98V$$

式中，I_b 为基极电流；β为直流放大倍数 50；V_{cc} 为电压源 V1 的电压；V_{be} 为基极-发射极间电压；I_c 为集电极电流；V_c 为集电极电压。

设置直流扫描分析的方法如下。

（1）选择菜单【Simulate】/【Analyses】/【DC Sweep】命令，并选择“Analysis Parameters”（分析参数）标签页。

（2）如图 8-37 所示，设置相应的参数。

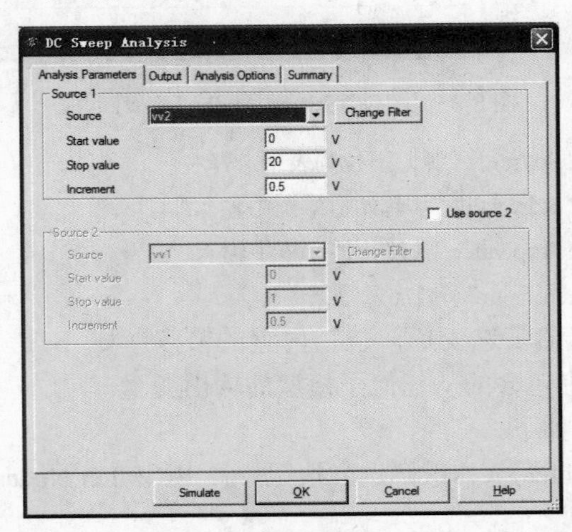

图 8-37　“DC Sweep Analysis”对话框的“Analysis Parameters”标签页

（3）在“Output”（输出）标签页中，输入如图 8-38 所示的内容。

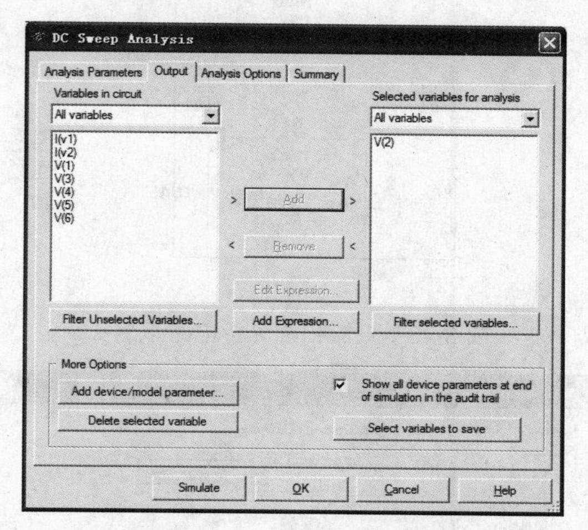

图 8-38　“DC Sweep Analysis”对话框的“Output”标签页

（4）单击【Simulate】（仿真）按钮，结果如图 8-39 所示。

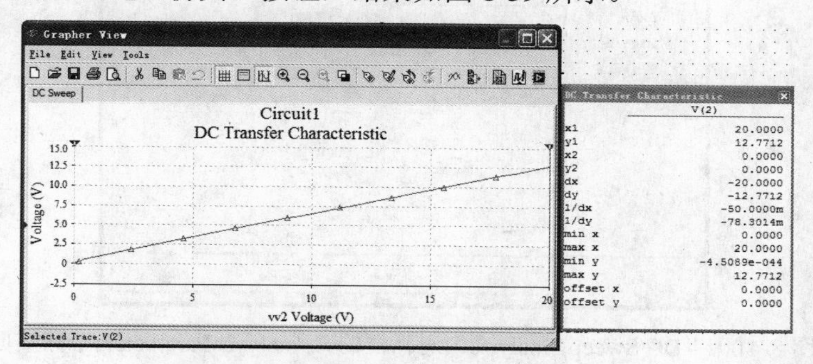

图 8-39　直流扫描分析示例电路结果

（5）如果要查看光标及直流传输特性，可以在图示仪中选择菜单【View】/【Show】/【Hide Cursor】命令，此时会显示两个光标。移动光标 2 到曲线图的左侧，并且移动光标 1 到右侧，同时保持 X 轴上 vv2＝20V。当光标设置到 V=20V（x1）时，在图形上显示 y1 的瞬态传输特性，显示值为 12.7712V。因此，当直流源 V2 设置为 20V 时，晶体管的集电极输出电压约为 12.77V。

8.10.3　直流扫描分析电路示例 2（嵌套直流扫描）

直流扫描分析电路示例 2 如图 8-40 所示，它显示了共发射极晶体管传输特性。图中电路添加了电流控制电压源 V_3，因此电流通过晶体管的集电极可以转换为电压。

设置该电路的分析步骤如下。

（1）设置如图 8-41 所示的内容。

（2）在“Output”（输出）标签页按如图 8-42 所示设置。

（3）单击【Simulate】（仿真）按钮，弹出如图 8-43 所示的曲线图。

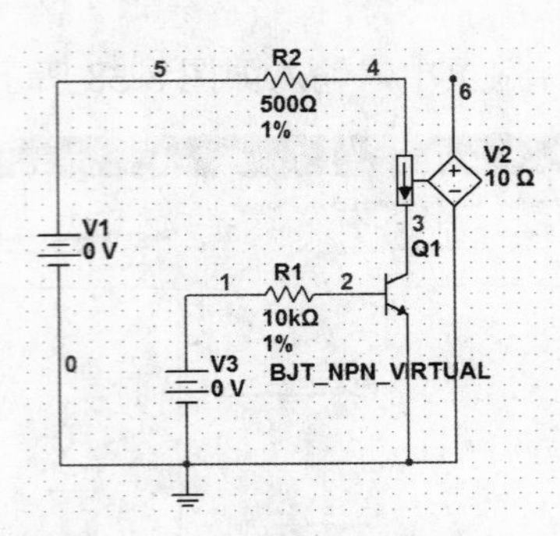

图 8-40　直流扫描分析电路示例 2

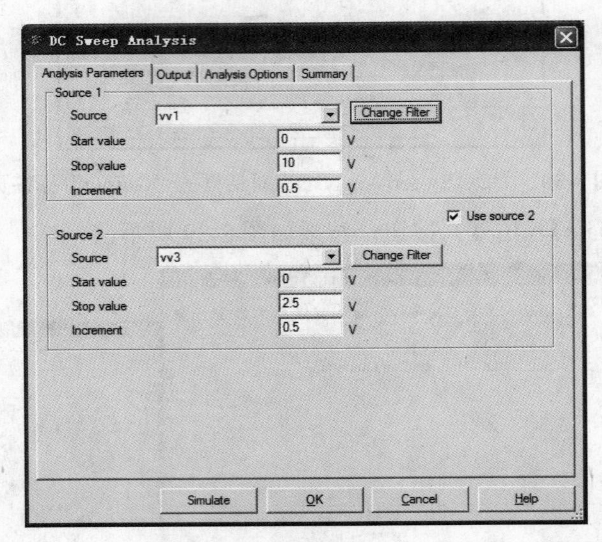

图 8-41　“DC Sweep Analysis”对话框的“Analysis Parameters”标签页

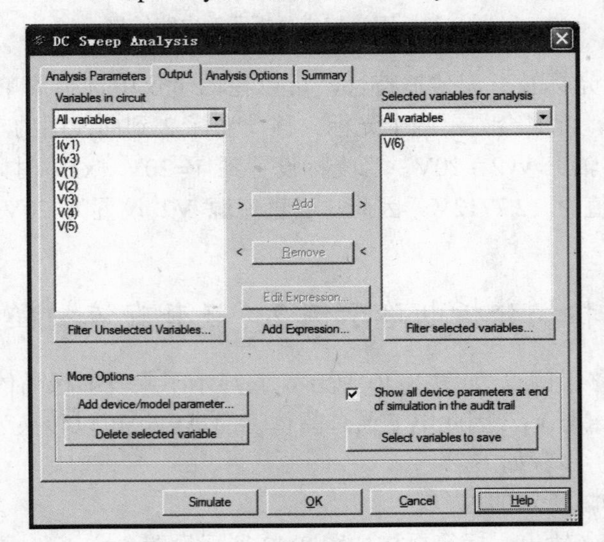

图 8-42　“DC Sweep Analysis”对话框的“Output”标签页

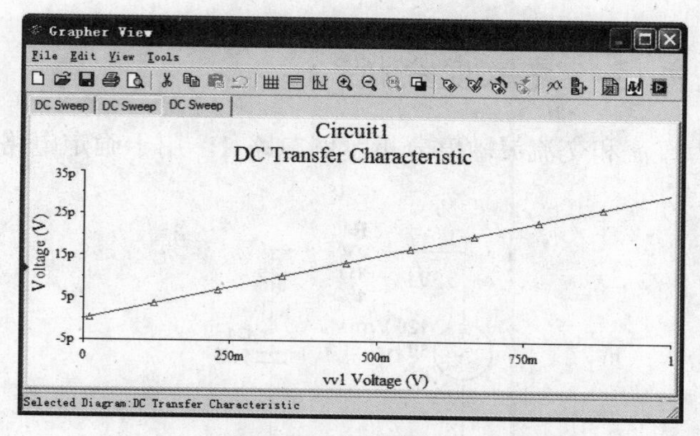

图 8-43　直流扫描分析示例电路 2 分析结果

8.11　直流和交流灵敏度分析（DC and AC Sensitivity Analysis）

灵敏度分析可以识别出电路中的元件对输出信号有多大的影响。利用分析结果，可以为电路中关键部位的元件指定误差值，并可以使用最佳的元件进行替换。同样地，最少的关键部件也可以识别出来，保证不影响设计性能的前提下，保证精度、降低成本。

灵敏度分析是计算电路中元件参数对输出节点电压或电流的灵敏度。灵敏度表示为输入和输出变化的百分比。

8.11.1　灵敏度分析参数

灵敏度分析参数包括 DC Sensitivity（直流灵敏度）和 AC Sensitivity（交流灵敏度）。当设置 Sensitivity Analysis（灵敏度分析）时，以下选项必须指定。

- “Voltage”：灵敏度分析将查看节点电压
- “Output nodes/currents”（输出节点/电流）：选择用于检验的节点
- “Output reference”（输出参考）：选择输出节点的参考点，通常为 0 节点（地）
- “Current”（电流）：输出电流将用于确定灵敏度
- “Expression”（表达式）：在“Output Expression”（输出表达式）框内直接输入一个用于分析的输出表达式，或者单击【Edit】（编辑）按钮显示“Analysis Expression”（分析表达式）对话框
- “Output Scaling”（输出方式）：可以选择“Absolute”（完全的）或“Relative”（相关的）
- “Absolute”（完全的）：改变所选元件参数将改变每一单位的输出电压或电流
- “Relative”（相关的）：当元件参数没有改变时，改变所选元件参数关联的每一相关的输出电压或电流
- “Analysis Type”（分析类型）：选择分析类型
- “DC Sensitivity”：直流灵敏度分析产生一个在电路节点上关于所有元件和参数的输出电压的报告可以选择运行电流源或电压源的直流灵敏度分析
- “AC Sensitivity”：交流灵敏度分析为每一个元件的参数绘制一个交流曲线图（频率时域）

8.11.2 设置并运行灵敏度分析

如图 8-44 所示为直流和交流灵敏度分析示例电路 1，用于确定电路中电阻 R1 在节点 2 上的交流灵敏度。

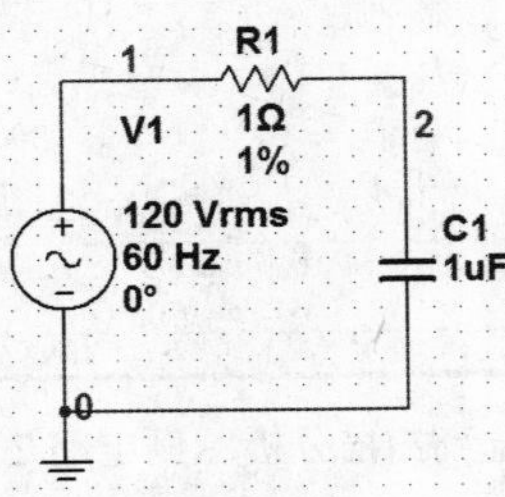

图 8-44 直流和交流灵敏度分析示例电路 1

设置灵敏度分析可以按以下的步骤进行。

（1）单击菜单【Simulate】/【Analyses】/【Sensitivity】命令，弹出“Sensitivity Analysis”对话框。

（2）选择“Analysis Parameters”（分析参数）标签页，并设置以下内容：

➢ 设置“Output nodes/currents”为 Voltage

➢ 设置“Output node”（输出节点）为 V(2)并且“Output reference”（输出参考值）为 V(0)

➢ 设置“Output scaling”（输出方式）为“Absolute”（完全）

➢ 设置“Analysis type”（分析类型）为 Ac Sensitivity（交流灵敏度）

（3）单击【Edit Analysis】（编辑分析）按钮显示“Sensitivity AC Analysis”（灵敏度交流分析）对话框，并按如图 8-45 所示的内容进行设置。设置完成后单击【OK】按钮返回“Sensitivity Analysis”对话框。

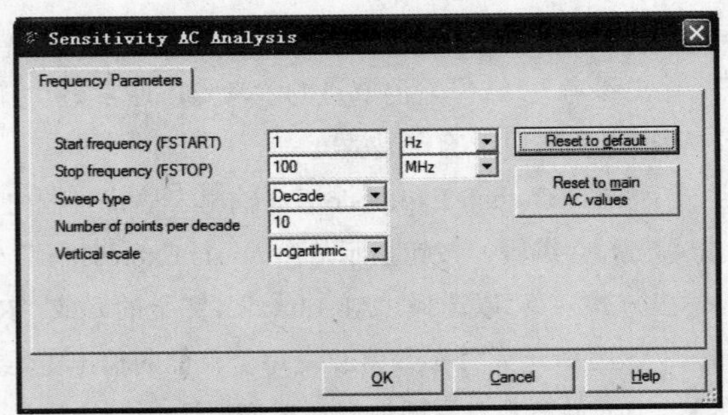

图 8-45 “Sensitivity AC Analysis”对话框

（4）选择“Output”（输出）标签页，在“Varialbes in circuit”（电路中的变量）中选择 rr1。用户可以根据需要单击【Filter Unselected Variables】按钮筛选没选择的变量。选择所有对象后单击【OK】按钮查看在所选区域中的电阻。单击【Add】（添加）按钮。此时 rr1 变量将移动到“Selected variables for analysis”（为分析选择变量）框中。

（5）单击【Simulate】（仿真）按钮进行仿真，结果如图 8-46 所示。

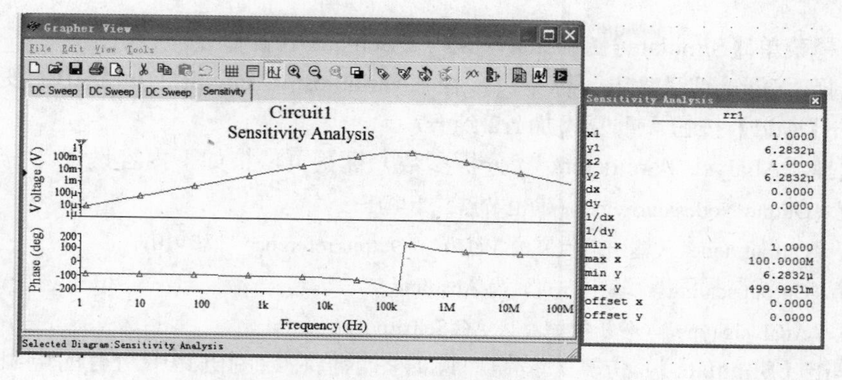

图 8-46　直流和交流灵敏度分析示例电路 1 结果

图中所示为 R_1 在 1Hz～100MHz 范围内输出电压的变化曲线。下面通过公式计算在 100Hz 频率下的电压。

$$X_c = \frac{1}{2\pi fC} = \frac{1}{2\pi \times 100 \times 1 \times 10^{-6}} = 1.59\text{k}$$

$$V_{\text{out}} = \frac{1\text{V} \times 1\Omega}{1\Omega - \text{j}_{1.59\text{k}}} = \frac{1}{-\text{j}_{1.59\text{k}}} \approx 628\text{uV} \qquad \text{（节点 2 的电压）}$$

如果 R_1 改为 2Ω，则

$$V_{\text{out}} = \frac{1\text{V} \times 2\Omega}{2\Omega - \text{j}_{1.59\text{k}}} = 1.2579\text{mV}$$

因此电压改变为 629uV，和 Multisim 中计算的结果相吻合。

如图 8-47 所示为灵敏度分析示例电路 2。要真正理解分析功能，设计人员需分析下图所示的语音滤波电路。当建立该电路时，所有的元件都有误差，因此，该电路的输出经常在仿真结果中发生些变化到真实的结果中。用户将使用灵敏度分析获得哪个元件影响预期的值的信息。

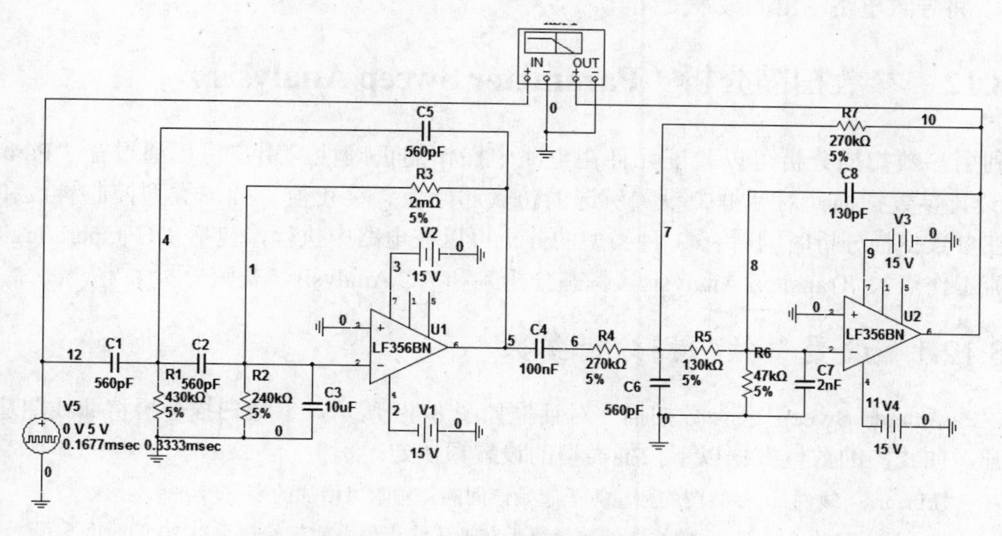

图 8-47　直流和交流灵敏度分析示例电路 2

（1）选择菜单【Simulate】/【Analyses】/【Sensitivity】命令。

（2）选择“Output”（输出）标签页，在“Variables in circuit”（电路中的变量）框里选择 rr1。单击【Add】按钮。重复添加 rr2 到 rr7。

（3）选择“Analysis Parameters”（分析参数）标签页，按如下内容设置。

- 设置“Output Nodes/currents”（输出节点）为电压
- 设置“Output node”（输出节点）为 V(10)，“Output reference”为 V(0)
- 设置“Output scaling”（输出方式）为 Absolute
- 设置“Analysis type”（分析类型）为 AC Sensitivity

（4）单击【Simulate】（仿真）按钮，此时图示仪将绘制电路中所有的电阻的灵敏度，如图 8-48 所示。

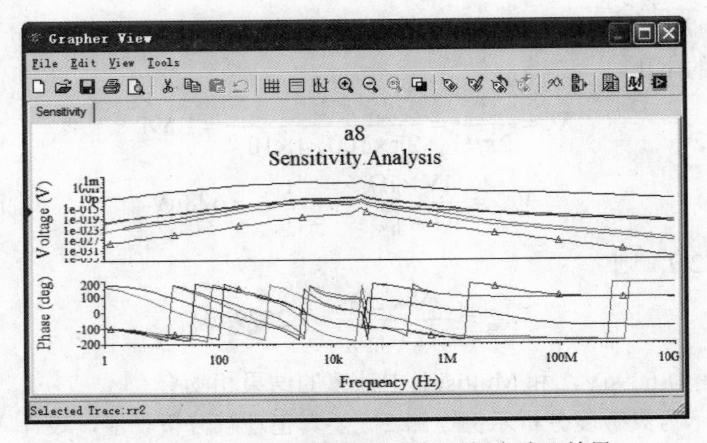

图 8-48　直流和交流灵敏度分析示例电路 2 结果

从图中可以看出，如果所有的电阻都设置为 1Ω，则结果将不会明显地改变，但不论怎样，R7 将导致电路输出的最大变化。

8.12　参数扫描分析（Parameter Sweep Analysis）

利用参数扫描分析可以验证元件在电路中操作的正确性。用户可以通过在“Parameter Sweep”（参数扫描）对话框中设置所选的仿真起始值、终止值、扫描类型控制参数和期望值。在参数扫描分析时同时有 3 种类型的分析可以在电路中执行，包括 DC Operating Point（直流工作点）、Transient Analysis（瞬态分析）和 AC Analysis（交流分析）。

8.12.1　设置参数扫描分析参数

“Parameter Sweep”（参数扫描）对话框如图 8-49 所示。参数扫描分析将曲线图适当地划分开，曲线图的数量根据以下扫描类型的设置项决定。

- “Linear”（线性）：曲线图的数量等于起始值间的差额除以增加的步进值
- “Decade”（十个一组）：曲线图的数量等于在抵达终止值之前起始值乘以 10 的时间数量

➢ “Octave”（八个一组）：曲线图的数量等于在抵达终止值之前起始值乘以 8 的时间数量

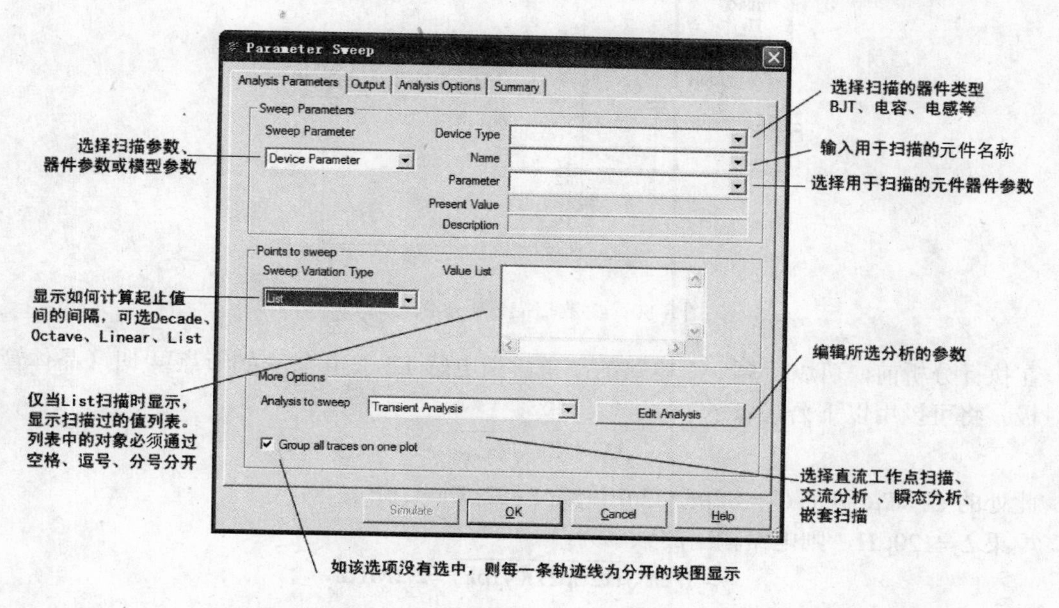

图 8-49　“Parameter Sweep” 对话框

设置分析参数的方法如下。

（1）从“Sweep Parameter”（扫描参数）下拉列表中选择参数类型（器件或模型），然后在“Device Type”（器件类型）、“Name”（名称）、“Parameter”（参数）框中输入相应的信息。

（2）从“Sweep Variation Type”（扫描变化类型）下拉框中选择扫描变化的类型，可选 Linear、Decade 或 Octave。

（3）从“Analysis to sweep”（到扫描的分析类型）下拉框中选择扫描分析类型。

（4）如果需要扫描列表以外的内容，则可在“Value List”（值）框输入所需的参数值，并通过空格隔开。

（5）根据需要，用户可以通过单击【Edit Analysis】（编辑分析）编辑分析参数。

如果分析类型没有被更改，则会使用最后一次设置的分析值。如果分析前没有运行过，则将应用默认值。此外，用户还可以执行嵌套扫描，综合多种器件、模型的参数扫描。

8.12.2　参数扫描分析示例

如图 8-50 所示为参数扫描分析示例电路，该电路为一个（Colpitts）科尔皮兹振荡器。电路的输出端会产生方波。执行该电路的分析时将改变电感的值和电路的仿真。仿真时应注意如果减小感应系数，则会降低信号频率。

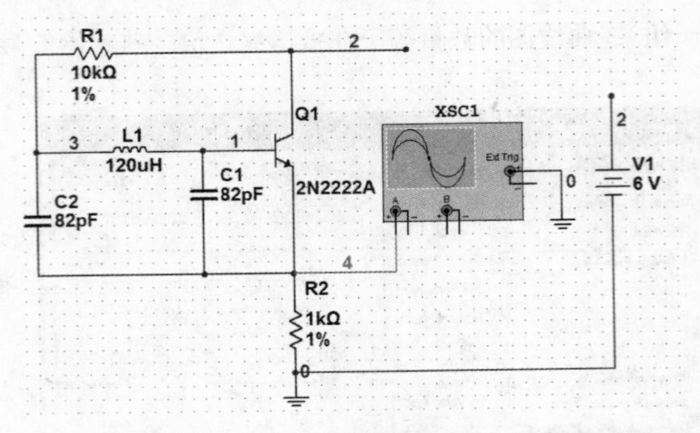

图 8-50　参数扫描分析示例电路

在执行分析前，可以计算一下电路的结果，当电感 L1 变化频率到节点 4 时（晶体管的发射极）将可以用以下公式表示：

$$f_r=1/2\pi\sqrt{LC_T}$$

此处的 $C_T=C_1C_2/C_1+C_2$=(82pF*82pF)/(82pF+82pF)=41pF

如果 L_1=120μH，则电路输出的频率为

$$f_r=1/2\pi\sqrt{(120\mu H)(41pF)}=2.2MHz$$

如果 L_1=500μH，则电路输出的频率为

$$f_r=1/2\pi\sqrt{(500\mu H)(41pF)}=1.1MHz$$

如果 L_1=900μH，则电路输出的频率为

$$f_r=1/2\pi\sqrt{(900\mu H)(41pF)}=828kHz$$

设置并运行该仿真的步骤如下。

（1）单击菜单【Simulate】/【Analyses】/【Parameters Sweep】命令，弹出“Parameters Sweep”对话框。

（2）选择“Analysis Parmeters”（分析参数）标签页，并按照如图 8-51 所示的内容进行设置。

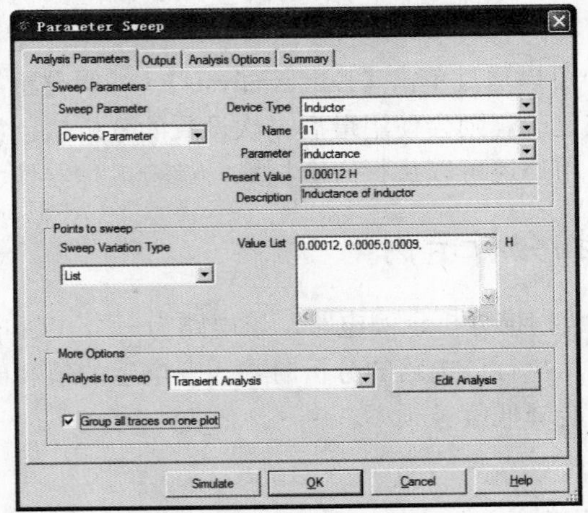

图 8-51　“Parameter Sweep”对话框的“Analysis Parameters”标签页

（3）单击【Edit Analysis】按钮，并按照如图 8-52 所示进行设置。

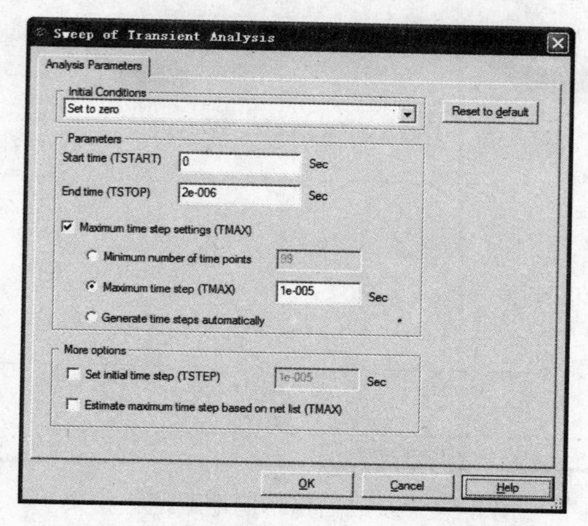

图 8-52　“Sweep of ransient Analysis”对话框的“Analysis Parameters”标签页

（4）单击【OK】按钮。

（5）选择“Output”（输出）标签页。

（6）在“Variables in circuit”（电路中的变量）高亮选择变量 4 并单击【Add】（添加）按钮，则该变量值在“Selected variable for analysis”（为分析选中的变量）列表中显示，如图 8-53 所示。

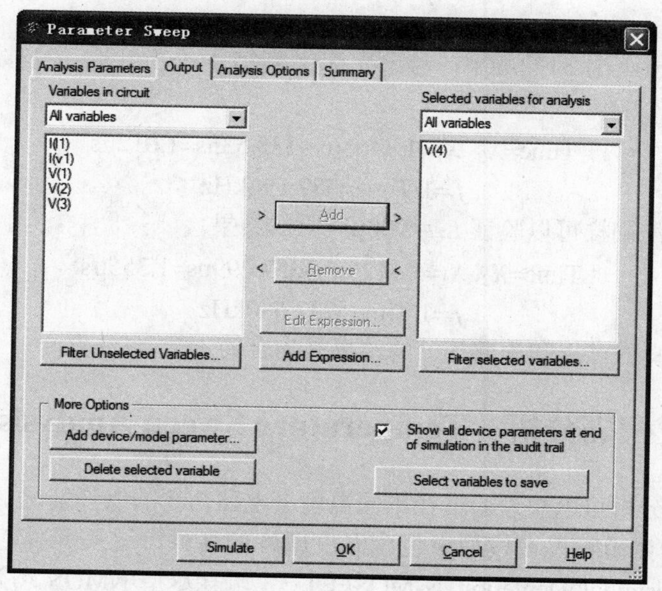

图 8-53　“Parameter Sweep”对话框的“Output”标签页

（7）单击【Simulate】（仿真）按钮，得到如图 8-54 所示的结果。

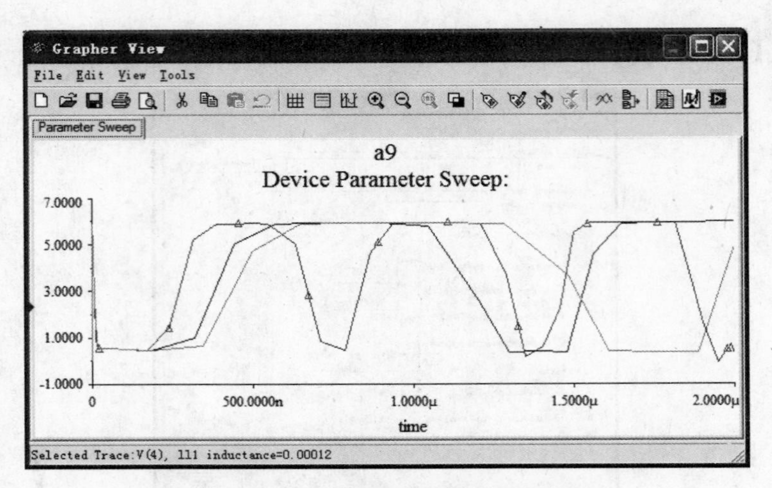

图 8-54　参数扫描示例电路运行结果

通过观察以上分析结果，可以进行以下操作。

（1）在图示仪中单击菜单【View】/【Show】/【Hide Cursors】命令。

（2）验证当 L_1＝120μH 时信号的频率，可以移动光标 1 到信号的第 1 个上升沿并移动第 2 个光标到下一个上升沿。这样来验证在“Device Parameter Sweep”（器件参数扫描）表中 X_1 和 X_2 在结果中的值。

$$\text{Time}=X_2-X_1=756.05\text{ns}-184.93\text{ns}=571.12\text{ns}$$

$$f_r=1/\text{Time}=1.75\text{MHz}$$

（3）验证 L_1＝500μH 时的频率，移动光标 1 到第 1 个上升沿并且移动光标 2 到下一个上升沿。

$$\text{Time}=X_2-X_1=1.3465\mu\text{s}-333.53\text{ns}=1.012\mu\text{s}$$

$$f_r=1/\text{Time}=987.196\text{kHz}$$

（4）按以上方法同样可以验证 L_1＝900μH 时的结果。

$$\text{Time}=X_2-X_1=1.7129\mu\text{s}-357.299\text{ns}=1.355\mu\text{s}$$

$$f_r=1/\text{Time}=737.680\text{kHz}$$

由此看来，仿真的结果和先前计算的结果是吻合的。

8.13　温度扫描分析（Temperature Sweep Analysis）

使用温度扫描分析可以快速验证在不同温度下电路仿真的操作情况。

温度扫描分析会影响仅在模型中包含温度属性的元件，这些元件包括 Virtual Resistor（虚拟电阻）、3-Terminal Depletion N-MOSFET（3 端耗尽型 NMOS 场效应管）、3-Terminal Depletion P-MOSFET（3 端耗尽型 PMOS 场效应管）、3-Terminal Enhancement N-MOSFET（3 端增强型 NMOS 场效应管）、3-Terminal Enhancement P-MOSFET（3 端增强型 PMOS 场效应管）、4-Terminal Depleion N-MOSFET（4 端耗尽型 NMOS 场效应管）、4-Terminal Depleion P-MOSFET（4 端耗尽型 PMOS 场效应管）、4-Terminal Enhancement N-MOSFET（4 端增强

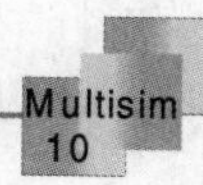

型 NMOS 场效应管）、4-Terminal Enhancement P-MOSFET（4 端增强型 PMOS 场效应管）、Diode（二极管）、Led（发光二极管）、N-Channel JFET（N 沟道 JFET）、NPN Transistor（NPN 型晶体管）、P-Channel JFET（P 沟道 JFET）和 PNP Transistor（PNP 型晶体管）。

在执行分析之前，先确定用于分析的节点。"Temperature Sweep Analysis"（温度扫描分析）对话框如图 8-55 所示。

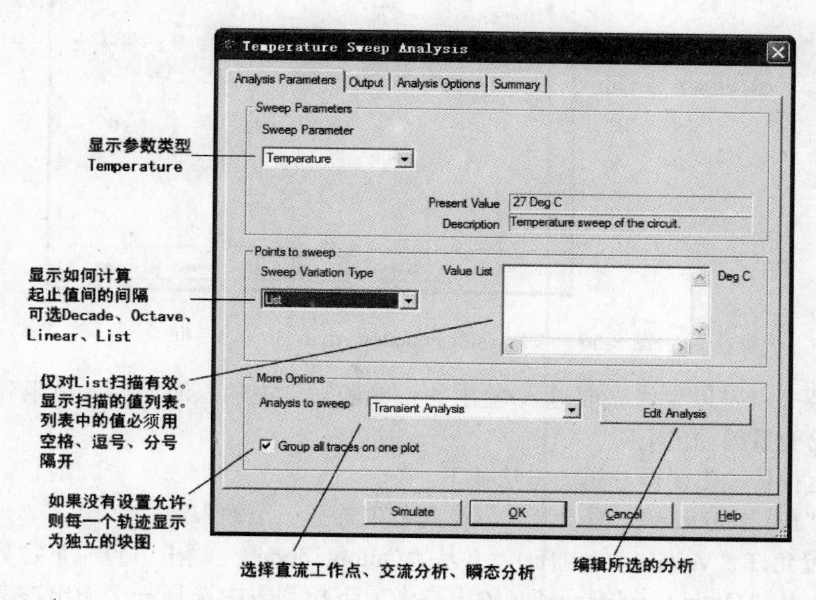

图 8-55　"Temperature Sweep Analysis"对话框

设置并运行温度扫描的方法如下。

（1）从"Sweep Variation Type"（扫描变量类型）下拉列表中选择分配方式（Linear、Decade 或 Octave），输入温度列表，每一个值用空格分隔开。

（2）从"Analysis to sweep"（到扫描的分析类型）下拉列表中选择所需执行的分析。

（3）单击【Edit Analysis】（编辑分析）按钮指定分析参数。

（4）选择"Output"（输出）标签页并选择用于查看结果的节点。

（5）单击【Simluate】（仿真）按钮产生结果。

8.14　传输函数分析（Transfer Function Analysis）

传输函数分析用来计算电路中输入源和两输出节点（电压）或一个输出变量（电流）的直流小信号传输函数，同样可以计算输入/输出电阻。

8.14.1　设置传输函数分析参数

在执行分析之前，需要确定一个输出节点、一个参考点和输入源。"Transfer Function Analysis"（传输函数分析）对话框如图 8-56 所示。

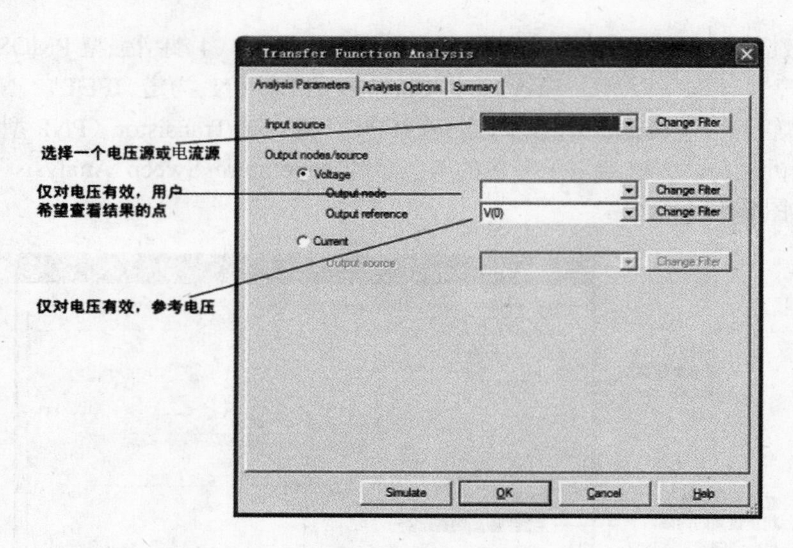

图 8-56 “Transfer Funciton Analysis”对话框

传输函数分析可以生成获取输入/输出的传输函数、在输入源的输入电阻和通过输出电压节点或输出变量的输出电阻。

设置并运行传输出函数分析的方法如下。

（1）从“Input Source”（输入源）下拉列表中选择一个输入源。

（2）设置允许“Voltage”（电压），并从“Output node”（输出节点）下拉列表中选择一个输出节点，从“Output reference”（输出参考）下拉列表中选择一个输出参考节点（常使用地或 node0）。也可以设置允许“Current”（电流），从“Output Source”（输出源）中选择一个电流源。

用户可以筛选显示的变量，包括内置节点（如内置节点的 BJT 模型或内部一个 SPICE 子电路）、开放引脚和来自电路中包含的任何子模输出变量。

筛选显示的变量可以进行如下的操作。

（1）单击【Change Filter】（修改筛选）按钮，弹出“Filter Nodes”（筛选节点）对话框。

（2）设置筛选条件。

（3）单击【OK】按钮。

8.14.2 传输函数分析示例电路（线性）

如图 8-57 所示为一个反相放大器，该电路的增益是 2。可以定义该数学函数表达式为 $V_{out}=-2V_{in}$。获得派生出来的等式为

$$\text{Transfer function} = \partial V_{out} / \partial V_{in} = -2$$

$$\because I_{in} \approx V_{in}/R_1$$

重新整理等式后：

$$R_{in}=R_1=V_{in}/I_{in}$$

找到输出电阻，因为 Z_{in}（输入阻抗）比 OP-amp（运放）阻抗小很多，所以 $Z_{out}\approx 0$。

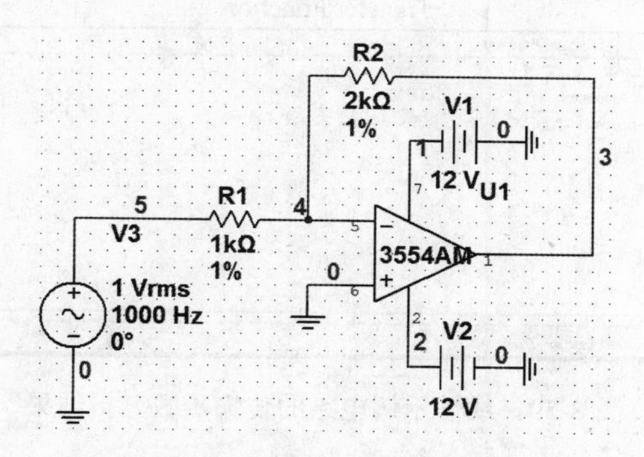

图 8-57　传输函数分析示例电路（线性）

接下来，用 Multisim 验证以上结果。

（1）如图 8-58 所示，设置分析选项。

（2）单击【Simulate】（仿真）按钮进行仿真，结果如图 8-59 所示。从图中可以看出，传输函数结果与数学运算结果相匹配。

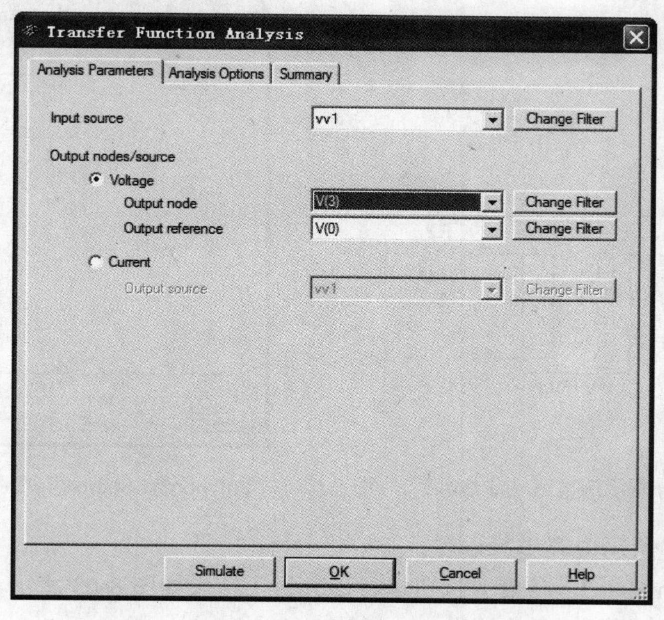

图 8-58　“Transfer Function Analysis”对话框

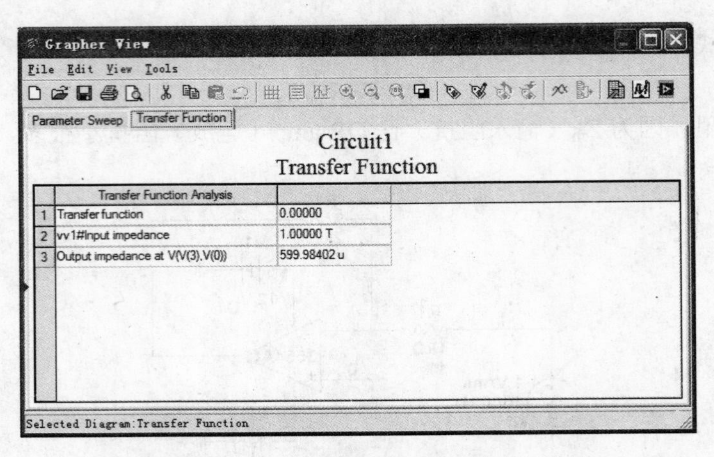

图 8-59　线性示例电路的传输函数分析结果

8.14.3　传输函数分析示例电路（非线性）

如图 8-60 所示为传输函数分析示例电路（非线性），图中使用了多项源 A1，使得输入电压成平方关系，在 A1 上双击鼠标左键，弹出如图 8-61 所示的对话框，在其中找到 E 系数，将其值设置为 1，其余为 0。

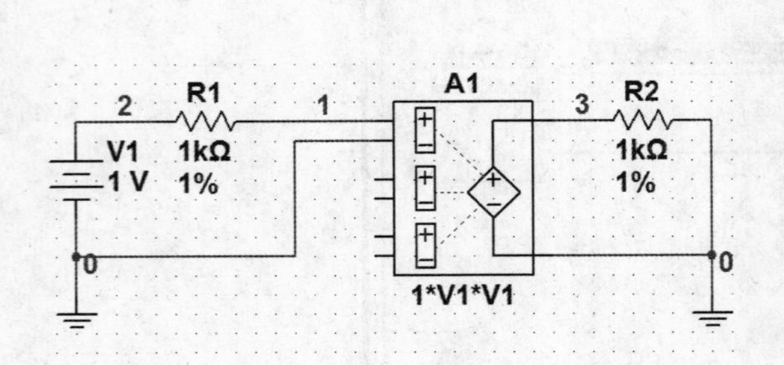

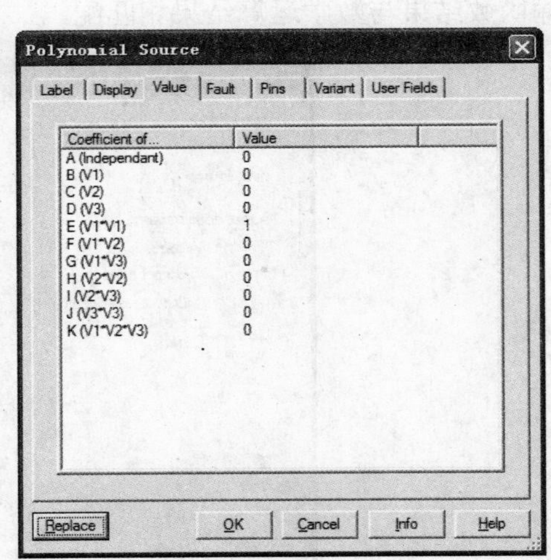

图 8-60　传输函数分析示例电路（非线性）　　图 8-61　“Polynomial Source”对话框的“Value”标签页

（1）按图 8-62 所示内容进行设置。

（2）单击【Simulate】（仿真）按钮运行该分析，结果如图 8-63 所示。

可以通过下式验证该仿真的结果：

$$V_{out}=V_{in}^{2}$$

$$\text{Transfer function} = \partial V_{out} / \partial V_{in} = 2V_{in} = 2(1) = 2$$

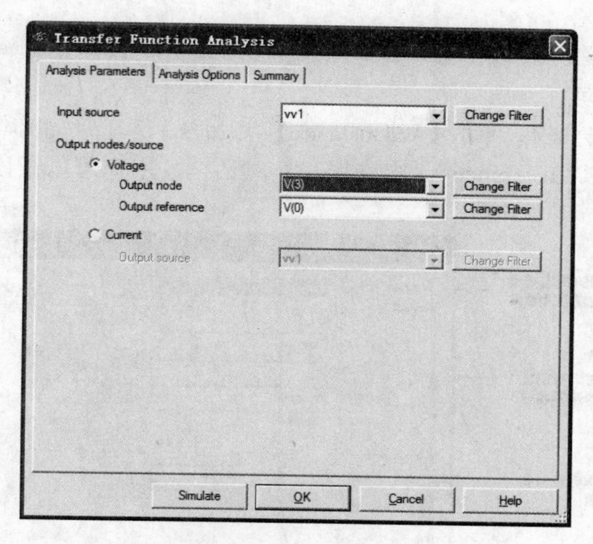

图 8-62 “Transfer Function Analysis”对话框的“Analysis Parameters”标签页

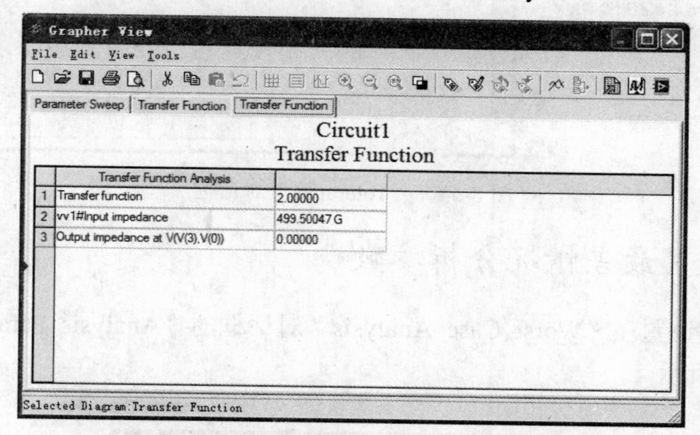

图 8-63 传输函数分析示例电路（非线性）结果

8.15 最差情况分析（Worst Case Analysis）

最差情况分析是获取假设元件参数在最坏情况下执行电路所带来的影响的方法。Multisim 执行最差情况分析是与直流和交流分析一同进行的。Multisim 首先执行的是名义上的值，接着是一个灵敏度分析（交流或者直流灵敏度），根据输出电压或电流指定元件的灵敏度。最后，由元件参数值生成最差情况值。

8.15.1 设置容许误差参数

在“Model tolerance list”（模型容许误差列表）标签页中，选择将使用的容许误差参数，可以进行如下操作。

➢ 在列表中编辑容许误差，单击【Edit selected tolerance】（编辑选择的容许误差）按钮。此时显示当前变量的容许误差。根据需要修改并单击【OK】按钮保存。

➢ 若要从列表中删除一个容许误差，选择一个容许误差后单击【Delete selected tolerance】(删除选择的容许误差）即可。

➢ 若要添加一个容许误差，单击【Add tolerance】(添加容许误差）按钮即可。

如图 8-64 所示为“Tolerance”（容许误差）对话框，用户可以在该对话框内输入所需的设置。

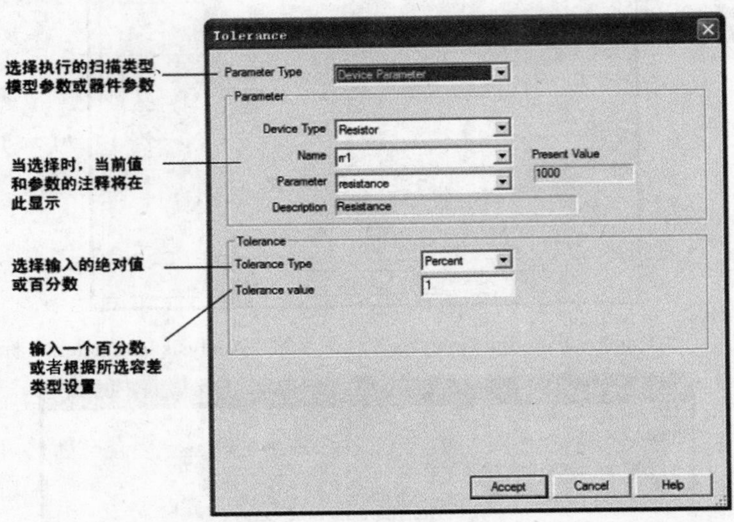

图 8-64 “Tolerance”对话框

8.15.2 设置最差情况分析参数

最差情况分析设置在“Worst Case Analysis”对话框的“Analysis Parameters”标签页内完成，如图 8-65 所示。

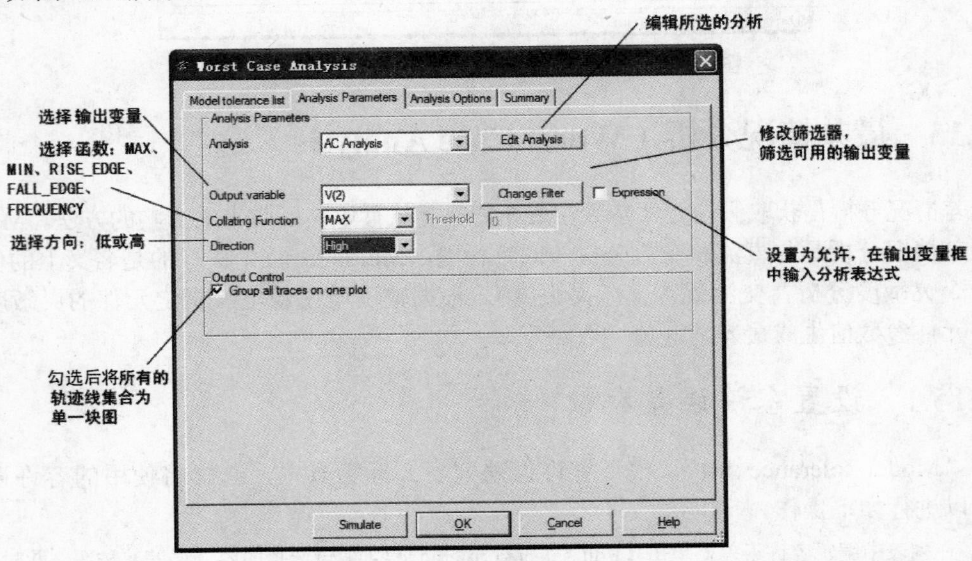

图 8-65 “Worst Case Analysis”对话框的“Analysis Parameters”标签页

对于直流电路来说，最差情况分析会生成一个电路从正常名义值到最坏值可能输出电压的范围的表格，以及一个关于元件和其最差情况的表格。

对于交流电路来说，最差情况分析会生成正常名义值和最差值运行的独立的块图，以及一个关于元件和其最差情况的表格。

8.15.3　最差情况分析示例

如图 8-66 所示为文氏振荡器。同相端接的反抗电阻用于稳定振荡器的放大。R1～R4 必须小心选择，以确保电路起振。

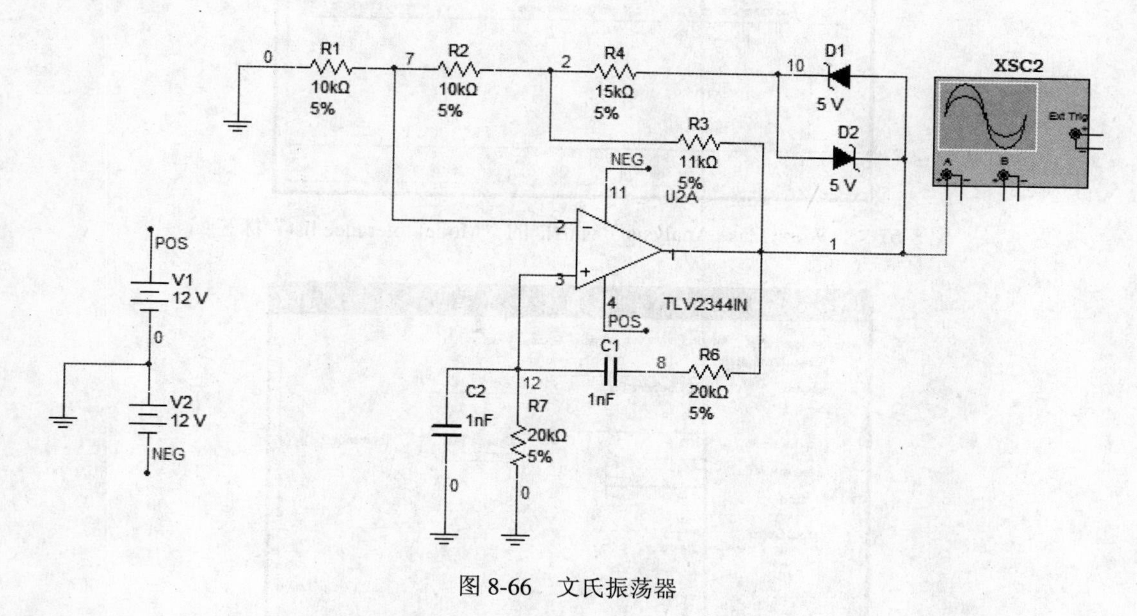

图 8-66　文氏振荡器

图 8-66 的电路只有达到以下条件才可以起振。

$$\frac{R_2+R_3}{R_1}>2 \quad 且 \frac{R_2+R_3/\!/R_4}{R_1}<2$$

在正常条件下，输出的正弦波可以达到 8V $_{p\text{-}p}$。

（1）打开“Worst Case Analysis”（最差情况分析）对话框，并单击【Add tolerance】（添加容许误差）按钮。

（2）如图 8-67 所示，输入相应参数。

（3）选择“Analysis Parameters”（分析参数）标签页，并按照如图 8-68 所示进行设置。

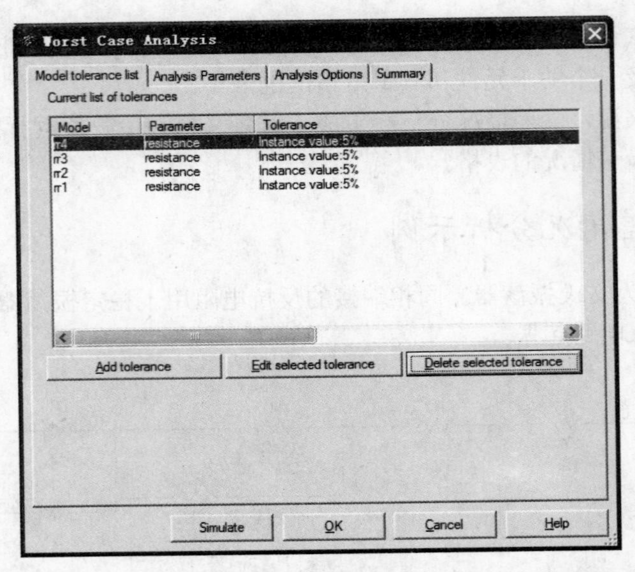

图 8-67 “Worst Case Analysis”对话框的“Model tolerance list”标签页

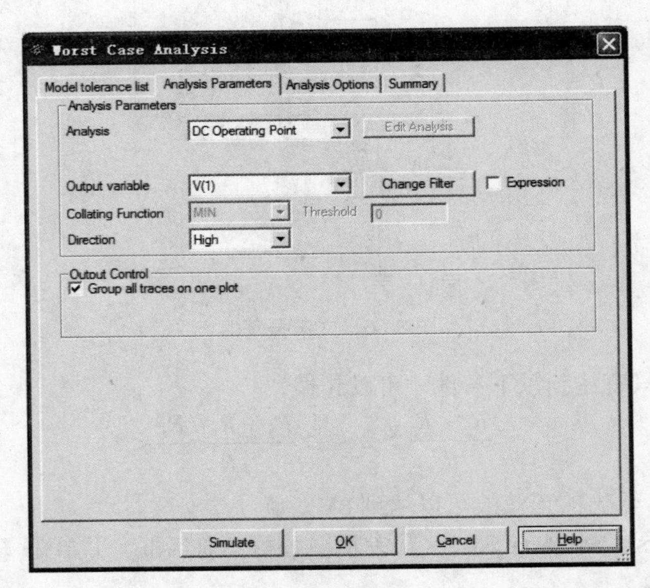

图 8-68 “Worst Case Analysis”对话框的“Analysis Parameters”标签页

（4）单击【Simulate】（仿真）按钮运行分析，显示如图 8-69 所示的结果。

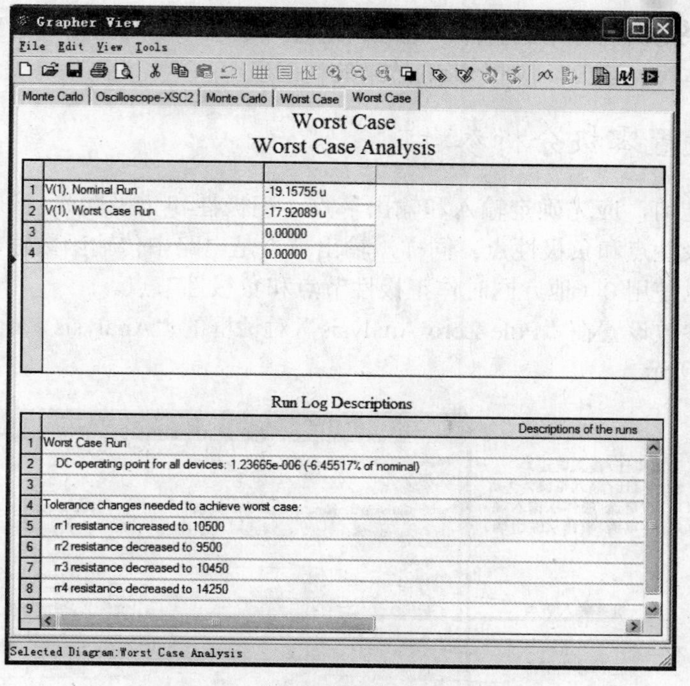

图 8-69　最差情况电路示例结果

最差情况分析结果显示了直流工作点在节点 1 的正常情况和最差情况。Run Log Descriptions 显示的是从名义值达到最大不同值所选的电阻值。此时，我们回忆关于振荡器起振的一个条件：

$$\frac{R_2+R_3}{R_1}>2$$

将结果代入可得到

$$\frac{9.5+10.45}{10.5}=1.9$$

因此，该电路并不能满足振荡器起振的条件。所以说，不注意选择元件的容许误差就可能会导致电路失效。

8.16　零极分析（Pole Zero Analysis）

零极分析用于通过计算电路中传输函数的零点和极点来确定电路的稳定性。传输函数公式是在频率域内表达电路动作和模拟的一种便利的方法，一个传输函数就是输出信号对输入信号的拉普拉斯变化率。

8.16.1　Multisim 处理方法

零极分析在小信号交流传输中计算零点和极点。在电路中，小信号用于模拟所有非线性器件。程序首先计算直流工作点并使其线性化，之后找到传输函数的零点和极点。

零极分析可以提供包含无源器件（电阻、电容、电感）电路的精确结果。如果电路中包含活动器件（晶体管、运放），则会影响结果的精确度。

8.16.2 设置零极分析参数

在执行分析之前，应先确定输入和输出节点（正极性和负极性）。输入节点是电路中传输函数输入的正极性点和负极性点。同样，输出节点是电路中传输函数输出的正极性点和负极性点。用户可以使用 0（地）同时作正极性节点和负极性节点。

零极分析的参数设置在“Pole-Zero Analysis”对话框的“Analysis Parameters”标签页中完成，如图 8-70 所示。

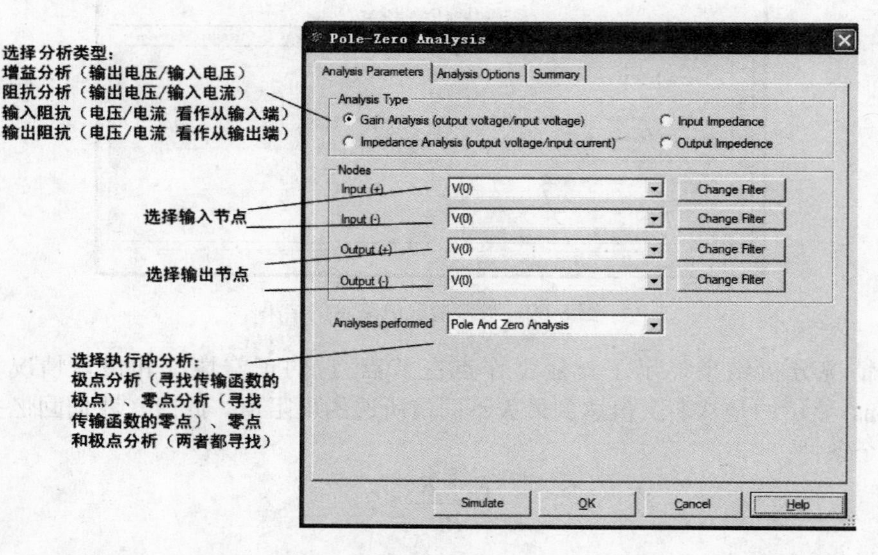

图 8-70 “Pole-Zero Analysis”对话框的“Analysis Parameters”标签页

8.16.3 运行零极分析

如图 8-71 所示为零极分析示例电路。

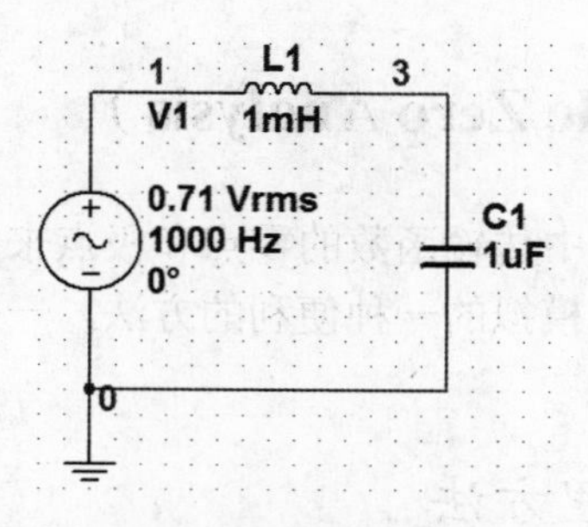

图 8-71 零极分析示例电路

（1）单击菜单【Simulate】/【Analyses】/【Pole Zero】命令。

（2）在“Pole-Zero Analysis”（零极分析）对话框中，选择“Analysis Parameters”（分析参数）标签页，设置如下参数。

- 设置“Input(+)”为 V(2)（输入节点）
- 设置“Input(–)”为 V(0)（地节点）
- 设置“Output(+)”为 V(1)（输出节点）
- 设置“Output(–)”为 V(0)（地节点）
- 设置“Analysis Performed”（分析执行）选项为 Pole And Zero Analysis

（3）单击【Simulate】（仿真）按钮，此时图示仪显示如图 8-72 所示的分析结果。从图中可以看到，有两个极点存在，一个极点显示在 S 平面的负区域，另一个在 S 平面的正区域。因为一个极点在 S 平面的负区域，所以该电路的稳定性很差。

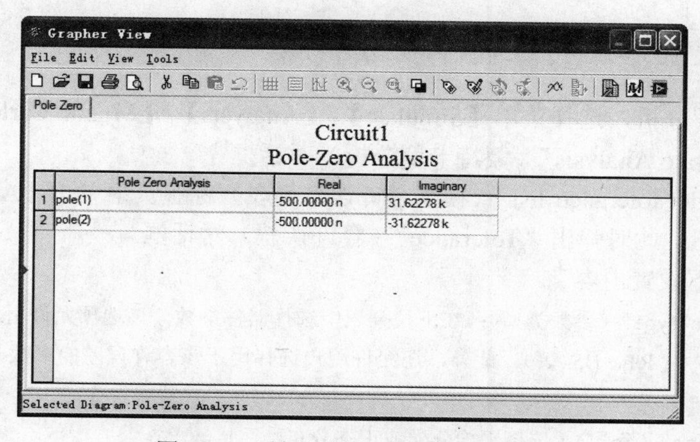

图 8-72　零极分析电路示例分析结果

8.17　蒙特卡罗分析（Monte Carlo Analysis）

蒙特卡罗分析是一种让用户研究改变元件属性对电路执行的影响的统计方法。

8.17.1　平均分布

平均分布是所有 *X* 值具有相同的发生可能性，它可以为元件附加指定的容许误差。例如，掷一个骰子，6 个面中的任何一面获得的概率为 1/6。既然所有的结果都有相同的概率，那么这就是平均分布，如图 8-73 所示为平均分布示意图。

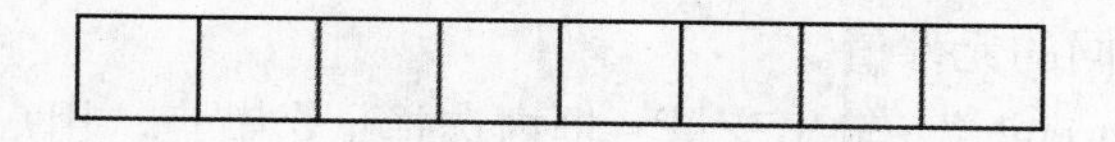

图 8-73　平均分布示意图

总和符号的公式表示：

$$\mu = \sum \frac{X}{N}$$

式中，μ为全平均；N为分数。

8.17.2 高斯分布（正态分布）

许多的统计测试都假想为正态分布，正态分布是一个分布族，如图 8-74 所示。

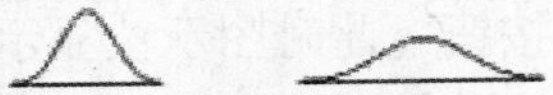

图 8-74 正态分布图例

8.17.3 设置和运行蒙特卡罗分析

开始蒙特卡罗分析，选择菜单【Simulate】/【Analysis】/【Monte Carlo】命令即可，此时弹出“Monte Cralo Analysis”（蒙特卡罗分析）对话框。

（1）在“Model tolerance list”（模型容许误差列表）标签页中单击【Add tolerance】（添加容许误差）按钮，此时弹出“Tolerance”（容许误差）对话框。

（2）指定以下设置内容。

- “Parameter Type”（参数类型）：在下拉列表中选择器件参数。该选项允许用户选择将包含容许误差的元件（如 R1、U5 等）。此外，还允许用户选择用于该容许误差的参数（如阻抗、稳定系数等）
- “Distribution”（分配）：选择平均分配或正态分布
- “Tolerance Type”（容许误差类型）：该选项允许用户指定元件容许误差的百分数或决定值（如电阻的容许误差为 5%或±20Ω）
- “Tolerance value”（容许误差值）：该选项允许用户设置容许误差的大小

（3）单击【Accept】（接受）按钮。

8.17.4 指定蒙特卡罗分析参数

本节介绍在“Analsis Parameters”（分析参数）标签页中设置分析参数的内容。

（1）“Analysis”（分析）选项允许用户指定仿真蒙特卡罗分析的类型，包含 Transient Analysis（瞬态分析）、DC Operating Point（直流工作点分析）和 AC Analysis（交流分析）。

（2）“Numbers of runs”（运行的数量）选项允许用户指定仿真蒙特卡罗产生的数量，每一个仿真将使用稍微不同的元件值。

（3）在“Output Variable”（输出变量）框内选择一个节点，用户可以选择“Expression”（表达式）复选框并在“Output Variable”（输出变量）框输入一个分析表达式。当“Expression”（表达式）复选框为允许时，【Change Filter】（修改筛选）按钮变为【Edit Expression】（编辑表达式）按钮，此时可以单击该按钮打开“Analysis Expression”（分析表达式）对话框来输入和编辑表达式。

（4）Collating Function（比较函数）和 Threshold（极限）共有 4 个可用选项。

- "MAX"（最大）：当蒙特卡罗结果产生时，每一次运行的最大峰值电压
- "MIN"（最小）：当蒙特卡罗结果产生时，每一次运行的最小峰值电压
- "RISE_EDGE"（上升沿）：蒙特卡罗结果产生后，波形信号达到极限电压第一个上升沿的时间
- "FALL_EDGE"（下降沿）：蒙特卡罗结果产生后，波形信号达到极限电压第一个下降沿的时间

8.17.5　蒙特卡罗分析示例

如图 8-75 所示为蒙特卡罗分析示例电路，将分析该电路的节点 2。

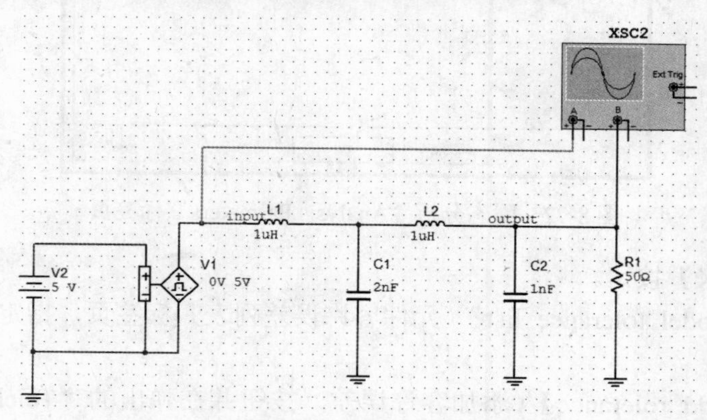

图 8-75　蒙特卡罗分析示例电路

（1）按图 8-76 所示填写相应的设置。

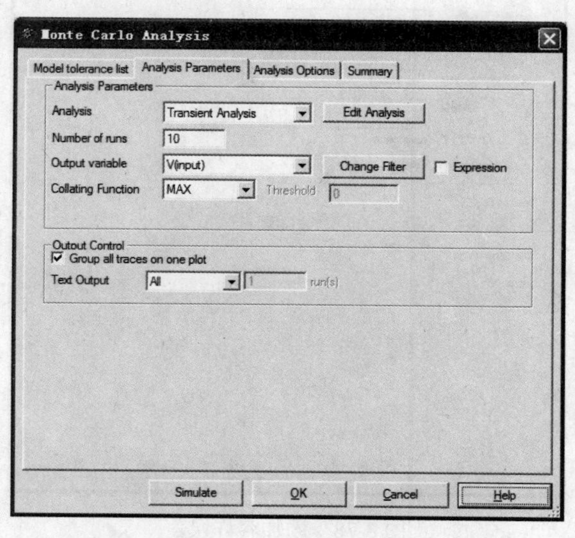

图 8-76　"Monte Carlo Analysis"对话框的"Analysis Parameters"标签页

（2）单击【Edit Analysis】（编辑分析）按钮修改瞬态分析用于仿真的相关参数，如图 8-77 所示。

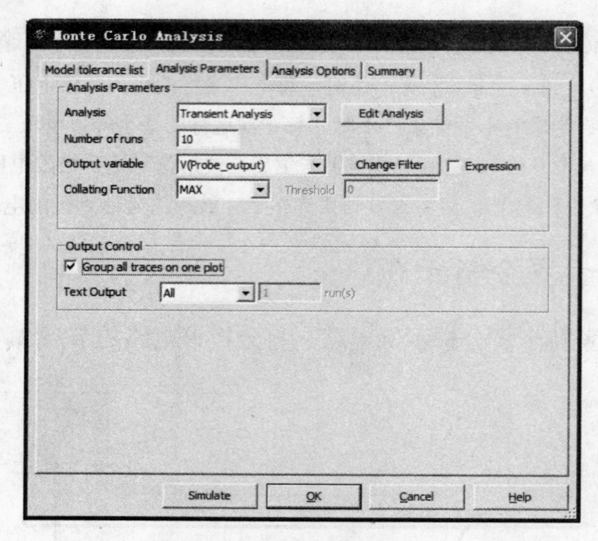

图 8-77　瞬态分析“Analysis Parmeters”标签页

（3）单击【OK】按钮。

（4）选择“Model tolerance list”（元件容许误差列表）标签页，指定在仿真过程中元件的容许误差。

（5）单击【Add rolerance】（添加容许误差）按钮并在弹出的“Tolerance”对话框中输入所需的信息，如图 8-78 所示。

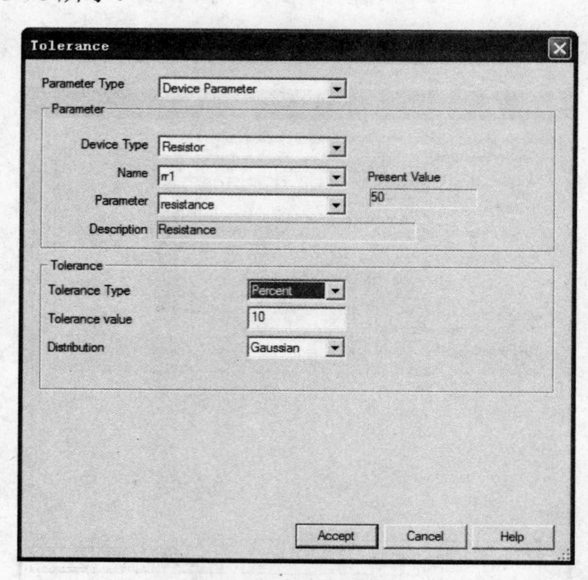

图 8-78　添加容许误差

（6）单击【Accept】（接受）按钮，此时的模型容许误差列表如图 8-79 所示。

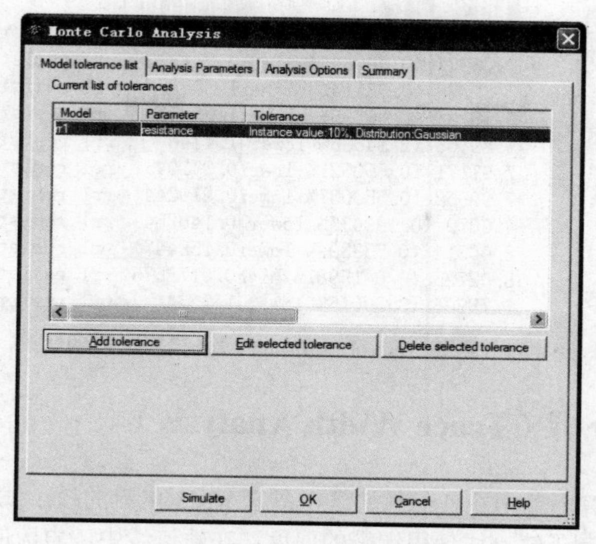

图 8-79　模型容许误差列表

（7）单击【Simulate】（仿真）按钮运行该仿真分析。

如图 8-80 所示为仿真运行的结果，如果要输出电压与时间的关系曲线图，用户可以在曲线图上单击鼠标左键激活，之后单击按钮输出数据。如果把 Run Log Descriptions（运行日志描述）输出到 Excel，可以将鼠标放置到数据对话框中并单击鼠标左键激活，之后再单击图标，此时 Excel 自动启动，并显示如图 8-80 所示的表格。

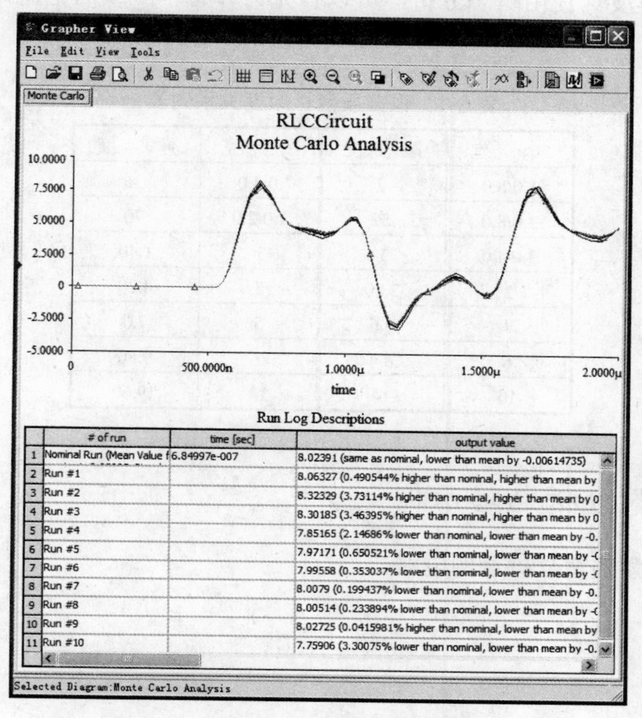

图 8-80　蒙特卡罗分析示例电路仿真结果

Nominal F	6.84997e-007	8.02391 (same as nominal	0.0390943	rr1 resistance=50
Run #1		8.06327 (0.490544% highe	0.211222	rr1 resistance=50.7608
Run #2		8.32329 (3.73114% higher	1.86485	rr1 resistance=56.2201
Run #3		8.30185 (3.46395% higher	1.72851	rr1 resistance=55.7392
Run #4		7.85165 (2.14686% lower	1.1346	rr1 resistance=46.9503
Run #5		7.97171 (0.650521% lower	0.371045	rr1 resistance=49.0152
Run #6		7.99558 (0.353037% lower	0.219244	rr1 resistance=49.4622
Run #7		8.0079 (0.199437% lower	0.140864	rr1 resistance=49.6952
Run #8		8.00514 (0.233894% lower	0.158447	rr1 resistance=49.6428
Run #9		8.02725 (0.0415981% high	0.0178675	rr1 resistance=50.0639
Run #10		7.75906 (3.30075% lower	1.72341	rr1 resistance=45.3641

图 8-81　将 Run Log Descriptions 输出到 Excel 的结果

8.18　线宽分析（Trace Width Analysis）

线宽分析用于计算电路中在任何轨迹线上处理 RMS 电流的最小线宽。

PCB 布线工艺限制了轨迹线使用铜箔的厚度。在轨迹线中，电流的热力学公共模型可以表示为 $I=K^*\Delta T^{B1}A^{B2}$，该公式中 I 为电流（安培）；ΔT 为周围环境温度的变化（摄氏度）；A 为穿过可组合区域的平方密耳；K、$B1$、$B2$ 为常数。

8.18.1　Multisim 处理方法

Multisim 使用线宽质量值（oz/ft^2）来计算线宽分析中所需的厚度。表 8-1 所示为每一铜箔质量假设的线宽厚度。使用瞬态分析，可以首先计算每一配线的电流，这些电流值由时间的长短决定。

表 8-1　铜箔质量、厚度关系列表

线　宽	厚　度	线　宽	厚　度
1.0/8.0	.2	.0/4.0	.36
3.0/8.0	.52	1.0/2.0	.70
3.0/4.0	1	1	1.40
2	2.80	3	4.20
4	5.6	5	7.0
6	8.4	7	9.80
10	14	14	19.60

8.18.2　线宽分析电路示例

如图 8-82 所示为线宽分析示例电路。

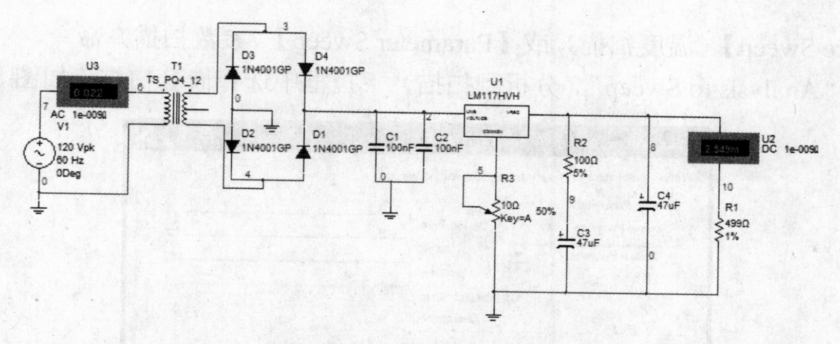

图 8-82　线宽分析示例电路

图中的输入信号为 120V 交流（RMS）信号，设置线宽分析的步骤如下。

（1）选择菜单【Simulate】/【Analyses】/【Trace Width Analysis】命令。

（2）选择“Trace Width Analysis”（线宽分析）标签页，并设置“Maximum temperature above zmbient”为 10℃；“Weight of plating”为 1（oz/ft^2）。

（3）选择“Analysis Parameters”（分析参数）标签页并从“Initial Conditions”（初始条件）下拉框中选择“Set To Zero”（设置为 0）。

（4）单击【Simulate】（仿真）按钮。图示仪以图表的形式显示分析的结果，如图 8-83 所示。

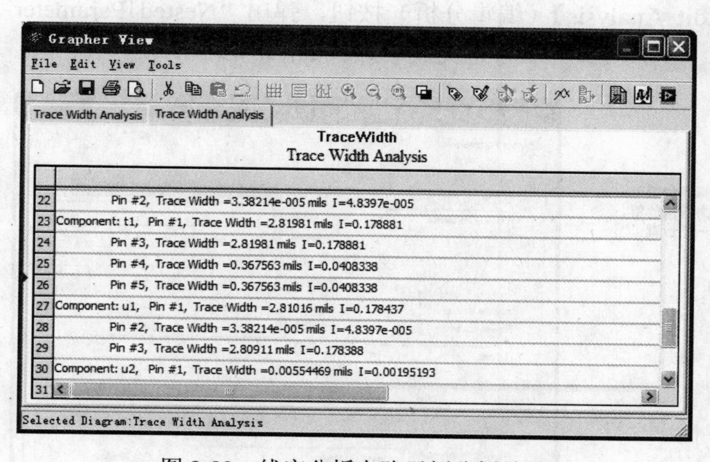

图 8-83　线宽分析电路示例分析结果

由以上分析结果中可以得出，T1（变压器）的 1#引脚所需的最小线宽为 2.81981mil，因此为保证输入信号源和变压器 T1 工作正常，在 PCB 布线时该处线宽必须最小为 3.0mil。

8.19　嵌套扫描分析（Nested Sweep Analyses）

Temperature Sweep（温度扫描）和 Parameter Sweep（参数扫描）可以以嵌套的形式执行。例如，用户可以基于参数扫描结果执行一个温度扫描。

（1）在“Parameter Sweep”（参数扫描）对话框中，从【Analyses】（分析）菜单中选择

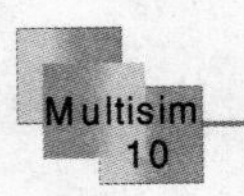

【Temperature Sweep】（温度扫描）或【Parameter Sweep】（参数扫描）命令。

（2）从“Analysis to Sweep”（分析到扫描）下拉框中选择嵌套扫描，如图 8-84 所示。

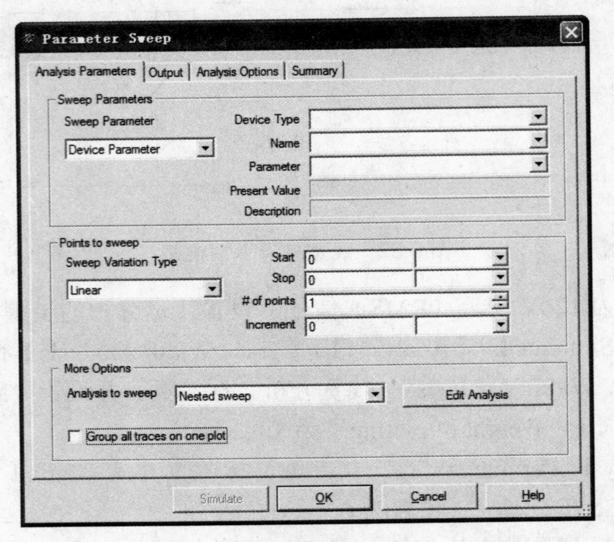

图 8-84 “Parameter Sweep”对话框的“Analysis Parmeters”标签页

（3）单击【Edit Analysis】（编辑分析）按钮，弹出“Nested Parameter Sweep”（嵌套参数扫描）对话框，如图 8-85 所示为定义嵌套扫描的第一步。

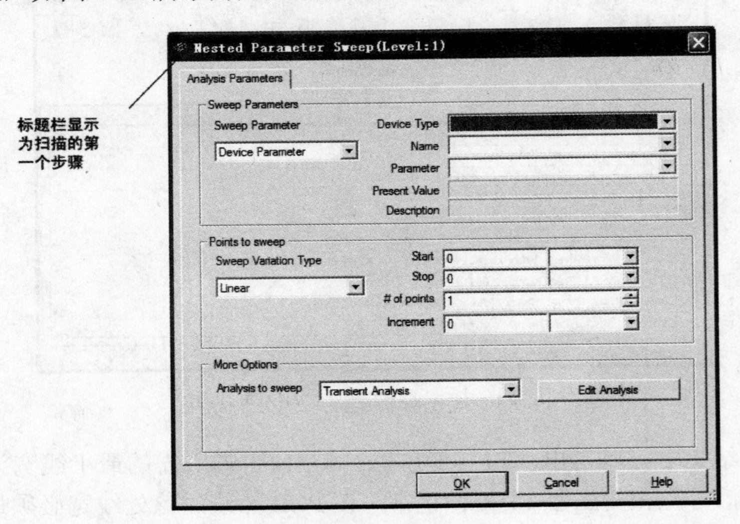

图 8-85 定义嵌套扫描的第一步

（4）设置所需的参数。

（5）如要创建嵌套的另一层，可以重新从“Analysis to sweep”（分析到扫描）下拉框中选择嵌套扫描。

（6）单击【Edit Analysis】（编辑分析）按钮，弹出一个新的“Nested Parameter Sweep”

（嵌套参数扫描）对话框，此时显示为第二步。

（7）可以通过以上的操作重复添加。

（8）如要返回到更高的层，可以先保存设置，单击【OK】按钮。单击【Cancel】按钮则不保存所做的修改直接返回。

（9）当所有的嵌套分析定义完毕，单击【Simulate】（仿真）按钮即可。

8.20　批处理分析（Batched Analyses）

用户可以将不同的分析或不同场合的相同分析批次执行，这提供了一个为高级用户从单一的命令中执行多重分析的简便方法。

（1）选择菜单【Analysis】/【Batched Analyses】命令，弹出如图 8-86 所示的对话框。

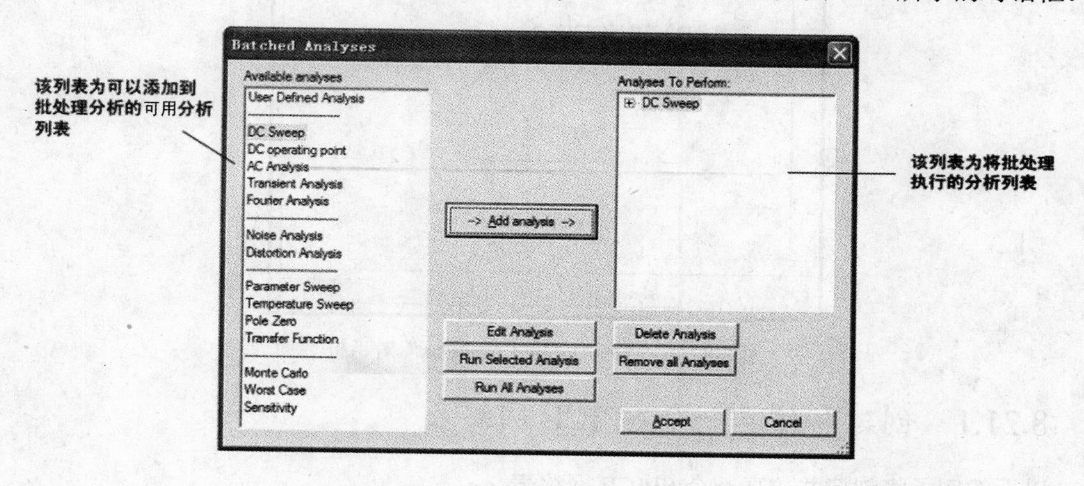

图 8-86　“Batched Analyses”对话框

（2）如要添加分析到批处理执行列表中，选择分析并单击【Add Analysis】（添加分析）按钮即可。此时弹出用于选择参数的对话框，在该对话框中设置分析的参数。

（3）当用户完成分析设置后，单击【Add to List】（添加到列表）按钮。

（4）根据需要继续添加分析项目。

（5）运行批处理执行分析中的一个，可以选择该分析并单击【Run Selected Analysis】（运行选中的分析）按钮。如要运行所有分析，单击【Run All Analyses】（运行所有分析）按钮即可。

如要在批处理分析中编辑分析参数，选择该分析并单击【Edit Analysis】（编辑分析）按钮，在弹出的分析参数对话框中进行修改即可。

如要从批处理分析中移除分析，则可以选中该分析并单击【Delete Analysis】（移除分析）按钮。若要移除所有分析，则单击【Remove All Analyses】（移除所有分析）按钮。

8.21 用户自定义分析（User Defined Analyses）

用户自定义分析允许用户手工加载一个 SPICE 卡或网络表并且输入 SPICE 命令，这将给用户带来比使用 Multisim 中的图形界面更多的自由空间，但用户需对 SPICE 知识有相当的了解，如图 8-87 所示为“User Defined Analysis”（用户定义分析）对话框。

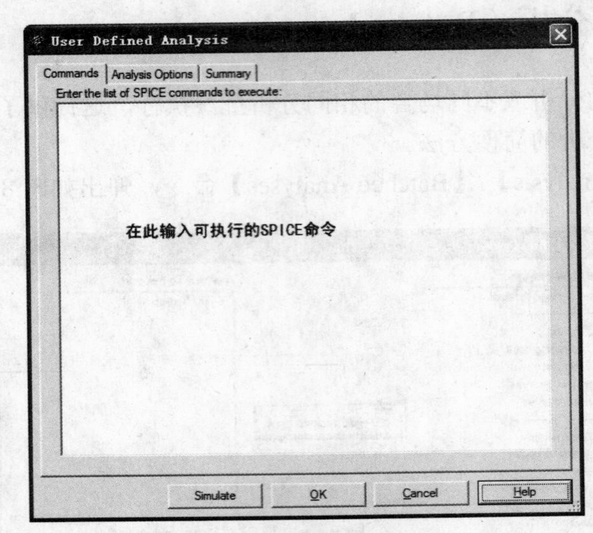

图 8-87 “User Defined Analysis”对话框

8.21.1 创建和仿真一个 SPICE 网络表

以下的例子将创建并仿真一个 SPICE 网络表。

```
*Basic RC Circuit
v1 1 0 sin(0 1 1000)
r1 1 2 1000
c1 2 0 1e-6
.tran 0.1m 1m
.end
```

1．创建 SPICE 网络表

（1）在任何的文本编辑器中输入网络表，如上示例。

（2）在文本编辑器中，单击菜单【File】/【Save As】命令。

（3）在弹出的对话框中，输入文件名为 Rc.cir 并选择 C:\Temp 为文件所保存的路径。

2．运行用户自定义分析

（1）单击菜单【Simulate】/【Analyses】/【User Defined Analysis】命令。

（2）在弹出的“User Defined Analysis”（用户定义分析）对话框中的“Commands”（命

令）标签页中，输入如图 8-88 所示的语句。

（3）单击【Simulate】（仿真）按钮。

本例中的波形将显示在 Multisim 中的图示仪里，如图 8-89 所示。

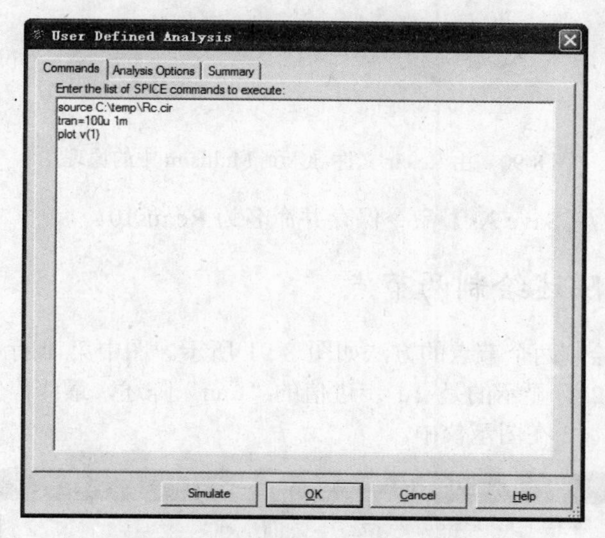

图 8-88　在“User Defined Analysis”对话框中输入 SPICE 命令

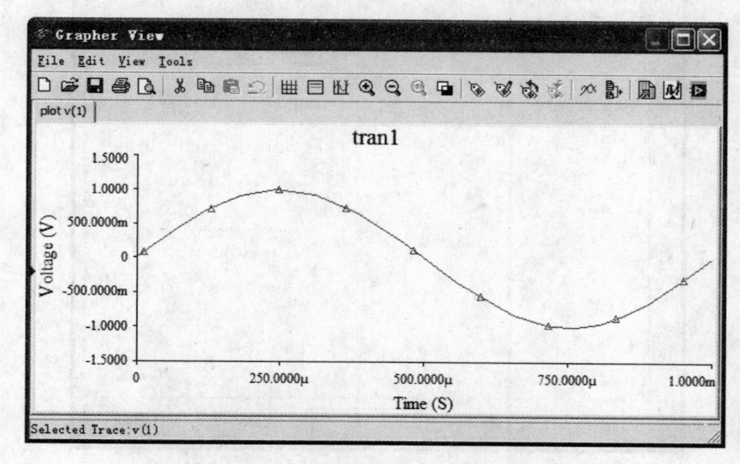

图 8-89　图示仪中显示的运行结果

8.21.2　导入 SPICE 网络表到 Mutlisim 中

导入 Rc.cir SPICE 网络表到 Multisim 中的方法如下。

（1）单击菜单【File】/【Open】命令。在“File of Type”（文件类型）下拉列表中选择 SPICE Netlist(*.cir)。

（2）从 C:\Temp\目录中选择 Rc.cir 文件并单击【Open】（打开）按钮，则 Rc.cir 文件即被导入到 Multisim 中并显示基于文本的 SPICE 网络表的原理图，如图 8-90 所示。

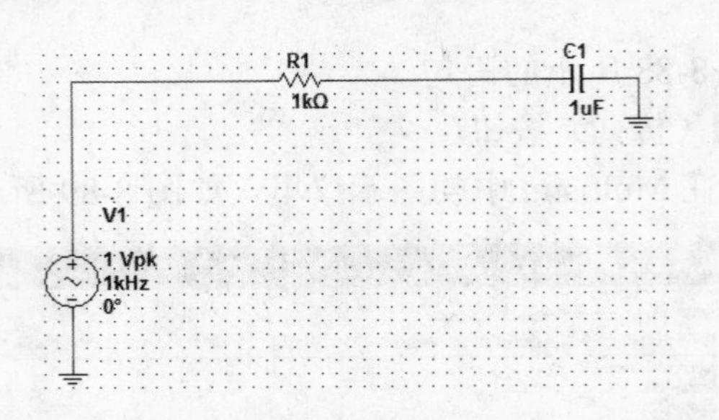

图 8-90　由 Rc.cir 文件导入到 Multisim 中的原理图

（3）单击【File】/【Save As】命令保存并命名为 Rc.ms10。

8.21.3　使用陈述绘制两节点

利用语句来陈述绘制两个节点的方法如图 8-91 所示。图中第 1 行显示的是 SPICE 网络表文件及其路径，第 2 行显示的是 1u 步进值的“tran”陈述，最终停止值为 2m。plot v(1) v(2)命令将绘制节点 1、2 在图示仪中。

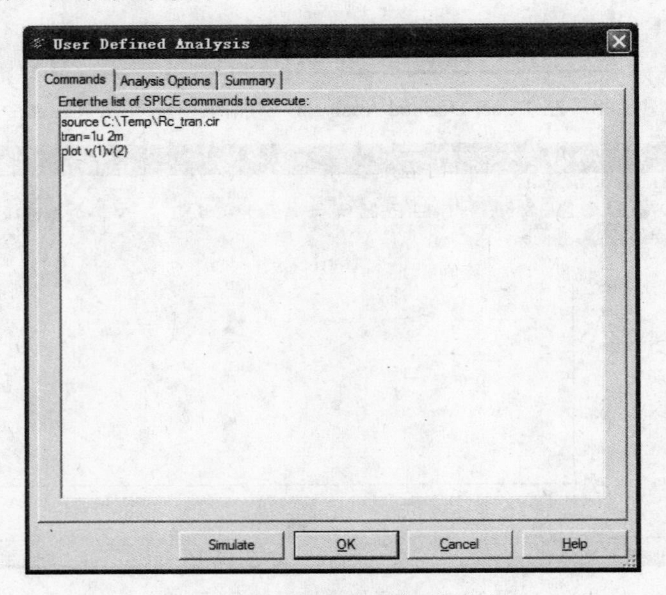

图 8-91　使用陈述绘制两个节点

8.22　自定义分析选项对话框

Multisim 允许用户控制伴随分析出现的仿真问题，如复位错误容许误差、选择模拟法及查看结果等。仿真的效率同样也依靠对这些选项的选择。

以下内容将简要介绍用户控制仿真、分析及显示它们的默认值的仿真选项。用户可以通过各种不同分析项目的对话框中的“Analysis Options”（分析选项）标签页找到这些选项。

8.22.1 全局标签

表 8-2 列出了全局标签中的选项。

表 8-2 全局标签中的选项

代码	选项名称	说明	默认值	单位	推荐值
ABSTOL	Absolute error tolerance	复位绝对电流误差宽容度。默认为适合大多数双极性晶体管超大规模集成电路	1.0e–12	A	
VNTOL	Voltage error tolerance	复位程序中的绝对电压误差宽容度	1.0e–06	V	通常电路中幅度小于最大电压信号，设置为 6～8
CHGTOL	Charge error tolerance	在列中复位电荷宽容度	1.0e–14	C	请勿修改默认值
RELTOL	Relative error tolerance	复位仿真中相对误差宽容度，控制全局精确性。该值可以一直影响汇聚方法及仿真速度，必须设为 1 和 0 之间	0.01	—	使用典型值在 1.0e–06 和 0.01
GMIN	Minimum conductance	用于在任何电路支流中复位最小电导系数。不能为 0。增加该值可以改善汇聚，但会影响仿真精度	1.0e–12	Mho	请勿修改默认值
PIVREL	Minimum acceptable ratio of pivot	复位在矩阵中的最大列入口和可接受支点值间的相对值，该值必须在 0 和 1 之间	0.001	—	请勿修改默认值
PIVTOL	Minimum acceptable pivot	复位一个矩阵入口的最小绝对值，作为可接受支点	1.0e–13	—	请勿修改默认值
TEMP	Operating temperature	复位将要仿真的入口电路温度	27	℃	—
RSHUNT	Shunt resistance from analog nodes to ground	在电路中所有模拟节点插入对地电阻，降低仿真精度	禁用（当禁用时 1.0e12）	Ω	应设置为非常大的电阻，如 1e+12Ω。如果用户获得一个无支流通路对地或一个矩阵几乎单一的错误信息，则尝试减小到 1e+9Ω或 1e+6Ω
RAMPTIME	Transient analysis supply ramping time	跳转不受源控制，电容和电感的初始条件在制定周期时间从 0 到它们的最终值	0	S	—

续表

代　码	选项名称	说　明	默认值	单　位	推荐值
CONVSEP	Fractional step allowed by code model inputs between iterations	通过建立一个相对步长限制来解决直流工作点，控制自动汇聚	0.25	—	—
CONVABSSTEP	Absolute step allowed by code model inputs between iterations	通过建立一个绝对步长限制来解决直流工作点，控制自动汇聚	0.1	—	—
ACCT	Enable convergence assistance on code models	打开或关闭与仿真相关信息的数据统计。对于调试与仿真有关的问题非常有用。数据出现在图示仪对话框	Off	—	—
CONVLIMIT	Print simulation statistics	在某些建立元件模型时允许或禁用汇聚运算法则	ON	—	—

8.22.2　直流标签

表 8-3 列出了直流标签中的选项。

表 8-3　直流标签中的选项

代　码	选项名称	说　明	默认值	单　位	推荐值
ITL1	DC iteration limit	在直流工作点分析中复位牛顿－拉富生最大限值	100	—	如果用户收到“NO convergence in DC analysis”可以增加 ITL1 值到 500 或 1000，并重新允许分析
ITL2	DC transfer curve iteration limit	复位直流传输曲线反复限制	50	—	
ITL6	Steps in source stepping algorithm	在 Gmin 步长法则中设置步进值	10	—	—
GMINSETPS	Number of Gmin steps	在 Gmin 步长法则中设置步进数量	10	—	—
NOOPITER	Go directly to Gmin stepping				

8.22.3　瞬态标签

表 8-4 列出了瞬态标签中的选项。

表 8-4　瞬态标签中的选项

代　码	选项名称	说　明	默认值	单　位	推荐值
ITL4	Upper transient iteration limit	在每一个瞬态时间点复位牛顿－拉富生反复的上限值	100	—	如用户收到“Time step too small”或“No convergence in transient analysis”提示，则增加 ITL4 值到 15 并重新允许分析
MAXORD	Maximum integration order	当 GEAR 选择为瞬态分析综合方法时，为综合设置最大顺序	2	—	对于大多数电路使用默认值即可
TRTOL	Truncation error overestimation factor	复位瞬态误差宽容度。仅用于局部舍位误差情况	7	—	使用默认值
METHOD	Integration method	用于选择瞬态分析。默认为相同数字精度提供更快的仿真，但会产生非故意的结果	TRAPE-ZODIAL	—	如果多余的数字振动出现在仿真过程中或电路包含理想开关则使用 GEAR 。如果电路工作在振动模式，则使用默认值（如振荡器电路）

8.22.4　器件标签

表 8-5 列出了器件标签中的选项。

表 8-5　器件标签中的选项

代　码	选项名称	说　明	默认值	单　位	推荐值
TNOM	Nominal temperature	模型参数测量和计算时复位正常温度	27	℃	请勿修改，除非电路需匹配电路手册中指定的
BYPASS	Allow bypass of unchanging elements	对于非线性模型评估，打开或关闭器件旁路设计	Off	—	请勿修改默认值
DEFAD	Default MOSFET area of drain	复位 MOS 沟道区域的值	0	m^2	一般使用默认值，除非用户知道如何从用户手册中指定 MOS 器件的值
DEFAS	Default MOSFET area of source	复位 MOS 源扩散区域的值	0	m^2	一般使用默认值，除非用户知道如何从用户手册中指定 MOS 器件的值
DEFL	Default MOSFET length	复位 MOS 沟道长度值	0.001	μm	一般使用默认值，除非用户知道如何从用户手册中指定 MOS 器件的值

续表

代 码	选项名称	说 明	默认值	单 位	推 荐 值
DEFW	Default MOSFET width	复位 MOS 沟道宽度值	0.001	μm	一般使用默认值，除非用户知道如何从用户手册中指定 MOS 器件的值
TRYTOCOMPACT	Try compaction for LTRA lines	适用于有损的传输线元件。当选项设置为打开，Multisim 将为包含有损传输线的电路瞬态仿真尝试减少数据保存和内存使用	Off	—	—
OLDLIMIT	Use SPICE2 MOSFET limiting		Off	—	

8.22.5 高级标签

表 8-6 列出了高级标签中的选项。

表 8-6 高级标签中的选项

代 码	选项名称	说 明	默认值	单 位	推 荐 值
AUTOPARTIAL	Use auto-partial computation for all models		Off	—	
BADMOS3	Use old mos3 model (discontinuous with respect to kappa)		Off	—	
KEEPOPINFO	Record operating point for each small-signal analysis	不论是交流、失真、零极分析运行中，保留工作点信息	Off	—	如果电路很大并且用户不想运行多余的“.OP”分析，该选项则显得十分有用
MAXEVTITER	Maximum event iterations at analysis point		0		
MAXOPALTER	Maximum analog/event alternations in DCOP		0		
MINBREAK	Minimum time between breakpoints		0	S	
NOOPALTER	Do not do analog/event alternation in DCOP		Off	—	

练习题

1．如图所示，并参看相应设置，对该电路做直流扫描分析。

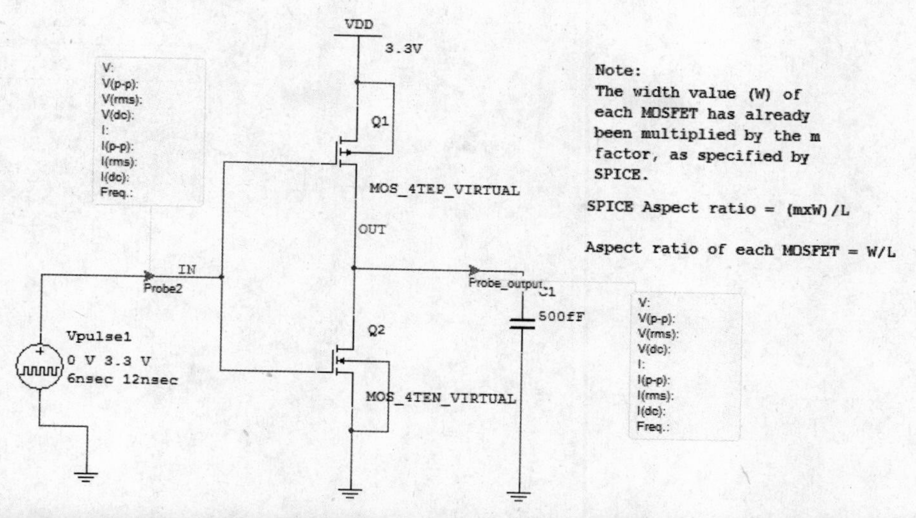
VDD
3.3V
Q1
MOS_4TEP_VIRTUAL
OUT
IN
Probe2
Probe_output
C1
500fF
Vpulse1
0 V 3.3 V
6nsec 12nsec
Q2
MOS_4TEN_VIRTUAL
V:
V(p-p):
V(rms):
V(dc):
I:
I(p-p):
I(rms):
I(dc):
Freq.:
Note:
The width value (W) of each MOSFET has already been multiplied by the m factor, as specified by SPICE.
SPICE Aspect ratio = (mxW)/L
Aspect ratio of each MOSFET = W/L

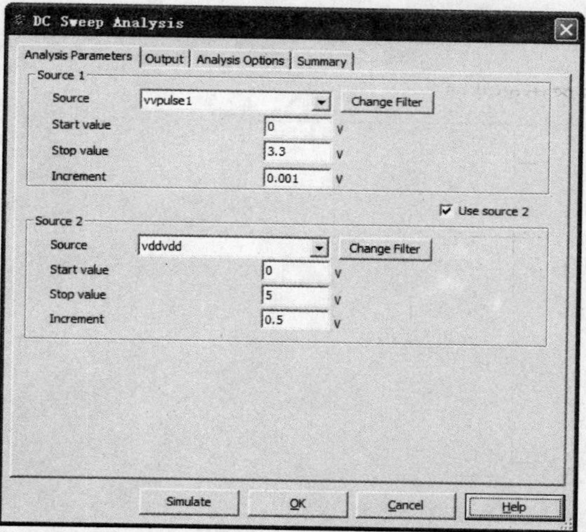
DC Sweep Analysis
Analysis Parameters
Output
Analysis Options
Summary
Source 1
Source
vvpulse1
Change Filter
Start value
0
Stop value
3.3
Increment
0.001
Use source 2
Source 2
Source
vddvdd
Change Filter
Start value
0
Stop value
5
Increment
0.5
Simulate
OK
Cancel
Help

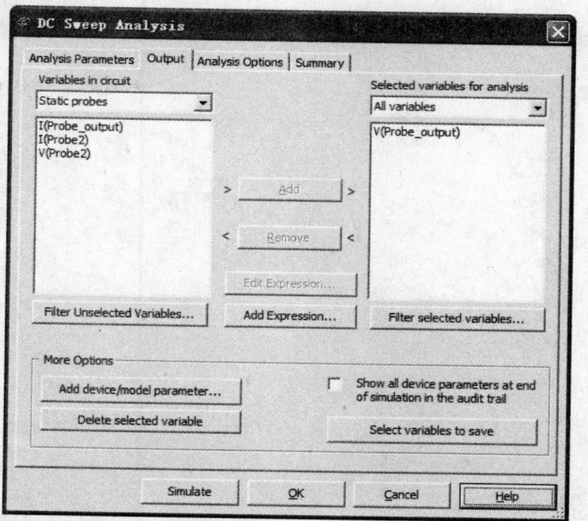
DC Sweep Analysis
Analysis Parameters
Output
Analysis Options
Summary
Variables in circuit
Static probes
I(Probe_output)
I(Probe2)
V(Probe2)
Selected variables for analysis
All variables
V(Probe_output)
Add
Remove
Edit Expression...
Filter Unselected Variables...
Add Expression...
Filter selected variables...
More Options
Add device/model parameter...
Delete selected variable
Show all device parameters at end of simulation in the audit trail
Select variables to save
Simulate
OK
Cancel
Help

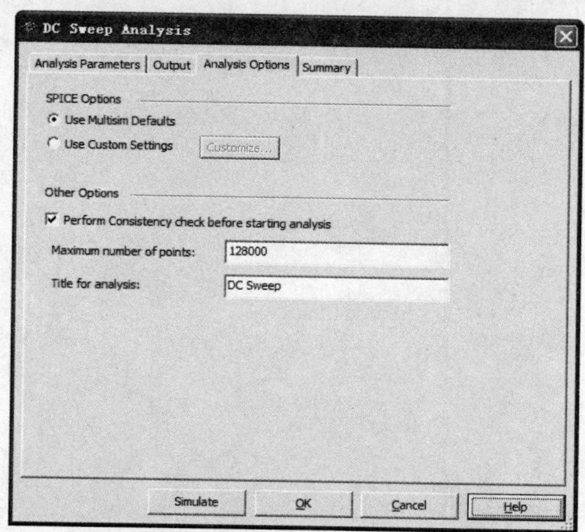
DC Sweep Analysis
Analysis Parameters
Output
Analysis Options
Summary
SPICE Options
Use Multisim Defaults
Use Custom Settings
Customize...
Other Options
Perform Consistency check before starting analysis
Maximum number of points:
128000
Title for analysis:
DC Sweep
Simulate
OK
Cancel
Help

后处理

- 后处理简介
-  使用后处理
-  后处理变量
-  后处理可用的函数

本章将介绍对仿真结果进行后处理的方法，其结果显示在图示仪中。

9.1 后处理简介

后处理允许用户操作由执行电路分析获得的输出，并将结果绘制到曲线图或图表中，绘制的结果表现为“轨迹线”的形式。可供分析结果执行的数学运算操作类型包括算术运算、三角运算、指数运行、对数运算、复合运算、向量运算和逻辑运算等。

以下列举了几个后处理的应用。

- 通过从一个瞬态分析获得输入曲线，再划分输出曲线，并且获得结果
- 将电压乘以电流获得电路的功率
- 通过较小的改动电路评估造成的不同结果

9.2 使用后处理

要使用后处理，应先整合数学函数的电路分析结果，并建立方程。建立后处理的方程等式，需要至少执行一个分析。

9.2.1 基本设置步骤

设置方程等式从被绘制的轨迹线、用户所选的变量及函数开始。需要注意的是，用户需要执行完成一个电路分析，保证当前仿真的结果可用。

下面介绍建立表达式的方法。

（1）在主工具栏中单击后处理按钮，或者单击菜单【Simulate】/【Postprocessor】命令，弹出“Postprocessor”（后处理）对话框，如图 9-1 所示。

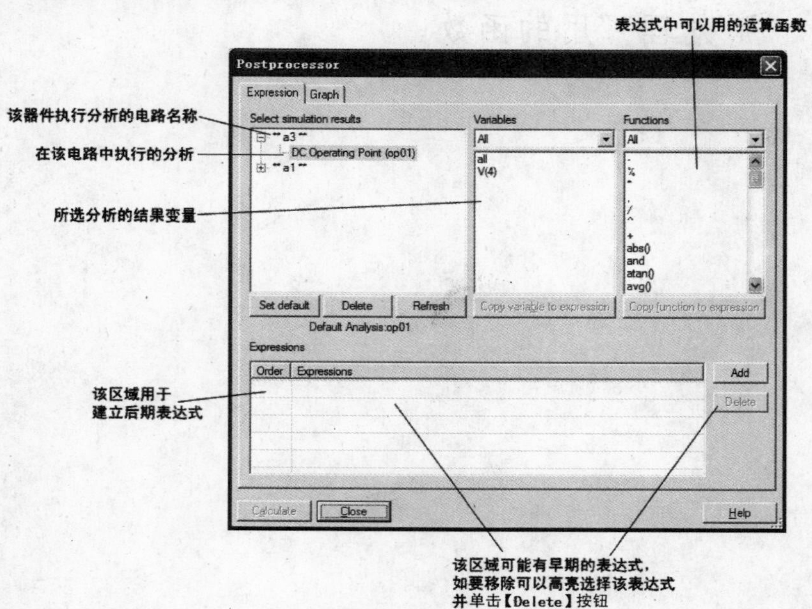

图 9-1 “Postprocessor”对话框

（2）在“Expression”（表达式）标签页中的“Select simulation results”（所选仿真结果）列表中列出了 Multisim 已经执行分析的文件。每一个分析标志为一个名称和一个代码，代码用括号括起来，用于标志分析变量。单击分析名，分析的结果变量出现在“Variables”（变量）列表中。

（3）从“Variables”（变量）列表中，选择包含到方程等式用于定义轨迹线的变量，并单击【Copy variable to expression】（复制变量到表达式）按钮。此时变量出现在“Expressions”（表达式）列表中。

（4）从“Functions”（函数）列表中，选择包含在轨迹线方程等式的运算函数，并单击【Copy funtion to expression】（复制函数到表达式）按钮。

注意： 如果手工输入或修改轨迹线的方程等式，在输入或修改期间可能出现警告信息。

（5）继续选择分析、变量和函数，直到方程等式建立完毕。

（6）设置结束后，单击【Add】（添加）按钮或按【Enter】（回车键）键在“Expressions”（表达式）列表中保存该表达式。

（7）重复以上步骤添加更多的方程等式。

如要查看建立方程等式的结果，可以执行以下的操作步骤。

（1）在“Postprocessor”（后处理）对话框中选择“Graph”（曲线图）标签页。

（2）单击“Page”（页面）右侧的【Add】（添加）按钮。一个默认的名称显示在该页面“Name”（名称）列中。

（3）在“Diagrams”（图表）处单击【Add】（添加）按钮。一个默认的名称显示在图表处的“Name”（名称）列中。

（4）在“Diagram”（图表）处单击“Type”（类型）列并从下拉列表中选择曲线图或图表。

（5）在“Expressions available”（表达式变量）列表中，选择想查看的方程等式。

（6）单击 [›] 按钮移动该方程等式到“Expressions selected”（表达式选择）区域。结果如图 9-2 所示。

（7）单击【Calculate】（计算）按钮，打开图示仪并查看显示的运算结果，如图 9-3 所示。

用户建立的方程等式使用后处理包含了分析项目预先的代码。为了简化等式并在图示仪中显示轨迹线，可以设置其中一个分析作为默认分析。

默认的分析在“Expression”（表达式）标签页的“Select simulation results”（选择仿真结果）框内确定。如要修改默认分析，可以在“Select simlation results”（选择仿真结果）处选择所需的分析并单击【Set default】（设置为默认）按钮，结果体现在“Default Analysis”（默认分析）处。

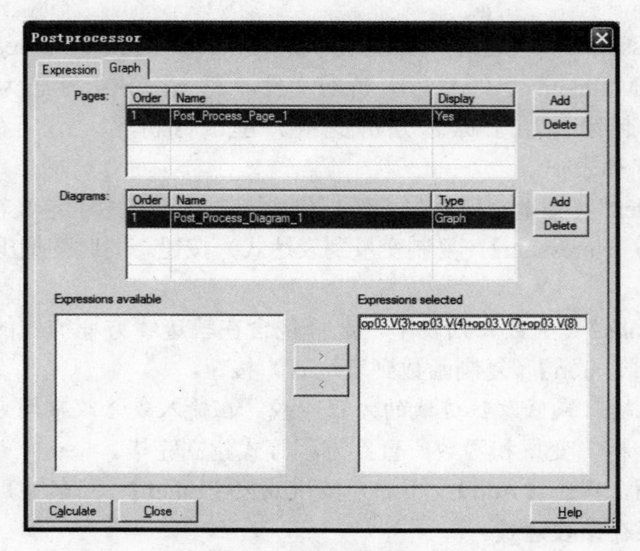

图 9-2　查看建立等式的结果

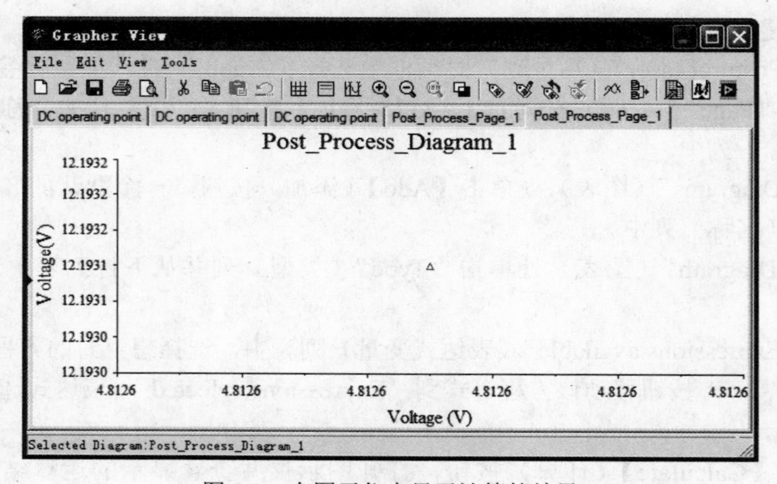

图 9-3　在图示仪中显示计算的结果

最后介绍添加另外的轨迹线到图示仪页面的方法。

（1）从“Postprocessor”（后处理）对话框中选择“Graph”（曲线图）标签页。

（2）在“Expressions available”（表达式变量）处，选择用户想查看的另一个方程等式。

（3）单击 [<] 按钮移动方程等式到“Expressions selected”（表达式选择）区域。

（4）单击【Calculate】（计算）按钮打开图示仪查看结果。

9.2.2　设置页面、轨迹线、曲线图、图表

1．添加另一个页面（标签页）到图示仪中显示轨迹线

（1）在“Postprocessor”（后处理）对话框中选择“Graph”（曲线图）标签页。

（2）在“Pages”（页面）处单击【Add】（添加）按钮，此时在第一页面名称下“Name”（名称）列中显示一个默认的名称，根据需要可以修改默认的名称。

（3）在“Diagrams”（图表）处单击【Add】（添加）按钮，此时在第一图表名称下的“Name”（名称）列中显示一个默认的名称，根据需要可以修改默认的名称。

（4）在“Diagram”（图表）处单击“Type”（类型）列从下拉框中选择曲线图或图表。

（5）在“Expressions available”（表达式变量）处，选择需要查看的方程等式。

（6）单击 > 按钮移动方程等式到“Expressions selected”（表达式选择）区域。

（7）单击【Calculate】（计算）按钮，打开图示仪并查看结果。

2．修改曲线图或图表

（1）在“Postprocessor”（后处理）对话框中选择“Graph”（曲线图）标签页。

（2）在“Diagram”（图表）处单击“Type”（类型）列并从下拉菜单中选择曲线图或图表。在图示仪中显示的图表或曲线图是已经被指派过的。

3．移除轨迹线

（1）选择“Graph”（曲线图）标签页，在“Expressions selected”（表达式选择）区域高亮选择表达式。

（2）单击 < 按钮从“Expressions available”（表达式变量）区域中移除表达式。

如要删除一个页面，在“Graph”（曲线图）标签中的“Page”（页面）处选中页面，并单击“Page”（页面）部分右侧的【Delete】（删除）按钮即可。

9.3　后处理变量

在 Analysis Variables（分析变量）中显示的变量是基于所选的分析项目而定的，可以包括所有变量、所有电压、除子模外的电压、仅在静态探针下的电压、所有电流、除子模外的电流、仅在静态探针下的电流、所有功率和除子模外的功率。

9.4　后处理可用的函数

以下所列函数均可用于后处理变量中的函数。

（1）算术函数

表 9-1 列出了可用的算术运算函数。

表 9-1　算术运算函数

函数名称	说　明
+	加法运算
−	减法运算
*	乘法运算
/	除法运算

续表

函数名称	说　明
^	乘方运算
%	模
,	复数 3,4=3+j(4)
abs(*X*)	绝对值
sqrt(*X*)	平方根

（2）三角函数

表 9-2 列出了可用的三角函数。

表 9-2　三角函数

函数名称	说　明
sgn（X）	若 X>0,则为 1；若 X=0,则为 0；若 X<0 则为-1
sin（X）	正弦三角函数
cos（X）	余弦三角函数
tan（X）	正切三角函数
atan（X）	反正切三角函数

（3）关系运算

表 9-3 列出了可用的关系运算函数。

表 9-3　关系运算函数

函数名称	说　明
gt	大于
lt	小于
ge	大于或等于
le	小于或等于
ne	不等于
eq	等于

（4）逻辑函数

表 9-4 列出了可用的逻辑函数。

表 9-4　逻辑函数

函数名称	说　明
and	与
or	或
not	非

（5）指数函数

表 9-5 列出了可用的指数函数。

表 9-5　指数函数

函数名称	说　明
db(*X*)	分贝，20Log_{10}（mag（(X)）
log(*X*)	以 10 为底的对数
ln(*X*)	以 e 为第的自然对数
exp(*X*)	以 e 为指数的向量乘方

（6）复函数

表 9-6 列出了可用的复函数。

表 9-6　复函数

函数名称	说　明
j(*X*)	$\sqrt{-1}xi$
real(*X*)	取复数中的实数部分
imag(*X*)	取复数中的虚数部分
vi(*X*)	取复数中的虚数部分的另一种函数
vr(*X*)	取复数中的实数部分的另一种函数

（7）向量函数

表 9-7 列出了可用的向量函数。

表 9-7　向量函数

函数名称	说　明
avg(*X*)	取 $\text{avg}(X(x_i))_i=\dfrac{\int_{x_0}^{x_d}X(x)\mathrm{d}x}{x_i-x_0}$ 中 *X* 的平均数
avgx(*X,d*)	取 $\text{avgx}(X(x_i))_i=\dfrac{\int_{x_d-d}^{x_d}X(x)\mathrm{d}x}{x_i-d}$ 中向量 $\dfrac{X}{d}$，如 $x_i-d=x_0$，则 $\text{avgx}(X(x_i))_i=\dfrac{\int_{x_0}^{x_d}X(x)\mathrm{d}x}{x_i-x_0}$
deriv(*X*)	由 *X* 引申的向量
envmax(*X,n*)	向量 *X* 的上包络（*n* 是任一边波峰点的数量），必须小于被识别波峰的取值
envmin(*X, n*)	向量 X 的下包络（*n* 是任一边波谷点的数量），必须大于被识别波谷的数值
grpdelay（*X*）	当 $\text{grpdelay}(X(\text{freq}))_i=-\dfrac{1}{360}\left[\dfrac{d[\text{ph}(X(\text{freq}))]}{d\text{freq}}\right]_{\text{freq}i}=-\dfrac{1}{360}\text{deriv}[\text{ph}(X(\text{freq}))]\text{freq}_i$ 中向量 *X* 以秒形式群延时
mag（*X*）	振幅向量
ph(*X*)	相位向量
norm（*X*）	向量 *X* 规格化到 1，$\text{norm}(X)=\dfrac{X}{\max(\text{abs}(x))}$
rms（*X*）	取 $\text{rms}(X(x_i))_i=\sqrt{\dfrac{\int_{x_0}^{x_d}\lvert X(x)\rvert^2\,\mathrm{d}x}{x_i-x_0}}$
rnd（*X*）	随机向量

续表

函数名称	说　明
mean(*X*)	向量成分的平均
Vector(*n*)	在向量长度 *n* 中的的向量结果
length（*X*）	向量 *X* 的向量长度
max(*x*)	获取 *X* 最大向量值
min(*X*)	获取 *X* 最小向量值
vm(*X*)	向量 vm(*X*)＝mag(v(*X*))
vp(*X*)	向量 vp(*X*)＝ph(v(*X*))

（8）常量函数

表 9-8 列出了可用的常量函数。

表 9-8　常量函数

函数名称	说　明
yes	是
no	不是
ture	真
false	假
pi	π
e	自然对数底数
c	真空环境的光速
i	–1 的平方
Kelvin	绝对零度
echarge	基本电荷
blotz	玻耳兹曼常数
planck	普朗克常数

第10章 报　告

材料清单（Bill of Materials）

元件详细报告（Component Detail Report）

网络报表（Netlist Report）

原理图统计报告（Schematic Statistics Report）

多余门电路报告（Spare Gates Report）

模型数据报告（Model Data Report）

交叉报表（Cross Reference Report）

产品变种过滤对话框

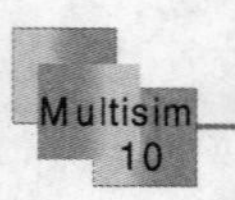

本章将介绍 Multisim 中多种可用的报告。

10.1 材料清单（Bill of Materials）

材料清单（BOM）列出了电路设计中使用的元件及制造电路板所需的元件摘要信息。

材料清单中包括了每个元件的 Quantity（数量）、Description（描述）、Value（取值）、RefDes（参数注释）、Package or footprint（包裹或封装）和 Type（类型）等信息。如图 10-1 所示为“Bill of Materials View”对话框。

Bill Of Materials View(From Document: semaphore)

	Quantity	Description	RefDes	Package
1	2	RESISTOR, 6.8kΩ 5%	R4, R14	Generic\RES0.25
2	1	CAPACITOR, 100pF	C1	Generic\CAP2
3	1	RESISTOR, 1kΩ 5%	R17	Generic\RES0.25
4	2	BJT_NPN, BD139	Q3, Q7	Generic\TO-126
5	2	BJT_PNP, BD140	Q5, Q6	Generic\TO-126
6	1	OPAMP, NE5534P	U1	Generic\PDIP-8
7	1	BJT_PNP, 2SA954	Q4	Generic\TO-92
8	2	BJT_NPN, 2SC945	Q2, Q1	Generic\TO-92
9	1	RESISTOR, 8.2kΩ 5%	R3	Generic\RES0.25
10	1	RESISTOR, 220Ω 5%	R5	Generic\RES0.25
11	1	RESISTOR, 16kΩ 5%	R2	Generic\RES0.25
12	1	POTENTIOMETER, 500k	R15	Generic\LIN_POT
13	4	RESISTOR, 47Ω 5%	R8, R9, R7, R6	Generic\RES0.25
14	1	POTENTIOMETER, 200k	R1	Generic\LIN_POT
15	1	CAPACITOR, 10uF	C3	Generic\CAP5

图 10-1 “Bill of Materials View”对话框

因为 BOM 中主要是需要订购和制造的元件，所以 BOM 中仅包含“真实”元件，BOM 将不能采购到的非真实元件排除在外，如源和虚拟元件。如果需要，用户可以查看电路中的虚拟元件清单列表。

创建一个电路的 BOM 方法如下。

（1）在电路工作区中打开电路。

（2）单击菜单【Reports】/【Bill of Materials】命令，弹出“Bill of Materials View”（材料清单视图）对话框。

（3）根据需要，可以使用如图 10-2 所示的工具栏按钮调整显示信息。

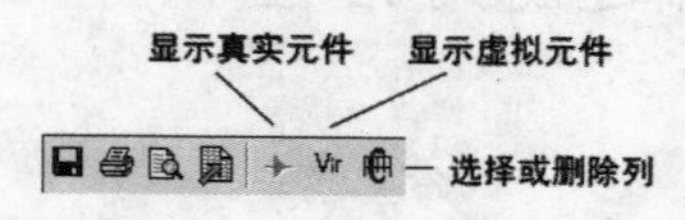

图 10-2 BOM 视图工具栏

单击图 10-2 中的 按钮，弹出“Select Columns”（选择列）对话框，可供用户选择或取消选择所需查看的列。此时注意到工具栏左侧的按钮为灰色，当选择该视图后，这些按钮都为禁用状态，如图 10-3 所示。

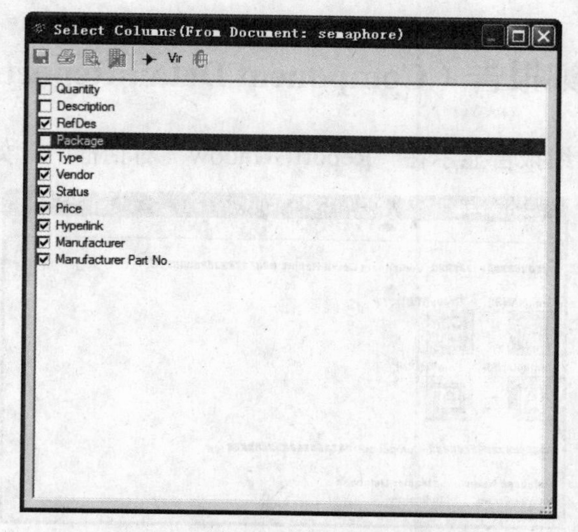

图 10-3　“Select Columns”对话框

单击显示真实元件按钮，将从“Slect Columns”（选择列）对话框或“Virtual Components View”（虚拟元件视图）对话框返回到“Bill of Materials View”（材料清单视图）对话框。单击显示虚拟元件按钮，则可弹出“Virtual Components View”（虚拟元件视图）对话框，如图 10-4 所示。

Virtual Components View(From Document: semaph...

	Quantity	Description	RefDes	Package
1	1	POWER_SOURCES, GROUND	0	Generic
2	1	POWER_SOURCES, VCC	VCC	Generic
3	1	POWER_SOURCES, VDD	VDD	Generic
4	4	RESISTOR, 2Ω	R10, R11, R12, R13	Generic
5	1	AC_POWER, 100mVrms 1000 Hz 0Deg	V1	Generic
6	3	SENSING_SWITCHES, HELD_OPEN_LI	J2, J1, J3	Generic
7	2	VOLTMETER, VOLTMETER_V	U2, U4	Generic
8	1	AMMETER, AMMETER_V	U3	Generic
9	1	POWER_SOURCES, VEE	VEE	Generic
10	1	POWER_SOURCES, VSS	VSS	Generic
11	1	RESISTOR, 600Ω	R18	Generic

图 10-4　“Virtual Components View”对话框

（4）根据需要，单击一个列（Quantitly、Description 等）可以在该对话框中为选中的该列做升序、降序排列。

（5）根据需要，使用工具栏中的其他按钮为报告执行相应操作。

10.2 元件详细报告（Component Detail Report）

每个元件的元件详细报告显示在“Report Window”对话框中，如图 10-5 所示。

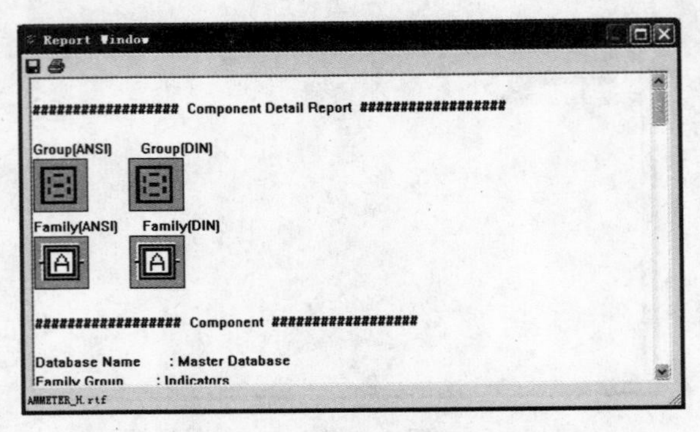

图 10-5 “Report Window”对话框

生成一个元件的元件详细报告的方法如下。

（1）选择菜单【Reports】/【Component Detail Report】命令，弹出“Select a Component to Print”（为打印选择一个元件）对话框。

（2）在对话框中选择详细的数据库、群组、族和元件。

（3）单击【Detail Report】（细节报告）按钮，弹出报告窗口。

（4）根据需要使用对话框的滚动条调整所需显示的信息。

（5）根据需要使用对话框中的按钮。

- 【Save】（保存）：单击该按钮将保存数据到一个文本文件
- 【Print】（打印）：单击该按钮将打印报告中的信息

通过单击“Database Manager”（数据库管理器）对话框的“Components”（元件）标签页的【Detail Report】（细节报告）按钮也可以访问该报告。

10.3 网络报表（Netlist Report）

网络报表提供了电路中每个元件的连通性信息，包括 Net（网络标志名）、Page（文件名称）、Pin（逻辑引脚名）等，如图 10-6 所示。

生成一个网络报表的方法如下。

（1）在工作区中打开一个所需的电路。

（2）单击菜单【Reports】/【Netlist Report】命令，弹出“Netlist Report”对话框。

（3）根据需要，单击一个列（Net、Page 等）为选中的列进行升序、降序排列。

（4）使用工具栏中的按钮为输出报告进行设置。

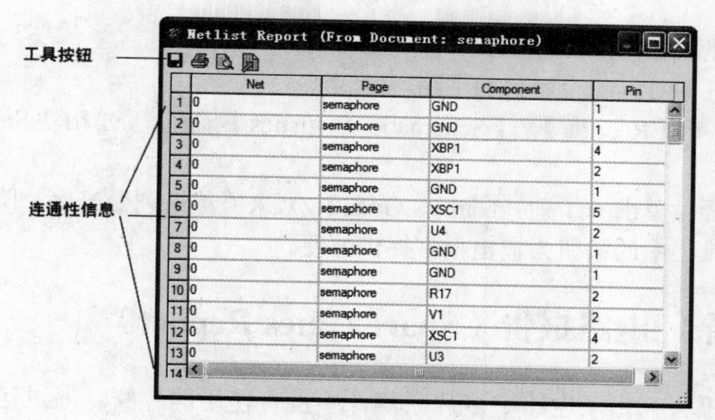

	Net	Page	Component	Pin
1	0	semaphore	GND	1
2	0	semaphore	GND	1
3	0	semaphore	XBP1	4
4	0	semaphore	XBP1	2
5	0	semaphore	GND	1
6	0	semaphore	XSC1	5
7	0	semaphore	U4	2
8	0	semaphore	GND	1
9	0	semaphore	GND	1
10	0	semaphore	R17	2
11	0	semaphore	V1	2
12	0	semaphore	XSC1	4
13	0	semaphore	U3	2

图 10-6　“Netlist Report”对话框

10.4　原理图统计报告（Schematic Statistics Report）

原理图统计报告包括如下项目，其对话框如图 10-7 所示。

- “Components”（元件）：元件总数（真实元件+虚拟元件）
- “Real Components”（真实元件）：可以购买到的元件
- “Virtual Components”（虚拟元件）：不能购买到的元件
- “Gates”（门）：电路中使用门的总数
- “Nets”（网络标志）：引脚间总连接数
- “Pins in nets”：网络中的引脚数
- “Unconnected pins”：未连接的引脚数
- “Total pins”（引脚总数）：网络中的引脚+无连接引脚
- “Pages”：页码
- “Hierarchical blocks”（层次块）：层次块的总数，唯一或相反
- “Unique hierarchical blocks”（唯一层次块）：唯一层次块的总数
- “Unique subcircuits”（唯一子电路）：唯一子电路的总数

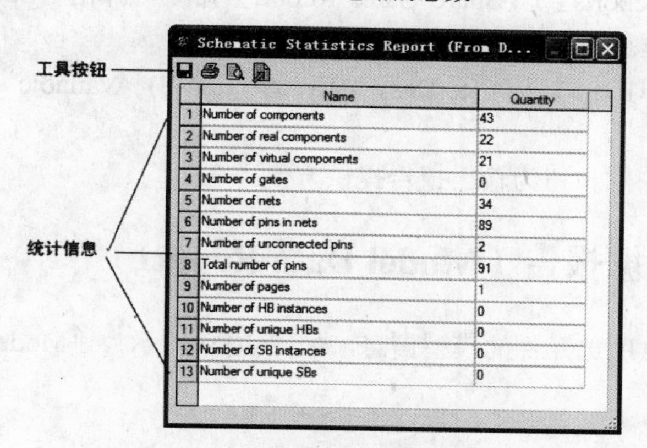

	Name	Quantity
1	Number of components	43
2	Number of real components	22
3	Number of virtual components	21
4	Number of gates	0
5	Number of nets	34
6	Number of pins in nets	89
7	Number of unconnected pins	2
8	Total number of pins	91
9	Number of pages	1
10	Number of HB instances	0
11	Number of unique HBs	0
12	Number of SB instances	0
13	Number of unique SBs	0

图 10-7　原理图统计报告对话框

生成一个原理图统计报告的方法如下。

（1）在工作区中打开一个所需的电路。

（2）单击菜单【Reports】/【Schematic Statistics】命令，弹出“Schematic Statistics Report”对话框。

（3）根据需要，单击一个列（Name、Quantity）来所选的列做升序、降序排列。

（4）使用工具栏中的按钮为输出报告提供方便。

10.5　多余门电路报告（Spare Gates Report）

多余门电路报告列出了电路中多片断器件中没有使用的片断。通过运行多余门电路报告，可以快速地了解哪个元件还有可用的门电路。如图 10-8 所示为某电路 CD4011 多余门电路报告示例。

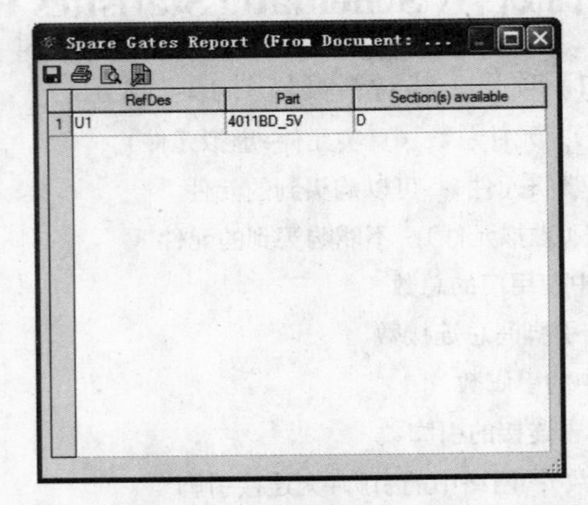

图 10-8　某电路 CD4011 多余门电路报告示例

生成一个 Spare Gates Report（多余门电路报告）的方法如下。

（1）在工作区中打开一个所需的电路。

（2）单击菜单【Reports】/【Spare Gates Report】命令，弹出“Spare Gates Report”（多余门电路报告）对话框。

（3）根据需要，单击一个列（RefDes、Part、Section(S) Available）为所选的列做升序、降序排列。

（4）使用工具栏中的按钮为输出报告提供方便。

10.6　模型数据报告（Model Data Report）

模型数据报告提供所选元件的模型信息，如图 10-9 所示为“Model Data Report”（模型数据报告）对话框。

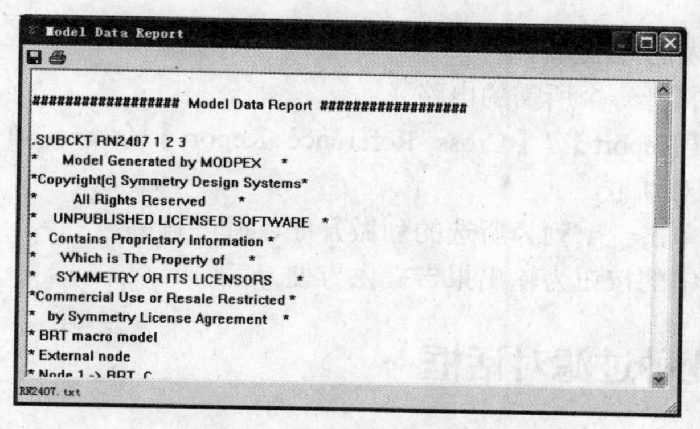

图 10-9　"Model Data Report"对话框

生成一个 Model Data Report（模型数据报告）的方法如下。

（1）在工作区中打开所选的电路。

（2）单击菜单【Report】/【Commponent Detail Report】命令，弹出"Select a Component to Print"（为打印选择一个元件）对话框。

（3）使用"Database"、"Group"、"Family"及"Component"列表找到并高亮选中需要生成模型报告的元件。

（4）单击【Model】（模型）按钮，弹出"Model Data Report"（模型数据报告），在该对话框中可以查看元件的模型数据、打印报告或保存数据为一个文本文件。

（5）单击【Close】按钮关闭该对话框并返回到电路文件。

10.7　交叉报表（Cross Reference Report）

交叉报表在激活电路中提供所有元件的详细清单，如图 10-10 所示。

Cross Reference Report (From Document: semaphore)

	Refdes	Description	Family	Package	Page
1	VSS	VSS	POWER_SOURCES	-	
2	VEE	VEE	POWER_SOURCES	-	
3	VDD	VDD	POWER_SOURCES	-	
4	VCC	VCC	POWER_SOURCES	-	
5	0	GROUND	POWER_SOURCES	-	
6	R17	1kΩ 5%	RESISTOR	RES0.25	semaphore
7	C1	100pF	CAPACITOR	CAP2	semaphore
8	Q3	BD139	BJT_NPN	TO-126	semaphore
9	R14	6.8kΩ 5%	RESISTOR	RES0.25	semaphore
10	R4	6.8kΩ 5%	RESISTOR	RES0.25	semaphore
11	Q6	BD140	BJT_PNP	TO-126	semaphore
12	U1	NE5534P	OPAMP	PDIP-8	semaphore
13	Q4	2SA954	BJT_PNP	TO-92	semaphore
14	Q2	2SC945	BJT_NPN	TO-92	semaphore
15	Q5	BD140	BJT_PNP	TO-126	semaphore
16	Q7	BD139	BJT_NPN	TO-126	semaphore
17	R11	2Ω	RESISTOR	-	semaphore
18	[illegible]	[illegible]	[illegible]		

图 10-10　"Cross Reference Report"对话框

生成一个交叉报表的方法如下。

（1）在工作区中打开一个所需的电路。

（2）单击菜单【Report】/【Cross Reference Report】命令，弹出“Cross Reference Report”（交叉报表）对话框。

（3）根据需要，单击一个列为所选的列做升序、降序排列。

（4）使用工具栏中的按钮为输出报告提供方便。

10.8 产品变种过滤对话框

在电路中包含超过一个产品变种并运行 Bill of Materials（材料清单）、Netlist Report（网络报表）、Schematic Statistics（原理图统计报告）、Spare Gates Repot（多余门电路报告）、Cross Reference Report（交叉报表）时，会出现“Variants Filter”（变种过滤）对话框，如图 10-11 所示。

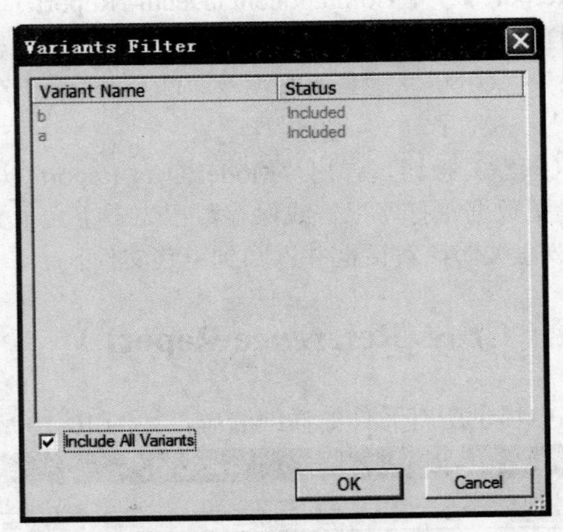

图 10-11 “Variants Filter”对话框

练习题

如图所示为一射频电路原理图，先绘制该图，再为该电路做 BOM 输出、网络表输出和原理图统计报告。

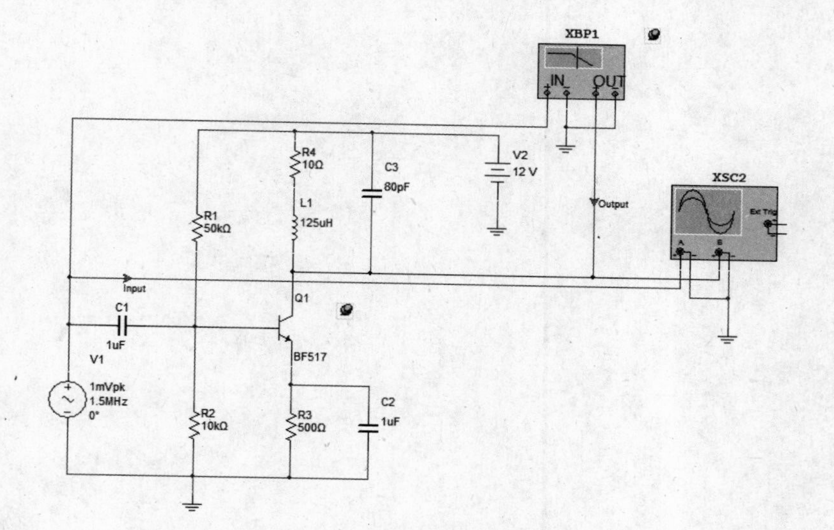
XBP1
IN
OUT
R4
10Ω
C3
80pF
V2
12 V
XSC2
L1
125uH
R1
50kΩ
Output
Input
Q1
C1
1uF
V1
BF517
1mVpk
1.5MHz
0°
R2
10kΩ
R3
500Ω
C2
1uF

第11章 信息转换

 信息转换简介

 输出到 PCB 布线

 向前注释（Forward Annotation）

 返回注释（Back Annotation）

 输出仿真结果

 输出一个网络表文件

 导入其他格式的文件

 互联网设计共享

本章将介绍使用 Multisim 在电路原理图或仿真结果中进行信息转换的方法。

11.1　信息转换简介

Multisim 提供了转换原理图和仿真数据到其他程序的方法，并且 Multisim 可以将原理图信号和仿真数据合后并一同传输。例如当传输原理图到执行 PCB 布线时，Multisim 能包含优化的线宽信息（在仿真过程中利用线宽分析计算获得）。

11.2　输出到 PCB 布线

Mutlisim 提供了与许多 PCB 布线软件结合的特色功能，与其配合最好的首推 Multsim 的姊妹软件 Ultiboard。在本书的 Ultiboard 部分中，将详细介绍 Ultiboard 软件的用法。

在 Multisim 中可以定义 PCB 的层，约束网络必须在定义的层上布线。还可以根据需要显示特定的网络、最大最小线宽、最大最小线长、到其他铜膜导线的最小间距、焊盘、过孔等。Multisim 还将保留电源线和地线，约束它们在适当的层上布线。

在 Ultiboard 中，可以设置版型、大小；在板上放置元件；依用户的意图根据网络布置；在层之间放置过孔连接铜膜导线。

Multisim 和 Ultiboard 的数据库同时也包括电路板和元件全部的 3D 机械 CAD 信息。3D 视图可以方便地让用户预览电路的机械属性，Ultiboard 中小型的机械 CAD 包可以进行快速地打包设计。对于大型的设计，3D 电路板信息可以输出到流行的机械 CAD 包。

为了获得更好的布线，Ultiboard 可能会交换元件的引脚，或者交换多片断元件的片断。总之，Multisim 为 Ultiboard 提供了所需的一切信息。

在 Ultiboard 中所做的修改可以通过“返回注释”功能到 Multisim 中。例如，重命名元件；和另一个交换引脚；删除元件。这些修改将同时作用在 Multisim 中。同样地，后来在 Multisim 中做的改动也可“向前注释”到 Ultiboard 中。此外 Multisim 和 Ultiboard 这两个姊妹软件还有一个特殊的“Cross Probing”功能，该功能允许在其中一个程序中快速地找到另一个程序中相对应的元件或网络。

11.2.1　从 Multisim 输出到 Ultiboard 用于 PCB 布线

用户可以将 Multisim 数据传输到许多公共的 PCB 布线程序中，Ultiboard 正是这样一个引导 PCB 布线的工具，并能提供许多超越其他软件的高级功能，包括与 Multisim 仿真同步优化线宽。

如果用户在布线过程中，希望将模拟地和数字地分开，应先确认在输出原理图到 Ultiboard 之前，“Sheet Properties”（原理图表属性）对话框中的“PCB”标签页中“Connect digital ground to analog ground”（连接数字地到模拟地）复选框没有被选中。

从 Multisim 转换电路设计到 Ultiboard 10 的方法如下。

（1）单击菜单【Transfer】/【Transfer to Ultiboard 10】命令，此时弹出一个默认的“Windows Save As”（另存为）对话框。

（2）指定文件名和保存路径并单击【Save】（保存）按钮，此时 Multisim 创建文件并加载到 Ultiboard 中。

（3）在 Ultiboard 中加载刚才创建的文件（具体方法请参考本书 Ultiboard 部分的内容）。

如果用户使用的较早版本的 Ultiboard 软件，可以选择菜单【Transfer】/【Transfer to Ultiboard 9 or earlier】命令进行转换。

11.2.2 转换到其他 PCB 布线工具

第三方 PCB 布线工具包括 OrCAD、PADS Layout 2005、P－CAD 和 Protel，Multisim 提供了转换电路到第三方布线工具的方法。

（1）单击菜单【Transfer】/【Export to PCB Layout】命令，弹出“Windows Save As”（另存为）对话框。

（2）找到所需的目录并输入文件名，从下拉列表中选择所需的厂商并单击【Save】（保存）按钮。此时 Multisim 将创建适当的格式文件并加载到用户选择的 PCB 布线工具中。

相同电路中不同的子电路、层次块或多页的多片断元件可能被放置到相同的 IC，即使它们的参考注释值（RefDes）不同。

所有用 Multisim 生成的元件封装信息转换到一个有效的 PADS 封装或一个普通的 PADS 封装将允许用户保留网络连接。但为了使这项工作顺利进行，两个另外包含这些普通封装的 PADS 文件必须导入到 PADS 库中。

导入到自定义的 PADS 库的方法如下。

（1）在 PADS Layout 中，跳转到【File】/【Library】命令，弹出库管理器。

（2）单击【Creat New Lib...】按钮并设置一个库名称。

（3）在库的下拉列表中，确认已经选中新近创建的库。

（4）单击【Decals】按钮后单击【Import】按钮。

（5）浏览...INSTALLDIR\PADS\ 目录，选择【Generic.d】文件并单击【OK】按钮。

（6）单击【Parts】按钮后单击【Import】按钮。

（7）浏览...INSTALLDIR\PADS\目录，选择【Generic.p】文件并单击【OK】按钮。

此时新元件就成为 PADS 库中的一部分了。

用户在修改元件的封装或创建一个新的且是一个有效的 PADS 封装或普通的 PADS 封装时，必须小心，否则，该元件及相关联的网络都将被 PADS 删除。

在输出到 PADS Layout 后，可以用普通的 PADS 封装绘制任何元件到存在的 PADS 封装。同时还可以在输出之前用“Select a Footprint”（选择一个封装）对话框中“PADS Footprint”（PADS 封装）列绘制 PADS 封装（或其他封装类型）到存在的 PADS 封装。

11.3 向前注释（Forward Annotation）

向前注释允许用户将 Multisim 中原理图的改动注释到存在的 Ultiborad 文件中，保持一致。

将改动向前注释到 Ultiborad 10 的方法如下：

（1）单击菜单【Transfer】/【Forward Annotate to Ultiboard 10】命令，弹出“Windows Save As”（另存为）对话框。

（2）输入文件名，选择保存路径并单击【Save】（保存）按钮。

如果用户使用的是较早版本的 Ultiboard 软件，选择菜单【Transfer】/【Forward Annotate to Ultiboard 9 or earlier】命令转换即可。

11.4 返回注释（Back Annotation）

返回注释允许用户把在 Ultibaord 中做的改动（如在 Ultiboard 中删除一个元件）合并后返回注释到与之对应的 Multisim 电路中。

将在 Ultiboard 中做的改动返回注释到 Multsim 的步骤如下。

（1）单击菜单【Transfer】/【Back Annotate from Ultiboard】命令，弹出“Open”（打开）对话框。

（2）选择所需的.Log 文件并单击【Open】按钮，此时弹出“Annotation Log”（注释日志）对话框。

（3）选择用户需要将改动返回注释到 Multisim 文件，并单击【OK】按钮。

使用该命令时，需将与之对应的电路文件先打开。如果改动的部分是在多种场合下的层次块或子电路中，改动将被忽略掉。

11.5 输出仿真结果

用户可以在图示仪中将仿真的结果输出到 MathCAD、Excel 或 LabVIEW。需要注意的是，如果将仿真结果输出到 MathCAD 或 Excel 软件，需事先在计算机中安装相应的软件。

11.5.1 输出到 MathCAD

用户可以将仿真的结果输出到 MathCAD 中，为数据执行高级的数学运算。

输出仿真结果到 MathCAD 中的方法如下。

（1）单击菜单【View】/【Grapher】命令，弹出“Grapher”（图示仪）对话框，显示了用户仿真的结果。

（2）单击【Transfer to MathCAD】（传输到 MathCAD）按钮，弹出“Select Traces”（选择轨迹线）对话框。该对话框中内容的改变由“Grahper”标签页中的轨迹线决定。

（3）使用复选框选择希望输出到 MathCAD 中的轨迹线并单击【OK】按钮。如果用户

在曲线图上放置了光标，则数据将被限制在两光标间。

（4）此时一个新的MathCAD会话已启动。当Multisim关闭后MathCAD也将关闭。

11.5.2　输出到Excel

用户可以将仿真数据输出到Excel中，并允许在电子数据表格中使用这些数据。

将仿真结果输出的一个Excel电子数据表格的操作步骤如下。

（1）单击菜单【View】/【Grapher】命令，弹出“Grahper”（图示仪）对话框，显示的是仿真的结果。

（2）单击【Transfer to Excel】（输出到Excel）按钮，此时弹出“Select Traces”（选择轨迹线）对话框，对话框的内容由用户在图示仪标签页中选择的轨迹线决定。

（3）使用复选框来选择用户需要输出到Excel的轨迹线并单击【OK】按钮。

（4）此时创建一个新的Excel电子数据表格，其中的第一列数据为*X*轴的坐标值，第二列为*Y*轴的坐标值。

（5）保存Excel电子数据表格。

11.5.3　保存测量文件

用户可以将仿真的结果保存为一个文本测量文件（.lvm）或二进制测量文件（.tdm），并且可以使用如NI LabVIEW和DIAdem程序比较仿真输出和实际电路的输出结果。

将仿真结果保存为一个测量文件的方法如下。

（1）单击菜单【View】/【Grapher】命令，此时弹出“Grapher”（图示仪）对话框，显示用户仿真的结果。

（2）单击【Save to Measurement File】（保存为测量文件）按钮，此时弹出一个浏览器窗口。

（3）从下拉框中选择所需的文件类型，可用的文件类型如下所示。

- 基于文本的测量文件（*.lvm）：该文件由NI LabVIEW创建
- 二进制测量文件（*.tdm）：该文件用于在NI软件间交换数据，如LabVIEW和DIAdem。当用户将数据保存为*.tdm文件时，会创建两个文件，一个头文件.tdm和一个二进制文件.tdx

（4）选择路径，输入文件名并单击【Save】（保存）按钮，弹出“Data resampling settings”（数据重采样设置）对话框。

（5）根据需要做如下的设置。

- “Do not resample”（不重采样）复选框：仅在.tdm文件时出现。设置为允许可以禁止数据重采样，其他选项都禁用
- “Resample data”（重采样数据）复选框：仅为.tdm文件时出现
- “Interpolation mode”（插写模式）：可选Coerce（强制）、Linear Interpolation（线性内插）和Spline Interpolation（齿条内插）中的一个
- “Δx（in seconds if time－domain data）”：如果为时域数据则为s，用于重采样的采样周期

- "1/Δx（in Hz if time－domain data）"：如果为时域数据则为 Hz，用于重采样的采样率
- "Estimated file size"（评估文件大小）：当用户修改Δx 或 1/Δx 时，该只读区域做相应的修改

（6）单击【OK】按钮关闭对话框并保存该文件。

11.6　输出一个网络表文件

输出电路中网络表文件的步骤是，选择菜单【Transfer】/【Export Netlist】命令，弹出"Windows Save As"（另存为）对话框。在该对话框中选择文件路径、文件类型并输入文件名单击【Save】（保存）按钮，即保存该网络表。

11.7　导入其他格式的文件

以下所列格式的文件可以在 Multisim 中打开。

- Multism 10 文件：*.ms10
- 较老版本的 Multisim 文件：*.ms9、*.ms8、*.ms7、*.msm
- Electronics Workbench 5 文件：*.ewb
- Multisim 10 项目文件：*.mp10
- 较老版本的项目文件：*.mp9、*.mp8、*.mp7
- EWB 数据库更新文件：*.prz
- SPICE 网络表文件：*.cir
- Orcad 文件：*.dsn
- Uticap 文件：*.utsch
- EDA 元件更新文件：*.edp、*.mxm、*.msml

注意：当打开较早版本的 EWB 或 Multisim 文件时，必须确保参考注释值在所有场合是唯一的。

打开以上列表中的文件（除 Ulticap 文件外）的方法如下。

（1）单击菜单【File】/【Open】命令，此时弹出一个默认的"Open"（打开）对话框。

（2）从"Files of Type"（文件类型）下拉菜单中选择所需的文件类型。

（3）高亮选中所需的文件并单击【Open】按钮，该文件即被打开。

打开一个 Ulticap 原理图文件的方法如下。

（1）单击菜单【File】/【Open】命令，弹出一个默认"Open"（打开）对话框。

（2）从"Files of Type"（文件类型）下拉菜单中选择所需的文件类型。

（3）高亮选中所需的文件并单击【Open】按钮，弹出"Ulticap Import"对话框。

（4）在"Save to Database Options"（保存到数据库选项）框中选择所需的选项。

- "Do not save imported parts"（不保存导入的元件）：导入 Ulticap 元件不保存到任何的 Multism 数据库
- "Save imported parts"（保存导入的元件）：保存导入 Ulticap 元件到所需的 Multisim 数据库

（5）在“Use Grid Size”（使用栅格大小）框中，设置如下内容。

- 50mil：放置 Ulticap 元件和连接配线在 50mil 的栅格。这将造成一些小的重要错误，但一些元件看起来显得非常大
- 100Mil：放置 Ulticap 元件和连接配线在 100mil 的栅格。符号将更小些，但更重要的错误可能在文件导入后发生

（6）单击【OK】按钮开始导入文件，如果需要终止导入，单击【Abort】（终止）按钮即可。

除了【File】/【Open】命令外，还可以使用 Source 命令行导入 SPICE 或 PSpice 网络表。

从命令行中执行导入一个 SPICE 或 PSpice 网络表的方法如下。

（1）选择菜单【Simulate】/【XSPICE Command Line Interface】命令，弹出“XSPICE Command Line”对话框。

（2）在该对话框的底行输入 source 命令及文件名并按回车键，将会加载网络表连同模型和连通信息到内存中。此时，在工作区看不到电路但仍可以执行其他的命令，如 tran 和 plot。

11.8　互联网设计共享

Multisim 提供的 Internet Design Sharing（互联网设计共享）允许用户和其他 Multisim 用户一起共享设计成果，并且可以控制其他用户的计算机。

该模块提供了一个用户工作组或部门的形式共享设计的方法，允许多人同时为一个电路设计工作以及观看其他人对电路所做的改动。技术支持部门同时也可以使用该模块在用户的计算机上运行 Multisim，帮助诊断可能遇到的问题。

要让 Multisim 的 Internet Design Sharing 具备其功能，用户需要能够访问局域网或互联网，并且安装微软免费的 Netmeeting 程序。

该模块可以实现通过“聊天”模式来回发送文本信息；观看或和用户交谈（需要必要的软件、硬件支持）；使用电子白板与其他用户发表自己的观点；发送电路文件给其他用户；让其他用户控制计算机的 Multisim 以便一同工作；控制其他 Multisim 用户的机器演示对电路做的修改。

使用 Internet Design Sharing 模块的方法如下。

（1）选择【Tools】/【Internet Design Sharing】命令。

（2）根据屏幕上的提示运行 Netmeeting 会话。

第12章 射频

Multisim 射频模块简介

射频元件

射频仪器

射频分析

射频模型生成器

设计一个射频电路

本章介绍 Multisim 中 RF（射频）设计模块的元件、模型生成器、仪器和分析方法，同时还介绍一些 RF 设计的实例。

12.1 Multisim 射频模块简介

Multisim 射频模块可以提供基本射频电路所需的设计、分析和仿真射频电路功能。Multisim 的射频模块由 RF-Specific（射频特殊元件，包括自定义的 RF SPICE 模型）、用于创建用户自定义的 RF 模型的模型生成器、两个 RF-specific 仪器（Spectrum Analyzer 频谱分析仪和 Network Analyzer 网络分析仪）、一些 RF-specific 分析（电路特性、匹配网络单元、噪声系数）等组成。

12.2 射频元件

元件在电子学领域中可以分成两类，分别为“lumped（集中）”元件和“distributed（分布）”元件。当 $\lambda = \frac{c}{f}$ 时，集中元件尺寸小于波长。在这种情况下，电压波长和电流波长运行时比元件自身大很多，欧姆定律在此时有效。射频元件在另一方面，大部分为分布式对象，电压相位和电流相位的改变远超过器件的物理扩展，因为器件的尺寸都是类似的，某些时候甚至大于波长。因此常规的电路理论已经不适用工作在几 MHz 到 1GHz 以上频率的电路中。

“集中式”的元件在射频领域中常常无效。例如，在高频工作状态下，电容可以表现为电感的行为，电感也可以表现为电容的行为。

射频元件存在寄生效应，与用于低频状态的模型有所不同。射频模型都使用电容和电感时，在高频工作状态下，两节点间连接发生的行为和低频工作状态下两节点连接发生的行为是不同的。在 PCB 上执行这些连接行为时，将表现为传输线的形式，电路板本身将变为电路的一部分，会干涉到电路的正常工作。这就是在 EDA 工具中可行的低频电路仿真在高频电路中却变得不可行的原因。

常规的射频元件包括电容、电感、环状线圈、铁氧磁体、耦合器、循环器、传输线或带状线、波导及高频传输装置（如变压器、二极管），还包括更多的复合元件，如：幅调/相调转换元件、混频器、滤波器、衰减器。

12.2.1 Multisim 的射频元件

射频设计模块中包括超过 100 种的元件和在高频下精确的模型，它们可以通过单击元件工具栏上的射频按钮来访问。在射频元件组中包含几个元件族，分别为射频电容、射频电感、射频 NPN 型双极结型晶体管、射频 PNP 型双极结型晶体管、射频 MOS 场效应管、射频隧道二极管、射频传输线、波导和铁氧磁体。

12.2.2　带状线、微波传输线、波导

配线用于连接电路中内置的两个节点，在两连接节点间不显示相位和振幅的区别。在射频电路中，由于依赖配线的长度和直径，因此表现出的动作有所不同。其中最为显著的是在射频下表现出“Skin Effect”（集肤效应）。当交变电流流过导线时，导线周围变化的磁场也要在导线中产生感应电流，从而使沿导线截面的电流分布不均匀。尤其当频率较高时，此电流几乎是在导线表面附近的一薄层中流动，这就是集肤效应现象。

在高频状态下，一个简单的配线连接到两节点表现为一根传输线的形式。如图 12-1 所示为传输线的等效电路。图中共有 4 个元件，电容是导线和地间真实存在的电容，两极板间是绝缘的，但不是完美的。同样导线本身也有电阻，可以看作串联一个电阻 R，其电阻值由所用材料的电阻系数、长度、导线的横截面和集肤效应决定。

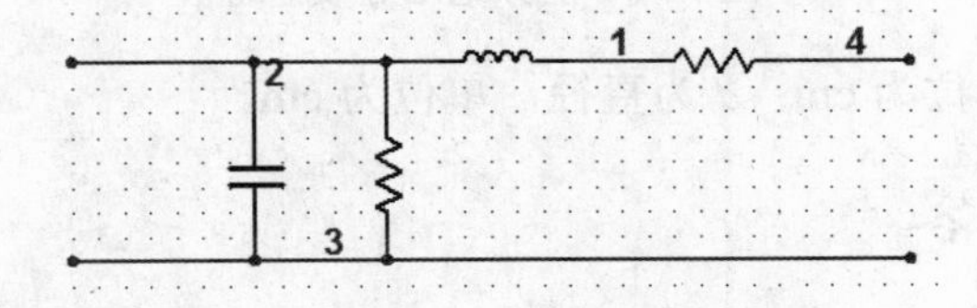

图 12-1　传输线等效电路

每一个传输线都有电阻，称作“特性阻抗”。多数的小型系统有 50Ω的特性阻抗。如果将导线的外径定义为 D，内径定义为 d，ε 是线缆的介质常数，则特性阻抗可以用以下公式表示：

$$Z_0 = \frac{138}{\sqrt{\varepsilon}}\log_{10}\left(\frac{D}{d}\right)$$

元件 C 和 L 的计算公式：

$$C = \frac{7.354\varepsilon}{\log_{10}(D/d)}$$

$$L = 0 - 1414\log_{10}(D/d)$$

带状线是来自传输线的有用的结构。带状线通常包括夹在两个参考层和绝缘材质之间的导线迹线。传输线路，即迹线和层，构成了控制阻抗。阻抗值将取决于其物理结构和绝缘材质的电子特性，即信号迹线的宽度和厚度、绝缘常数和迹线内核或预填材质任意一侧的高度、迹线和层的配置。

微波传输带传输线路是由一条安装在可导接地层的低损耗绝缘体的控制宽度的可导迹线构成的。该绝缘体通常使用强化玻璃环氧树脂制造，如 G10、FR-4 或 PTFE，常出现在超高频应用的场合。

波导是一种结构或是结构的一部分，它使得波按所选方向传播。

12.2.3 射频电阻

电阻应用在终端或衰减器等诸多方面。在一个频率工作状态下，电阻的等效电路如图 12-2 所示，电感的计算公式为

$$L = 0.002l\left[2.3\log\left(\frac{41}{d} - 0.75\right)\right](\mu\text{H})$$

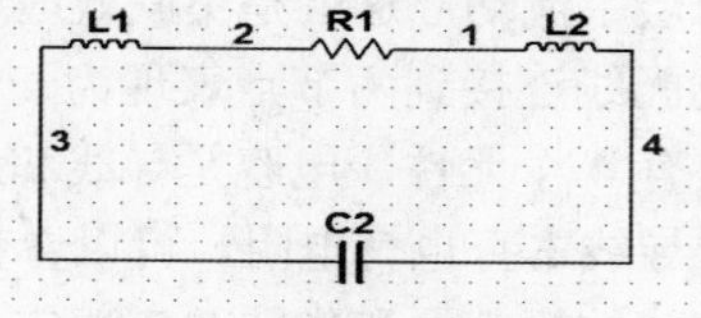

图 12-2 射频电阻等效电路

式中，L 为配线长度，单位为 cm；d 为直径，单位为 cm。

12.2.4 射频电容

射频电容常用于极间耦合、旁路、滤波、起振等。射频电容由电介质分开的两个金属极板组成。理想电容的电容量与面积（A）成正比，与绝缘体的厚度（d）成反比例。它们的关系可以用公式：

$$C = (d\varepsilon)\frac{A}{d}$$

表示。ε 是电介质常数。但实际电容并不是理想状态的，其中一种类型的电容模型如图 12-3 所示。

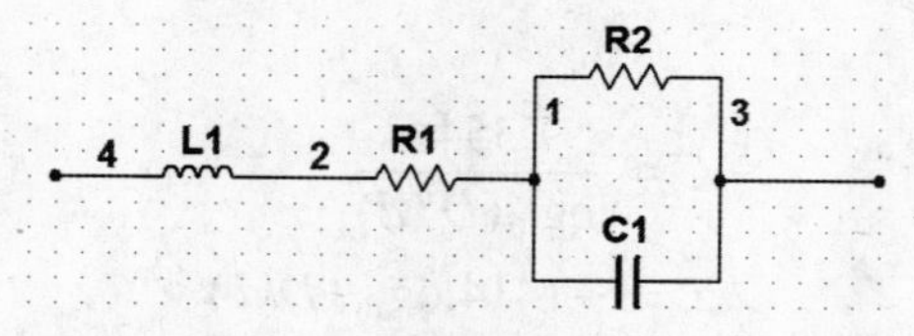

图 12-3 实际情况中某一类型的电容模型

12.2.5 射频电感

射频电感元件广泛应用于振荡电路、滤波器和匹配网络。图 12-4 所示为典型的射频电感模型。

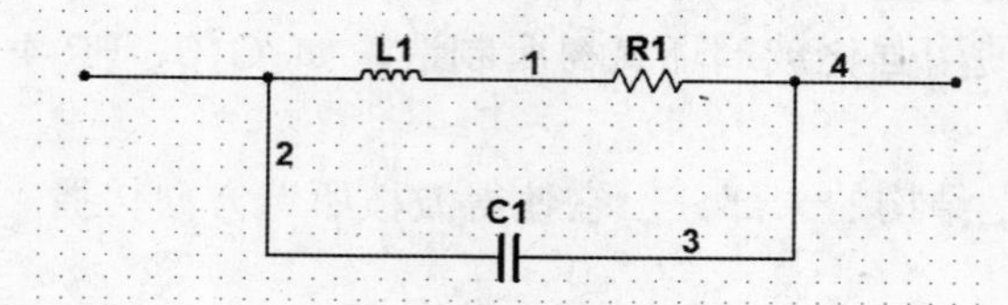

图 12-4 典型的射频电感模型

12.2.6　有源器件（Active Devices）

在低频工作状态下，有源器件的模型由一些真实的电阻、电容元件构成。在高频状态下，每一个真实元件将被自身等效电路替换，例如：一个电阻将由一个电阻和电感串联替换。图 12-5 为一个典型的射频晶体管等效电路。

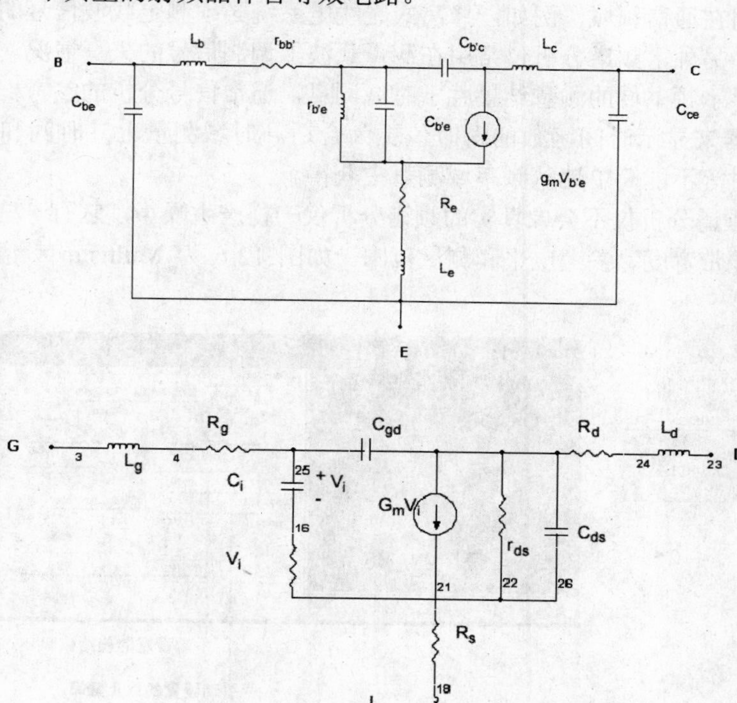

图 12-5　典型的射频晶体管等效电路

截止频率 f_c 源自等效电路与转换时间 τ_c 成反比例：

$$f_c = \frac{g_m}{2\pi c_i} = \frac{1}{2\pi\tau_c} = \frac{v_s}{2\pi L_g}$$

式中，L_g 是门的有效长度；V_s 是电子传播的饱和速率。

12.3　射频仪器

Multisim 射频设计模块包括两个起关键作用的射频仪器：Spectrum Analyzer（频谱分析仪）和 Network Analyzer（网络分析仪）。

12.3.1 频谱分析仪

频谱分析仪用于测量与频率相对的幅度，它具有测量信号的能力和频率成分的能力，还可以帮助测定存在的信号谐波。

频谱仪最常用在通信领域，例如，蜂窝式无线电系统必须测定载波信号的谐波，防止干扰其他射频系统。另外，频谱分析仪常用在测量载波上调制信号的失真情况。

频谱分析仪显示频率域的测量结果胜于时域测量，通常信号分析的参考框架是时域的，因此用一个示波器来显示时间函数的瞬时值更为合适。时域测量上升时间和下降时间、脉宽、循环率、延时等不能简单地从频率域测量中获得。

Multisim 的频谱分析仪不会像真实的频谱分析仪一样产生噪声，它有一些特有的参数，包括频率范围、频带宽度、参考电平和测量范围。如图 12-6 为 Multisim 频谱分析仪的图标及仪器界面。

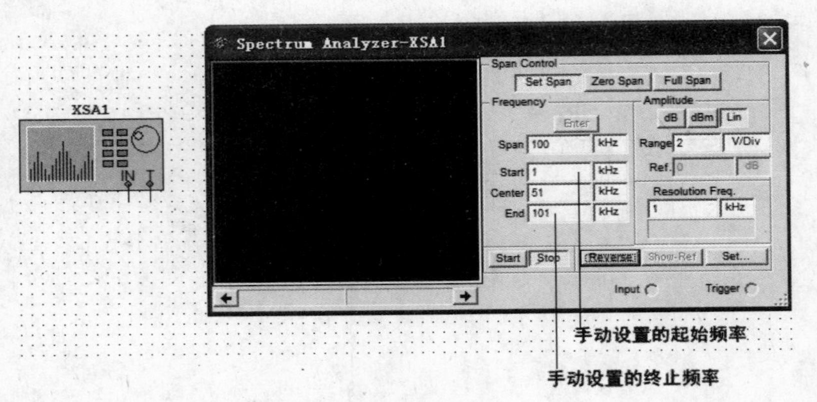

图 12-6　Multisim 频谱分析仪图标及仪器界面

1．频率范围

频率范围就是频谱分析仪的分析信号可以覆盖的频率范围。有两个频率需要用户手工设置：起始频率（Start），最小值为 1kHz；终止频率（End），最大值为 4GHz。

2．频带宽度

如图 12-7 所示为频带设置面板。

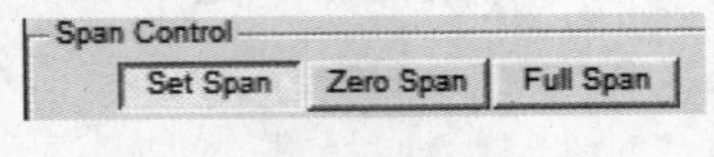

图 12-7　频宽设置面板

- 【Full Span】（全频带）：用于显示仪器整个频率范围（1kHz～4GHz）
- 【Zero Span】（零频带）：信号的频率定义在中间区域显示
- 【Set Span】（设置频宽）：用于确定频带宽带使用宽度控制还是频率控制

3. 振幅范围

设置信号的振幅范围需要配合下列三个按钮。

- dB 按钮：默认为 20*log10（V），这里的 log10 是以 10 为底的对数，V 是信号的振幅。当使用该选项时，信号通过 dB/Div 显示在频谱分析仪屏幕右侧。在测量信号功率方面读取 dB 值是非常有作用的
- dBm 按钮：默认为 10*log10(V/0.775)，0dBm 是当 600Ω电阻的电压为 0.775V 时的功率耗散，该功率相当于 1mW。如果信号的电平为+10dBm，这意味着功率是 10mW。当使用该选项时，显示的是基于 0dBm 的信号功率。当应用在终端电阻为 600Ω的场合，如电话线，读取耗散功率比直接读取 dBm 值显得更为便利。在采用 dB 的情况下，用户需要包含电阻值来寻找电阻的耗散功率，而采用 dBm 情况下，电阻值已经包含在其中
- Lin 按钮：选择信号的线性显示。如要修改在屏幕上显示的最大振幅，可以在“Range”（范围）框内输入电压值即可

4. 参考电平

参考电平用于设置信号在屏幕上显示的范围。频谱分析仪的坐标没有标注单位和值，可以通过将光标移动到某个点来读取该点的频率和振幅。还可以在频谱分析仪中单击鼠标右键，通过弹出的快捷菜单定位光标到曲线图中精确的位置。当光标移动到目标位置后，将曲线图下方显示频率和振幅的值。

单击【Show-Ref】按钮可以设置参考电平，同时使用光标，可以找到频带范围内的下边沿和上边沿。【Show-Ref】按钮仅当 dB 或 dBm 激活时可用。

5. 频率分解

频率分解时，初始设置为最小的Δf=f_end/1024。为了使得读数准确，频率必须不低于Δf。

6. 示例电路 1

如图 12-8 所示为一个混合器电路，常用于传输。图中共有两个正弦信号波形输入，频率分别为 0.8MHz 和 1.2MHz，振幅为 8V 和 10V，需要注意的是振幅值为峰值，但它并不是波形的 RMS（有效值）。混合器是在输入信号不引入漂移量的情况下信号的乘积，可以在该电路的输出获得 2MHz 和 0.4MHz 的信号。

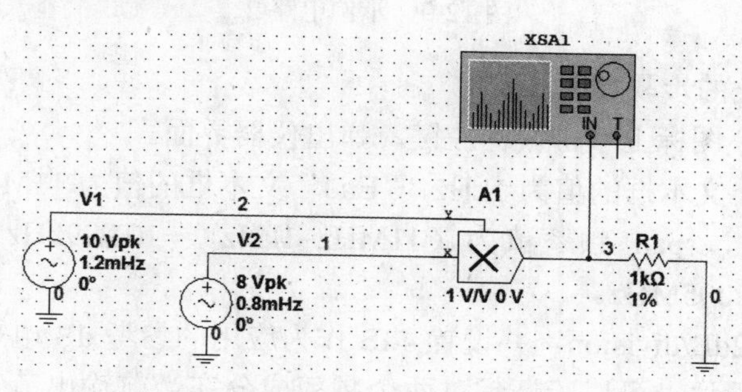

图 12-8　混合器电路

下面介绍混合器电路的测试步骤。

（1）按照图 12-8 所示建立电路。

（2）双击乘法器并设置增益为 1 且漂移量为 0。

（3）在频谱分析仪上双击鼠标左键，弹出仪器界面。设置“Span”文本框的值为 3MHz，“Center”为 1.8MHz，按下回车键，则 start 频率值自动设置为(1.8MHz−3/2MHz)=300kHz，end 频率值自动设置为（1.8MHz+3/2MHz）=3.3MHz，因为振幅在（8∗10）/2=40V 附近，设置振幅范围为 100V 并设置为“Lin”模式。

（4）运行仿真器。

（5）在频谱分析仪上双击鼠标左键。

（6）单击【Start】（开始）按钮并等待信号稳定为止。

频谱分析仪开始在时域范围内执行输入信号傅立叶变换，首先取样，但不提供精确的结果。等待一段时间后，通过刷新屏幕获得频率的成分和振幅的精确结果。此时内置的频率分解等于用户定义的频率分解，这些值都显示在器件中。可以使用屏幕上的光标，读取每一个成分的振幅和频率，在示例电路 1 中，读取和预期计算的结果相同，两个频率成分分别为 2MHz 和 0.4MHz，振幅为 40V。

6. 示例电路 2

示例电路 2 如图 12-9 所示，假定有源器件工作在饱和状态。

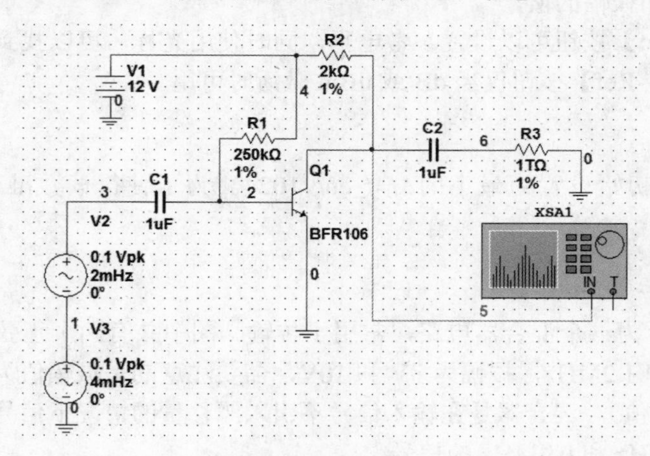

图 12-9 示例电路 2

初始化频谱分析仪的步骤如下。

（1）在频谱分析仪图标上双击鼠标左键，弹出仪器界面。

（2）设置“Start”文本框的值为 1kHz，“End”文本框的值为 11MHz。

（3）按下回车键，span 频率值为（11MHz−1kHz）=10.999kHz，center 的频率值为（11MHz+1kHz）/2=5.005MHz。

（4）设置范围为 2dB/division，并设置 4dB 作为应用的参考 dB 电平。

通过使用频谱分析仪，可以验证超过两个频率成分在当前输出节点，共有 3 个成分在

4dB 以上，分别为 0、2MHz 和 4MHz。其他频率成分在更高的频率并低于 4dB。

12.3.2　网络分析仪

网络分析仪提供测试电路中的散射参数的功能，通常用于有意让电路运行在更高的频率状态。

理想化的电路可以看成一个两端网络。合理的使用网络分析仪，必须保持输入和输出端口开放。在执行一个新的分析和仿真时，如果先前电路中包含子电路，此时需要从电路中移除子电路。

开始仿真时，网络分析仪会自动执行两个交流分析。第 1 个交流分析应用到输入端口，计算向前参数 S11 和 S21，第 2 个交流分析应用到输出端口，计算倒退参数 S22 和 S12。在确定 S 参数后，可以使用网络分析仪浏览数据并执行基于数据的分析。如图 12-10 所示为网络分析仪的图标及仪器界面。

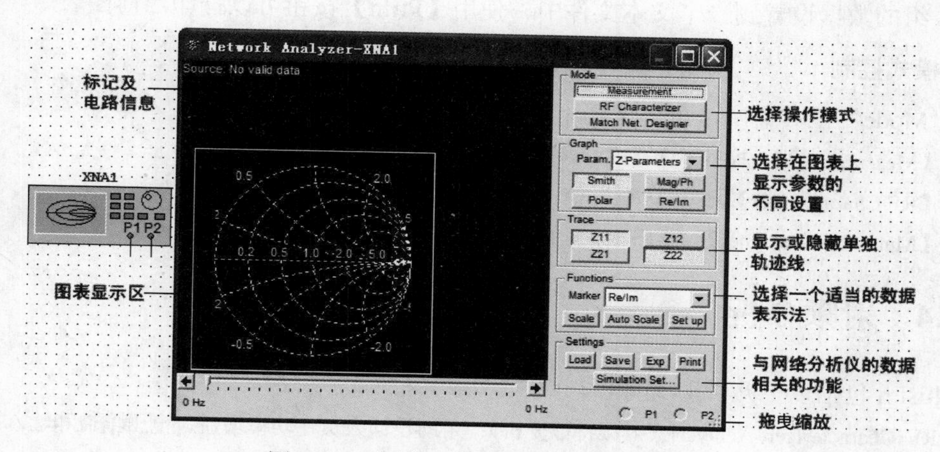

图 12-10　网络分析仪图标及仪器界面

1．标记控制

从“Marker”（标记）下拉菜单中选择数据显示的形式。

- “Real/Imaginary”（Re/Im）：真实/假想
- “Magnitude/Phase”（Mag/Ph(Deg)）：振幅/相位
- “dB（Magnitude）/ Phase”（dB Mag/Ph(Deg)）：dB(振幅)/相位（dB 振幅/相位（度））

2．轨迹控制

使用 Trace（轨迹）控制在图表上显示和隐藏每一个单独的轨迹线。当网络分析仪打开后，S11 和 S22 都显示在轨迹区域，轨迹按钮的改变是根据不同的参数和分析来确定的。在“Measurement”模式下可用的设置是｛S11,S12,S21,S22｝，{Z11,Z12,Z21,Z22}，{H11,H12,H21,H22}，{Y11,Y12,Y21,Y22}和{K,|Δ|}。在“Rf Characerizer”模式下可用的设置为｛P.G.,T.P.G,A,P.G.｝,{V.G.}和｛Zin,Zout｝。

3. 格式控制

在“Measurement”（测量）模式下，可以选择 S-、Y-、H-、Z-参数，以及刚性系数 K 和$|\Delta|$；在“Rf Characterizer”模式下，可以选择功率增益、电压增益及阻抗。

格式按钮用于在不同的图表格式中显示数据。可用的格式由所需的参数组确定。使用【Scale】按钮可以修改当前图表的刻度，仅在极坐标图、真实/假想图、振幅/相位图中可用。使用【Auto Scale】按钮可以自动缩放数据比例。使用【Setup】按钮可以修改网络分析仪中不同的显示属性。

4. 数据控制

使用【Save】按钮可以保存当前 *S* 参数数据到一个文件中；使用【Load】按钮可以加载一个先前保存的 *S* 参数数据到网络分析仪中。一旦数据加载，用户可以使用网络分析仪提供的所有功能来查看和分析数据。保存 *S* 参数文件的扩展名为.sp。使用【Exp】按钮可以输出所选参数组的数据设置到一个文本文件中。使用【Print】按钮可以打印当前图表。

5. 模式控制

在“Mode”工具盒中，可以选择下列的网络分析仪模式按钮。

- 【Measurement】：提供不同格式的参数
- 【RF Characterizer】：提供从输入/输出端口得到的功率增益、电压增益及阻抗
- 【Match Net.Designer】：打开一个新的对话框

12.4 射频分析

Multisim 包括以下几种射频分析。

- RF Characterizer Analysis（射频特征分析）：帮助设计人员在功率增益、电压增益和输入、输出阻抗方面研究射频电路
- Matching Network Analysis（匹配网络分析）：为分析电路动作提供 3 个选项
- Noise Figure Analysis（噪声系数分析）：用于准确地指出噪声器件

12.4.1 RF Characterizer Analysis（射频特征分析）

使用仿真器读取变量的方法如下。

（1）连接网络分析仪到放大器电路中。

（2）运行仿真器，忽略直流警告，等到交流分析结束。

（3）在网络分析仪上双击鼠标左键，弹出仪器界面。

（4）在“Mode”框内单击【RF Characterizer】按钮。

（5）在“Trace”选项下，设置所需的变量 PG、APG、TPG。

（6）从“Parameter”下拉列表中，选择“Gains”。此时，电压增益（VG>）绘制与频率相对并且该值在曲线顶部已经给出。

（7）在“Parameter”下拉框中，选择“Impedance”，此时输入/输出阻抗在曲线表格中提供。

（8）使用曲线底部的频率滚动条为指定的变量选择频率。

1．功率增益

Multisim 射频仿真器计算常规的功率增益（PG）、可用功率增益（APG）和换能器功率增益（TPG），在给定的频率下为 Z_0=50Ω，

$$dBMag=10\log_{10}|PG|$$

2．电压增益

电压增益 VG 为Γs=Γl=0，可以表达为 VG=S21/（1+S11）。电压增益为

$$dBMag=20\log_{10}|VG|$$

3．输入、输出阻抗

假设Γs=Γl=0，得到：

$$Z_{in}=（1+\Gamma_{in}）/(1-\Gamma in)$$

这里的Γin=S11 并且 Z_{out}=（1+Γ_{out}）/(1−Γout), Γout=S22。需要注意一点，这些值都是经过标准化的。

12.4.2 Matching Network Analysis（匹配网络分析）

匹配网络分析提供了三个分析电路行为的选项：Stability circles（稳定性循环）、Unilateral gain circles（单边增益循环）和 Impedane matching（阻抗匹配）。

在电路窗口中用鼠标左键双击网络分析仪，单击【Match Net.Desiger】按钮，此时将弹出“Match Net.Designer”对话框。

1．稳定性循环

稳定性循环常用于分析电路在不同频率下的稳定性。在理想状态下，当一个信号传输到网络的输入端口时，整个信号传递中没有任何丢失。但事实上，一部分输入信号会返回到输入源，之后放大后的信号再传递到负载阻抗，一部分信号回授到放大器的输出端口。如果放大器不是单边的，传输的波形信号会回送到输入阻抗。因此，如果信号反射传输的量等于输入或输出端口的量，则可以认为该放大器是不稳定的。

设计射频放大器的目标是将“回授效应”控制到最小，将最大值的信号传递到负载。网络分析仪中的稳定性循环可以帮助达到这一目标。

下面介绍执行稳定性循环分析的步骤。

（1）使用两个电容（通常取 100F）串联连接偏置放大器到网络分析仪。实际使用中，两个电容必须在直流模式中将前和后放大器隔离开。

（2）激活网络分析仪，单击【Run/Resume simulation】按钮。忽略直流分析警告，等到交流分析结束。

（3）在电路窗口中双击网络分析仪图标，弹出仪器界面。

（4）单击【Match Net.Designer】按钮。

（5）在“Match Net.Designer”对话框中，选择“Stability Circles”标签按钮。

（6）在“Freq”中设置频率，填写在左下角的对话框中并单击【OK】按钮。

分析结果是一个史密斯图标，显示的是输入稳定性循环和输出稳定性循环。在史密斯图表中有 3 个可能出现的情景，分别为：

- None of the Smith Chart is Hatched（没有史密斯图表出现阴影线）：该情况下电路为无条件稳定。设计人员可以用其他标注（增益或噪声标注）选择输入或输出阻抗
- Part of the Smith Chart are Hatched（部分史密斯图表出现阴影线）：在此种情况下存在潜在的不稳定
- The entire Smith Chart is hatched（整个史密斯图表出现阴影线）：此时电路是不稳定的。设计人员可以通过许多选项来使电路达到稳定，包括修改运行频率、修改晶体的直流偏置、更换晶体管或更换整个放大器的结构

2. 单边增益循环

单边增益循环用于分析电路的单边属性，电路中的晶体管处于单边状态时，没有“回授效应”，即从输出返回到输入的信号为 0。这种情况发生在反选透射系数 S_{12} 或反相换能功率增$|S_{12}|^2$ 等于 0，意味着放大器的输入部分和输出部分隔离开。需要注意一点，无源网络通常不是单边的。

Unilateral Figure of Merit（U）（单边品质因数）是单边的网络特性，可以调节频率来改善单边特性。

计算单边品质因数的方法如下。

（1）在“Match Net.Designer”对话框中选择“Unilateral Gain Circles”标签页。

（2）读取“U”的值或“Unilateral Figure of Merit”的值。

（3）使用“U”值计算 $1/（1+U）^2<G_T/G_{TU}<1/(1-U)_2$ 中 G_T/G_{TU} 的上限和下限。公式中的 G_T 是 transducer power gain（变频器功率增益），G_{TU} 为假设单边特性 S12=0 时的换能器功率增益。

（4）修改频率以保证最小的“U”值可以读出，该频率为单边特性最佳状态的一个放大器工作点。

如要设计一个宽频带放大器，首先要找出电路范围内最大的增益，方法如下。

（1）在电路窗口中的网络分析仪图标上双击鼠标左键。

（2）单击【FR Characterizer】按钮。

（3）读取 TPG（换能器功率增益或 G_T）的值，该值单位为 dB。

（4）单击【Match Net.Designer】按钮。

（5）在“Match Net.Designer”对话框中，选择“Unilateral Gain Circles”标签页。

（6）修改 G_s 和 G_L 的值，直到在史密斯图表上的循环变为一个点。

（7）计算最大的转换功率：$G_{max}=G_s$（dB）+TPG（dB）$+G_L$(dB)。

获得最大增益的方法仅能用于窄频带中，电路中一些元件轻微地改变就将改变它的性能，因此实际工作中达不到最大增益。对于一个宽频带放大器来说，选择一个小于最大增益

的增益值是较为合适的。

有了增益电平后就可以选择输入、输出阻抗了。

（1）首先选择所需的增益（应小于计算的最大增益值）。

（2）根据以下不等式来选择 G_s 和 G_L：

$$G_s+G_{TU}+G_L<G_{max}$$

$$Gs<G_{smax}$$

$$G_L<G_{lmax}$$

（3）输入选择的 G_s 和 G_L 值并且观察循环，在循环中选择接近史密斯图表的中间位置的点。这些点将显示在史密斯图表上并且周围有两个三角形标记围绕。G_L=0dB 的循环通常通过中间部分，因此，由 G_L 的最佳点可以得到 G_L=0dB。

3．阻抗匹配

有时，一个电路可以认为是“无条件稳定”的，也就是说该放大器在任何无源或有源阻抗的情况下都不会振荡。在此种情况下，可以使用阻抗匹配选项自动修改射频放大器的结构，以使阻抗获得最大的增益。

为了获得最大的功率，电路必须同时匹配输入和输出端口。

使用阻抗匹配寻找一个匹配网络的方法如下。

（1）首先根据“稳定循环”的需要连接网络分析仪到放大器。

（2）运行仿真。

（3）用鼠标左键双击网络分析仪图标。

（4）单击【Match Net.Designer】按钮。

（5）在“Match Net.Designer”对话框中，选择“Impedance Matching”标签页。

（6）修改频率到所需的工作点。

（7）设置“Auto Match”复选框为允许。

12.4.3　Noise Figure Analysis（噪声分析）

噪声分析（NF）常用于准确地确定产生噪声的器件。

在电路网络中，噪声系数常用作比较真实的噪声网络和无噪声环境中的品质因数。在电路的输入和输出端口间测量 SNR（信噪比），当计算电路的噪声系数时，应同时确定 Noise Factor（F）（噪声因数），它是 NF 的数值比率，NF 单位为 dB。

$$NF=10\log_{10}F \text{ 且 } F=\text{输入 SNR/输出 SNR}$$

任何元件的噪声系数都在其参数手册中提供，2N4957 的噪声系数曲线如图 12-11 所示。

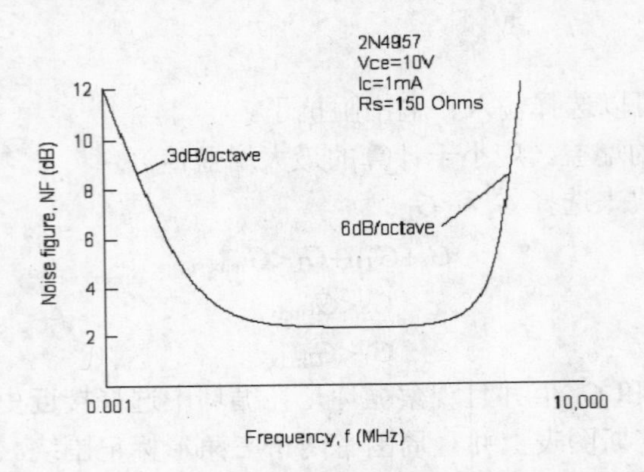

图 12-11　2N4957 的噪声系数曲线图

另一种描述噪声系数的方法可以使用公式：

$$\mathrm{NF}=10\log_{10}\frac{S_i/N_i}{S_o/N_o}=10\log_{10}\mathrm{NR}$$

式中，S_i/N_i 是器件输入的信号噪声功率比；S_o/N_o 是器件输出的信号噪声功率比。$(S_i/N_i)/(S_o/N_o)$ 称作噪声比（NR）。理想条件下的（无另外注入的噪声），则 S_i/N_i 和 S_o/N_o 将相等，NR 将等于 1，并且 NF=10log$_{10}$（1）=0dB。

1．层叠网络

如图 12-12 所示为层叠网络的例图。

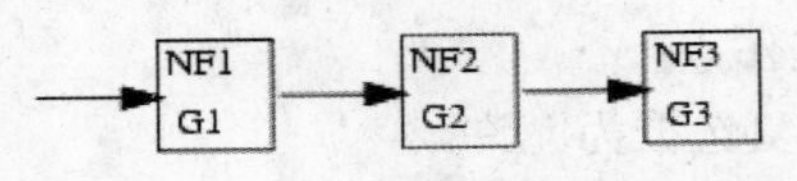

图 12-12　层叠网络的例图

通常情况下，有必要计算层叠连接的一组放大器的噪声系数。如果每一个独立层叠配置的放大器的参数已知，那么计算其噪声系数是很容易的事：

$$F_{\mathrm{total}}=F1+\frac{F2-1}{G1}+\frac{F3-1}{G1G2}+\frac{F4-1}{G1G2G3}$$

该公式中 *Fn* 为每一级的噪声因数，*Gn* 为每一级的数值增益（单位不是 dB）。从公式中可以看出，如果第一级的增益很高，那么公式中第二级及后面的级数中的分母也会变得很大，这将导致整个式子中只有 *F*1 大，其他分式都很小。

2．SPICE 模型中的噪声系数

以下列出的是一个典型的晶体管 SPICE 模型。

```
.MODEL BF517 NPN (IS=0.480F NF=1.008 BF=99.655 VAF=90.000 IKF=0.190
+ ISE=7.490F NE=1.762 NR=1.010 BR=38.400 VAR=7.000 IKR=93.200M
+ ISC=0.200F NC=1.042
```

+ RB=1.500 IRB=0.100M RBM=1.200
+ RE=0.500 RC=2.680
+ CJE=1.325P VJE=0.700 MJE=0.220 FC=0.890
+ CJC=1.050P VJC=0.610 MJC=0.240 XCJC=0.400
+ TF=56.940P TR=1.000N PTF=21.000
+ XTF=68.398 VTF=0.600 ITF=0.700
+ XTB=1.600 EG=1.110 XTI=3.000
+ KF=1.000F AF=1.000)

当选择一个 SPICE 模型用于噪声系数分析时，需要保证存在 NF 参数，如果没有，该元件将以没有噪声参数运行仿真且不产生噪声。

3. Multisim 处理方法

Multisim 计算噪声系数使用：

$$F = \frac{N_o}{GN_s}$$

式中，N_o 是输出噪声功率；N_s 是源电阻的热噪声；G 是电路的交流增益。这里需要注意一点，信号的频宽已经考虑到源电阻中。最后，Multisim 打印出以 dB 为单位的噪声系数 $10\log_{10}(F)$。

4. 噪声系数分析

在“Analysis Parameters”（分析参数）标签页中需要设置以下内容。

- 从“Input noise reference source”（输入噪声参考源）下拉框中选择一个输入源
- 从“Output node”（输出节点）下拉框中选择一个输出节点
- 从“Reference node”（参考节点）下拉框中选择一个参考节点
- 在“Frequency”（频率）框内输入一个频率值
- 在“Temperature”（温度）框内输入一个温度值

如图 12-13 所示为噪声系数分析示例电路。

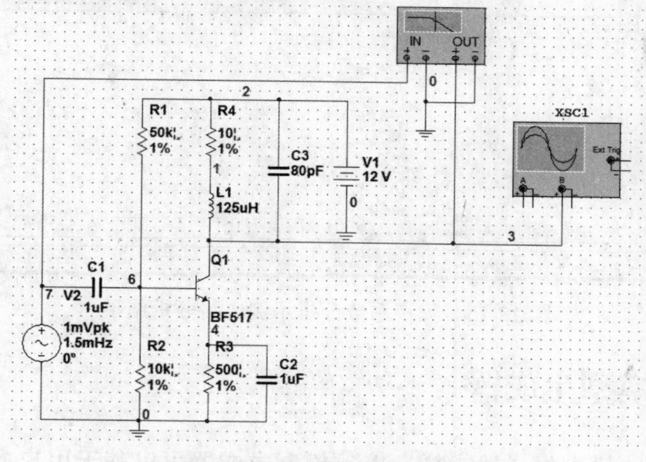

图 12-13　噪声系数分析示例电路

如图 12-14 所示为该电路的频率响应特性曲线。从图中可以看出，最大增益在大约 1.5MHz 附近。

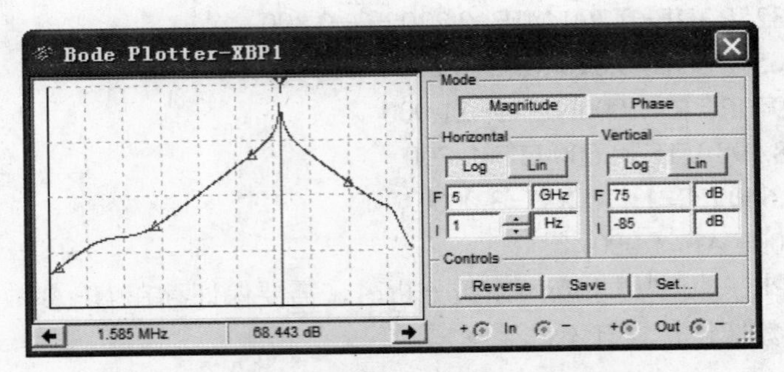

图 12-14　噪声系数分析示例电路频率响应特性曲线

使用示例电路进行噪声系数分析的步骤如下。

（1）选择菜单【Simulate】/【Analyses】/【Noise Figure Analysis】命令。

（2）在“Analysis Parameters”（分析参数）标签页上，做如下设置。

- “Input noise reference source”（输入噪声参考源）为 vv1（也就是输入的交流源）
- “Output node”（输出节点）为$output
- “Reference node”（参考节点）为默认$0
- “Frequency”（频率）设置为 1.5e+006（1.5MHz）
- “Temperature”（温度）设置为 27℃

（3）单击【Simulate】（仿真）按钮，分析结果如图 12-15 所示，可以得出该电路的噪声系数约为 –116dB。

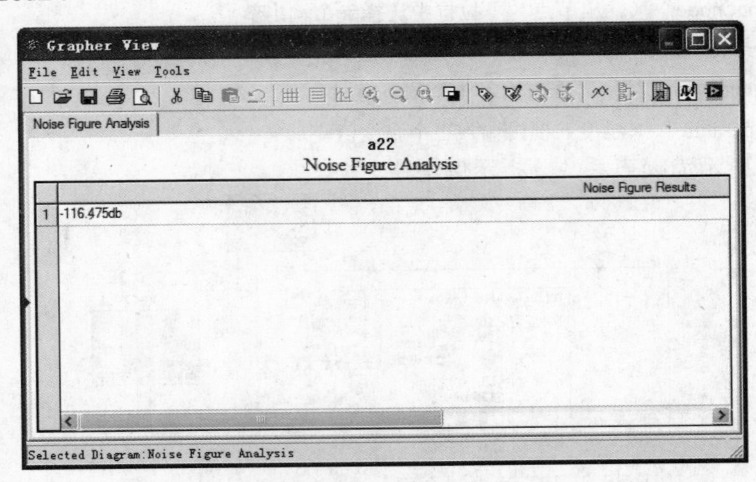

图 12-15　噪声系数分析示例电路分析结果

12.5　射频模型生成器

像其他 Multisim 模型生成器一样，射频模型生成器可以基于用户提供的输入参数自动仿真模拟。

12.5.1　波导（Waveguide）

图 12-16 提供了波导模型所需的一些信息。

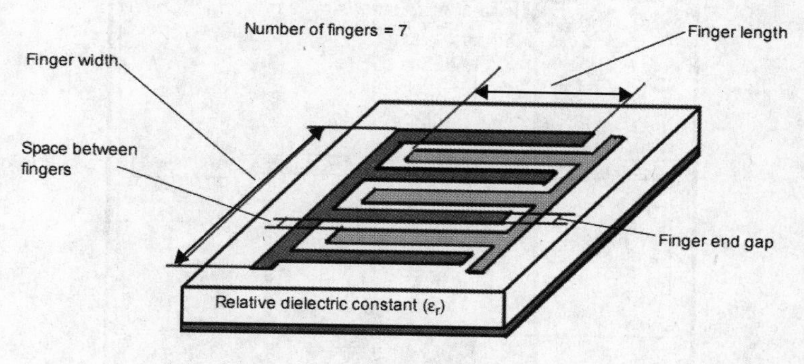

图 12-16　波导模型信息图表

在图 12-13 的示例电路中选中元件 Q1 并单击鼠标右键，从弹出的快捷菜单中选择【Properties】（属性）命令，弹出如图 12-17 所示的“RF_BJT_NPN”对话框，选择“Value”标签页，单击【Edit Component in DB】（在数据库中编辑元件）按钮，弹出如图 12-18 所示的“Componet Properties”对话框，在该对话中单击【Add/Edit】（添加/编辑）按钮，弹出如图 12-19 所示的“Select a Model”对话框，在该对话框中单击【Start Model Maker...】按钮，弹出如图 12-20 所示的“Select Model Maker”对话框，在该对话框的“Model Maker List”（模型生成器列表）列表中选择“Waveguide”（波导）并单击【Accept】（接受）按钮，则弹出如图 12-21 所示的“Waveguide Model”对话框“Electrical Characteristics”标签页和“Linear Dimensions”标签页。

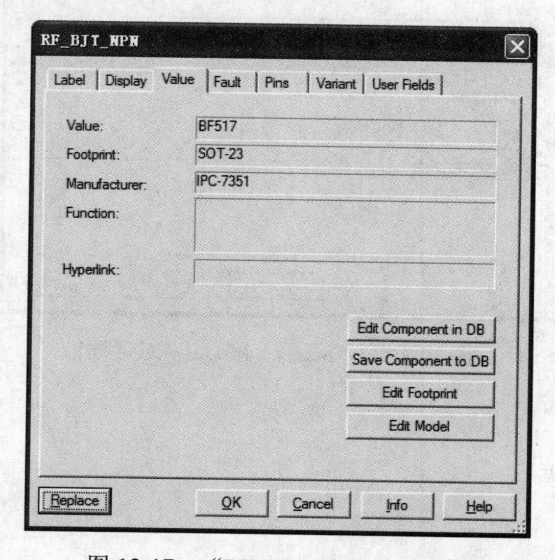

图 12-17　“RF_BJT_NPN”对话框

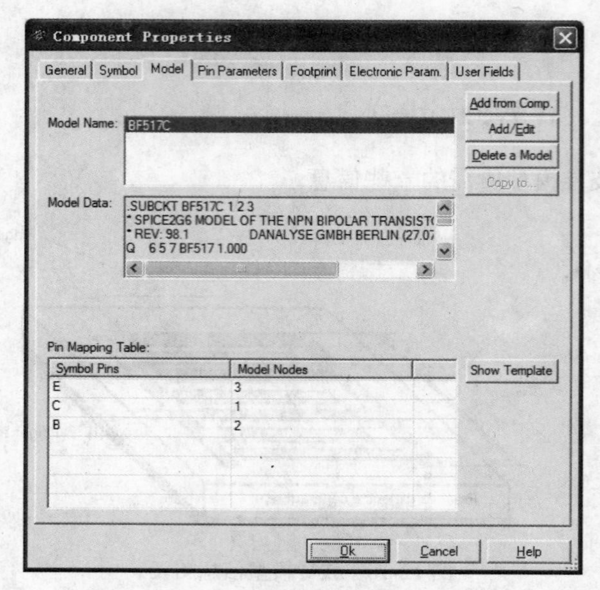

图 12-18 “Component Properties”对话框

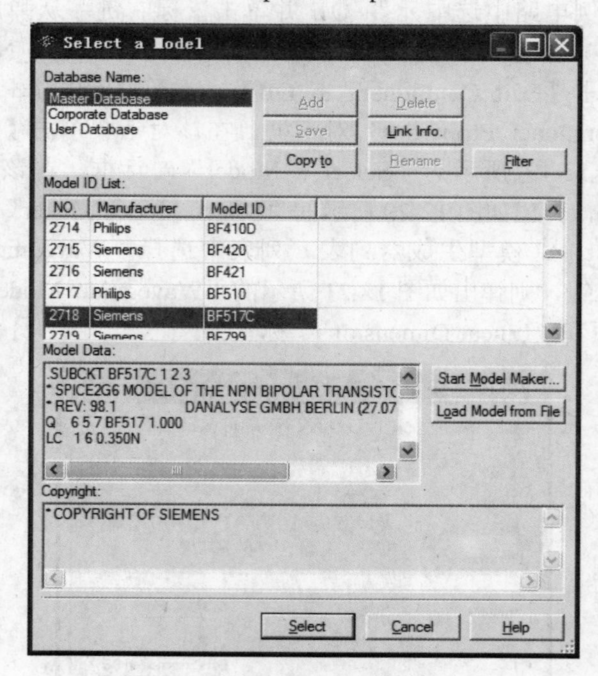

图 12-19 “Select a Model”对话框

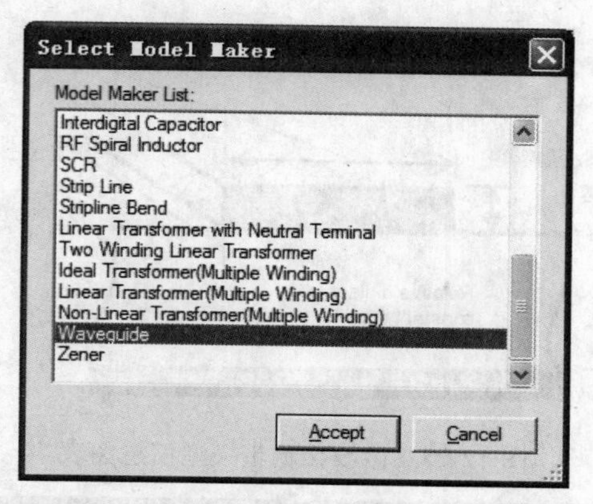

图 12-20　“Select Model Maker”对话框

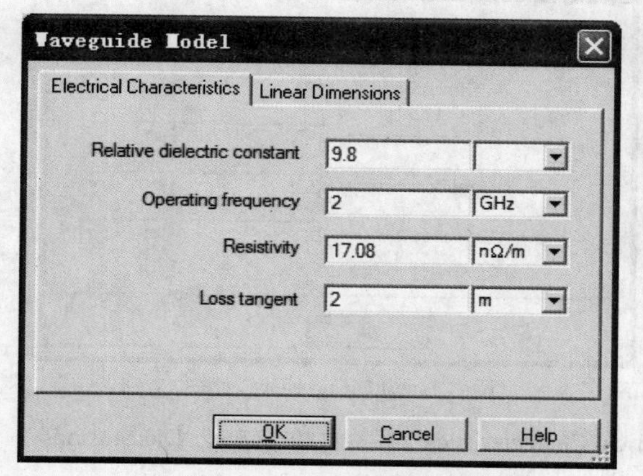

（a）“Electrical Characteristics”标签页

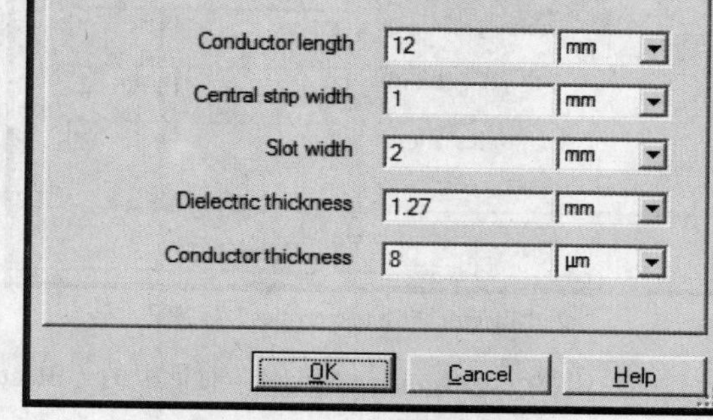

（b）“Linear Dimensions”标签页

图 12-21　“Waveguide Model”对话框“Electrical Characteristics”标签页和“Linear Dimensions”标签页

在“Waveguide Model”对话框的“Electrical Characteristics”标签页和“Linear Dimensions”标签页中的设置可以参看图 12-16 所示的信息。其中，Relative dielectric constant 为介电常数；Operating frequency 为运行频率；Resistivity 为电阻系数；Loss tangent 为损耗因数；Conductor length 为导体长度；Central strip width 为中部条宽；Slot width 为槽宽；Dielectric thickness 为电解质厚度；Conductor thickness 为导体厚度。

12.5.2　微波传输带（Microstrip Line）

图 12-22 提供了微波传输带模型所需的一些信息，“Microstrip Line Model”对话框的“Electrical Characteristics”标签页和“Linear Dimensions”标签页如图 12-23 所示。

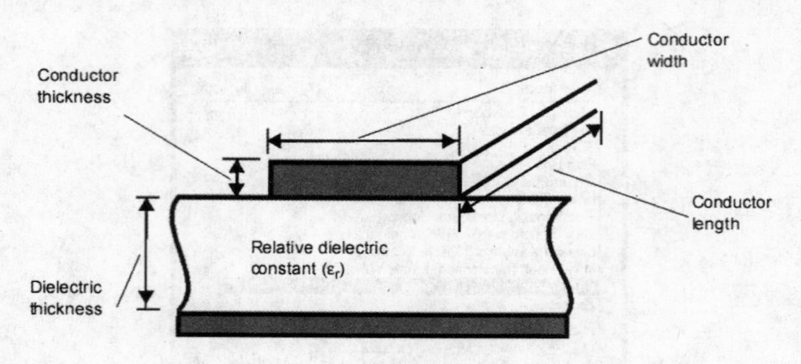

图 12-22　微波传输带模型信息图表

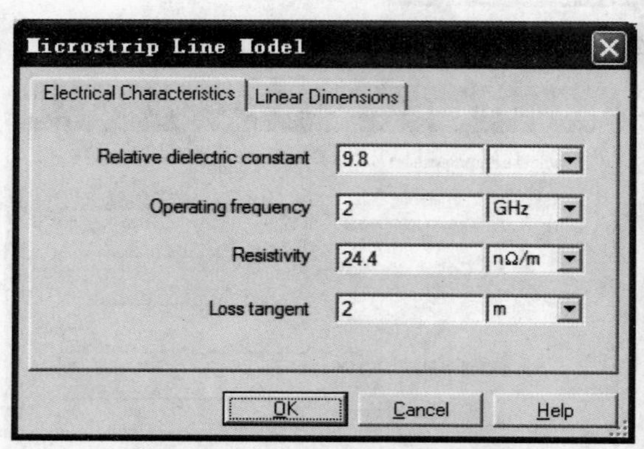

（a）“Electrical Characteristics”标签页

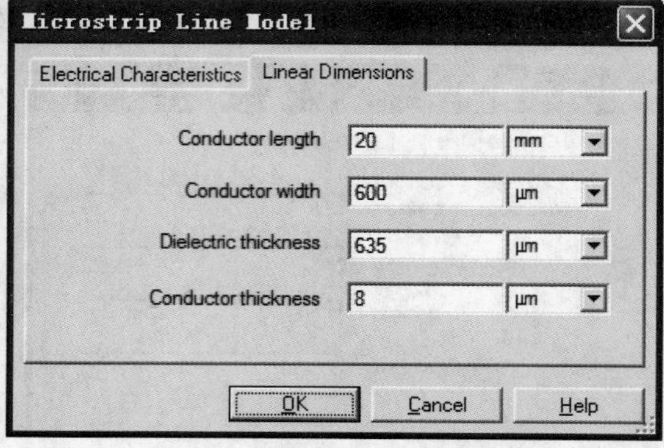

（b）“Linear Diemensions”标签页

图 12-23　“Microstrip Line Model”对话框的“Electrical Characteristics”标签页和“Linear Diemensions”标签页

12.5.3　开口端微波传输带（Open End Microstrip Linemodel）

图 12-24 所示为开口端微波传输带的两个标签页，可以在该标签页中输入相关的设置信息。

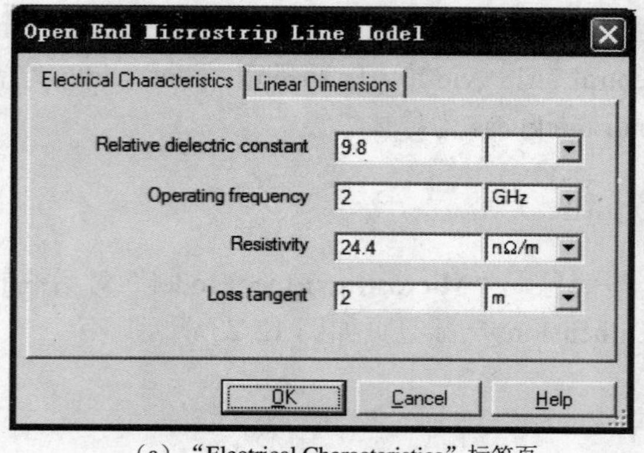

（a）“Electrical Characteristics”标签页

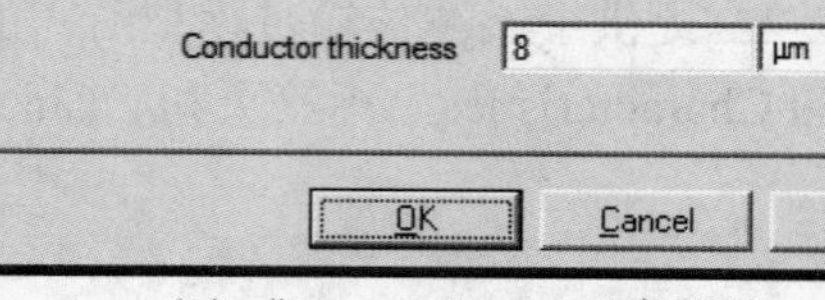

（b）“Linear Dimensions”标签页

图 12-24　“Open End Microstrip Line Model”对话框的“Electrical Characteristics”标签页和“Linear Dimensions”标签页

12.5.4　射频螺旋电感（RF Spiral Inductor）

对于常规的射频螺旋电感模型来说，在如图 12-26 所示的两个标签页中输入各参数数值，图 12-25 提供了标签页中所需的一些提示信息。其中，Shunt capacitance at outer conductor 为外侧线分路电容；Shunt capacitance at inner conductor 为内侧线分路电容；Total capacitance between conductors 为导线间总电容量；Outer diameter 为外径；Inner diameter 为内径；Space between conductors 为导线间距；Conductor width 为导线宽；Conductor thickness 为导线厚。

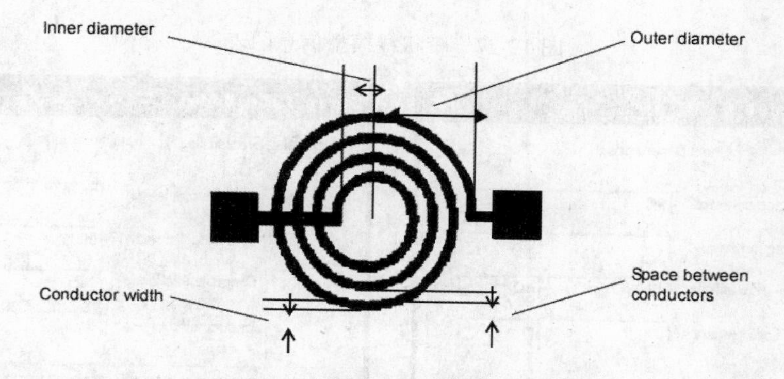

图 12-25　射频螺旋电感模型信息图表

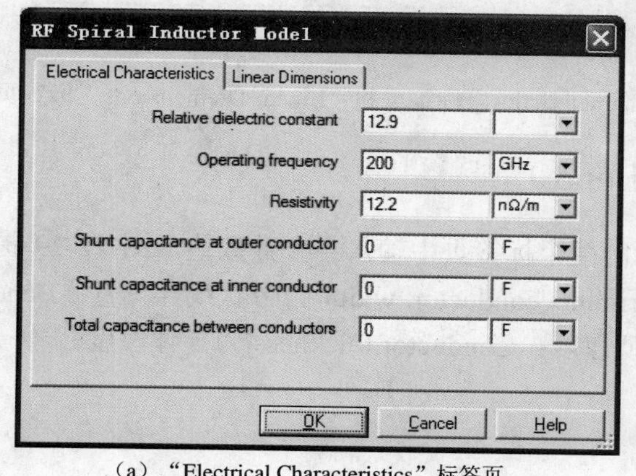

（a）“Electrical Characteristics”标签页

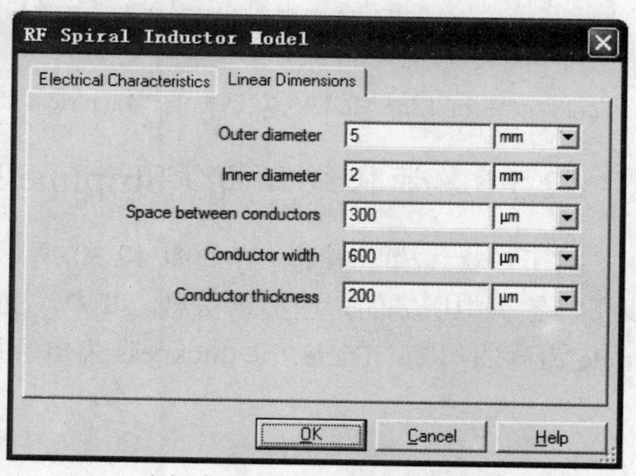

（b）“Linear Dimensions”标签页

图 12-26　“RF Spiral Inductor Model”对话框的“Electrical Characteristics”标签页和“Linear Dimensions”标签页

12.5.5　带状线模型（Strip Line Model）

对于常规的带状线模型来说，在如图 12-28 所示的两个标签页中输入各参数的数值，图 12-27 提供了标签页中所需的一些提示信息。

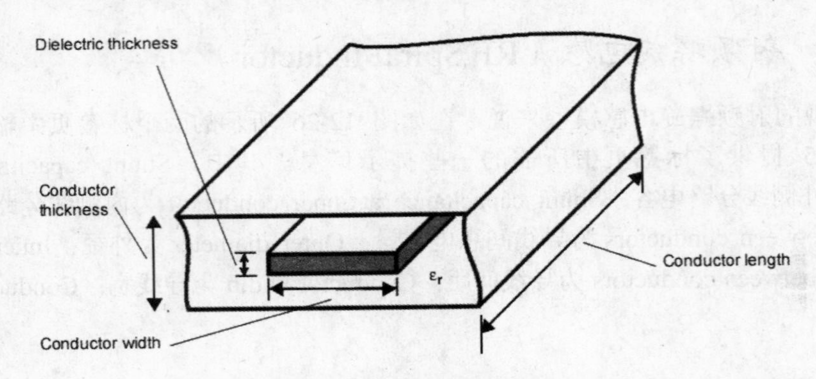

图 12-27 带状线模型信息图表

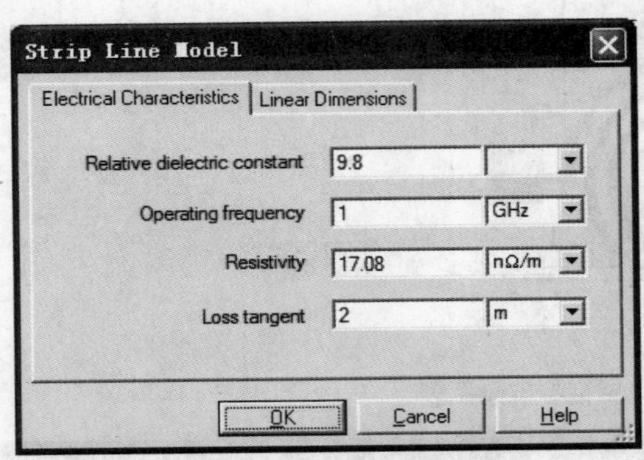

（a）“Electrical Characteristics”标签页

Strip Line Model

Conductor length	30	mm
Conductor width	600	μm
Dielectric thickness	1.27	mm
Conductor thickness	8	μm

（b）“Linear Diemensions”标签页

图 12-28 “Strip Line Model”对话框的“Electrical Characteristics”标签页和“Linear Diemensions”标签页

12.5.6 带状线弯曲（Stripline Bend）

对于带状线模型来说，在如图 12-30 所示的两个标签页中输入各参数数值，图 12-29 提供了标签页中所需的一些提示信息。其中，Stripline conductor width 为带状线导体宽；Bend angle 为弯曲角度；Dielectric thickness 为电解质厚度；Conductor thickness 为导体厚度。

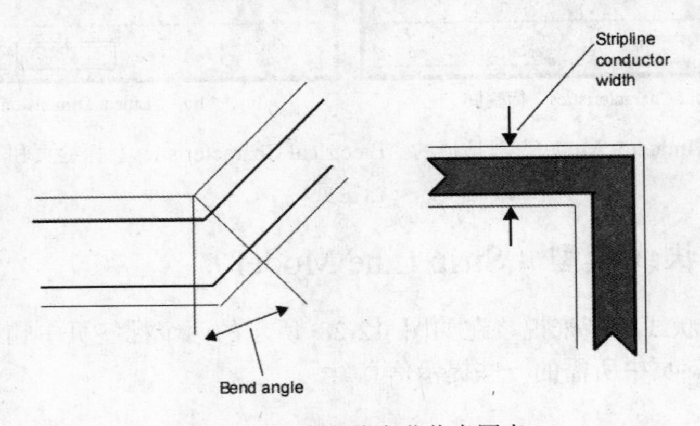

图 12-29 带状线弯曲信息图表

Stripline Bend Model
Electrical Characteristics | Linear Dimensions
Relative dielectric constant 9.8
Operating frequency 1 GHz
Resistivity 17.08 nΩ/m
Loss tangent 2 m
OK Cancel Help

（a）“Electrical Characteristics”标签页

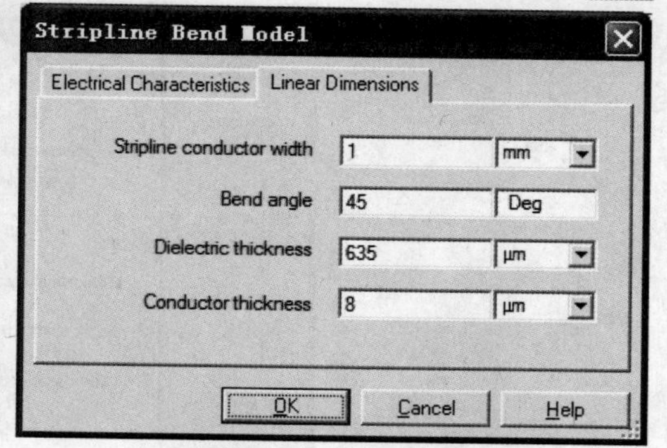

（b）“Linear Dimensions”标签页

图 12-30　“Stripline Bend Model”对话框的“Electrical Characteristics”标签页和“Linear Dimensions”标签页

12.5.7　损耗线（Lossy Line）

对于损耗线模型来说，在如图 12-32 所示的“Lossy Line”对话框中输入各参数的数值，图 12-31 提供了标签页中所需的一些提示信息。其中，Line length 为线长；Characteristic impedance 为特性阻抗；Phase velocity 为相位速度；Nominal attenuation @为名义衰减；Lower frequency bound 为低频限制范围；Higher frequency bound 为高频限制范围；Operating frequency 为运行频率。

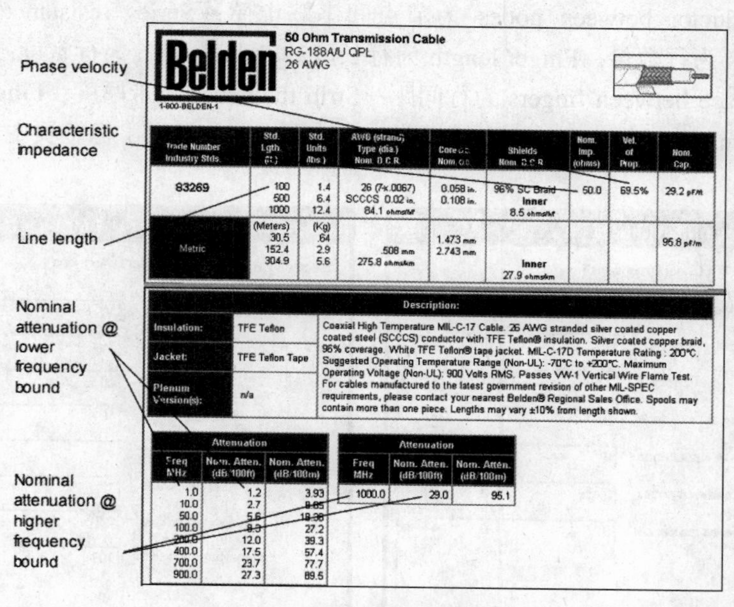

图 12-31　损耗线信息图表

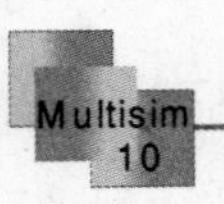

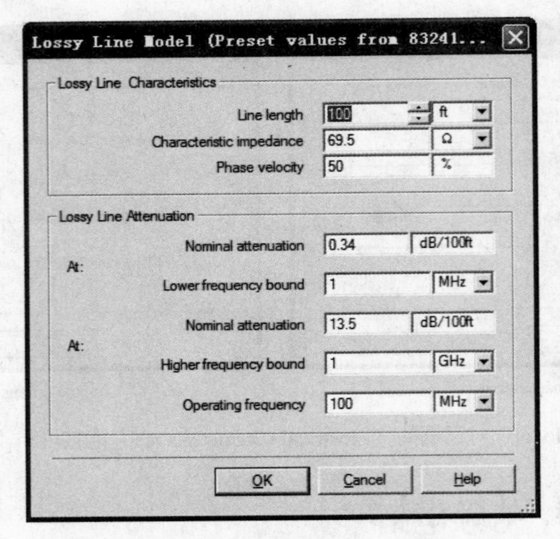

图 12-32 “Lossy Line”对话框

12.5.8 交叉指行电容（Interdigital Capacitor）

对于交叉指行电路模型来说，在如图 12-33 所示的两个标签页中输入数值，其中，Shunt capacitance at input node 为输入分路电容；Shunt capacitance at output node 为输出分路电容；Series inductor between nodes 为节点间串联电感；Series resistance 为串联电阻；Number of fingers 为行数量；Finger length 为行长度；Finger width 为行宽度；Substrate height 为底层高度；Space between fingers 为行间距；Strip thickness 为带厚度；Finger end gap 为行末端缺口；External terminal width 为外部端口宽。图 12-34 提供了标签页中所需的一些提示信息。

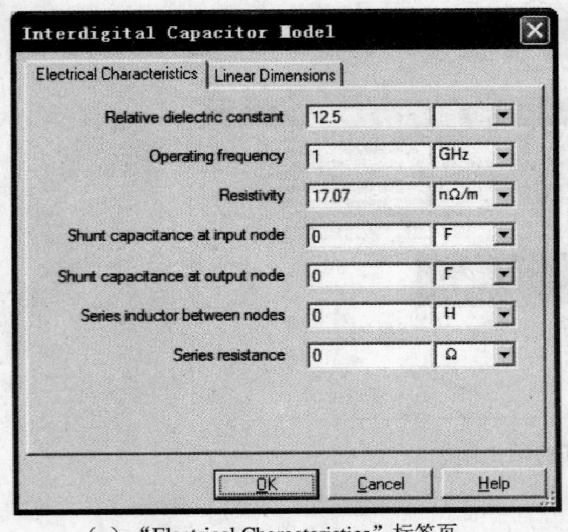

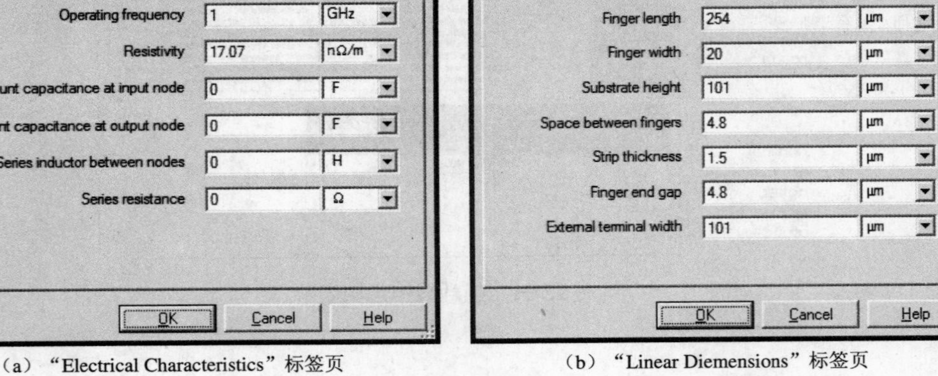

（a）“Electrical Characteristics”标签页　　（b）“Linear Diemensions”标签页

图 12-33 “Interdigital Capacitor Model”对话框的“Electrical Characteristics”标签页和“Linear Diemensions”标签页

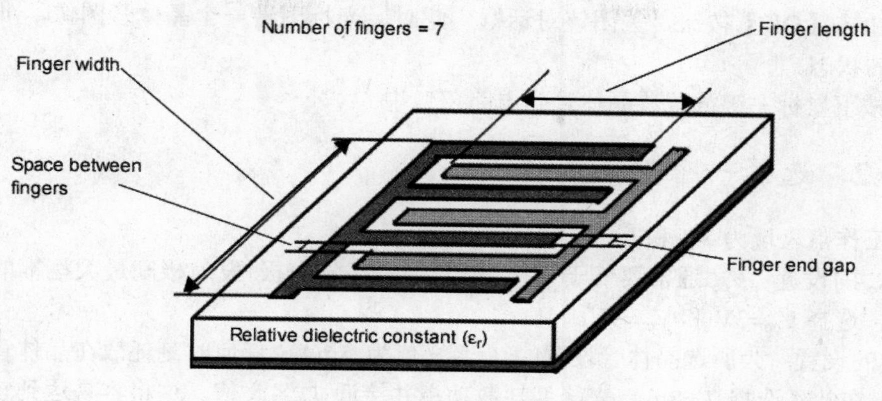

图 12-34　交叉指行电容信息图表

12.6　设计一个射频电路

高频电路的设计方法有别于低频电路的设计方法，一个射频工程设计师应着眼于如 *S* 参数、输入输出阻抗、功率增益、噪声分析及稳定因数的参数性能。这些设计参数在 SPICE 仿真中不是直接可用的。

12.6.1　选择射频放大器的类型

选择合适的射频放大器类型要基于该放大器的用途。设计低功率的应用与低噪声的应用是不同的，宽频带放大器的设计与高增益放大器的设计也不同。以下列出了一些可能的应用情况。

- 最大功率传输：这一类型的放大器运行在一个非常窄的频段
- 设计指定增益的放大器：设计师可能会有意地引入输入或输出的不匹配来改善频宽，甚至是输出的功率不是最大的
- 低噪声放大器设计：在设计接收机应用中，需要在第一个阶段设一个低噪声的前置放大器，使得第一阶段在整个系统环节中对噪声参数起主导作用。不可能在一个放大器中同时获得最小噪声系数和最大增益
- 振荡器应用：设计一个稳定的射频正弦信号，可以使用有源器件并故意引入负反馈到电路中

接下来将介绍设计一个最大功率传输的放大器的方法。首先为设计要求准备，打开一个新的电路窗口，本例中选择 MRF927T1 射频晶体管，因为该管在相对较高的频率上时做低功率、低噪声应用。

在 Multisim 中选择 MRF927T1 晶体管的步骤如下。

（1）在元件工具栏上单击【RF】（射频）按钮。

（2）在“Select a Component”（选择一个元件）对话框中选“RF_BJT_NPN”元件族。

（3）找到 MRF927T1 并选中，此时该元件的元件数据出现在该对话框中。

（4）单击【OK】按钮，关闭该对话框。此时，光标附着一个晶体管图像，准备放置到工作区中的状态。

（5）按下鼠标左键放置该晶体管到电路窗口中。

12.6.2 选择一个直流工作点

直流工作点表现为 V_{ce} 和 I_c。

1）V_{ce} 的设置　V_{ce} 通常要低于 V_{cc}，并且通常在集电极-发射极间最大摆幅的 $V_{cc}/2$ 附近。在此，选择 V_{ce}=3V 和 V_{cc}=9V。

2）I_c 的设置　为所选晶体管设置的 I_c 名义值为 5mA。任何时刻耗散在晶体管的功率都是 I_c*V_{ce}。在此，选择 I_c=3mA 来降低耗散功率并接近 I_c 名义值。这将容易达到较好的电流增益频带及中等的电压增益。

12.6.3 选择偏置网络

有多种结构可用于为网络选择适合的直流偏置，最重要的是注意晶体管的性能及放大器依赖的直流工作点。如图 12-35 所示为其中一个可用的偏置网络。

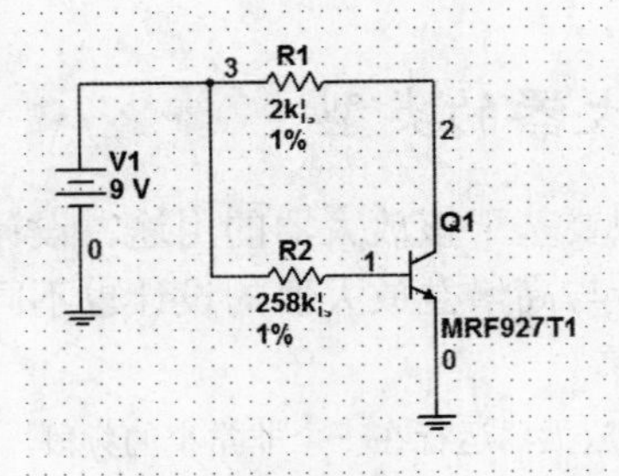

图 12-35　可用的偏置网络

这是一个简单的偏置结构，但是它的终端稳定性很差。要找出该结构的阻值，需要先获得 V_{ce}、I_c、V_{cc}、V_{be} 和β共 5 个值。$\beta=I_c/I_b$。Vbe 是基极和发射极间的电压，典型值为 0.7V。β和 V_{be} 都依靠 I_c 和 I_b 的值。初始设计时，使用如图 12-35 所示的 R_c 和 R_b 值。在此，V_{ce}=3V，I_c=3mA，V_{cc}=9V，V_{be}=0.7V，β=100。

Rc 和 Rb 的初始值计算如下：

$$R_c=（V_{cc}-V_{ce}）/I_c=（9V-3V）/3mA=2k\Omega$$

$$I_b=I_c/\beta=3mA/100=30\mu A$$

$$R_b=(V_{cc}-V_{be})/I_b=(9V-0.7V)/30\mu A=277k\Omega$$

接下来进行仿真。

（1）按 R_b=227kΩ和 R_c=2kΩ绘制电路，如图 12-35 所示，绘制时注意 V_{cc}=9V，晶体管型号为 MRF927T1。

（2）单击【Analysis】（分析）按钮，选择“DC Operating Point”（直流工作点），弹出“DC Operating Point Analysis”（直流工作点分析）对话框。

（3）选择表示晶体管基极和集电极的节点。

（4）单击【Simulate】（仿真）按钮。

首先读取 V_{ce}=3.33V，V_{be}=0.8V，修改 R_c 和 R_b 的值，直到达到所需的直流工作点值。通过反复重试，使得 R_c=2kΩ、R_b=258kΩ，在最后的仿真中读取 V_{ce} 和 V_{be} 的值。此时应注意，$\beta=I_c/I_b=R_b-(V_{cc}-V_{ce})/[R_c(V_{cc}-V_{be})]=94.36$，接近$\beta$的初始值。

运行频率点的选择依靠所选的应用类型，通常在设计说明中定义。在此，可以假设信号（中心）频率为 3.02GHz。

执行这个分析的步骤如下。

（1）使用两个电容串联连接偏置晶体管到网络分析仪。对于偏置网络，这一步是很重要的，也就是激活电路，如图 12-36 所示。

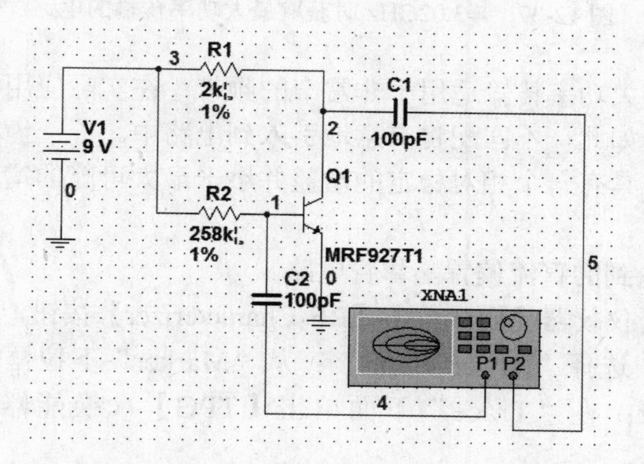

图 12-36　串联两个电容到网络分析仪

（2）选择菜单【Simulate】/【Run】命令，忽略直流分析警告信息，等待到交流分析结束。

（3）在电路窗口用鼠标左键双击网络分析仪，在弹出的仪器界面中单击【Designer】按钮。

（4）在“Match Net.Designer”对话框中，进行以下设置。

- 设置频率为 3.02GHz
- 因为电路对于这个频率点是“无条件稳定”的，则可单击【Impedance Matching】按钮
- 因为电路是“无条件稳定”的，自动匹配阻抗是可能的，所以设置“Auto Match”选项为允许

“Match Net.Designer”对话框提供了结构和共轭匹配所需的值，因此最大功率传输已经到达。如图 12-37 所示为设计的最大功率传输在 f=3.02GHz 的情况下的电路。

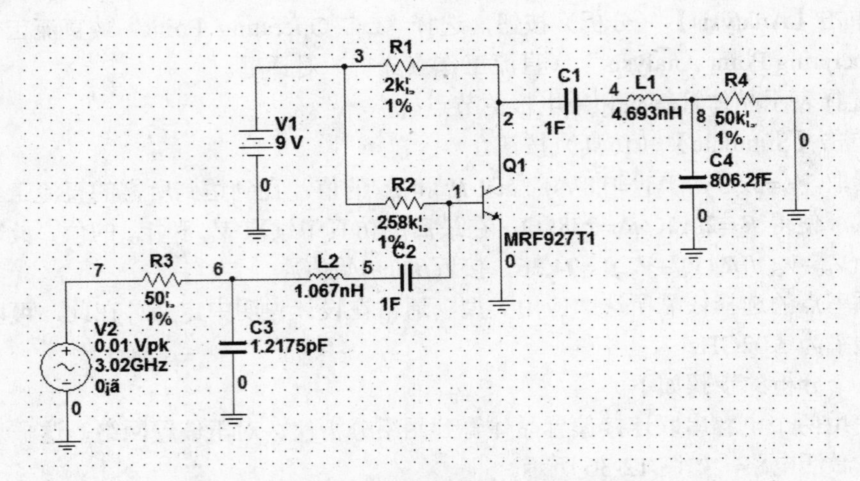

图 12-37　f=3.02GHz 时获取最大功率传输的电路

阻抗匹配提供的最大功率传输适用于非常窄的频带，在实际应用中，需要平衡功率传输和频带间的关系。正因如此，不匹配将有意地引入到电路中。

如要设计的放大器具有一个相对稳定的增益并小于最大可能的增益来提供频率响应的方法如下。

（1）打开前面讨论到的直流偏置晶体管电路。

（2）打开网络分析仪仪器界面，单击【RF Characterizer】按钮，在弹出的对话框中，从“Parameter”下拉框中选择“Power Gains”；从“Marker”下拉框中选择“dB MAG”；设置频率为 3.02GHz；在“Trace”下面单击【TPG】（换能器功率）按钮并设置值为 4.3652dB。

（3）单击【Match Net.Designer】按钮，弹出“Match Net.Designer”对话框，选择“Unilateral Gain circles”标签页。

（4）手工修改 G_s 和 G_1 的值，使得在史密斯图表上的圆环变为一个点。在此，G_s=0.042dB，G_1=1.2650dB。

（5）计算最大的传输功率，P_{max}=0.042+4.3652+1.2650=5.6722dB

（6）选择所需的增益，该增益小于 5.6752dB，3.5302dB 是选择的功率增益。

（7）选择 G_s 和 G_1 使 G_s+4.3652+G_1=3.5302dB 且 G_s<0.042dB 和 G_1<1.2650dB。此处选择 G_s=−0.08350dB 和 G_1=0dB。

（8）输入所选的 G_s 和 G_1 值并观察圆环。

如图 12-38 所示为最终完成的电路。

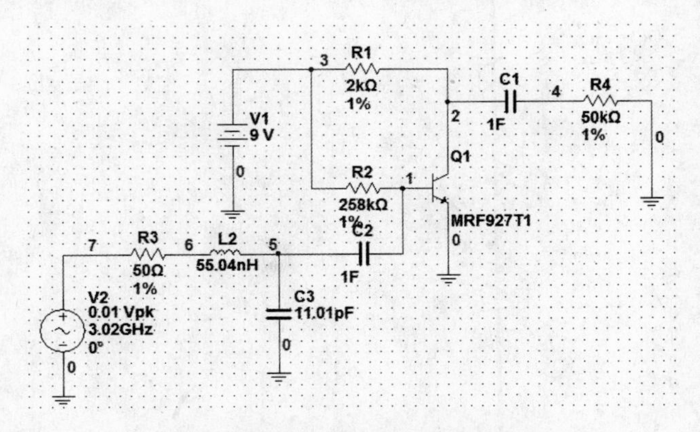

图 12-38　最终完成的射频电路设计

认识 Ultiboard 10 并设置其基本参数

印制电路板基础与 Ultiboard 10 简介

Ultiboard 10 软件界面

工具栏

设置全局参数

设置 PCB 属性

设计工具盒

数据表格视图

定制用户界面

13.1 印制电路板基础与 Ultiboard 10 简介

13.1.1 印制电路板基础

随着电子信息产业的日益兴盛，进入大众日常生活的电子产品越来越丰富。在生活中，大家使用的手机、MP4 播放器、DV 摄像机、计算机板卡、数字电视机顶盒和液晶电视等内部无一不使用印制电路板作为电路连接和元件安装的载体。

印制电路板（Printed Circuit Board）简称为 PCB，其板基由绝缘、隔热和不易弯曲的材质制作而成。它几乎会出现在每一种电子设备中，其主要功能是提供电子元器件之间的相互电气连接。

13.1.1.1 印制电路板的种类

按电路板的层结构区分，可以把印制电路板分为单面板、双面板和多层板 3 种。

1．单面板

单面板中的元件集中在电路的某一面，导线集中在与之相对的另一面。因为导线仅仅存在其中一面上，故称其为单面板。

2．双面板

双面板的两面（顶层和底层）都有布线，为保证电路连通，两面之间的导线通过过孔相连。双面板可布线的面积比单面板大一倍，所布线路可以从一面通过过孔连接到另一面，因此双面板常用在设计制作较为复杂的电路设计中。

3．多层板

多层板是采用了多个工作层面的电路板，通常包括顶层、底层、内部电源层、中间层和接地层等。多层板一般指 3 层以上的电路板。在多层板中，整层都接上地线或电源，所以通常将多层板分类为信号层、电源层和地线层。

13.1.1.2 元件封装

元件封装是指把硅片上的电路引脚用导线接引到外部接头处，以便与其他器件连接。封装形式是指安装半导体集成电路芯片用的外壳。它不仅起着安装、固定、密封、保护芯片和增强电热性能等方面的作用，而且还通过芯片上的接点用导线连接到封装外壳的引脚上，这些引脚又通过印制电路板上的导线与其他器件相连接，从而实现内部芯片与外部电路的连接。芯片必须与外界隔离，以防止空气中的杂质对芯片电路腐蚀而造成电气性能下降。另一方面，封装后的芯片更便于安装和运输。由于封装技术的好坏还直接影响到芯片自身性能的发挥和与之连接的 PCB（印制电路板）的设计和制造，因此它是至关重要的。元件的封装按照元件在印制电路板上的安装方式可以分为直插式封装和表面贴装式封装。常见的微型通信设备、移动便携视听设备基本上使用的都是表面贴装封装的元件，与传统的直插式封装元件相比，采用这种封装的元件有利于缩小产品的体积、降低设备能耗等。

（1）直插式封装（THT）：将元件插入电路板对应的焊盘，放置在电路板的一面，元件引脚穿过焊盘到达电路板的另一面，用焊锡将焊盘和引脚焊接起来。这种封装称为直插式封装。常见的有直插电阻（ALIAL—0.4）和双列直插运放（DIP—8）。

（2）表面贴装式封装（SMT）：表面贴装式元件的引脚和焊盘在同一面，采用这种封装的电路板不必为元件的引脚钻孔。同型号的 SMT 元件比 THT 元件要小很多，所以产品的体积也相应地小型化和微型化。由于 SMT 元件很小，因此焊盘也很小，采用人工焊接 SMT 元件则会变得非常困难，通常焊接 SMT 元件采用自动化机器机器。常见的有贴片运算放大器 ne5534（sop—8）。

13.1.1.3　常用概念

铜膜导线用于连接各个焊盘，保证电路的连通，是电路板中最为重要的部分，电路板的整个设计过程基本上是围绕着如何合理布置铜膜导线进行的。

飞线是与铜膜导线有密切联系的一种线，它本身并不具备电气连接特性，是系统根据网络表文件自动生成的作为一种连接的指示线，也称预拉线。在后面的章节里将对飞线做详细介绍。

焊盘是为了放置焊锡、连接铜膜导线和元件引脚而设置的。过孔是为连接不同板层间的导线而设置的。过孔有 3 种，分别为通孔、盲孔和埋孔。通孔是从顶层穿透到底层的一种过孔，盲孔是从顶层到内层或从内层到底层的一种过孔，埋孔是内层之间的隐藏过孔。

13.1.2　Ultiboard 10 简介

13.1.2.1　Ultiboard 10 概述

Ultiboard 10 是美国 NI 公司于 2007 年 3 月推出的 National Instruments Circuit Design Suite 中的 PCB 布线软件，是一套高效率的 EDA（Electronics Design Automation）工具软件，它帮助设计人员完成电路设计中的最主要和最关键的步骤。Ultiboard 10 主要用于设计印制电路板，完成基本的机械 CAD 基础设计，将设计好的文件作为工厂生产制造的依据，同时软件也提供元件自动放置和自动布线工具。

13.1.2.2　获取 Ultiboard 10 软件

Ultiboard 10 的试用版可以从 National Instruments 公司网站下载，也可以在 NI 公司的网站或其他代理处订购合法正版软件。访问 NI 公司中国网站可以下载 Multisim 10 软件试用版，如图 13-1 所示。

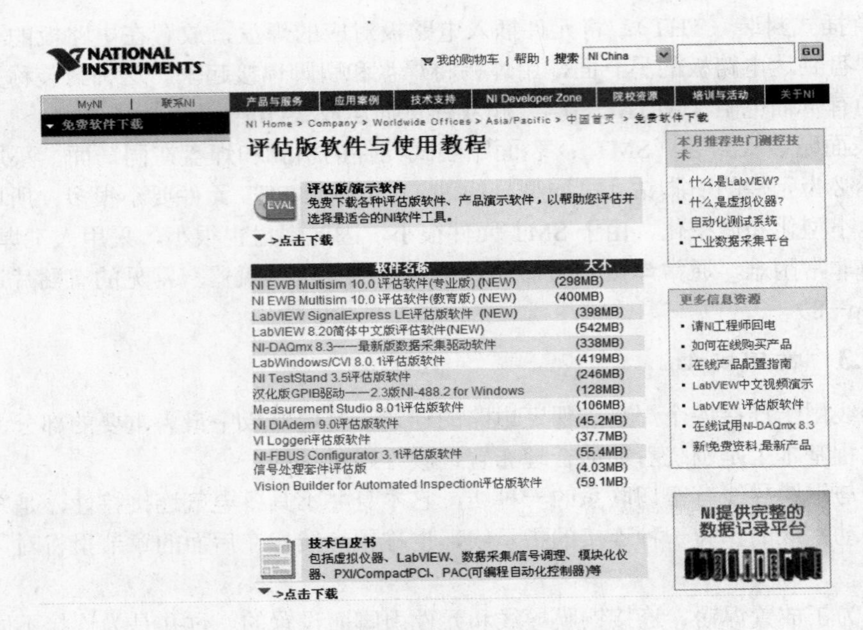

图 13-1 NI 公司试用版软件下载界面

13.1.2.3 Ultiboard 10 的运行环境

NI 公司推荐运行 Ultiboard10 软件的计算机基本配置要求如下。

- 操作系统：Windows XP Professional
- 中央处理器：Pentium 4 Processor
- 内存：512 M
- 硬盘：1 GB 空闲空间
- 光盘驱动器：CD-ROM
- 显示器分辨率：1024×768

13.1.2.4 安装 Ultiboard 10 软件

获得 NI Circuit Design Suite 10 的安装程序后，运行 SETUP.EXE 文件，根据提示进行安装。安装完毕后，需要重新启动计算机。计算机重启后，运行 NI Ultiboard 10 软件，出现软件试用对话框，根据需要选择试用、激活、购买或退出软件。Ultiboard 10 的软件界面如图 13-2 所示。

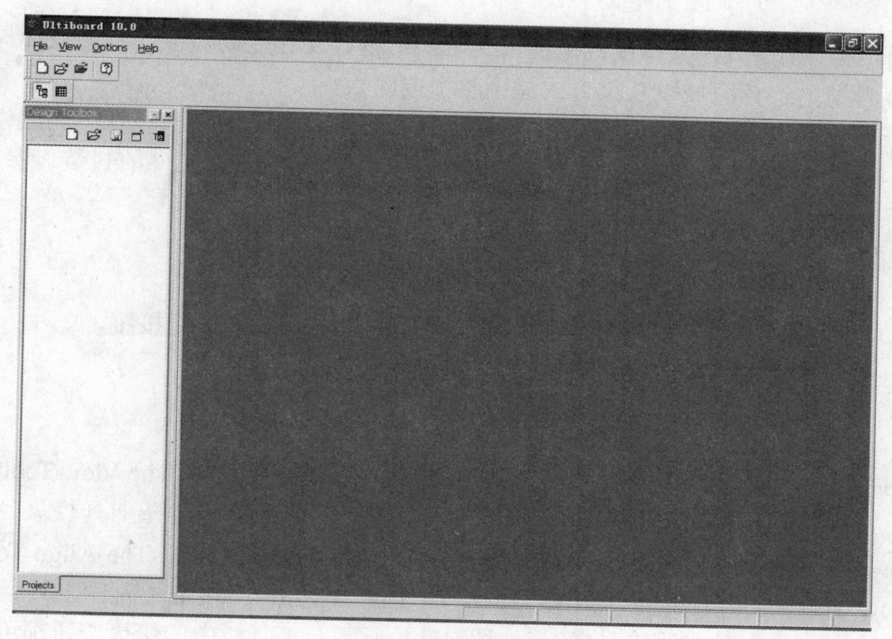

图 13-2　Ultiboard 10 主界面

13.2　Ultiboard 10 软件界面

Ultiboard 10 的软件使用界面如图 13-3 所示，界面可以分成 7 个区域，分别为菜单和工具栏、工作区、鸟瞰区、设计工具盒、3D 预览区、数据表格视图区和状态栏。

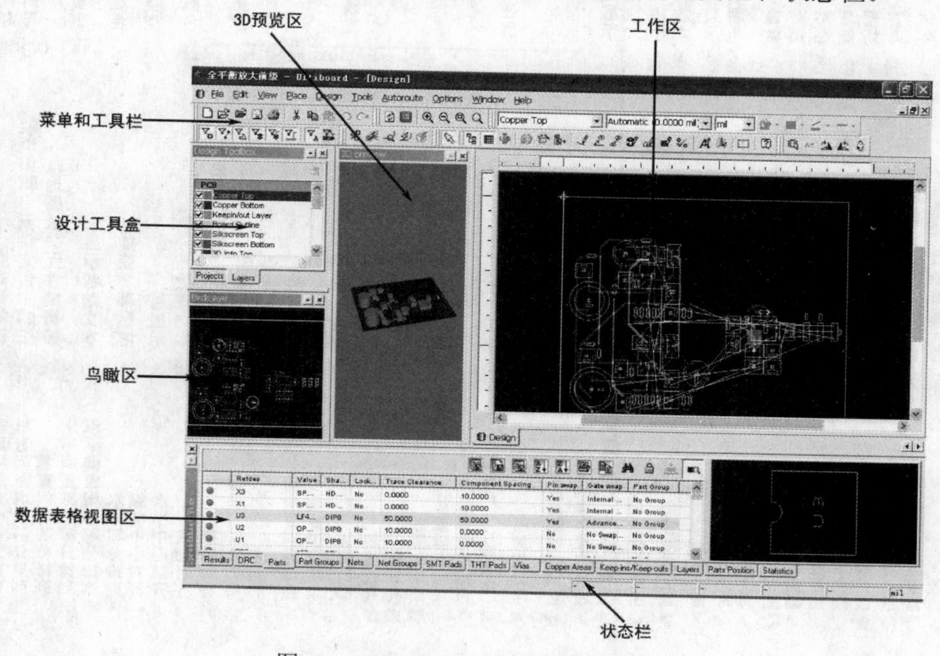

图 13-3　Ultiboard 10 的软件使用界面

1）鸟瞰区　在鸟瞰区操作鼠标拖曳出一个矩形框，工作区则对应显示该设计局部。

2）3D 预览区　该区域以三维方式显示整个电路板。

3）设计工具盒　该区域可以方便的设置显示、隐藏和淡化电路板设计中的组件。

4）数据表格视图区　该区域用来检查和编辑元件的参数，如元件的封装、参考值、属性和约束条件等详细参数。

5）状态栏　用于显示重要的信息。

6）工作区　设计电路的全部内容都在该区域进行。

7）菜单和工具栏　用于提供一些使用 Ultiboard 10 的命令及快捷按钮。

13.3　工具栏

Ultiboard 10 的工具栏包括 The Standard Toolbar（默认工具栏）、The View Toolbar（显示工具栏）、The Main Toolbar（主工具栏）、The Select Toolbar（选择工具栏）、The Draw Settings Toolbar（绘制设置工具栏）、The Edit Toolbar（编辑工具栏）、The Align Toolbar（对齐工具栏）、The Place Toolbar（放置工具栏）、The Wizard Toolbar（向导工具栏）和 The Autoroute Toolbar（自动布线工具栏），如图 13-4 所示。工具栏中的快捷按钮都可以在菜单栏中找到对应的选项。

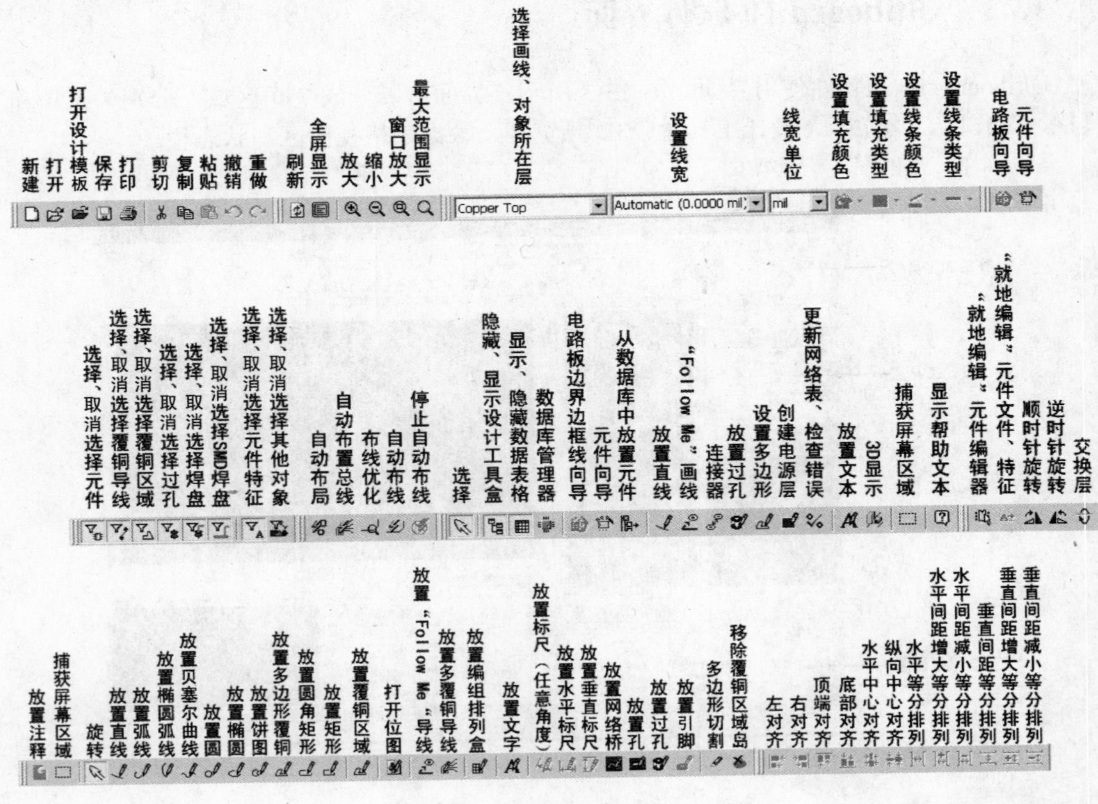

图 13-4　Ultiboard 10 工具栏

13.4　设置全局参数

为了使 Ultiboard 10 软件更符合用户个人的使用习惯，更加高效、便捷地操作 Ultiboard 10，软件提供了全局参数设置。选择“Options”菜单下的全局参数设置，弹出如图 13-5 所示的对话框，共有 6 个参数设置标签页。

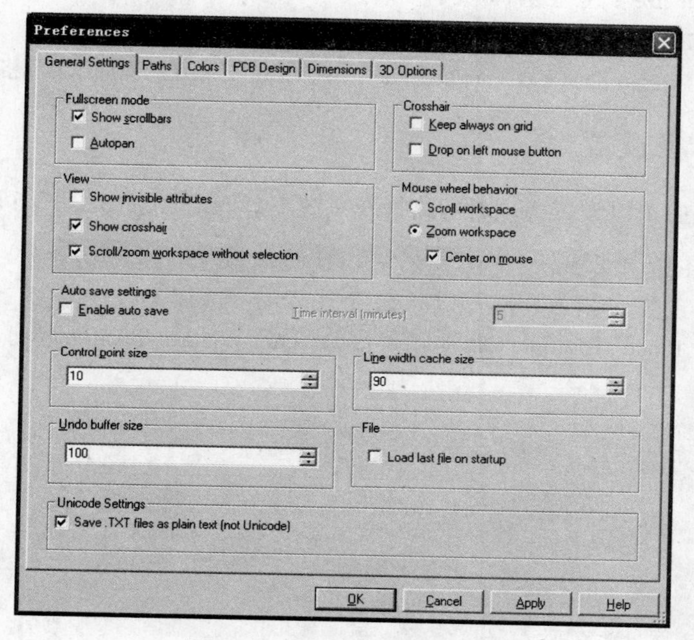

图 13-5　全局参数常规标签页

13.4.1　常规设置

常规设置标签页中可以设置全屏模式、视图、鼠标十字箭头、鼠标滚轮操作行为、自动保存、鼠标控制点的大小、线宽缓冲区大小、重做缓冲区大小、Unicode 设置和启动时装载最后一次运行的文件等 10 个设置项，如图 13-5 所示。

下面是常规标签页中的各设置项的说明。

- “Show scrollbars”：全屏模式下显示滚动条
- “Autopan”：全屏模式下自动平移
- “Keep always on grid”：保持鼠标十字箭头始终在栅格上
- “Drop on left mouse button”：在工作区中放置元件时，从数据库中选好元件后，若此项选为允许，则此时释放鼠标左键，所选元件仍然跟随鼠标的移动而移动，直到再次单击鼠标左键时，才释放元件到工作区中
- “Show invisible attributes”：显示不可见的特征属性
- “Show crosshair”：显示鼠标十字形箭头
- “Scroll/zoom workspace without selection”：不经选择即可在工作区中滚动/放大

- “Scroll workspace”：使用带滚轮的鼠标时，可以使用滚轮控制工作区的缩放
- “Zoom workspace”（Center on mouse）：缩放工作区时，鼠标箭头位置居中
- “Enable auto save”：允许自动保存文件
- “Control point size”：控制点的大小，指定选择元件时鼠标箭头捕获对象的范围大小
- “Line width cache size”：线宽隐藏大小
- “Undo buffer size”：重做缓冲区大小
- “Load last file on startup”：当程序启动时自动装载最后一次运行的文件
- “Save .TXT files as plain text（not Unicode）”：把后缀名为 txt 的文件作为无格式文本保存

13.4.2 路径设置

在路径标签页中可以设置各项目的路径及系统支持的语言，如图 13-6 所示。

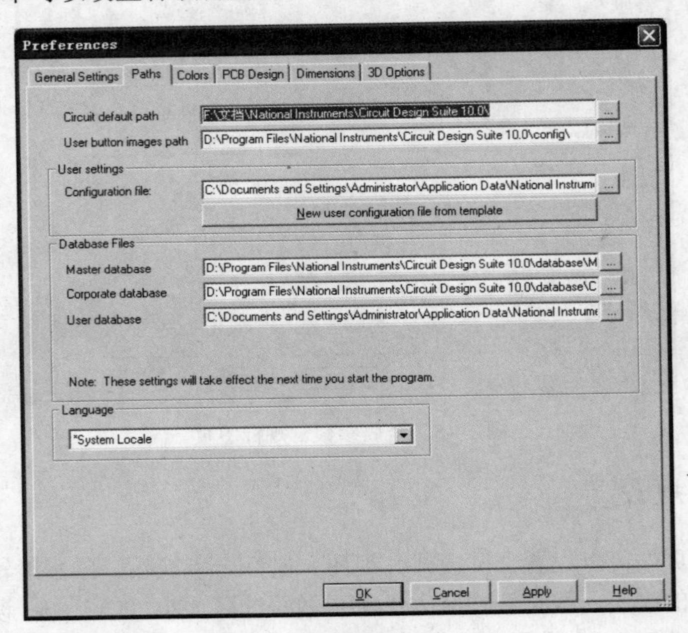

图 13-6 全局参数路径标签页

路径标签页中各设置项的说明如下。

- “Circuit default path”：电路默认目录
- “User button images path”：用户按钮图片目录
- “Configuration file”：配置文件目录
- “Master database”：主数据库目录
- “Corporate database”：公共数据库目录
- “User database”：用户数据库目录
- “Language”：系统当前所使用的语言

13.4.3　颜色设置

颜色标签页用于设置色彩配置方案，如图 13-7 所示。

下面是色彩标签页中各设置项的说明。

- "Color scheme"：系统配色方案
- "Color element"：环境配色方案，可选 background、Bottom SMD Pad、Bottom SMD Pad when pad is in net、clearance color、crosshair center color、crosshair color 和 grid color 等选项
- 【New element】：新建配色
- "Preview grayed out"：预览时灰度显示。在"Grayed out factor"（灰度因数）中调节灰度因数的大小

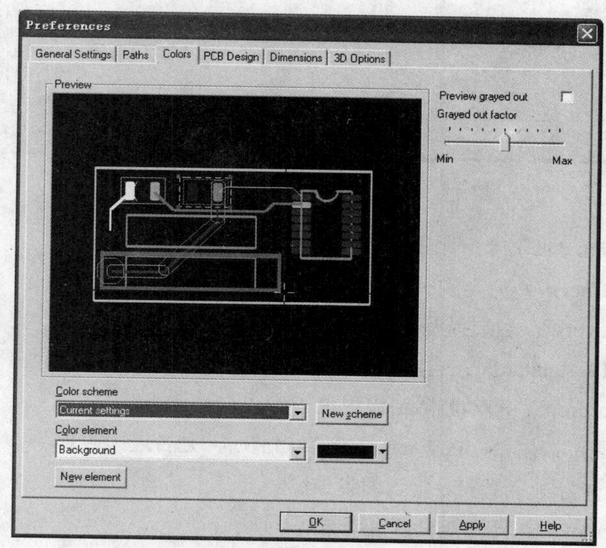

图 13-7　全局参数色彩标签页

13.4.4　PCB 设计设置

PCB 设计标签页用于 PCB 设计中的显示、选择铜膜导线、元件拖曳、默认元件引脚直径、DRC 检查相关信息、"Follew Me"布线、放置元件、泪滴焊盘、过孔删除等设置，如图 13-8 所示。

下面是 PCB 设计标签页中各设置项的说明。

- "Show pin 1 mark"：显示 1 脚标记
- "Show Copper Areas"：显示覆铜区域
- "Show pin info in pin"：在引脚中显示引脚信息
- "Cancel the current action"：当出现 DRC 错误时，终止当前的动作
- "Ask for confirmation"：当出现 DRC 错误时，询问确认
- "Overrule"：当出现 DRC 错误时，忽略
- "No Realtime Check"：不进行实时 DRC 和网络检查

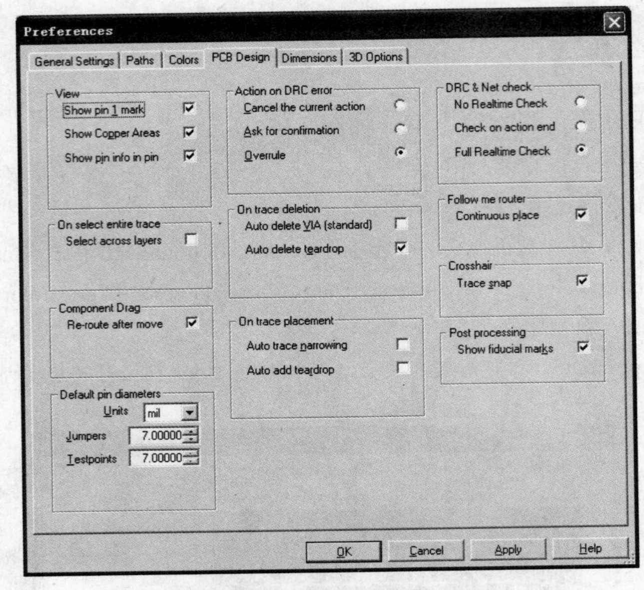

图 13-8　全局参数 PCB 设计标签页

- "Check on action end"：当动作结束后，进行 DRC 检查和网络检查
- "Full Realtime Check"：完全实时 DRC 和网络检查
- "Select across layers"：当选择整条覆铜导线时，允许穿过交叉的层
- "Atuo delete VIA(standard)"：自动删除过孔
- "Auto delete teardrop"：自动删除泪滴焊盘
- "Continuous place"：用"Follow me router"功能时，是否连续放置
- "Trace snap"：光标十字箭头吸附到铜膜导线
- "Re-route after move"：元件拖曳后重新布线
- "Auto trace narrowing"：在自动布线过程中，对铜膜导线自动修改线宽
- "Auto add teardrop"：在自动布线过程中，自动添加泪滴焊盘
- "Show fiducial marks"：在后加工过程中，显示基准坐标
- "Jumpers"：默认引脚的单位、跳线尺寸
- "Testpoints"：测试点默认尺寸

13.4.5　尺寸设置

尺寸标签页用于对放置在电路板上的所有尺寸的显示及相关信息的设置，如图 13-9 所示。下面是尺寸标签页中各设置项的说明。

- "Stub Length"：标尺桩线长度
- "Arrow Style"：箭头样式，Filed（填充的）
- "Text Style"：文字样式，Mirror（镜像的）
- "Outside、Inside、Above、Over、Below"：文字在外部、内部、上部、超过尺寸标注线和在尺寸标准线下面

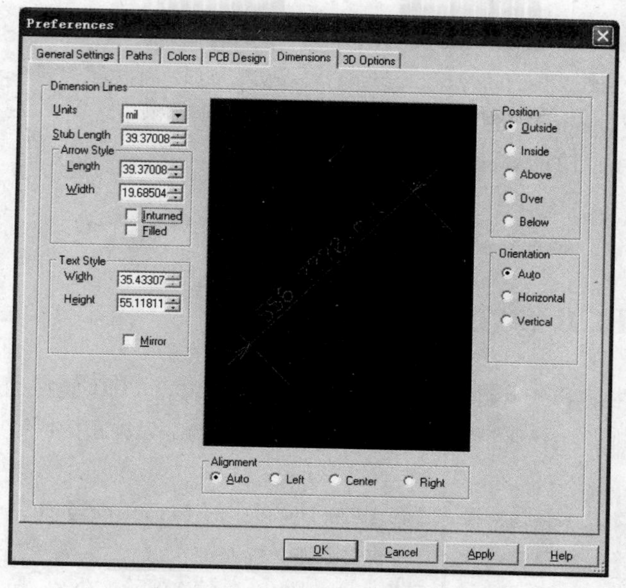

图 13-9　全局参数尺寸标签页

- “Auto、Horizontal、Vertical”：自动方向、水平方向、垂直方向
- “Auto、Left、Center、Right”：自动对齐、左对齐、居中对齐、右对齐

13.4.6　3D 选项设置

3D 选项标签页用于对 3D 显示及相关信息的设置，如图 13-10 所示。

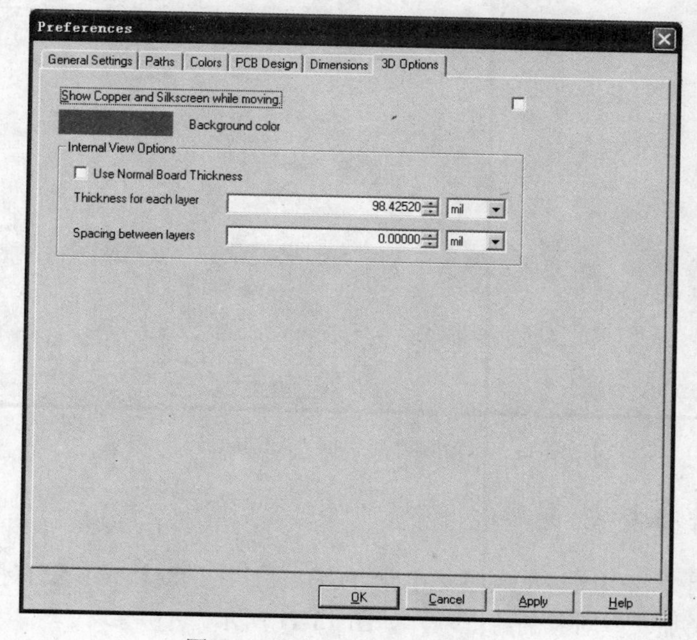

图 13-10　全局参数 3D 标签页

下面是 3D 标签页中各设置项的说明。

- “Show Copper and Silkscreen while moving”：移动的同时，显示覆铜和丝印
- “Internal View Options”：内视选项
- “Use Normal Board Thickness”：使用正常板厚度
- “Thickness for each layer”：每一层的板厚度
- “Spacing between layers”：每一层的间距

13.5 设置 PCB 属性

设置 PCB 的属性是 PCB 设计前的最后一项工作。设置 PCB 属性有 3 种方法。

- 在工作区中，不选中任何对象，在空白处单击鼠标右键，从弹出的快捷菜单中选择【Properties】（属性）命令
- 在工作区中，不选中任何对象，选择【Edit】菜单中的【Properties】命令
- 在工作区中，不选中任何对象，在空白处双击鼠标左键

PCB 属性对话框如图 13-11 所示，共有 8 个标签页，分别为 Attributes（特征）、Grid&units（栅格和单位）、Copper Layers（覆铜层）、Pads/Vias（焊盘/过孔）、General Layers（常规层）、Design Rules（设计规则）、3D Data（3D 数据）和 Favorite layers（偏好层）。

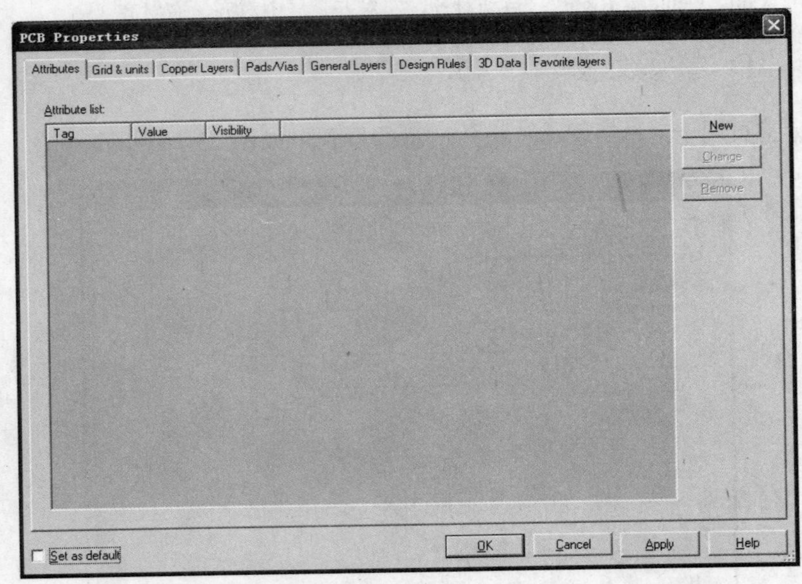

图 13-11 PCB 属性对话框“Attributes”标签页

13.5.1 特征标签页

所有的设计对象都包含特征。虽然电路 PCB 设计中的默认设置没有任何特征内容，但是用户可以手工增加一些对象的特征项，如图 13-11 所示。

13.5.2 栅格和单位标签页

PCB 属性对话框的“Grid&units”标签页如图 13-12 所示，用于设置 Ultiboard 10 中的栅格和测量的单位。栅格设置区里包含栅格类型（极坐标模式和标准模式）、可视栅格类型（点栅格、线栅格、十字栅格和不可见）、可视栅格、栅格步进名（元件栅格、覆铜栅格、过孔栅格和 SMD 栅格）和栅格步进值等选项。

当栅格设置为极坐标模式时，度数步进值、栅格起始偏移量允许修改。测量单位有 nm、um、mm、mil 和 inch 5 种可供选择设置。

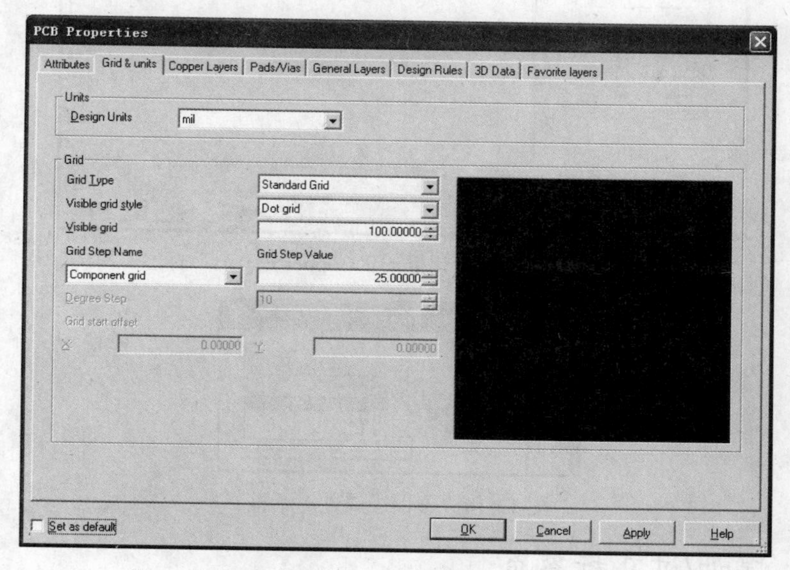

图 13-12 PCB 属性对话框的“Grid&units”标签页

13.5.3 覆铜层标签页

当设计人员打算放置过孔时，就需对覆铜层进行设置。设计人员的选择将直接影响到电路板的制造成本。与此同时，设计人员也应和制造工厂确认制造工艺及方案。

PCB 属性对话框的“Copper Layers”标签页如图 13-13 所示，首先要确定是否可以接受盲孔、埋孔和微孔的层对。覆铜层标签页中也可以设置电路板的默认间距（电路板的边缘和其他对象保持的间隔距离）。

当设计人员使用“Board Wizrd”工具时，需要先设置所需的层对数。在这里有一点需要注意，必须至少设置一对层对作为电路板的核心。接下来设置内建的信号层数，同样也需要设置至少一对层对作为核心；接着选择电路设计中的盲孔、埋孔、微孔；当修改层设置后，右边的界面中将显示可以合并的盲孔、埋孔、微孔层，可用校验控件选择电路设计中需要合并的层；在允许布线区域里的覆铜层下拉列表框中选择要指派的覆铜层并单击属性按钮显示覆铜层属性对话框，如图 13-14 所示，通过设置允许布线校验框来允许在所选的层上布线，在铜膜导线方向设置里选择水平、垂直或无，单击【OK】按钮关闭覆铜层属性对话框；最后在电路板工作区域里设置电路板边框安全距离线和板子的厚度，单击【OK】按钮，关闭对话框。

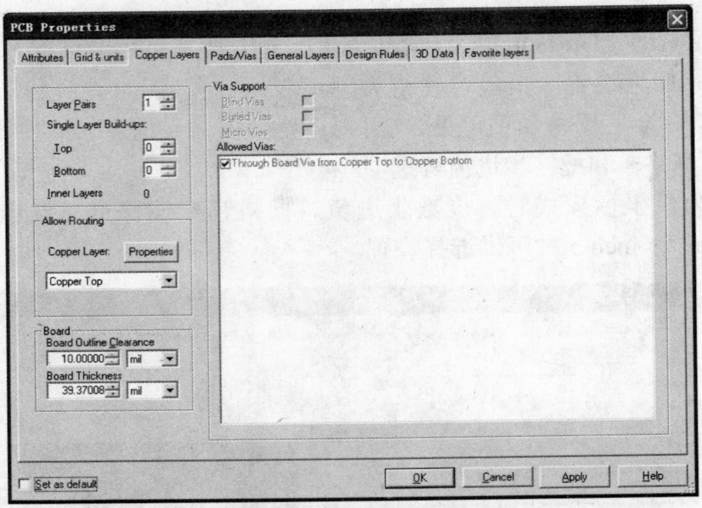

图 13-13　PCB 属性对话框的“Copper Layers”标签页

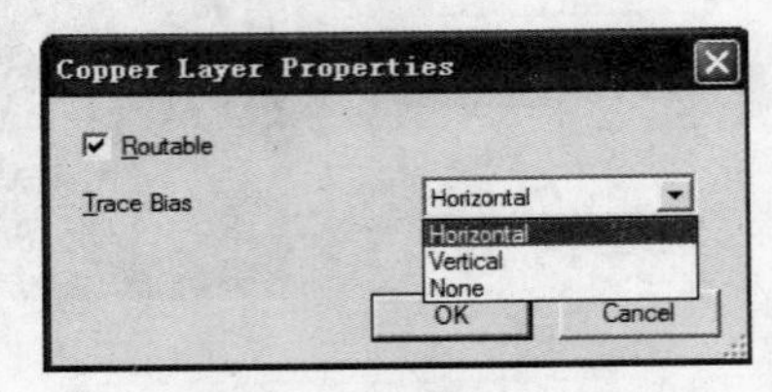

图 13-14　覆铜层属性对话框

13.5.4　焊盘/过孔标签页

PCB 属性对话框的“Pads/Vias”标签页如图 13-15 所示。

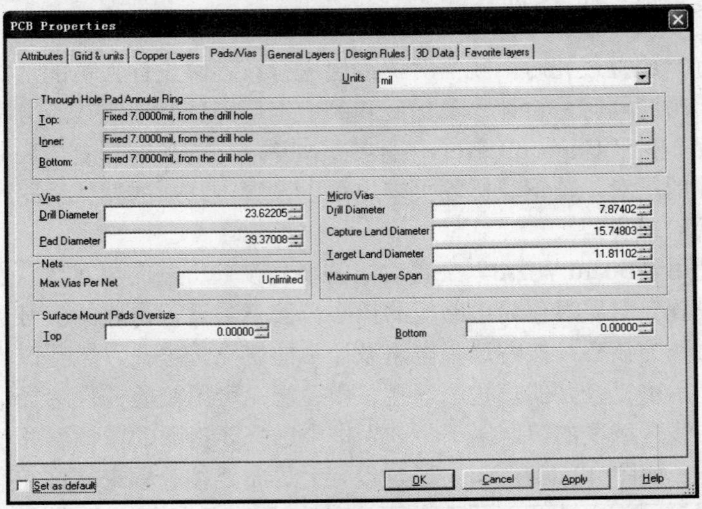

图 13-15　PCB 属性对话框的“Pads/Vias”标签页

1）环孔设置　在“Pad/Vias”标签页中单击 Top、Inner 或 Bottom 右侧的...按钮，弹出通孔焊盘属性对话框，如图 13-16 所示，选择输入固定值，或着选择输入关联设置，确定输入最大和最小值。

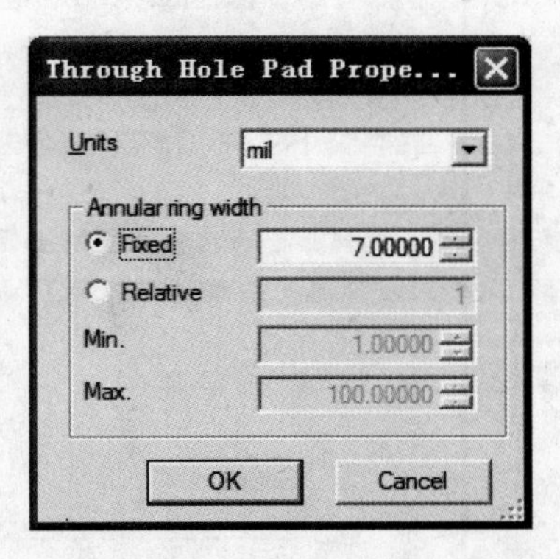

图 13-16　通孔焊盘属性对话框

环孔的设置有两种方法，第一种是设置一个固定值（如 50mil）；第二种是设置一个孔径的相对弧度。例如，一个相对值为 60%且填充为 50mil（25mils 的弧度）的孔径创建 15mil 的环孔（25mils 的 60%）。当使用关联设置时，应选择最大值和最小值来保证环孔的大小不超出系统的设置范围。

2）过孔设置　包括填充直径和焊盘直径设置，利用微调控件输入数值或直接在空白处输入指定的值即可。

3）微孔设置　包括填充直径、捕获区域直径、目标区域直径和最大极限距离。这 4 个设置项可以通过微调控件设置，也可以在空白处直接输入指定的值。

4）每一网络最大过孔设置　在“Nets”栏中可以设置每一网络允许过孔的最大数量，默认设置为“Unlimited”。

5）表面贴装焊盘最大设置　这一设置项允许独立设置顶层、底层。

13.5.5　常规层标签页

在常规层标签页中勾选层名称前面的复选框，用于设置电路板中可用的层。单击【Rename】按钮可以重命名层名称。如图 13-17 所示为 PCB 属性对话框的“General Layers”标签页。

13.5.6　3D 数据标签页

PCB 属性对话框的“3D data”标签页用于设置电路板的 3D 显示选项，如图 13-18 所示。3D 数据标签页中包含 4 个子标签页，分别为 General（常规）、Material（材质）、Pins（引脚）和 Cylinder（柱面）。

要设置这 4 个子标签页的选项，首先需要勾选“Enable 3D for this object”（允许这个对象的 3D 设置）选项。

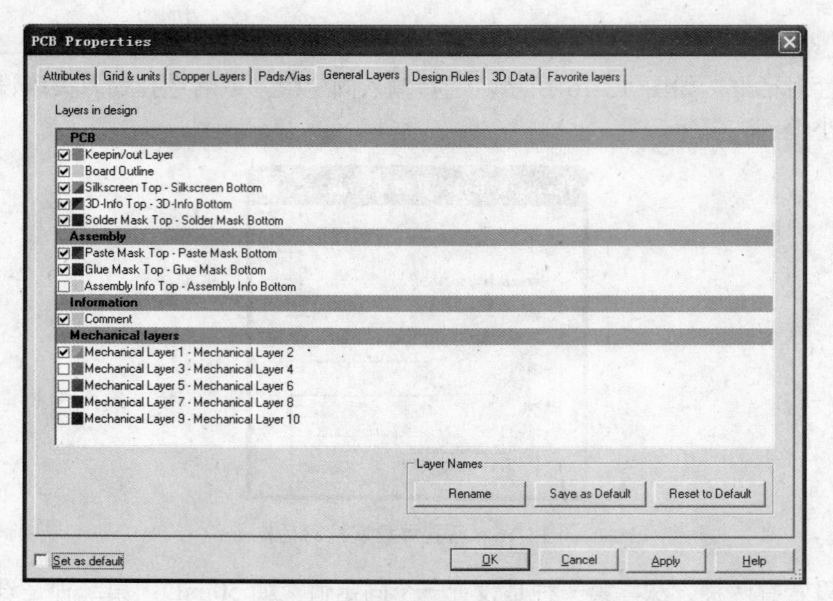

图 13-17 PCB 属性对话框的“General Layers”标签页

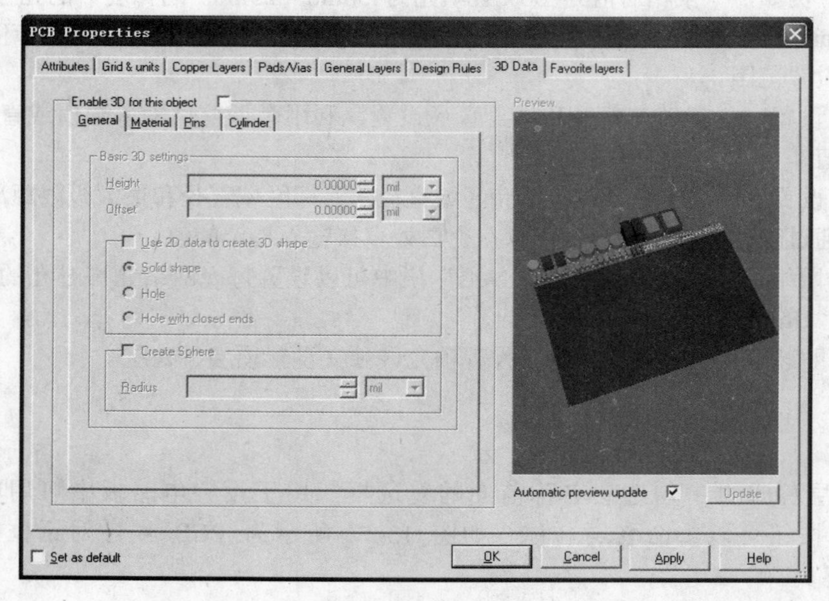

图 13-18 PCB 属性对话框的“3D Data”标签页

在“General”（常规）标签页中，3D 基本设置项有 Height（高度）、Offset（偏移）、Use 2D data to create 3D shape（用 2D 数据创建 3D 外形）、Solid shape（立体外形）、Hole（孔）、Hole with closed ends（带有尾部闭合的孔）、Create Sphere（创建球体）和 Radius（弧度数）等选项。

13.5.7　设计规则标签页

设计规则标签包括铜膜导线线宽设置、铜膜导线线长设置、线颈设置、间隔距离设置、元件间距设置、引脚\门交换设置和热焊盘形状设置，如图 13-19 所示。

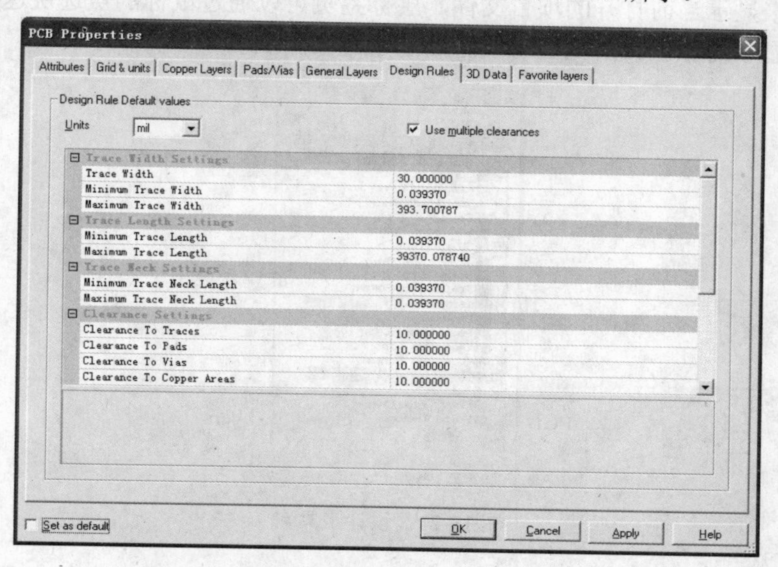

图 13-19　PCB 属性对话框的“Design Rules”标签页

13.5.8　偏好层设置标签页

在 Ultiboard 10 中，可以通过设置偏好层来方便快捷地操作对经常使用的层的调用。可以使用快捷键【CTRL+ALT+层号】组合，激活指定的层，如图 13-20 所示。

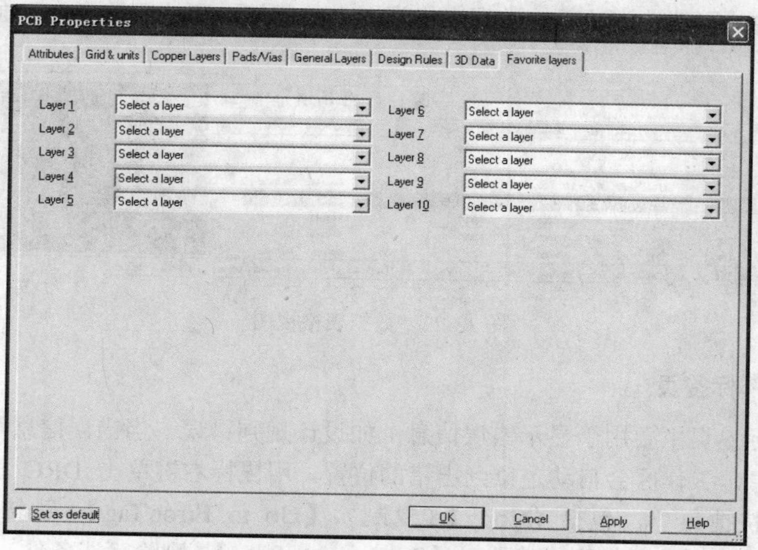

PCB Properties
Attributes | Grid & units | Copper Layers | Pads/Vias | General Layers | Design Rules | 3D Data | Favorite layers
Layer 1　Select a layer　Layer 6　Select a layer
Layer 2　Select a layer　Layer 7　Select a layer
Layer 3　Select a layer　Layer 8　Select a layer
Layer 4　Select a layer　Layer 9　Select a layer
Layer 5　Select a layer　Layer 10　Select a layer
Set as default　OK　Cancel　Apply　Help

图 13-20　PCB 属性对话框的“Favorite layers”标签页

13.6　设计工具盒

设计工具盒由“Projects”（项目）和“Layers”（层）两个标签页组成，“Projects”（项目）标签页用来显示当前打开的项目文件，层标签页可以通过鼠标的点选快速切换当前工作的层、改变层显示的颜色、淡化显示或隐藏显示，如图 13-21 所示。

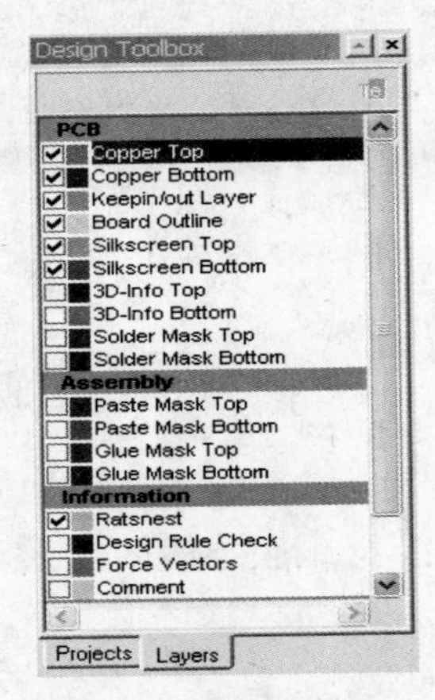

图 13-21　设计工具盒

13.7　数据表格视图

数据表格视图如图 13-22 所示，可以快速地显示和编辑元件的参数，如封装、参考值、特征、设计约束条件等参数。默认条件下，在没有打开项目文件时，数据表格视图是不显示的。操作数据表格视图的显示与关闭，只需将【View】菜单中的【SpreadsheetView】（数据表格视图）选中或取消选中即可。数据表格视图中的标签页和按钮较多，下面将对此做详细介绍。

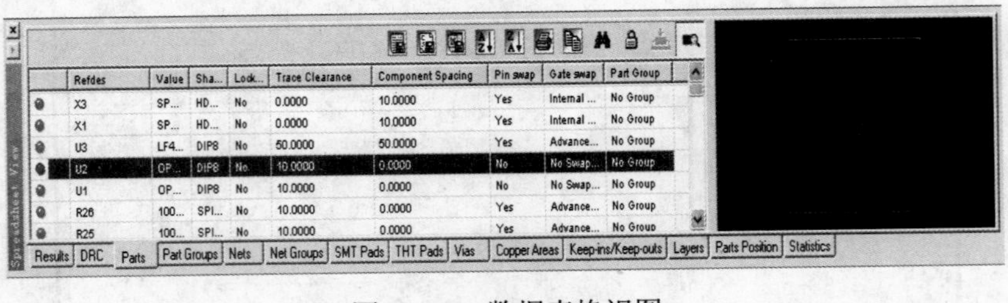

图 13-22　数据表格视图

1．“DRC”标签页

“DRC”标签页主要用于显示错误信息，如设计规则错误。当错误信息发生时，用鼠标双击该错误信息，工作区会自动定位到出错的位置。用鼠标右键单击 DRC 标签里的出错信息将弹出一个快捷菜单，包括【Copy】（复制）、【Go to Error/Tag】（跳转到出错信息/标签）、【Add to Fliters】（添加到过滤器）、【Remove all fliter】（删除筛选条件）和【Start Filter

manager】（运行筛选管理器）等命令。

2．“Results”标签页

数据表格视图的“Results”标签页如图 13-23 所示，主要用于显示查找电路中的元件和显示电路连通性检查的结果。当“Results”标签页变成红色闪动时，表明有新的信息提示。双击标签页中的某一行信息，在工作区将自动定位到该条信息提示的对象。

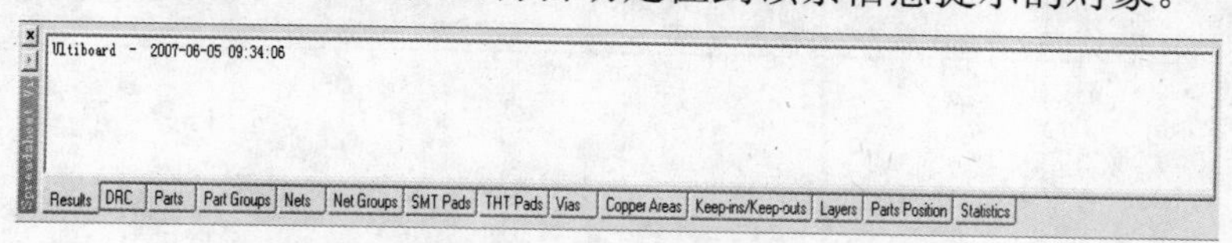

图 13-23　数据表格视图的“Results”标签页

3．“Parts”标签页

数据表格视图的“Parts”标签页如图 13-24 所示，显示了电路设计中的所有零件的信息，包括 Unlabeled（未标注）、Refdes（元件参考指示值）、Value（元件取值）、Shape（外形）、Locked（锁定）、Trace Clearnce（铜膜导线间距）、Component Spacing（元件间距）、Pin Swap（引脚交换）、Gate Swap（门交换）和 Part Group（零件群组）等，见表 13-1。

图 13-24　数据表格视图的“Parts”标签页

表 13-1　“Parts”标签页显示的零件信息

列标签名称	注　释
未标注	用色环标记指示该元件是否放置超过了 PCB 的边框线（高亮绿色显示），在 PCB 边框线内等待放置显示为暗绿色；当元件被锁定时显示为橙色
元件参考指示值	元件的参考指示（唯一的标志符）
元件取值	元件的值，如无极性电容的值为 150pF
外形	元件的物理封装
锁定	当显示“Yes”时表明元件不能移动，显示“No”时表明元件可以移动
铜膜导线间距	元件和任何的铜膜导线间最小允许的距离。可以在此处输入最小间距的值或使用群组编辑器
元件间距	元件之间的最小间距，可以在此处输入最小间距的值或使用群组编辑器
引脚交换	如果此项为“允许”，表明允许在相似的引脚在布线过程中交换引脚。也可以选择“不允许”
门交换	如果此项为“允许”，表明允许在相似的门在布线过程中交换门。可以选择“内置门”（仅仅允许同一 IC 中交换），选择“不交换”或“高级交换”（允许在同型号的 IC 之间交换）
零件群组	该群组中的零件已经放置在设计中，可以选择“No Group”或选择一个现成的群组列表，零件群组由群组编辑器创建

4．“Part Groups”标签页

数据表格视图的“Part Groups”标签页由 Part Group（零件群组）、Trace Clearance（铜膜导线间距）、Component Spacing（元件间距）、Pin Swap（引脚交换）、Gate Swap（门交换）、Locked（锁定）6 个列标签组成，如图 13-25 所示，各列标签含义见表 13-2。

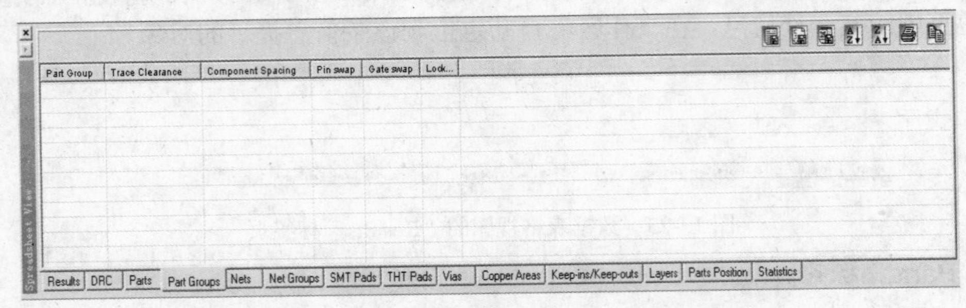

图 13-25 数据表格视图的“Part Groups”标签页

表 13-2 “Part Groups”标签页中各列的含义

列标签名称	注　释
零件群组	指零件所被包含的群组
铜膜导线间距	指群组中元件间、元件和导线间的最小距离，可以输入间距的值，或者使用群组编辑器
元件间距	指群组间元件允许的最小距离，可以输入最小距离的值，或者使用群组编辑器
引脚交换	如果此项为“允许”，表明允许在 PCB 布线过程中交换相似的引脚
门交换	如果此项为“允许”，表明允许在 PCB 布线过程中交换相似的门，可以选择“内置门”（仅仅允许同一 IC 中交换），选择“不交换”或“高级交换”（允许在同型号的 IC 之间交换）
锁定	当显示“Yes”时表明元件不能移动，显示“No”时表明元件可以移动

5．“Nets”标签页

数据表格视图的“Nets”标签页如图 13-26 所示，方便了在 PCB 设计中使用网络资料，由 Unlabeled（未标注）、Net Name（网络名）、Locked（锁定）、Trace Width（铜膜导线线宽）、Max Width（最大线宽）、Min Width（最小线宽）、Toplolgy（拓扑结构）、Trace Length（铜膜导线线长）、 Max Length（最大线长）、Min Length（最小线长）、Trance Clearance（铜膜导线间距）、Routing Layers（布线层）、Routing Priority（布线优先）、Net Group（网络群组）、Bus Group（总线群组）、Differential Pair（微分对）、Shield Net（网络保护）、Shield Width（线宽保护）、Show Ratsnest（显示飞线）、Max Via Count（过孔最大数量）、Via Drill Diameter（过孔填充直径）、Via Pad Diameter（过孔焊盘直径）共 22 个列标签组成，各列的含义见表 13-3。

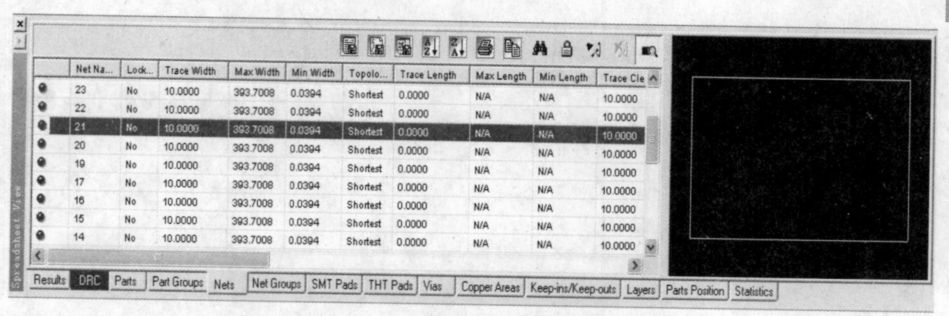

图 13-26 数据表格视图的“Nets”标签页

表 13-3 “Nets”标签页中各列的含义

列标签名称	注 释
未标注	用色环指示该覆铜层是否已经布线。如果覆铜超出边框线将显示高亮绿色，若是等待放置显示暗绿色；若显示橙色表明该覆铜已被锁定
网络名称	网络唯一的标志
锁定	当显示“Yes”时表明网络不能移动，显示“No”时表明网络可以移动。布线过程中的网络是不能锁定的
线宽	默认的线宽在布线过程中已经放置好，可以输入线宽的值或使用群组编辑器进行设置
最大线宽	在布线过程中放置铜膜导线允许最大的线宽，可以在此输入线宽值，也可以使用群组编辑器
最小线宽	在布线过程中放置铜膜导线允许最小的线宽，可以在此输入线宽值，也可以使用群组编辑器
拓扑结构	在网络表编辑器中设置网络的拓扑结构，可以选择最短、环状和星形拓扑结构
铜膜导线线长	布线网络的长度
最大线长	一个网络中允许的最大铜膜导线的长度。当拓扑结构为最短时，此项不适用
最小线长	一个网络中允许的最小铜膜导线的长度。当拓扑结构为最短时，此项不适用
铜膜导线间距	群组中元件之间和元件、导线间允许的最小距离。可以在此输入数值或使用群组编辑器编辑
布线层	将布线层支配到网络群组。当选择要布线的覆铜层时，单击显示“层应用”
布线优先	对所选择的网络布线进行优先设置。“1”是最高优先级，“2”是第二优先级，依次类推。如果布线不需优先权时，优先级可以设置为无。此功能不是所有 Ultiboard 版本均提供
网络群组	包含所选网络的群组。可以输入群组名也可以使用群组编辑器
总线群组	包含所选总线的群组。可以输入群组名也可以使用群组编辑器
微分对	网络所属
网络保护	可以使用下拉列表选择网络中需要保护的网络，这一功能不是所有 Ultibaord 版本均提供
线宽保护	保护所选网络的线宽
显示飞线	可以设置显示或隐藏所选网络的飞线
过孔最大数量	为所选网络允许的过孔的最大数量。可以设置全局设置，也可以使用群组设置
过孔填充直径	设置过孔焊盘的孔径
过孔焊盘直径	设置所有过孔焊盘的直径

6．“Net Groups”标签页

数据表格视图的“Net Groups”标签页如图 13-27 所示，包括 Net Group（网络群组）、Trace Width（铜膜导线线宽）、Max Width（最大线宽）、Min Width（最小线宽）、Max Length（最大线长）、Min Length（最小线长）、Trace Clearance（铜膜导线间距）、Routing Layers（布线层）、Routing Layers（布线优先）、Locked（锁定）、Max Via Count（最大过孔

数量）11 个列标签，各列含义见表 13-4。

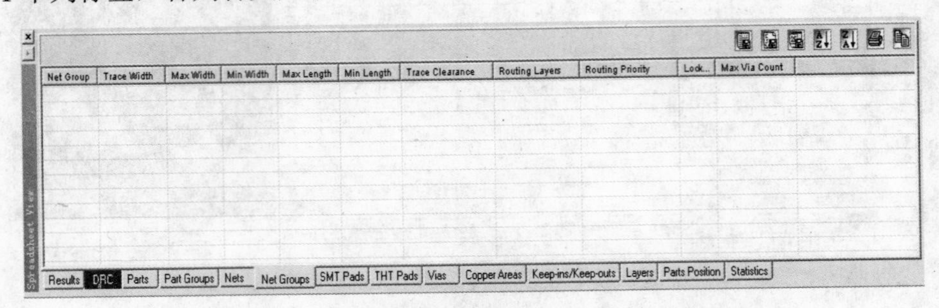

图 13-27　数据表格视图的“Net Groups”标签页

表 13-4　“Net Groups”标签页各列含义

列标签名称	注　释
网络群组	保护网络的群组，可以在此输入群组的名称或使用群组编辑器
铜膜导线线宽	默认的线宽是在 PCB 布线时群组中的铜膜导线线宽。可以在此输入数值或使用群组编辑器
最大线宽	在布线过程中放置铜膜导线允许最大的线宽，可以在此输入线宽值，也可以使用群组编辑器
最小线宽	在布线过程中放置铜膜导线允许最小的线宽，可以在此输入线宽值，也可以使用群组编辑器
最大线长	一个网络中允许的最大铜膜导线的长度，当拓扑结构为最短时，此项不适用
最小线长	一个网络中允许的最小铜膜导线的长度，当拓扑结构为最短时，此项不适用
铜膜导线间距	群组中元件之间和元件、导线间允许的最小距离。可以在此输入数值或使用群组编辑器
布线层	将布线层支配到网络群组。当选择要布线的覆铜层时，单击显示“层应用”
布线优先	对所选择的网络布线进行优先设置。“1”是最高优先级，“2”是第二优先级，依次类推。如果布线不需优先权时，优先级可以设置为无。此功能不是所有 Ultiboard 版本均提供
锁定	当显示“Yes”时表明元件不能移动，显示“No”时表明元件可以移动
过孔最大数量	为所选网络允许的过孔的最大数量。可以设置全局参数，也可以使用群组设置

7．“SMT Pads”标签页

数据表格视图的“SMT Pads”标签页如图 13-28 所示，由 Pad Name（焊盘名）、Pad Shape（焊盘形状）、Pad Radius（焊盘弧度）、Pad Width（焊盘宽度）、Pad Height（焊盘高度）、Trace Clearance（铜膜导线间距）、Neck Length（线颈长度）、Neck Max（最大线颈）、Neck Min（最小线颈）、Min Width（最小线宽）10 个列标签组成，各列含义见表 13-5。

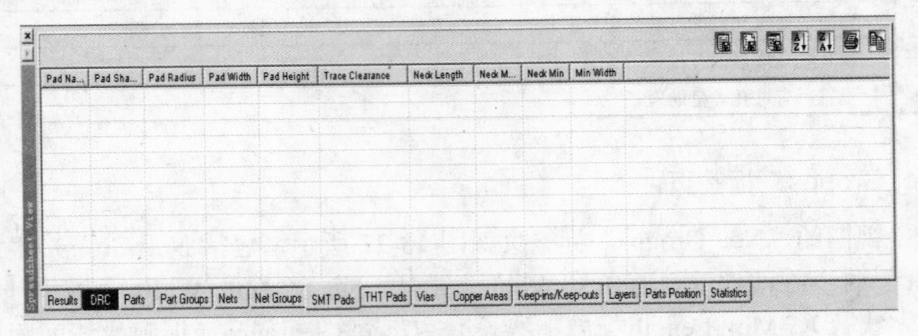

图 13-28　数据表格视图的“SMT Pad”标签页

表 13-5　“SMT Pads”标签页各列含义

列标签名称	注　释
焊盘名称	焊盘的唯一标志
焊盘形状	可以通过 SMT 元件引脚属性里设置焊盘形状
焊盘弧度	可以通过 SMT 元件引脚属性里设置焊盘弧度
焊盘宽度	可以通过 SMT 元件引脚属性里设置焊盘宽度
焊盘高度	可以通过 SMT 元件引脚属性里设置焊盘高度。
铜膜导线间距	指元件和铜膜导线间的间距。可以使用网络设置，或者使用 SMT 引脚属性对话框设置
线颈长度	指从焊盘引脚开是的距离，可以在 SMT 引脚属性对话框中设置
最大线颈	指从焊盘引脚开始允许的最大线颈长度
最小线颈	指从焊盘引脚开始允许的最小线颈长度
最小宽度	指允许的铜膜导线的最小线宽

8．“THT Pads”标签页

数据表格视图的“THT Pads”标签页如图 13-29 所示，由 Pad Name（焊盘名）、Top Pad Shape（顶层焊盘外形）、Inner Pad Shape（焊盘内部形状）、Bottom Pad Shape（底层焊盘形状）、Annular Ring（环孔）、Pad Diameter（焊盘直径）、Drill Diameter（填充直径）、Trace Clearance（铜膜导线间距）8 个列标签页组成，各列含义见表 13-6。

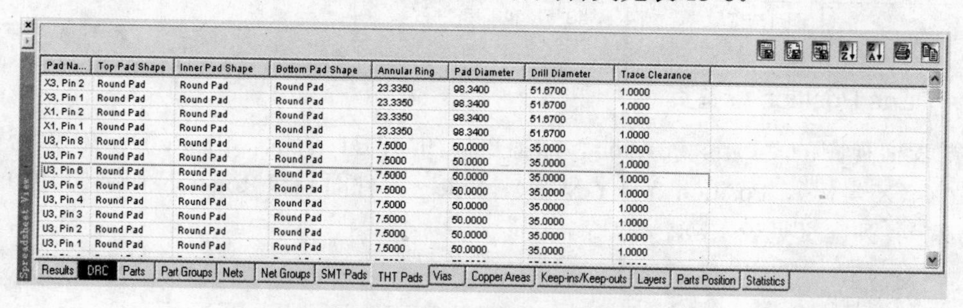

图 13-29　数据表格视图的“THT Pads”标签页

表 13-6　“THT Pads”标签页各列含义

列标签名称	注　释
焊盘名	焊盘的唯一标志
顶层焊盘外形	顶层焊盘外形可以在通孔引脚设置对话框中设置
焊盘内部形状	焊盘内部形状可以在通孔引脚设置对话框中设置
底层焊盘外形	底层焊盘外形可以在通孔引脚设置对话框中设置
环孔	焊盘环孔的大小可以在通孔引脚设置对话框中设置
焊盘直径	焊盘直径可以在通孔引脚设置对话框中设置
填充直径	填充直径可以在通孔引脚设置对话框中设置
铜膜导线间距	焊盘和铜膜导线间允许的最小间距，可以在通孔引脚设置对话框中设置

9．“Vias”标签页

数据表格视图的“Vias”标签页如图 13-30 所示，由 Layer Name（层名称）、Routable Layer（可布线层）、Trace Bias（铜膜导线方向设置）、Type（层类型）4 个列标签组成，各列含义见表 13-7。

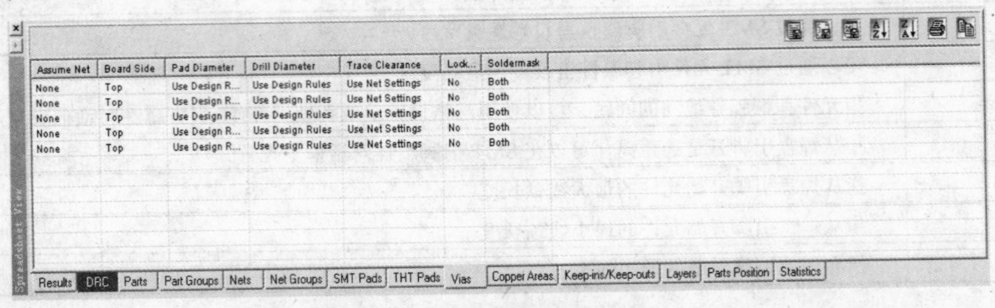

图 13-30　数据表格视图的“Vias”标签页

表 13-7　“Vias”标签页各列含义

列标签名称	注　释
层名称	层名称（如顶层）
可布线层	选择“Yes”表明允许在该层布线、选择“No”表明禁止在该层布线
铜膜导线方向设置	选择“H”、“V”、“None”分别表明铜膜导线放置为水平方向、垂直方向、无方向设置
层类型	可选则地层、电源层、信号层和未标注层

10．Parts Position 标签页

数据表格视图的“Parts Position”标签页如图 13-31 所示，由 RefDes（参考注释）、Position X（X 坐标）、Position Y（Y 坐标）、Side（元件面）和 Rotation（旋转角度）5 个列标签组成，各列含义见表 13-8。

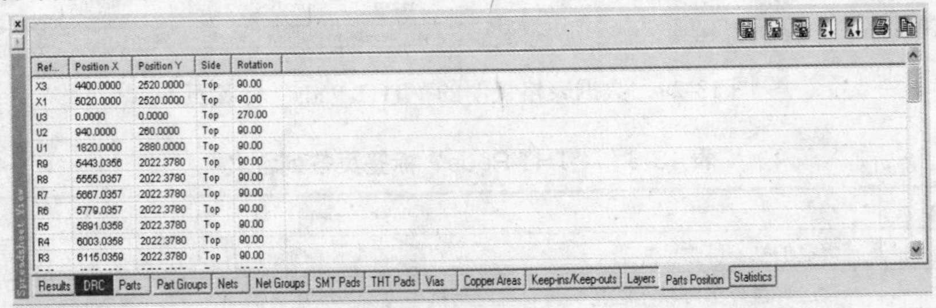

图 13-31　数据表格视图的“Parts Position”标签页

表 13-8　“Parts Position”标签页各列含义

列标签名称	注　释
参考注释	元件的参考注释值
X 坐标	元件的 X 坐标值
Y 坐标	元件的 Y 坐标值
元件面	Pcb 上元件放置的面
旋转角度	设置元件旋转的角度

11．“Statistics”标签页

数据表格视图的“Statistics”标签页如图 13-32 所示，用于显示相关的元件对象的统计信息。

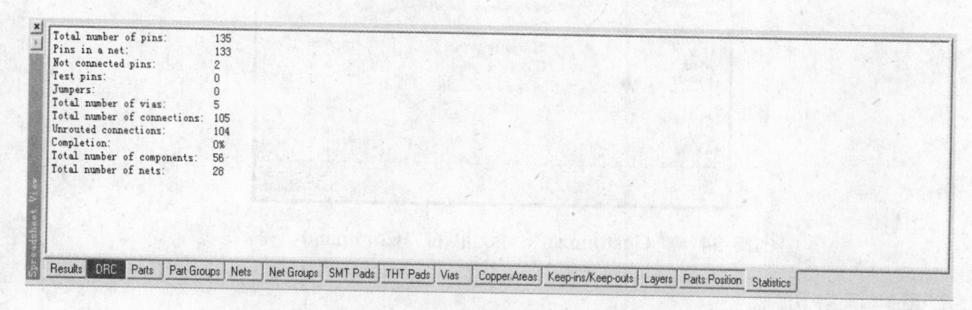

图 13-32　数据表格视图的“Statistics”标签页

12．“Layers”标签

“Layers”标签页用于显示电路设计中包含所有层的信息，如图 13-33 所示。

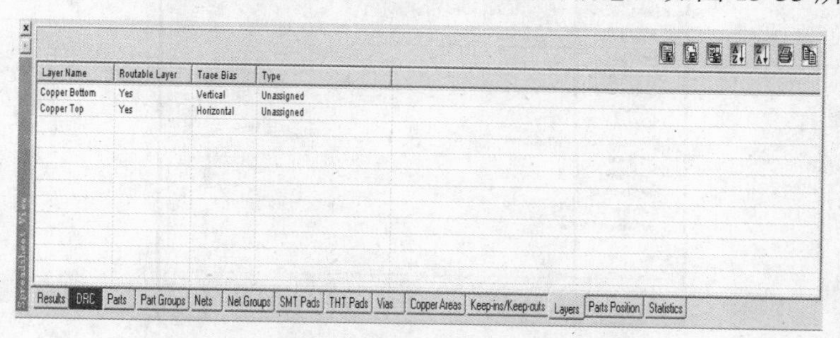

图 13-33　数据表格视图的“Layers”标签页

13.8　定制用户界面

Ultiboard 10 的用户界面可以由使用者灵活定制，工具栏可以任意定位、任意角度放置。工具栏中的内容可以任意的定制，也可以创建新的工具栏。菜单可以完全定制，包括所有快捷菜单和不同的对象类型。系统的快捷键也可以定制，可以为所有的命令配置快捷键并且设置在菜单命令中。

选择菜单【Options】/【Customize User Interface】命令，弹出定制界面对话框。在定制对话框标签页里根据需要修改。该对话框由“Commands”标签页、“Toolbars”标签页、“Keyboard”标签页、“Menu”标签页和“Options”标签页组成，如图 13-34 所示。

若要添加命令到菜单或工具栏，从命令列表中拖曳命令到菜单或工具栏即可。如果在命令列表中没有所需要的命令，可以单击种类列表中显示更多的命令以供选择。倘若添加到工具栏的命令没有立刻显示出来，可以单击工具栏边拉伸工具栏，以便所有的命令都能显示出来。当自定义命令操作完成后单击【Close】（关闭）按钮。

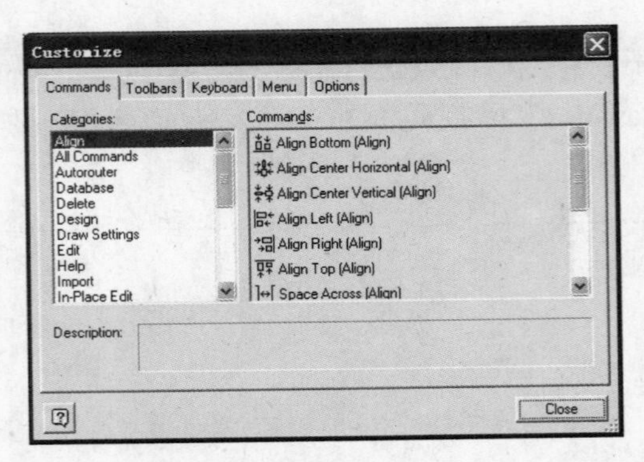

图 13-34 “Customize”对话框的“Commands”标签页

1. 工具栏标签页

在工具栏框里，勾选相应的菜单以显示工具栏，标签页中的【Reset All】（复位）、【New】（新建）按钮用于复位系统初始的工具栏和新建工具栏，如图 13-35 所示。

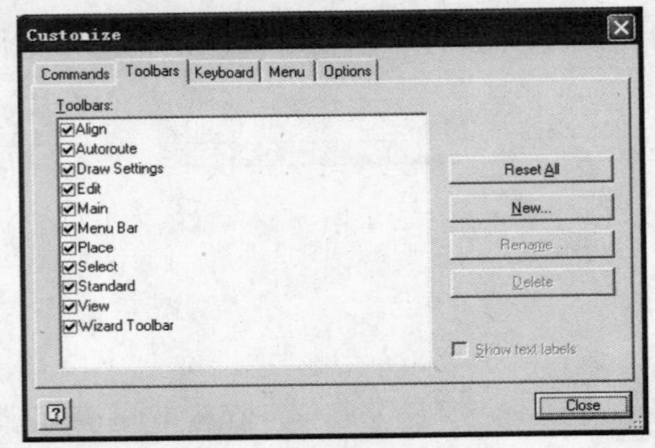

图 13-35 “Customize”对话框的“Toolbars”标签页

2. 键盘标签页

键盘标签页用于设置键盘快捷键，从“Category”下拉列表中选择菜单并从命令列表中选择所需的命令，在“Press New Shortcut Key”处输入新的快捷键即可完成快捷键的设置。“Customize”对话框的“Keyboard”标签页如图 13-36 所示。

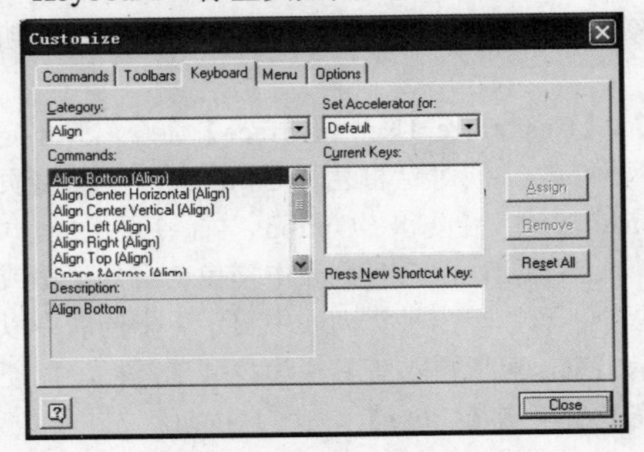

图 13-36 “Customize”对话框的“Keyboard”标签页

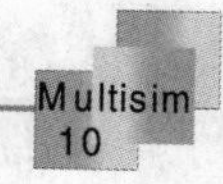

3．菜单标签页

菜单标签页用来设置用鼠标右键单击弹出的菜单文本，如图 13-37 所示，在“Menu animations”（菜单打开方式）中可选 Unfold（展开方式）、Slide（滑动方式）和 Fade（淡入淡出方式），如果勾选“Menu shadows”（菜单阴影）复选框，则软件的菜单将显示有立体感的阴影。

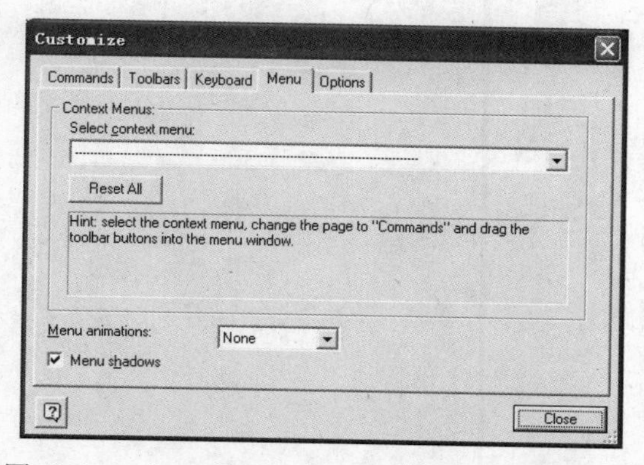

图 13-37　“Customize”对话框的“Menu”标签页

4．选项标签页

选项标签页用于设置在屏幕显示工具栏提示信息、快捷键、大图标、Windows2000、Windows XP 风格样式，如图 13-38 所示。

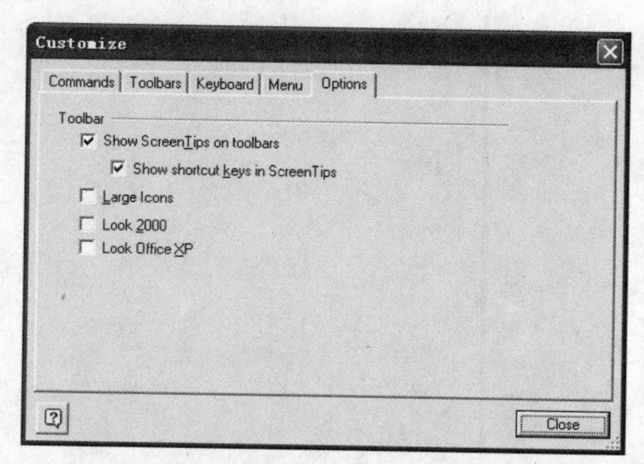

图 13-38　“Customize”对话框的“Options”标签页

练习题

（1）在 Ultiboard 菜单中，找到相关的命令打开数据表格视图和设计现金。

（2）在 Ultiboard 菜单中，找到相关的命令并调出 The Standard Toolbar、The View Toolbar、The Main Toolbar、The Select Toolbar、The Draw Settings Toolbar、The Edit Toolbar、The Align Toolbar、The Place Toolbar、The Wizard Toolbar 和 The Autoroute Toolbar。

（3）在 Ultiboard 菜单中，找到相关命令打开“Preferences”对话框并设置“Trace snap”、“show pin 1 mark”选项为允许；设置“control point size”为 30。

（4）打开 Ultiboard 系统提供的某一 PCB Samples，并打开设计工具盒，将“Copper Top”、“Copper Bottom”设置为“显示”、“淡化显示”、“隐藏”；将“Ratsnest、Vectors”设置为“显示”、“淡化显示”、“隐藏”。

第14章

设置项目文件

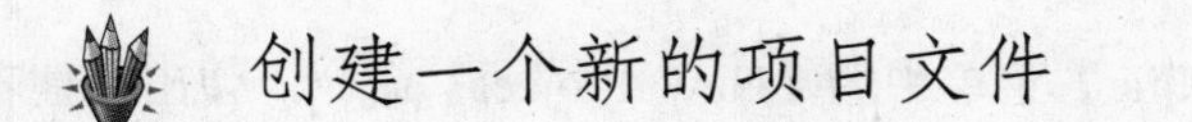

- 创建一个新的项目文件
- 文件操作
- 选择和取消选择元件
- 放置和选择模式
- 查找元件
- 设置显示选项
- 设置层
- 创建边框边界线
- 设置电路板的参考点
- 设计规则错误
- 设置群组编辑器

Ultiboard 10 将设计文件放置在项目文件中，便于集中管理和调用。也就是说，在 Ultiboard 10 的项目组中，所有的设计文件之间存在一定的逻辑关系。根据 Ultiboard 版本的不同，设计者可以根据需要打开多个设计文件。

本章将介绍如何创建 PCB 项目文件，以及围绕 PCB 设计项目展开的一系列设置。

14.1 创建一个新的项目文件

Ultiboard 10 提供了两种创建新的项目文件的方法，选择菜单【File】/【New Project】命令创建一个新的项目和从网络表文件中创建新项目。

14.1.1 利用菜单【File】/【New Project】命令创建新项目

启动 Ultiboard 10 后，单击【File】菜单中的【New Project】命令，弹出新建项目对话框，如图 14-1 所示。在“Project name”处输入新建项目的名称“Design01”，在“Design type”（设计类型）栏中选择“PCB Design”，在“Location”处设置项目文件存放的目录，然后单击【OK】按钮，弹出如图 14-2 所示的界面。

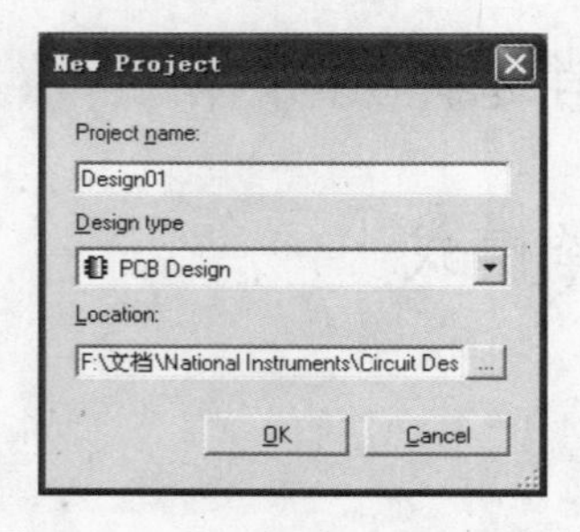

图 14-1 “New Project”对话框

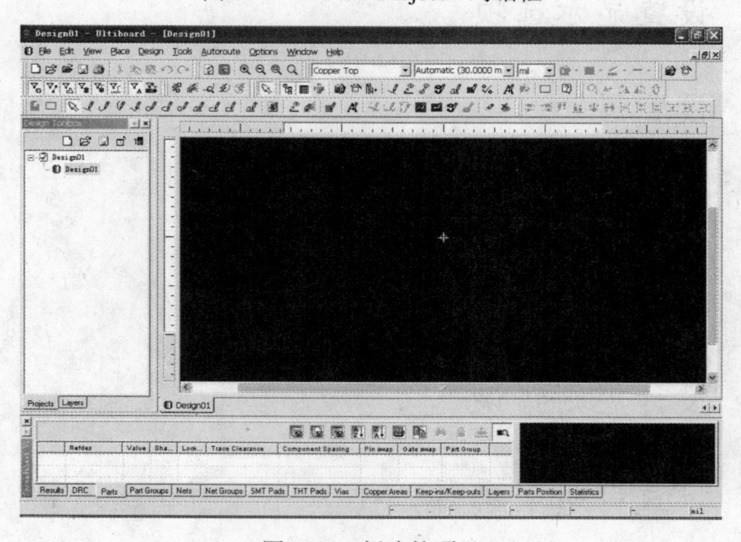

图 14-2 新建的项目

14.1.2　从现有的网络表文件中创建项目文件

在第 13 章中介绍过 Ultiboard 10 是 NI Circuit Design Suite 10 中的 PCB 布线软件，它与 NI Circuit Design Suite 10 中的 Multisim 10 有着紧密的联系。设计人员可以先用 Multisim 10 绘制原理图，进行电路仿真测试，再用 Ultiboard 10 完成整个电路的 PCB 布线工作。

从 Multisim 10 直接输出到 Ultiboard 10 中的步骤如下。

（1）首先在 Multisim 10 环境中绘制好电路原理图，并做必要的仿真测试。

（2）接着在 Multisim 10 中单击【Transfer】菜单中的【Transfer to Ultiboard 10】命令，如图 14-3 所示。

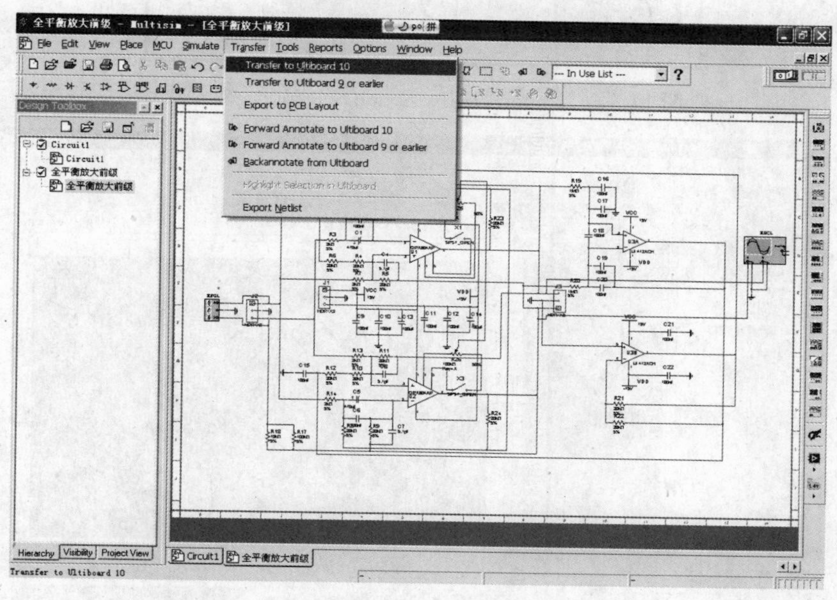

图 14-3　【Transfer To Ultiboard 10】命令菜单

（3）此时系统将自动调用 Ultiboard 10 软件，弹出如图 14-4 所示的对话框。设置好线宽、线宽单位和铜膜导线的间距，单击【OK】按钮。

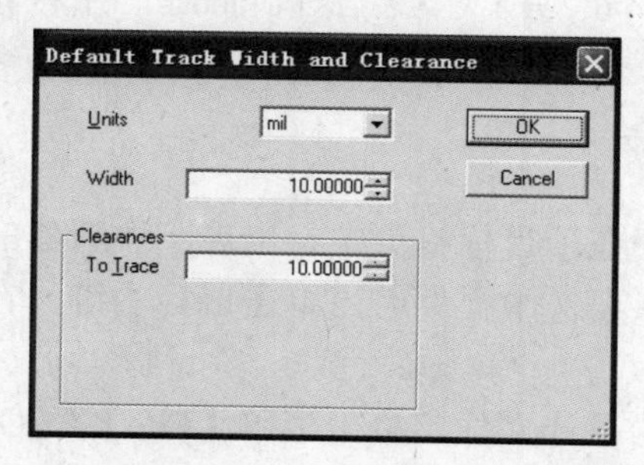

图 14-4　“Default Track Width and Clearance”对话框

（4）接着弹出“Import Netlist Action Selection”对话框，如图 14-5 所示。在对话框中，选择 PCB 布线中需要的电路网络名称，可以全选，也可以全不选，或者有选择性地选择，然后单击【OK】按钮。进入 Ultiboard 10 界面，如图 14-6 所示，工作区里显示出已经导入了网络表中的元件。

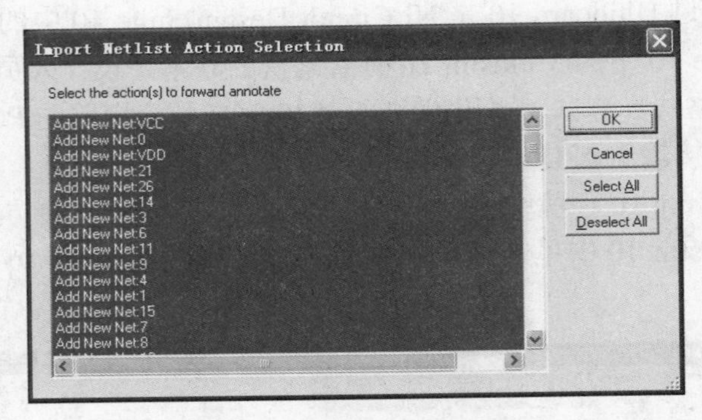

图 14-5 “Import Netlist Action Selection”对话框

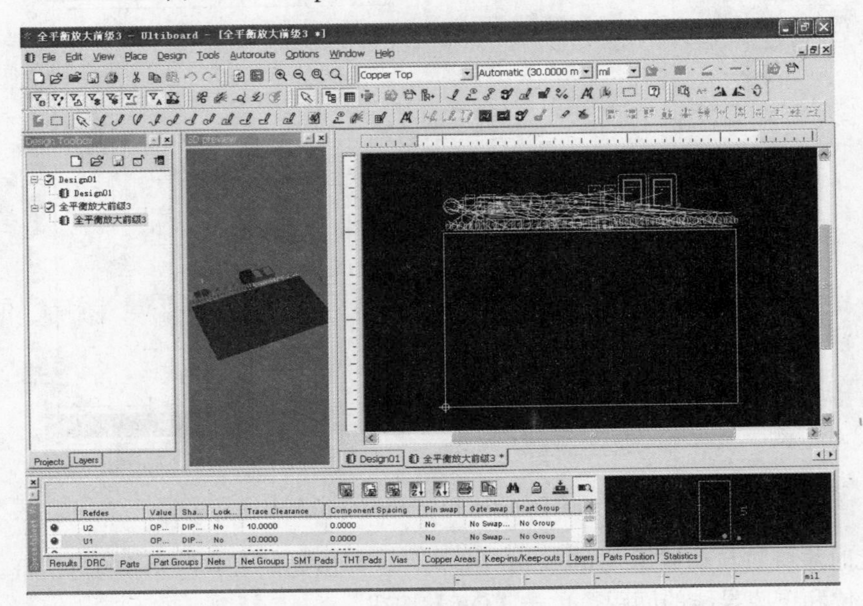

图 14-6 导入网络表后的 Ultiboard 工作区界面

14.2 文件操作

创建好项目设计文件后，在项目标签页中将出现刚才新建的项目设计文件。可以对此文件进行改名、删除等操作。只要选中文件名，单击鼠标右键，在弹出的菜单里选择相应的命令即可。

如果需要打开一个现有的设计文件，单击菜单【File】/【Open】命令，弹出打开文件对话框，选定需要的文件，单击【打开】按钮即可。

在文件类型的下拉选择列表中提供了 Ultiboard 文件（*.ewprj）、Orcad 文件（*.max,*.lib）、Protel 文件（*.pcb,*.ddb）、Gerber 文件(*.g)、DXF 文件（*.dxf）、Ultiboard 5

设计文件（*.ddf）、Ultiboard 5 库文件（*.l55）、Netlist 文件（*.ewnet,*.net,*.nt7）、Calay netlist 文件（*.net）等 13 种 Ultiboard10 可以支持的文件类型，如图 14-7 所示。

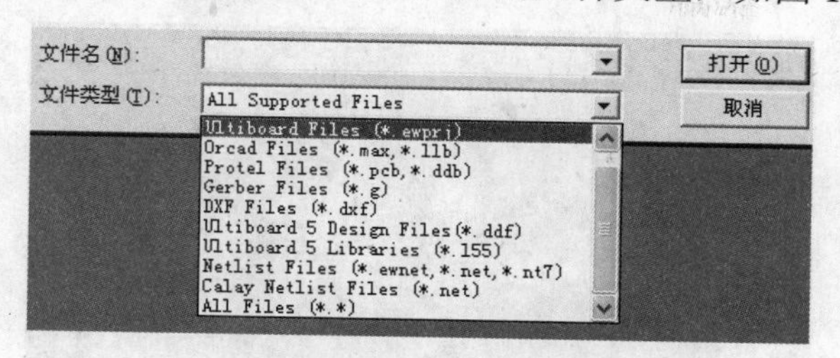

图 14-7　Ultiboard 10 支持的文件类型列表

在设计过程中根据需要及时保存当前设计的文件或关闭当前打开的文件，此时在项目标签页中用鼠标右键单击当前编辑的设计文件名，在弹出的快捷菜单中选择保存或关闭即可。

采用 Ultiboard 10 设计的 PCB 文件中包含着各种各样的设计规则，在 Ultiboard 中可以将 PCB 文件中的设计规则保存为一个设计工艺文件。当设计其他的 PCB 文件时，可以导入工艺文件，节省设置各种规则的烦琐，从而提高工作效率。单击【File】菜单里的【Save Technology Files】命令或【Loading Technology Files】命令即可保存或调用现有工艺文件。

工艺文件设置对话框如图 14-8 所示，包括 Units（测量单位）、Width（默认铜膜导线线宽）、Clearance（默认铜膜导线间距）、Grids（栅格）、Board Defaults（默认电路板）、Design Rules（设计规则）、Autoroute/place options（自动布线、自动布局选项）和 Borad Settings（电路板设置）等设置项。

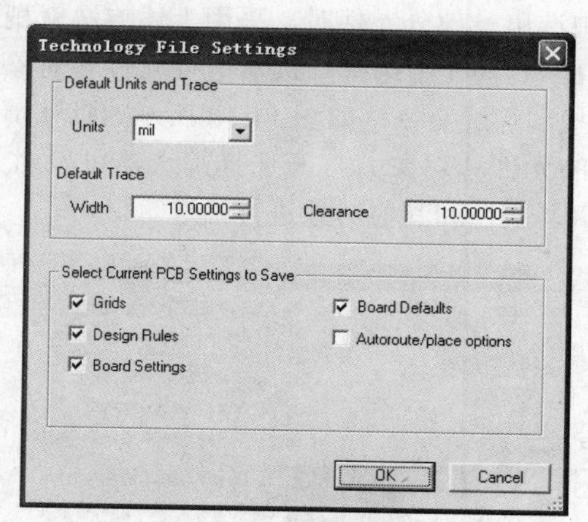

图 14-8　工艺文件设置对话框

14.3　选择和取消选择元件

在工作区中选择元件是最为基本的一项操作，Ultiboard 10 允许设计人员单选或多选元件。

选择 PCB 上的单个元件，用鼠标单击目标元件，元件周围出现一个虚线框，或者在铜膜导线覆盖着一条虚线，如图 14-9 所示，说明该元件已经被选中。元件的选择与全局设置中的“Control point size”的设置有关系，设置一个合适的值对选择元件的操作至关重要。

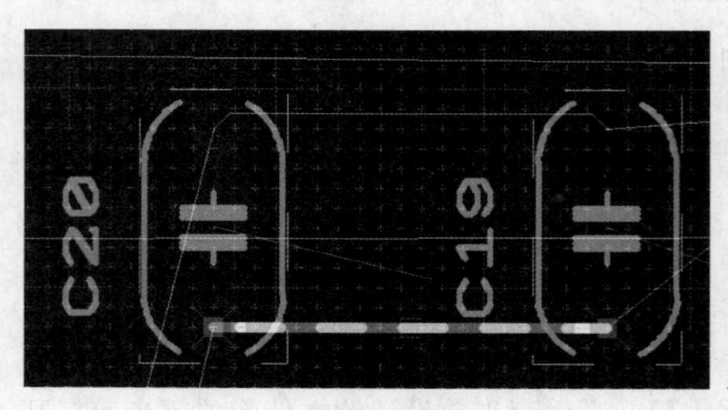

图 14-9　选择铜膜导线

选中 PCB 上的多个元件，首先按住【Shift】键，再用鼠标依次单击目标元件。或者用鼠标在工作区目标元件周围拖曳出一个矩形框，使得矩形框能包含要选中的目标元件，矩形框内的元件即被选中。

选择 PCB 上的全部元件，按快捷键【Ctrl+A】键即可。某些时候需要选择整根铜膜导线（不是一段铜膜导线）时，可以先选中一段铜膜导线，再选择菜单“Edit”/“Select Entire Trace”命令即可。

取消选择当前选中的元件，只需要选择另一个元件，即可解除当前元件的选择。取消选择一个元件群组，可以在按住【Ctrl】键的同时单击当前的元件群组。

当需要从大量的元件中选出一部分元件时，采用上述方法就稍显麻烦，这时可以使用选择筛选器工具，Ultiboard 10 允许使用选择筛选器进行元件和对象的选择。可以在【Edit】/【Selection Filter】菜单中找到筛选命令，如图 14-10 所示。默认情况下选择筛选器不进行条件筛选，也就是选择所有的元件和对象。打开选择筛选器可以对元件、铜膜导线、覆铜区域、过孔、焊盘、贴片焊盘、属性和其他对象进行筛选。

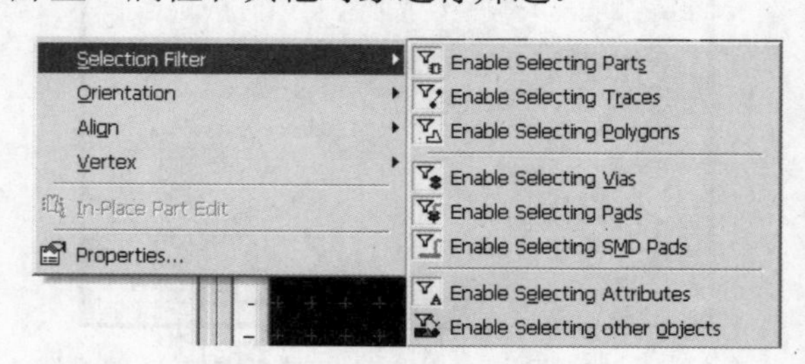

图 14-10　打开选择筛选器命令

14.4　放置和选择模式

Ultibaord 10 允许用户在封装、元件、覆铜导线的放置动作结束后仍保持当前的放置动作状态。例如，当放置一个元件到 PCB 中，该放置动作结束后，鼠标会附着一个小箭头，这表明当前状态仍为放置元件状态，用户可以继续放置与前面相同类型的元件，而不必从其

他状态切换回到放置模式。如果要终止当前的工作模式只需要单击鼠标右键，或者按【ESC】键，或者选择菜单【Place】/【Select】命令即可。

14.5　查找元件

在当前打开的设计文件中查找元件，单击菜单【Edit】/【Find】命令，弹出“Find”对话框，如图 14-11 所示。在“Find what”文本框输入想要查找的内容（如外形、名称）。如果要查询特定的条件，可以在“Find special”下拉列表框，从中选择目标选项。此外还可以将“Match whole word only”（匹配整个字符串）和“Match case”（区分大小写）复选框选中，以达到精确查找目标元件，最后单击【Find】按钮。查询的结果将显示在数据表格视图的“Results”标签页中，双击“Results”标签页中的某一行查询结果，将定位到工作区中；或者在查询结果单击鼠标右键，在弹出的快捷菜单中选择【Go To】命令，也可以将查询结果定位到工作区中。

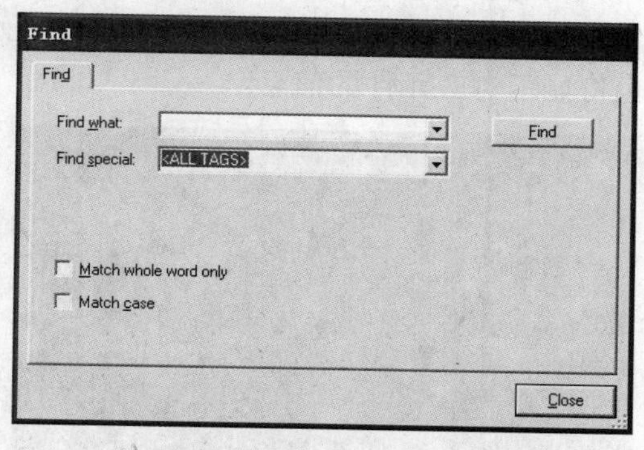

图 14-11　“Find”对话框

14.6　设置显示选项

当第一次运行 Ultiboard10 时，软件界面通常包括鸟瞰区、设计工具盒、菜单、工具栏等。为了完整地显示工作区的设计内容，可以使用放大功能手动调整显示或全屏显示工作区的设计内容。当使用全屏显示模式时，除工作区外的其他区域都将不显示。缩放显示命令如图 14-12 所示。

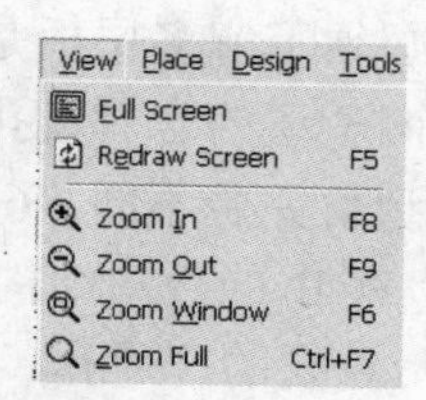

图 14-12　缩放显示命令

- 打开和关闭全屏显示模式，选择【View】/【Full Screen】命令即可
- 返回多窗口显示模式，单击设计工作区中的【Full Screen Close】按钮即可

- 放大设计工作区中的元件、对象，单击菜单【View】/【Zoom In】命令或按【F8】键即可，同时调整工作区的垂直、水平滚动条，以达到最佳的显示效果
- 在工作区中用鼠标拖曳一个矩形框，单击【View】/【Zoom Windows】命令或按【F6】键将放大显示矩形框所选定的内容
- 缩小显示工作区中的元件、对象，单击【View】/【Zoom Out】命令或按【F9】键即可
- 显示整个电路设计的全部内容，可以按【F7】键，同时调整工作区的垂直、水平滚动条，以达到最佳的显示效果
- 当添加、修改元件后，工作区的显示看上去显得有点凌乱，例如出现元件的某一部分缺损、丢失等现象，造成这种现象的原因有很多，主要是因为计算机显示系统的局限性。为了清除这些错误的显示结果，将正确的添加、修改结果显示出来，可以单击【View】/【Redraw Screen】命令或在工具栏中单击【Redraw Screen】命令或直接按【F5】键

在设计 PCB 的过程中，设计工作区中放置了大量的元件，一时可能分辨不清具体的标志、值、网络等内容。此时只要将鼠标移动到目标元件上同时按住【Ctrl】键，在光标的下方出现一个工具提示标签，如图 14-13 所示，提示标签将显示该元件的相关参数信息。鼠标移动到其他元件时，标签也将显示对应元件的信息。

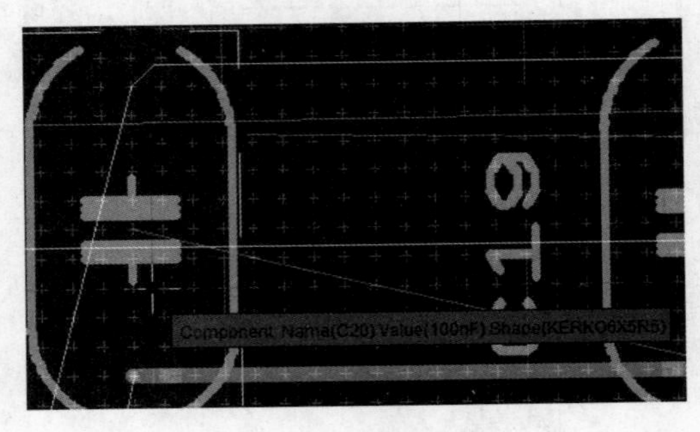

图 14-13　提示标签

14.7　设置层

14.7.1　定义覆铜层

Ultiboard 10 允许用户设置 2～64 层工作层。在设计一个多层板前，决定采用多少层的设计方案很重要，与此同时设计人员必须了解多层板是怎样制造出来的，因为这涉及 PCB 的制造成本问题。举个例子，设计一个 6 层的含有盲孔、埋孔和通孔的 PCB 与设计一个 4 层的含有盲孔、埋孔和通孔的 PCB 的造价完全不同，6 层 PCB 比 4 层 PCB 制造成本贵了许多。除了设置 PCB 层数外，还要设置 PCB 的叠片结构。使用 Ultiboard 10 内置的设计规则来设置和放置盲孔、埋孔、微孔是非常重要的，通孔、埋孔、盲孔的结构如图 14-14 所示。

- 过孔：它是放置在印刷电路板上的通孔，用来连接两层或更多的层，比如顶层、底层
- 盲孔：连接顶层和底层的穿过电路板内部的过孔
- 埋孔：连接电路板内部的过孔

➢ 常规通孔：连接任何层的过孔（顶层、底层、内置层）
➢ 微孔：小于5mil直接的过孔，最多只能连接两个内建层

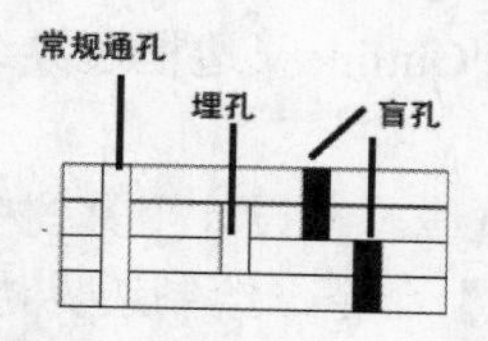

图14-14　通孔、埋孔、盲孔的结构

14.7.2　访问层

用户可以通过设计工具盒中的层标签页来选中、激活所需访问的层，并且可以控制层的显示。在设计工具盒的层标签页中，勾选层前面的复选框，可以控制层的显示、暗淡显示或不显示。当设置某一层不显示时，该层上的元件将不显示出来，但不表示该层上的元件从PCB设计中彻底删除。此外，单击每一层的颜色复选框可以设置修改当前层显示的颜色。

层标签页由PCB、Assembly（装配）、Information（信息）和Mechanical Layers（机械层）4部分组成，如图14-15所示。

➢ PCB：PCB设计中的工作层
➢ Assembly：提供印制电路板的相关装配层的信息
➢ Information：这是一个虚拟的层，它提供了关于电路设计的非常有用的信息，但它并不是电路板上的物理存在的一部分
➢ Mechanical Layers：常用于记录尺寸信息、与机械CAD相关的属性

当双击层标签页中的某一层时，该层会变为红色高亮度显示，表明该层被激活，可以在该层上进行相关操作。Ultiboard 10软件所提供的命令功能随当前激活的层变化而变化。例如，当前激活的是"Paste Mask Top"层，此时【Place】菜单下的【Place a copper area】命令将不起作用。

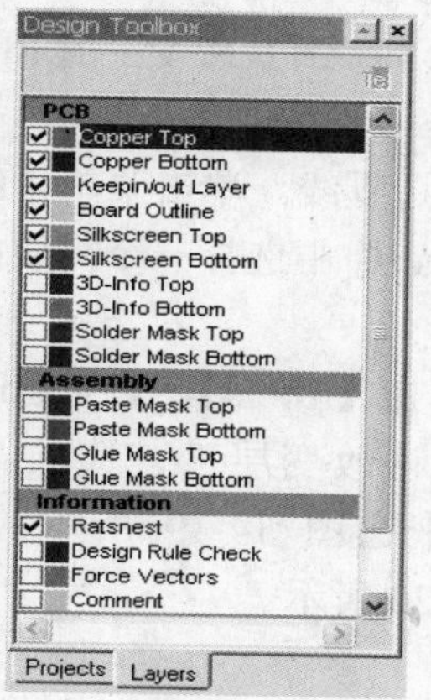

图14-15　设计工具盒层标签页

14.8 创建边框边界线

在设计一个新的 PCB 时，Board Outline（边框边界线）是不存在的，可以通过下面 4 种方法中的某一种来创建。

（1）使用绘制工具创建边界边框线。在设计工具盒中的层标签页中，双击边框边界层激活该层，然后使用【Place】/【shape】命令，绘制边界边框线的形状，如图 14-16 所示。若要编辑边界边框线，先激活该层，选择菜单【Edit】/【Properties】命令即可。

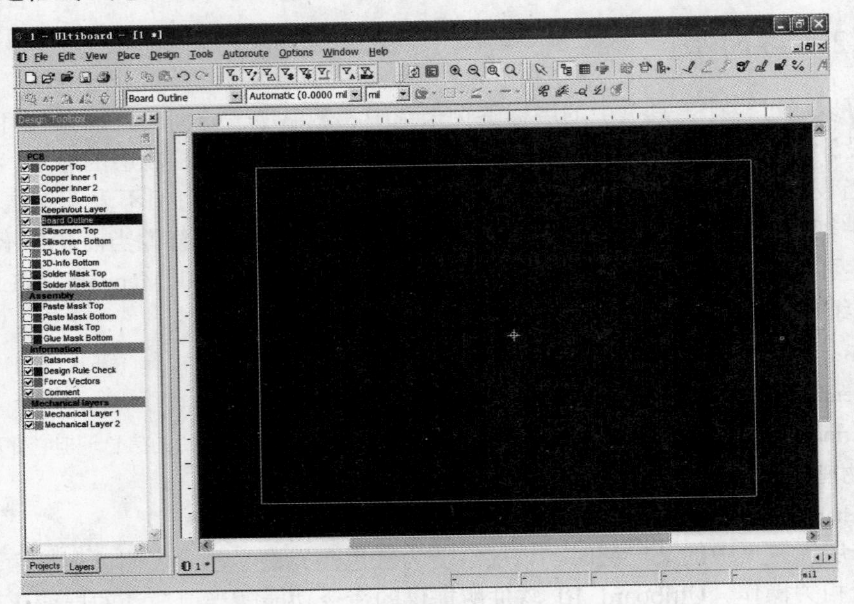

图 14-16 放置边界边框线

（2）导入 DXF 文件创建边界边框线。导入 CAD 程序的 DXF 文件到 Ultiboard 10 中，首先选择菜单【File】/【Import】/【DXF】命令，弹出默认的文件选择对话框，选择一个 DXF 文件并单击【OK】按钮即可。

（3）数据库中调用现成的边界边框线。单击菜单【Place】/【From Database】命令，运行数据库管理器，在“Board Outlines”中选择一个需要的边界边框线，如图 14-17 所示，单击【OK】按钮。

（4）使用电路板向导工具。单击【Tools】/【Board Wizard】命令，弹出电路板工艺对话框，如图 14-18 所示，设置允许改变层工艺选项，选择电路板的层工艺，然后单击【Next】（下一步）按钮，接下来在图 14-19 所示的对话框中进行必要的设置，单击【Finish】完成按钮，结果如图 14-20 所示。

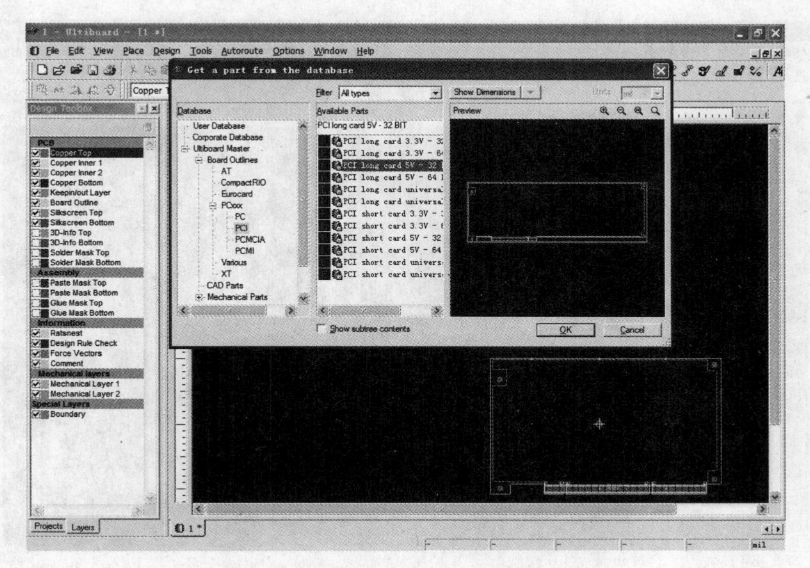

图 14-17　从数据库中放置边界边框线

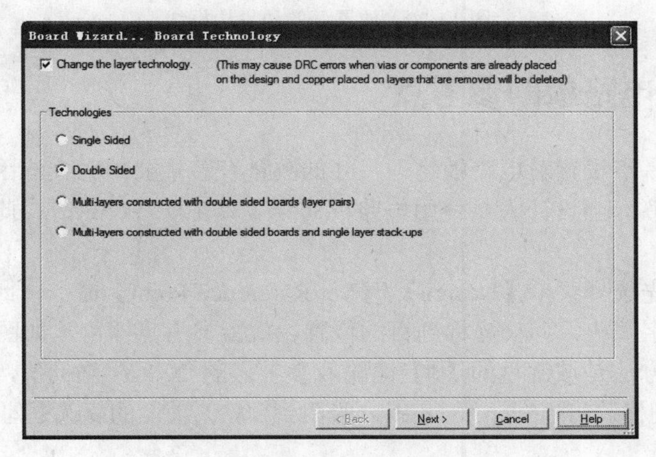

图 14-18　电路板设计向导

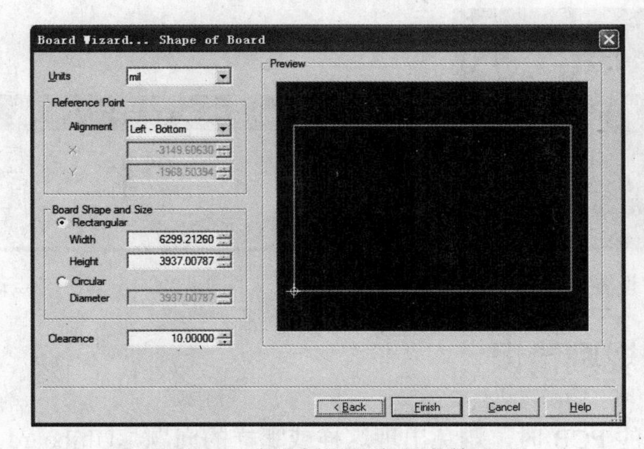

图 14-19　电路板设计向导参数设置

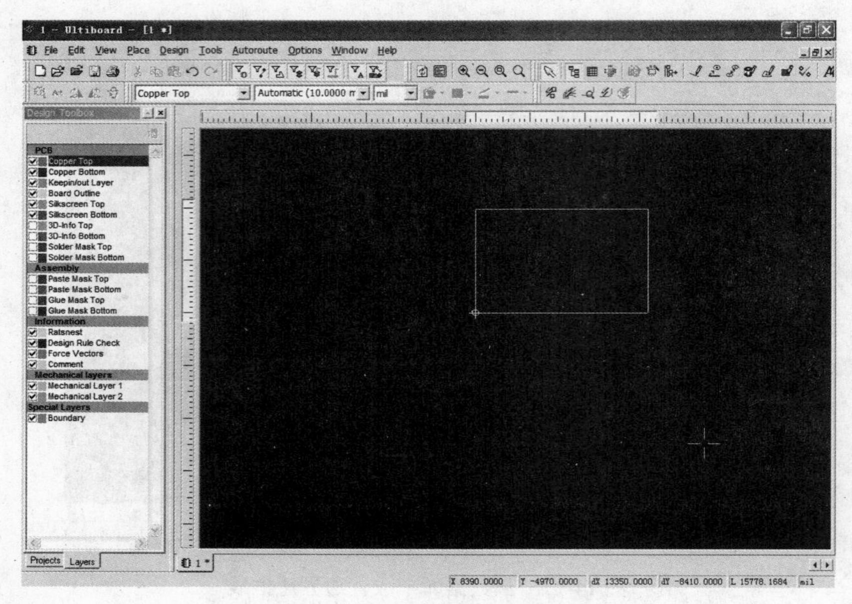

图 14-20　放置好的边界边框线

14.9　设置电路板的参考点

电路板中的参考点设置对电路板物理尺寸的测量有着重要的意义。因为所有的标尺测量数据都和参考点关联。当设计人员使用电路板向导工具生成 PCB 时，此时参考点可能已经设置好了。

设置参考点首先选择菜单【Design】/【Set Reference Point】命令，此时光标的箭头变成附着有圆环形的十字箭头，移动光标到目的位置，放置参考点即可，如图 14-21 所示。另外一种放置参考点的方法是按键盘的【*】键输入参考点的 X、Y 坐标值，并且输入测量的单位。如果要吸附到栅格，将“Snap to grid”（吸附到栅格）前面的复选框勾选即可，如图 14-22 所示。

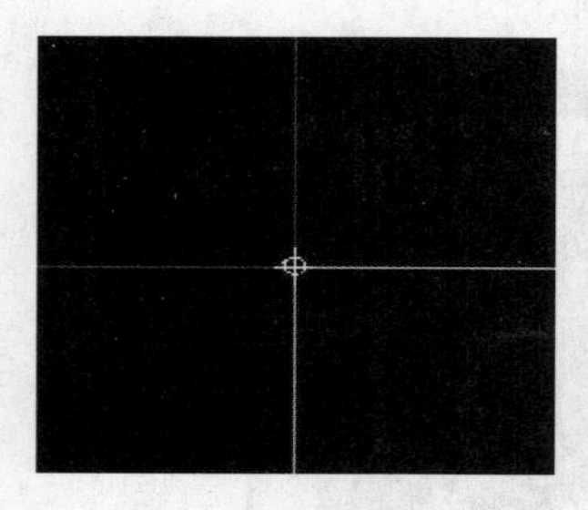

图 14-21　设置电路板参考点

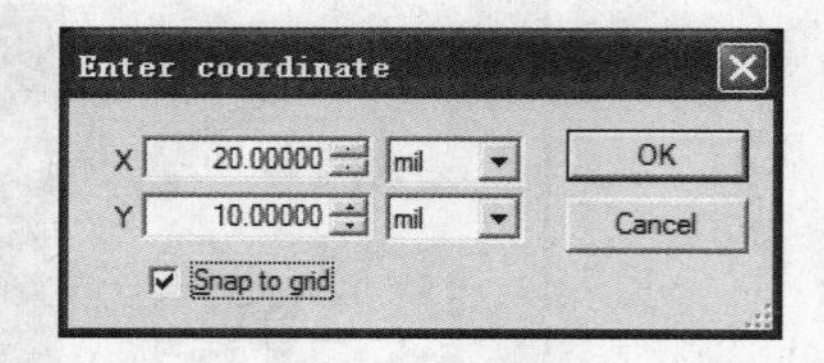

图 14-22　设置参考点选项

14.10　设计规则错误

在设计某些复杂的 PCB 时，难免出现这样或那样的问题，Ultiboard 10 会提示出错的信息。设计规则提示的错误信息出现在数据表格视图的“DRC”标签页中，如图 14-23 所示，当设计规则错误修改正确后，错误信息将不再提示。

常见的错误提示信息有以下 6 种。

- Component “[refdes]”(value) has an unknown shape (shape name)：元件给定的封装在数据库中不存在
- Component “[refdes]” is Not On the design：在网络表中的元件的参考注释并不在设计中
- Pin “[Pin number]” from Component “[refdes]”(value) in Net “[Net name]” is missing from shape “[shape name]”：网络表中属于该元件的引脚，但是在给定的封装中缺失引脚
- Unused Pin [Pin name] is {close to, connected to} {Unused Pin, Copper}：给定的元件的引脚太过于靠近没有指派的网络表，或者连接到其他没有使用的引脚或覆铜
- Design Rule Error: Net [Net1 name] { connected to} { Net2 name, Unused pin, copper, Board outline }：给定的网络连接到其他网络中没有使用的引脚、覆铜或边界边框线
- Design Rule Error: Net Gnd Close to Net [Net name] [RefID:PIN#-netname] ：给定的网络太过靠近其他的网络

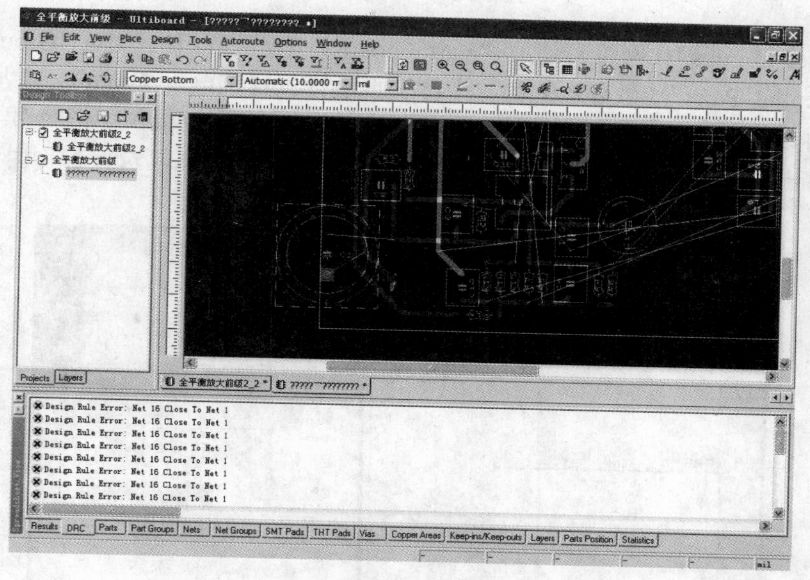

图 14-23 “DRC”标签页

设计规则错误检查也可以设置为是否实时检查，当 Ultiboard 10 遇到设计规则错误时，将显示提示信息，如终止当前动作、询问确认或忽略错误。

14.11 设置群组编辑器

群组编辑器用于创建和编辑网络群组、元件群组、总线群组和微分对。

（1）创建群组

单击菜单【Tools】/【Group Editor】命令，弹出如图 14-24 所示的群组编辑器。

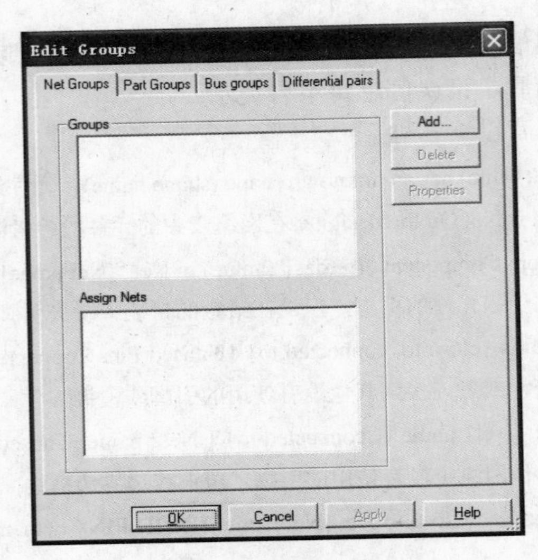

图 14-24 群组编辑器

选择“Net Groups”（网络群组）、“Part Groups”（零件群组）、“Bus Groups”（总线群组）、“Differential Pairs”（微分对）的一个标签页进行设置。单击【Add】（添加）按钮，弹出添加群组对话框。输入群组的名称然后单击【OK】按钮（如果输入的是网络、元件、微分对群组时，将出现修改群组对话框，修改群组设置信息即可），单击【OK】按钮，如图 14-25 所示。

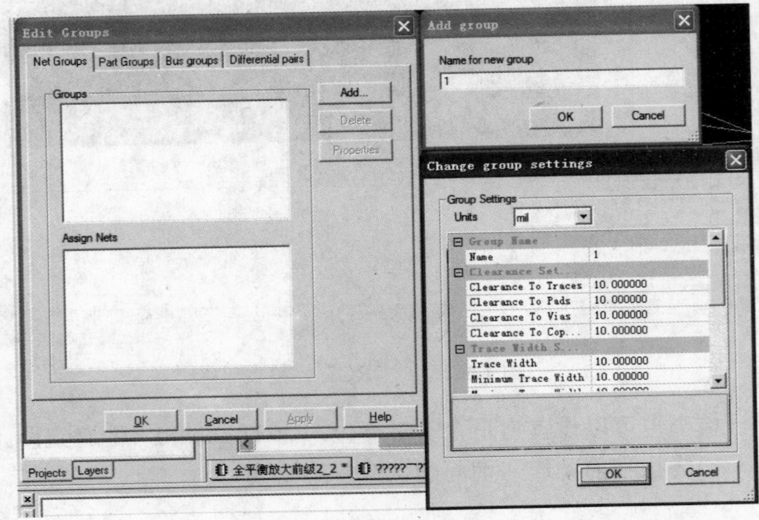

图 14-25 创建群组

此时带有新群组名称的群组将出现在群组列表中，如图 14-26 所示。

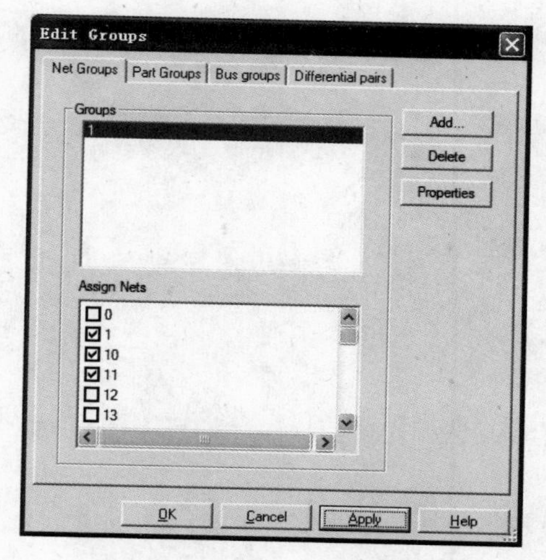

图 14-26　添加、编辑群组

（2）编辑群组

- 单击【Tools】/【Group Editor】命令显示编辑群组对话框
- 选择要编辑的群组的标签类型
- 高亮选中群组列表中的某一群组
- 修改网络或元件配置后单击【Apply】（应用）按钮
- 网络群组、元件群组同样也可以高亮选中群组列表中要编辑的群组，单击【Properties】（属性）按钮做必要的修改，单击【OK】按钮即可

（3）删除群组

- 单击【Tools】/【Group Editor】命令显示群组编辑器对话框
- 选择要编辑的群组标签
- 高亮选中群组列表中要编辑的群组，单击【Delete】（删除）按钮即可

练习题

（1）分别新建 3 个名为 My Design001、My Design002、My Design003 的 PCB 设计文件，分别用 3 种方法放置边框边界线并且都设置 Reference Point。

（2）打开 Ultiboard 的某一个 PCB Sample，利用 Selection Filter 工具，在不删除元件的同时将 Sample 中的铜膜导线全部删除；在不删除铜膜导线的同时将 Sample 中的元件全部删除。

（3）打开 Ultiboard 中的 Int4lRouted Sample，利用 Find 功能查找 JP1、RP2、U6、U11，并在工作区中定位查询结果。

元件操作

 放置元件

 放置元件的辅助工具

 拖曳元件

 橡皮圈功能

 元件推挤

 标尺栏

 确定元件的方向

 元件对齐

 设置元件间距

 放置群组排列工具盒

 复制群组

 反放置元件

 显示和编辑属性

 查看和编辑 Attribute、Shape、Graphics 属性

 放置其他元件

 从数据库中选择、放置元件

 编辑元件和外形封装

 编辑多边形

 查看、编辑通孔引脚属性

 查看、编辑 SMT 元件引脚属性

 查找元件

 定位元件

 重置元件

 Cross-probing

 创建新元件

 数据库管理

 设置数据库类目录

 添加元件到数据库

 合并、转换数据库

PCB 设计的好坏很大程度上取决于元件的设定是否正确，本章将介绍设置元件相关的内容。灵活熟练的设置元件不仅可以提高工作效率，而且对 PCB 工作时的电气稳定性能也起着至关重要的作用。

15.1　放置元件

在设计 PCB 的过程中，放置元件是一项很基本的操作。下面将介绍 4 种放置元件的方法。

（1）从边框边界线外拖曳元件

（2）使用数据表格视图

（3）导入网络表

（4）从数据库中选择元件

15.1.1　从边框边界线外拖曳元件

通常情况下，打开 Multisim 10 或其他原理图编辑软件生成的网络表文件放置的元件都在边框边界线以外。此时，可以利用鼠标将元件拖曳到电路板的目标位置。

单击选中元件并且拖曳到电路板上的目标位置，放置后，元件仍然高亮显示，此时单击工作区中的其他位置或单击鼠标右键，取消选择该元件，即完成对该元件的拖曳操作。

15.1.2　使用数据表格视图放置元件

数据表格视图中的元件标签页显示了电路设计中所有元件的清单。色环显示的亮、暗绿色表示该元件是否是放置在电路板的边框边界线以外或边框边界线内部（高亮显示表明该元件放置在边界边框线以外）。当色环显示为橙色时，表明该元件被锁定。

在元件标签页中允许选择元件、锁定元件（防止元件移动）、在电路板上放置元件。同时也包括查找元件和显示所选元件外形的功能。

1．使用元件标签页放置元件

在电路板上放置单个元件，首先选择元件列表中的元件，此时该元件会附着一个光标箭头，当移动到目的位置后，释放光标，元件就被放置到电路板上了。

在电路板上放置一些元件还可以使用元件序列器。选择元件列表中未放置的元件，单击鼠标右键，弹出的菜单中的【Start Placing the Unpositioned Parts】选项被激活，如图 15-1 所示。在电路板上移动光标，所选中的元件会跟随附着的光标移动，当移动到目的位置时，释放光标放置元件到电路板上，紧接着下一个元件又跟随附着的光标移动，重复上面的操作即可连续放置一系列的元件。当放置完最后一个元件时，单击鼠标右键终止操作即可。

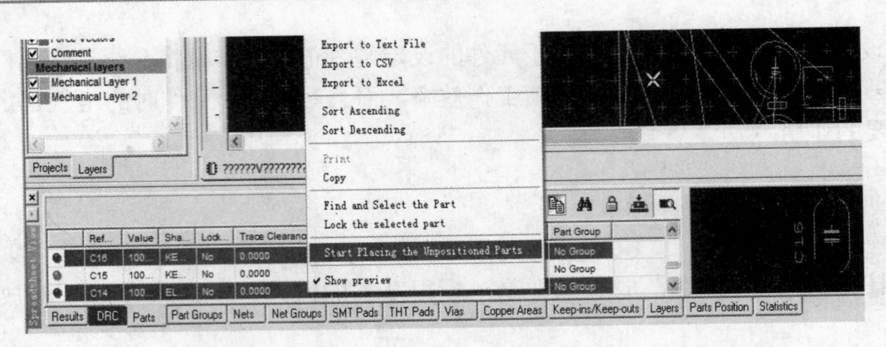

图 15-1　使用元件标签页放置元件

2. 使用元件标签页的其他功能

数据表格视图中的元件标签页不仅可以用来选择元件、锁定元件，还可以查找和预览元件。

1）选择元件操作　双击列表中的元件，即可选中一个元件。倘若要选中多个元件，可以按住【Shift】键的同时单击选择列表中的元件，再单击选择另一个元件，在这两个元件之间的所有元件（包括这两个起止元件）都将被选中。

2）锁定和解锁元件操作　在上述步骤结束后，单击【Lock the Selected Part】按钮锁定选中的元件或解锁选中的元件。

3）查找元件　单击【Find and Select the Part】按钮，工作区中将放大显示查找到的元件。

4）预览元件　单击【Preview】按钮打开预览功能，选择元件列表中的元件，此时将显示该元件的外形。

15.1.3　导入网络表放置元件

导入网络表放置元件方法通常需要事先做好 Multisim 原理图文件并将其导入到 Ultiboard 中使用。

15.1.4　从数据库中选择元件

从数据库中选择元件可以在设计 Ultiboard 文件过程中使用。单击主工具栏的【Place part from database】按钮，或者按下快捷键【Crtl+W】打开“Get a part from database”（从数据库中获取一个元件）对话框，如图 15-2 所示。该对话框分为左、中、右 3 个区域，左侧区域“Database”（数据库）栏提供类型目录树结构的列表；中部区域为“Available Parts”（可用元件）栏，用来显示左侧区域所选目录的具体内容，但必须当左侧目录为最底层子目录时，可用元件才有显示；右侧为“Preview”（预览）区，用于预览所选器件的外形、尺寸等相关信息。用户选择所需元件封装后，单击【OK】按钮，弹出如图 15-3 所示的“Enter Reference Designation for Component”（输入元件参考注释值）对话框。

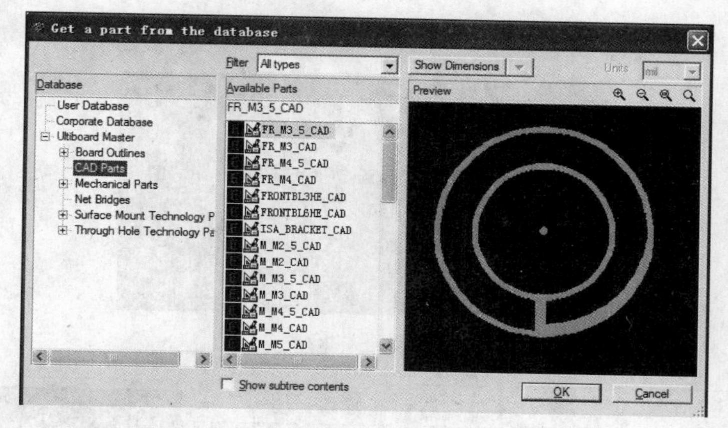

图 15-2　“Get a part from database”对话框

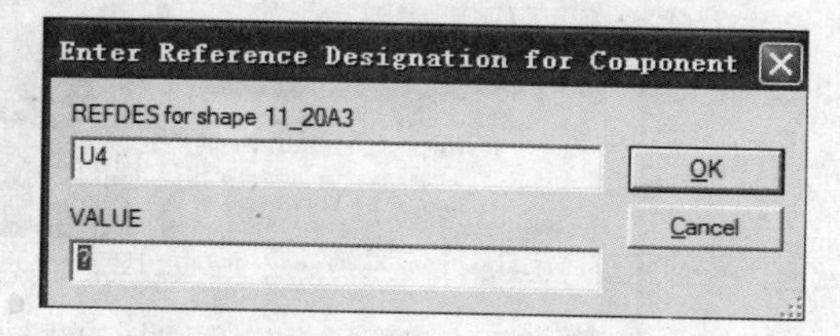

图 15-3　“Enter Reference Designation for Component”对话框

在该对话框中，用户输入相应的元件参考注释信息和值后，单击【OK】按钮。此时，光标箭头旁会附着一个元件图像，移动光标到目标位置单击鼠标左键即可完成该元件的放置操作。

15.2　放置元件的辅助工具

15.2.1　飞线

放置元件后，放大工作区中的元件，如图 15-4 所示。从图中可以看出，元件的焊盘间有相互连接的直线，这些直线交叉、重叠，在 Ultiboard 10 中这样的线称作飞线（Ratsnests）。飞线是连接两个焊盘间的一条直线，指示焊盘间的连通性。飞线通过网络表确定哪些焊盘可以连接在一起，但需要注意的是，飞线仅仅表现为逻辑关系的连接，不是真正物理意义上用铜膜导线的电气连接，它可以和元件交叠。在 Ultiboard 10 中飞线显示为一条彩色的直线，通过设计工具盒中的层复选框选项，可以改变飞线显示的颜色，淡化显示，甚至不显示。

在复杂的 PCB 设计中，通过数据表格视图里的网络标签页设置显示或隐藏指定的飞线是非常有用的一项功能，如图 15-5 所示。

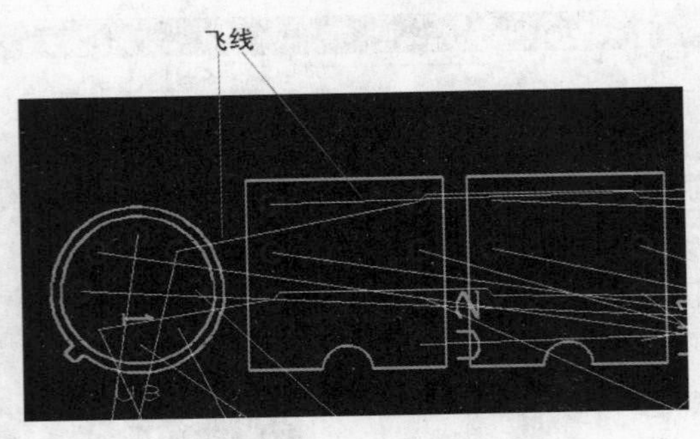

图 15-4　飞线

up	Bus Group	Differential Pair	Shield Net	Shield width	Show Ratsnest	Max Via Count	Via Drill Diameter
up	No Group	No Group	None	0.0000	Yes	Use Global Se...	Use Global Settings
up	No Group	No Group	None	0.0000	No	Use Global Se...	Use Global Settings
up	No Group	No Group	None	0.0000	Yes	Use Global Se...	Use Global Settings
up	No Group	No Group	None	0.0000	Yes	Use Global Se...	Use Global Settings
up	No Group	No Group	None	0.0000	Yes	Use Global Se...	Use Global Settings
up	No Group	No Group	None	0.0000	Yes	Use Global Se...	Use Global Settings
up	No Group	No Group	None	0.0000	Yes	Use Global Se...	Use Global Settings
up	No Group	No Group	None	0.0000	Yes	Use Global Se...	Use Global Settings
up	No Group	No Group	None	0.0000	Yes	Use Global Se...	Use Global Settings

Results | DRC | Parts | Part Groups | Nets | Net Groups | SMT Pads | THT Pads | Vias | Copper Areas | Keep-ins/Keep-outs | Layers | Parts Position | Statistics

图 15-5　在网络标签页中设置显示或隐藏指定的飞线

15.2.2　强制矢量

工作区中的元件除了元件的焊盘有飞线连接外，元件之间也有一根有颜色的直线连接着，这根线叫做强制矢量，如图 15-6 所示。强制矢量可以强有力地帮助用户在电路板工作区中放置元件。手工放置元件时，必须注意来自元件的强制矢量。强制矢量是来自元件间的矢量线，矢量相加，计算出一个合力，这个合力有方向和大小。根据强制矢量的方向移动元件，试着调整到最小的强制矢量线的距离，从而可以将元件移动到与飞线结合的最短位置。

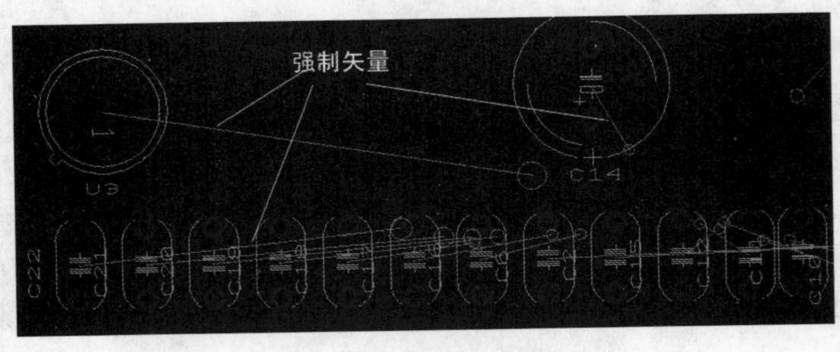

图 15-6　强制矢量

尽管强制矢量是一个非常有用的工具，但也不能盲目地依靠它完成放置元件的工作。根据自然法则，所有的强制矢量都指向电路板的中心，如果所有的元件都直接指向电路板的中央，那么所有的飞线的连接都会变为最短，这和电路板布线的实际情况不尽相同。

在 Ultiboard 10 中，强制矢量显示为有颜色的直线，通过设计工具盒中的层标签页可以修改颜色的显示，以及淡化颜色显示或不显示。

15.3　拖曳元件

首先选择元件，选中的元件四周显示为黄色的虚线框。然后按下鼠标左键，拖曳元件到指定的位置。到指定位置后，释放鼠标左键，即完成对该元件的拖曳放置操作，如图 15-7 所示。

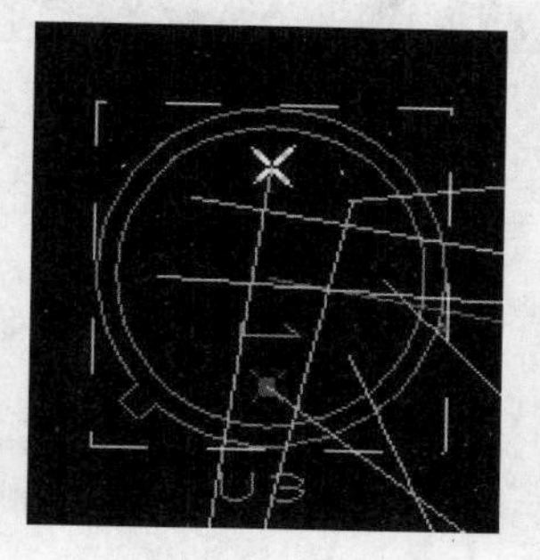

图 15-7　拖曳元件操作

除上述方法外，还有一个简便的方法将元件定位到指定位置。按下键盘上的【*】键，弹出如图 15-8 所示的对话框，在“X”、“Y”文本框中输入精确的坐标值。勾选“Snap to grid”前面的复选框，使元件吸附到栅格，最后单击【OK】按钮，元件将定位到坐标的位置。

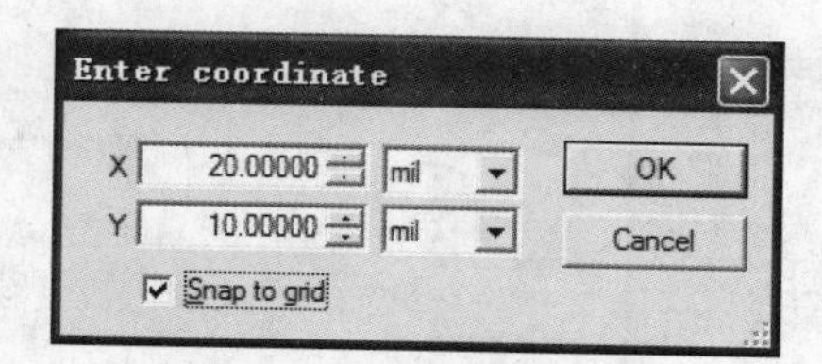

图 15-8　为元件定位输入坐标

15.4　橡皮圈功能

“橡皮圈”功能是 Ultiboard 10 提供的一个特色功能。当移动一个已经连接有铜膜导线的元件时，铜膜导线仍然保持连接，这个功能就是 Ultiboard 10 的橡皮圈功能。图 15-9 的左边为使用橡皮圈功能前，右边为移动元件后铜膜导线的连接情况。

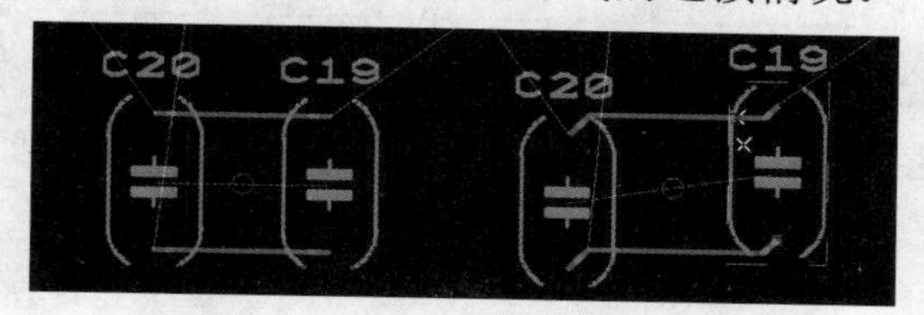

图 15-9　橡皮圈功能实例

正确使用“橡皮圈”功能前，必须进行必要的设置。首先在铜膜导线的属性对话框的“General”（常规）标签页中，选择“Trace can be Moved”（铜膜导线可以被移动）选项，如图 15-10 所示，接下来在 PCB 全局参数的 PCB 设计标签页中勾选“Re-route after move”（移动后重新布线）选项，如图 15-11 所示，最后选择铜膜导线后单击鼠标右键，解锁任何锁定的铜膜导线，如图 15-12 所示。

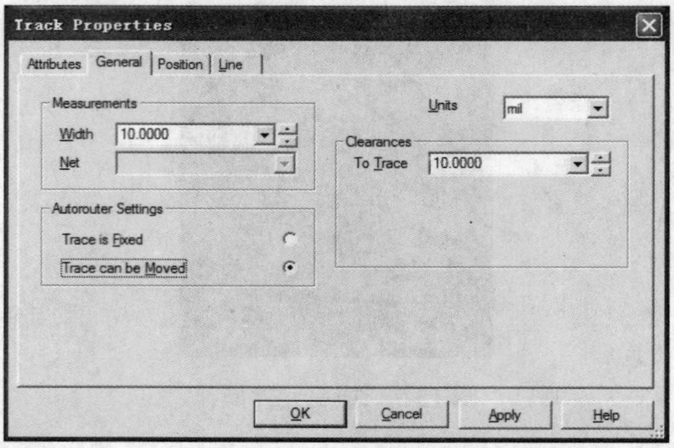

图 15-10　铜膜导线属性对话框常规标签页

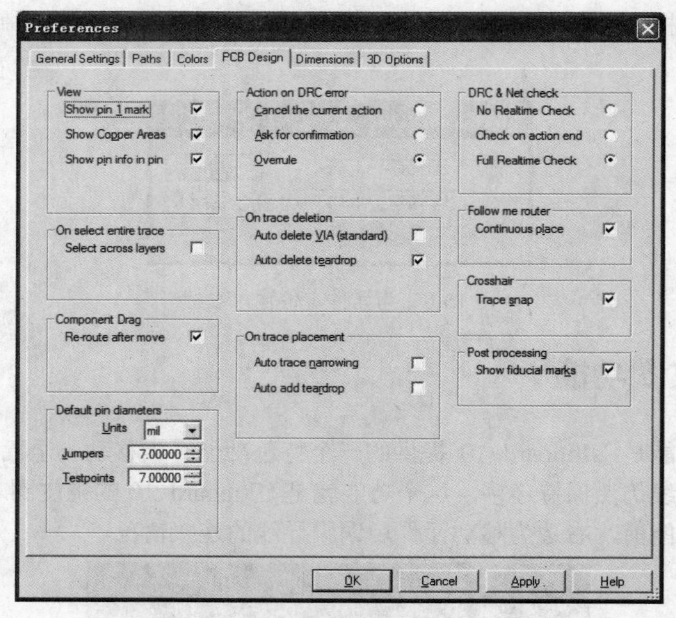

图 15-11　全局参数对话框的“PCB Design”标签页

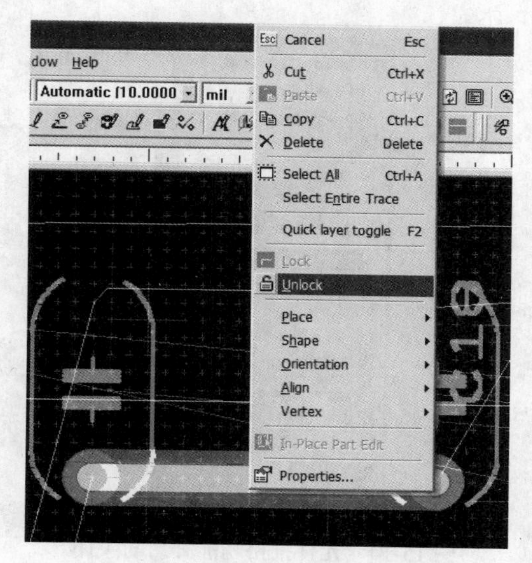

图 15-12　解锁先前锁定的铜膜导线

15.5　元件推挤

在移动、拖曳元件时，Ultiboard 10 为移动或拖曳的这个元件自动推挤周围其他元件，以留出足够的空间，这一功能就是元件推挤。元件推挤的空间大小可以在元件的属性标签页中的“Component shove spacing”（元件推挤空间）文本框中设置，如图 15-13 所示。

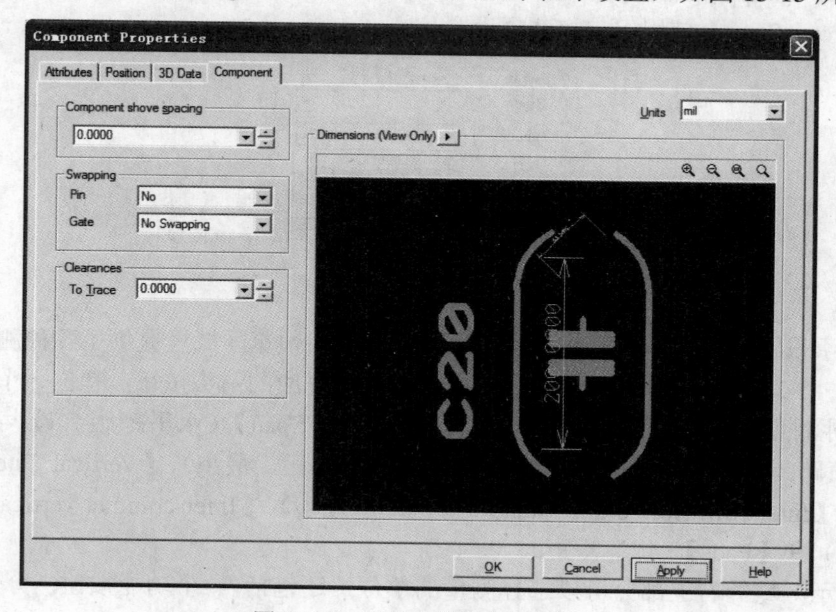

图 15-13　元件的推挤空间设置

元件推挤功能可以开启也可以关闭，单击菜单【Design】中的【PartShoving】命令即可，如图 15-14 所示。

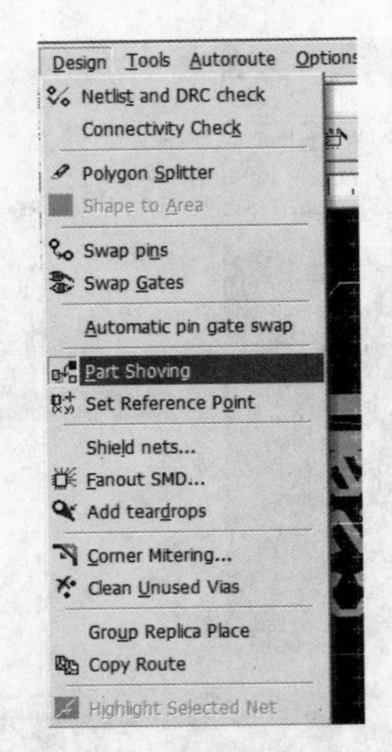

图 15-14　元件推挤功能开启与关闭

当元件引脚连接有覆铜时，元件推挤功能将不能正常工作。

为选中的元件输入交换参数，如图 15-13 所示。其中，“Pin”（引脚）选项选择是否交换引脚；“Gate”（门）中有 4 个可选项，分别是 Internal Gates Only（内置门）、No Swapping（不交换）、Advanced Swapping（高级交换）和 Use Group Setting（使用组设置），如图 15-15 所示。Internal Gates Only 允许交换同一元件中相邻的门，No Swapping 禁止该元件的门交换，Advanced Swapping 允许某一元件和另一元件交换门（两个元件必须都选中高级交换选项），Use Group Setting 使用组交换选项设置。

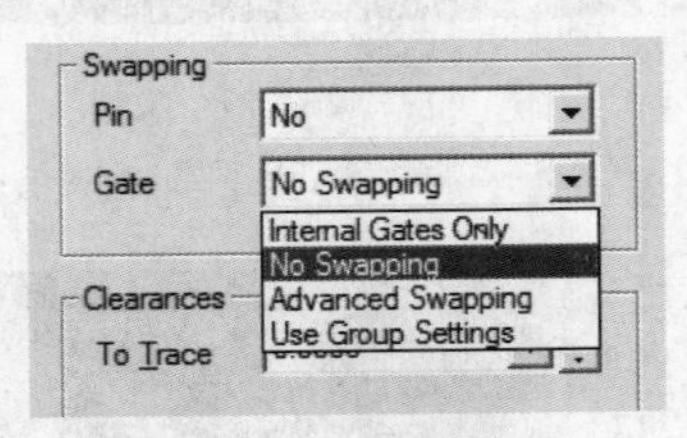

图 15-15　设置交换参数

为了便于设置元件的推挤空间和间距，元件的视图预览区域里提供了各种测量标尺。

单击图 15-16 中的“Dimensions（View Only）”对应的箭头按钮，弹出一个快捷菜单，里面有 7 种测量标尺可以选择，分别为【Horizontal Span】（水平跨距，最大）、【Vertical Span】（垂直跨距，最大）、【Horziontal Pitch】（水平跨距，最小）、【Vertical Pitch】（垂直跨距，最小）、【Inter-row Horizontal Pitch】（行间距，最小）、【Inter-column Vertical Pitch】（栏间距，最小）和【Pads】（焊盘测距）。

视图显示区域的右上部分可以选择测量的单位，还包括 4 个功能按钮，分别为【Zoom in】（放大）、【Zoom out】（缩小）、【Zoom Window】（窗口放大）和【Zoom full】（显示全部）。此外如果设计人员使用的是 3 键滚轮鼠标，可以推动滚轮放大或缩小视图的显示。当放大显示到足够大超过视图显示的范围，可以用垂直、水平滚动条调整显示范围，以便细节观察。

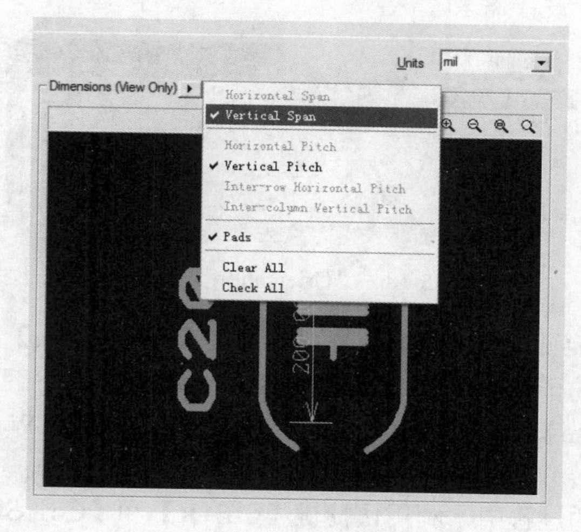

图 15-16 元件测量预览视图

15.6 标尺栏

在电路设计区域里放置标尺栏的目的是便于 PCB 设计的显示、操控和测距。

在标尺栏上单击鼠标左键，此时标尺栏上会出现一个箭头（指示标记），在标尺栏的另一处进行同样的操作，重复若干次这样的操作，会发现每次操作指示标记之间都会显示出相互的间距，如图 15-17 所示。

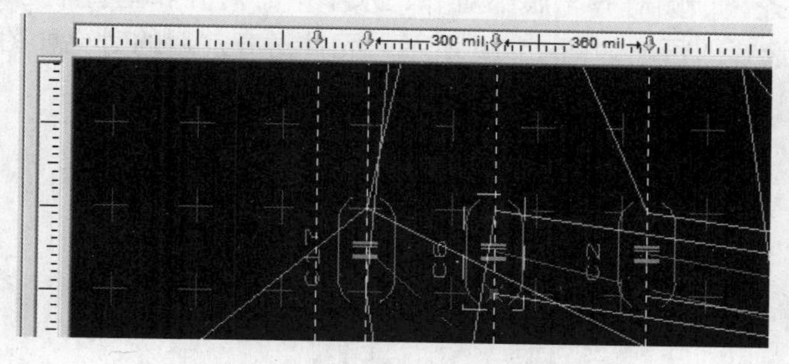

图 15-17 利用标尺栏测距

如果要移动测量标记，先找到要移动的测量标记，同时单击鼠标左键，左右移动到合适的位置再进行测量即可。当测量标尺线穿过了被测元件时，移动标尺线的同时元件也会跟着标尺线移动。

倘若要删除多余的测量标记，在标尺栏上单击鼠标右键，从弹出的快捷菜单中选择【Clear】或【Clear All】命令即可。

15.7 确定元件的方向

系统默认放置在电路板上的元件方向，很可能不是设计中所需要的，这时可以用旋转或交换到其他层的方法达到设计需求。

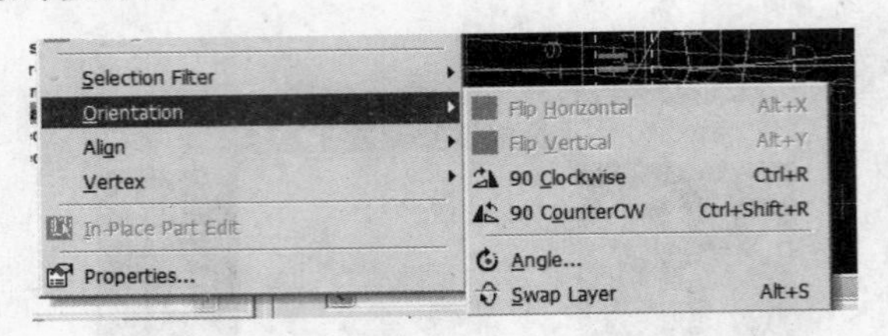

图 15-18 “Orientation”子菜单

首先选中要调整的元件，选择【Edit】菜单中的【Orientation】子菜单，如图 15-18 所示，出现 6 个可供选择的子选项，分别为【Flip Horizontal】（水平翻转）、【Flip Vertical】（垂直翻转）、【90 Clockwise】（顺时针 90° 旋转）、【90 CounterCW】（逆时针 90° 旋转）、【Angle】（任意角度旋转）和【Swap Layer】（层交换）。

在实际设计 PCB 的过程中，利用快捷键【Ctrl+R】和【Ctrl+Shift+R】调整元件方向是非常便捷的。

15.8 元件对齐

通常在进行 PCB 设计时，需要将许多元件按一定的关系对齐放置，这时采用 Ultiboard 10 提供的元件对齐命令可以很方便地完成这项工作。

首先选中要对齐的元件，单击【Edit】菜单里的【Align】子菜单。【Align】子菜单中提供了左对齐、右对齐、顶端对齐、底部对齐、水平中心对齐和垂直中心对齐等 6 种对齐方式，根据设计需要选择即可，如图 15-19 所示。元件对齐前后的对比如图 15-20 所示。

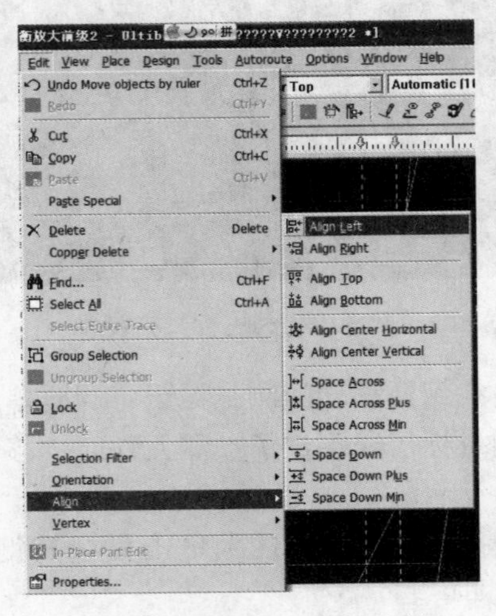

图 15-19 【Align】子菜单

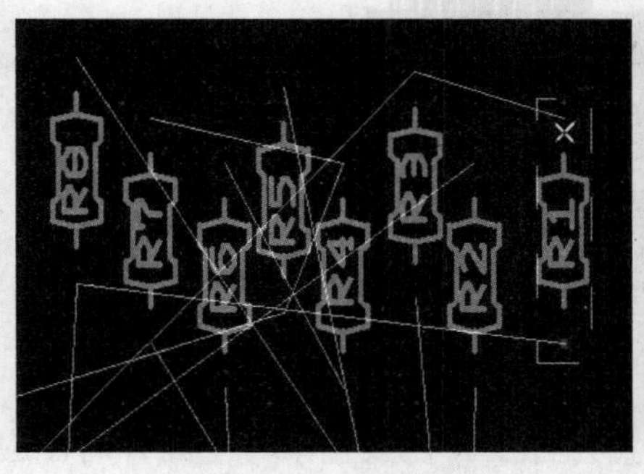

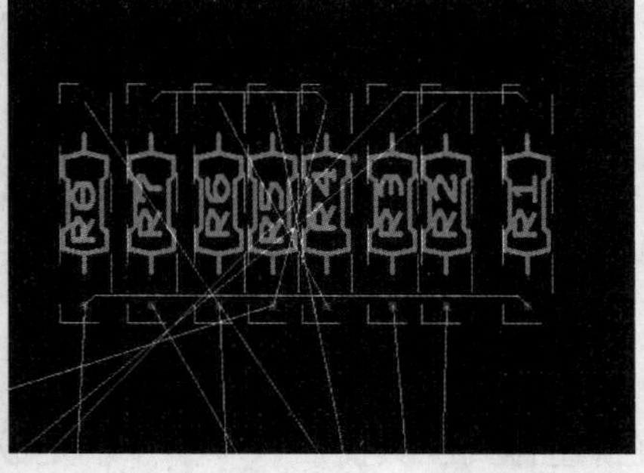

图 15-20　元件对齐前后的对比

15.9　设置元件间距

除了上面介绍的元件对齐方式外，为了在 PCB 设计中合理并美观地摆放元件，经常还需要对元件之间的间距进行调整。倘若 PCB 中的元件数量很多，手工调整必定是很烦琐的事情，可以使用【Edit】菜单中的【Alig】子菜单下 6 个调整间距的命令来处理这项烦琐的工作。这 6 个调整间距的命令分别是【Space Across】（水平等间距排列）、【Space Across Plus】（水平等间距增加排列）、【Space Across Min】（水平等间距减小排列）、【Space Down】（纵向等间距排列）、【Space Down Plus】（纵向等间距增加排列）和【Space Down Min】（纵向等间距减小排列），如图 15-19 所示。

15.10　放置群组排列工具盒

群组排列工具盒常用来放置一系列元件，如内存条 PCB 设计中的闪存芯片放置，该功能也是 Ultiboard 10 的特色之一。

创建群组排列工具盒首先选择【Place】菜单下的【Group Array Box】命令，弹出如图 15-21 所示的对话框，在“X-spacing”和“Y-spacing”文本框输入横向和纵向的长度，单位默认为 mil，勾选“Use group centers（will use reference point otherwirse）”选项，使用电路板中的参考点作为群组排列工具盒的中心，然后单击【OK】按钮。此时，在工作区里单击鼠标左键拖动，就会出现网格状的群组排列工具盒，单击右键结束放置。放置好的群组排列工具盒如图 15-22 所示。如果想要输入行、列数来代替输入横向、纵向的长度，只要将“Enter number of columns and rows”选项勾选即可。

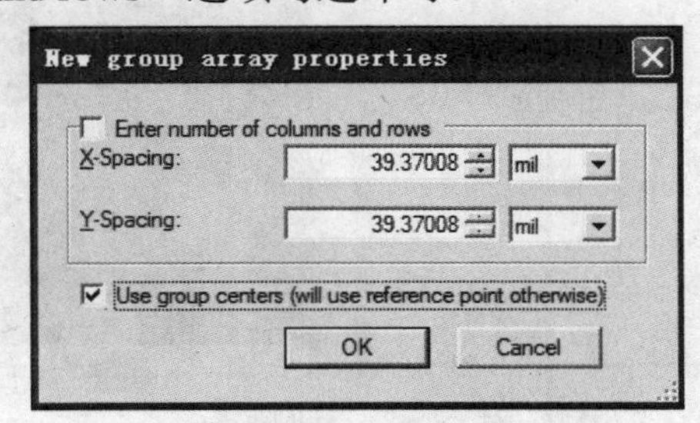

图 15-21　新建群组排列工具盒对话框

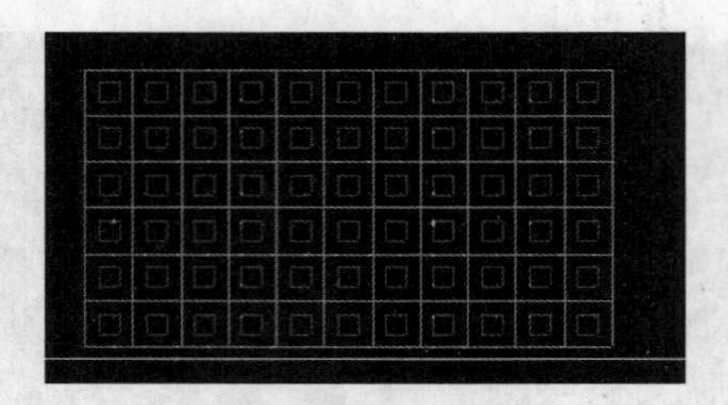

图 15-22　放置好的群组排列工具盒

放置好群组排列工具盒后，下一步就是放置元件了。在放置第一个元件时，应先从最左边的顶格开始放置。首先选中并拖曳元件，当元件接近群组排列工具盒时，元件会自动吸附到群组排列盒中，用类似的操作方法可以把元件从左至右放置完毕，如图 15-23 所示。

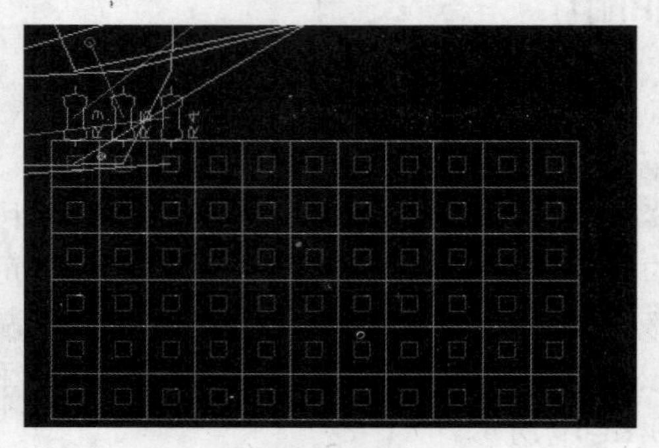

图 15-23　放置元件到群组排列工具盒

15.11　复制群组

复制群组功能可以迅速成倍地复制所放置的元件。设计多通道电路板时，该功能显得非常有用，例如立体声的功率放大电路、对称的信号采样电路等。

单击【Design】/【Group Replica Place】命令，弹出“Select Groups for Replica Place”（选择复制群组）对话框。在“Primary Group”（主群组）下拉列表框中选择要被复制的群组，在“Group to be Replicated”（复制的群组）下拉列表框中选择匹配到主群组的群组。单击【OK】按钮，对话框关闭并且复制后的群组的外形和主群组一样伴随光标出现。最后拖曳光标到目的位置释放即可，如图 15-24 所示。

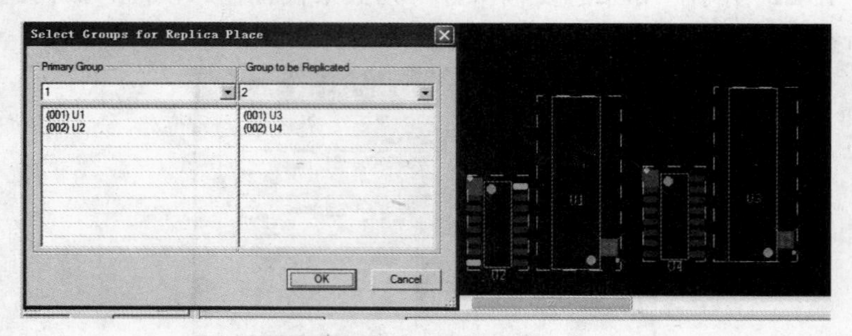

图 15-24　复制群组

15.12 反放置元件

单击【Place】/【Unplace Components】命令，弹出如图 15-25 所示的提示对话框。

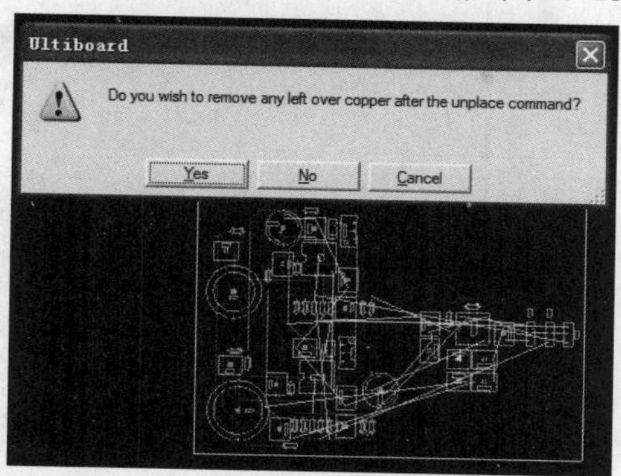

图 15-25 反放置元件提示对话框

单击【Yes】或【No】按钮，所有没有被锁定的元件被移动到边框边界线以外。如果单击【Yes】按钮，反放置移动后遗留的一些覆铜全部被删除，单击【No】按钮则遗留的覆铜保持在原地，如图 15-26 所示。

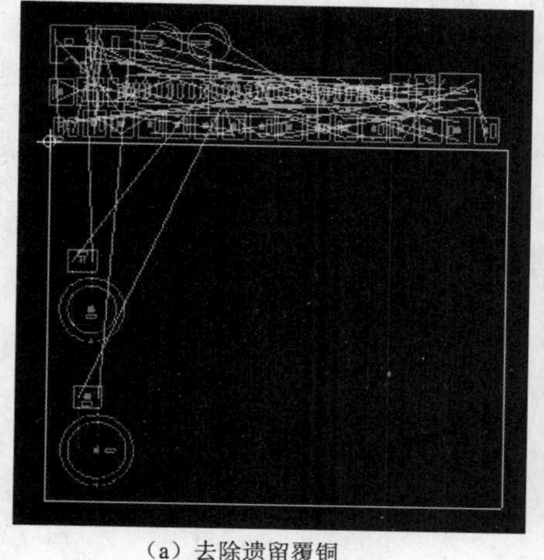

（a）去除遗留覆铜

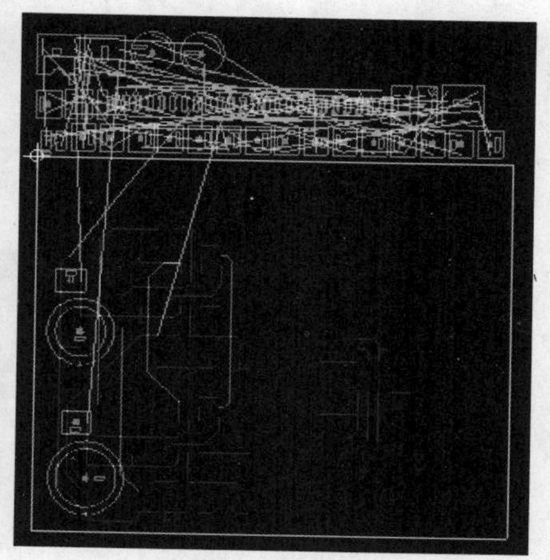

（b）遗留覆铜

图 15-26 执行反放置未锁定元件

15.13 显示和编辑属性

15.13.1 特征标签页

所有对象的属性对话框中都包含有“Attributes”（特征）标签页。一般来说，唯一的对象中已经包含特性，典型的包括名称、值和外形，其他的元件对象可以手动添加特征。所有的特征标签都是可以修改的。在特征标签页中，设计人员可以修改特征性标签的标签、值、可见设置，同时也可以在特性标签中单击列标题栏分类排列信息。

选择要添加的特征，单击【Change】（修改）按钮即可修改该特征。单击【New】（新建）按钮，可以为层添加新特征。如果要删除特征，选择要删除的特征，单击【Remove】（删除）按钮即可，如图 15-27 所示。

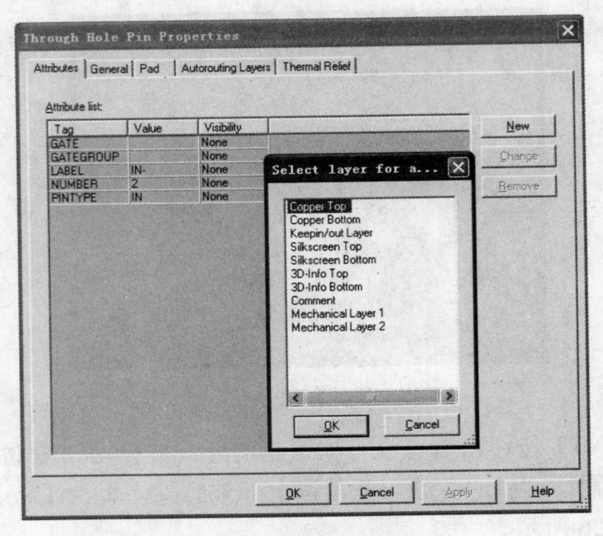

图 15-27　添加、修改特征

15.13.2　位置标签页

选择元件后，单击菜单【Edit】/【Properties】命令，弹出默认的位置标签页，显示选中元件的 X、Y 坐标值及元件的角度、单位等，如图 15-28 所示。

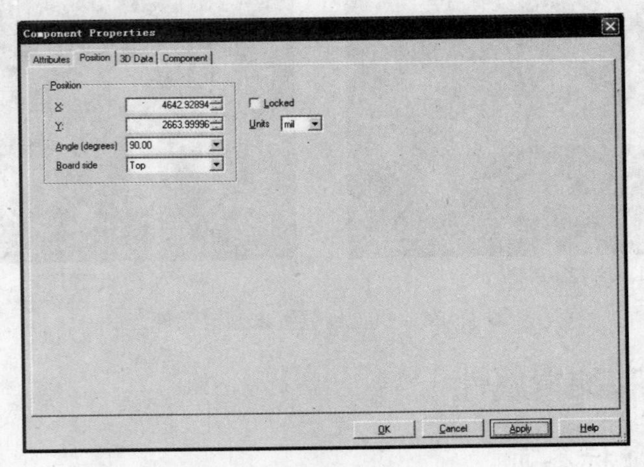

图 15-28　元件的“Position”标签页

15.13.3　3D 数据标签页

3D 数据标签页允许设置所选元件 3D 图像的属性，所有对 3D 属性的更改都将在预览区里实时显示出来，如图 15-29 所示。当需要显示元件的 3D 视图时，勾选“Enable 3D for this object”复选框即可。在“General”（常规）、“Material”（材质）、“Pins”（引脚）、“Cylinder”（柱面）标签页设置变化的情况下，勾选“Automatic preview update”（自动更新预览）复选框可以使视图在修改后自动刷新显示。对于配置较低的计算机系统，应禁用该功能，在需要刷新视图显示时，手动单击【Update】按钮即可。如需旋转 3D 视图，只要保持单击鼠标左键，拖曳即可。

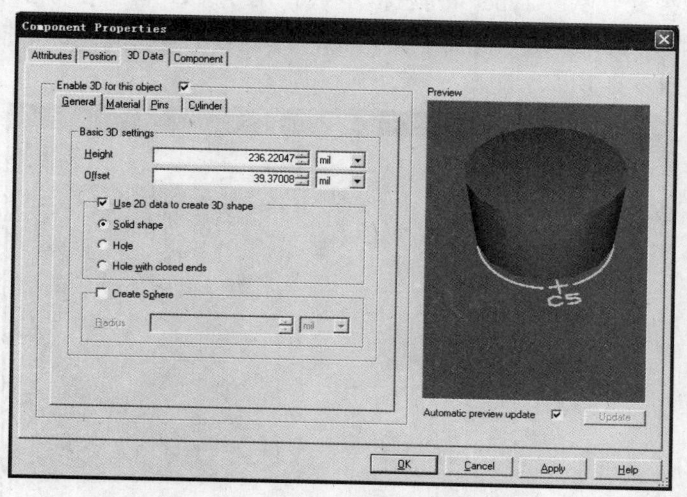

图 15-29　3D 数据标签

1）常规子标签页　用于设置元件和电路板间的距离。在“Height”文本框输入元件顶端到电路板表面的距离值；在“Offset”文本框输入元件底边和电路板的距离；勾选“Use 2D data to creat 3D shape”选项，并选择要创建的对象的类型，例如创建一个 Hole，先选择“Hole”选项；如果创建一个球，勾选“Create Sphere”选项并且输入球的弧度值。

2）材质子标签页　用于设置所选元件的显示颜色，包括 Component、Blacklight、Relfection、IIlumination 共 4 个颜色项，如图 15-30 所示。

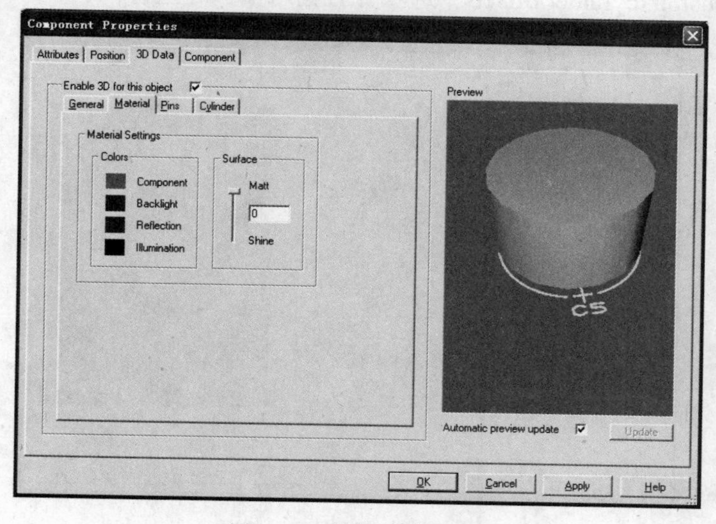

图 15-30　材质子标签页

➤ Component：元件表面的颜色

➤ Backlight：光源不能直接照射到元件的部分显示的颜色

➤ Reflection：显示反光的颜色

➤ IIlumination：显示自发光的颜色，如发光二极管显示的颜色

3）引脚子标签页　从“Type”列表框中选择用于 3D 渲染的引脚的模型。通常情况下，元件的引脚都在元件的中间部位，接下来设置允许“Height”选项并且输入比与默认高度不同的值，如图 15-31 所示。

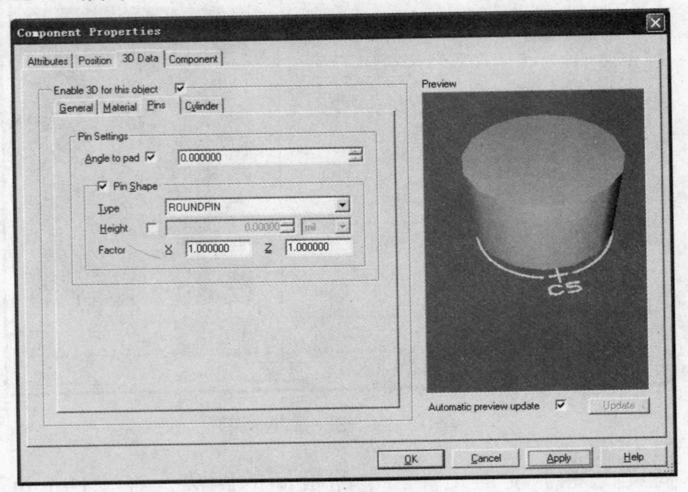

图 15-31　引脚子标签页

4）柱面子标签页　用于设置元件的柱面体封装，如图 15-32 所示。设置允许“Cylinder between pins”选项；如果元件为电阻，勾选“Color code”选项，接着放置一个显示极性的色环（如二极管），设置允许极性标记并选择需要做极性标记的引脚；设置柱面标签的偏移量，勾选“Use custom cylinder offsets”选项并且输入偏移起止量。

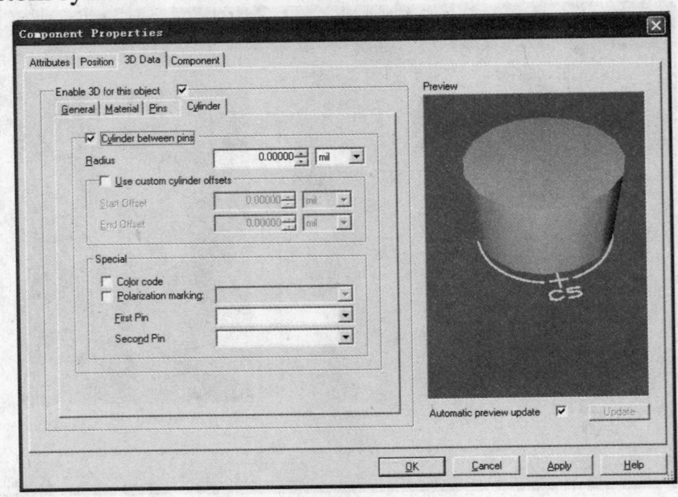

图 15-32　柱面子标签页

15.13.4 元件标签页

元件标签页如图 15-33 所示，用于调整元件间的推挤间距，输入引脚和门交换的设置条件，并输入铜膜导线间距即可。

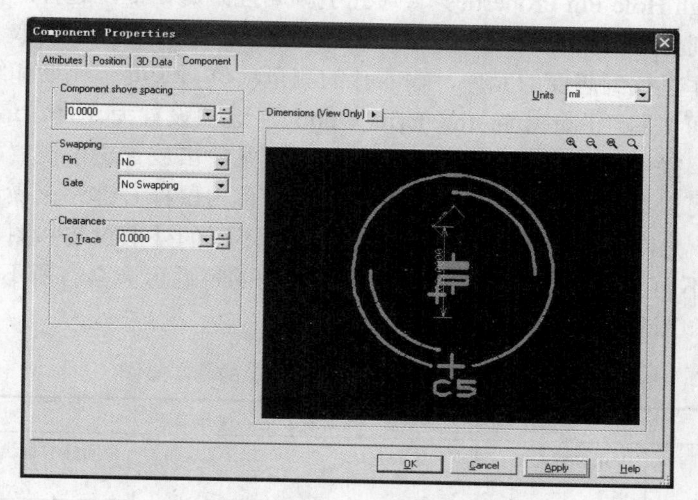

图 15-33 元件标签页

15.14 查看和编辑 Attribute、Shape、Graphics 属性

特性属性对话框联合了所有元件在工作区所显示的内容，由“General”（常规）、“Position”（位置）和“Attribute”（特征）标签页组成。

选择特性（如 Referene Designator），单击菜单【Edit】/【Properties】，命令弹出特性属性对话框，从中可以查看特性属性。

- 编辑特性显示样式，使用常规标签
- 编辑位置属性，可以设置 X、Y 坐标，角度，层
- 编辑特性的可见、对齐等设置

当电路设计中包含元件和铜膜导线时，可以查看和编辑外形属性。选择某一元件的外形封装，单击菜单【Edit】/【Properties】命令，或者单击鼠标右键从弹出的快捷菜单中选择属性命令。

在“Shape”、“Graphic”、“Attribute”、“Dimension”、“Through Hole Pin”和“SMT Pin”属性的常规标签页中可以设置所选对象的线宽和铜膜导线间距，并且设定测量的单位，改变线形、颜色和线宽。

15.15 放置其他元件

在 Ultiboard 10 中，其他元件包括 Mounting Holes（安装孔）、Connectors（连接器）、Holes（孔）、Shapes（外形封装）、Graphics（图形）、Jumps（跳线）、Test Points（测试点）

和 Dimensions（尺寸）。

Muouting Holes 和 Connectors（安装孔和连接器）可以从数据库中选择放置，Holes（孔）可以不从数据库中选择而直接在工作区中放置，先单击菜单【Place】/【Hole】命令，弹出“Through Hole Pin Properties”（通孔引脚属性）对话框，选择所需的外形，如果选择的是自定义，则会弹出“Get a Part from the Database”（从数据库中获取元件）对话框，在该对话框的数据库里找到想要的元件，输入孔的测量单位、长度、弧度和线宽。如果希望孔采用镀锡工艺，可以将“Plated in the Drill Option”选项设置为允许，最后单击【OK】按钮，关闭对话框，接着在工作区移动光标到目的位置并单击放置这个设置好参数的孔。操作完第 1 个孔后，可以继续以上相同的操作放置，或者单击鼠标右键终止操作。

Ultiboard 10 允许设计者在设计中放置各种各样不同的外形封装和图形。根据操作者所激活的操作层的不同，可用的外形封装、图形及他们的特性可能会有所不同。表 15-1 列出了放置外形封装和图形的基本操作。

表 15-1　放置外形封装和图形的基本操作

命　令	基本操作描述
放置直线	用鼠标左键在两点间绘制直线，继续单击可以绘制另一个同样的直线，终止操作单击鼠标右键
放置外形（椭圆）	用鼠标左键单击确定椭圆的两个焦点，然后移动光标定义椭圆的大小
放置外形（圆角矩形）	用鼠标左键单击确定矩形的拐角，然后在矩形中间移动光标确定拐角的弯曲程度
放置外形（圆）	用鼠标单击确定圆的直径
放置外形（饼图）	用鼠标左键单击确定饼图的直径，接着移回光标确定饼图的外形
放置外形（矩形）	用鼠标左键单击确定矩形的 4 个角
放置外形（多边形）	用鼠标左键单击确定多边形的各个点，多边形的结束点要和开始点重合
放置图形(直线)	用鼠标左键在两点间绘制直线，继续单击可以绘制另一个同样的直线，终止操作单击鼠标右键
放置图形（弧线）	用鼠标左键单击确定两点间的圆弧，然后移动光标调整圆弧的度数
放置图形（贝塞尔曲线）	用鼠标左键单击确定两点间绘制贝塞尔曲线的弯曲度，然后移动鼠标修改弧线的度数

15.15.1　放置跳线

默认的跳线引脚设置在“PCB Design”标签页的参数对话框中进行。默认的焊盘设置基于 PCB 的“Properties”对话框中的“Pads/Vias”标签页。当在设计中已经放置了跳线时，可以使用焊盘属性设置环孔的规格和焊盘的直径。

1）放置跳线的步骤　首先确定选择当前工作的层，单击菜单【Place】/【Jumper】命令，在设计工作区中移动光标，此时光标会附着一个“十字叉”箭头以待放置，按下鼠标放置第 1 个“十字叉”，接着按下鼠标放置第 2 个“十字叉”，接下来可以放置另一个跳线的第 1 个“十字叉”或单击鼠标右键结束放置跳线操作。跳线的两个“十字叉”都放置好后，才可以进行移动、旋转和对齐操作，如图 15-34 所示。

2）查看、编辑跳线属性　跳线属性由“Attributes”（特征）、“Line”（直线）和“Jumper”（跳线）3 个标签页组成，各标签页如图 15-35～图 15-37 所示。

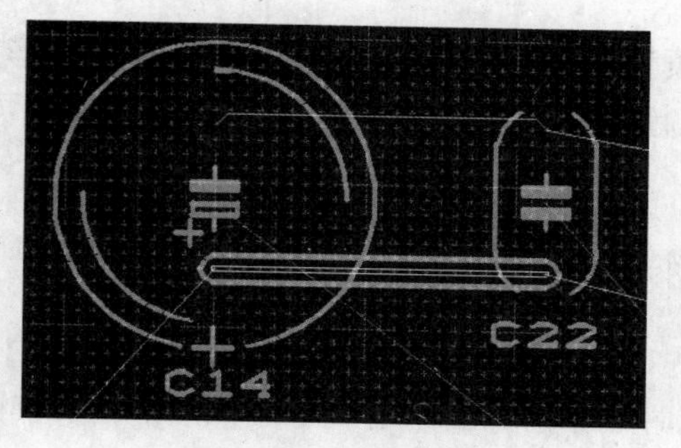

图 15-34　放置跳线

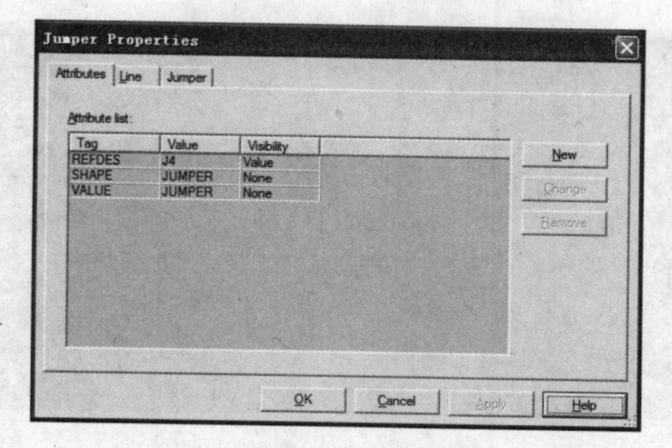

图 15-35　跳线属性的“Attributes”标签页

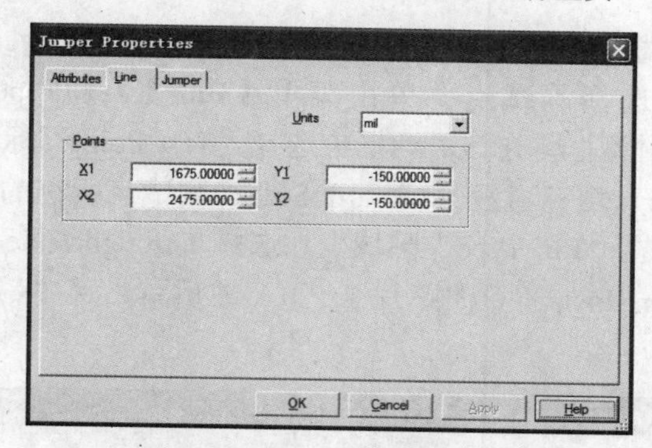

图 15-36　跳线属线的“Line”标签页

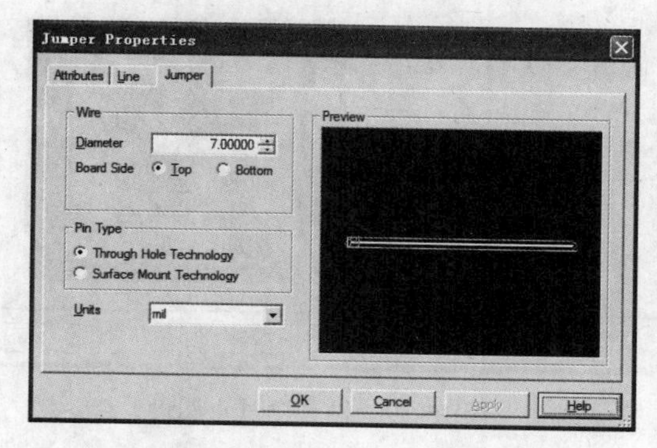

图 15-37　跳线属性的“Jumper”标签页

“Attributes”标签页用于设置跳线的特征属性，如外形、值、标签是否显示等；“Line”标签页用于设置起始参考点的坐标值；“Jumper”标签页用于设置线宽通孔工艺和表面安装工艺。

15.15.2　设置测试点

1）放置测试点　首先确认选中当前的层，单击菜单【Place】/【Test Point】命令，在设计工作区中移动光标，此时光标箭头会附着一个测试点，在工作区按下鼠标释放测试点，即完成测试点的放置，如图 15-38 所示。

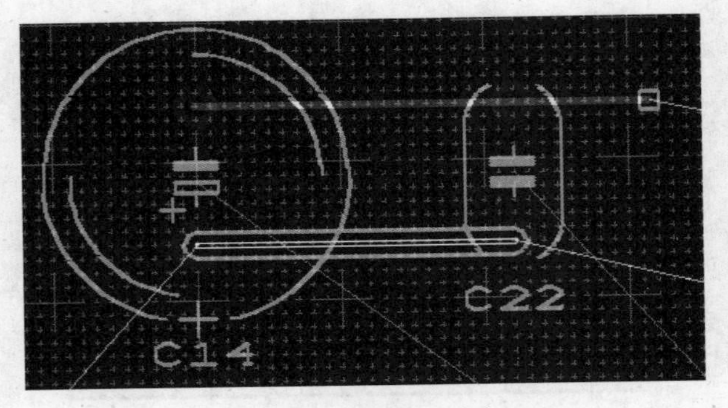

图 15-38　放置测试点

2）查看、编辑测试点属性　首先在设计工具盒中的“Layers”（层）标签页中激活 Silkscreen Layer，之后选择测试点并单击菜单【Edit】/【Properties】命令，此时弹出“Testpoint Properties”对话框，在该对话框中选择“Test Point”标签页，在其中的“Wire”区域设置 Drill Diameter（填充直径）、Board Side（测试点所在的底层或顶层）和 Roation（测试点旋转的角度），在“Pin Type”区域里，选择 Through Hole Technology（通孔工艺）或 Surface Mount Technology（表面贴片工艺），最后单击【OK】按钮即可，如图 15-39 所示。

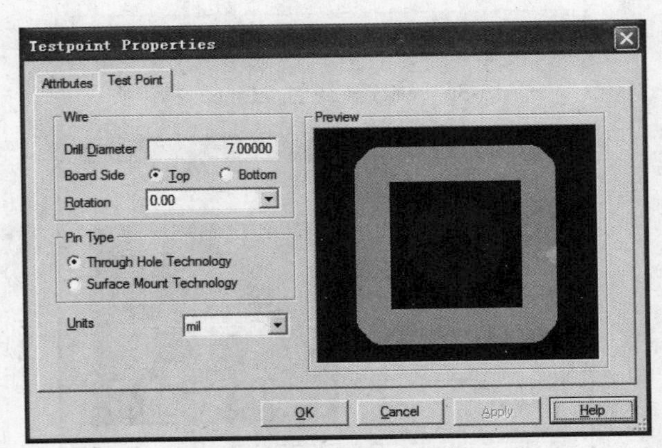

图 15-39　设置测试点属性

15.15.3　测量标尺

1. 放置测量标尺

测量标尺可以放置在丝印层上（底层或顶层），设置标尺参数（箭头样式、位置、方向、队列）时单击菜单【Options】/【Global Preferences】命令并选择标尺标签页即可。在电路板上放置标尺时先确认选中丝印层（顶层或底层），接着单击菜单【Place】/【Dimension】命令，并且选择放置的标尺类型，类型包括 Standard（放置时有一个角度）、Horzontal（水平放置）和 Vertical（垂直放置）3 种，接下来单击鼠标左键确定标尺的起点位置，移动光标到标尺终点位置，与此同时 Ultiboard 10 测量移动的距离，单击结束点的位置，Ultiboard 10 停止测量长度，并且在起止点之间绘制出测量双向箭头，同时显示出测量的数值，如图 15-40 所示。

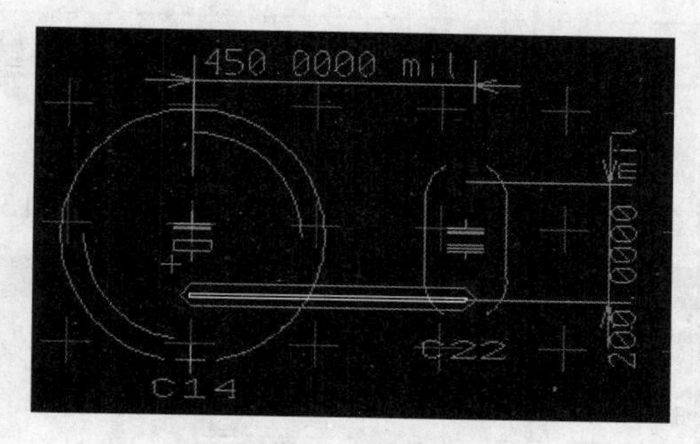

图 15-40　设置测量标尺

2. 显示、编辑标尺属性

标尺属性由“Attributes”（特征）、“General”（常规）、“Position”（位置）、“Line”（直线）和“Dimensions”（标尺）标签页组成，双击标尺即打开标尺属性对话框。

1）常规标签页　用于编辑标尺的显示样式、标尺的颜色、线宽和单位，如图 15-41 所示。

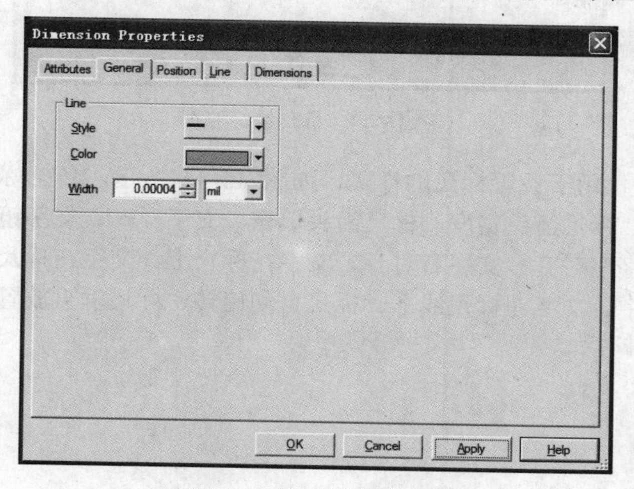

图 15-41　标尺常规标签页

2）位置标签页　用于修改标尺放置的层，如图 15-42 所示。

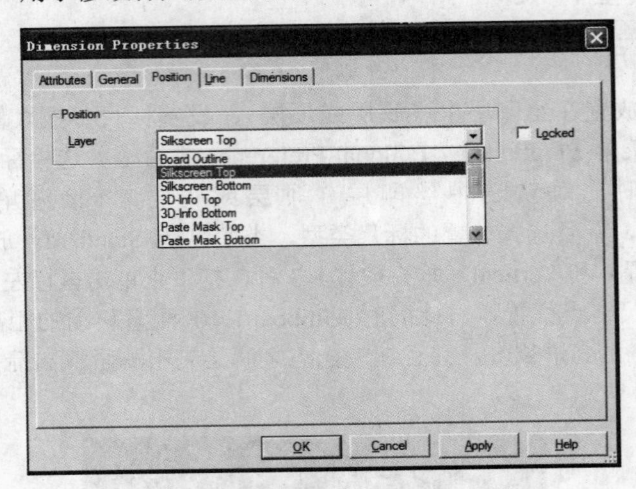

图 15-42　标尺位置标签页

3）线标签页　用于设置标尺的起始点的坐标及单位，如图 15-43 所示。

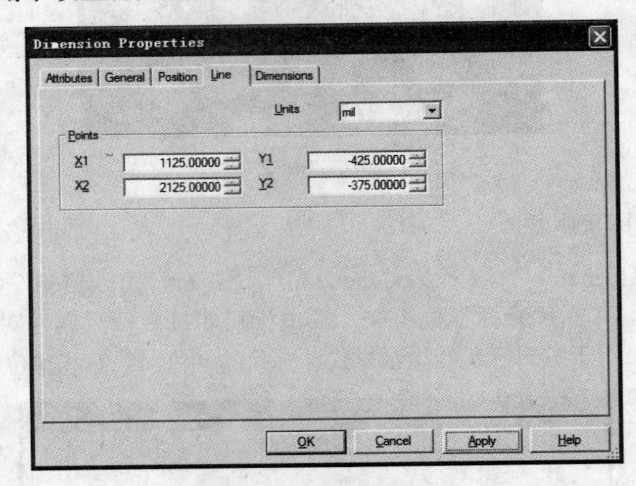

图 15-43　标尺线标签页

4）标尺标签页　用于设置标尺的样式，如图 15-44 所示，包括标尺的单位、标尺线桩长、标尺箭头长度、标尺箭头宽度、标尺箭头填充、文字样式、文字镜像、文字自动对齐、文字居中对齐、文字左对齐、文字右对齐、文字在标尺上、文字在标尺线外、文字在标尺线内、文字在标尺线中、文字在标尺线下、标尺自动旋转、标尺垂直放置和标尺水平放置等。

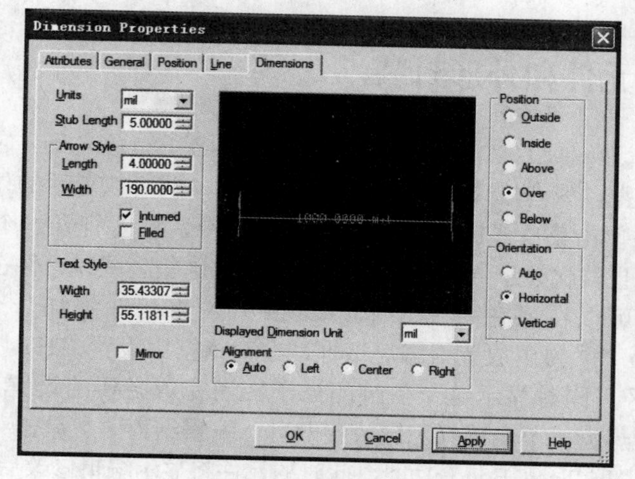

图 15-44　标尺标签页

15.16　从数据库中选择、放置元件

首先单击菜单【Place】/【From Database】命令，弹出“Get a part from the database”（从数据库中选择元件）对话框。在“Database”（数据库）面板中，单击扩展符号展开列表寻找元件，元件会出现在可用元件面板中。在可用元件面板中，选择需要的元件，所选元件同时在预览区域中显示，此时可以用预览区中的按钮操控元件的显示角度、大小等，如图 15-45 所示。单击【OK】按钮关闭“Get a part from the Databse”对话框，此时出现输入元件的参考注释值对话框，输入元件的参考注释值和参数值后单击【OK】按钮；在工作区中移动光标，所选中的元件会附着在光标旁，当移动到目的位置时，单击鼠标左键释放元件即可。如果需要对元件放置的位置进行调整，可以利用元件辅助放置工具调整。

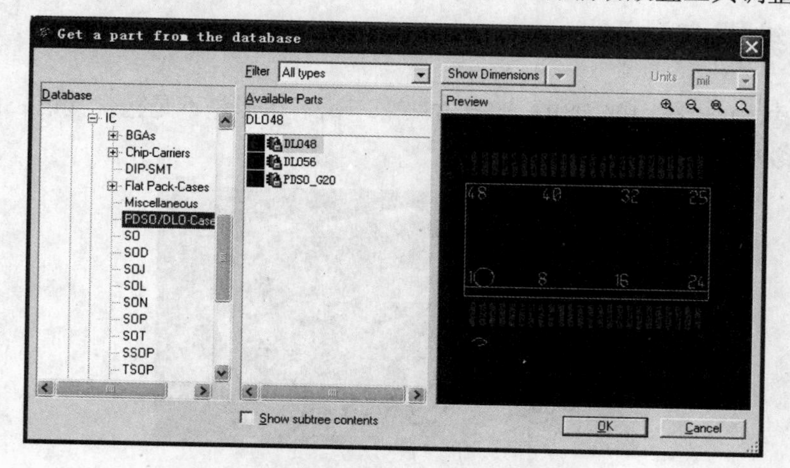

图 15-45　从数据库中选择、放置元件

特别需要注意的是，从数据库中放置的元件，必须将该元件添加到网络表中。

15.17 编辑元件和外形封装

In-Place Edit（就地编辑）功能同样也是 Ultiboard 10 的特色之一。它允许设计人员就地添加、删除、移动焊盘，或者修改、移动定义元件的线，或者放置新的外形和线。

首先选择元件并单击菜单【Edit】/【In-Place】命令，此时打开一个显示所选元件的编辑窗口，窗口中同时也淡化显示周围区域和其他元件，这些区域和元件在这种状态下是不能编辑的，淡化颜色可以在颜色标签中修改。接下来为元件添加一个引脚，单击菜单【Place】/【Pins】命令，弹出放置引脚对话框，在对话框中设置 THT、SMD、尺寸和空间等参数，此时预览区里同时显示这个引脚的样子。当完成必要的设置后，单击【OK】按钮，光标旁附着一个焊盘，单击鼠标左键放置即可。编辑结束时，单击菜单【Edit】/【Place Part Edit】命令结束“In-Place Edit”功能，此时的元件将显示编辑修改后的情况，如图 15-46 所示。

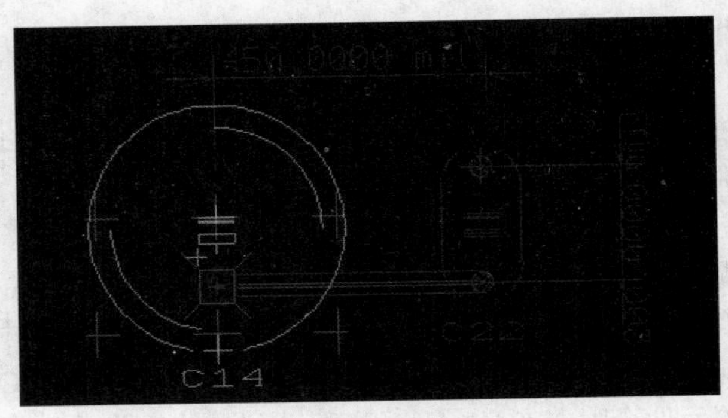

图 15-46　In-Place Edit 实例

15.18 编辑多边形

本节介绍 PCB 设计中的多边形编辑方法。不论多边形是不是包含覆铜，设计过程中可以添加或删除多边形中的各个顶点。

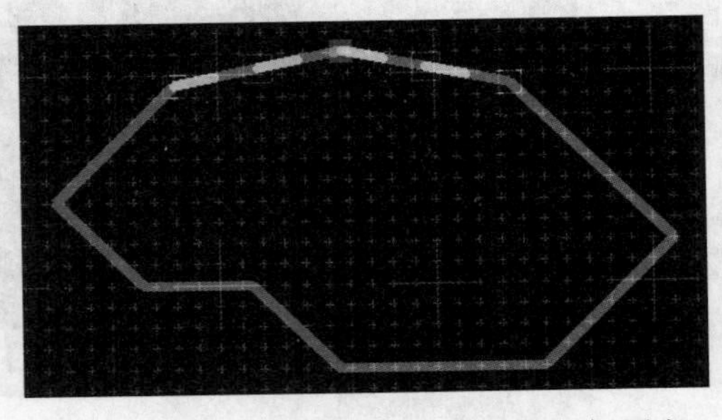

图 15-47　为多边形任意直线片断添加顶点

为多边形的任意直线片断添加顶点（图 15-47）首先单击菜单【Edit】/【Vertex】/【Add Vertex】命令，一个新添加的顶点出现在所选直线片断的中点处；此时可以移动这个新的顶

点调整多边形的形状。倘若要删除多边形的顶点，单击菜单【Edit】/【Vertex】/【Remove Vertex】命令即可，此时多边形的相邻两边用一条直线连接。倘若要修改设计中的顶点大小，在“Preferences”对话框中的“General Settings”标签页，编辑“Control Point Size”即可。

15.19　查看、编辑通孔引脚属性

首先选中需要编辑的通孔引脚，再单击菜单【Edit】/【Properites】命令，弹出“Through Hole Pin Properties”（通孔引脚属性）对话框，该对话框由“Attributes”（特性）、“General”（常规）、“Pad”（焊盘）、“Autorouting Layers”（自动布线层）和“Thermal Relief”（热焊盘）标签页组成。

1）常规标签页　常规标签页如图 15-48 所示，用于编辑通孔引脚的显示样式，包括 X 和 Y 的坐标、角度值、是否锁定、到铜膜导线的间距、到焊盘的间距、到过孔的间距、到覆铜区域的间距等设置项。

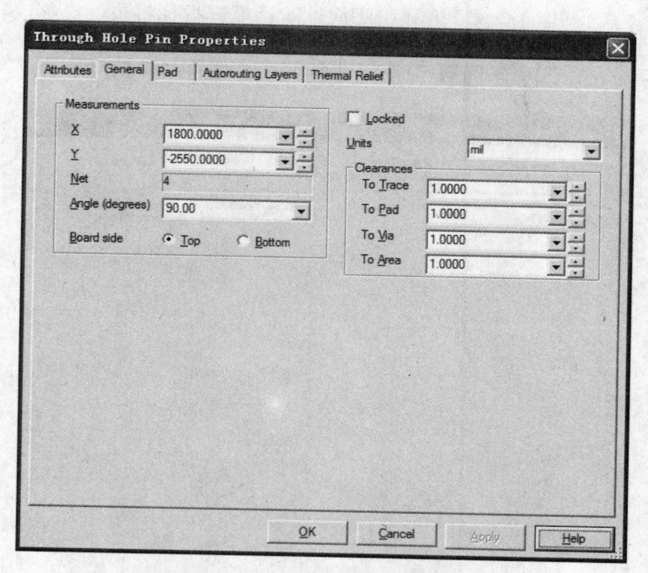

图 15-48　通孔引脚属性常规标签页

2）焊盘标签页　焊盘标签页如图 15-49 所示，用于设置通孔引脚的外形和大小。可以设置焊盘的外形，如圆形、方形、圆方形、自定义形；设置焊盘的直径、填充直径、环孔、焊料标记；设置默认圆形填充孔直径、镀锡等。预览区中可以实时显示辑通孔引脚的改变情况。

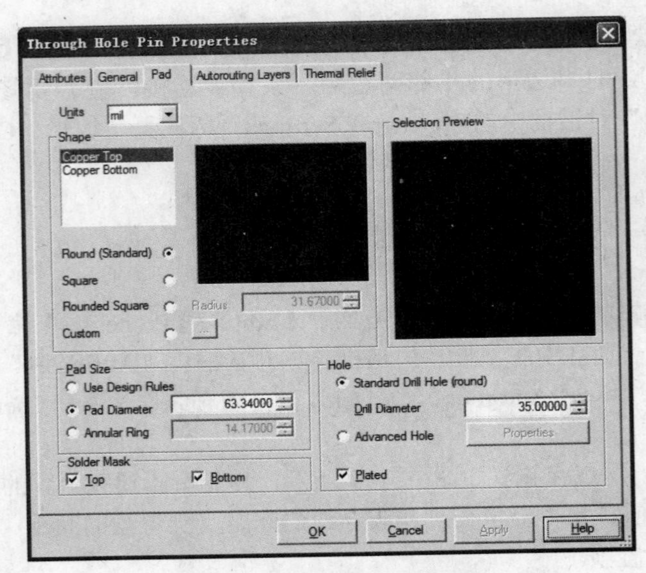

图 15-49　通孔引脚属性对话框焊盘标签页

3）布线层标签页　用于设置通孔引脚连接的层，如图 15-50 所示。

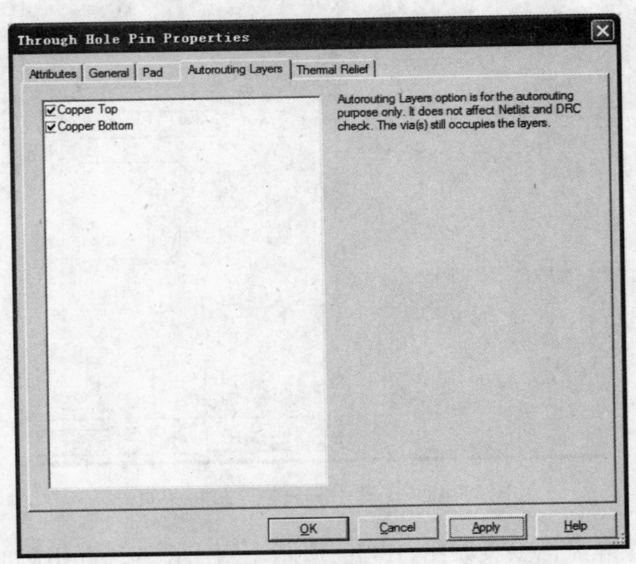

图 15-50　通孔引脚属性对话框布线层标签页

4）热焊盘标签页　用于选择连接到覆铜区域或电源面的引脚的类型样式，如图 15-51 所示。

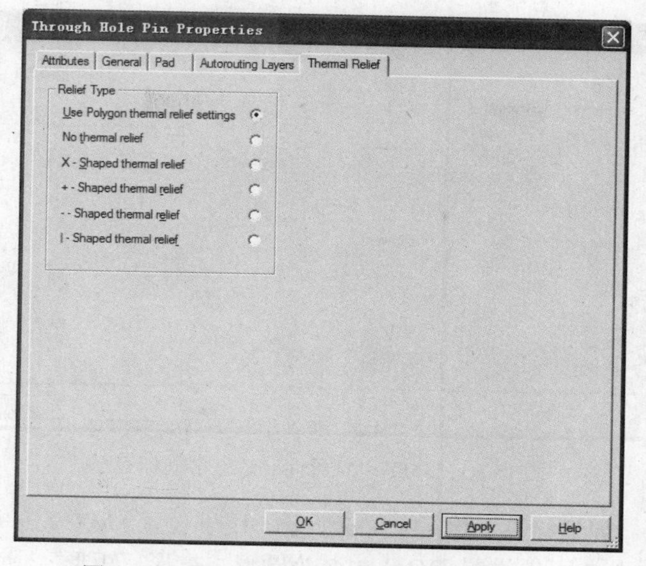

图 15-51　通孔引脚属性对话框热焊盘标签页

15.20　查看、编辑 SMT 元件引脚属性

编辑 SMT 元件的引脚属性，首先选中需要编辑的 SMT 元件引脚，接着单击菜单【Edit】/【Properites】命令，弹出“SMT Pin Properties”对话框，如图 15-52 所示，它由“Attributes”（特征）、“General”（常规）、“Pad”（焊盘）、“Thermal Relief”（热焊盘）和“Pin Neck”（引脚颈）标签页组成。

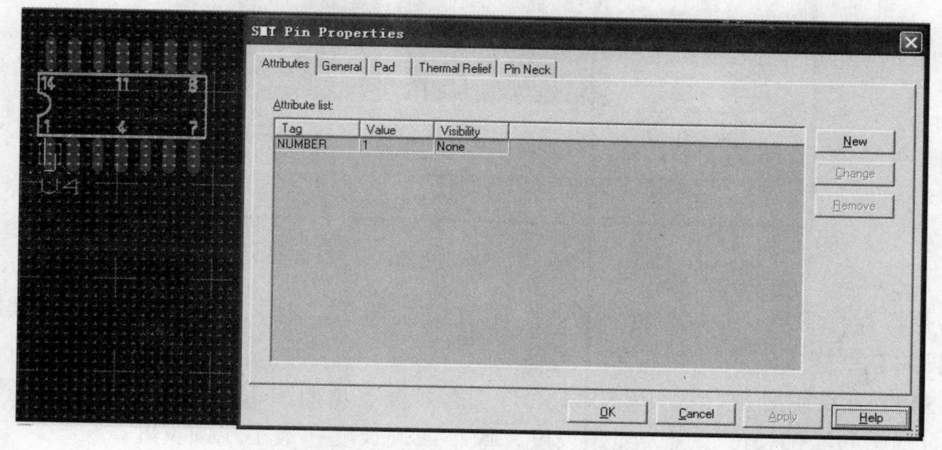

图 15-52　“SMT Pin Properties”对话框

1）常规标签页　用于编辑 SMT 元件的引脚显示样式，包括 X 和 Y 的坐标、角度数、对铜膜导线的间距等设置项。该标签页内容如图 15-53 所示。

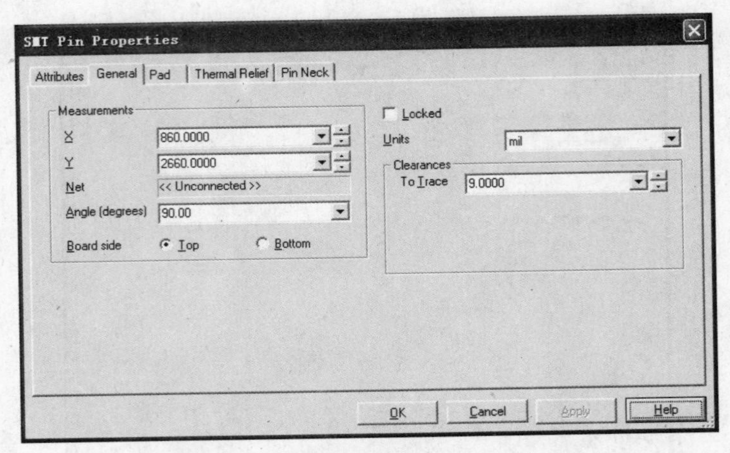

图 15-53　SMT 引脚属性对话框常规标签页

2）焊盘标签页　焊盘标签页如图 15-54 所示，用于设置 SMT 元件引脚的外形和大小。在“Shape”（外形）栏中可以设置 BGA 封装为圆形、方形、矩形、圆角方形、圆角矩形、自定义形状，焊盘标签页中还包括单位、长度、弧度数、宽度焊料标记和镀锡标记等设置项。外形预览区将实时显示编辑 SMT 引脚属性的情况。

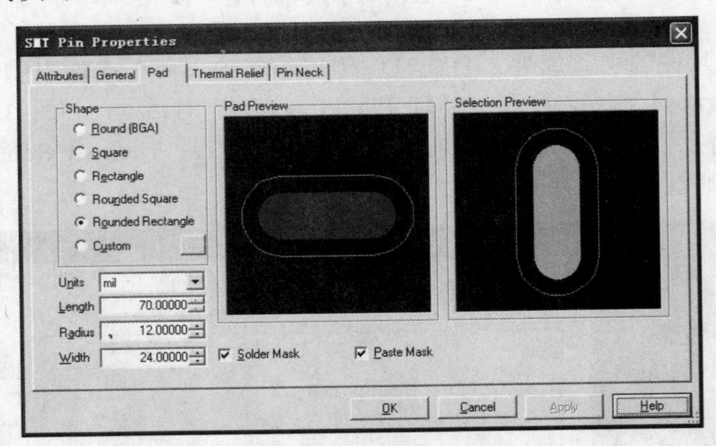

图 15-54　SMT 引脚属性对话框焊盘标签页

3）热焊盘标签页　热焊盘标签页，如图 15-55 所示，用于选择连接到覆铜区域或电源面的引脚的类型样式。

4）SMT 元件引脚颈标签页　SMT 元件引脚颈标签页如图 15-56 所示，用于设置引脚颈的单位、首选的线颈长度、最大线颈长度、最小线颈长度和最小线颈宽度。

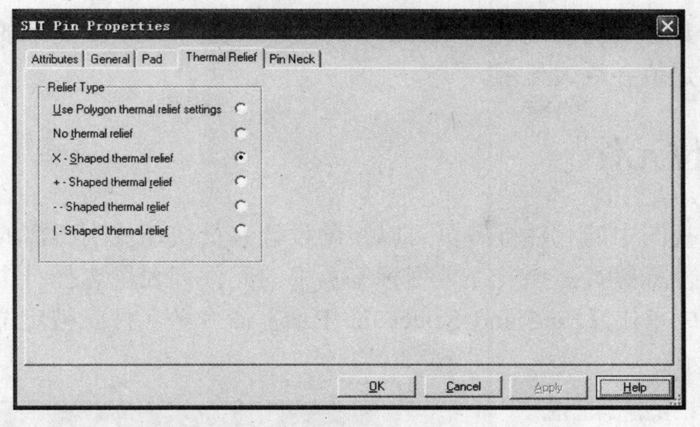

图 15-55 SMT 引脚属性对话框热焊盘标签页

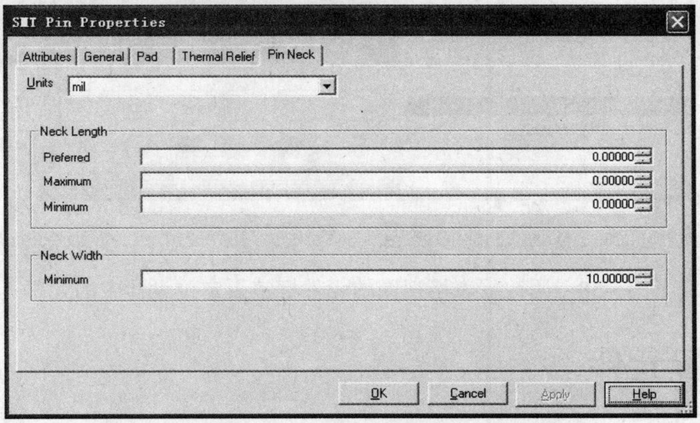

图 15-56 SMT 元件引脚属性对话框引脚颈标签页

15.21 查找元件

Ultiboard 10 允许用户使用在当前打开的设计文件中查找和定位元件。

单击菜单【Edit】/【Find】命令打开“Find”对话框，如图 15-57 所示，通过设置查找的名字、数量、外形、值等来进行查找，同时也可以设置匹配整个字符串和区分大小写来精确查找。

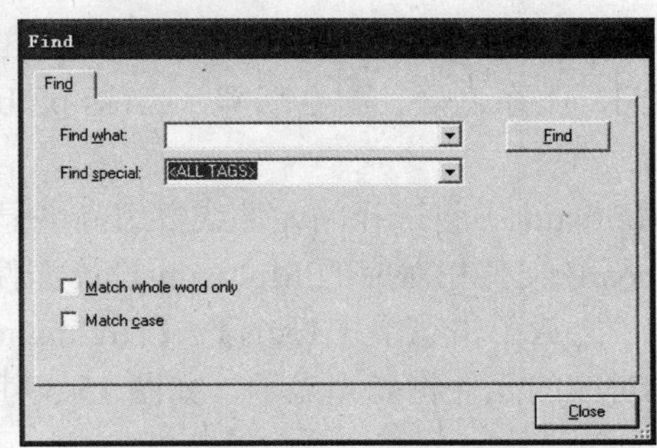

图 15-57 “Find”对话框

查找的结果在数据表格视图的“Results”标签页中显示，双击显示的结果，查找的元件将在工作区中自动定位并放大显示。

15.22 定位元件

使用数据表格视图中的元件标签页可以帮助设计人员快速找到所需的元件。首先在数据表格视图中选中元件标签页，接着在数据标签页中的元件列表里选择一个元件，单击鼠标右键，从弹出的菜单中单击【Find and Select the Part】命令，元件就被定位放大显示在工作区中，如图 15-58 所示。

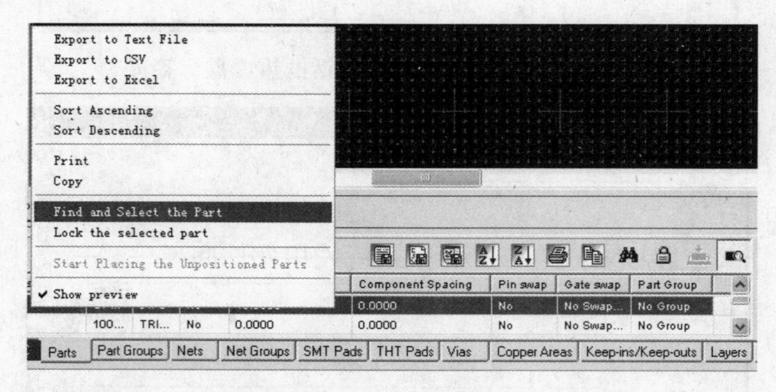

图 15-58 用数据表格视图的元件标签页定位设计中的元件

15.23 重置元件

设计人员可以从数据库中选择一个元件替换掉当前设计中的元件。首先选中该元件，接着单击菜单【Tools】/【Change Shape】命令，弹出“Get a part from the databse”对话框。在数据库面板里，单击扩展符号展开列表寻找元件，数据库中的元件会出现在可用元件面板中，在可用元件面板中选择需要的元件，此时预览区中显示所选元件的情况，单击【OK】按钮即替换掉设计中原有的元件。

15.24 Cross-probing

在前面几章的内容中介绍过，Ultiboard 10 和 Multisim 10 这两个 EDA 设计软件均出自美国国家仪器公司，师出同门、关系良好、配合默契，Cross-probing 功能正是这一说明的最好体现。

Cross-probing 用于在 Multisim 中将选择的元件或群组高亮显示。首先运行 Multisim 10 并且打开与当前打开的 Ultiboard 文件相对应的 Multisim 设计文件，在 Ultiboard 中选中要在 Multisim 中高亮显示的元件，之后单击菜单【Tools】/【Highlight Selection in Multisim】命令，此时在 Multisim 中与之对应的元件将高亮显示，如图 15-59 所示。

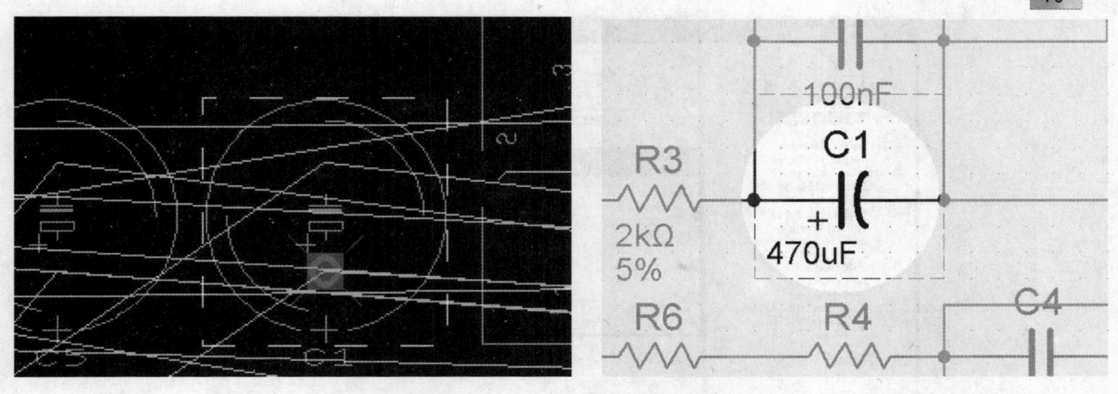

图 15-59　Cross-Probing 实例

15.25　创建新元件

设计过程中可能存在一些特殊元件在系统提供的数据库中找不到，此时设计人员可以利用 Ultiboard 10 提供的平台，通过数据库管理器或使用元件向导工具，设计所需的元件。

1．使用数据库管理器创建元件

（1）首先单击菜单【Tools】/【Database】/【Database Manager】命令，弹出数据库管理器对话框，如图 15-60 所示。

（2）在元件面板单击【New】（新建）按钮，弹出“Select the part you want to create”对话框，如图 15-61 所示。

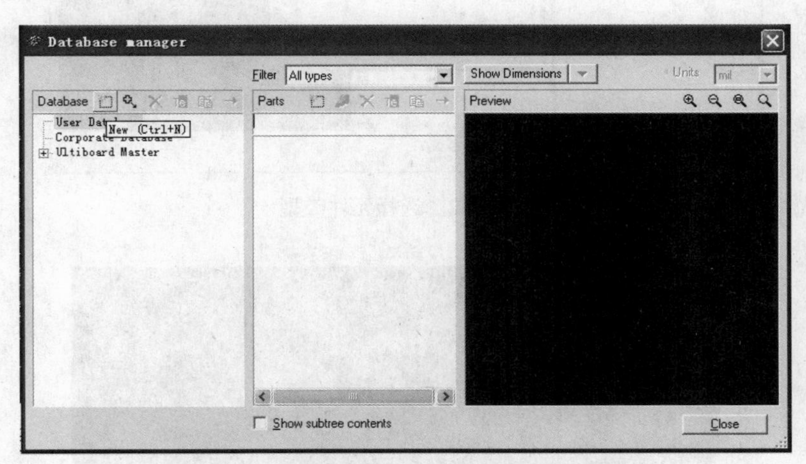

图 15-60　数据库管理器对话框

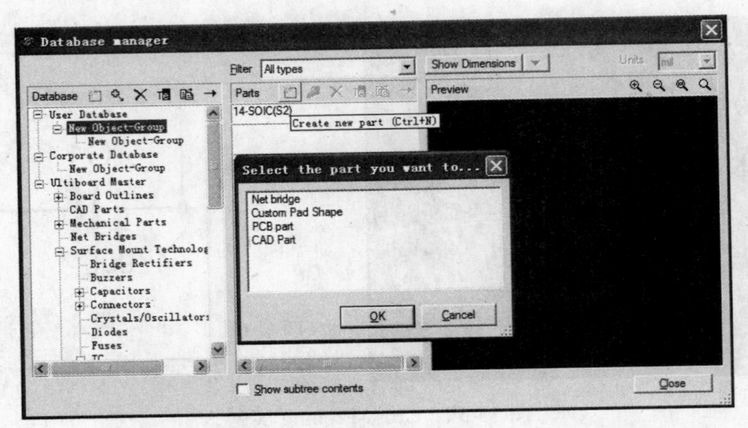

图 15-61 “Select the part you want to create”对话框

（3）选择要创建的元件类型，包括 Net bridge（网络桥）、Custom Pad Shape（自定义焊盘）、PCB part（PCB 元件）和 CAD part（CAD 元件），如图 15-62 所示，然后单击【OK】按钮，此时编辑模式窗口将打开，如图 15-63 所示。

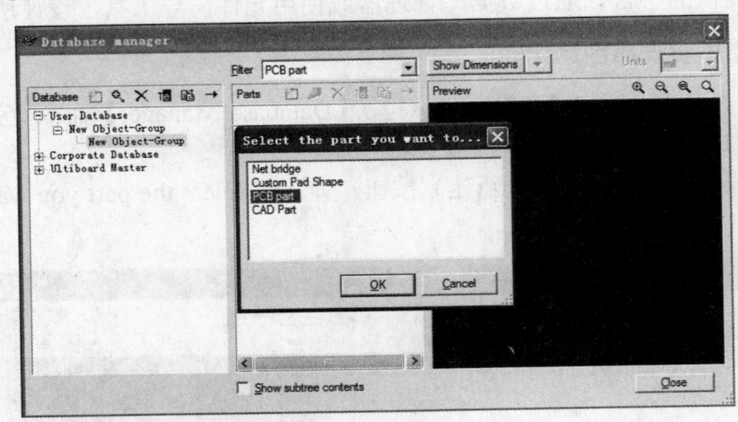

图 15-62 选择元件类型

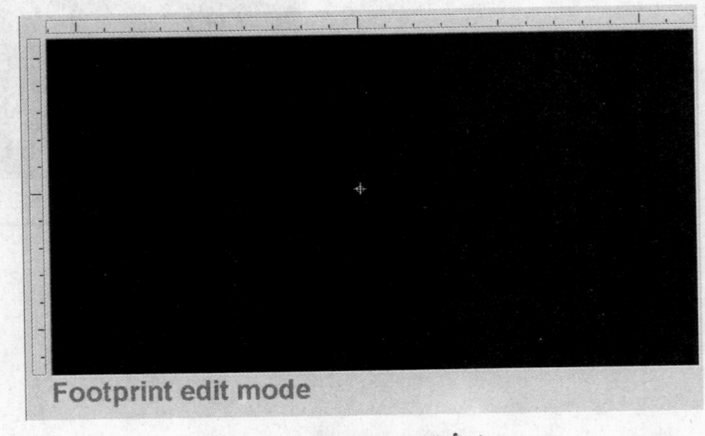

图 15-63 封装编辑模式窗口

（4）使用工具栏中的放置、绘制工具设计自定义元件。

（5）单击菜单【Place】/【Pins】添加元件的引脚，弹出放置元件引脚对话框，接下来设置焊盘类型（THT 或 SMD）、尺寸、空间，然后单击【OK】按钮，此时引脚附着在光标上，单击鼠标左键即可，如图 15-64 所示。

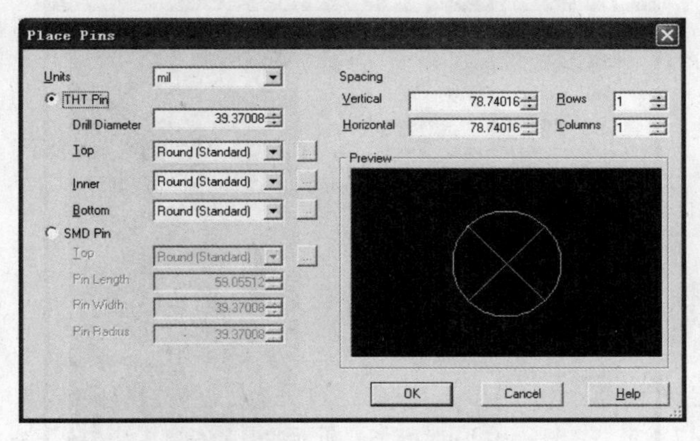

图 15-64　放置引脚对话框

（6）完成元件设计后，单击菜单【File】/【Save to database as】命令，弹出“Insert the select Item(s) into the database”对话框。输入新建元件的名称，名称必须是唯一的。单击【OK】按钮，对话框关闭，此时编辑模式窗口仍然可见。

2．使用元件向导工具创建新元件

（1）单击菜单【Tools】/【Component Wizard】命令，弹出元件向导的第 1 步，从中选择元件工艺，如图 15-65 所示。选择 THT（直插）工艺或 SMT（表面贴装）工艺。

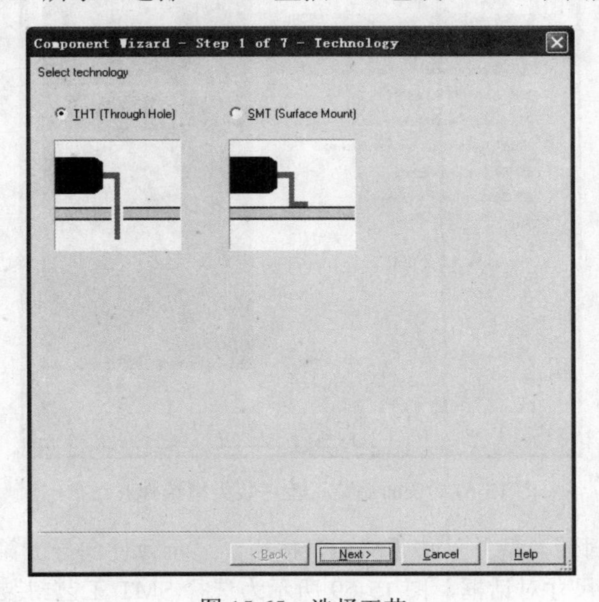

图 15-65　选择工艺

（2）单击【Next】按钮显示元件向导的第 2 步，如果在第 1 步中选择的是 THT（直插）工艺，将弹出如图 15-66 所示的封装类型选择对话框；如果在第 1 步中选择的是 SMT 工艺，将出现如图 15-67 所示的封装类型选择对话框。

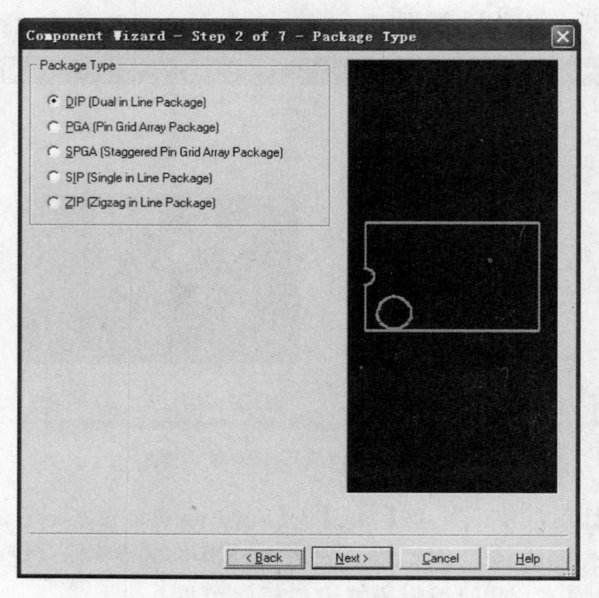

图 15-66　直插工艺封装选择对话框

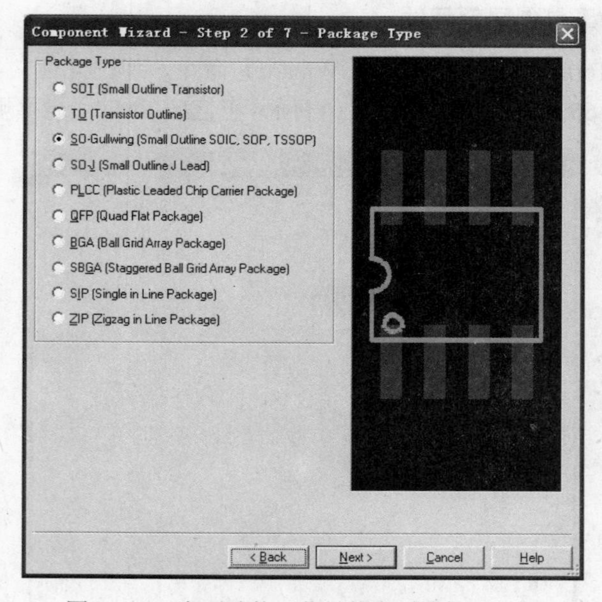

图 15-67　表面贴装工艺封装类型选择对话框

（3）选择所需的封装类型并单击【Next】按钮，显示元件向导的第 3 步；图 15-68 所示为选择 THT 工艺封装尺寸对话框，图 15-69 所示为选择 SMT 工艺封装尺寸对话框。

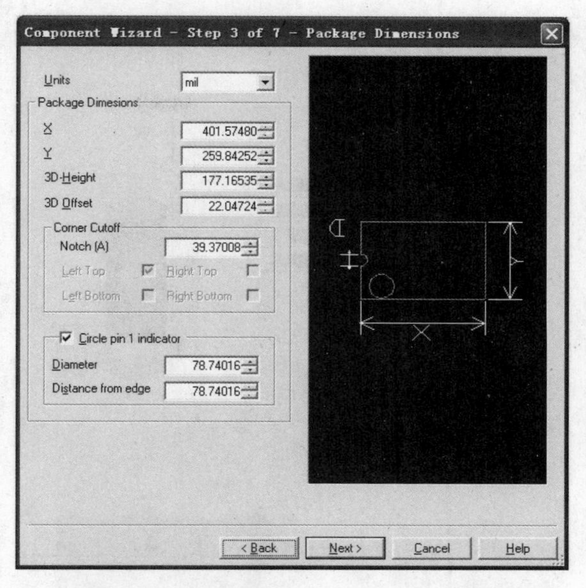

图 15-68　选择 THT 工艺封装尺寸对话框

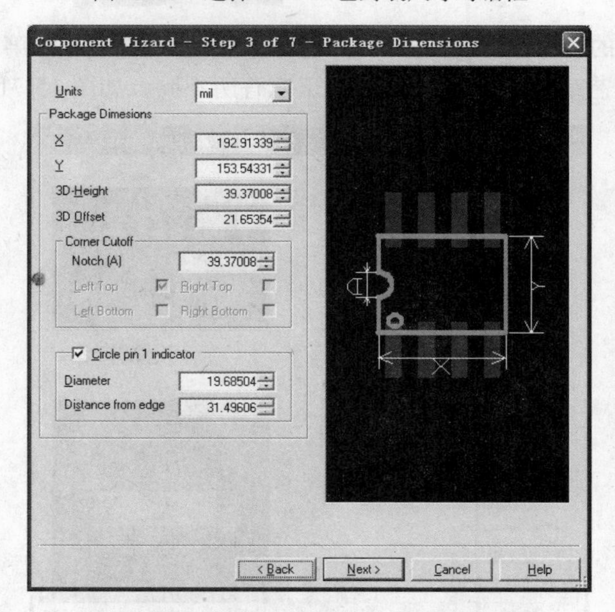

图 15-69　选择 SMT 工艺封装尺寸对话框

（4）设置好所需的封装尺寸后单击【Next】按钮，显示元件向导的第 4 步如图 15-70 所示。设置 3D 显示、包括 Shininess（发光）和 Colors（颜色）选项。

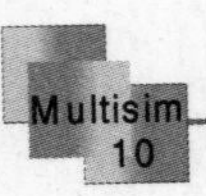

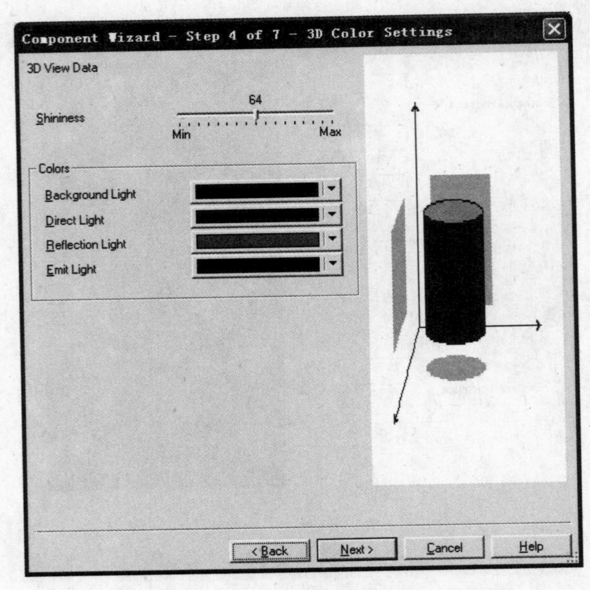

图 15-70　元件 3D 参数设置对话框

（5）设置好所需的 3D 设置后单击【Next】按钮显示元件向导的第 5 步，选项将根据选择的 THT（直插）工艺或 SMT（表面贴装）工艺有所不同，如图 15-71 和图 15-72 所示。

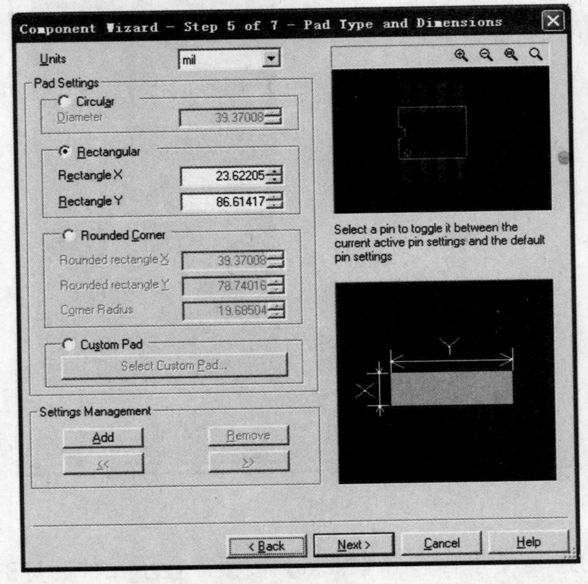

图 15-71　表面贴装封装焊盘类型、直径设置对话框

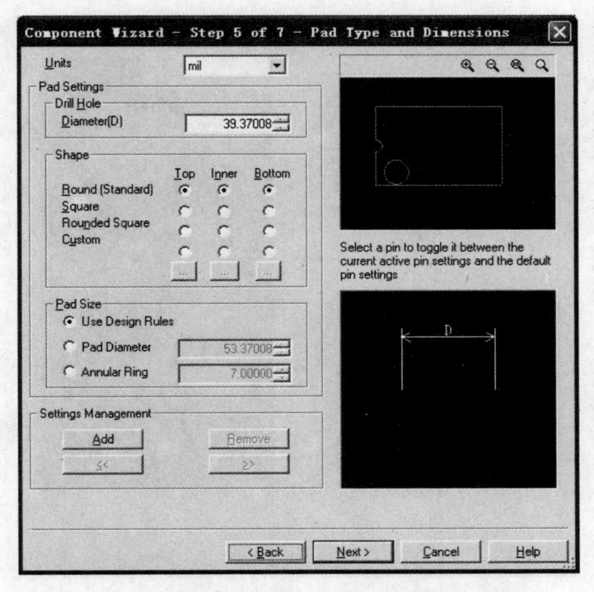

图 15-72　直插封装焊盘类型、直径设置对话框

（6）设置好所需的焊盘设置后，单击【Next】按钮，显示元件向导工具的第 6 步，图 15-73 和图 15-74 所示分别为 THT 和 SMT 引脚信息设置对话框。

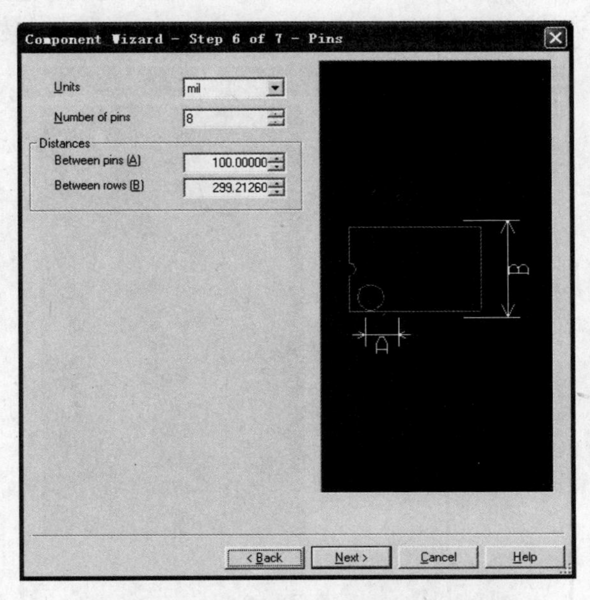

图 15-73　THT 封装引脚信息设置对话框

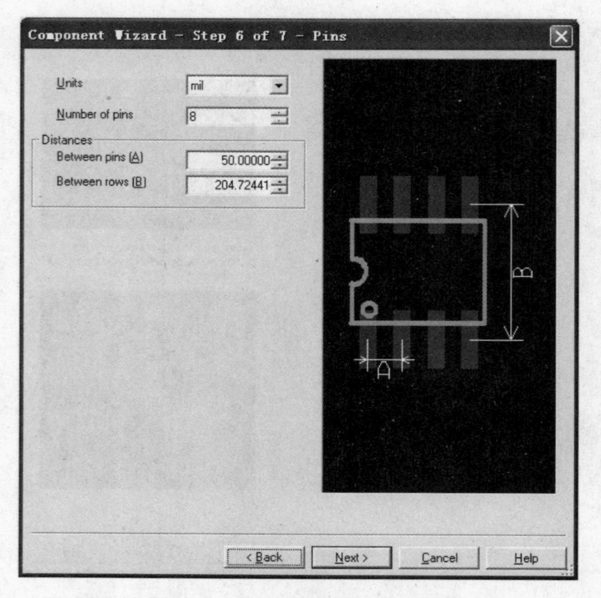

图 15-74　SMT 封装引脚信息设置对话框

（7）设置好所需的引脚后，单击【Next】按钮显示元件向导的第 7 步，如图 15-75 所示。焊盘的编号设置包括 Type of Pad Numbering（焊盘编号方式类型）、Direction of Pad Numbering（焊盘编号方式方向）和 Start Number Offset（开始编号偏移设置）。

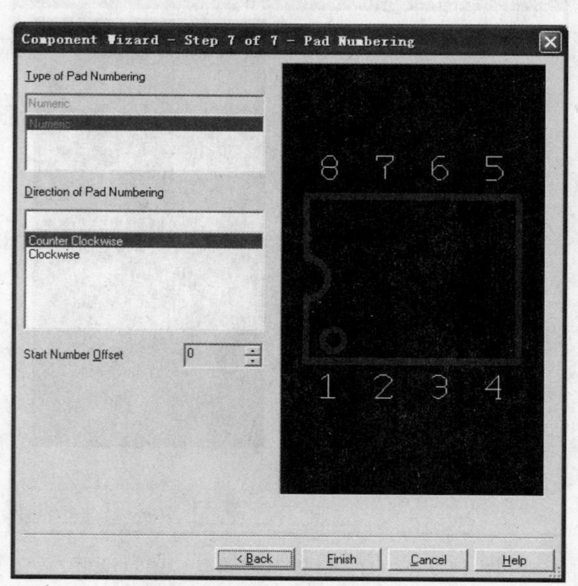

图 15-75　焊盘编号设置

（8）设置好所需的焊盘编号方式后，单击【Finish】按钮。元件向导工具关闭。此时，可以使用工具栏中的放置和绘制工具在“Footprint edit mode”中做进一步的编辑，如图 15-76 所示。

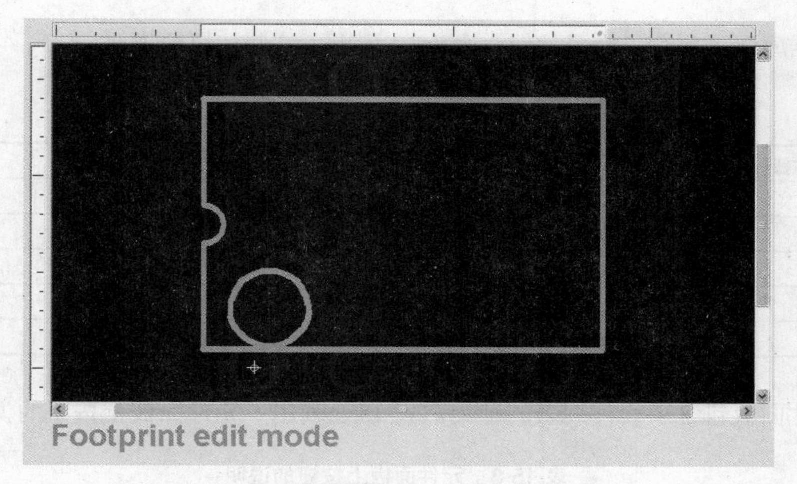

图 15-76　“Footprint edit mode”窗口

（9）当设置结束，单击菜单【Files】/【Save to database as】命令，弹出“Insert the Selected Item(s) into the Database”对话框，输入新元件的名称，注意这个名称必须是唯一的。单击【OK】按钮，对话框关闭，“Footprint edit mode”窗口仍然保留显示。

至此，设计人员自定义的新元件设置完毕。

15.26　数据库管理

Ultiboard 10 的数据库管理器允许用户添加、组织、查看、创建、管理系统所包含数据库中的所有元件组成对象。

单击菜单【Tools】/【Database】/【Database Manager】命令即可，打开数据库管理器，如图 15-77 所示。数据库管理中包括 3 个面板，数据区面板、元件面板和预览面板。

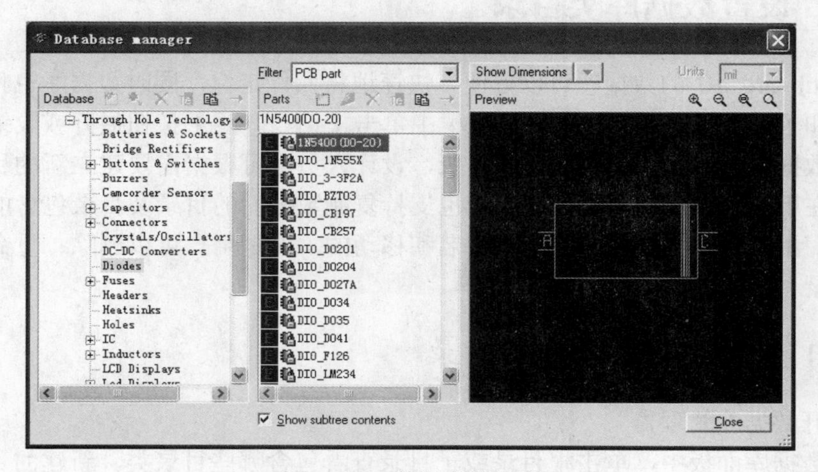

图 15-77　数据库管理器

（1）数据库面板包含了许多按钮，表 15-2 列出了这些按钮的说明。

表 15-2　数据库面板按钮说明

按钮名称	说　明
新建	新建按钮，创建新的数据库类或子类
删除	删除按钮，删除数据的类或子类
重命名	重命名按钮，重命名数据库的类或子类
复制	复制按钮，复制数据库的类或子类
移动	移动按钮，移动数据库的类或子类

（2）元件面板包含了元件列表的种类，表 15-3 列出了元件面板上按钮的说明。

表 15-3　元件面板上按钮的说明

按钮名称	说　明
新建	新建按钮，创建新元件
编辑	编辑按钮，编辑元件
删除	删除按钮，删除元件
重命名	重命名按钮，重命名元件
复制	复制按钮，复制元件
移动	移动按钮，移动元件

（3）在预览面板中预览选中的元件，同时也可以用【Show Dimensions】（显示标尺）、【Zoom in】（放大）、【Zoom out】（缩小）、【Zoom window】（窗口放大）、【Mouse wheel】（鼠标滚轮缩放）和【Scroll bars】（滚动条）等命令来操作元件的预览。

15.27　设置数据库类目录

利用 Ultiboard 10 的数据库可以方便、快速地将元件定位，同时数据库也将元件搜集、组织到目录和子目录中。在数据库的目录树中单击【+】和【–】按钮展开或收缩目录列表。通常情况下数据库包含默认的目录和子目录，设计人员也可根据需要建立新的目录，新建的目录将保存在用户数据库中。同样，系统也支持复制数据库的目录及目录包含的内容。系统默认情况下，主目录是不能被删除、重命名和移动的，但是用户可以删除、重命名、移动自己添加的目录。

15.27.1　创建新的数据库目录

（1）打开数据库管理器。

（2）在数据库面板中，单击根目录或子目录查看包含哪些目录类。新建的目录将放置在所选择的目录下。

（3）在数据库面板上单击新建按钮，一个新建的名字为“New Object－Group”子目录

被创建。

（4）输入新建目录的名称后按【Enter】（回车）键。

15.27.2　复制数据库目录

（1）打开数据库面板，选择要被复制的目录。

（2）在数据库面板上单击【复制】按钮，弹出选择目的数据库对话框。选择将被复制的目录或根目录，复制后的目录将放置在这个目录下。

（3）单击【OK】按钮，这个目录即被复制到指定的位置，同时选择目的数据库对话框关闭。

15.27.3　删除数据库的子目录

（1）打开数据库面板，选择即将被删除的子目录。

（2）在数据库面板上单击【删除】按钮，当确认删除后，该目录即从列表中删除。

15.27.4　重命名数据库的子目录

（1）在数据库面板，选择需要重命名的子目录。

（2）在数据库面板上单击【重命名】按钮，此时子目录的名称高亮显示，用户可以像使用 Windows 资源管理器一样修改目录的名称。

15.27.5　移动数据库目录或子目录

（1）在数据库面板，选择需要移动的目录或子目录。

（2）在数据库面板单击移动按钮，弹出“Select destination in database”对话框。

（3）选择要被移动到的目录或子目录，将被移动的目录放置在当前选择的目录下。单击【OK】按钮，目录即被移动到目的位置，对话框关闭。

15.28　添加元件到数据库

将元件添加到数据库中有两种方法：使用数据库管理器和使用菜单【Tools】/【Database】/【Add Selection to Database】命令。

15.28.1　使用数据库管理器添加元件

（1）打开数据库面板，选择想要添加元件的（用户数据库或公共数据库）目录，如图 15-78 所示。

（2）在数据库面板上单击【添加】按钮，弹出“Add new parts to database”对话框。如果在打开数据库管理器前选择一个或多个元件，则元件会显示在预览面板上，并且“Current selection as one part”选项在对话框的顶部被选中。如果要个别地添加元件，可以选择

“Complete Design Contents”选项，此时列表中包含了设计中的所有元件，可以逐个在预览区中显示。选择要存放的目录即可。

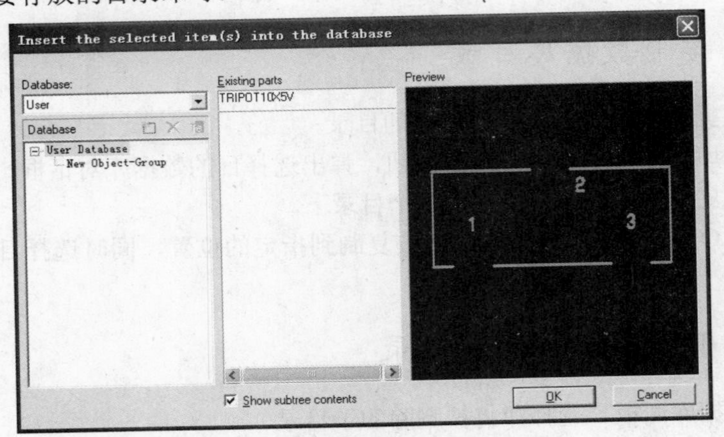

图 15-78　使用数据库管理器添加元件

（3）选择添加的元件。如要选择所有元件，则可以单击【Select All Items】按钮（或按【Ctrl+A】组合键），如要取消选择所有元件，则可以单击【Unselect All Items】按钮。

（4）若要重命名元件，可以高亮选中元件并单击【Rename】（重命名）按钮。需要注意，元件名称必须是数据库目录中唯一的。

（5）单击【OK】按钮，元件即被添加到数据库中。

15.28.2　使用添加所选元件到数据库的菜单命令

（1）在设计文件中，选择要被添加的元件。可以选择一些元件作为群组添加。

（2）单击菜单【Tools】/【Database】/【Add Selection to Database】命令，弹出“Insert the selected item(s) into the database”对话框，如图 15-79 所示。元件名称在“Existing parts”处（除非选中的是一些元件）。如果需要，可以输入或编辑元件名称。元件名称必须是数据库中唯一的，并且将保存到数据库中。

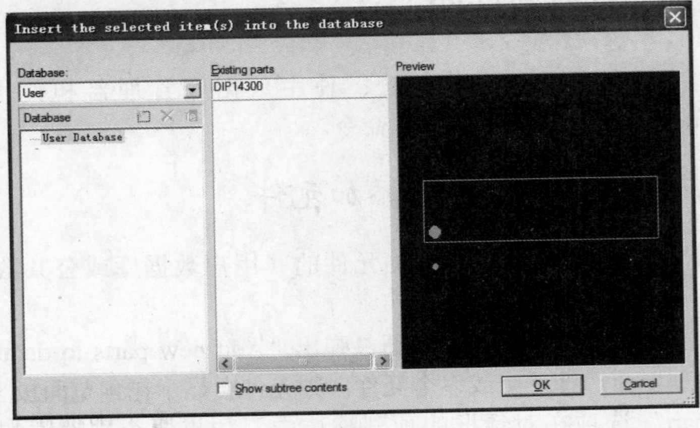

图 15-79　“Insert the selected item(s) into the database”对话框

（3）选择要保存的元件的数据库目录或子目录。

（4）单击【OK】按钮即可。

15.29 合并、转换数据库

Ultiboard 10 允许设计人员将元件对象从一个数据合并到另一个数据库，或者将Ultiboard 2001、Ultiboard 7 格式的数据库转换到 Ultiboard 10 格式，这一功能对于一直使用 Ultiboard 系列软件的设计人员非常实用。

15.29.1 合并数据库

合并数据库的操作步骤如下。

（1）单击菜单【Tools】/【Database】/【Merge Database】命令，弹出“Database Merge”对话框，如图 15-80 所示。

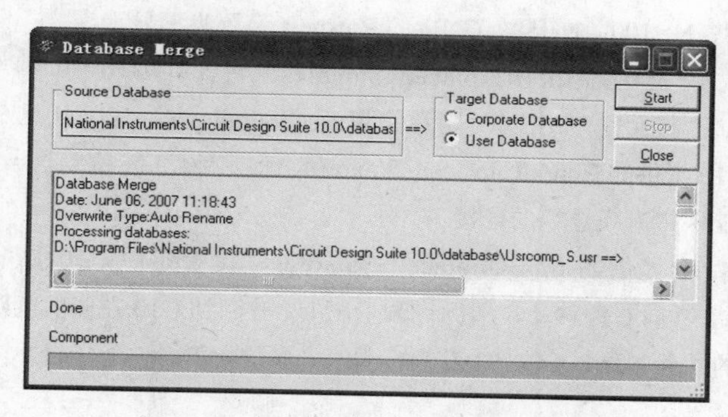

图 15-80 “Database Merge”对话框

（2）在“Source Database”（源数据库）中单击【Select a Component Database Name】（选择元件数据库名称）按钮，弹出“Select a Component Database Name”对话框。

（3）设置需要合并的数据库的路径并选择数据库的类型（用户数据库或公共数据库）。

（4）高亮选择源数据库并单击【Open】（打开）按钮，将返回到数据库合并对话框。

（5）选择目标数据库。

（6）单击【Start】（开始）按钮。

（7）选择所需的选项单击【OK】按钮，源数据库中的对象即被合并到目标数据库中。

（8）单击【Close】（关闭）按钮，关闭数据库合并对话框。

15.29.2 转换 2001 或 V7 格式的数据库

将 Ultiboard 6、Ultiboard 2001 和 Ultiboard 7 数据库转换到 Ultiboard 10 格式的数据库的操作步骤如下。

（1）单击菜单【Tools】/【Database】/【Convert V6】/【v7 database】命令，弹出转换数据库对话框。

（2）在源数据库中单击【Select a Database File Name】按钮，弹出“Select a Database File Name”对话框。

（3）设置要转换的数据库的目录，选择数据库的类型，并且单击【Open】（打开）按钮，将返回到“Convert Database”（转换数据库）对话框。

（4）选择目标数据库。

（5）单击【Start】（开始转换）按钮，弹出“Duplicate Component Name”对话框。该对话框包括 3 个选项：Autorename（自动命名）、Over write（覆盖）和 Ignor（忽略）。

（6）选择需要的选项并单击【OK】按钮，数据库根据选项的设置进行转换。

（7）单击【Close】按钮关闭转换数据库对话框。

练习题

（1）打开 Ultiboard 10 提供的 Int4lUnplaced Samples，利用数据表格视图中的“Net”标签页，将 Net 168、Net135、Net113、Net100、Net58、GND 的 Ratsnest 设置为不显示。

（2）打开 Ultiboard 10 提供的 Int4lUnplaced Samples，将元件 U10 用“*”定位到 X=100mil，Y=2000mil 且 Snap to grid；将元件 U9 用“*”定位到 X=300mil，Y=500mil 且 Snap to grid。

（3）打开 Ultiboard 10 提供的 RoundUnplaced Samples，将元件 C1 定位到 X=2200mil，Y=1050mil，并且利用“橡皮圈” 功能保持铜膜导线的连接。

（4）打开 Ultiboard 10 提供的 Int4lUnplaced Samples，设置元件 U10 Component shove spacing 为 500mil，试着选中元件 U9 向右侧移动，用标尺测量出 U9 右侧到 U10 左侧的间距。

（5）按照图中给出的条件制作一个 THT 工艺的元件，参数如下。

- Units：mil
- Package Dimesions X：900
- Package Dimesions Y：350
- 3D Height：200
- 3D Offest：30
- Diameter：80
- Circle pin 1 indicator Diameter：80
- Circle pin 1 indicator Distance from edge:80
- Distances Between pins(A):200
- Distances Between rows(B):350
- Direction of Pad Numbeing:Clockwise
- Start Number Offest:4

其他参数按系统默认条件即可。

第16章

设置铜膜导线和覆铜层

 放置铜膜导线

 放置总线

 设置密度工具条

 设置 Keep-in/keep-out 区域

 平均铜膜导线间距

 删除铜膜导线

 设置其他的覆铜元件

 分割覆铜

 删除所有覆铜

 添加、删除泪滴焊盘

 查看、编辑覆铜属性

 设置过孔

 放置 SMD 多端口扩展器

 设置网络

 使用网络表编辑器

 网络桥

 复制布线覆铜

 交换引脚和门

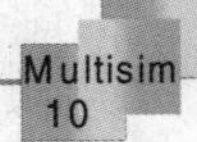

与设置元件类似，设置铜膜导线和覆铜层对 PCB 的电气特性同样有着不可小视的重要意义。本章着重介绍铜膜导线、覆铜层的相关设置。

16.1　放置铜膜导线

在前面的章节中曾介绍过，电路 PCB 的设计基本上是围绕如何布置铜膜导线进行的。下面就介绍放置铜膜导线的方法。

放置铜膜导线共有 3 种方法：手工放置、“Follow Me Router”（跟随布线）和“Connection Machine”（连接机器布线）。

1．手工放置铜膜导线

这个方法允许使用者最精确地放置铜膜导线，当选择好铜膜导线连接的焊盘、过孔时，系统会自动提示铜膜导线的连接路径，如图 16-1 所示。

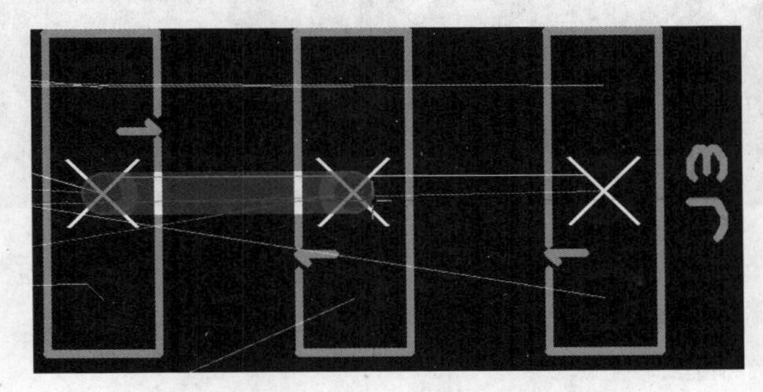

图 16-1　手动放置铜膜导线

2．跟随布线

这个方法利用 Ultiboard 10 提供的“Follow Me”功能放置铜膜导线，选择好要连接的焊盘、过孔时，鼠标会自动跟随需要连接的焊盘、过孔，而且能够自动地绕过大部分的障碍物。用此法放置铜膜导线非常简洁，如图 16-2 所示。

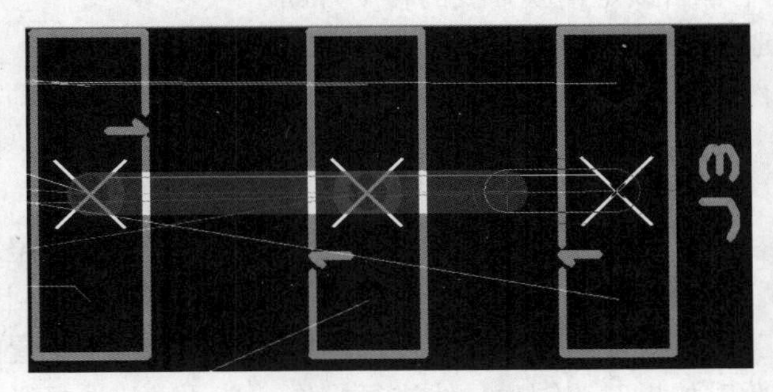

图 16-2　跟随布线

用“Follow Me”功能放置铜膜导线的步骤如下。

（1）选择当前工作的层。

（2）单击菜单【Place】/【Follow-me】命令，然后单击电路板中的一个焊盘。

（3）该焊盘所在的网络将高亮显示，并且该网络的焊盘都标记为“×”符号。

（4）规划好布置铜膜导线的路径后，铜膜导线会随鼠标移动并自动绕过障碍物。

当放置完该网络的最后一根铜膜导线时，按【Esc】键或单击鼠标右键终止铜膜导线的放置。

3．连接机器布线

此法能够自动绕过障碍物连接两个焊盘、过孔，如图 16-3 所示。

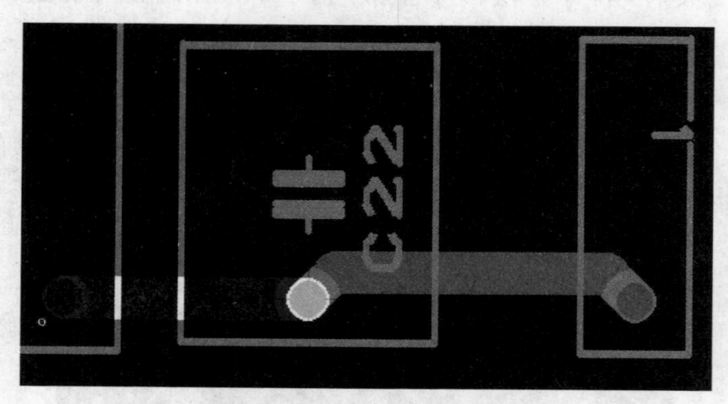

图 16-3 连接机器布线示例

连接机器布线的设置步骤如下。

（1）选择当前工作的层。

（2）单击菜单【Place】/【Connection Machine】命令。

（3）单击电路板上飞线的一个片断。此时飞线中的片断通过铜膜导线将两个焊盘连接在一起，并且自动绕过障碍物。

（4）拖曳铜膜导线的片断以改变默认的布线绕过障碍物。尽管铜膜导线仍然锚定两个指定的焊盘间，但它的中点仍将移动。

（5）在放置过程中单击锁定铜膜导线的移动片断。

（6）按【Esc】键两次结束操作。

上述放置铜膜导线的方法都支持对飞线的选择，选择某一飞线后即可自动将铜膜导线连接到最近的两个焊盘。除连接机器布线方法外，其他两种方法都支持继续放置铜膜导线的工作状态。

放置铜膜导线连接焊盘时，设计人员可以直接利用【空格】键调整连线的方向，这对灵活放置铜膜导线是非常有用的处理方法。放置铜膜导线时，可以使用回转功能删除一些铜膜导线的片断。通过手工方法放置铜膜导线或使用连接机器布线改变放置的方向时，会创建一个单独的导线片断。此时如果对该铜膜导线进行操作，必须确认选择必要的铜膜导线片断或整根铜膜导线。

铜膜导线的间距是指电路板边缘和焊盘周围及铜膜导线之间和其他对象保持的一定的自由距离。如果放置一个铜膜导线穿越间距区域，或者放置一个元件，使该元件的一个焊盘在

间距区域内，此时系统将会提示错误信息。

电路板边框边界线的安全间距（Clearances）的设置是在 PCB 的属性对话框内完成的。其他覆铜对象的安全间距在该对象的常规标签页中设置。

如果设计人员想要直观地查看安全间距，可以单击菜单【View】/【Clearances】命令，此时屏幕上显示在铜膜导线和焊盘的周围包裹一条蓝色的线，即显示为安全间距，如图 16-4 所示。

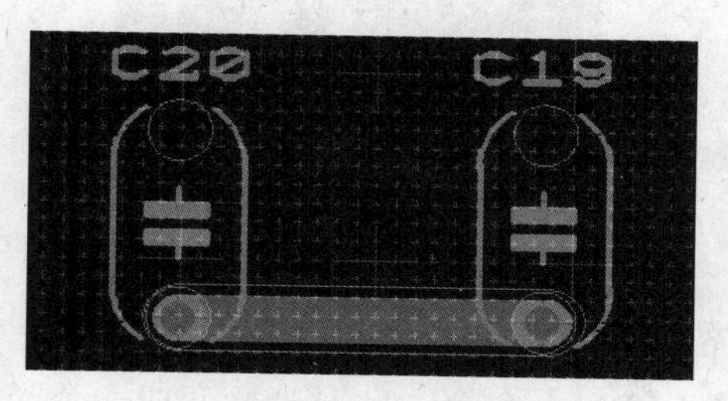

图 16-4　铜膜导线安全间距的显示

Ultiboard 10 默认设置的铜膜导线线宽为 10mil，安全间距也为 10mil。

在放置铜膜导线的过程中，有时需要根据实际情况实时修改铜膜导线（片断）的线宽。在铜膜导线（片断）上单击鼠标右键，从弹出的快捷菜单中选择【Widen】（更宽）或【Narrow】（更窄）命令，接着继续放置铜膜，并且利用鼠标左键单击暂停的片断。根据选择的是更宽还是更窄，线宽会增加或减少原来宽度的 10%，如图 16-5 所示。

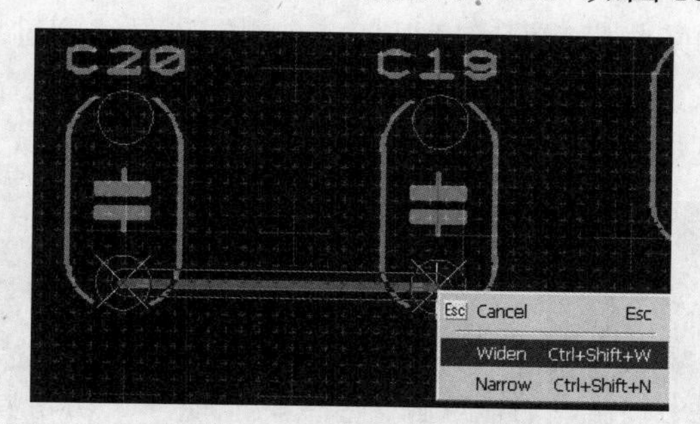

图 16-5　设置线的宽、窄

16.2　放置总线

实际工作中，尤其是在大规模数字集成电路的 PCB 设计中，常常遇到 IC 间的引脚连线多且密集的情况。Ultiboard 10 提供了放置总线的快捷功能，类似“笔刷”的形式，可以快速的对需要连接的总线布线，走线美观且效率高，如图 16-6 所示。

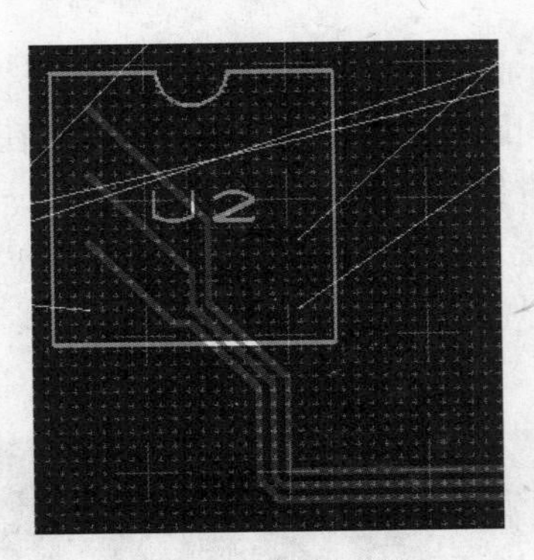

图 16-6　放置总线

放置总线的步骤如下。

（1）首先确认没有选择元件中的任何引脚。

（2）单击菜单【Place】/【Bus】命令，此时光标变成一个类似总线的符号。单击将要放置总线的引脚的每一个网络。

（3）移动光标到目标总线的引脚间并且双击即完成覆铜的放置。

16.3　设置密度工具条

密度工具条是一个用颜色来显示电路板上引脚、焊盘的横截面的密度的指示工具，如图 16-7 所示。电路板的某些横截面密度很高，布置铜膜导线穿过这一高密度区域是很困难的，通常有经验的设计人员会在这一区域放置更多的覆铜。在此情况下，需要在放置元件的时候力争所有区域的密度尽量平均，从而避免布线相对困难的区域。

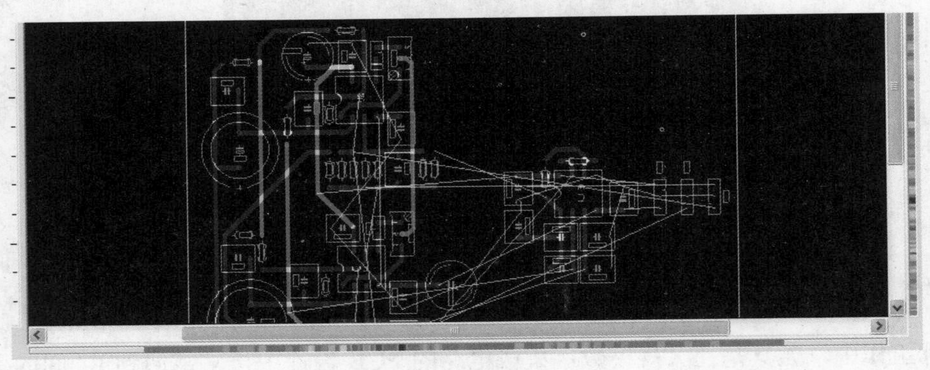

图 16-7　密度工具条

当设计中的引脚和焊盘的密度逐渐加重时，密度条中显示的颜色从绿色变为红色。启动 Ultibaord 10 时，默认密度工具条是不显示的，此时可以使用锁定密度工具条打开密度工具条。

16.4　设置 Keep-in/keep-out 区域

设置 Keep-in/keep-out 区域的目的是为了便于在设计 PCB 时对特定的区域作特别的设计

规划。Keep-in 区域的工作特点是，当设置在 Keep-in 区域内的对象移出该区域时，“DRC”标签页将提示错误信息；Keep-out 区域的工作特点正好与 Keep-in 区域相反。

1．放置 Keep-in/keep-out 区域的步骤

通过 Keep-in/keep-out 属性对话框可以放置一个作为 Keep-in 或 Keep-out 区域的多边形。默认认情况下放置的是 Keep-out 区域，通过“Keep-in/keep-out”标签页设置更改为 Keep-in 区域，或者修改其他属性。

2．查看、编辑 Keep-in/keep-out 属性

首先选中需要编辑的 Keep-in/keep-out 区域，单击菜单【Edit】/【Properties】命令，弹出如图 16-8 所示的对话框。Keep-in/keep-out 区域属性由“Attributes”（特征）、“Keep-in/keep-out”两个标签页组成，如图 16-8 和图 16-9 所示。

在“Attributes”（特征）标签页中可以设置特征属性；在“Keep-in/keep-out”标签页中可以设置区域类型、层的检查和其他高级选项。

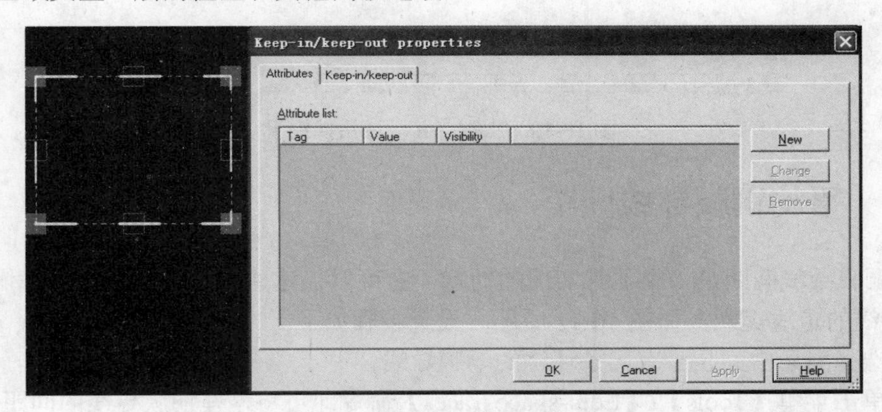

图 16-8　Keep-in/keep-out 属性对话框的“Attributes”标签页

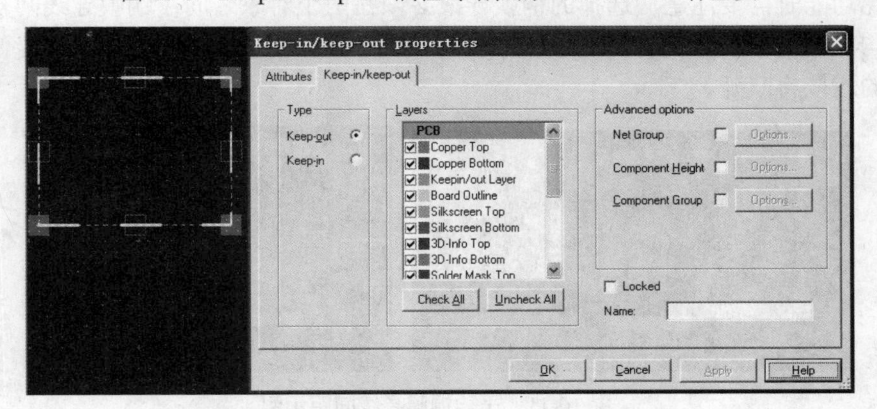

图 16-9　Keep-in/keep-out 属性对话框的“Keep-in/keep-out”标签页

3．设置“Keep-in/keep-out”标签页中的高级选项的步骤

（1）勾选“Advanced Options”区域里的 Net Group（网络组）、Component Height（元

件高）或 Component Group（元件组）的某一复选框。

（2）单击【OK】按钮即可。

如果没有设置高级选项，当对象移动出 Keep-in 区域时，“DRC”提示错误信息；当对象在 Keep-out 区域时，“DRC”提示错误信息。用户可以根据意图分成不同的区域，多重区域将显示为一个独立的区域。如果设置了高级选项，当对象移出 Keep-in 区域，“DRC”将提示错误信息，当对象在 Keep-out 区域，“DRC”将提示错误信息，如图 16-10 所示。

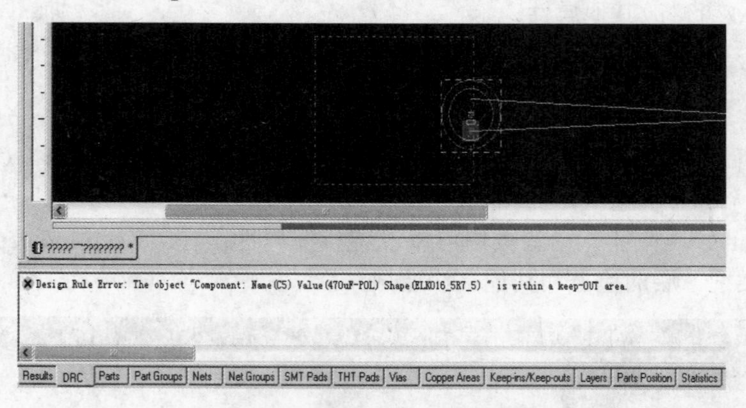

图 16-10　Keep-out 区域错误提示

16.5　平均铜膜导线间距

平均铜膜导线间距是一个非常实用的功能，它可以快速地将导线间的距离平均化，有助于 PCB 布线的走线美观，如图 16-11 所示。设置步骤如下。

（1）选择两条中间至少有一条环绕的铜膜导线。

（2）单击菜单【Tools】/【Equi-space traces】命令即可将这些铜膜导线的间距平均。

使用此功能时需要注意，选择的铜膜导线必须在两个对象之间；铜膜导线间初始的间距不需要平均；铜膜导线必须属于一个网络的同一层；橡皮圈功能在此功能下不能使用，因此铜膜导线的连接将断开。

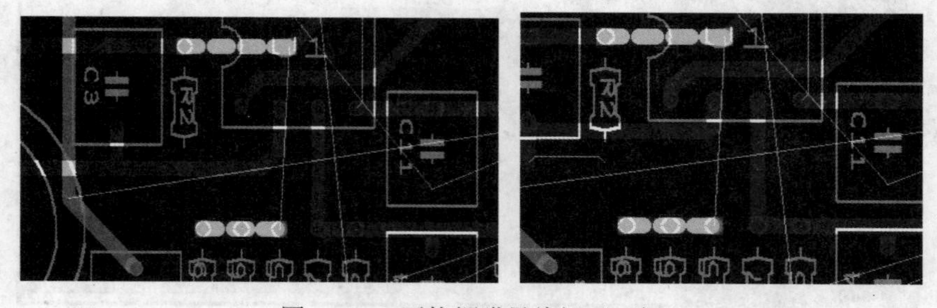

图 16-11　平均铜膜导线间距示例

16.6　删除铜膜导线

对于 PCB 设计过程中多余的和布错的铜膜导线需要及时删除。可以像删除其他对象一样删除铜膜导线，当删除铜膜导线时，不需要确认是否删除，但可以使用菜单【Edit】/【Undo】命令恢复删除操作。

根据 PCB 设计标签页中的“Preferences”对话框中的相关设置，在过孔和铜膜导线相结合的情况下，删除铜膜导线的同时也将删除过孔。

删除一条现成的铜膜导线的步骤如下。

（1）首先选中这条铜膜导线。

（2）单击菜单【Edit】/【Delete】命令或者按键盘的【DEL】键即可。

16.7　设置其他的覆铜元件

16.7.1　放置覆铜区域

使用菜单【Place】/【Copper Area】命令定义覆铜的多边形，如图 16-12 所示，步骤如下。

（1）选择一个覆铜层。

（2）单击菜单【Place】/【Copper Area】命令，此时光标会附着一个多边形。

（3）用左键单击整个多边形的所有区域，回到起始点结束定义多边形。

（4）单击鼠标右键结束操作。

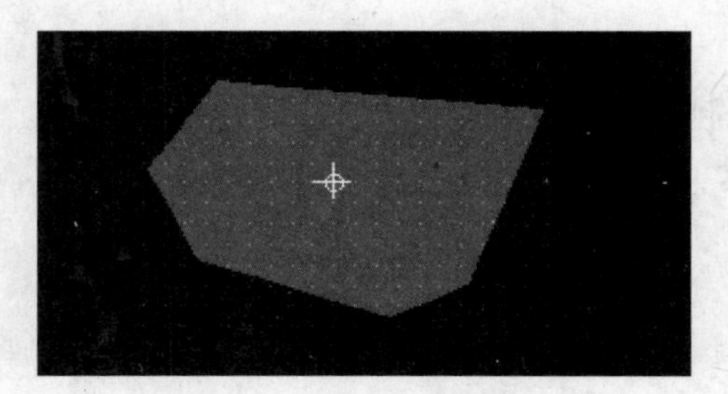

图 16-12　放置覆铜区域

删除一个多边形覆铜区域，单击菜单【Edit】/【Copper Delete】/【Copper Island】命令并单击需要删除的覆铜多边形区域即可。

16.7.2　放置电源层

电源层是一个覆盖整个平面的覆铜区域，其放置步骤如下：

（1）在“Layers”标签页中，选择用于放置电源层的层。

（2）单击菜单【Place】/【Powerplane】命令，弹出“Choose Net and Layer for Powerplane”对话框，如图 16-13 所示。

（3）指定电源层的网络和层。

（4）单击【OK】按钮，对话框关闭，并且电源层根据设置放置在目的层上，如图 16-14 所示。

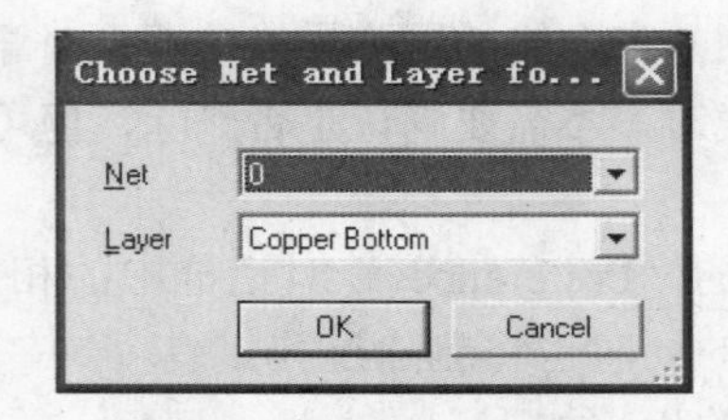

图 16-13 “Choose Net and Layer for Powerplane”对话框

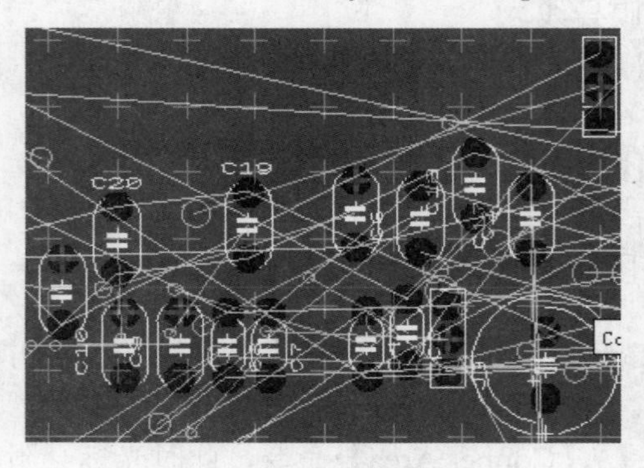

图 16-14 放置电源层覆铜示例

16.8 分割覆铜

分割覆铜用于分割覆铜区域或电源层，如图 16-15 所示。

（1）单击菜单【Design】/【Polygon Spitter】命令。

（2）移动光标到想要分割的覆铜区域。

（3）单击确定开始分割覆铜区域的起始点。

（4）移动光标到整个覆铜区域，根据需要移动光标进行分割画线，单击鼠标左键完成分割工作。

（5）单击鼠标右键结束操作。

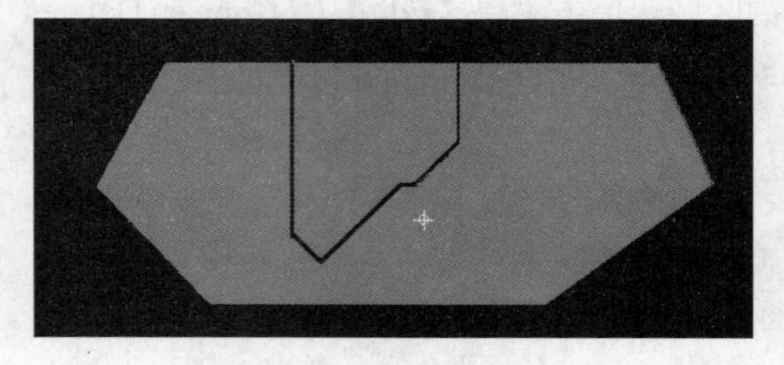

图 16-15 分割覆铜区域

转换一个覆铜外形到一个区域，如图 16-16 所示，使用该功能的先决条件是周围空旷且无网络连接。

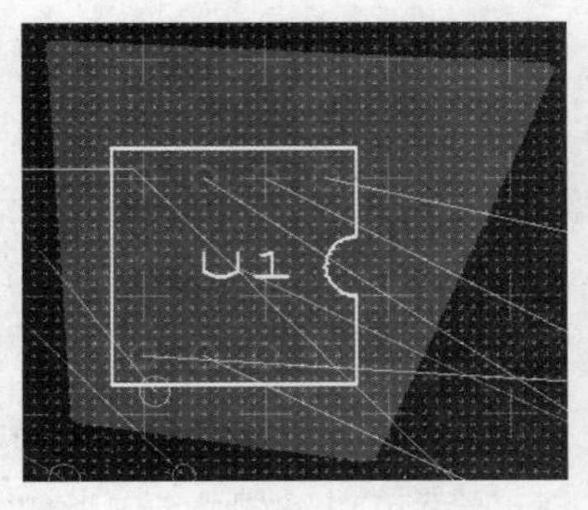

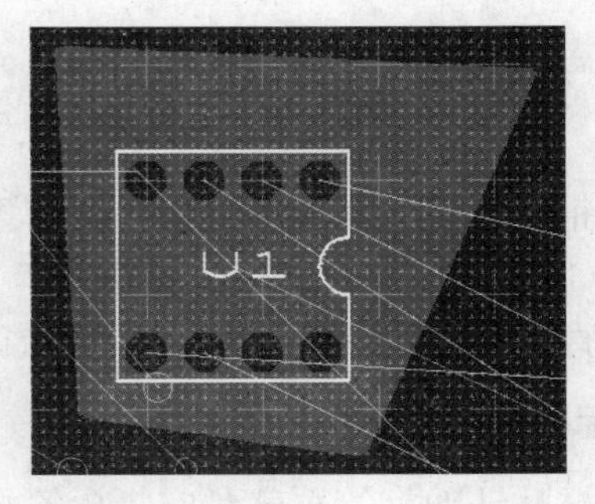

图 16-16　转换覆铜区域

（1）在工作区中选择覆铜外形。

（2）单击菜单【Design】/【Shape to Area】命令即可。

16.9　删除所有覆铜

如果需要删除所有覆铜对象（铜膜导线、覆铜区域和电源层），单击菜单【Edit】/【CopperDelete】/【All Copper】命令即可。

16.10　添加、删除泪滴焊盘

在高速密集的数字电路的设计中，铜膜导线的线径很细且密集，铜膜导线和焊盘的连接处就非常脆弱，极易造成导线和焊盘断开。此时可以放置一个泪滴焊盘保护连接处。

添加泪滴焊盘的操作步骤如下。

（1）单击菜单【Design】/【Add Teardrops】命令，弹出“Teardrops”对话框。

（2）设置所需的长度后单击【OK】按钮，即添加了一个泪滴焊盘。

添加泪滴焊盘前后对比如图 16-17 所示。

删除所有的泪滴焊盘，单击菜单【Edit】/【Copper Delete】/【All Teardrops】命令即可。

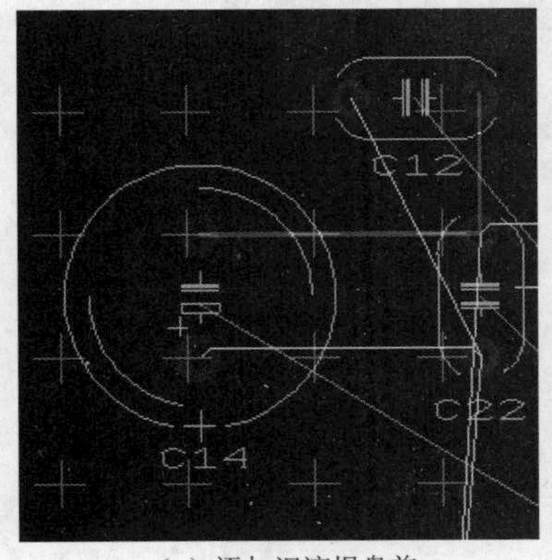

（a）添加泪滴焊盘前

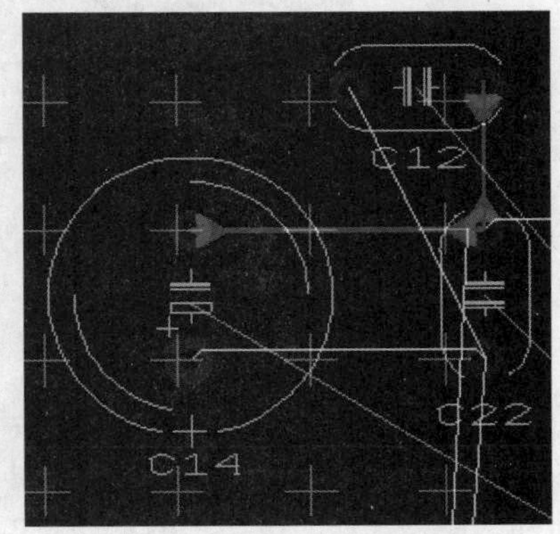

（b）添加泪滴焊盘后

图 16-17　添加泪滴焊盘前、后对比

16.11 查看、编辑覆铜属性

所有的覆铜元件（铜膜导线、覆铜区域和电源层）都共享 3 个相同的标签页，分别为“Attributes”（特性）、“General”（常规）和“Position”（位置）。对于铜膜导线的第 4 个标签页是 Line（直线），对于覆铜区域和电源层的第 4 个标签页是“Copper Area”（覆铜区域）。

1．常规标签页

属性对话框默认的标签页就是常规标签页。该标签页可以编辑覆铜对象的属性、测量的宽度、网络标号、单位、到铜膜导线的间距、自动布线的固定值和铜膜导线在自动布线过程中可以移动等设置项，如图 16-18 所示。

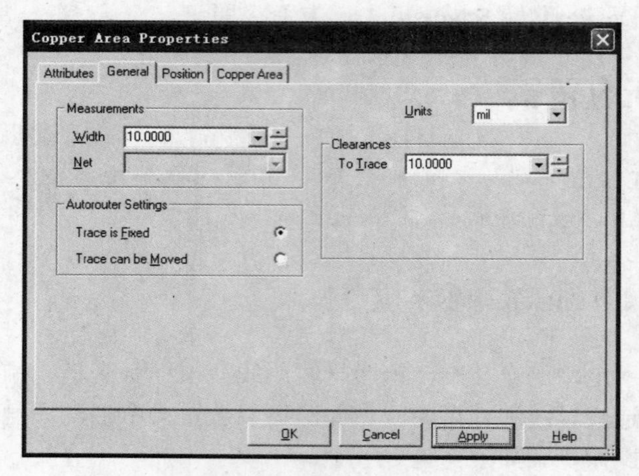

图 16-18 覆铜区域属性对话框常规标签页

2．特性标签页

用于编辑所选覆铜对象的特性，如图 16-19 所示。

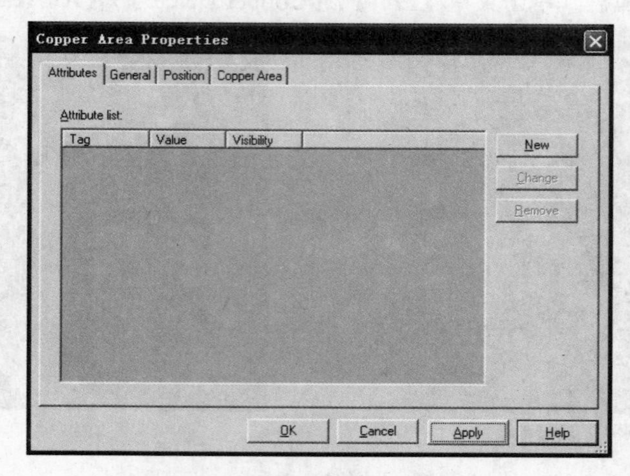

图 16-19 覆铜区域属性对话框特征标签页

3．位置标签页

用于修改覆铜对象所在的层，同时也可以用这个标签页的锁定功能锁定该层的覆铜对象，如图 16-20 所示。

4．覆铜区域标签页

当选择一个覆铜区域时，覆铜区域属性对话框已经包含了覆铜区域标签页。可以利用该标签设置覆铜区域的网络参数，如图 16-21 所示。

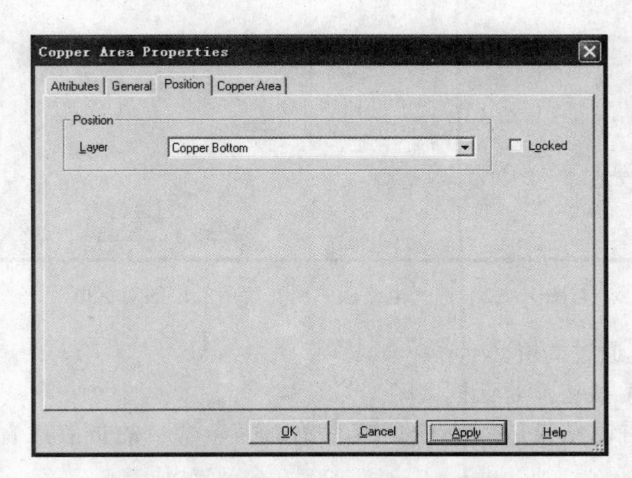

图 16-20　覆铜区域属性对话框位置标签页

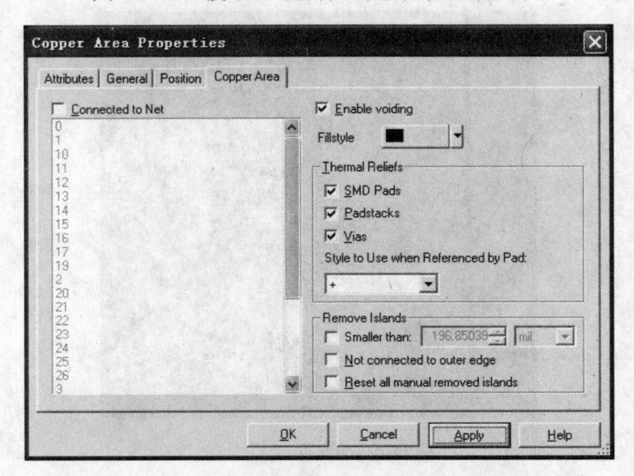

图 16-21　覆铜区域属性对话框覆铜区域标签页

16.12　设置过孔

16.12.1　放置过孔

在印制电路板中，过孔是一个用来连接两层或多层并镀锡的通孔。一般在电路板的底层

和顶层。过孔一旦放置，就可以像其他元件一样移动。

放置过孔的步骤如下。

（1）单击菜单【Place】/【Via】命令，并且在电路板上单击目的位置，弹出选择电路板中所有可用的层的对话框，如图 16-22 所示。

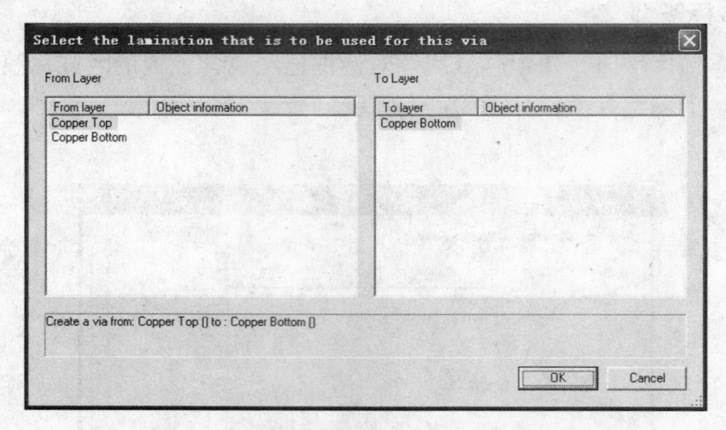

图 16-22　选择电路板中所有可用的层的对话框

（2）选择让过孔通过的层。

（3）单击【OK】按钮，对话框关闭。

（4）单击鼠标右键结束放置命令，或者单击另一个目的位置放置另一个过孔，结果如图 16-23 所示。

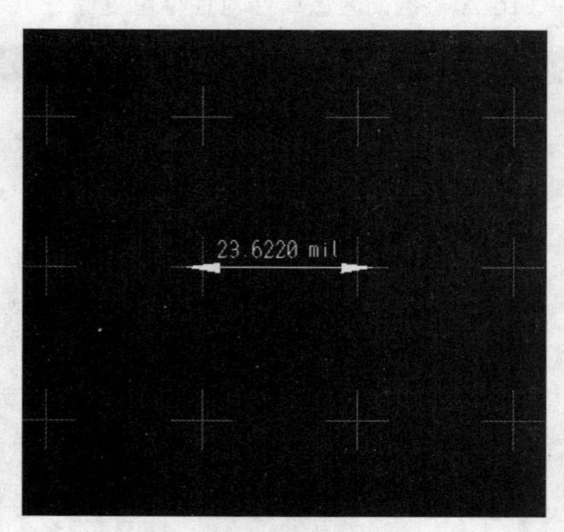

图 16-23 放置过孔示例

16.12.2　查看、编辑过孔属性

过孔属性对话框由“Attributes”（特性）、“General”（常规）、“Via”（过孔）、“Autorouting Layers”（自动布线层）和“Thermal Relief”（热焊盘）5 个标签页组成。

1．特征标签页

用于设置过孔的特征属性，如图 16-24 所示。

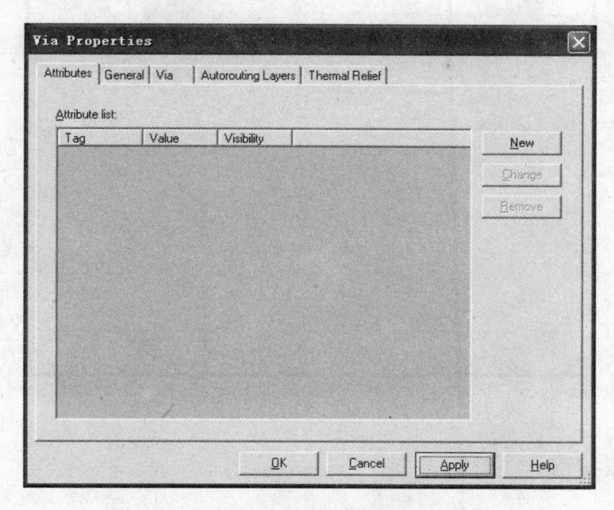

图 16-24　过孔属性对话框的特征标签页

2．常规标签页

当单击菜单【Edit】/【Properties】命令时出现的默认标签页就是常规标签页。该标签页允许用户修改 X 和 Y 的坐标、间距大小、过孔角度、过孔所在的面、测量单位，如图 16-25 所示。

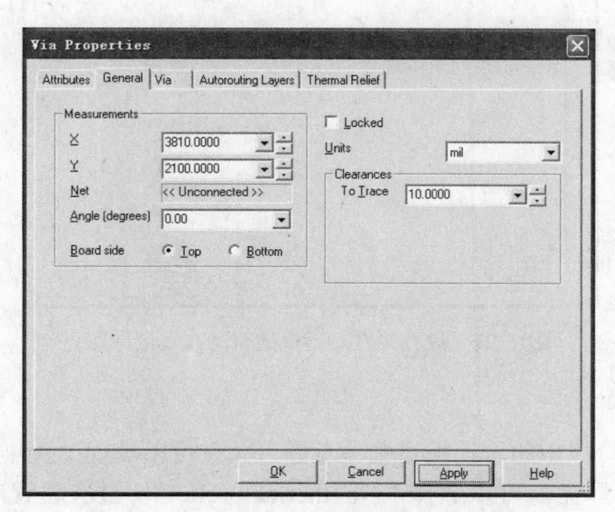

图 16-25　过孔属性对话框的常规标签页

3．过孔标签页

可以设置假定网络、过孔设置时使用设计规则、焊盘直径、填充直径、镀锡选项、自动布线时过孔固定、自动布线时过孔可用移动、顶层焊料标记、底层焊料标记，如图 16-26 所示。

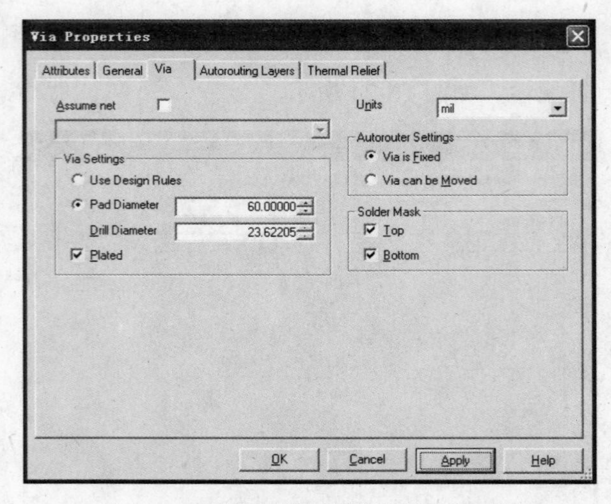

图 16-26　过孔属性对话框的过孔标签页

4. 自动布线层标签页

用于设置过孔连接的层，如图 16-27 所示。

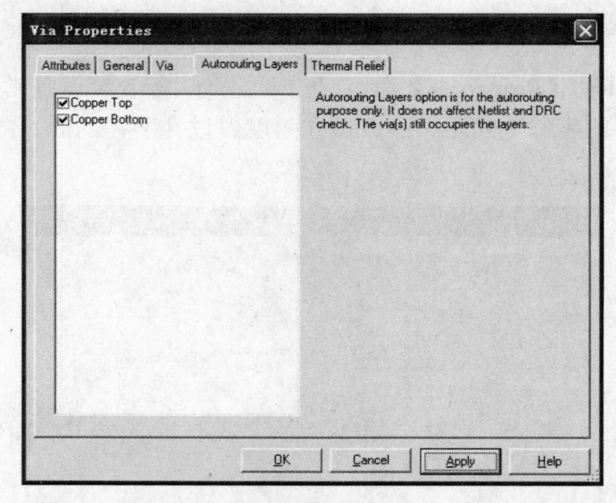

图 16-27　过孔属性对话框的自动布线层标签页

5. 热焊盘标签页

将“Relief Type”栏中的单选按钮选项设置为允许可以设置过孔热焊盘的外形。倘若用户不想使用过孔的热焊盘，可以选择“No thermal relief”，过孔设置对话框的热焊盘标签页如图 16-28 所示。

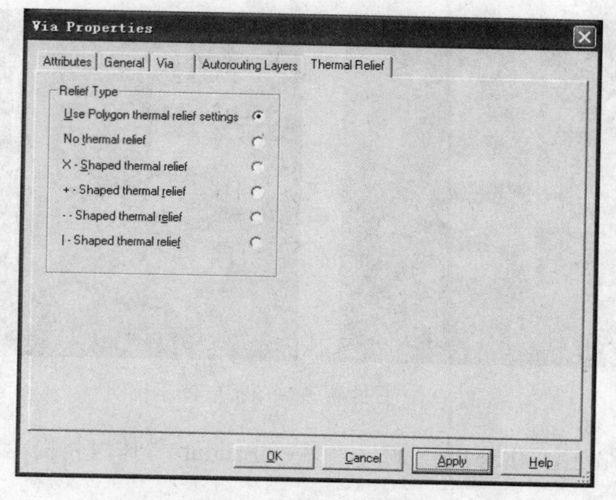

图 16-28　过孔属性对话框的热焊盘标签页

16.13　放置 SMD 多端口扩展器

在电路板中，【Fanout SMD】命令可以为选择的 SMD 或所有的 SMDS 元件附着过孔和铜膜导线。

从 SMD 元件放置多端口扩展器的操作步骤如下。

（1）选择要添加多端口扩展器的 SMD 元件。

（2）单击菜单【Design】/【Fanout SMD】命令，弹出“Fanout Options”对话框，如图 16-29 所示。

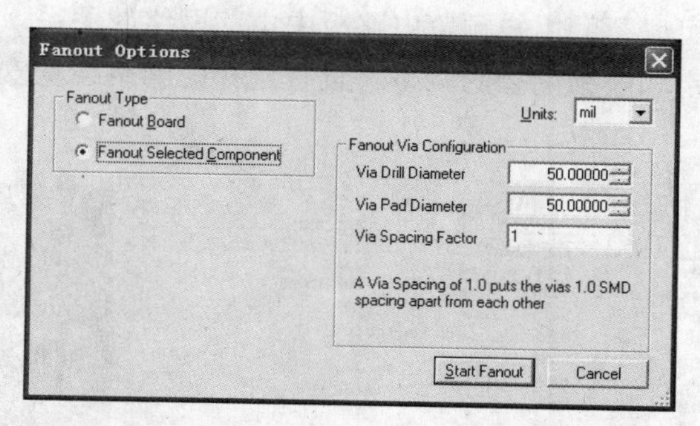

图 16-29　“Fanout Options”对话框

（3）输入要设置的内容，单击【Start Fanout】按钮，对话框关闭，并且多端口扩展器放置到设计中，如图 16-30 所示。

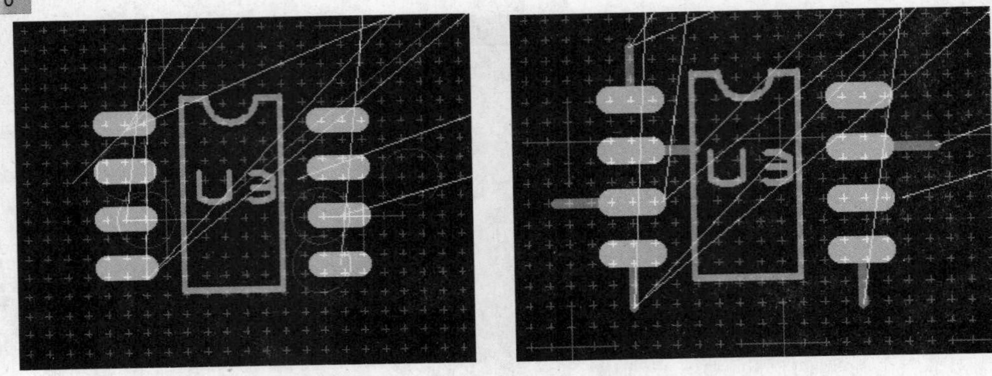

图 16-30　放置多端口扩展器示例

倘若是一个无网络连接的 SMD 元件，在执行 Fanout 操作时将提示出错信息，如图 16-31 所示。

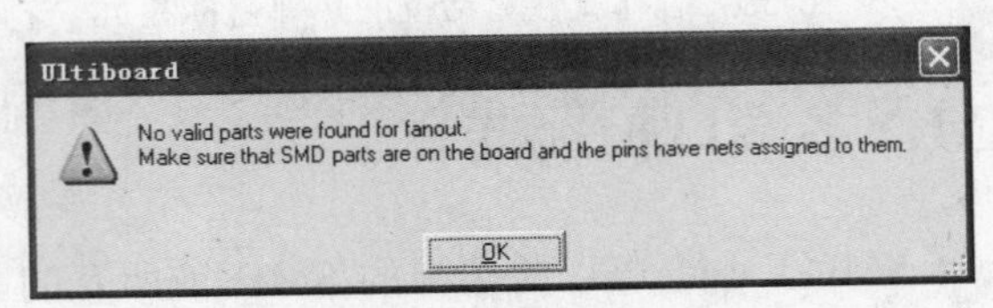

图 16-31　Fanout 错误提示信息

16.14　设置网络

用鼠标右键单击数据表格视图中的网络标签页中的某一行，弹出快捷菜单，如图 16-32 所示。在网络标签页中可以帮助用户预览电路板中电路网络的关系，同时可以查询网络、高亮显示选择的网络、锁定和解锁选择的网络、设置选择的网络线宽安全间距、移出选择网络的覆铜等。

Net Na...	Lock...	Trace Width	Max Width	Min Width	Topolo...	Trace Length	Max Length	Min Length	Trace Cle
VCC	No	40.0000	39370.0...	0.0000	Shortest	?	N/A	N/A	10.0000
26	No	40.0000	39370.0...	0.0000	Shortest				10.0000
25	No	40.0000	39370.0...	0.0000	Shortest				10.0000
24	No	40.0000	39370.0...	0.0000	Shortest				10.0000
23	No	40.0000	39370.0...	0.0000	Shortest				10.0000
22	No	40.0000	39370.0...	0.0000	Shortest				10.0000
21	No	40.0000	39370.0...	0.0000	Shortest				10.0000
20	No	40.0000	39370.0...	0.0000	Shortest				10.0000
19	No	40.0000	39370.0...	0.0000	Shortest				10.0000
17	No	40.0000	39370.0...	0.0000	Shortest				10.0000
16	No	40.0000	39370.0...	0.0000	Shortest				10.0000
15	No	40.0000	39370.0...	0.0000	Shortest				10.0000
14	No	40.0000	39370.0...	0.0000	Shortest				10.0000
13	No	40.0000	39370.0...	0.0000	Shortest				10.0000
12	No	40.0000	39370.0...	0.0000	Shortest				10.0000
11	No	40.0000	39370.0...	0.0000	Shortest				10.0000
10	No	40.0000	39370.0...	0.0000	Shortest	?	N/A	N/A	10.0000
9	No	40.0000	39370.0...	0.0000	Shortest	?	N/A	N/A	10.0000

Export to Text File
Export to CSV
Export to Excel
Sort Ascending
Sort Descending
Print
Copy
Find the selected net
Lock the selected net
Highlight selected nets
Remove copper
✓ Show preview

Spreadsheet View
Results | DRC | Parts | Part Groups | Nets | Net Groups | SMT Pads | THT Pads | Vias | Copper Areas | Keep-ins/Keep-outs | Layers | Parts Position | Statistics

图 16-32　用鼠标右键单击数据表格视图中的网络标签页的某一行弹出的快捷菜单

1．预览网络

（1）单击【Show or Hide the Preview】（显示或隐藏预览）按钮，锁定预览按钮功能。

（2）单击列表中的网络，此时预览区中将显示一幅电路板中该网络的路径图片。

2．查询电路设计中的网络

（1）单击列表中的网络。

（2）单击按钮。预览区中此时将显示选中的网络。

3．高亮显示选择的网络

（1）用鼠标右键单击列表中的网络。

（2）从弹出的菜单中单击【Highlight selected nets】（高亮显示选择的网络）命令。此时，电路设计中将高亮显示选择的网络，如图 16-33 所示。

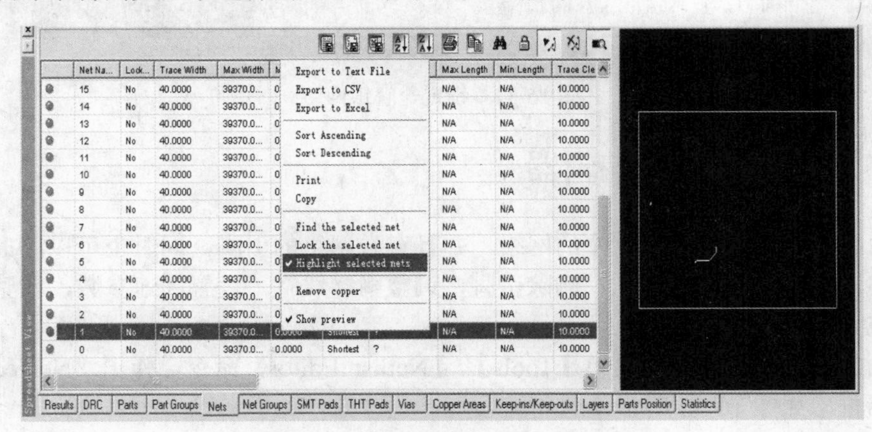

图 16-33　高亮显示选择的网络

4．锁定、解锁选择的网络

（1）单击列表中的网络。

（2）单击按钮来锁定一个未锁定的网络，或者解锁一个已锁定的网络，如图 16-34 所示。

5．移除选中网络的覆铜

（1）单击列表中的网络。

（2）单击移除覆铜，用户确认移除覆铜。

（3）单击【Yes】按钮移除覆铜。此时覆铜删除并出现飞线。

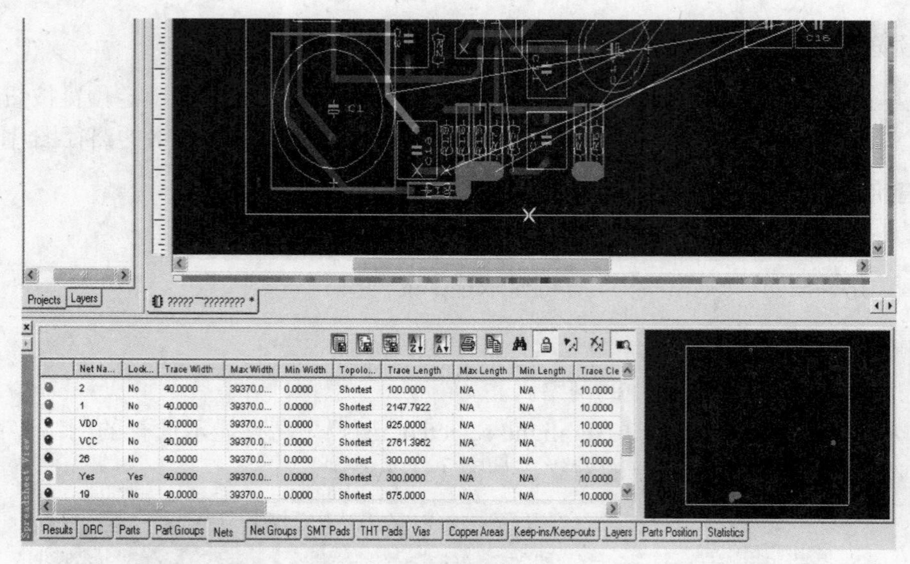

图 16-34　锁定、解锁网络

16.15　使用网络表编辑器

网络表编辑器用于显示设计中的网络，并且查看网络的引脚，同时也可以添加、删除设计中的网络，为现成的网络添加、删除引脚，调整网络线宽，设置高速参数，调整过孔直径和过孔填充大小。

打开网络表编辑器，单击菜单【Tools】/【Netlist Editor】命令，弹出"Net edit"（编辑网络）对话框，如图 16-35 所示。

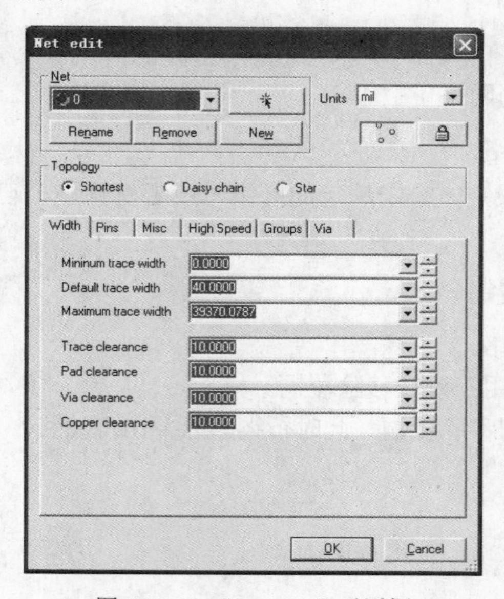

图 16-35　"Net edit"对话框

1. 锁定一个已放置的网络

（1）在“Net”下拉列表中选择要锁定的网络。
（2）单击按钮。

2. 添加引脚到锁定网络

（1）在网络下拉列表中选择需要的网络。
（2）单击按钮解锁网络。
（3）单击必须的引脚和连接。
（4）如新的网络规定路线。
（5）单击按钮锁定网络表。

3. 添加一个网络

（1）单击菜单【Tools】/【Netlist Editor】命令并单击引脚标签页。
（2）单击【New】（新建）按钮，弹出“Add Net”（添加网络）对话框。
（3）输入名称并单击【OK】按钮，此时新的网络名称显示在网络列表中。

绿色指示灯显示出没有引脚连接到该网络。引脚标签页的中间为空白表明没有引脚连接。

4. 添加一个引脚到新的或存在的引脚标签

（1）单击菜单【Tools】/【Netlist Editor】命令并单击引脚标签页。
（2）从“Net edit”对话框中的“Net”下拉列表中选择需要的网络。
（3）单击添加引脚按钮并在工作区中单击所需的引脚，直到所有的引脚都添加到引脚区域的列表中，或者单击【Add...】（添加）按钮，弹出“Add Pin to the Net”（添加引脚到网络中）对话框。高亮选择添加的引脚并且单击【Add】按钮。此时对话框关闭并且“Net edit”对话框显示出添加的引脚焊盘列表。
（4）在“Net edit”对话框中单击【OK】按钮，此时对话框关闭并且网络相关信息添加到工作区。

5. 修改网络拓扑结构

（1）单击菜单【Tools】/【Netlist Editor】命令，在弹出的“Net Edit”对话框中的“Net”下拉列表中选择网络。
（2）在“Topology”（拓扑）区域中选择 Shortest（最短）、Daisy chain（环状）或 Star（星形）选项即可，如图 16-36 所示。在工作区中的飞线放置将显示新的拓扑结构。

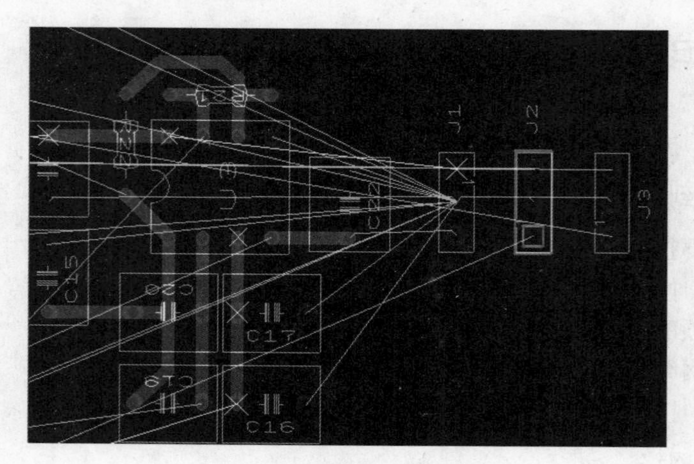

图 16-36　星形拓扑结构

- Shortest（最短拓扑结构）：连接建立时，维持最短的距离，连接将不考虑顺序
- Daisy chain（环状拓扑结构）：连接的顺序基于引脚的连接顺序，不考虑引脚间的连接距离，从整体上看类似于环形外形
- Star（星形拓扑结构）：连接基于第一个选择的引脚连接的参考点，其他引脚的连接都来自这个参考的连接点，显示的效果类似于一个星形，呈发散状连接到其他的引脚。连接不考虑引脚的选择或引脚间的距离。如果第一个引脚从网络中删除，此时靠近原参考点的引脚将变成连接的参考源，从整体上呈现星形发射状

6．重命名网络

（1）单击菜单【Tools】/【Netlist Editor】命令，从弹出的“Net edit”对话框的“Net”下拉列表中选择目的网络。

（2）单击【Rename】（重命名）按钮，输入新的网络名。

（3）单击【OK】按钮保存新的网络名，或者【Cancel】（终止）按钮取消操作。

新的网络名将出现在“Net edit”对话框的“Net”下拉列表中，同时显示在数据表格中的“Net”标签页。

7．移除一个网络

（1）单击菜单【Tools】/【Netlist Editor】命令，在“Net edit”对话框中单击【Remove】按钮，弹出“Select the net to delete”对话框。

（2）选择需要删除的网络。

（3）单击【Delete】按钮删除网络，此时对话框关闭，并且被删除的网络将不再出现在“Net”下拉列表。

8．从网络中删除一个引脚

（1）单击菜单【Tools】/【Netlist Editor】命令，在弹出的“Net edit”对话框中选择按钮“Pins”标签页，并且在“Net”下拉列表框中选择需要的网络，如图 16-37 所示。

（2）高亮选择引脚并单击【Remove】（移出）按钮。

（3）单击【OK】按钮关闭“Net edit”对话框。

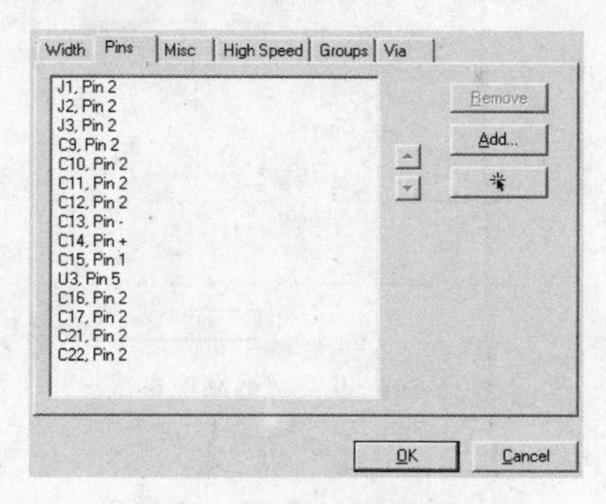

图 16-37　从网络中删除引脚

9．设置网络线宽

（1）单击菜单【Tools】/【Netlist Editor】命令，从弹出的“Net edit”对话框中的“Net”下拉列表中选择需要的网络。

（2）单击“Width”（线宽）标签页，设置网络线宽选项。

（3）单击【OK】按钮保存设置，如图 16-38 所示。

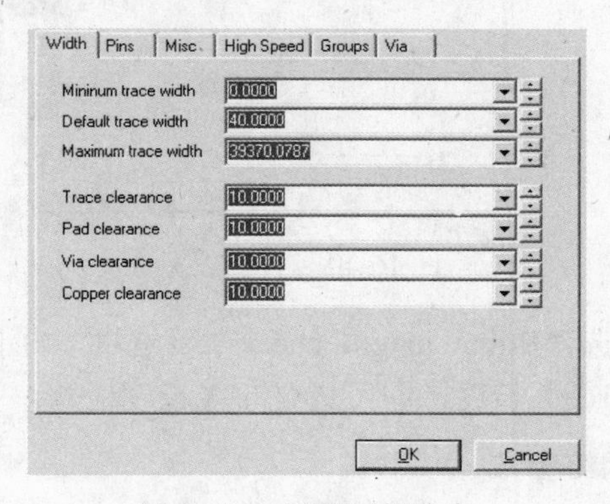

图 16-38　设置网络线宽

10．设置网络高速参数

（1）单击菜单【Tools】/【Netlist Editor】命令，从弹出的“Net edit”对话框的“Net”下拉列表中选择需要的网络。

（2）单击“High Speed”标签页，设置相关参数。

（3）单击【OK】按钮关闭对话框，如图 16-39 所示。

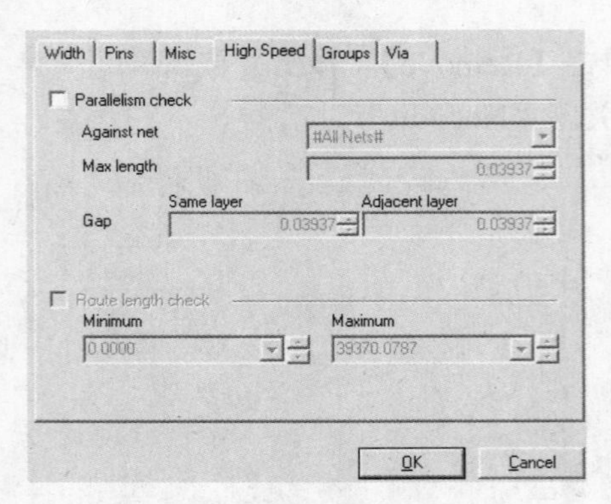

图 16-39　设置网络高速参数

1）平行检查　勾选“Parallelism check”复选框，并且输入铜膜导线可以运行的平行“Max length”（最大长度）；输入在同层或邻近层的平行导线间缺口距离；在“Against net”（相反网络）处，选择平行导线相反的网络，即可进行平行检查，如图 16-40 所示。

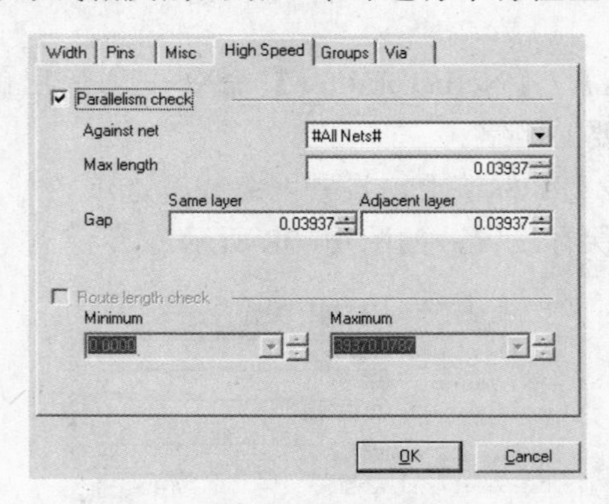

图 16-40　平行检查

2）布线长度检查　勾选“Route length check”复选框，并且输入环形、星形拓扑结构引脚连接间的覆铜的最小和最大长度，即可进行布线长度检查。

11．设置其他种类的网络参数

（1）单击菜单【Toos】/【Netlist Editor】命令，从弹出的“Net edit”对话框中的“Net”下拉列表中选择需要的网络。

（2）单击“Misc”标签页。

（3）在“Layers”区域选择所选网络布线覆铜所在的层。

（4）在优先处输入优先布线的网络，“1”代表最高优先级，“2”代表第二优先级。如果不需要优先布线可以将优先级设置为无。

（5）在网络屏蔽处选择用于屏蔽的网络，此时线宽选择激活，可以输入需要的值。

（6）输入其他需要的参数并单击【OK】按钮。

12. 设置群组参数

（1）单击菜单【Toos】/【Netlist Editor】命令，从弹出的“Net edit”对话框的“Net”下拉列表中选择需要的网络。

（2）选择“Groups”标签页。

（3）输入需要的群组参数并且单击【OK】按钮。

13. 设置过孔参数

（1）单击菜单【Tools】/【Netlist Editor】命令，从弹出的“Net edit”对话框中的“Net”下拉列表中选择需要的网络。

（2）选择“Via”（过孔）标签页，弹出如图 16-41 所示的对话框。

（3）设置“Via Drill Diameter”（过孔填充直径）和“Via Pad Diameter”（过孔焊盘直径）并单击【OK】按钮。

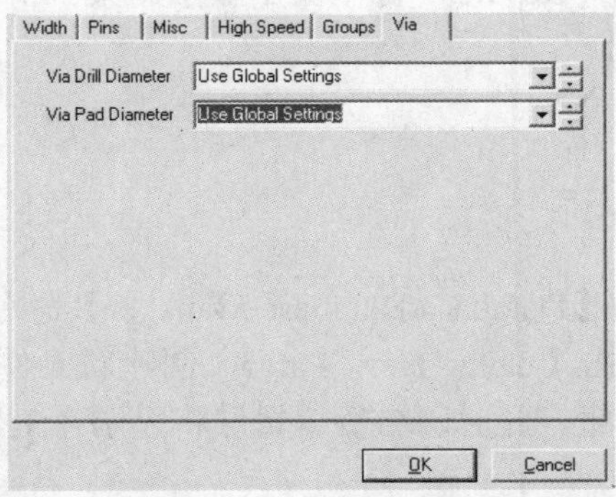

图 16-41　设置过孔参数对话框

14. 高亮显示网络

（1）单击需要设置高亮显示的网络片断。

（2）单击菜单【Design】/【Highlight Selected Net】命令，此时工作区中的整个选中的网络都将高亮显示，并且在数据表格视图中的“Net”标签页的预览区里显示预览。

15. 屏蔽网络

（1）单击菜单【Design】/【Shield Nets】命令，弹出“Net Shielding”对话框，如图 16-42 所示。

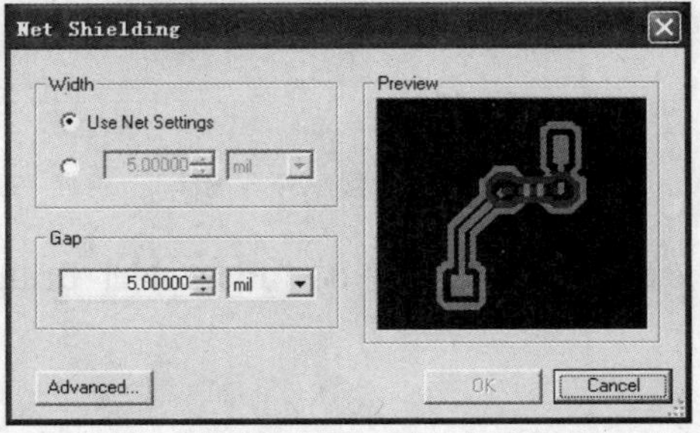

图 16-42　“Net Shielding”对话框

（2）设置需要的选项。

（3）单击【Advanced】（高级）按钮，弹出“Advanced Net Shielding Options”（高级网络屏蔽选项）对话框。

（4）在屏蔽网络区域选择用于屏蔽的网络，“Use Net Settings”用于在数据表格视图中选择屏蔽设置；“GND”表示选择激活下拉菜单，从中选择用于屏蔽的网络。

（5）在“On DRC Error”区域，选择当发生 DRC 错误时的动作。

（6）在“On Other Failures”区域，选择其他错误的动作。

（7）在“Net”区域，选择需要屏蔽的网络。

（8）在“Layers”区域，选择放置屏蔽的层。

（9）单击【OK】按钮，将返回到“Net Shielding”对话框。

（10）单击【OK】按钮。

（11）在数据表格视图的“Results”标签页中显示结果。

16.16 网络桥

16.16.1 创建网络桥

（1）单击菜单【Tools】/【Database/Database Manager】命令，弹出数据库管理器。

（2）在“Parts”区域单击【Creat New Part】（创建新元件）按钮，选择“Net bridge”（网络桥）并单击【OK】按钮，此时网络桥编辑层将显示在工作区中，如图 16-43 所示。

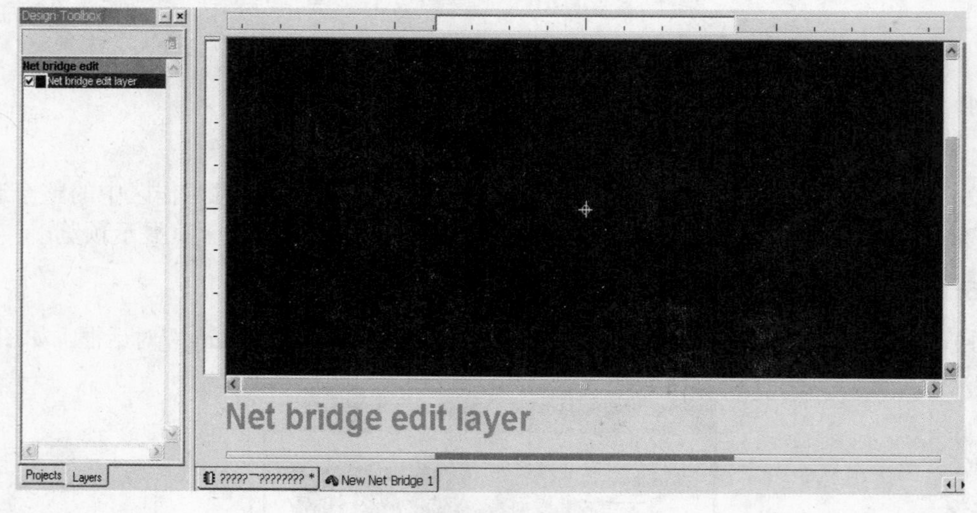

图 16-43 网络桥编辑层

（3）单击菜单【Place】/【Pins】命令，弹出“Place Net Bridge Pin”对话框，如图 16-44 所示。

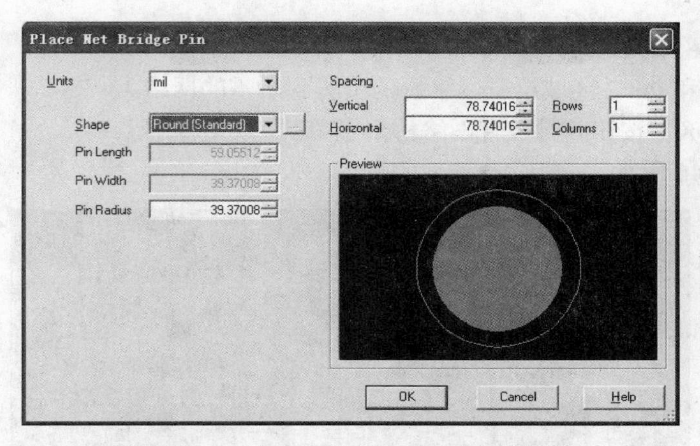

图 16-44　“Place Net Bridge Pin”对话框

（4）输入网络桥第 1 个引脚的参数，单击【OK】按钮放置这个引脚到工作区中。

（5）再单击菜单【Place】/【Pins】命令，输入网络桥第 2 个引脚的参数，单击【OK】按钮并放置这个引脚到目标位置。

（6）通过单击菜单【Place】/【Shape】/【Rectangle】命令连接这两个引脚，并且在它们之间绘制一个能交迭在其中的矩形，如图 16-45 所示。

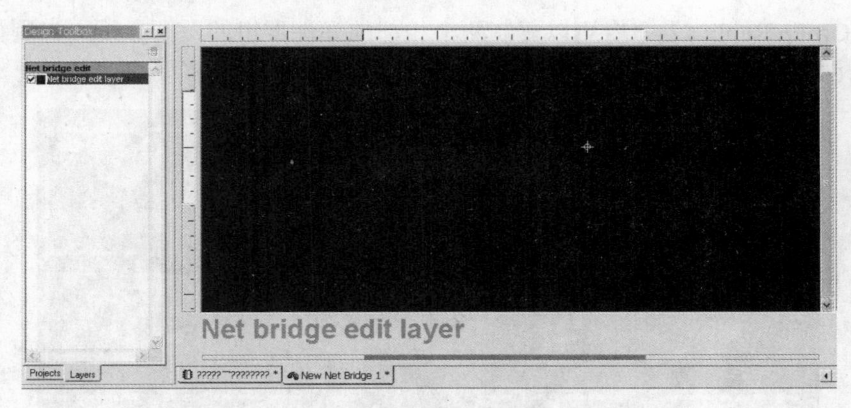

图 16-45　创建网络桥

（7）选择“Net brdige edit layer”（网络桥编辑层），当设置得到确认后，及时保存新的网络桥。

16.16.2　放置网络桥

放置网络桥的步骤如下。

（1）单击菜单【Place】/【Net Bridge】命令，弹出“Place Net Bridge”对话框。

（2）单击“Select Net Bridge from Database”（从数据库中选择网络桥），弹出“Get a part from the database”对话框。

（3）在“Available Parts”（可用元件）区域中选择需要的网络桥并单击【OK】按钮，此时将返回到“Place Net Bridge”对话框。

（4）在 Pin 1 和 Pin 2 区域绘制网络桥的引脚到所需的网络。

（5）单击【OK】按钮并且放置网络桥十字。

结果如图 16-46 所示。

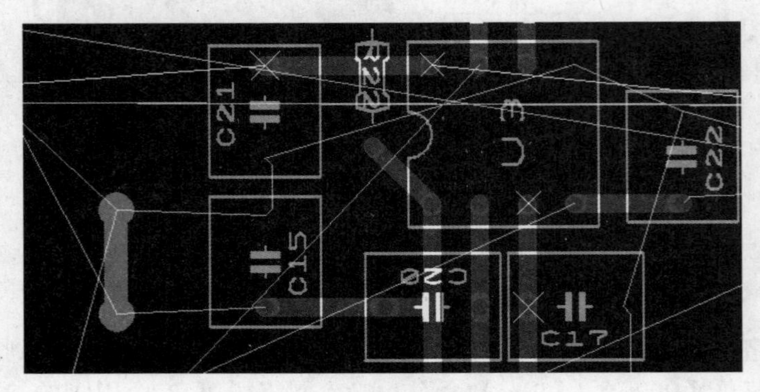

图 16-46　放置网络桥示例

16.17　复制布线覆铜

利用【Group Replica】命令可以复制两个相邻的元件群组的覆铜导线，步骤如下。

（1）先创建两个相邻的元件群组，如图 16-47 所示。

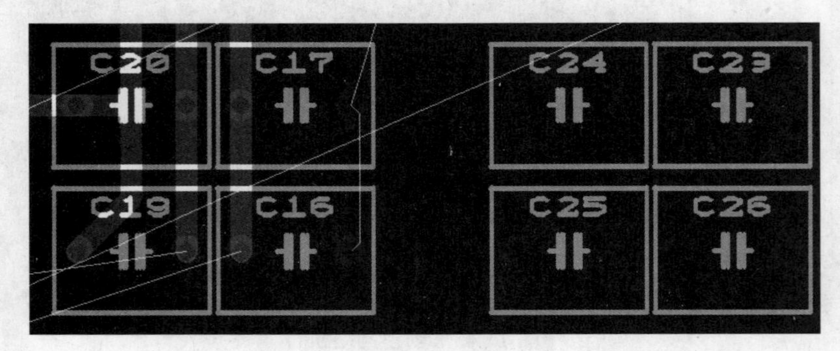

图 16-47　创建相邻元件群组

（2）在其中一个元件群组中布置覆铜导线。

（3）单击菜单【Design】/【Copy route】命令，弹出“Copy Route”对话框。

（4）在“Source group”（源群组）处选择已经布置覆铜导线的群组，并且在“Destination group”（目的群组）中输入要与源群组相同布置覆铜导线的群组名，单击【OK】按钮，此时布线将复制到目的群组，如图 16-48 所示。

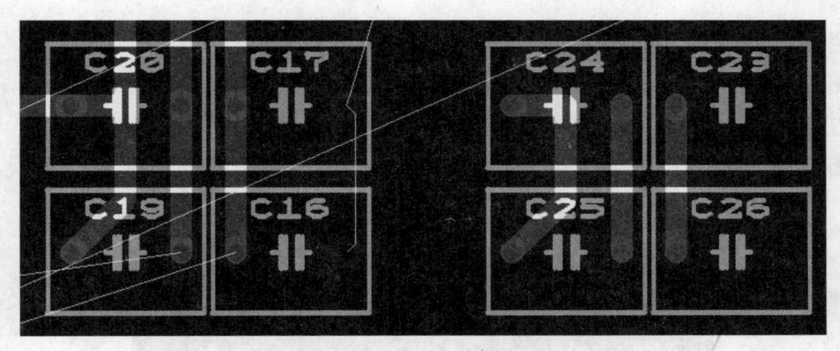

图 16-48　复制元件群组示例

16.18　交换引脚和门

引脚交换和门交换主要用于类似的引脚、门之间交换以减小覆铜的距离，包括手动设置交换和自动交换。使用此功能前，要在 Multisim 的“Component Properties”（元件属性）对话框的“Footprint”（封装）标签页中设置引脚群组。

交换引脚功能适用于同型号的 IC 的引脚之间的交换。

（1）单击菜单【Design】/【Swap pins】命令。

（2）单击要交换的第 1 个引脚，如图 16-49 所示。

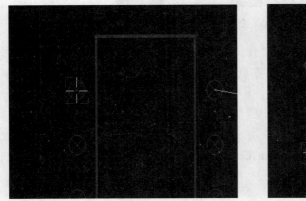

图 16-49　交换引脚示例

（3）单击第 2 个引脚来完成这个动作。

当所选择的引脚不能用于交换时或引脚没有引脚群组信息时，系统将提示错误信息。

交换门功能用于交换类似的门，在“PCB properties”对话框的“Design Rules”标签页的“Pin&Gate Swapping Settings”区域中进行预先设置。

- Internal Gates Only（内部交换）：仅支持同一 IC 的门交换
- Advanced Swapping（高级交换）：允许类似的 IC 间交换门

在 Ultiboard 中的元件群组中设置用于可交换的门，每一个元件群组将包含自己的交换信息。

元件间交换门的操作步骤如下。

（1）单击菜单【Design】/【Swap Gates】命令。

（2）通过单击相应的字符选择第 1 个希望交换的门。

（3）单击门相应的字符到要交换的门，此时飞线将根据交换的情况显示交换，如图 16-50 所示。

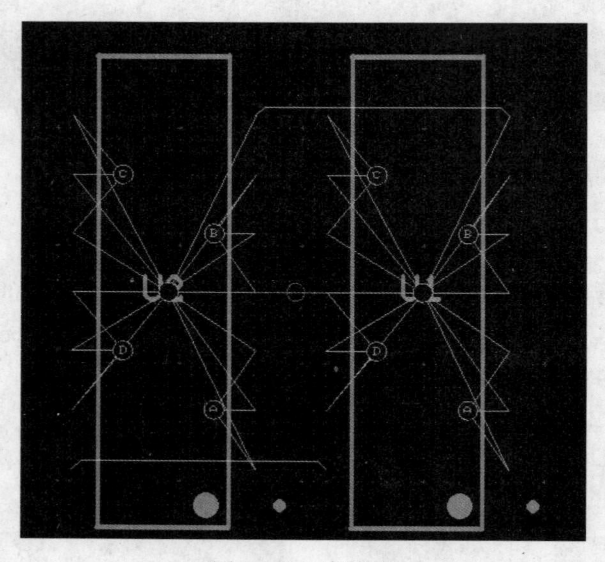

图 16-50　交换门

自动引脚和门交换功能可以帮助用户在工作区中移动元件后交换引脚或门。使用此功能前必须在数据表格视图的“Design Rules”标签页的 PCB 属性对话框中设置允许 Pin/Gate 交换。

在移动元件后自动交换引脚和门的操作步骤如下：

（1）在工作区中移动需要的元件。

（2）单击菜单【Design】/【Automatic Pin Gate Swap】命令。此时引脚和门的交换将尽可能多地完成有效的布线连通性。

练习题

（1）打开 Ultiboard 10 提供的 Int4lUnplaced Samples，利用 3 种放置铜膜导线的方法，分别将 Samples 中的焊盘连接起来，并且打开密度工具条观察密度分布状况。

（2）打开 Ultiboard 10 提供的 Int4lUnplaced Samples，将 GND 网络定义到覆铜并放置在 PCB 底层，放置好覆铜后，将覆铜一次性删除。

（3）新建一个 PCB 设计，并新建一个边框边界线后，在靠近边框边界线四周的顶角放置 4 个从顶层至底层焊盘直径为 100mil，填充直径为 50mil 的过孔。

（4）打开 Ultiboard 10 提供的 Int4lUnplaced Samples，将 GND 网络分别设置为星形、环形、最短，并仔细观察 3 种拓扑结构的区别。

第17章 PCB计算器、自动布局、自动布线

PCB 传输线计算器

PCB 差分阻抗计算器

自动布局与自动布线

自动布总线

放置自动测试点

17.1 PCB 传输线计算器

为了在高速 PCB 中控制信号的反射，必须对传输线做量化处理。设计人员可以通过计算传输线的阻抗特性来终止传输特性。

17.1.1 微波传输线计算器

设置微波传输线计算器的步骤如下。

（1）单击菜单【Tools】/【PCB Transmission Line Calculator】命令，弹出“PCB Transmission Line Calculator”对话框，如图 17-1 所示。

（2）在“Type”（类型）下拉列表中选择“Microstrip”（微波传输）选项。

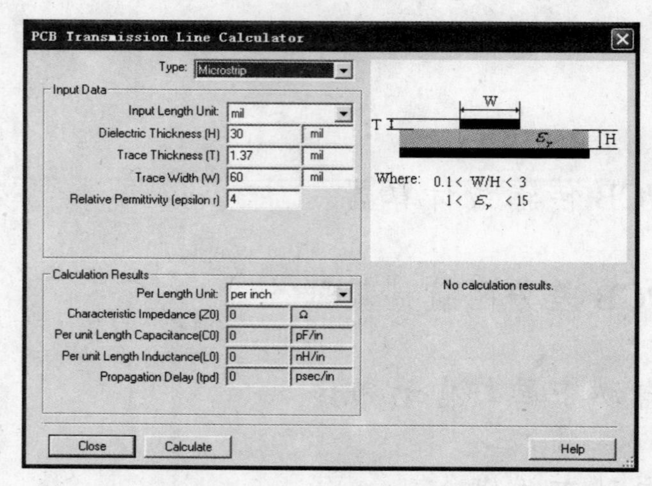

图 17-1 “PCB Transmission Line Calculator”对话框

（3）在“Input Data”栏，编辑需要设置的参数。

（4）单击【Calculate】（计算）按钮，计算的结果显示在“Calculation Results”（计算结果）区域。同时也显示在数据表格视图的“Results”（结果）标签页。

（5）单击【Colse】按钮关闭 PCB 传输线计算器。

微波传输线计算公式：

$$Z_0 = 87/(\mathrm{sqrt}(E_r + 1.41)) \ * \ \ln(5.98 * H/(0.8 * W+T))$$

$$T_{pd} = 58.35247 * \mathrm{sqrt}(E_r+1.41)$$

$$C_0 = T_{pd}/Z_0$$

$$L_0 = C_0 * Z_0 * Z_0$$

17.1.2 内含微波的微波传输线计算器

设置内含微波的微波传输线计算器的步骤如下。

（1）单击【Tools】/【PCB Transmission Line Calculator】命令，弹出如图 17-1 所示的对

话框。

（2）在“Type”（类型）下拉列表中选择“Embedded Microstrip”（内含的微波传输），如图 17-2 所示。

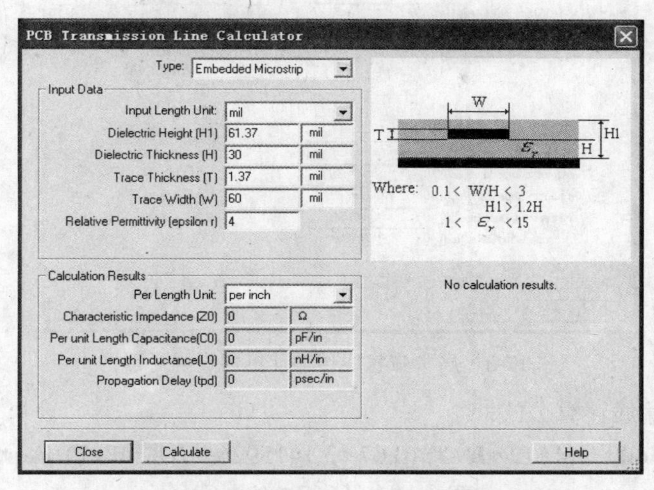

图 17-2　内含微波的微波传输线计算器设置对话框

（3）在“Input Data”栏，编辑需要设置的参数。

（4）单击【Calculate】（计算）按钮，计算的结果显示在“Calculation Results”（计算结果）区域。同时也显示在数据表格视图的“Results”（结果）标签页。

（5）单击【Colse】按钮关闭 PCB 传输线计算器。

内含微波的微波传输线计算公式：

$$Z_0 = 56 * \ln(5.98 * H/(0.8 * W+T))/\mathrm{sqrt}(E_r * (1-\exp(-1.55 * H_1/H)))$$

$$T_{pd} = 84.66667 * \mathrm{sqrt}(E_r * (1-\exp(-1.55 * H_1/H)))$$

$$C_0 = T_{pd}/Z_0$$

$$L_0 = C_0 * Z_0 * Z_0$$

17.1.3　居中带状线传输计算器

设置居中带状线传输计算器的步骤如下。

（1）单击菜单【Tools】/【PCB Transmission Line Calculator】命令，弹出如图 17-1 所示的对话框。

（2）在“Type”（类型）下拉列表中选择“Centered Stripline”（居中带状线的微波传输），如图 17-3 所示。

（3）在“Input Data”栏，编辑需要设置的参数。

（4）单击【Calculate】（计算）按钮，计算的结果显示在“Calculation Results”（计算结果）区域。同时也显示在数据表格视图的“Results”（结果）标签页。

（5）单击【Colse】按钮关闭 PCB 传输线计算器。

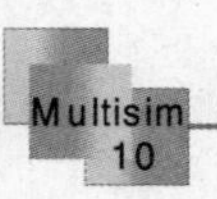

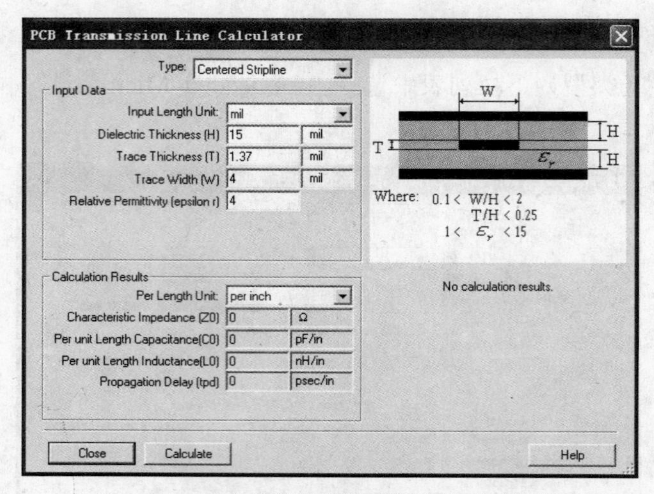

图 17-3　居中带状线传输计算器设置对话框

居中带状线传输线计算公式：

$$Z_0 = 60 * \ln(4 * (2 * H+T)/(0.67 * 3.1415926 * (0.8 * W+T)))/\mathrm{sqrt}(E_r)$$

$$T_{pd} = 84.66667 * \mathrm{sqrt}(E_r)$$

$$C_0 = T_{pd}/Z_0$$

$$L_0 = C_0 * Z_0 * Z_0$$

17.1.4　不对称带状传输计算器

不对称带状传输计算器设置步骤如下。

（1）单击菜单【Tools】/【PCB Transmission Line Calculator】命令，弹出如图 17-1 所示的对话框。

（2）在“Type”（类型）下拉列表中选择“Asymmetric Stripline”（不对称带状线的微波传输），如图 17-4 所示。

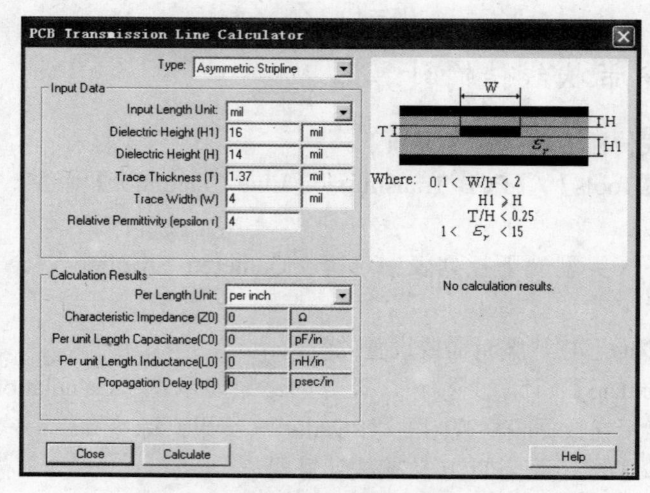

图 17-4　不对称带状传输计算器对话框

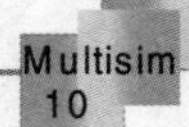

（3）在“Input Data”栏，编辑需要设置的参数。

（4）单击【calculate】按钮（计算），计算的结果显示在“Calculation Results”（计算结果）区域。同时也显示在数据表格视图的“Results”（结果）标签页。

（5）单击【Colse】按钮关闭 PCB 传输线计算器。

不对称带状线微波传输线计算公式：

$$Z_0 = (1-H/(4*H_1))*80*\ln(4*(2*H+T)/(0.67*3.1415926*(0.8*W+T)))/\mathrm{sqrt}(E_r)$$

$$T_{pd} = 84.66667*\mathrm{sqrt}(E_r)$$

$$C_0 = T_{pd}/Z_0$$

$$L_0 = C_0*Z_0*Z_0$$

17.1.5 双带状线传输计算器

双带状传输线计算器设置步骤如下。

（1）单击菜单【Tools 】/【PCB Transmission Line Calculator】命令，弹出如图 17-1 所示的对话框。

（2）在“Type”（类型）下拉列表中选择“Dual Stripline”（双带状线微波传输），如图 17-5 所示。

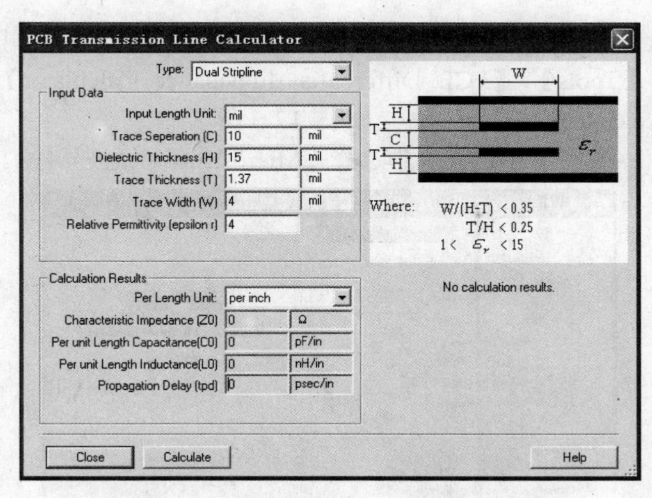

图 17-5 双带状传输线计算器设置对话框

（3）在“Input Data”栏，编辑需要设置的参数。

（4）单击【caculate】（计算）按钮，计算的结果显示在“Calculation Results”（计算结果）区域。同时也显示在数据表格视图的“Results”（结果）标签页。

（5）单击【Colse】按钮关闭 PCB 传输线计算器。

双带状线微波传输线计算公式：

$$Z_0=30*(\ln(8*H/(0.67*3.1415926*(0.8*W+T)))+\ln(8*(H+C)/(0.67*3.1415926*(0.8*W+T))))/\mathrm{sqrt}(E_r)$$

$$T_{pd} = 84.66667*\mathrm{sqrt}(E_r)$$

$$C_0 = T_{pd}/Z_0$$

$$L_0 = C_0 * Z_0 * Z_0$$

17.2 PCB 差分阻抗计算器

PCB 差分阻抗计算器用于计算平均和相反的两条有信号传输的导线。使用 PCB 差分阻抗计算器工具可以计算以下参数的微分。

- Characteristic Impedance (Zo)：特性阻抗
- Per unit length Capacitance (Co)：每单位长度电容量
- Per unit length Inductance (Lo)：每单位长度电感量
- Propogation Delay (tpd)：传输延时
- Differential Impedance (Zdiff). 差分阻抗

PCB 差分阻抗计算器支持 Microstrip Calculations（微波传输计算）、Embedded Microstrip Calculations（内置微波传输计算）、Centered Stripline Calculations（居中带状传输计算器）和 Asymmetric Stripline Calculations（不对称带状传输计算器）4 种计算器。

17.2.1 Microstrip Calculations（微波传输计算器）

设置微波传输差分阻抗计算器的步骤如下。

（1）单击菜单【Tools】/【PCB Differential Impedance Calculator】命令，弹出“PCB Differential Impedance Calculator”对话框，如图 17-6 所示。

（2）从“Type”（类型）下拉列表中选择“Microstrip”（微波传输）。

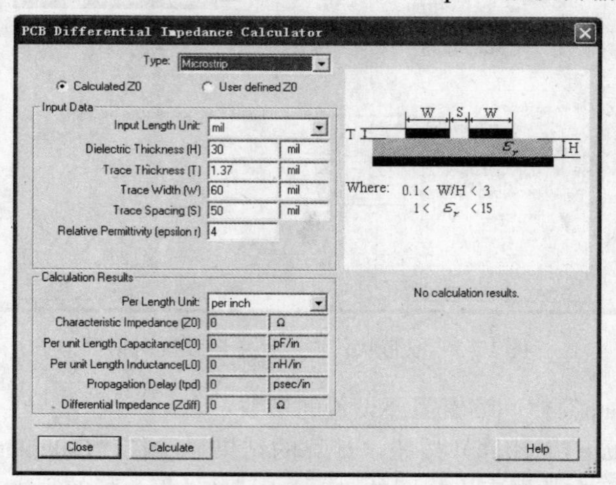

图 17-6 “PCB Differential Impedance Calculator”设置对话框

（3）在“Input Data”栏，编辑需要设置的参数。

或者用户根据自行需要设置特性阻抗（Z0），选择“User Defined Z0”选项并且填写相关参数。

（4）单击【Calculate】（计算）按钮，计算的结果在“Calculation Results”区域。同

时，结果也显示在数据表格视图的“Results”标签页。

（5）单击【Close】按钮关闭PCB差分阻抗计算器。

差分阻抗计算器的公式为：

$$Z_0 = 87/(\text{sqrt}(E_r + 1.41)) \;*\; \ln(5.98 * H/(0.8 * W+T))$$

$$T_{pd} = 58.35247 * \text{sqrt}(E_r+1.41)$$

$$C_0 = T_{pd}/Z_0$$

$$L_0 = C_0 * Z_0 * Z_0$$

$$Z_{diff} = 2 * Z_0 * (1-0.48 * \exp(-0.96 * S/H))$$

17.2.2　设置居中带状线微波传输差分阻抗计算器

设置居中带状线微波传输差分阻抗计算器的步骤如下。

（1）单击菜单【Tools】/【PCB Differential Impedance Calculator】命令，弹出如图17-6所示的对话框。

（2）从“Type”（类型）下拉列表中选择“Embedded Microstrip”（内置微波传输），如图17-7所示。

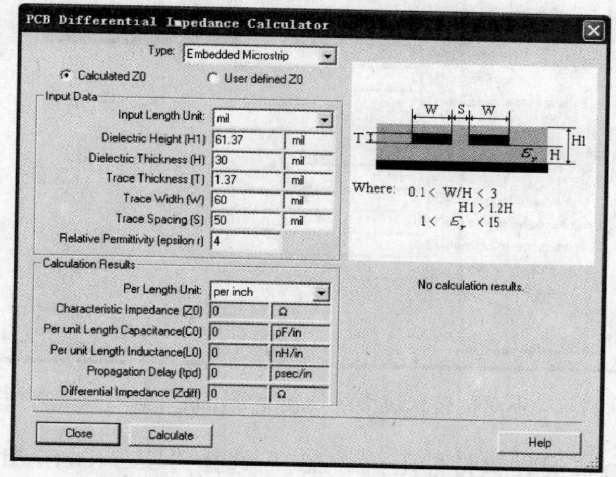

图17-7　居中带状线微波传输微分阻抗计算器设置对话框

（3）在“Input Data”栏，编辑需要设置的参数。

或者用户根据自行需要设置特性阻抗（Z_0），选择“User Defined Z0”选项并且填写相关参数。

（4）单击【Calculate】（计算）按钮，计算的结果在“Calculation Results”区域。同时结果也显示在数据表格视图的“Results”标签页。

（5）单击【Close】按钮关闭PCB差分阻抗计算器。

居中带状线微波差分阻抗计算器的公式为：

$$Z_0 = 60 * \ln(4 * (2 * H+T)/(0.67 * 3.1415926 * (0.8 * W+T)))/\text{sqrt}(E_r)$$

$$T_{pd} = 84.66667 * \text{sqrt}(E_r)$$

$$C_0 = T_{pd}/Z_0$$
$$L_0 = C_0 * Z_0 * Z_0$$
$$Z_{diff} = 2 * Z_0 * (1-0.347 * \exp(-2.9 * S/(2 * H+T)))$$

17.2.3 设置不对称带状线微波传输差分阻抗计算器

设置不对称带状线微波传输差分阻抗计算器的步骤如下。

（1）单击菜单【Tools】/【PCB Differential Impedance Calculator】命令，弹出“PCB Differential Impedance Calculator”对话框。

（2）从“Type”（类型）下拉列表中选择“Centered Stripline”（内置微波传输），如图 17-8 所示。

（3）在“Input Data”栏，编辑需要设置的参数。

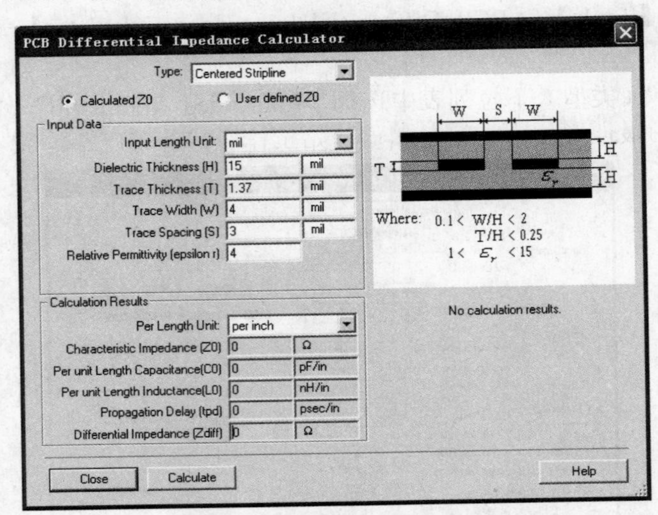

图 17-8　不对称带状线微波传输差分阻抗计算器设置对话框

或者用户根据自行需要设置特性阻抗（Z0），选择“User Defined Z0”选项并填写相关参数。

（4）单击【Calculate】（计算）按钮，计算的结果在“Calculation Results”区域。同时结果也显示在数据表格视图的“Results”标签页。

（5）单击【Close】按钮关闭 PCB 差分阻抗计算器。

不对称带状线微波差分阻抗计算器的公式为：

$$Z_0 = (1-H/(4 * H_1)) * 80 * \ln(4 * (2 * H+T)/(0.67 * 3.1415926 * (0.8 * W+T)))/\mathrm{sqrt}(E_r)$$
$$T_{pd} = 84.66667 * \mathrm{sqrt}(E_r)$$
$$C_0 = T_{pd}/Z_0$$
$$L_0 = C_0 * Z_0 * Z_0$$
$$Z_{diff} = 2 * Z_0 * (1-0.347 * \exp(-2.9 * S/(H+H_1+T)))$$

17.3 自动布局与自动布线

Ultiboard 10 中提供了多种布线和布局的工具，这些工具能够进行高级地艺术级地自动布局，为印制电路板的布线做最佳优化。使用 Ultiboard 提供的布线和布局功能，必须通过访问“Autoroute”菜单进行。

在某些时候，设计人员需要在进行自动布局前预先放置一个元件（如过孔），此种情况下，需要先锁定预置的元件。

17.3.1 自动布局

在自动布局中锁定元件有以下两种方法。

（1）选择预置的元件，并且单击菜单【Edit】/【Lock】命令。

（2）同时也可以在数据表格视图中的“Part”标签页中锁定元件。

自动布局的工作原理是，在电路板中进行的自动布局和反自动布局使用的是打散和重组的算法寻找元件的最佳定位。当自动布局开始工作后，屏幕底部将显示完成自动布局的进度，与此同时也显示了多少个元件已经放置，多少引脚已经交换。如果利用自动布局工具不能放置所有的元件，系统将在数据表格视图的“Results”标签页中显示多少元件没有放置。

自动布局的元件以一个“串”的形式出现，这些串由元件的多引脚分组和一系列的元件连接产生，并且每个元件引脚都超过 4 个。每一个“串”都分配到了布局的优先权。携带元件到“串”中，布局器能够放置这些元件，并且进行多重连接。连接到电源部分的电容器通常被排斥在“串”外。Ultiboard 10 能够自动识别退耦电容，将退耦电容靠近 IC 电源脚放置。

单击菜单【Autoroute】/【Start Autoplacement】命令即可运行自动布局器。倘若要放置选中的元件，可单击菜单【Atuoroute】/【Autoplace Selected Parts】命令。任意元件的布局结果可以在数据表格视图的“Results”标签页中查看。

通过“Routing Options”对话框的“Autoplace”标签页可以控制自动布局器。

自动布局器的设置步骤如下。

（1）单击菜单【Autoroute】/【Autoroute】/【place Options】命令，弹出“Routing Options”对话框。

（2）选择“Routing Options”对话框的“Autoplace”标签页，如图 17-9 所示。

（3）在“Retries”（重试）区域的“Number of Retries [1…10]”栏（重试次数）输入 1～10 的数字。这个数字表明放置元件的比例。例如，设置为“3”表明布局器尝试放置 1/3 的元件。

（4）在“Cost Factors 区域”设置下面两个参数。

- “Part Pin Factor[0…10]”（引脚因素）：用于控制串的布局。当确定下一个放置的元件时，串布局器将寻找和已放置元件连接最多的元件。输入 0～10 之间的一个数字，输入 0 时将把引脚连接的最高数量区分开，输入 10 将把引脚全部连接最高数区分开。数值很高的引脚因数常得到较好的分

配。但是太高的引脚因数会导致过早地放置较大型的元件，而使得高密度的电路板拥有过多小元件的破裂区域

➢ “Segment Fit[0…10]”（片断适配）：用于设置均等并排放置元件的区域

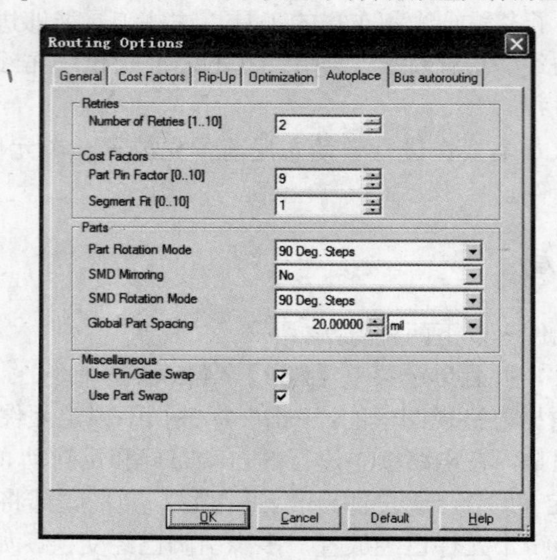

图 17-9 “Routing Opions”对话框的“Autoplace”标签页

（5）设置“Parts”区域的参数。

➢ “Part Rotation Mode”（元件旋转模式）：用于设置放置元件时，布局器可以旋转多少通孔工艺元件

➢ “SMD Mirroring”（SMD 镜像）：用于设置放置在底层或顶层的 SMD 元件和调节元件的空间

➢ “SMD Rotation Mode”（SMD 旋转模式）：用于设置在自动布局器中可以旋转的 SMD 元件

➢ “Global Part Spacing”（全局元件间隔）：用于设置元件间运行的最小间隔

（6）设置“Misscellaneous”（混杂）区域中的参数。

➢ “Use Pin/Gate Swap”（使用引脚、门交换）：用于检查在自动布局过程中允许引脚、门的交换

➢ “Use Part Swap”（使用元件交换）：用于检查在自动布局过程中允许元件交换

（7）单击【OK】按钮应用以上的设置。

（8）如果需要恢复到系统的默认设置，单击【Default】按钮即可。

尽管 Ultiboard 10 提供了先进的自动布局工具，但有时仍不能将所有元件放置到设计中，在这种情况下，可以尝试用以下的方法将元件全部放置到电路中。

➢ “Reduce the part spacing”（缩减元件间距）：当元件的扩展值变大时，可放置元件的区域就变得更小。缩减元件的空间可以使得自动布局器压缩出更多的密度

➢ “Use part rotation”（使用元件旋转）：如果限制元件的旋转，自动布局器将不能适应一些元件。使用较少的限制性旋转条件，可以帮助元件适应自动布局器在电路板上放置更多的元件

➢ “Allow SMD mirroring”（允许 SMD 镜像）：用于设置在电路板的两面放置元件

➢ “Use smaller keep-out or keep-in areas”（使用较小的 keep-out 或 keep-in 区域）：一个带有 keep-in 区域的 PCB 可以设置成与 keep-out 区域相等，或者与此相反。不管具体情况如何，选择一个减少

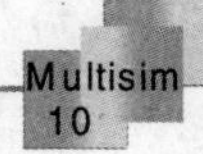

电路板的 keep-in 或 keep-out 的策略，从根本上减少自动布局器的工作效率

➢ “With very dense boards，the last few parts may need to be hand－placed”（对于高密度的电路板，最好将一小部分元件需要手工放置）：自动布局器的运算法则保证电路布线的最佳优化，将放置所有的元件放置到尽可能小的区域里。如果自动布局器在放置全部的元件外，仍然留有 1～2 个元件没有放置，通常可以通过手工的方法放置（利用 Ultiboard 的元件推挤功能保证手工放置时元件不堆叠）

17.3.2　自动布线

Ultiboard 10 包含了 4 个基本的布线步骤：布线预处理、初始布线、打散和重试和最优化。

1．布线预处理

在开始布线工作之前，Ultiboard 会分析整个电路板，分析线宽、间距、keep-in/out areas 等，这个预处理程序将很好地适应详细的布线参数和运算法则的电路板。

2．初始布线

初始布线能自动地在一个布线步骤布置尽可能多的导线并且不使用打散和重试功能。Ultiboard 让导线“拥抱”，来尽可能地彼此靠近，靠近障碍物，同时也将适当地使用覆铜分配。

3．打散、重试

打散、重试用于尝试布通所有开放的连接。在某些情况下，Ultiboard 10 可以一次性布通所有的导线。但是，当 Ultiboard 没有完成 100%的工作布线任务时，打散和重试工具将对选择的导线腾出空间。打散、重试工具由“原路返回”运算法则监视它的工作记录，该功能在一次性布通时达不到 100%时自动激活。Ultiboard 的元件打散、重试程序能自动地分析电路板的密度、布线策略以减少手工布线的工序。

4．最优化

当自动布线达到 100%后可以使用最优化功能。它能够去除不需要的过孔和平滑导线以减少制造成本。同时也能够为仍然保留的开放的连接布线。

5．为当前选中的元件和网络布线

首先选择需要的元件并单击菜单【Autoroute】/【Autoroute Selected Parts】命令，或者选择需要的网络并单击菜单【Autoroute】/【Autoroute Selected Nets】命令，如图 17-10 所示。

Ultiboard 10 提供完善的相互影响控制功能，该功能可以让用户停止当前的布线进程，进行手工放置后继续自动进程。

需要停止自动布线时，单击菜单【Autoroute】/【Stop】/【Pause Autorouter】命令即可。若要重启自动布线，单击菜单【Autoroute】/【Start Autorouter】命令即可。

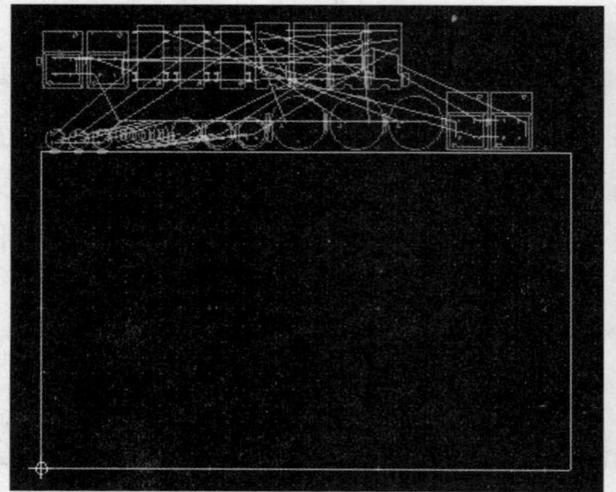

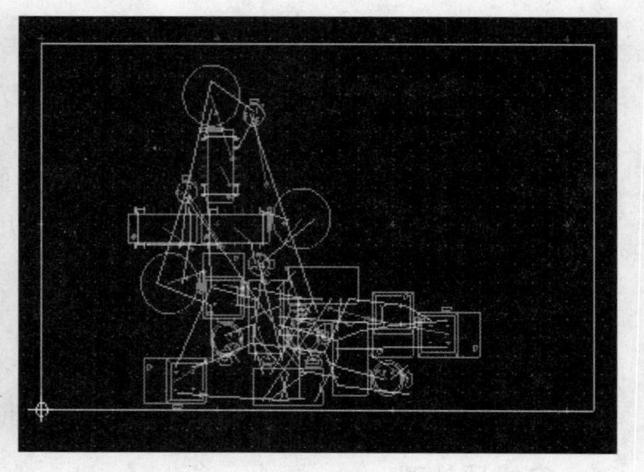

图 17-10　运行自动布线的示例

17.4　自动布总线

Ultiboard 10 提供的自动布总线功能和前面的自动布线类似，但需要事先设置定义总线群组，如图 17-11 所示，自动布总线的设置步骤如下。

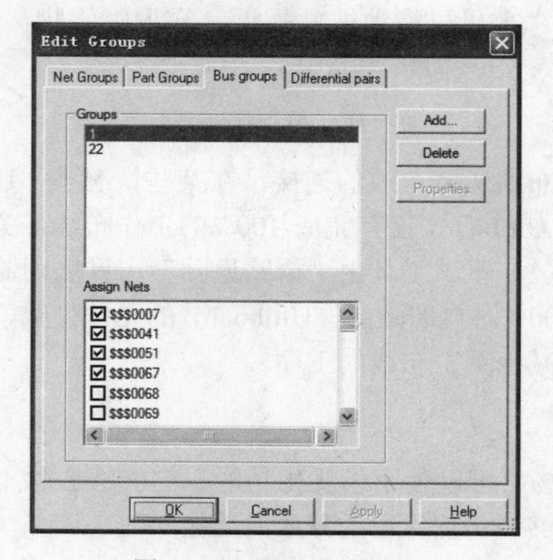

图 17-11　设置总线群组

（1）单击菜单【Autoroute】/【Autoroute Selected Buses】命令，弹出“Bus autorouting”对话框，如图 17-12 所示。

（2）在“Defined bus groups”（定义总线群组）栏中选择需要自动布的总线，并且单击【OK】按钮即可。

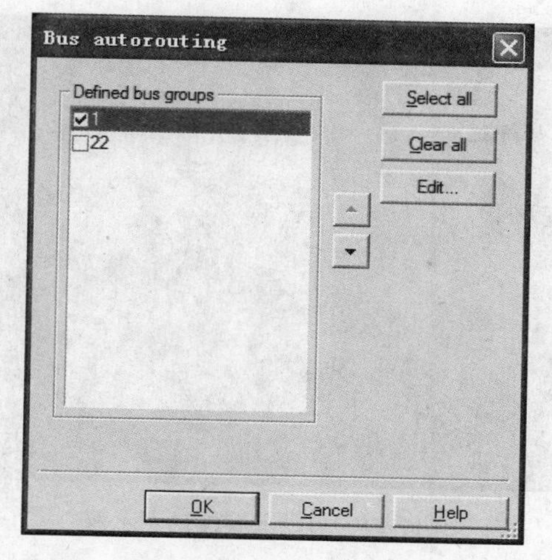

图 17-12 “Bus autorouting”对话框

17.5 放置自动测试点

Ultiboard 10 提供的放置测试点功能，能方便 PCB 的测试。放置步骤如下。

（1）单击菜单【Place】/【Automatic TestPoints】命令，弹出如图 17-13 所示的自动放置测试点对话框。

（2）输入需要的参数并单击【Start】按钮。在“Wire”（线）区域设置直径、板面、旋转；在“Pin Type”（引脚类型）选择通孔工艺或表面贴装工艺；当实际情况允许时，使用现成的过孔充当测试点。

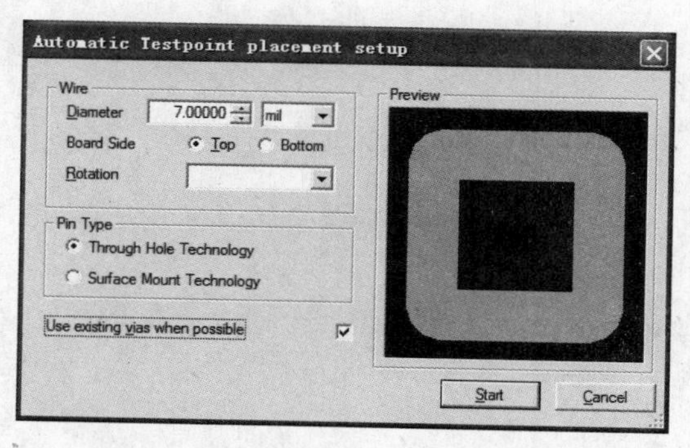

图 17-13 “Automatic TestPoints placement setup”对话框

此时，一个测试点已放置好。如果放置靠近一个现成的网络，测试点将自动连接，如图 17-14 所示。

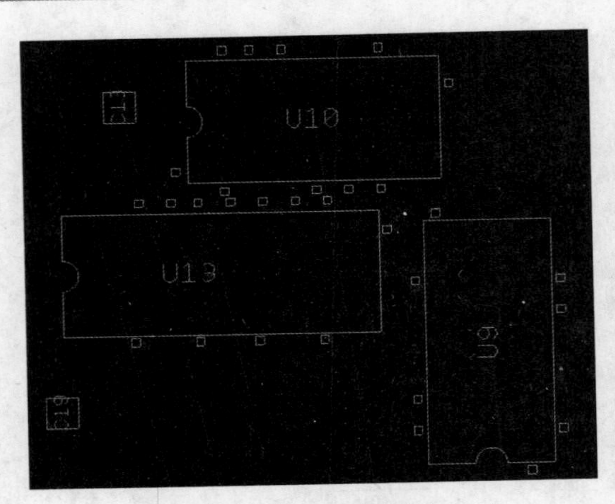

图 17-14　自动放置测试点示例

练习题

（1）打开 Ultiboard 10 提供的 Int4lUnplaced Samples，对 Samples 自动布局，并进行自动布线。

（2）打开 Ultiboard 10 提供的 Int4lUnplaced Samples，通过观察 PCB 中的元件、网络，分别手工设置 RP3、JP2、U8 总线群组；U10、U9 总线群组；U5、U6 总线群组，并为这 3 个总线设置自动布总线。

第18章

为生产装配、制造做准备

- 放置、编辑文本
- 捕获屏幕
- 放置注释
- 给元件重新编号
- 返回注释到 Multisim
- 弯脚
- 手工运行设计规则和网络表检查
- 整理 PCB 文件
- 输出设计文件
- 用 3D 方式查看电路 PCB
- 使用机械 CAD 进行电路 PCB 周边设计

18.1 放置和编辑文本

PCB 设计中会包含诸如产品的版本、设计人员和公司名称等文本信息。编辑和放置文本的步骤如下。

（1）单击菜单【Place】/【Graphics】/【Text】命令，弹出“Text”（文本）对话框，如图 18-1 所示。

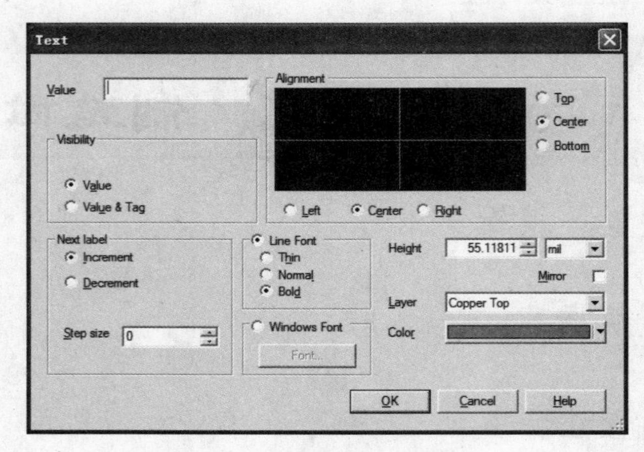

图 18-1 “Text”对话框

（2）在“Value”（值）文本框中输入字符，此时，预览区域显示输入的字符。

（3）设置其他参数，如显示模式、字体、粗细、高度、字符所在的层和颜色。

（4）在“Next label”栏中，“Increment”（增加）允许自动根据最后一个放置的文本值增加，增加大小与“Step Size”（步进值）的值有关。例如放置文本 P1，并且在“Step Size”栏中输入 1，接着放置第 2 个文本标签。此时第 2 个标签将自动设置为 P2，以此类推，如图 18-2 所示。“Decrement”（减小）与“Incerement”相反。

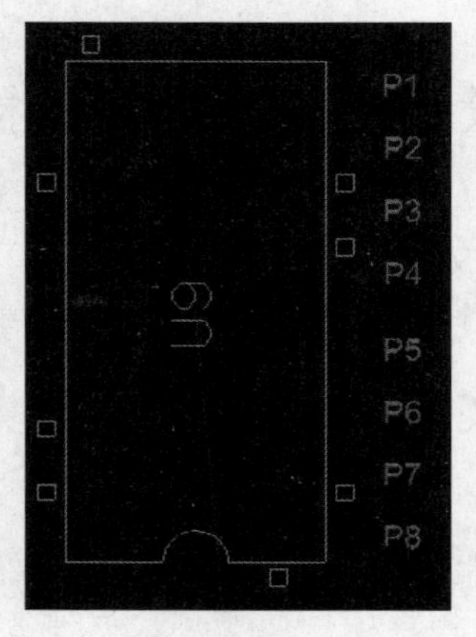

图 18-2 文本值步进增加的文本示例

（5）单击【OK】按钮，“Text”（文本）文本框将关闭，此时光标会跟随输入的字符。

（6）移动光标到目的位置，并且按下鼠标左键。

（7）单击鼠标右键终止操作。

编辑字符的步骤如下。

（1）首先双击字符，弹出“Copper Attribute Properties”对话框，如图 18-3 所示。

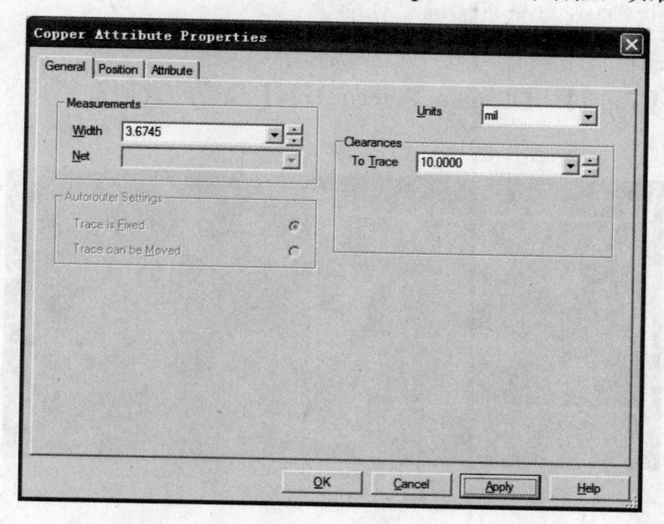

图 18-3　“Copper Attribute Properties”对话框

（2）选择“Attribute”标签页，如图 18-4 所示。

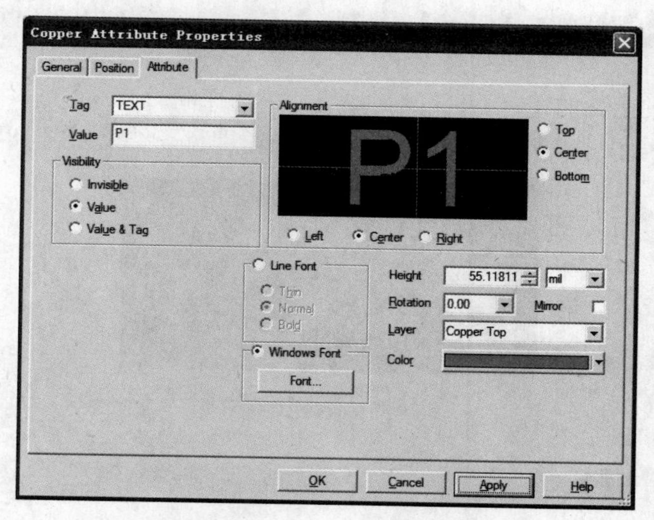

图 18-4　“Copper Attribute Properties”属性对话框的“Attribute”标签页

（3）编辑字符。

（4）单击【OK】按钮，“Copper Attribute Properties”对话框关闭，修改后的字符将应用到设计中。

18.2 捕获屏幕

Ultiboard 10 提供了一个将当前区域的图像捕获，并且将捕获的内容保存到系统的剪贴板中的实用功能，也就是常说的“抓屏”功能。

具体操作步骤如下。

（1）单击菜单【Toosl】/【Capture Screen Area】命令，此时在工作区出现一个选择框，如图 18-5 所示。

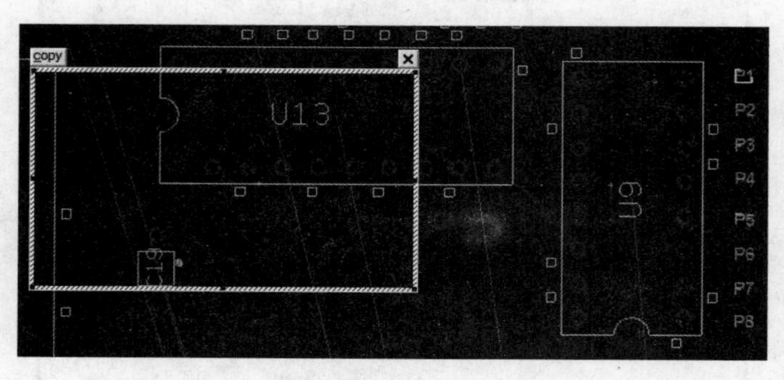

图 18-5　捕获屏幕

（2）拖曳选择框，当光标移动到选择框的四个顶角的任意一个时，光标箭头会变成双向角度箭头，此时可以拖曳光标以改变框的长和宽。

（3）在选择框的顶部单击【Copy】（复制）按钮，选择框以内的图像将复制到系统的剪贴板中。

（4）单击选择的上部的【×】（关闭）按钮关闭选择框。

（5）打开应用程序（如 Word，Photoshop），粘贴即可，结果如图 18-6 所示。

图 18-6　捕获图像示例

18.3 放置注释

在电路板中添加注释，方便制造工人协同工作或为电路设计添加后台信息。

用户可“钉”一个注释到工作区，也可直接输入注释。当一个附着有注释的元件移动时，注释也跟随移动。

在工作区中“钉”一个元件注释的操作步骤如下。

（1）双击设计工具盒中注释所在的层（丝印层），激活该层。

（2）单击菜单【Place】/【Comment】命令，弹出“Comment”对话框，如图 18-7 所示。

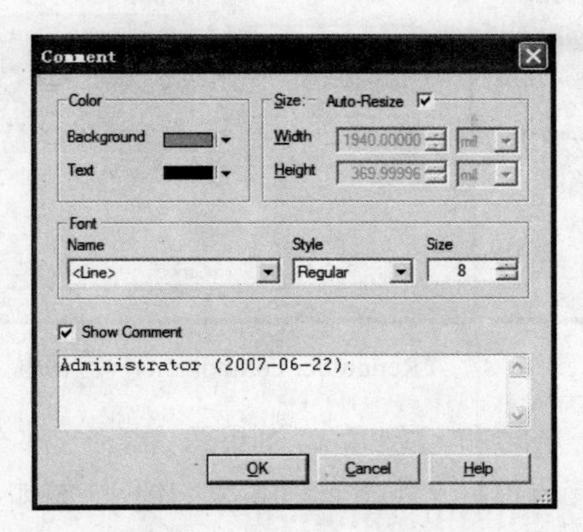

图 18-7 “Comment”对话框

（3）在多行文本框中输入注释。

（4）在“Color”栏中修改信息的颜色。

➢ Background：用于设置注释的背景色

➢ Text：用于设置注释文字的颜色

（5）在“Size”栏，“Auto-Resize”复选框允许根据注释文字的大小自动适应注释的显示。

（6）在“Font”栏里，可以设置字体名、样式和字体大小。

（7）单击【OK】按钮关闭对话框，在需要的放置注释的目的地双击鼠标左键即可。

倘若要修改已经放置的注释的属性，选择这个注释并单击菜单【Edit】/【Properties】命令即可。如果要删除一个已经放置的注释，选择这个注释并按键盘的【Delete】键即可。

18.4 给元件重新编号

设计电路 PCB 时，会根据情况的变化移动、删除和添加元件，于是设计中原有的编号顺序也就随之变化了。此时可以利用重新编号工具将 PCB 中的元件按照设计人员的意图自动编号。

给元件重新编号的设置步骤如下。

（1）选择需要重新编号的元件。

（2）单击菜单【Tools】/【Renumber Footprints】命令，弹出“Renumber components”对话框，如图 18-8 所示。

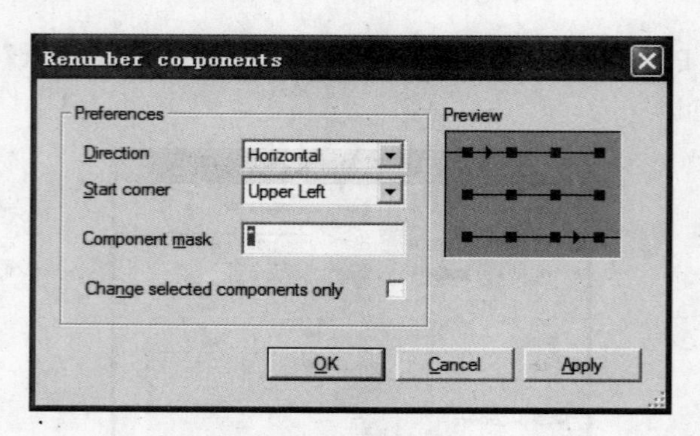

图 18-8 “Renumber components”对话框

（3）选择重新编号的方向和起始角。如果只希望一部分元件重新编号，可以在“Component mask”（元件掩码值）文本框输入相应的值。（例如，只需对电阻或电容元件重新编号，就可以输入 R 或 C。

（4）如果用户对先前选中的元件进行重编号，只需勾选“Change selected componentsonly”选项。

（5）单击【Apply】按钮，将修改应用到设计中，然后关闭对话框。

18.5 返回注释到 Multisim

设计人员对 PCB 设计做了一些改动后，很可能造成与最初从 Multisim 中导入的原理图有所不同，这时可以利用返回注释 Multisim 功能将修改后的 PCB 设计自动返回注释到 Multisim 中，以确保原理图和 PCB 图中的元件、电气连接一致。

返回注释是 CAD 软件的一个非常重要的功能。返回注释的操作是读取 Ultiboard 记录的所有改动的 Log 文件，这个 Log 文件和项目名相同，扩展名为 .log，如图 18-9 所示。

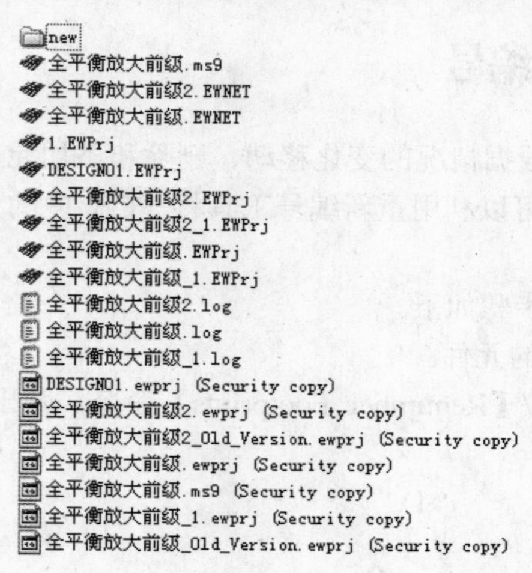

图 18-9 Log 文件列表

设计人员需要注意的是，并非 PCB 所有的改动都可以返回注释到 Multism 中。以下列出了不能返回注释的一些操作改动。

- 元件移除
- 元件重命名
- 网络表重命名

18.6 弯脚

弯脚用于对放置的覆铜导线创建 135° 的圆角以减少或移除尖锐的角度，这对工厂生产非常有用。设计人员可以将弯脚应用到当前选择的导线或应用到整个 PCB 设计中。

为当前的覆铜导线设置弯脚的步骤如下。

（1）首先选择需要进行弯脚处理的覆铜导线。

（2）单击菜单【Design】/【Corner Mitering】命令，弹出“Corner Mitering”对话框。

（3）设置允许“Current Selection”（当前选择）选项，应用修改到当前选择的铜膜导线；设置允许“Whole Design”（整个设计）选项，将会应用修改到当前整个 PCB 设计中。

（4）设置允许“Minimum Length”（最小长度）选项并输入一个长度值和单位。

（5）设置允许“Maximum Length”（最大长度）选项并输入一个长度值和单位。

（6）设置弯脚的角度，勾选“Angle Maximum”（最大角度）选项并输入一个角度值。

（7）当设置好弯脚后，放置弧线前，需将“Place Arcs”选项设为允许。

（8）保存以上的设置并单击【OK】按钮，终止以上操作单击【Cancle】按钮即可。

铜膜导线设置弯脚前后的对比实例如图 18-10 所示。

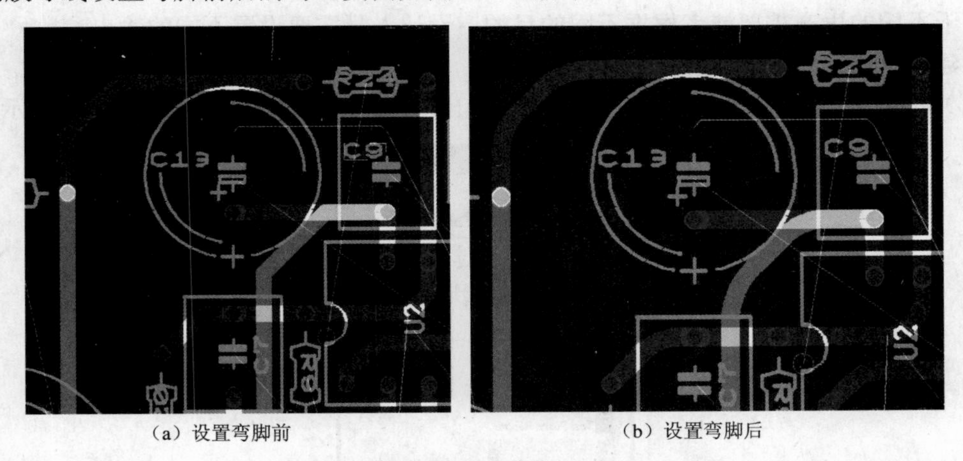

（a）设置弯脚前　　（b）设置弯脚后

图 18-10　铜膜导线设置弯脚前后的对比实例

18.7 手工运行设计规则和网络表检查

Ultiboard 10 中的设计规则和网络表检查是自动运行的，检查的结果显示在数据表格视图的标签页中。设计人员通常会在设计 PCB 的最后阶段进行一次强制性的全面规则检查，此时单击菜单【Design】/【Netlist and DRC Check】命令即可。

18.8 整理 PCB 文件

将电路 PCB 文件送交工厂生产之前，设计人员需要对整个文件里面残留的铜膜导线片断、多余的过孔删除，完成 PCB 的整理工作，保证 PCB 设计的高质量。

18.9 输出设计文件

输出 PCB 设计文件的格式必须能够被生产工厂的设备识别，一份输出文件包括了制造一套完整的 PCB 所需的所有信息。目前生产 PCB 有很多种不同的制造工艺，Ultiboard 10 可以输出多种格式的设计文件。以下是 Ultiboard 10 可以输出的制造文件的格式列表：

Gerber photoplotter 274Xor274D

DXF

3D DXP

3D IGES

IPC-D-356A Netlist

NC drill

SVG

18.9.1 设置输出选项

由于不同的生产需要或者根据不同的目的，设计人员需要设置不同的输出参数。

创建一个新的输出的步骤如下。

（1）单击菜单【File】/【Export】命令，弹出“Export”对话框，如图 18-11 所示。

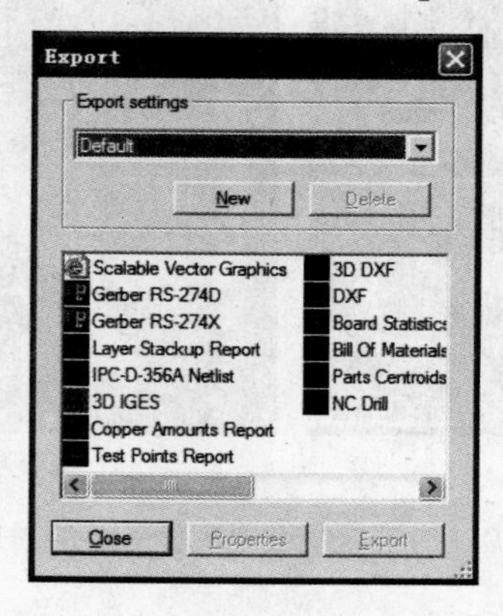

图 18-11 “Export”对话框

（2）单击【New】（新建）按钮，弹出“New settings”对话框。

（3）输入新建的名称后单击【OK】按钮，此时“New settings”对话框关闭，返回“Export”对话框。在“Export settings”下拉列表中包括了新建设置的选择项。

删除一个输出设置的步骤如下。

（1）单击菜单【File】/【Export】命令，弹出“Export”对话框。

（2）从“Export settings”下拉列表框中选择需要删除的设置项。

（3）单击【Delete】按钮即把设置项从下拉列表框中删除。

18.9.2　查看、编辑输出属性

设计人员可以对每一种设备和类型的输出属性进行查看和编辑。这些操作都是通过“Export”对话框中的设备和类型列表中的相应属性来完成的。下面列出了系统支持的设备、类型列表：

Gerber RS—274 D

Gerber RS—274 X

DXF

Board Statistics

Bill of Materials

Parts Centroids

NC Drill

Gerber 格式文件在实际使用中较为广泛， Gerber 也称为“光绘”，通常只代表一种格式，如 RS—274、274 D、274 X 等，它充当了将设计的图形数据转换成 PCB 制造的中间媒介，是一种 CAD－CAM 数据转换格式标注。其最主要的用途就是 PCB 版图的绘制，最终由 PCB 制造工厂完成 PCB 的生产制造。

无论采用哪个 CAD 系统，最终都需将内部 CAD 数据库转换为 Gerber 格式的文件，在此过程中，Aperture table 描述了绘图机的镜头大小、形状和位置信息。两者间的转换通常是无形的，一旦 Gerber 产生，绘图机就可以工作了。绘图机是一种造价高昂且精确的设备，其精确度可以小于 1mil。

标准的 Gerber 格式有两种。

（1）RS—274—D：依照 EIA 的 RS—274—D 标准码于 1985 年衍生制定，其资料内容包括 Word Address 资料及绘图机的参数档与控制码。此种格式的 Gerber 必须包括一个 Aperture 文件，也就是 Gerber 文件和 Aperture 文件是分开的不同文件。RS—274—D 使用至今已有数十年了，因电子产品的演变早已超出当初的需求，因此原有的 RS—274—D 格式也慢慢地不再使用，逐渐被衍生出的强化版 RS—274—X 替代。

（2）RS—274—X：诞生于 1992 年，是当前最为流行的资料格式，它是 RS—274—D 的扩展版，是以 RS—274—D 为基础的，只不过 RS—274—X 格式的 Aperture 整合在 Gerber 文件中，即常说的内含“D 码”。

Gerber 格式的数据特点如下。

- 数据码：ASCII、EBCDIC、EIA、ISO 码，常用 ASCII 码
- 数据格式：英制（inch、mil）、公制（mm），常用英制
- 坐标形式：相对坐标、绝对坐标，常用绝对坐标

➢ 数据形式：省前零、定长、省后零，常用定长

Gerber File 极性介绍如下。

➢ 正片（Positive）：如果 Gerber 描述的是线路层，描述的图形主要是有铜的部分；如果 Gerber 描述的是阻焊层，描述图形主要为阻焊部分

➢ 负片（Negative）：如果 Gerber 描述的是线路层，描述图形主要是无铜的部分；如果 Gerber 描述的是阻焊层，描述的图形主要是无阻焊部分

➢ 复合片（Compostive）：Gerber 描述的层有不同的极性层合成，通常是挖层和正极性叠加。挖层极性为 C，主要起线路防护或追加制成资料等作用

显示一个输出类型的属性操作步骤如下。

（1）选择“Export”对话框中列表的主题。

（2）单击【Properties】按钮（属性），此时将弹出属性对话框，如图 18-12 所示。

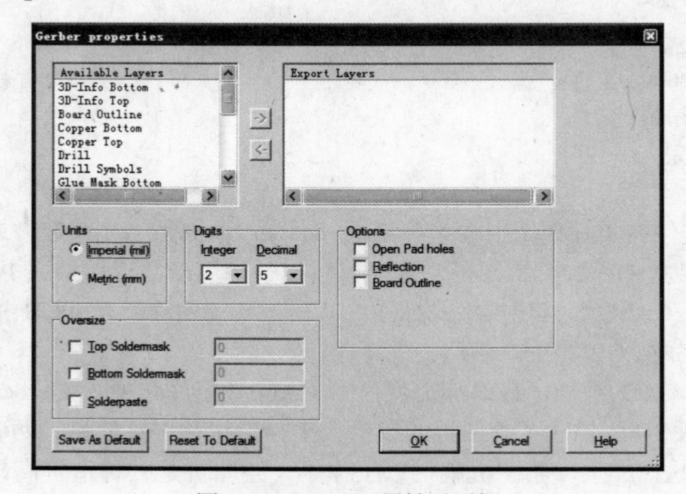

图 18-12　Gerber 属性对话框

输出 3D DXF 格式文件的操作步骤如下。

（1）单击菜单【File】/【Export】命令，打开“Export”对话框。

（2）高亮选中列表中的“3D DXF”并且单击【Properties】（属性）按钮，弹出“DXF export settings”对话框，如图 18-13 所示。

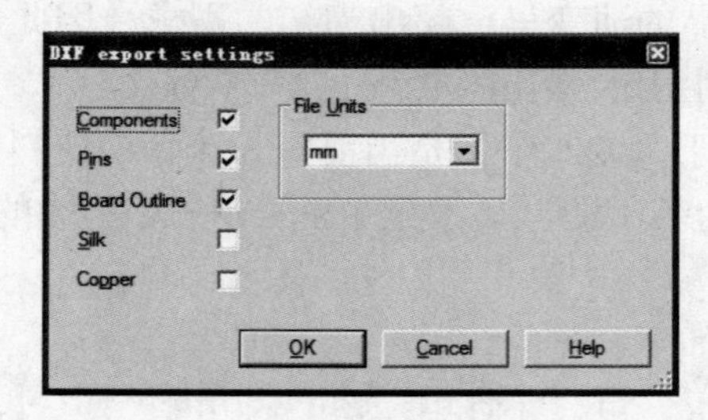

图 18-13　“DXF export settings”对话框

（3）根据需要设置输出参数，设置元件、引脚、电路板边框边界线、丝印层、覆铜层

的输出设置，单击【OK】按钮，返回到“Export”对话框。

（4）单击【Export】（输出）按钮，弹出保存输出文件对话框，如图 18-14 所示。

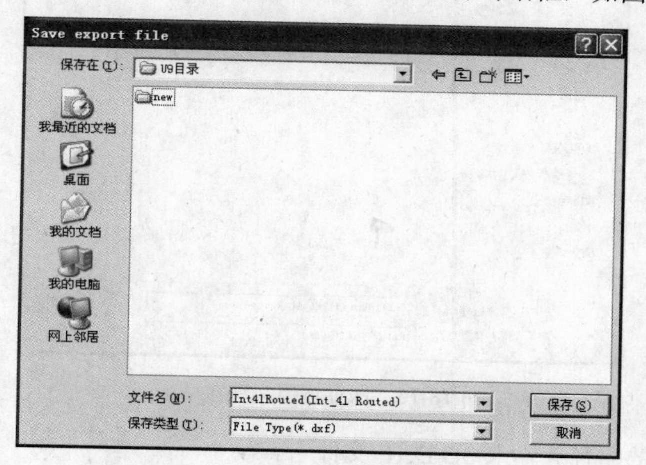

图 18-14　保存输出文件对话框

（5）选择输出的路径并输入 3D DXF 文件名。

（6）单击【保存】按钮即可。

3D IGES 是一种 CAD 交换文件信息的文件格式，输出 3D IGES 文件的操作步骤如下。

（1）单击【Files】/【Export】命令，显示“Export”对话框。

（2）高亮选择列表中的“3D IGES”并单击【Properties】按钮，弹出“IGES export settings”对话框，如图 18-15 所示。

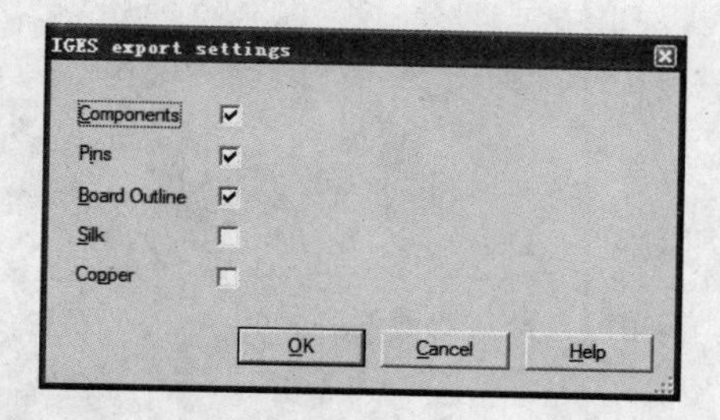

图 18-15　“IGES export settings”对话框

（3）根据需要选择输出的相关参数，单击【OK】按钮，此时系统将返回“Export”对话框。

（4）单击【Export】按钮，弹出保存输出文件对话框如图 18-16 所示。

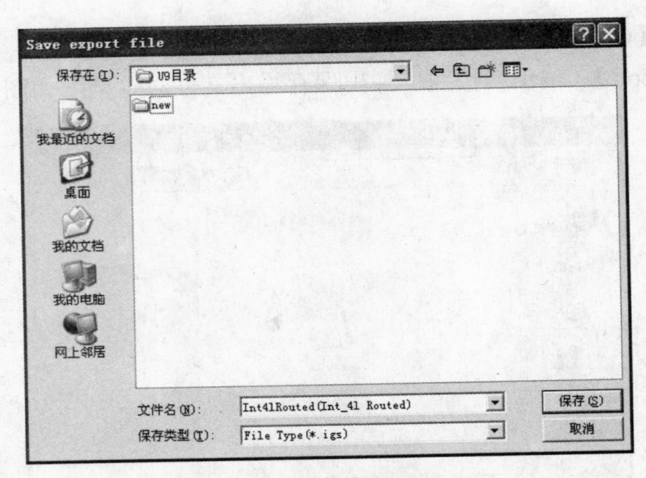

图 18-16　保存输出文件对话框

（5）选择输出的路径并输入 3D DXF 文件名。
（6）单击【保存】按钮即可。

18.10　用 3D 方式查看电路 PCB

Ultiboard 10 提供了强大的 3D 显示电路 PCB 的功能，可以直观的用三维成像技术显示电路板设计中的每一个细节，如图 18-17 所示。

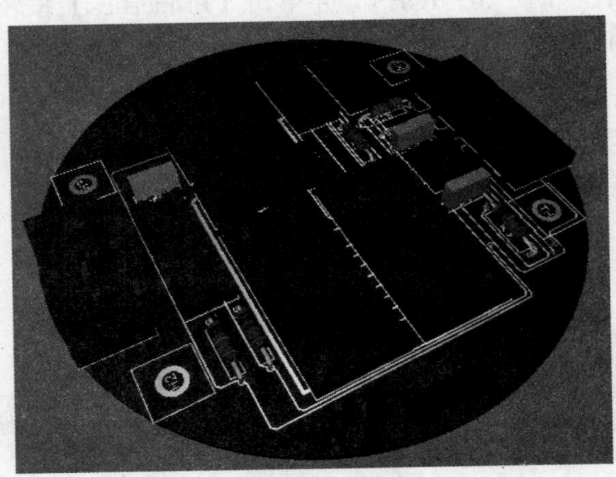

图 18-17　用 3D 模式查看 PCB 全貌

用 3D 方式查看电路 PCB，首先单击菜单【Toos】/【View 3D】命令，打开用三维方式显示电路板窗口，此时在设计工具盒的“Project”（项目）标签页中显示了当前打开的 3D 文件，并且显示该 3D 显示来自哪个电路 PCB 项目。如果要关闭 3D 视图，用鼠标右键单击“Project”标签页的文件名，从弹出的快捷菜单中选择【Close Window】命令即可。

打开三维显示窗口后，视图中用电路板顶部的一个角度来显示。此时设计人员可以用鼠标随意操控 3D 视图的显示，可以是顶部也可以是底部，或者是任意角度，如图 18-18 和图 18-19 所示。

图 18-18　操控 3D 视图显示角度（一）

图 18-19　操控 3D 视图显示角度（二）

操控 3D 视图的显示步骤如下。

（1）单击菜单【Tools】/【View 3D】命令显示 3D 视图。

（2）在 3D 视图中单击鼠标左键并保持。

（3）移动光标从上至下或从左至右。

平移 3D 视图的显示步骤如下。

（1）按下鼠标的滚轮键，此时光标箭头变成四向箭头。

（2）移动光标到任意一个方向即可。

单击并保持鼠标右键，移动光标便可以缩放显示 3D 视图。

在三维显示方式下，设计人员可以通过单击【Tools】/【Show or Hide Height】命令设置显示物体的高度，用鼠标单击一个 3D 物体，此时该物体的高度值即可显示。单击这个物体，则显示的高度值消失，如图 18-20 所示。

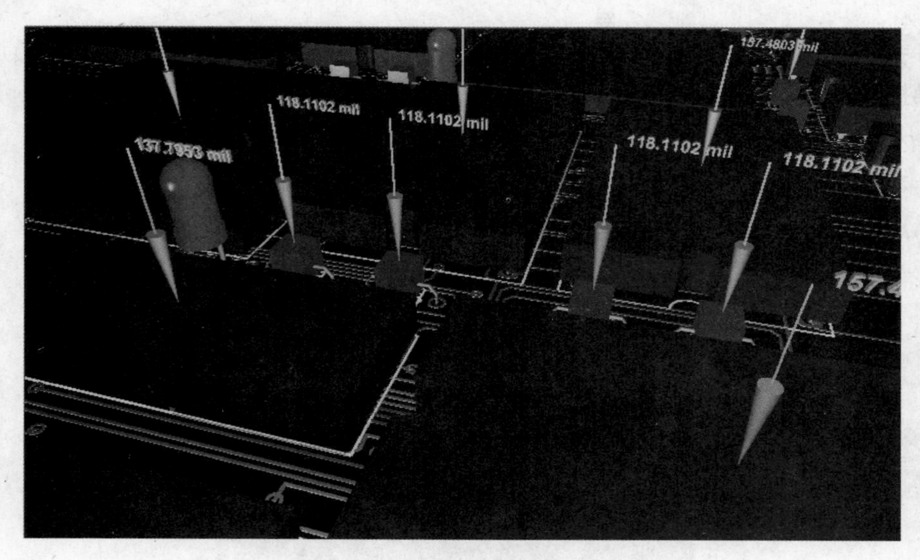

图 18-20　3D 方式显示物体高度

在设计多层板时，设计人员可以通过【View】/【Internal Layers】命令查看多层板中内部层的情况，并且用三维方式显示，如图 18-21 所示。

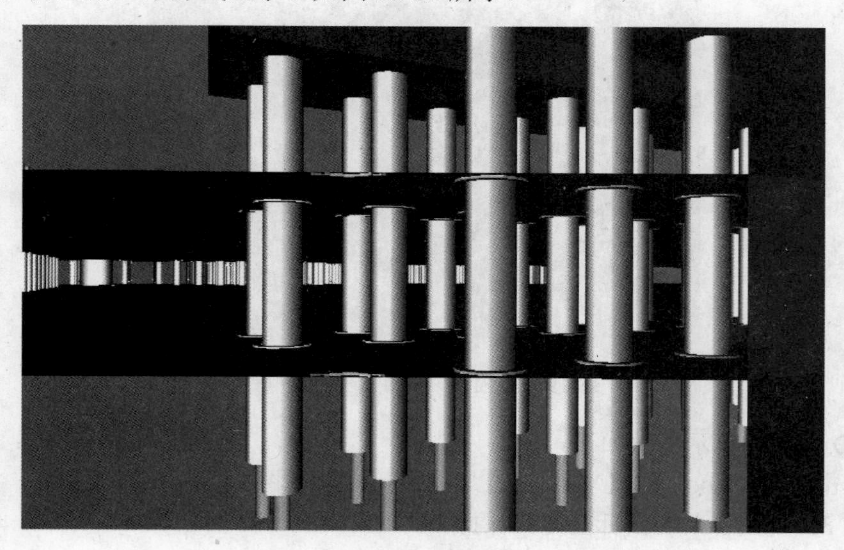

图 18-21　用三维方式显示多层板内部结构

18.11　使用机械 CAD 进行电路 PCB 周边设计

Ultiboard 10 提供了机械制造 CAD 设计功能，该功能可用于设计机壳、前面板及其他和电路 PCB 相关的机械设计部分。

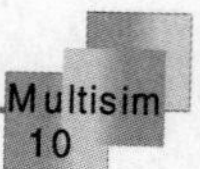

1．创建机械 CAD 项目文件

（1）单击菜单【File】/【New Project】命令，弹出“New Project”对话框，如图 18-22 所示。

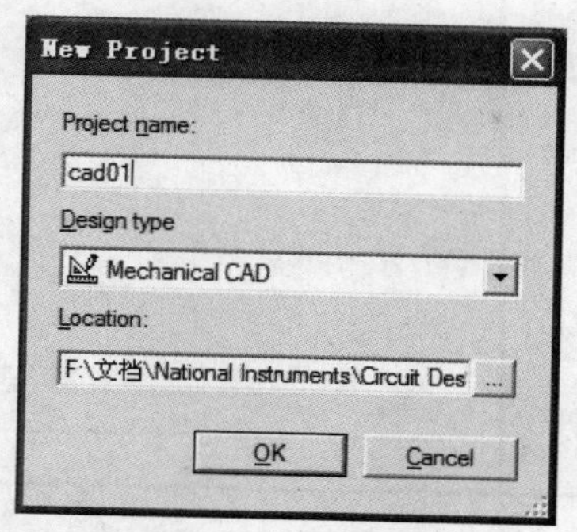

图 18-22　“New Project”对话框

（2）输入项目名称。

（3）从“Design type”（设计类型）下拉列表中选择“Mexhanical CAD”。

（4）选择保存该项目文件的路径。

（5）单击【OK】按钮，“New Project”对话框关闭，此时一个空白未命名的 Mechanical CAD 设计文件在项目中被打开，如图 18-23 所示。

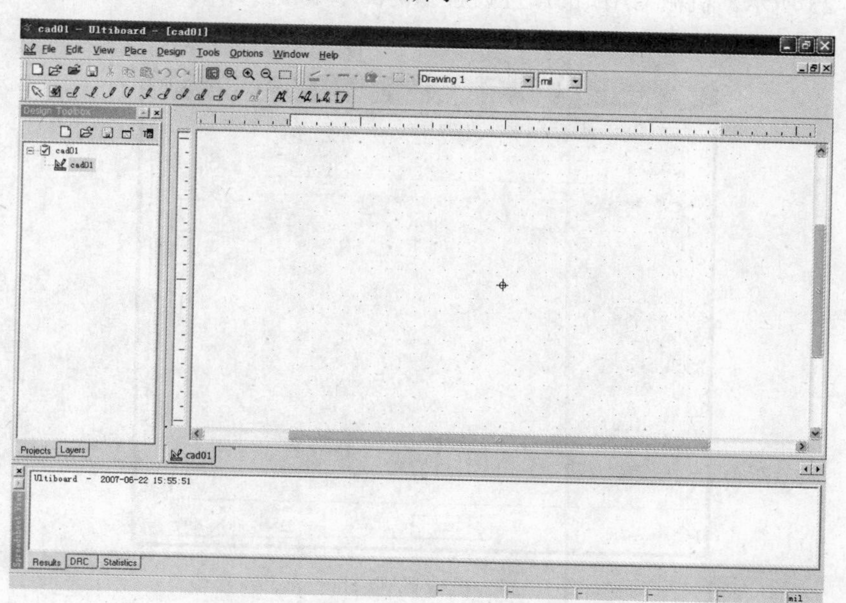

图 18-23　Mechanical CAD 文件设计区

2．导入 DXF 文件

（1）单击菜单【File】/【Import】/【DXF】命令，弹出导入 DXF 文件对话框，如图 18-24 所示。

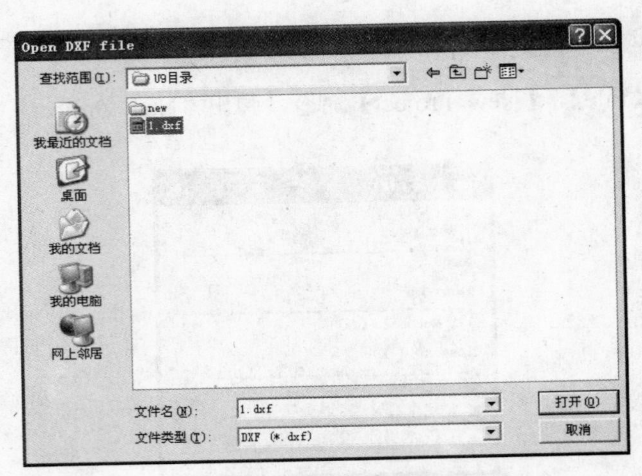

图 18-24　导入 DXF 文件对话框

（2）找到目标扩展名为 DXF 文件的路径，然后单击【打开】按钮。

3．设置机械 CAD 属性

设置机械 CAD 属性，首先单击菜单【Edit】/【Properties】命令，或者在设计的空白区域里单击鼠标右键，再从弹出的快捷菜单中单击【Properties】命令，即可打开其属性对话框，如图 18-25 所示。机械 CAD 的属性设置和前面章节中介绍的 PCB 属性设置类似，这里不再赘述。

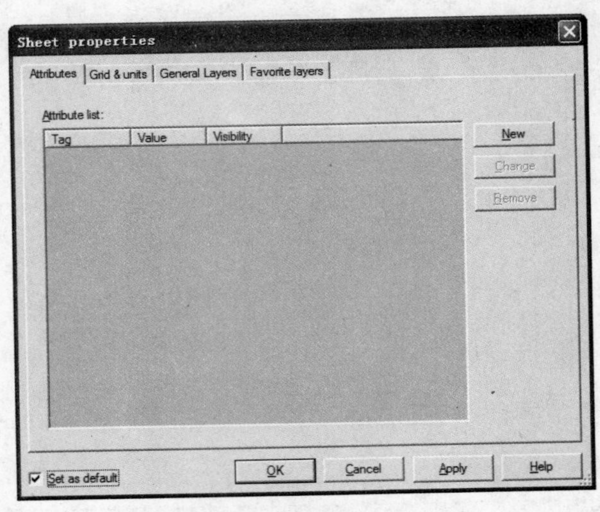

图 18-25　机械 CAD Sheet 属性

4．设置机械 CAD 颜色

（1）单击【Options】/【Global Preferences】命令，弹出“Preferences”对话框。

（2）选择“Colors”标签页，如图 18-26 所示，设置相关参数即可。

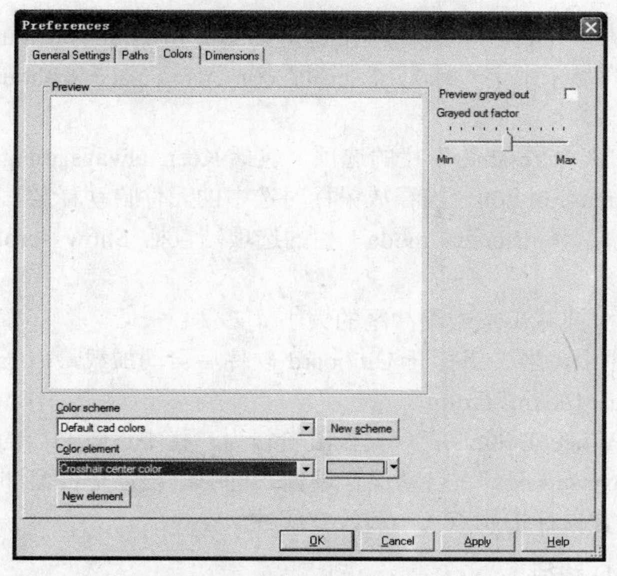

图 18-26　机械 CAD 参数对话框的“Colors”标签页

5．设置机械 CAD 的工作区基本设置

在“General Settings”标签页中，设计人员可以设置特性是否可见、光标十字光标显示、全屏幕显示选项等，同样也允许在自动运行时调用最后一次打开的项目及自动保存项目，或者指定自动保存的时间间隔。

查看、修改工作区的选项步骤如下。

（1）单击菜单【Options】/【Global Preferences】命令，弹出“Preferences”对话框，如图 18-27 所示。

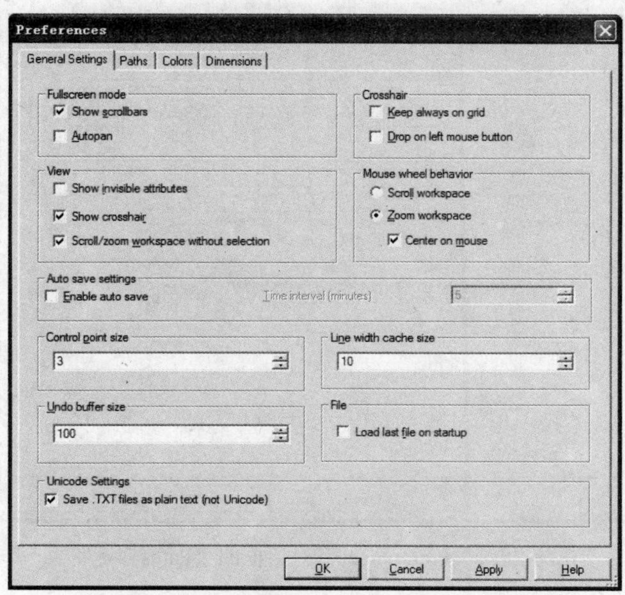

图 18-27　“Preferences”对话框

（2）根据需要调整“View”栏的选项，包括 Show invisible attributes（显示不可见的特性）、Show crosshair（显示十字光标）和 Scroll/200m workspace without selectirn（无选择地滚动和放大工作区）。

（3）根据需要调整“Crosshair”栏的选项，包括 Keep always on grid（光标始终吸附到栅格）、Drop on left mouse button（当释放鼠标时选中的元件自动释放）。

（4）根据需要调整“Fullscreen mode”栏的选项，包括 Show scrollbars（显示滚动条）和 Autopan（自动平移）。

（5）根据需要增大或减小重做缓冲区的大小。

（6）在“File”栏中，当希望打开 Ultiboard 软件后自动加载最后一次打开的项目时，可以设置允许“Load Last file on startup”。

（7）在“Mouse Wheel Behavior”（鼠标滚轮行为）栏中设置必要的参数。

（8）在“Auto save settings”（自动保存设置）栏中，设置是否允许自动保存。

（9）根据需要设置鼠标控制点大小和线宽缓冲大小。

6．设置机械 CAD 路径

某些时候，设计人员可以根据意图将特定的文件放置在特定的目录中，设置机械 CAD 文件的路径步骤如下。

（1）单击菜单【Opitons】/【Global Preferences】命令，弹出“Preferences”对话框。

（2）在“Preferences”对话框中选择“Paths”标签页，如图 18-28 所示，在该标签页中进行相关设置即可。

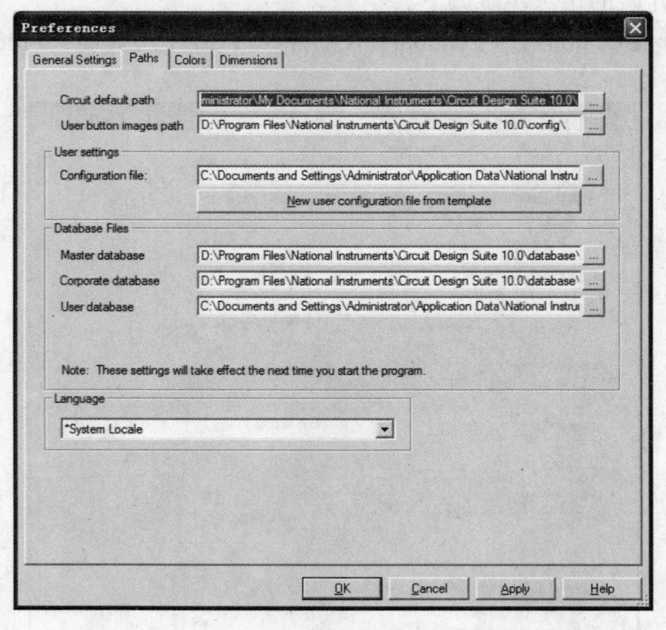

图 18-28 “Preferences”对话框的“Paths”标签页

7. 设置机械 CAD 标尺

（1）单击菜单【Options】/【Global Preferences】命令，弹出“Preferences”对话框。

（2）选择“Dimensions”标签页，并且设置标尺的相关参数，如图 18-29 所示。

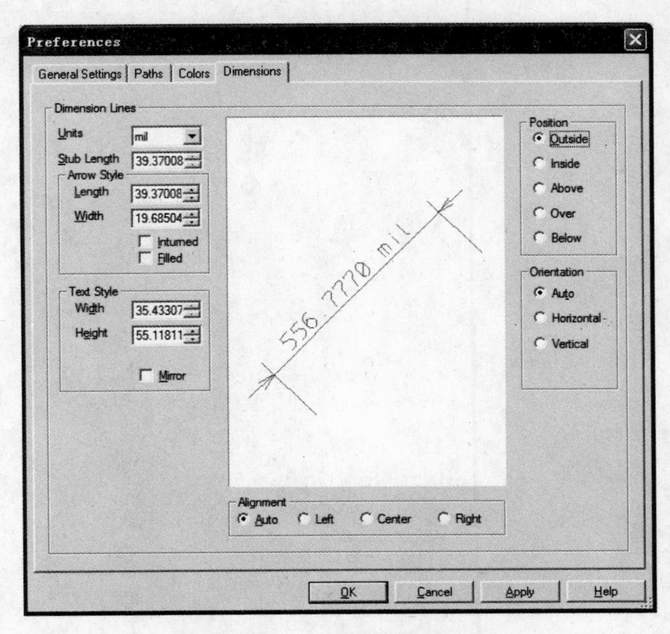

图 18-29　“Preferences”对话框的“Dimensions”标签页

练习题

（1）打开 Ultiboard 10 提供的 Int4lUnplaced Samples，为元件设置 Vertical 方向、lowerleft 起始点、H 掩码的自动编号。

（2）设计一个长方体的机壳面板，长、宽、高分别为 50mm、40mm、35mm，板材厚度为 2mm。

第19章 与Multisim 10结合的Ultiboard 10布线实例

全平衡前置放大器PCB设计

功率放大器的PCB设计

带4×4键盘六位数电子号码锁硬件电路

8051输入口应用电路

3个8015多工数据传输电路的PCB设计

通过前面 7 章的学习，基本掌握了 Ultiboard 10 的各项功能的用法。本章将重点利用所学的各项知识与 Multisim 10 相结合处理电路 PCB 设计的实际问题。

PCB 设计是一项综合的系统工程，设计人员需要对设计的原理图有所了解，需要对原理图中元件的封装和基本特性有所了解。在对元件特性不清楚时，需要收集整理元件的官方参数，此类文件在各大元器件公司的主页均提供下载。下面列出了世界著名的元器件部分供应商网页链接。

- Maxim 中文网站：http://www.maxim-ic.com.cn/
- Analog Devices 中文网站：http://www.analog.com/zh/index.html
- Toshiba 英文网站：http://www.semicon.toshiba.co.jp/eng/
- Intersil 中文网站：http://www.intersil.com/cda/home/
- National 中文网站：http://www.national.com/CHS/
- On 中文网站：http：//www.onsemi.com/
- Nippon Chemi-Con 英文网站：http://www.chemi-con.co.jp/Welcome_e.html
- ST 中文网站：http://www.stmicroelectronics.com.cn/

在本章所提供的各例中，灵活使用开启“元件推挤”、“设置全局参数”、【Ctrl＋R】、【*】、【空格键】、“选择筛选器”等设置，可以提高 PCB 布局、布线的效率，获得事半功倍的效果。

由于篇幅限制，本章中的实例将设计过程中的仿真、分析和数据处理做了删减。读者在真正的电路设计中切不可忽略这些内容。

19.1 全平衡前置放大器 PCB 设计

本例的电路是一个双通道平衡输入的前置放大器并带有直流伺服电路，所用元件不多，电路原理图如图 19-1 所示。

（1）运行 Multisim 10，绘制原理图，如图 19-2 所示。

（2）绘制原理图后，应当仔细核对原理图中的元件、连线及元件的取值、型号，保证电路原理图绘制过程没有出现与设计原图不一致的情况。

（3）单击 Multisim 10 菜单【Transfer】/【Transfer to Ultiboard 10】命令，如图 19-3 所示。

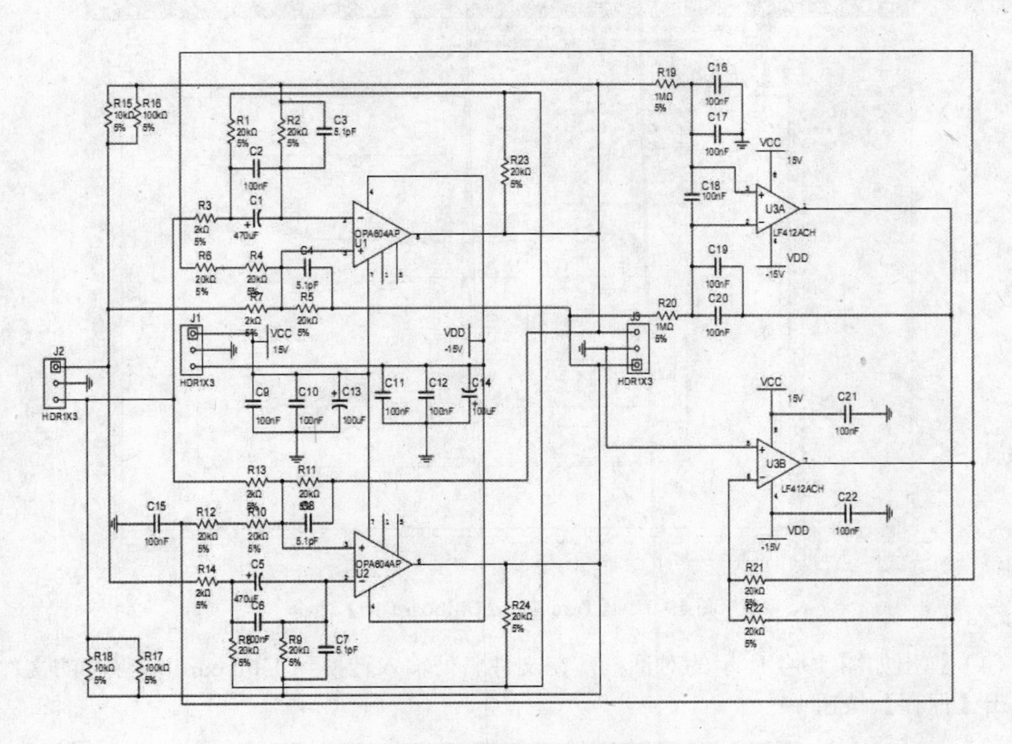

图 19-1　实例原理图

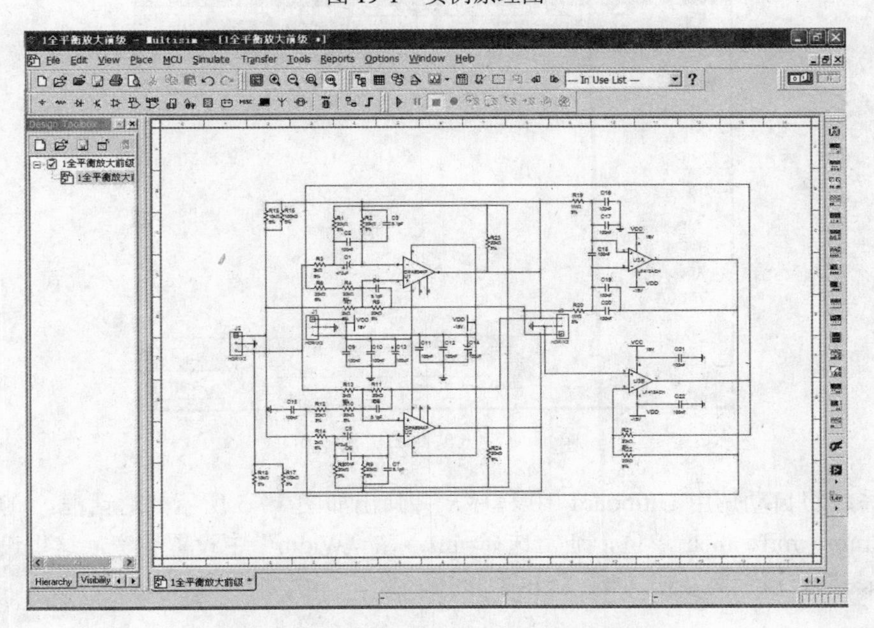

图 19-2　在 Multisim 10 中绘制实例原理图

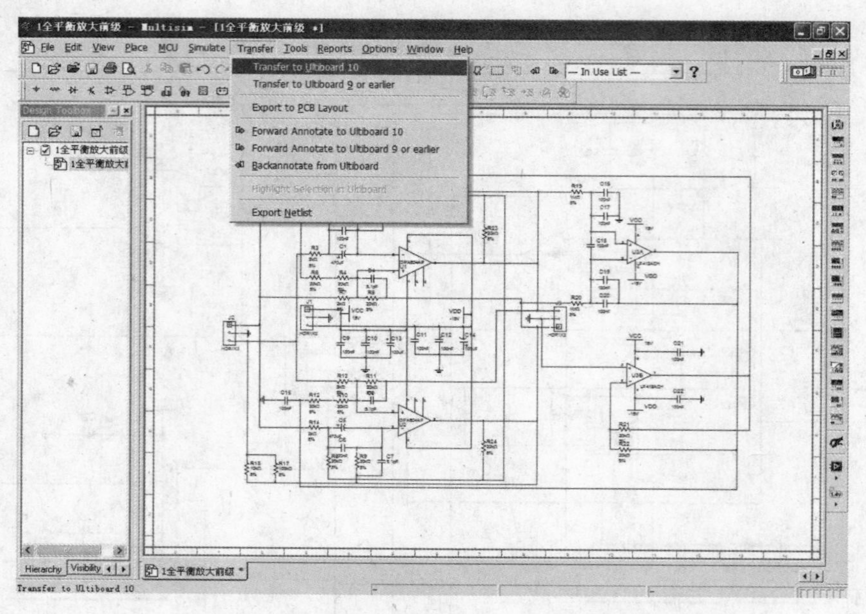

图 19-3 【Transfer to Ultiboard 10】命令

（4）弹出如图 19-4 所示的对话框，在文件名处输入转换到 Ultiboard 中保存的文件名，并单击【保存】按钮。

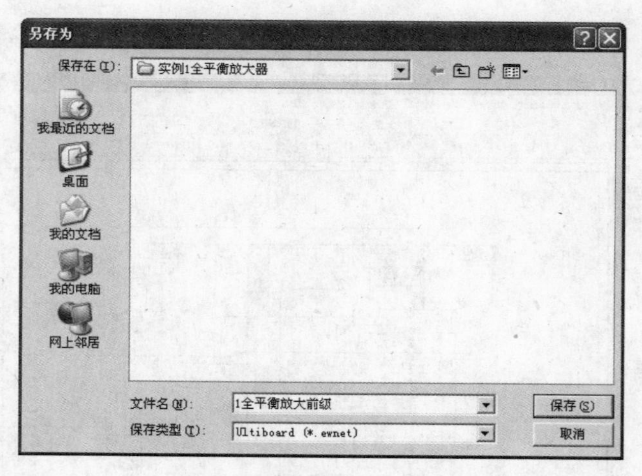

图 19-4 “另存为”对话框

（5）系统将自动调用 Ultiboard 10 程序，并弹出如图 19-5 所示的对话框。“Units”可选 nm、um、mm、mil、inch 单位，通常选择 mil；在“Width”中设置线宽，这里设置为 30；在“To Trace”处设置为 15，单击【OK】按钮。

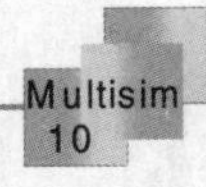

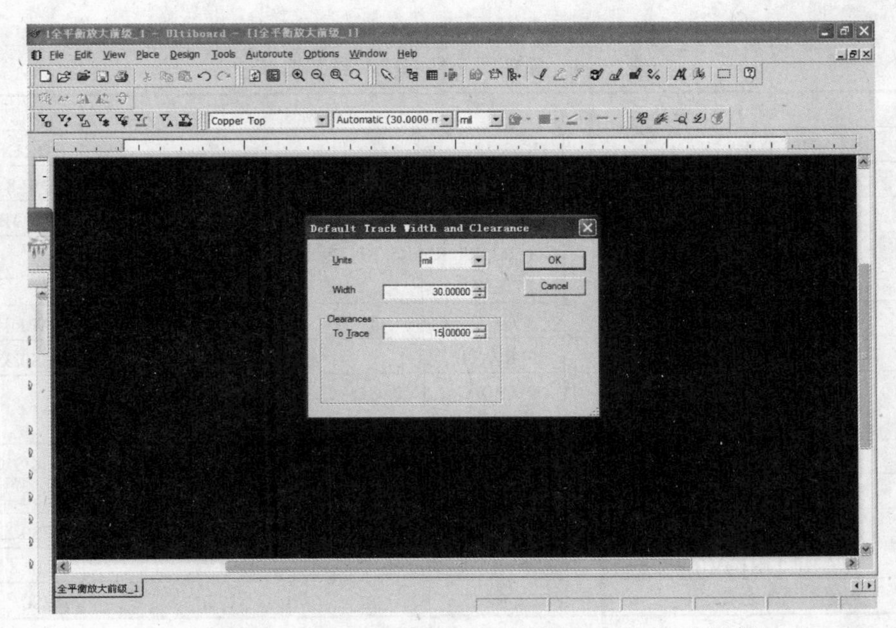

图 19-5　“Default Track Width and Clearance”对话框

（6）此时，弹出如图 19-6 所示的对话框，选择导入的网络表后，单击【OK】按钮。

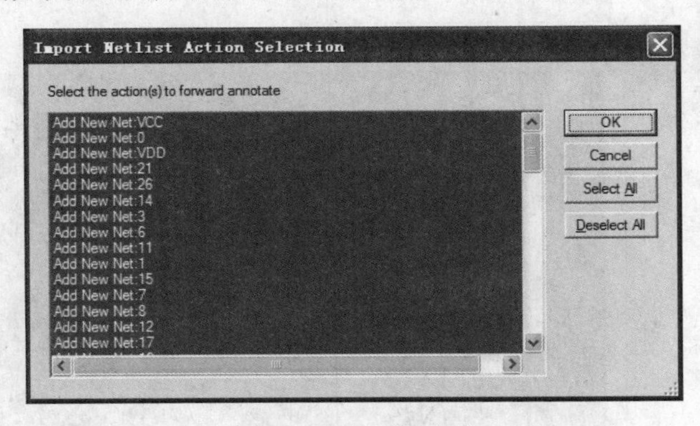

图 19-6　导入网络表

（7）此时，Ultiboard 的界面如图 19-7 所示。在 Ultiboard 的工作区中已经放置好边框边界线及刚才导入的元件。可以利用“View”工具栏中的按钮缩放查看这些导入的元件及它们的封装。Ultiboard 10 中自动提供的元件封装可能会和设计人员的意图不同，因此需要核对元件封装，如有不同则需要手动更换新的封装，达到设计人员的设计意图为止。表 19-1 列出了设计人员所需的元件封装名称，通过仔细核对后，下一步将对不符合的封装更换。

表 19-1　原理图元件名称和封装清单

数　量	元件名称、取值	元件编号	封　装
3	CONNECTORS,HDR1X3	J1, J2, J3	HDR1X3
2	OPAMP, OPA604AP	U1, U2	PDIP-8
2	CAP_ELECTROLIT,470μF	C1, C5	ELKO10R5
14	RESISTOR, 20kΩ 5%	R1, R2, R4, R5, R6, R8, R9, R10, R11, R12, R21, R22, R23, R24	RES0.25
4	CAP_ELECTROLIT,5.1pF	C3, C4, C7, C8	CAP1
4	RESISTOR, 2kΩ 5%	R3, R7, R13, R14	RES0.25
14	CAP_ELECTROLIT,100nF	C9, C10, C11, C12, C15, C2, C6, C16, C17, C18, C19, C20, C21, C22	CAP4
2	CAP_ELECTROLIT,100μF	C13, C14	ELKO10R5
2	RESISTOR, 10kΩ 5%	R15, R18	RES0.25
2	RESISTOR, 100kΩ 5%	R16, R17	RES0.25
1	OPAMP, LF412ACH	U3	PDIP-8
2	RESISTOR, 1MΩ 5%	R19, R20	RES0.25

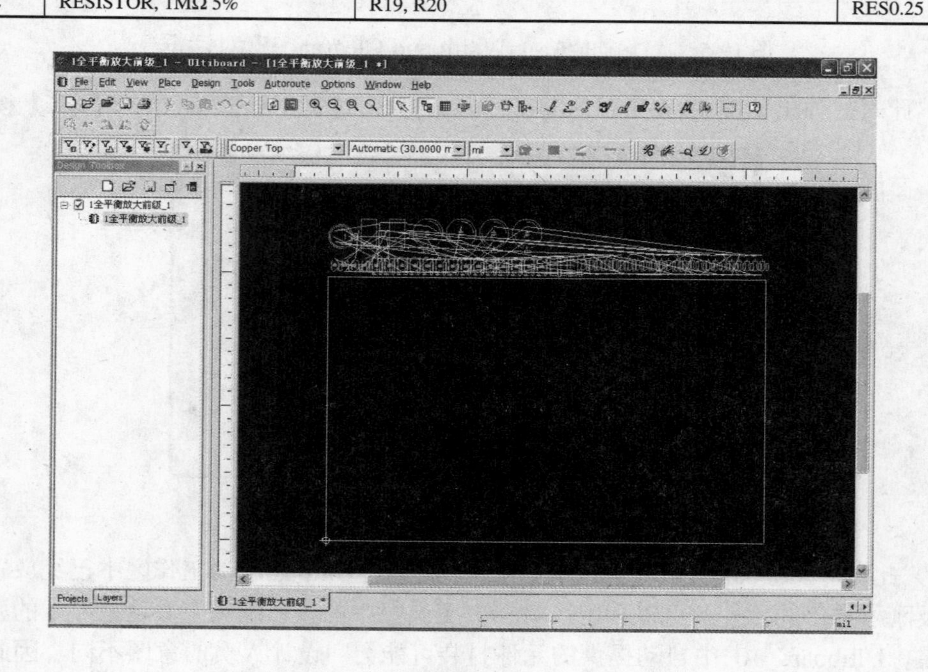

图 19-7　导入网络表后工作区的状态

（8）通过对比，将 U3 的 TO－5（H08B）更改为 PDIP-008。首先选中 U3，单击菜单【Tools】/【Change Shape】命令。找到直插工艺中的 IC 中的 DIP 子类 DIP8300 封装后，单击【OK】按钮即可，如图 19-8 所示。

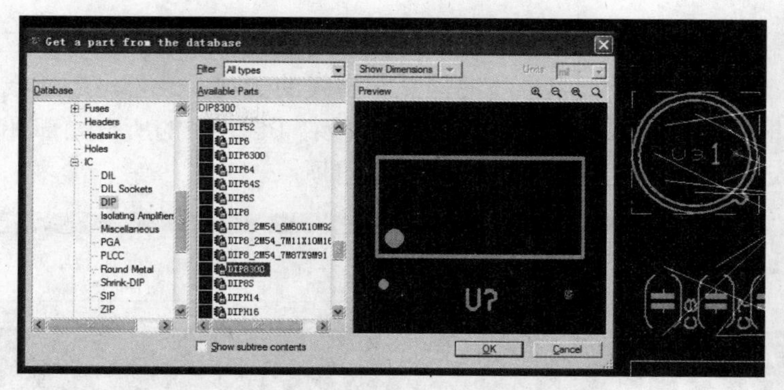

图 19-8　更换元件封装

（9）通过上面几个步骤后，接下来进行的是元件的布局。在进行元件布局之前，需要根据设计人员的个人偏好对工作区中的相关设置进行调整，如设置全局参数、打开元件推挤等。在这里对 PCB 属性进行设置，“Grid Type”设置为 Standard Grid；“Visible grid style”设置为 Cross Grid；“Visible grid”设置为 50；“Component grid”设置为 50；“Copper Grid”为设置 25；“Via Grid”设置为 50，其他设置暂不作修改，单击【Apply】按钮，再单击【OK】按钮，如图 19-9 所示。这样设置栅格便于布线的横平竖直和元件的引脚都能在栅格上或在与栅格的倍数栅格点上，如此美观而紧凑。

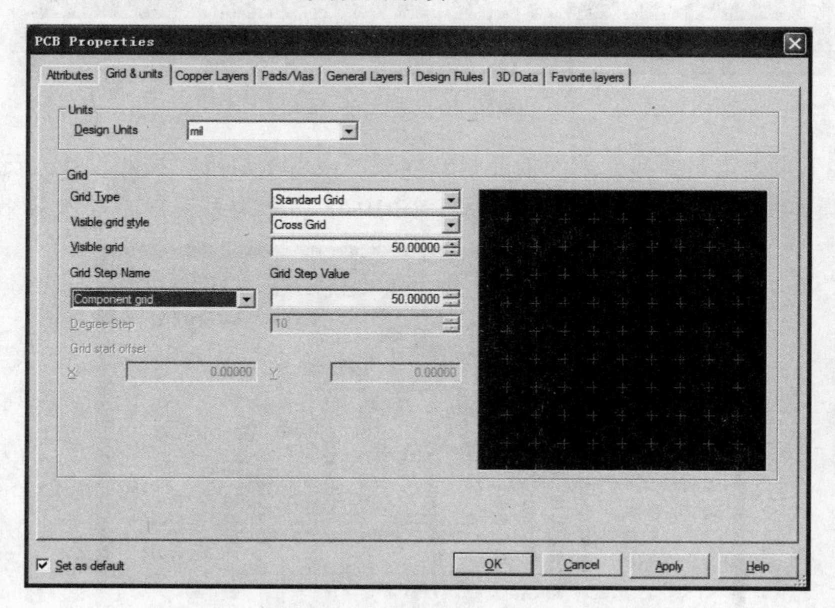

图 19-9　PCB 属性对话框的“Grid&units”标签页

在手工进行元件布局的过程中，配合 Ultiboard 10 的数据表格中的“Part”标签页，能够快速地定位元件，同时利用快捷键【Ctrl+R】可以迅速将元件、文本、字符进行旋转操作。手工布局的效率也可大大提高。

（10）图 19-10 所示为手工布局后的效果图。在手工布局的过程中，应尽量将元件的焊盘放置在栅格上，这样有利于铜膜导线的捕获和布线的美观；此外，还应修改、调整边框边界线，以保证边框边界线以内的范围能够恰当地容纳 PCB 中的所有元部件，而不至于太过拥挤；最后重新定义参考点到边框边界线的左上角顶点。

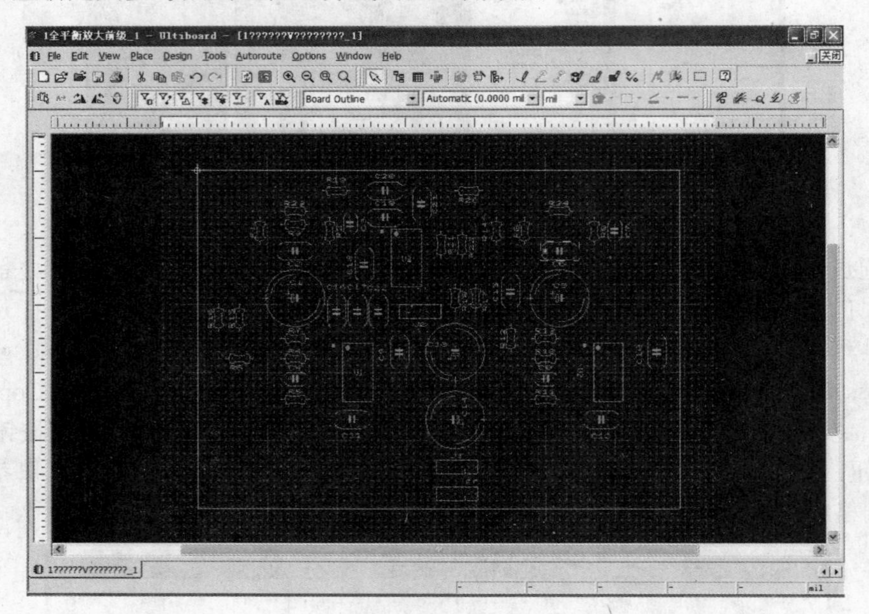

图 19-10　手工布局

（11）接下来确定是要布置单面板还是双面板，或者多层板。按照设计人员的设计意图选中布置铜膜导线的层，开始放置铜膜导线。图 19-11 所示为手工布置的 PCB 效果图。

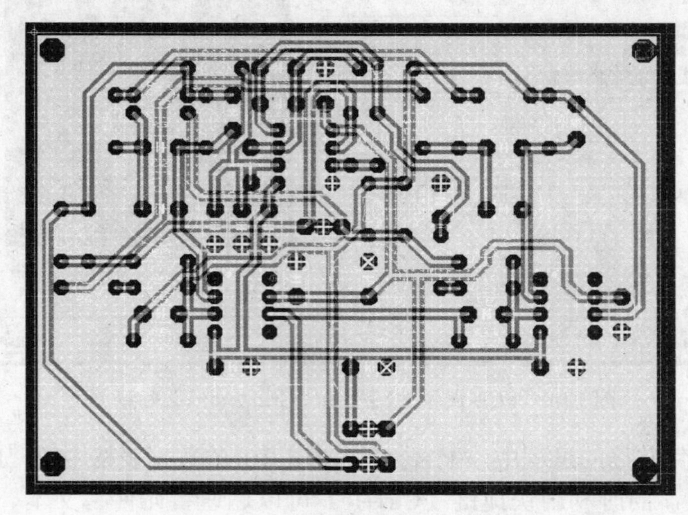

图 19-11　手工布线的 PCB 效果图

（12）图 19-12 和图 19-13 所示为用 3D 方式查看的实例 1 的效果。

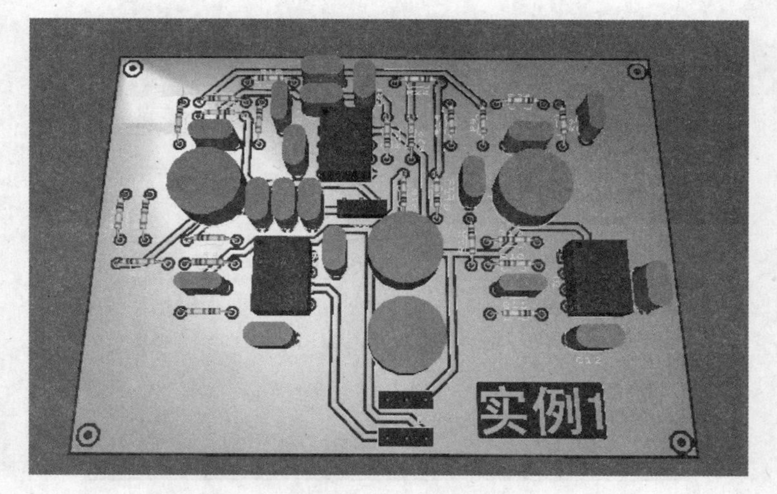

图 19-12　用 3D 方式查看的效果图（一）

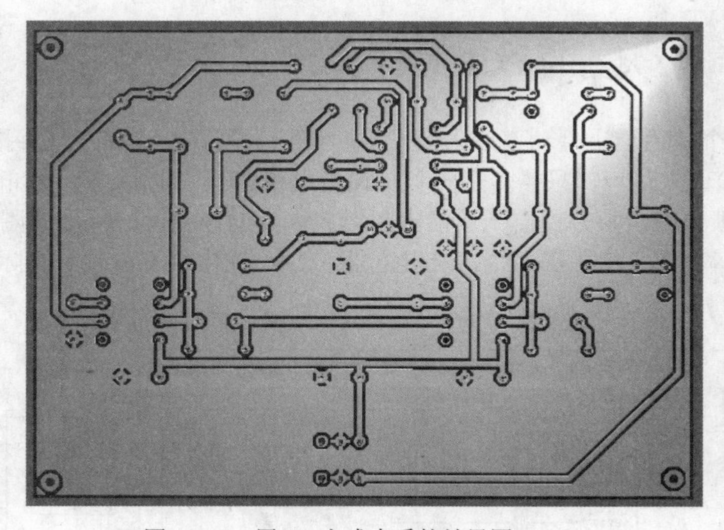

图 19-13　用 3D 方式查看的效果图（二）

（13）通过以上几种途径从多方查看 PCB，发现设计中的错误后，及时在 PCB 中修改，保证 PCB 设计的美观和合理性。

（14）将设计的 PCB 文件做输出操作，Ultiboard 10 可以输出多种格式的生产工厂可接受的文件，或者直接打印到热转印纸进行简单的制版，打印设置如图 19-14 所示。

至此，实例 1 从设计原理图到打印转印制的过程全部完成。

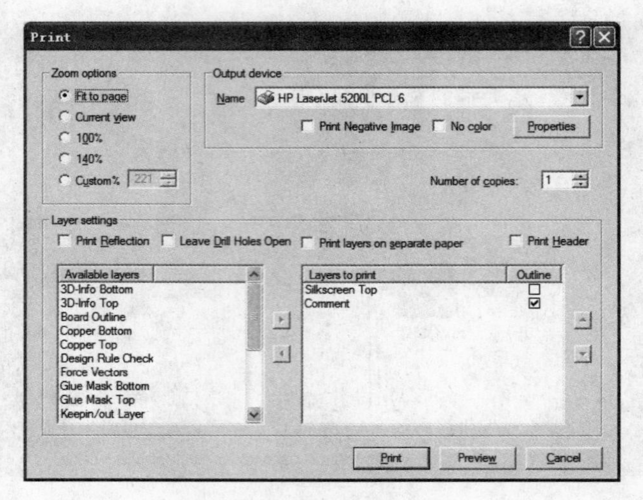

图 19-14　打印设置

19.2　功率放大器的 PCB 设计

该实例是一个单通道小型功率放大器，电路结构采用 OPA（前置）+推挽+达林顿（功率输出），如要输出立体声，只需多用一套单通道电路即可，电路原理图如图 19-15 所示。图中，R1 为反馈电阻，为方便测试反馈电阻对放大器的影响，故采用多圈点位器。设计过程中需要考虑功率管散热、热耦合、音量电位器放置、输出端子放置等实际问题。

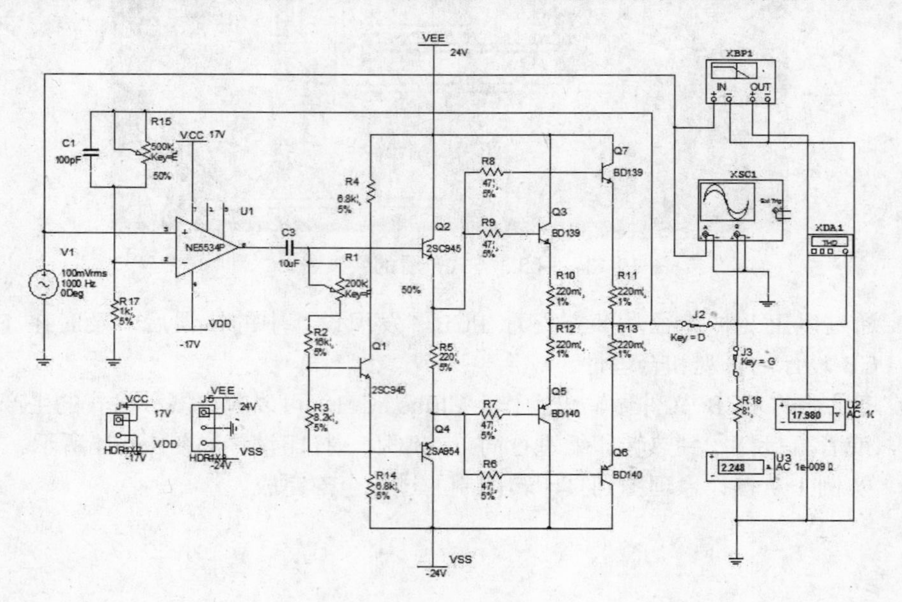

图 19-15　电路原理图

（1）首先按照原理图在 Multisim 中绘制原理图，如图 19-16 所示。

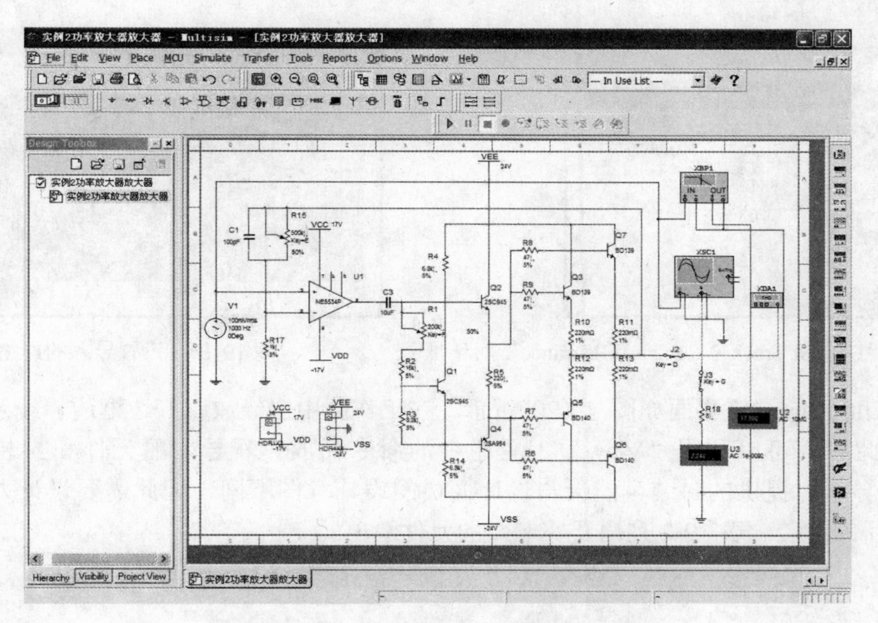

图 19-16　在 Multisim 10 中绘制电路原理图

（2）绘制原理图后，仔细核对原理图中的元件、连线及元件取值、型号、封装是否与设计原图存在不一致的地方。

（3）单击 Multisim 10 菜单【Transfer】中的【Transfer to Ultiboard 10】命令，弹出如图 19-17 所示的对话框，在文件名处输入转换到 Ultiboard 中保存的文件名，单击【保存】按钮。

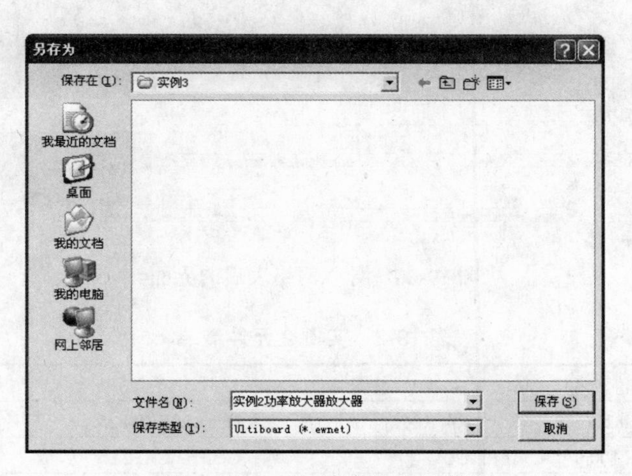

图 19-17　“另存为”对话框

（4）系统将自动调用 Ultiboard 10 程序，并弹出如图 19-18 所示的对话框。在“Units”中选择 mil；在“Width”中选择线宽；在“To Trace”处设置为 15，单击【OK】按钮。

（5）此时，弹出如图 19-19 所示的对话框，选择导入的网络表，单击【OK】按钮。

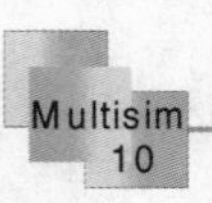

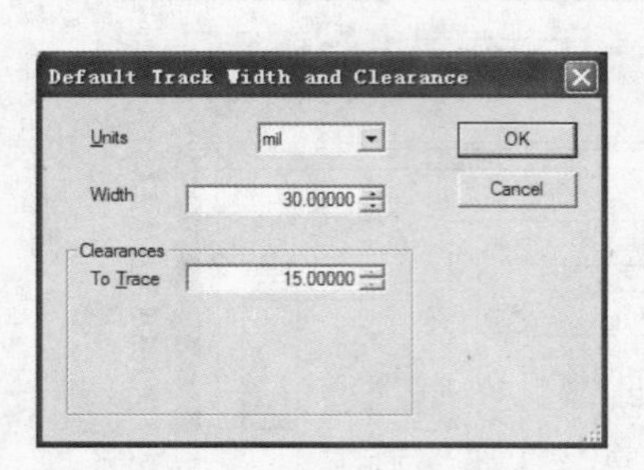

图 19-18 “Default Track Width and Clearance”对话框

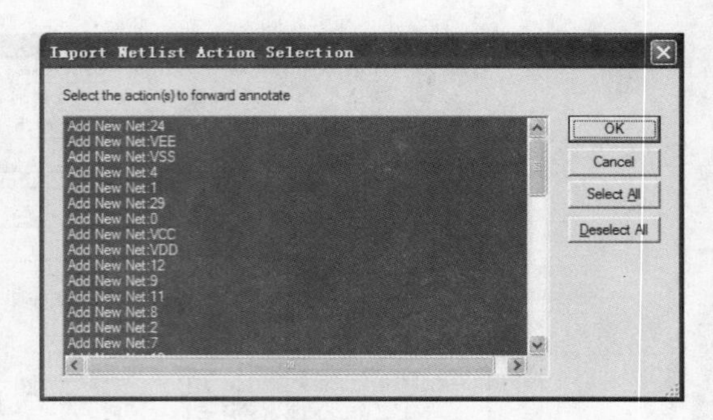

图 19-19 设置导入的网络表

（6）Ultiboard 10 界面如图 19-20 所示。在工作区中已经放置好边框边界线及刚才导入的元件。此时，可以利用“View”工具栏中的命令缩放查看导入的元件和封装。但由于 Ultiboard 导入时提供的封装可能会与设计人员的设计意图不同，因此需要设计人员核对后手动更换新的封装。表 19-2 列出了实例 2 的元件清单。

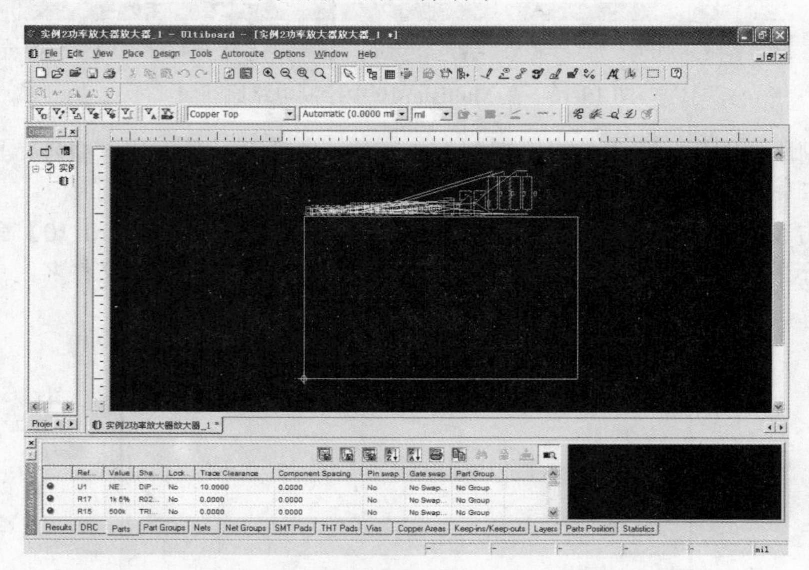

图 19-20 导入网络表后的界面

表 19-2 实例 2 元件清单

数 量	元件取值、名称	元件编号	封 装
2	RESISTOR, 6.8kΩ 5%	R4, R14	Generic\RES0.25
1	CAPACITOR, 100pF	C1	Generic\CAP2
1	RESISTOR, 1kΩ 5%	R17	Generic\RES0.25
2	BJT_NPN, BD139	Q3, Q7	Generic\TO-126
2	BJT_PNP, BD140	Q5, Q6	Generic\TO-126
1	OPAMP, NE5534P	U1	Generic\PDIP-8
1	BJT_PNP, 2SA954	Q4	Generic\TO-92
2	BJT_NPN, 2SC945	Q2, Q1	Generic\TO-92

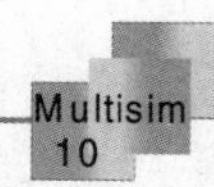

续表

数　量	元件取值、名称	元件编号	封　装
1	RESISTOR, 8.2kΩ 5%	R3	Generic\RES0.25
1	RESISTOR, 220Ω 5%	R5	Generic\RES0.25
1	RESISTOR, 16kΩ 5%	R2	Generic\RES0.25
1	POTENTIOMETER, 500k	R15	Generic\SPITR164W
4	RESISTOR, 47Ω 5%	R8, R9, R7, R6	Generic\RES0.25
1	POTENTIOMETER, 200k	R1	Generic\ SPITR164W
1	CAPACITOR, 10μF	C3	Generic\CAP5
4	RESISTOR, 220mΩ 1%	R10, R11, R12, R13	IPC-2221A/2222\RES2600-2000X550
1	CONNECTORS, HDR1X2	J4	Generic\HDR1X2
1	CONNECTORS, HDR1X3	J5	Generic\HDR1X3

（7）元件清单中 R1 和 R15 为 SPITR164W 封装，而系统提供的与此不同，需要手动更换符合设计人员意图的封装。

（8）接下来将对工作区的 PCB 属性进行设置，“Grid Type”设置为 Standard Grid；“Vissible Grid style”设置为 Cross Grid；“Vissible Grid”设置为 25；“Commponent Grid”设置为 25；“Copper Grid”设置为 25；“Via Grid”设置为 25，单击【Apply】按钮，再单击【OK】按钮。

（9）在手工对元件布局操作时，配合 Ultiboard 10 的数据表格视图中的“Part”标签页，能够快速准确地定位元件，同时配合快捷键【Ctrl+R】及时调整元件、文本等对象的方向，大大提高手工操作的效率。图 19-21 所示为手工布局后的效果。

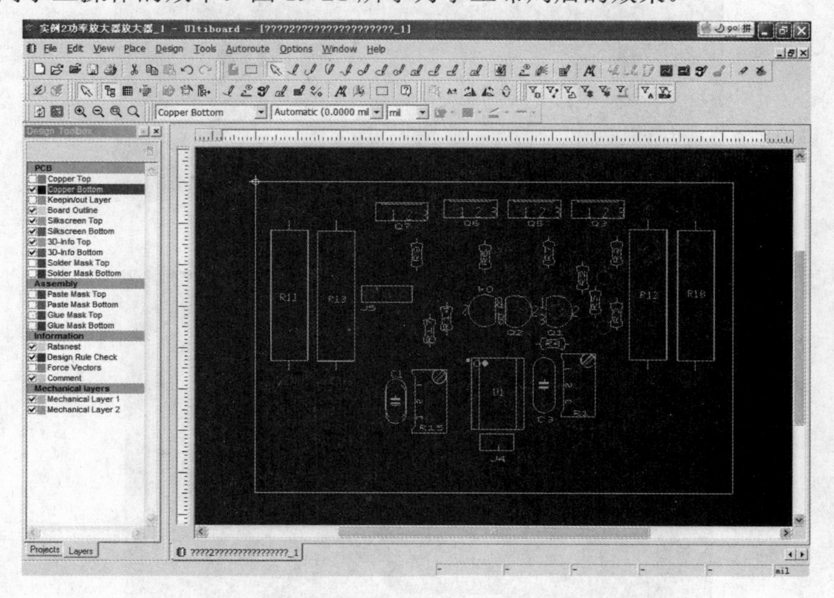

图 19-21　实例 2 手工布局效果

（10）在手工布局中注意电源供给插座放置的位置、功率管安装散热片的位置、推挽管热耦合和边框边界线等细节。实例 2 采用双面板，放置铜膜导线后如图 19-22 所示。

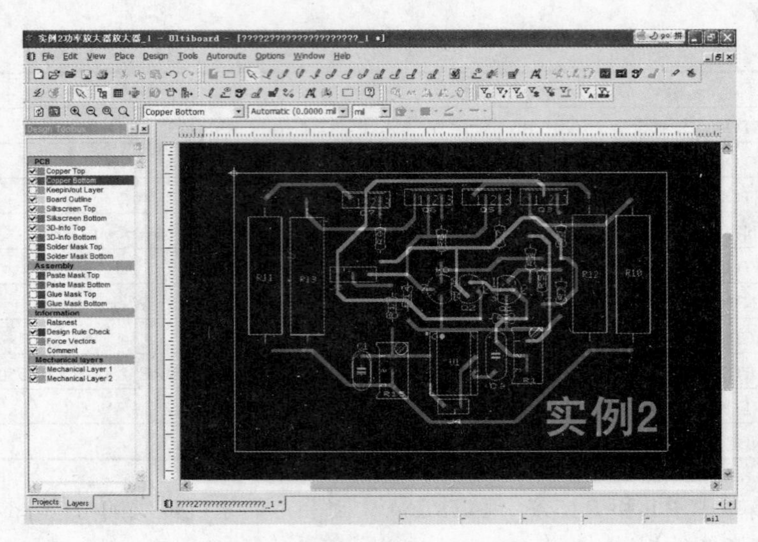

图 19-22　实例 2 顶层、底层布线效果

（11）图 19-23 和图 19-24 所示为实例 2 用三维方式查看的效果。

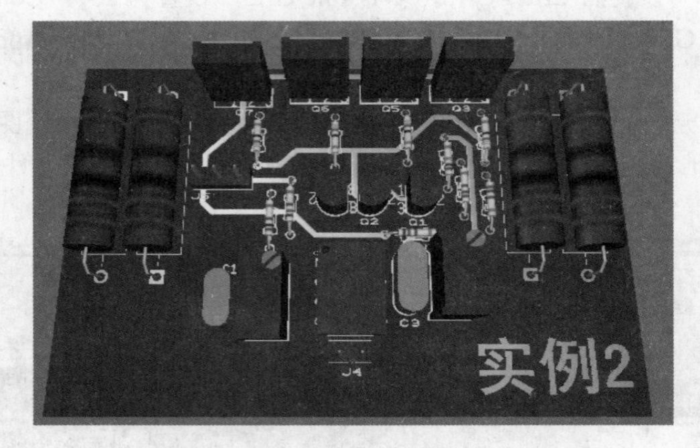

图 19-23　实例 2 用三维方式查看的效果图（一）

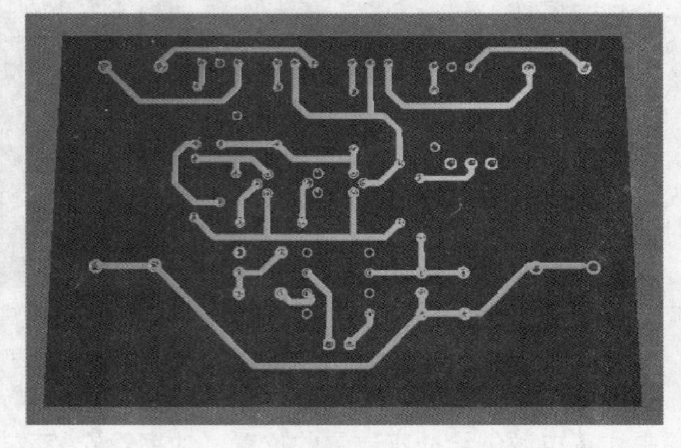

图 19-24　实例 2 用三维方式查看的效果图（二）

（12）通过仔细核对后，若没有发现设计中的问题，则可进行下一步，否则需要重新调整设计布局、布线等。

（13）此时可以将没有错误的 PCB 文件输出到制造工厂可以接受的格式，或者打印到热转印纸完成简单制版。

至此，实例 2 从绘制原理图到输出制造文件、打印热转印纸文件过程全部完成。

19.3　带 4×4 键盘六位数电子号码锁硬件电路

带 4×4 键盘六位数电子号码锁硬件电路是由 8021、7447 和 74LS138 等元件构成的电路。该电路为典型的单片机硬件电路，具有一定的代表性，设计原理图如图 19-25 所示。

设计 PCB 的步骤如基本与实例 1、2 类似。在布线过程中应当注意元件的合理布局及总线的正确布置，数码管的封装需要手动添加，并且需要手动添加数码管的网络。此种情况下，设计人员要能够正确读懂原理图和了解数码管引脚定义。图 19-26 所示为 PCB 布局效果图，图 19-27 和图 19-28 为顶层和底层布线效果，图 19-29 和图 19-30 所示为实例 3 用 3D 方式显示的效果。

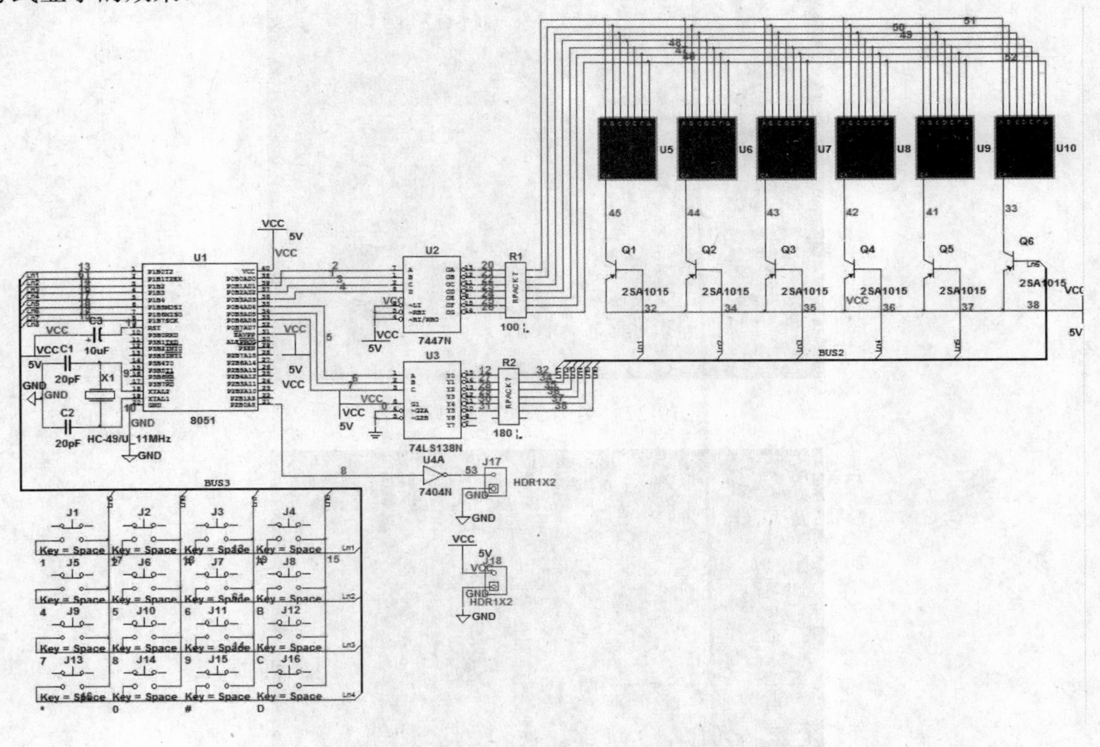

图 19-25　实例 3 设计原理图

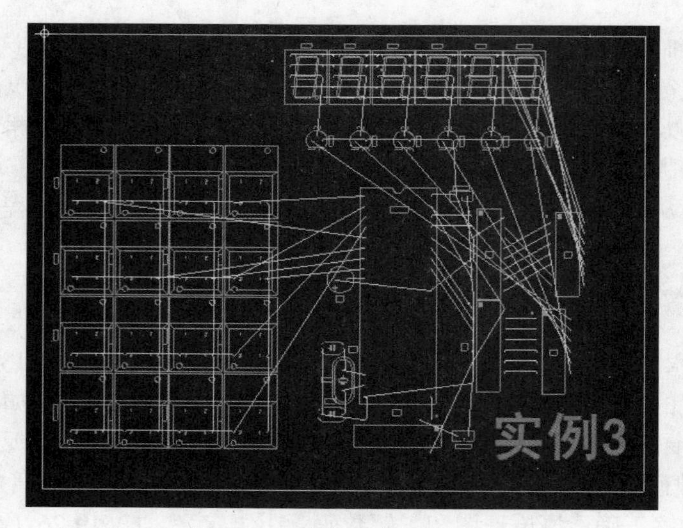

图 19-26　实例 3 布局效果图

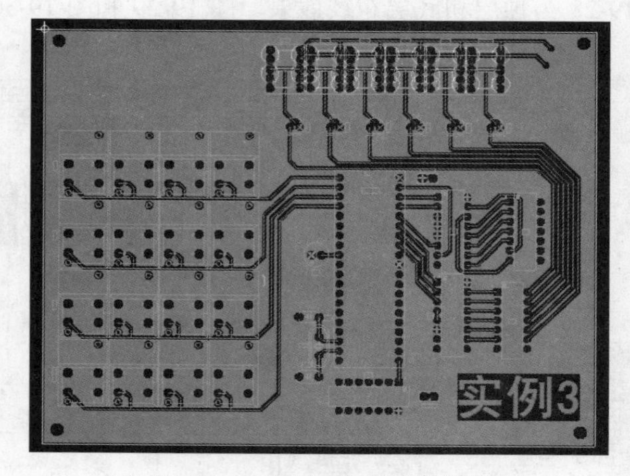

图 19-27　实例 3 顶层布线效果

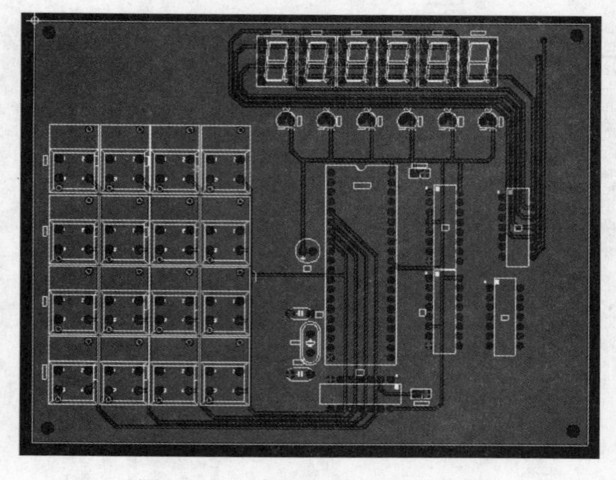

图 19-28　实例 3 底层布线效果

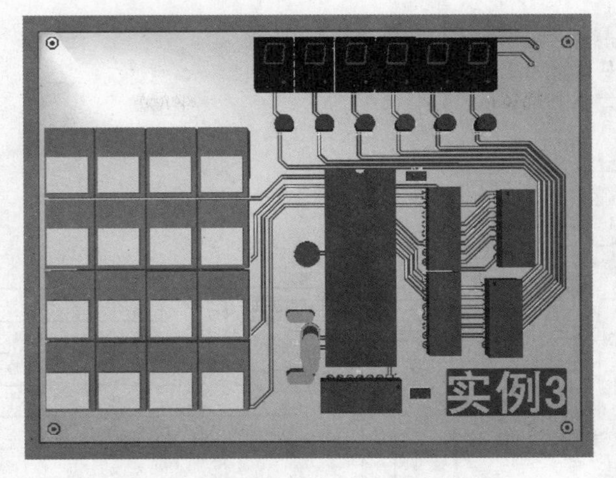

图 19-29　实例 3 用 3D 方式显示的效果（一）

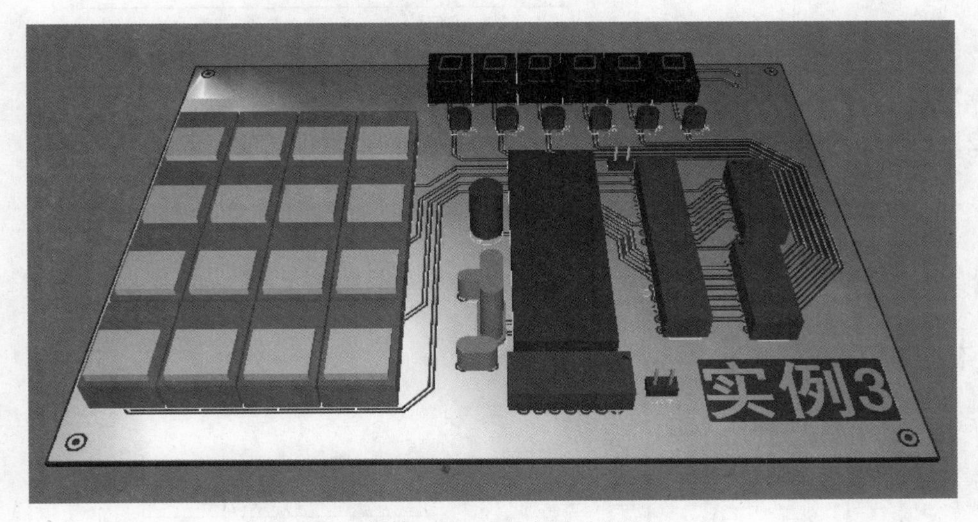

图 19-30　实例 3 用 3D 方式显示的效果（二）

19.4　8051 输入口应用电路

8051 输入口应用电路是一个单片机方面的典型应用电路，原理图如图 19-31 所示。该电路元件不多，结构简单，扩展后用途非常广泛。

（1）运行 Multisim 10，绘制原理图。

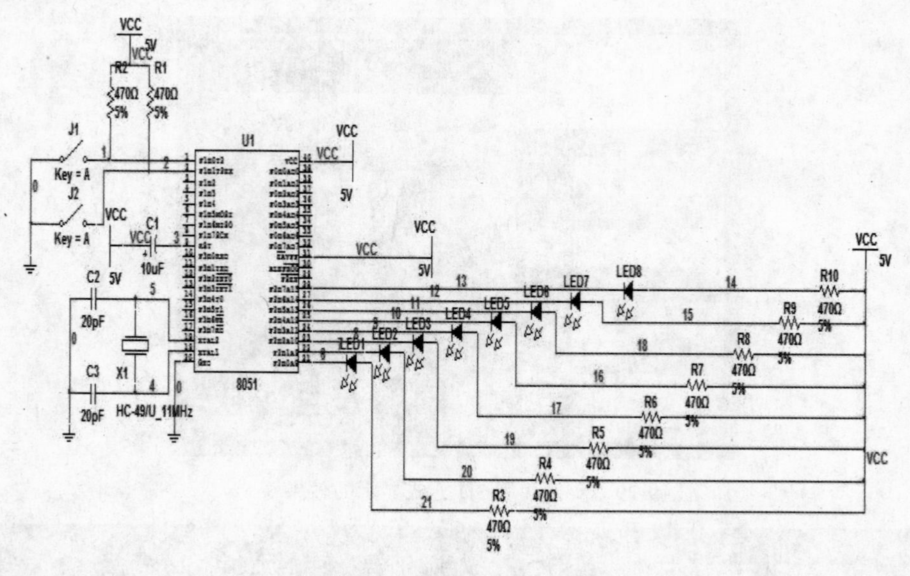

图 19-31　实例 4 原理图

（2）核对图纸中的元件型号、取值、连线，保证绘制原理图的正确。

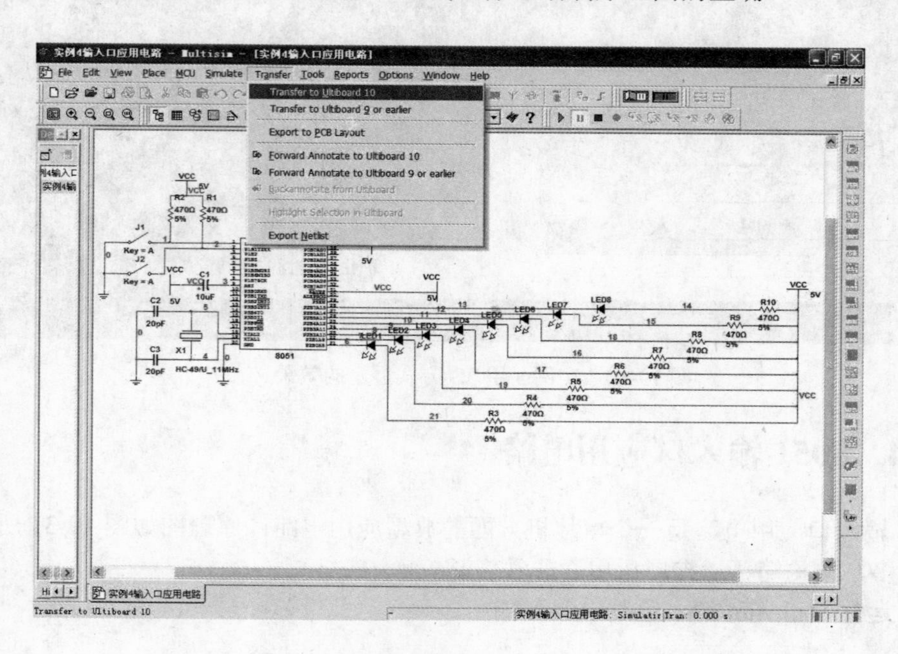

图 19-32　【Transfer to Ultiboard 10】命令

（3）单击 Multisim 10 菜单【Transfer】中的【Transfer to Ultiboard 10】命令。弹出如图 19-33 对话框，在文件名文本框输入转换到 Ultiboard 中保存的文件名，并单击【保存】按钮。

（4）系统自动调用 Ultiboard 10 程序，并弹出“Default Track Width and Clearance”对话

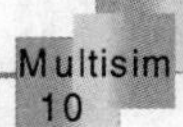

框。在“Units”中选择 mil 作为单位；在“Width”中设置线宽，设为 25；在“To Trace”处设置为 12，单击【OK】按钮。

（5）此时，弹出如图 19-34 所示的对话框，选择导入的网络表，单击【OK】按钮。

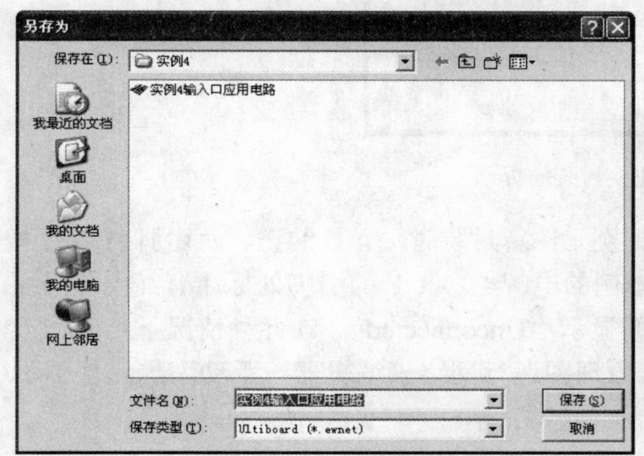

图 19-33　“另存为”对话框

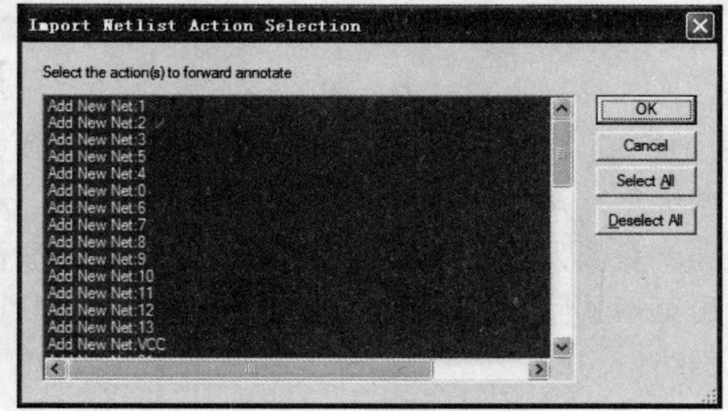

图 19-34　设置导入网络表

（6）此时在 Ultiboard 的工作区中已经放置好边框边界线及刚才导入的元件。由于系统自动导入的元件所带的封装可能与设计人员的设计意图不符，此时需要更改元件的封装达到设计要求，表 19-3 列出了原理图元件名称和封装清单。

表 19-3　原理图元件名称和封装清单

数　量	元件名称、取值	元件编号	封　装
1	805x, 8051	U1	DIP-40
2	DIPSW1	J1, J2	DIPSW1H
1	CRYSTAL, HC-49/U_11MHz	X1	QUARZ_HC33
8	LED_blue	LED1 LED2 LED3 LED4 LED5 LED6 LED7 LED8	LED3
10	RESISTOR, 470Ω 5%	R2, R1, R3, R4, R10, R5, R6, R7, R8, R9	R0204R7_5
1	CAP_ELECTROLIT, 10μF	C1	ELK010R2_5
2	CAPACITOR, 20pF	C2, C3	KERK06*5R5

（7）依次将 LED、电解电容、无极电容、电阻、晶振和按钮的封装更换成清单中的要求。

更新封装时，如果设计中存在多个元件为同一封装，系统会询问是否将这些封装统一更换为新的封装，如图 19-35 所示。

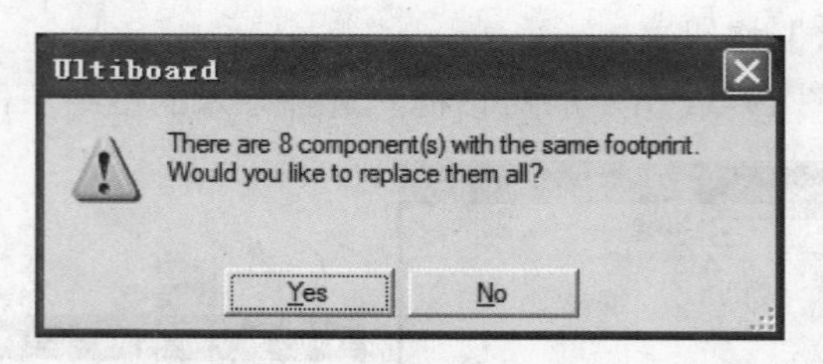

图 19-35　更换封装的提示

（8）在绘制实例 4 的过程中，如果碰到更换元件新封装时，元件的正、负引脚网络丢失的现象，系统出现提示，如图 19-36 所示。本例的电解电容 C1 的引脚处标注有红色警示线圈。右图为放大显示的 C1 引脚的情况，里面显示“Unconnected”。在此种情况下，设计人员可不必回到第 3 步重新转换，而只需根据原理图运行网络表编辑器，手动添加元件引脚网络。

图 19-36　元件引脚错误提示

（9）单击菜单【Tools】/【Netlist Editor】命令，弹出“Net edit”编辑器，如图 19-37 所示。

根据原理图选择相应的 VCC 网络，并且选择“Pins”标签页，单击箭头按钮将工作区中 C1 的引脚添加到所选的网络，用该方法可以快速地修改元件引脚所赋予的网络标志。修改正确后，包含错误网络信息的引脚周围红色的线圈将消失，如图 19-38 所示。

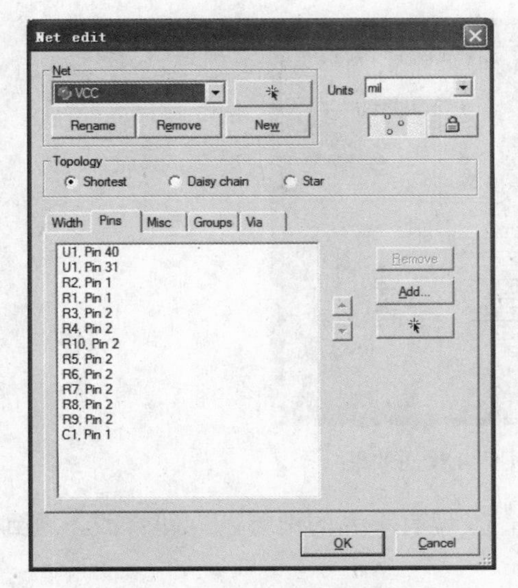

图 19-37 修改元件引脚网络

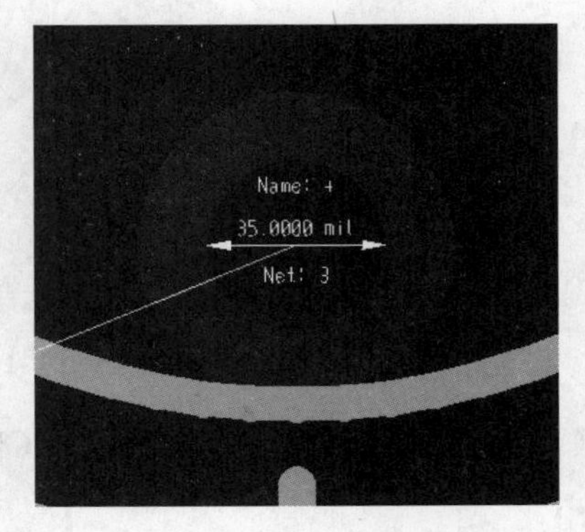

图 19-38 手动添加元件引脚网络后的正确显示

（10）通过上面的步骤后，工作区中 PCB 设计的大致布局如图 19-39 所示。

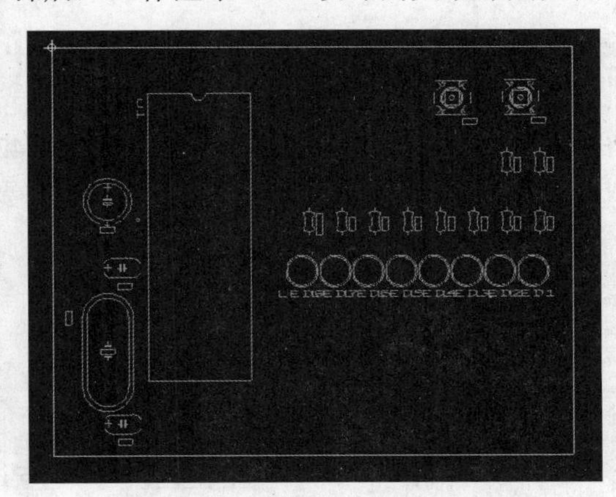

图 19-39 实例 4 布局效果

（11）手工布线的 3D 效果如图 19-40 和图 19-41 所示。

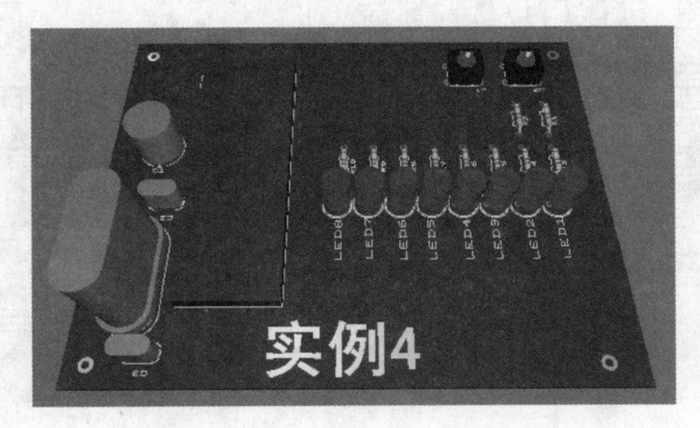

图 19-40 3D 显示实例 4 正面效果

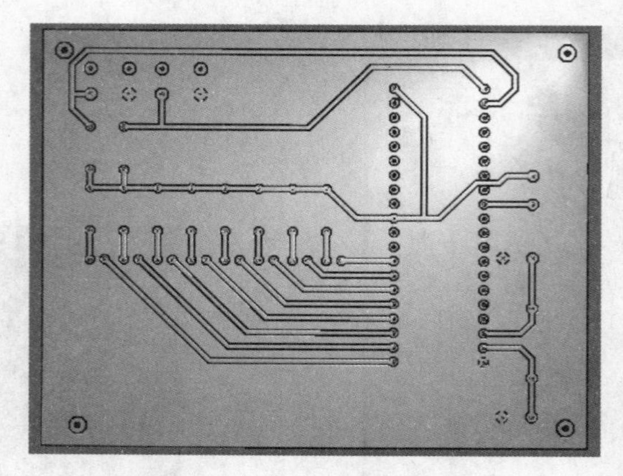

图 19-41　3D 显示实例 4 反面效果

（12）通过以上多种方法查看 PCB 的效果，发现有不妥的地方，立即修改，直到满意为止。

（13）将设计好的 PCB 文件做输出操作，或者打印到热转印纸上，其方法参考实例 1。

至此，实例 4 的 PCB 设计完成。

19.5　3 个 8015 多工数据传输电路的 PCB 设计

实例 5 的电路原理图同样为单片机相关的硬件电路，如图 19-42 所示，由 3 片 8051 和拨码开关及显示器件组成，结构简洁，线路清晰，在布线过程中只要注意元件的合理布局及总线的合理布置即可。

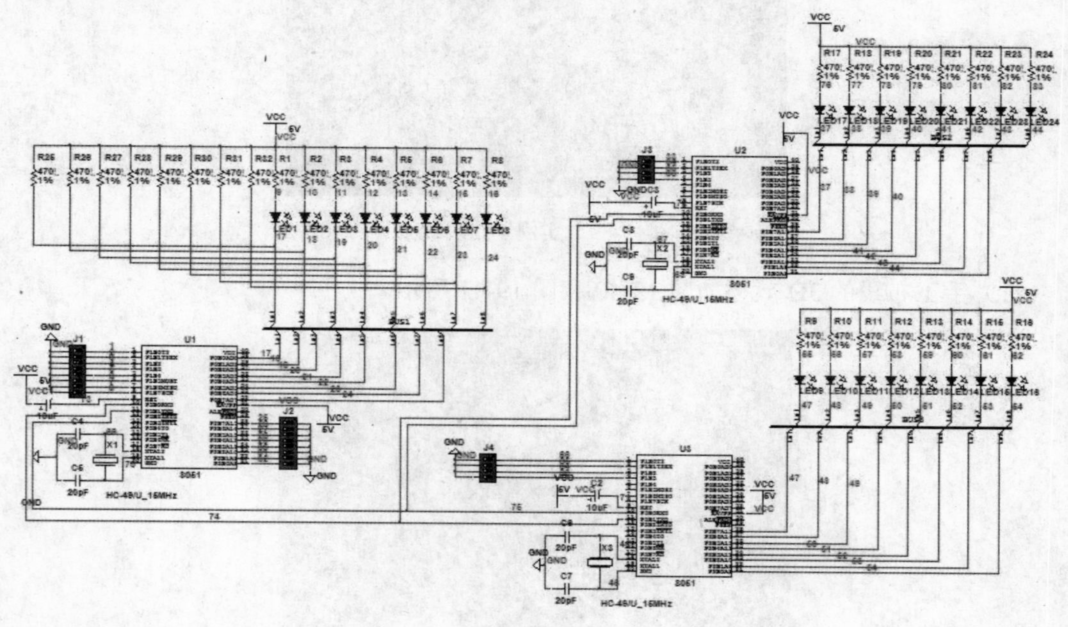

图 19-42　实例 5 原理图

（1）首先在 Multisim 10 中绘制原理图，核对图纸中的元件型号、取值、连线、保证绘制原理图的正确性。

（2）将原理图导入到 Ultiborad 10 中。

（3）在 Ultiboard 10 设置元件布局及布线（封装按现实环境中的元件封装设置即可）。

（4）绘制完成后，效果如图 19-43 所示。

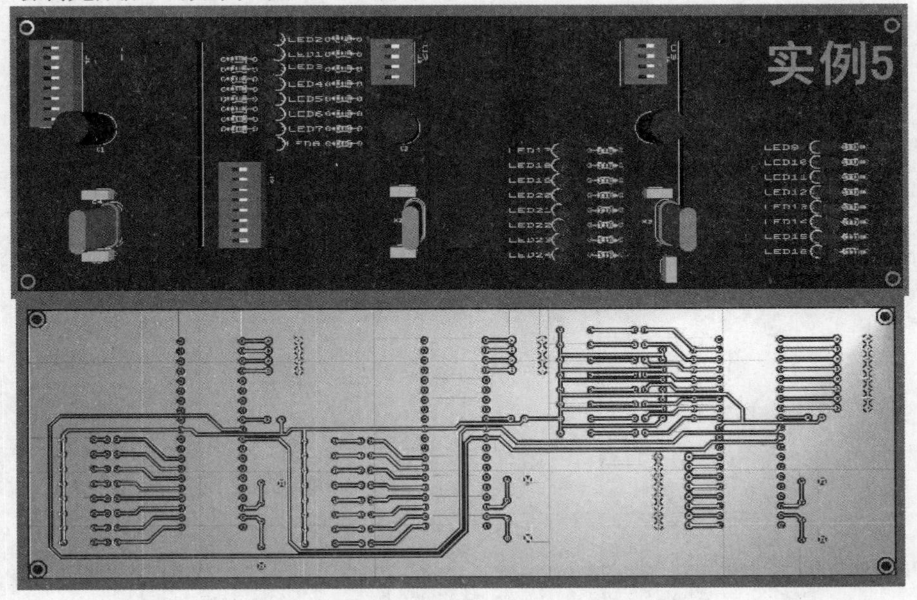

图 19-43　实例 5 的 3D 效果图

练习题

（1）为下图所示的原理图设计一个 PCB 文件，图中的元件参数细节请查找相关手册。

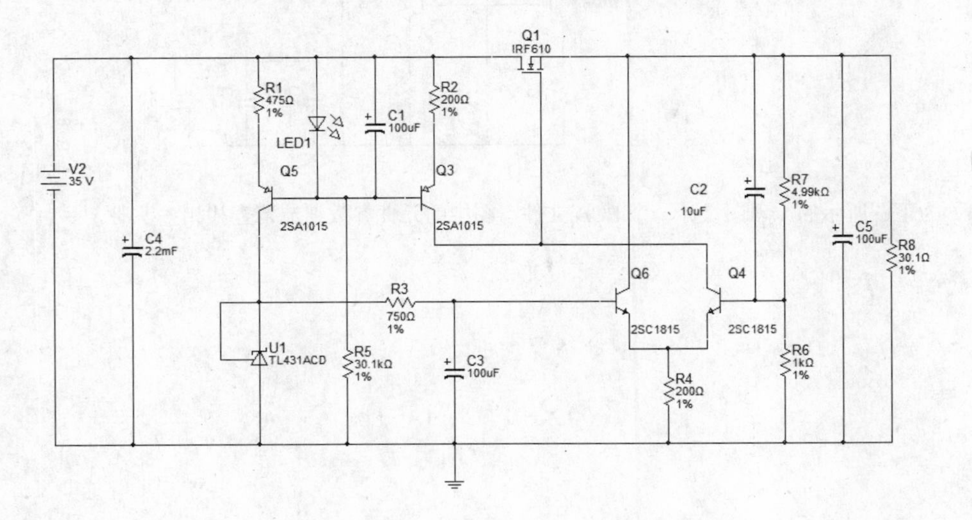

（2）为下图所示的原理图设计一个 PCB 文件，图中的元件参数细节请查找相关手册。

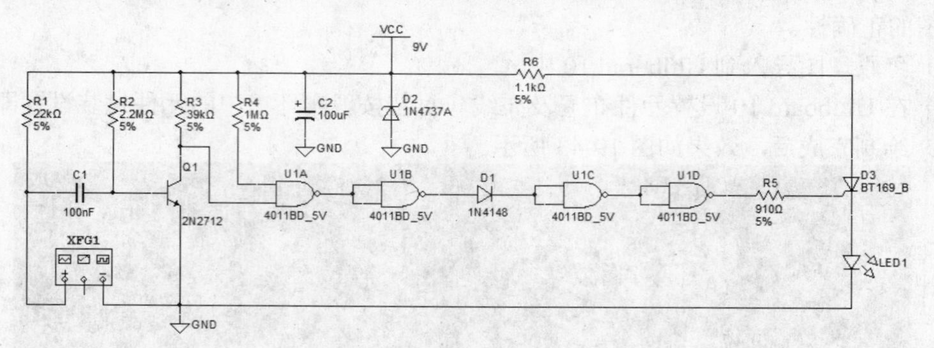

（3）为下图所示的原理图设计一个 PCB 文件，图中的元件参数细节请查找相关手册。

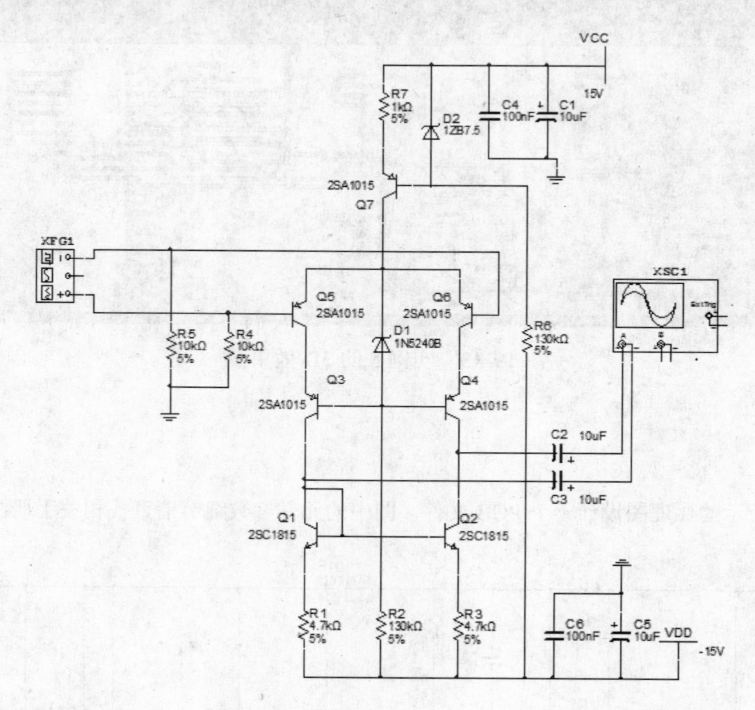

（4）为下图所示的原理图设计一个 PCB 文件，图中的元件参数细节请查找相关手册。

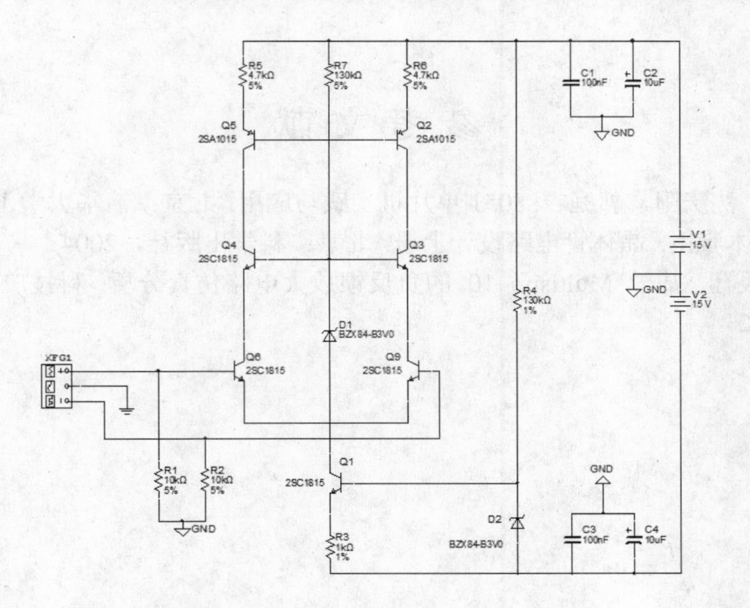

（5）为下图所示的原理图设计一个 PCB 文件，图中的元件参数细节请查找相关手册。

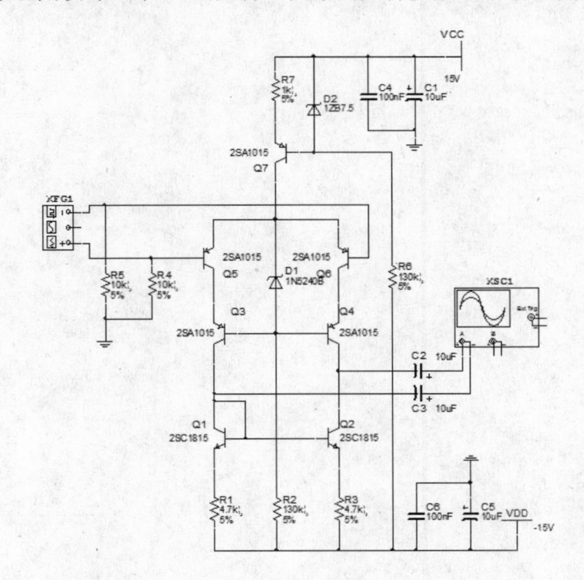

参 考 文 献

1. 吴金戎，沈庆阳，郭庭吉. 8051 单片机实践与应用. 北京：清华大学出版社，2002
2.（日）铃木雅臣. 晶体管电路设计上册. 北京：科学出版社，2004
3. 唐赣，吴翔. 基于 Multisim 10 的负反馈放大电路仿真分析. 科技广场，2007，9：171～172